应用燃烧诊断学

Applied Combustion Diagnostics

［德］ Katharina Kohse – Höinghaus
［美］ Jay B. Jeffries 主编

刘晶儒 叶景峰 陶 波 瞿谱波 译

国防工业出版社

·北京·

著作权合同登记　图字:军 – 2015 – 151 号

图书在版编目(CIP)数据

应用燃烧诊断学 /(德)凯瑟琳娜·柯西 – 霍因豪斯,(美)杰·B.
杰夫瑞主编;刘晶儒等译. —北京:国防工业出版社,2017.8
书名原文:Applied Combustion Diagnostics
ISBN 978-7-118-11385-3

Ⅰ. ①应… Ⅱ. ①凯… ②杰… ③刘… Ⅲ. ①燃烧学 – 诊断学
Ⅳ. ①O643.2

中国版本图书馆 CIP 数据核字(2017)第 190235 号

※

国防工业出版社出版发行

(北京市海淀区紫竹院南路 23 号　邮政编码 100048)
腾飞印务有限公司印刷
新华书店经售

*

开本 710×1000　1/16　插页 4　印张 39　字数 708 千字
2017 年 8 月第 1 版第 1 次印刷　印数 1—2000 册　定价 198.00 元

(本书如有印装错误,我社负责调换)

国防书店:(010)88540777　　　发行邮购:(010)88540776
发行传真:(010)88540755　　　发行业务:(010)88540717

序

编写本书的想法构建于 1999 年在意大利 Il Ciocco 召开的"燃烧流场激光诊断 Gordon 研究会议"上，我很荣幸作为该次会议的主席，副主席是斯坦福大学的 Jay Jeffries 博士。对于燃烧过程，基于合适的技术进行诊断，并对其物理化学基础进行探测和研究，是该领域技术革新与进步的前提。在本书中，很多知名学者为各自的技术和领域写了指南性的介绍，并提供了应用案例。尽管本书编写于十多年前，但书中的知识仍然具有指导意义，本书可作为深入研究与学习的良好起点。

作为 2004 – 2010 年的 *Combustion and Flame* 编辑，以及 2012 – 2016 年的国际燃烧协会主席，我见证了中国燃烧研究团队的飞速发展与壮大，我非常高兴本书的中文译本将与读者见面。当前，中国正处于从新兴经济向具有竞争力的工业化国家转型阶段，其发电、交通运输以及工业过程的能量消耗主要来源于燃烧，因此燃烧技术在中国处于全局重要性的位置，特别是涉及化石燃料排放的相关技术。鉴于上述原因，在清洁和可持续技术革新方面的投入显得尤为重要，包括地面和空中运输工具的新型燃料及与之相关的先进燃烧过程。在向清洁替代燃料转换过程中，面临的主要挑战源自对基础燃烧现象的理解。本书所描述的原位诊断技术可为燃烧过程提供准确和直接的实验数据，也是燃烧技术进一步发展必须依赖的支撑之一。

随着更多的中国燃烧实验室采用先进的激光方法，明智的投资方式是训练学生具备使用诊断技术从燃烧器件及发动机获取必要信息的能力，而这些燃烧器件大多数位于工程性的实验室中。对于年轻的研究人员，从物理层面理解诊断技术的原理将非常有助于诊断技术及其他激光技术的成功使用。当前面临一些潜在的挑战，例如通光特性、空间和时间分辨率、多维或多组分成像以及定量反演中可能需要的复杂理论知识等，这些还只是一些必须要掌握的具体技术。此外，未来还需要掌握复杂的化学反应网方面的大量知识，例如描述特定燃料点火特性的低温反应过程、从碳烟前驱物分子到形成纳米颗粒物的反应过程。目前，针对这两个问题的合适的诊断途径才开始出现，但又至关重要，这是由于生物质燃料的引入，以便降低排放对当前空气质量及健康的影响。新一代研究人员之中的工程师、物理学家和化学家之间最好从学生阶段便相互合作，这将会对燃烧流场激光诊断技术产生深远的影响。

自本书编写以后，也出现了一些非常有价值的燃烧诊断技术，包括基于同步辐射光源的分子束质谱技术。此外,激光和光学、化学动力学和量子化学、计算方法和燃烧模型等方面的进一步成熟使得当前需要综合考虑上述学科——这是另一个跨学科合作的领域。采用激光方法精细探测燃烧系统是非常有价值的,而对同一燃烧系统进行数值仿真也同样具有价值。然而,若二者联合起来,即两边的专家能够有力地结合,将会进一步加深对燃烧发展及优化所需的基础知识的理解。希望本书所阐述的技术能够为中国学者追求可持续发展和更清洁的环境提供帮助。

Katharina Kohse – Höinghaus

Chair of Physical Chemistry

2016 年 11 月于比勒菲尔德

Foreword

The idea of this book was conceived at a Gordon Research Conference on Laser Diagnostics in Combustion in Il Ciocco, Italy, 1999, which I had the pleasure to organize as the Chair, together with Dr. Jay Jeffries, Stanford University, as the Vice Chair. Gaining insight into combustion processes as they happen using suitable techniques, with an aim to detect and understand the physico – chemical basis of the observed phenomena, is a prerequisite for technological innovation and development. Eminent researchers have written tutorial introductions into respective techniques and fields, and have provided examples for their applications. Although the book has been written more than a decade ago, the knowledge gained remains relevant. It can thus serve as a good starting point for further reading and study.

As editor of *Combustion and Flame*, 2004 – 2010, and as President of the Combustion Institute, 2012 – 2016, I could witness the rapid development and growth of the combustion research community in China, and I am extremely pleased to see that the book is now being made available in a Chinese translation. Because of the scale of primary energy consumed for power generation, in transportation, and for industrial processes in China associated with its still recent transition from an emerging economy to a competitively industrialized country, the state of combustion technology in China is of global importance, especially regarding emissions from fossil fuel sources. It is thus of eminent importance to invest thought and imagination into clean and sustainable technologies, including advanced ground and air transportation fuels in combination with advanced combustion processes. With a shift towards such cleaner alternatives, challenges arise in understanding their fundamental principles. *In situ* diagnostics to provide accurate experimental data and direct insight into the process as described in this book is one of the pillars on which further development must rely.

With more combustion laboratories in China having access to advanced laser methods, a wise investment will be the training of students who will use and apply them to obtain the much – needed information from combustors and engines that are mostly hosted by engineering laboratories. For these young researchers, it will be highly useful to understand the principles from physics that make these and other laser – based techniques successful. Considerations of potential challenges such as optical access, spatial and temporal resolution, multi – dimensional or multi – species imaging, and complex theory that may be needed for quantitative evaluation, are only some details that must be mastered. Also, much of the needed knowledge for the future involves complicated chemical reaction networks, such as fuel – specific low – temperature reactions needed to describe ignition, or the reactions from the molecular soot precursor phase to nascent particles. These are two problems for which suitable diagnostic approaches are only emerging, but which are of high importance because of the introduction of biofuels and to abate the current impact of emissions on air quality and health. Collaboration between engineers, physicists, and chemists of the coming researcher generation, if possible already in the student phase, will thus be important to obtain high impact and return from laser diagnostics in combustion.

Since the book has been written, further highly valuable techniques in combustion diagnostics have been introduced, including molecular beam mass spectrometry using synchrotron photon sources. Also, lasers and optics, chemical kinetics and quantum chemistry, computational methods and combustion modeling, have matured further and should now be considered jointly – another area that needs collaboration across disciplines. It is valuable to perform a laser experiment to characterize a combustion system, as it is of similar value to perform a computer simulation of such a system. However, if both are done jointly, with experts of both sides joining forces, deeper understanding as a basis for development and optimization will be gained. Hopefully, application of such techniques as described in this book will serve to assist Chinese researchers in their quest for sustainable processes and a cleaner environment.

Bielefeld, November 2016
Katharina Kohse – Höinghaus
Chair of Physical Chemistry

译 者 序

燃烧是当今世界上能量转换的主要方式之一,广泛应用于能源、电力、交通运输等重要领域。燃烧又是多学科交叉的领域,涉及工程热物理、化学、流体力学、地球物理、生态学等学科。谢苗诺夫(前苏联诺贝尔奖获得者)早在1956年就指出:火和电是推动人类技术前进的两个主要杠杆,然而我们对古老的火的了解远远不如对年轻的电的了解。国际上,许多发达国家从20世纪80年代起就大力开展燃烧理论、实验及诊断技术研究,极大地促进了汽车、飞机、火箭等发动机技术的发展,并在提高燃烧效率和降低污染排放等方面发挥了重要作用。我国对燃烧领域的研究起步较晚,近年来开始快速发展。2014年,"面向发动机湍流燃烧的基础研究"列为国家自然科学基金重大研究计划,2016年,《政府工作报告》将航空发动机列为重大专项。

习近平主席2016年5月30日在全国科技创新大会上强调:"必须坚持走中国特色自主创新道路,面向世界科技前沿,面向经济主战场,面向国家重大需求,加快各领域科技创新,掌握全球科技竞争先机。"燃烧领域正是符合习主席倡导的三个面向的科技领域,事关国家安全和经济社会发展的全局。有效地利用能源、提高燃烧效率和减小燃烧产生的污染至关重要,而面临的主要挑战源自对基础燃烧现象的理解。

这是一本介绍当前急需发展的、用于解决燃烧基础和应用问题的激光诊断方法的综述性教材。本书由德国的 Katharina Kohse – Höinghaus 教授和美国 Jay B. Jeffries 博士主持编著。Katharina Kohse – Höinghaus 教授在激光诊断学用于燃烧化学反应、化学气相沉积和生物学研究中具有丰富的经验,1994年被德国比勒菲尔德大学聘为全职化学教授,2004 – 2010年任 *Combustion and Flame* 编辑,2012 – 2016年任国际燃烧协会主席,2016年获中国政府友谊奖。Jay B. Jeffries 博士主要研究方向为激光诊断技术在燃烧、等离子体和大气等研究中的应用,2000年加入斯坦福大学机械工程系高温气体动力学实验室,是美国光学学会光学物理分会前任主席,*Journal of Applied Optics* 期刊专题编辑,在1999年和2001年分别担任激光燃烧诊断学术 Gordon 会议副主席、主席。

在本书中,该领域的46个权威专家对激光诊断方法及其应用进行了综述性介绍。这些专家来自不同的研究小组,在各章中他们不仅提供了自身或他人的研究和应用事例,而且列出了详细的参考文献。尽管本书编写于十多年前,但具有非常重要的指导意义。本书可作为学习燃烧诊断技术的良好起点,为深入研究当前激光诊断技术和应用以及后续发展提供指导。

全书分三部分共 27 章。本书的第一部分(第 1 – 9 章)综述了激光诊断技术,讨论了如何精确测量微量组分浓度、温度和流场特性的方法,突出介绍了激光诱导荧光技术、非线性光学技术、腔衰荡光谱技术、短脉冲激光诊断技术、激光诱导白炽光技术、激光成像技术及高时空分辨测量技术。

第二部分(第 10 – 18 章)主要介绍激光诊断技术在解决实际燃烧问题中的应用进展,主要围绕催化燃烧、火焰抑制、燃烧控制、污染探测和燃气轮机等开展研究。

最后一部分(第 19 – 27 章)讨论了尚未解决的燃烧学问题以及激光诊断技术为解决这些问题所具有的潜力。全书的最后,对激光诊断学后续预期的发展和可能涌现的技术进行了展望。

刘晶儒负责了第 1 和第 27 章的翻译、对其余各章翻译初稿的校对以及全书的统稿;叶景峰负责了第 7、8、9、10、13、14、19、22 章的翻译,并参加了统稿;陶波负责了第 4、5、6、11、15、18、21、25、26 章的翻译,并参加了统稿;瞿谱波负责了第 2、3、12、16、17、20、23、24 章以及书中图表的翻译,并完成了全书初步的格式统一。

译者所在的团队从 1996 年开始从事激光燃烧诊断技术及其应用的研究,为翻译本书奠定了技术基础。非常感谢国家高技术发展计划和国家自然科学基金对本研究工作给予的立项和经费支持。衷心感谢西北核技术研究所、激光与物质相互作用国家重点实验室对本项目和本书翻译工作的支持。在全书统稿过程中,译者与本团队的胡志云、张振荣、王晟等同志进行了讨论,他们认真阅读了书稿,并提出了不少中肯的修改建议,在此一并表示感谢。特别感谢本书的原主编之一德国比勒菲尔德大学 Katharina Kohse – Höinghaus 教授为本书作序,非常感谢上海交通大学齐飞教授对本书翻译工作的鼓励和支持,诚挚感谢国防工业出版社对本书出版工作给予的大力支持和帮助。

本书是一本兼具基础性和前沿性的专著,是本领域科研人员十分有用的参考书,也可作为相关专业研究生的教材。由于水平所限,译文中难免存在错误和不足之处,敬请读者批评指正,译者将不胜感谢。

刘晶儒

2017 年 4 月

前　　言

　　这是一本介绍当前急需发展的、用于解决燃烧基础和应用问题的激光诊断方法的综述性教材。在处于高压、高温等严苛环境的现代燃烧系统中,基于激光的测量技术是重要的诊断工具。这些诊断方法可以为燃烧基础研究提供测量手段,同时也能在实际燃烧装置中,为燃烧效率最大化、污染最小化提供经验性的解决策略。

　　本书是该领域众多权威专家对激光诊断方法及其应用的观点简述。在作者团队中,许多来自不同的研究小组,他们通过自身及他人的研究和应用事例以及全面的文献调研编著各章节,旨在为本学科提供教学指南,为当前激光诊断的应用提供指导,为后续待解决的问题及长远发展指明方向。

　　本书的第一部分综述了广泛应用的激光诊断技术。详细介绍了用于探测化学反应中间微量组分浓度的方法,并突出介绍了激光诱导荧光、非线性光学方法和腔衰荡光谱技术;介绍了用于碳烟颗粒监测的激光诱导白炽光技术中定量标定问题;讨论了如何精确测量温度——这个燃烧中重要参量的方法;针对实际燃烧中化学反应和流动的相互作用,介绍了理解层流和湍流燃烧的重要工具——激光成像技术;在流场诊断和更多维度诊断章节中,主要关注了高时空分辨燃烧测量问题。

　　第二部分主要介绍激光诊断技术在解决实际燃烧问题中最新的应用进展,主要围绕催化燃烧、火焰抑制、燃烧控制和燃气轮机等开展研究。首先,讨论了在重要的富燃火焰中应用基于激光的诊断技术对化学反应、多环芳香烃和碳烟的监测;然后,自然地过渡到发动机中两相流动和燃料雾化等章节;最后,详细介绍了应用激光诊断技术研究发动机中的污染形成。

　　最后一部分讨论了尚未解决的燃烧学问题,以及激光诊断技术在为这些问题提供解决方案上具有怎样的潜力。主要针对当前在精细的化学反应模型、气体表面的催化燃烧、主动燃烧控制和商用燃气轮机等研究中待解决的问题,讨论了对诊断测量的需求。本书结尾三章讨论了燃烧污染排放对大气的影响,和两个有希望为大气中污染组分监测提供在线监测工具的诊断方案。全书的最后,对激光诊断学后续预期的发展和可能涌现的技术进行了展望。

本书各章分别为独立的一部分,对当前技术现状、应用和展望进行了简明的评述。涉及其他章节的交叉引用贯穿了本书的始终,以便于读者通过相关章节获取更加详细的信息。本书有多种使用方法:作为燃烧诊断学教材从头到尾进行细致阅读,或者将独立的章节作为相关技术的参考资料,还可以通过浏览不同章节以启发科研思路。通过对本书的阅读,机械工程专业研究生可在燃烧和实验方法课程之外获得更多的知识,激光诊断技术人员可以了解到不同的激光诊断技术的优缺点,勤奋的学生能够快速了解到基于激光的燃烧测量技术现状。

1999 年"燃烧场激光诊断技术 Gordon 会议"筹办过程中,我们看到了激光诊断技术应用于燃烧学问题研究的非凡进展。因此,2000 年夏,Norman Chigier 教授提出让 Katharina Kohse – Höinghaus 教授主持编著或编辑一本燃烧诊断学书籍的建议。在爱丁堡国际燃烧学会议期间,Norman Chigier 教授又对本书编写思路给予了很大鼓励,于是作者开始组织相关的著作团队开展本书的编写。

我们必须感谢非常非常多的人,正是在他们的大力支持下,本书才可能得以成型。首先,感谢 46 个参与编写的作者,这些专家在我们非常紧迫的出版计划时间内,撰写完成了整部书的全部内容。另外,要感谢 53 个审稿人,他们占用宝贵时间阅读书稿,并及时地对每一章提出了中肯的建设性意见。

Katharina Kohse – Höinghaus 非常感谢比勒菲尔德大学令人激情四射的工作环境,以及同事和学生们给予的支持和建议,他们经常讨论至深夜。尤其是与 Burak Atakan 博士、Andreas Brockhinke 博士和 Heidi Bohm 博士在科学上的交流互动是非常有益的。还要非常感谢德国研究基金会和 Chemischen 工业基金对作者研究工作的支持,本书的研究进展都离不开他们。KKH 还要特别感谢她的丈夫 Klaus Peter Kohse 和女儿 Eva,对于该书编著过程中对家庭生活带来的影响,他们表现出非凡的宽容和耐心。

Jay B. Jeffries 向斯坦福大学的 Ronald K. Hanson 教授表示诚挚的谢意,感谢他的支持鼓励和在科学上的深入讨论。Ronald K. Hanson 教授创造了很好的基础科学和应用研究环境,作者非常愉快能够与他以及他的研究小组中能力超强的学生们一起工作。同时 JBJ 也要感谢在斯坦福国际研究院(SRI)的同事 David Crosley 和 Gregory Smith,是他们将作者带入燃烧诊断这一精彩的研究领域,并在过去的 18 年里给予作者热情的帮助。还要感谢美国空军科研局、NASA 埃姆斯大学联盟、海军科研局给予的经费支持。最后,JBJ 感谢妻子 Robin Jeffries 的理解和支持,本书的编著几乎占用了他所有的业余时间。

非常感谢 Robert Bedford、Catherine Caputo 和他们的工作机构 Taylor & Francis 出版社以及 Richard Cook 对本书出版相关工作的支持。出版著作对于我们来说是个新的挑战,他们的辛勤劳动才使得本书得以顺利出版。

　　另外,特别感谢 Katharina Kohse – Höinghaus 在比勒菲尔德大学的秘书
Regine Schroder 全程协调工作,其卓越的协调能力实现了各作者及审稿专家的
高效沟通,为本书顺利按时完成提供了保障。

　　我们衷心希望通过本书,能够增强读者关于激光诊断技术用于燃烧过程、燃
烧系统和燃烧问题研究的知识。并希望本书能够在您的课堂、实验室以及在解
决特定问题的过程中提供有益的帮助。

比勒菲尔德大学化学系物理化学专业 Katharina Kohse – Höinghaus
斯坦福大学机械工程系高温气体动力学实验室 Jay B. Jeffries
2001 年 12 月

编 者 简 介

Katharina Kohse – Höinghaus,自然科学博士,在激光诊断学用于燃烧化学反应、化学气相沉积和生物学研究中具有丰富的经历。作为德国航空研究中心成员,她曾在美国斯坦福大学、斯坦福国际研究院(Stanford Research Institute International,SRI International)、法国航空航天国防研究实验室(French Aeronautics,Space and Defense Research Lab,ONERA)从事假期研究。1993 年获海森堡奖,1994 年成为德国比勒菲尔德大学全职化学教授,是 *Combustion and Flame* 期刊编委会成员。2002 年担任国际燃烧学大会研讨会主席,并在 1997 年和 1999 年分别担任激光燃烧诊断 Gordon 学术会议副主席、主席。

Jay B. Jeffries,哲学博士,主要研究方向为激光诊断技术在燃烧、等离子体和大气等研究中的应用。他曾在匹兹堡大学担任研究助理教授 3 年,在美国斯坦福国际研究院的分子物理实验室工作 17 年。2000 年,加入斯坦福大学机械工程系高温气体动力学实验室。他曾是美国光学学会光学物理分会及基础和应用光谱技术研究专题前任主席,*Journal of Applied Optics* 期刊专题编辑。在 1999 年和 2001 年分别担任激光燃烧诊断 Gordon 学术会议副主席、主席。

参与编写作者

Marcus Aldén
Lund Institute of Technology
Department of Combustion Physics
PO Box 118
S – 2210Lund
Sweden
email:marcus. alden@ forbrf. lth. se

Mark G. Allen
Physical Sciences Inc.
20New England Business Center
Andover, MA 01810 – 1022
USA
email:allen@ psicorp. com

Burak Atakan
Universität Bielefeld
Fakultät für Chenie, PC I
Universitätsstr. 25
D – 33615Bielefeld
Germany
email:atakan@ uni – bielefeld. de

Thierry Baritaud
Ferrari Gestione Sportiva
Via Ascari, 55 – 57
I – 41053 Maranello (MO)
Italy
email:tbaritaud@ ferrari. it

Robert S. Barlow
Sandia National Laboratories
Division 8351
MS 9051
Livermore, CA 94551 – 0969
USA
email:barlow@ sandia. gov

Heidi Böhm
Deutsches Zentrum für Verbrennung-
stechnik
Pfaffenwaldring 38 – 40
D – 70569Stuttgart
Germany
email:heidi. boehm – vt@ dlr. de

Ulrich Boesl
Technische Universität München
Institut für Physikalische und Theore-
tische Chemie
Lichtenbergstr. 7
D – 85748 Garching
Germany
email:ulrich. boesl@ ch. tum. de

Kenneth Brezinsky
University of Illinois at Chicago
Department of Mechanical Engineering
810 S. Clinton St. (M/C 110)
Chicago, IL 60607
USA
email: kenbrez@ uic. edu

Andreas Brockhinke
Universität Bielefeld
Fakultät für Chemie, PC I
Universitätsstr. 25
D - 33615 Bielefeld
Germany
email: andreas@ pcl. uni - bielefeld. de

Sébastien Candel
Laboratoire E. M2. C.
Ecole Centrale de Paris
Grande Voie des Vignes
F - 92295 Châtenay - Malabry
France
email: candel@ em2c. ecp. fr

Campbell D. Carter
Innovative Science Solutions, Inc
2786 Indian Ripple Road
Dayton, OH 45440 - 3638
USA
email: campbell. carter@ wpafb. af. mil

David R. Crosley
SRI International

Molecular Physics Laboratory
333 Ravenswood Avenue
Menlo Park, CA 94025
USA
email: drc@ mplvax. sri. com

Olaf Deutschmanm
Ruprecht Karls Universität
Heidelberg
Interdisziplinäres Zentrum für Wissen-
schaftliches Rechnen
Im Neuenheimer Feld 368
D - 69120 Heidelberg
Germany
email: deutschmanm @ iwr. uniherdel-
berg. de

Nicolas Docquier
Institut Francais du Pétrole
1 et 4, Avenue de Bois - Préau
F - 92852 Rueil Malmaison Cedex
France
email: nicolas. docquier@ ifp. fr

Thomas Dreier
Universitätstuttgart
Institut für Technische
Verbrennung
Pfaffenwaldring 12
D - 70569 Stuttgart
Germany
email: dreier@ itv. uni - stuttgart. de

Andreas Dreizler

Technische Universität Darmstadt
Fakultät für Maschinenbau
Petersenstr. 30
D – 64287Darmstadt
Germany
email: dreizler@ hrz2. hrz. tudarmstadt.
de

Paul Ewart
Oxford University
Clarendon Laboratory
Parks Road
Oxford OX1 3PU
UK
emial: p. ewart@ physics. oxford. ac. uk

Susan L. Fischer
University of California
School of Public Health
140Warren Hall, MC 7360
Berkeley, CA 94720 – 7360
USA
email: sfischer@ uclink4. berkeley. edu

James W. Fleming
U. S. Naval Research Laboratory
Combustion Dynamics Section
Code 6185
4555 Overlook Avernue SW
Washington, DC 20375 – 5342
USA
email: fleming@ code6185. nrl. navy. mil

Edward R. Furlong

General Electric Co.
One Research Circle
Schenectady, NY 12309
USA
email: furlonger@ crd. ge. com

Douglas A. Greenhalgh
Granfield University
School of Mechanical Engineering
Cranfield
Bedford MK43 0AL
UK
email: d. a. greenhalgh @ cranfield. ac.
uk

Ronald K. Hanson
Stanford University
Thermosciences Division
Department of Mechanical Engineering
Stanford, CA 94305 – 3032
USA
email: hanson@ me. stanford. edu

Werner Hentschel
Volkswagen AG
Forschung   und   Entwicklung   –
Messtechnik
Brieffach 1785
D – 38436Wolfsburg
Germany
email: werner. hentschel @ volkswagen.
de

Johannes Janicka

Technische Universität Darmstadt
Fakultät für Maschinenbau
Petersenstr. 30
D – 64287Darmstadt
Germany
email: janicka @ hrzl. hrz. tudarmstadt.
de

Jay B. Jeffries
Stanford University
Mechanical Engineering
Thermosciences Division, Bldg. 520
Stanford, CA 94305 – 3032
USA
email: jay. jeffries@ stanford. edu

Mark Jermy
Cranfield University
School of Mechanical Engineering
Cranfield
Bedford MK43 0AL
UK
email: m. jermy@ cranfield. ac. uk

Clemens F. Kaminski
University of Cambridge
Department of Chemical
Engineering
Pembroke Street
Cambridge CB2 3RA
UK
email: clemens_kaminski@ cheng. cam.
ac. uk

Katharina Kohse – Höinghaus
Universität Bielefeld
Fakultät für Chemie, PC I
Universitätsstr. 25
D – 33615Bielefeld
Germany
email: kkh@ pcl. uni – bielefeld. de

Charles E. Kolb
Aerodyne Research Inc.
45 Manning Rd.
Billerica, MA 01821 – 3976
USA
email: kolb@ aerodyne. com

Catherine P. koshland
University of California
School of Public Health
140 Warren Hall MC 7360
Berkeley, CA 94720 – 7360
USA
email: ckosh@ uclink4. berkeley. edu

Alfred Leipertz
Universität Erlangen – Nürnberg
Lehrstuhl für Technische
Thermodynamik
Am Weichselgarten 8
D – 91058Erlangen
Germany
email: sek@ ltt. uni – erlangen. de

Mark A. Linne
Colorado School of Mines

Division of Engineering
Golden, CO 80401
USA
email: mlinne@ mines. edu

Marshall B. Long
Yale University
Department of Mechanical
Engineering
PO Box 208284
New Haven, CT 06520 – 8284
USA
email: marshall. long@ yale. edu

Andrew McIlry
Sandia National Laboratories
MS 9055
PO Box 969
Livermore, CA 94551 – 0969
USA
email: amcilr@ sandia. gov

Richard B. Miles
Princeton University
Department of Mechanical and Aero-
space Engineering
Room D – 414, Engineering
Quadrangle, Olden St.
Princeton, NJ 08544
USA
email: miles@ princeton. edu

David D. Nelson
Aerodyne Research Inc.

45 Manning Rd.
Billerica, MA 01821 – 3976
USA
email: ddn@ aerodyne. com

Frederik Ossler
Lund Institute of Technology
Division of Combustion Physics
PO Box 118
S – 2210Lund
Sweden
email: frederik. ossler@ forbrf. lth. se

Robert W. Pitz
Vanderbilt University
Mechanical Engineering Department
Box 1592, Station B
Nashville, TN 37235
USA
email: robert. w. pitz@ vanderbilt. edu

Robert J. Santoro
ThePennsylvania State University
Research Building East, Room 240
Bigler Road
University Park, PA 16803
USA
email: rjs2@ psu. edu

Christopher R. Shaddix
Sandia National Laboratories
MS 9052
PO Box 969
Livermore, CA 94551 – 0969

USA
email：crshadd@ sandia. gov

Gregory P. Smith
SRI International
Molecular Physics Laboratory
333 Ravenswood Avenue
Menlo Park，CA 94025 – 3453
USA
email：smith@ mplvax. sri. com

Kermit C. Smyth
NIST
Bldg. 224，Rm. B360
Gaithersburg，MD 20899
USA
email：kermit. smyth@ nist. gov

Winfried P. Stricker
Deutsches Zentrum für Luft – und
Raumfahrt
Institut für Verbrennungstechnik
Pfaffenwaldring 38 – 40
D – 70569 Stuttgart
Germany
email：winfried. stricker@ dlr. de

Hans – Robert Volpp
Ruprecht Karls Universität
Heidelberg
Physikalisch – Chemisches Institut
Im Neuenheimer Feld 253
D – 69120Heidelberg
Germany
email：aw2@ ix. urz. uni – heidelberg. de

Jürgen Warnatz
Ruprecht Karls Universität
Heidelberg
Interdisziplinäres Zentrum für Wissen-
schaftliches Rechnen
Im Neuenheimer Feld 368
D – 69120Heidelberg
Germany
email：warnatz@ iwr. uni – heidelberg.
de

Bradley A. Williams
U. S. Naval Research Laboratory
Chemistry Division Code 6185
4555 Overlook Avenue，SW
Washington，DC 20375 – 5342
USA
email：brad@ code6185. nrl. navy. mil

Jürgen Wolfrum
Ruprecht Karls Universität
Heidelberg
Physikalisch – Chemisches Institut
Im Neuenheimer Feld 253
D – 69120Heidelberg
Germany
email：wolfrum@ sun0. urz. uni – heidel-
berg. de

目　　录

第1章　绪论 ································· 1

1.1　目的 ································· 1

1.2　背景 ································· 2

1.3　本书的结构 ································· 3

参考文献 ································· 5

第一部分　技　　术

第2章　微量组分激光探测技术 ················· 8

2.1　引言 ································· 8

2.2　微量组分激光测量技术概述 ············· 9

    2.2.1　激光诱导荧光 ··················· 9

    2.2.2　共振增强多光子电离 ··············· 10

    2.2.3　简并四波混频 ··················· 11

    2.2.4　腔衰荡光谱技术 ················· 11

    2.2.5　可调谐二极管激光吸收光谱技术 ······· 12

    2.2.6　其他技术 ····················· 12

2.3　激光诱导荧光 ······················· 13

    2.3.1　光谱学 ······················· 15

    2.3.2　碰撞 ························· 16

    2.3.3　多光子 LIF ··················· 19

    2.3.4　饱和 LIF ····················· 19

    2.3.5　预分离 LIF ··················· 20

    2.3.6　LIF 绝对浓度测量 ··············· 20

2.4　与燃烧化学模型比对 ················· 22

2.5　其他微量组分 ······················· 23

参考文献 ·· 24

附录:火焰微量成分测量的文献综述 ··················· 28

  缩略语 ·· 28

  附录参考文献 ·· 47

第 3 章　中间产物浓度测量的相干技术 ············· 67

3.1　引言 ··· 67

3.2　简并四波混频 ····································· 69

  3.2.1　简并四波混频在温度和浓度测量中的应用 ··· 72

  3.2.2　实用考虑与未来应用 ····················· 75

3.3　激光诱导热光栅光谱技术 ······················ 76

3.4　相干反斯托克斯拉曼散射(CARS) ············· 78

  3.4.1　CARS 在浓度测量中的应用 ·············· 79

  3.4.2　实用考虑与未来应用 ····················· 79

3.5　偏振光谱技术 ····································· 80

  3.5.1　PS 在温度和浓度测量中的应用 ··········· 81

  3.5.2　实用考虑与未来应用 ····················· 83

3.6　结论 ··· 84

参考文献 ·· 84

第 4 章　组分浓度测量的腔衰荡光谱技术 ········· 90

4.1　引言 ··· 90

4.2　背景及动机 ·· 91

4.3　腔衰荡方法 ·· 92

  4.3.1　基本的时间特性 ··························· 93

  4.3.2　有限激光线宽效应 ························· 94

  4.3.3　横模效应 ·································· 96

  4.3.4　空间分辨率 ································ 97

  4.3.5　探测及其他实际问题 ····················· 99

4.4　火焰中特殊组分的 CRD 测量 ·················· 100

  4.4.1　CH ·· 100

  4.4.2　OH ·· 102

  4.4.3　CN ·· 103

  4.4.4　$^1CH_2$ ································· 104

4.4.5　HCO ························· 104

4.4.6　CH_3 ························· 106

4.4.7　NH ························· 106

4.4.8　CH_2O ························· 107

4.4.9　H_2O ························· 107

4.5　未来发展趋势 ························· 107

4.5.1　红外 CRD 技术 ························· 108

4.5.2　连续激光 CRD ························· 108

4.5.3　多谱线测量技术 ························· 108

4.5.4　其他 CRD 方法 ························· 109

4.6　结论 ························· 109

致谢 ························· 110

参考文献 ························· 110

第 5 章　短脉冲技术：皮秒荧光、能级转移、"无猝灭"测量 ········ 115

5.1　引言 ························· 115

5.2　基本物理概念 ························· 116

5.2.1　猝灭和能级转移 ························· 116

5.2.2　短脉冲 ························· 119

5.3　实验设备 ························· 119

5.3.1　激光源 ························· 119

5.3.2　短脉冲激光特性 ························· 122

5.3.3　探测系统 ························· 124

5.3.4　激发过程 ························· 125

5.4　典型应用及其优缺点 ························· 127

5.4.1　能级转移过程研究 ························· 127

5.4.2　微量组分的"无猝灭"测量 ························· 129

5.4.3　湍流场中的脉冲串测量 ························· 130

5.4.4　多光束技术 ························· 131

5.5　总结与展望 ························· 132

参考文献 ························· 133

第 6 章　实验室火焰和实际装置中的温度测量 ················ 137

6.1　引言 ························· 137

6.2 温度测量方法概述 ·· 137

6.3 基于激光光谱的温度测量技术 ······························ 139

   6.3.1 瑞利散射技术 ·· 141

   6.3.2 自发拉曼散射技术 ···································· 142

   6.3.3 激光诱导荧光技术 ···································· 145

   6.3.4 相干反斯托克斯拉曼散射技术 ···················· 149

6.4 温度测量的典型实例 ·· 153

   6.4.1 拉曼和瑞利测温在火焰模型验证中的应用 ······ 153

   6.4.2 实际应用中基于 OH 的二维温度测量 ············ 154

   6.4.3 碳烟火焰中氮气 Q 支 CARS 测温 ··············· 157

   6.4.4 氮气 CARS 测量航空发动机模拟燃烧室瞬态温度 ··· 158

6.5 总结 ··· 159

致谢 ··· 160

参考文献 ·· 160

第 7 章 流场诊断 ·· 169

7.1 引言 ··· 169

7.2 发展历史简介 ·· 169

7.3 面临的挑战 ··· 173

7.4 标量参数成像 ·· 174

   7.4.1 密度成像 ·· 174

   7.4.2 温度成像 ·· 179

7.5 输运特性测量 ·· 180

   7.5.1 基于分子散射的测量方法 ·························· 180

   7.5.2 基于粒子的速度场测量方法 ······················ 183

7.6 总结 ··· 186

致谢 ··· 187

参考文献 ·· 187

第 8 章 时空多维诊断 ·· 194

8.1 引言 ··· 194

8.2 基础知识 ·· 195

   8.2.1 理论 ·· 195

   8.2.2 平面成像:实用考虑 ································· 196

8.2.3　多维成像装置 ·· 197

8.2.4　三维成像方案 ·· 198

8.2.5　激励光源 ·· 198

8.2.6　探测器技术 ·· 199

8.3　应用 ··· 200

8.3.1　主要组分测量 ·· 200

8.3.2　混合比/温度测量 ··· 201

8.3.3　微量组分测量 ·· 202

8.3.4　反应速率成像 ·· 204

8.3.5　时域成像 ·· 204

8.3.6　三维成像 ·· 209

8.4　结论和展望 ··· 211

致谢 ··· 212

参考文献 ··· 212

第9章　激光诱导白炽光 ·· 218

9.1　引言 ··· 218

9.2　前期 LII 研究 ··· 219

9.3　理论分析 ··· 219

9.4　实验方法 ··· 224

9.4.1　激光激发的能量和波长 ·· 225

9.4.2　激光强度分布 ·· 227

9.4.3　光谱检测范围 ·· 228

9.4.4　探测的门宽和同步 ·· 230

9.5　标定 ··· 230

9.5.1　消光标定法 ·· 230

9.5.2　腔衰荡标定方法 ·· 233

9.5.3　重量分析标定法 ·· 233

9.5.4　无需标定的碳烟体积分数定量测量 ······························ 233

9.5.5　颗粒尺寸测量的标定 ·· 234

9.5.6　LII 标定的主要关注点 ··· 234

9.6　测量结果 ··· 235

9.7　总结 ··· 240

参考文献 ··· 241

第二部分 应 用

第 10 章　富燃化学和碳烟前驱物 ·· 248

10.1　引言 ·· 248

10.2　反应系统 ·· 249

　　10.2.1　反应装置 ·· 249

　　10.2.2　激波管 ·· 250

　　10.2.3　预混火焰 ·· 250

　　10.2.4　层流扩散火焰 ·· 251

10.3　建模 ·· 252

10.4　实验技术和方案 ·· 253

　　10.4.1　非接触测量技术 ·· 254

　　10.4.2　侵入式技术 ·· 258

10.5　综合诊断方法 ·· 260

致谢 ·· 264

参考文献 ·· 264

第 11 章　灭火的燃烧化学 ·· 271

11.1　背景 ·· 271

11.2　灭火的基本原理 ·· 272

11.3　光学诊断技术在灭火化学中的应用 ·· 274

11.4　灭火的反应动力学机制 ·· 276

　　11.4.1　碳氟化合物 ·· 277

　　11.4.2　钠 ·· 279

　　11.4.3　铁和其他过渡金属 ·· 280

11.5　总结 ·· 282

参考文献 ·· 282

第 12 章　用于催化燃烧研究的和频振动光谱技术 ·· 286

12.1　引言 ·· 286

12.2　红外 – 可见 SFG 表面振动光谱学基础 ·· 288

12.3　利用 SFG 进行催化燃烧实时诊断的实验布局 ·· 291

12.4　多晶 Pt 箔表面进行的 CO 吸附/脱附研究 ·· 293

12.5　多晶 Pt 箔上的 CO 燃烧研究 ……………………………………… 295

12.6　高温高压下铂表面的 CO 解离研究 …………………………… 297

12.7　展望与挑战 ………………………………………………………… 299

致谢 ………………………………………………………………………… 300

参考文献 …………………………………………………………………… 301

第13章　多环芳香烃和碳烟的光学诊断 ……………………………… 305

13.1　引言 ………………………………………………………………… 305

13.2　多环芳香烃 ………………………………………………………… 306

　　13.2.1　PAH 的基本特性 ……………………………………… 306

　　13.2.2　应用 …………………………………………………… 309

　　13.2.3　讨论 …………………………………………………… 311

13.3　光学技术对碳烟的诊断 …………………………………………… 312

13.4　激光诱导白炽光技术测量碳烟 …………………………………… 313

　　13.4.1　LII 原理 ………………………………………………… 313

　　13.4.2　LII 的应用 ……………………………………………… 313

　　13.4.3　发动机和类发动机条件下的 LII 测量 ……………… 314

　　13.4.4　LII 对柴油发动机尾气的测量 ……………………… 317

13.5　总结 ………………………………………………………………… 319

致谢 ………………………………………………………………………… 319

参考文献 …………………………………………………………………… 320

第14章　湍流火焰中的多标量诊断 …………………………………… 327

14.1　引言 ………………………………………………………………… 327

14.2　实验设计要点 ……………………………………………………… 327

　　14.2.1　激光的选择和拉曼信号的估算 ……………………… 328

　　14.2.2　收集和探测装置的选择 ……………………………… 329

14.3　应用实例 1:拉曼/瑞利/LIF 同时点测量 ……………………… 330

　　14.3.1　用于点测量的光学布局 ……………………………… 331

　　14.3.2　标定和数据处理 ……………………………………… 333

14.4　应用实例 2:标量耗散的一维测量 ……………………………… 335

14.5　碳氢化合物荧光干扰:属性、规避和修正 ……………………… 336

14.6　标定燃烧炉 ………………………………………………………… 340

14.7　精确度和准确度考虑 ……………………………………………… 340

14.8 其他多标量参数测量在燃烧中的应用 ················ 341

14.9 多标量诊断的前景展望 ··························· 341

附加说明 ··· 341

参考文献 ··· 342

第 15 章 燃气轮机和内燃机的燃料注入与混合研究中的液滴测量 ······ 347

15.1 引言 ····································· 347

15.2 液滴稳定性和喷雾统计基础 ····················· 349

15.3 马尔文粒度仪 ······························· 351

15.4 相位多普勒测速仪 ··························· 352

15.5 激光片粒径测量技术 ························· 355

15.6 应用实例和不同方法对比 ····················· 360

参考文献 ··· 363

第 16 章 直喷柴油发动机的光学测量 ···················· 366

16.1 柴油发动机相关的关键问题 ····················· 366

16.2 喷嘴流动 ································· 367

16.3 喷雾与混合物形成 ··························· 368

16.3.1 弹性散射 ··························· 369

16.3.2 激光诱导荧光 ······················· 371

16.3.3 激光诱导拉曼散射 ····················· 374

16.4 自点火与燃烧 ······························· 375

16.5 污染物测量 ································· 378

16.5.1 激光诱导白炽光测量碳烟 ················· 378

16.5.2 LIF 测量 NO ························· 379

16.6 柴油发动机光学诊断总结及尚未解决的问题 ·········· 379

参考文献 ··· 381

第 17 章 直喷汽油发动机的光学诊断 ···················· 384

17.1 引言 ····································· 384

17.2 直喷汽油发动机 ··························· 385

17.3 光学发动机 ································· 386

17.4 流场的发展 ································· 387

17.4.1 粒子成像测速技术 ····················· 388

　　　17.4.2　激光多普勒测速技术 ···················· 389

17.5　喷雾形成 ····································· 391

　　　17.5.1　Mie 散射 ·························· 391

　　　17.5.2　液相激光诱导荧光 ··········· 392

　　　17.5.3　油滴 PIV ····················· 393

17.6　汽化与混合 ······························· 394

　　　17.6.1　气相 LIF ······················ 394

　　　17.6.2　两相 LIF ······················ 395

　　　17.6.3　自发拉曼散射技术 ·········· 396

17.7　燃烧 ··· 397

17.8　污染物形成 ······························· 398

　　　17.8.1　一氧化氮 ······················ 399

　　　17.8.2　碳烟 ··························· 399

17.9　光学发动机诊断的未来趋势 ·········· 400

　　　17.9.1　流场标记 ······················ 400

　　　17.9.2　准二维拉曼散射技术 ········· 401

　　　17.9.3　发射光谱技术 ················· 401

　　　17.9.4　发射/吸收光谱技术 ·········· 401

　　　17.9.5　时间分辨测量 ················· 401

17.10　总结 ·· 402

致谢 ·· 402

参考文献 ·· 403

第 18 章　可调谐二极管激光传感及燃烧控制 ···· 406

18.1　引言和传感器概述 ······················ 406

18.2　测量原理 ··································· 407

18.3　传感器结构 ······························· 409

18.4　TDL 传感应用案例 ····················· 410

　　　18.4.1　浓度测量 ······················ 410

　　　18.4.2　气体动力学参数测量 ········· 411

18.5　燃烧、发动机和工业过程控制中的应用 ······· 414

　　　18.5.1　压缩机喘振/失速控制 ········ 414

　　　18.5.2　富氧燃料工业供热 ·········· 415

　　　18.5.3　燃烧主动控制 ················· 417

18.5.4 未来的机遇及需求 ·· 419

致谢 ·· 419

参考文献 ·· 420

第三部分 展　望

第19章 用于详细动力学建模的诊断 ························ 424

19.1 引言 ·· 424

19.2 模型不确定度 ··· 425

19.2.1 热力学——焓 ··· 425

19.2.2 输运 ··· 426

19.2.3 气体流动 ··· 427

19.2.4 气体温度 ··· 428

19.3 温度计算 ··· 429

19.4 动力学不确定度 ··· 430

19.4.1 组分 ··· 430

19.4.2 比值 ··· 434

19.5 总结 ·· 435

致谢 ·· 435

参考文献 ·· 435

第20章 催化燃烧诊断 ·· 438

20.1 引言 ·· 438

20.2 催化燃烧建模 ··· 439

20.2.1 流体和化学的耦合 ··· 439

20.2.2 反应动力学 ··· 440

20.2.3 应用——催化点火 ··· 442

20.3 表面反应机理的发展 ··· 443

20.3.1 反应路径 ··· 443

20.3.2 动力学数据 ··· 445

20.3.3 机理的评估 ··· 446

20.4 局限和挑战 ··· 446

20.4.1 表面结构和反应特性 ····································· 446

20.4.2 蒙特卡洛方法 ··· 447

20.5　总结 ·· 447

参考文献 ·· 448

第 21 章　用于燃烧控制的传感器需求 ···················· 451

21.1　引言 ·· 451

21.2　燃烧控制 ·· 451

21.2.1　主动燃烧控制 ·· 452

21.2.2　工作点控制 ·· 453

21.3　控制概念和传感器需求 ··· 457

21.3.1　诊断技术 ·· 458

21.3.2　燃烧控制的输入参数 ··· 459

21.4　总结 ·· 464

致谢 ··· 464

参考文献 ·· 465

第 22 章　燃气涡轮发动机燃烧室模型验证诊断技术的挑战 ········· 475

22.1　引言 ·· 475

22.2　常规特性 ·· 476

22.3　子模型的开发和验证 ··· 479

22.4　完整模型的验证 ·· 483

22.5　在模型验证方面激光诊断技术面临的挑战 ···················· 488

致谢 ··· 490

参考文献 ·· 490

第 23 章　诊断技术在材料燃烧合成中的机遇 ···················· 497

23.1　引言 ·· 497

23.2　燃烧合成过程 ·· 497

23.3　固/固和固/气燃烧合成的唯象控制与理解 ······················ 500

23.4　SHS 实时诊断的例子 ··· 502

23.5　气/固 SHS 研究中的诊断机遇案例 ······························· 505

23.6　气/气火焰合成的唯象学 ·· 507

23.7　火焰合成中诊断机遇案例 ··· 509

23.8　总结 ·· 510

致谢 ··· 510

参考文献 ……………………………………………………………… 510

第 24 章　有毒物质排放控制的诊断需求 ………………………… 512

24.1　引言 ………………………………………………………… 512

24.2　空气有毒物的特征 ………………………………………… 513

24.3　空气有毒物对人类健康造成的影响 ……………………… 515

24.4　需要致力解决的两类系统 ………………………………… 517

　　24.4.1　常见燃烧 …………………………………………… 517

　　24.4.2　先进燃烧系统与新的挑战 ………………………… 522

24.5　诊断需求 …………………………………………………… 523

24.6　技术需求 …………………………………………………… 524

24.7　总结 ………………………………………………………… 525

参考文献 …………………………………………………………… 525

第 25 章　有机物燃烧废流时间分辨监测的在线痕量分析 ……… 530

25.1　引言 ………………………………………………………… 530

25.2　共振激光质谱技术原理及特点 …………………………… 531

　　25.2.1　UV 光谱技术 ……………………………………… 531

　　25.2.2　多光子电离 ………………………………………… 533

　　25.2.3　飞行时间质谱测量技术 …………………………… 533

　　25.2.4　灵敏度估算(相对离子产额) ……………………… 534

　　25.2.5　问题案例 …………………………………………… 535

25.3　发动机尾气中的痕量分析 ………………………………… 536

25.4　燃烧过程生成的吸附于气溶胶及其他固体样品的 PAH 同形
　　　异构体选择性痕量分析途径 …………………………… 539

25.5　其他用于痕量分析的激光质谱技术 ……………………… 541

25.6　实际应用中激光质谱设备的总结评论 …………………… 542

致谢 ………………………………………………………………… 543

参考文献 …………………………………………………………… 544

**第 26 章　燃烧尾气污染物定量测量的可调谐红外激光差分吸收
　　　　　光谱传感器** ……………………………………… 548

26.1　燃烧尾气产物及大气 ……………………………………… 548

　　26.1.1　引言 ………………………………………………… 548

　　　　26.1.2　大气化学 ································· 548
　　26.2　可调谐红外激光差分吸收光谱技术 ··········· 550
　　　　26.2.1　光谱学基础 ····························· 550
　　　　26.2.2　激光源 ································· 551
　　　　26.2.3　信号处理 ······························· 552
　　　　26.2.4　样品采集 ······························· 554
　　26.3　TILDAS 在燃烧尾气测量中的应用 ··········· 555
　　　　26.3.1　机动车尾气污染物的跨路遥感 ··········· 555
　　　　26.3.2　喷气发动机尾气污染物测量 ············· 558
　　　　26.3.3　香烟特性的表征 ······················· 560
　　26.4　总结 ··· 561
　　致谢 ··· 561
　　参考文献 ··· 561

第 27 章　后续发展 ··································· 565

　　27.1　引言 ··· 565
　　27.2　红外激光诱导荧光成像技术 ················· 565
　　27.3　用原子注入法在碳烟火焰中测温 ············· 567
　　27.4　用太赫兹吸收探测水 ······················· 567
　　27.5　发动机诊断中 CO_2 的干扰 ················· 568
　　27.6　新型流体示踪测速技术 ····················· 568
　　27.7　柴油发动机的诊断优势 ····················· 568
　　27.8　用于燃烧诊断和控制的新型二极管激光源 ····· 569
　　27.9　燃烧器设计中的激光诊断 ··················· 569
　　27.10　总结 ··· 569
　　参考文献 ··· 570

缩略词 ··· 572

许可 ··· 579

第1章 绪 论

Katharina Kohse – Höinghaus, Jay B. Jeffries

1.1 目 的

  燃烧是世界上能量的主要来源,改进燃烧效率是极其重要的,可以有效地利用自然资源,并减少燃烧产生的污染,从而减轻对空气质量的压力。自从 1857 年 Swan 观测到蜡烛火焰辐射的 C_2 的绿色谱带,燃烧和光学诊断就不可分割了。火焰成为研究发射光谱学的非常好的光源,早期的文献可查阅 Gaydon1957 年出版的著作[1]。

  对燃烧设备和燃烧过程改进的基本了解需要多领域科学家的合作。对于一个实际燃烧设备,即便是最小限度的数值模拟模型也需要化学、流体力学和热传导学方面的知识,而且必须用精心设计的实验来验证。近年来,基于激光的诊断技术可对燃烧过程产生的问题提供直接的答案。这样的诊断测量为我们理解燃烧提供了严格的实验验证,并且促使我们思考如何应用这些知识控制和优化燃烧系统。世界上很多研究小组的物理学家、化学家和工程师们合作研发和验证这些激光方法和解释测量结果,其范围涉及基础燃烧研究到实际燃烧装置。

  燃烧系统组成了一种苛刻的高温环境,往往表现为复杂的化学和随时间变化的湍流场特性,另外,实际的燃烧常常提升压强和产生两相流。由实验确定大多数的基本信息需要很大的努力:温度、主要组分和反应中间产物的浓度、流速以及这些参量的时空变化等都需要测量,特别是常常需要同时测量。当把激光技术耦合进去,或者说在实际燃烧环境中使用激光仪器测量时,受限的光学通道、光学窗的畸变、测量时间的限制、振动等问题都会伴随而来。

  很显然,没有哪种单一的激光技术或测量途径能提供所有所需的参量来表征一个复杂的实际燃烧室。为满足这些需求,已研发了许多基于激光的技术和方法,包括拉曼和瑞利散射、非线性拉曼光谱、激光诱导荧光、多光子和泵浦探测、四波混频和全息光栅、先进的激光吸收光谱技术等。为表征燃烧系统,对激光测量系统的设计、应用及解释需要激光物理、光谱学和燃烧化学的全面的基础

1

知识。基于激光的燃烧诊断基本原理已由 Alan Eckbreth 在文献[2]中论述,这本优秀的专著为空间分辨的燃烧诊断技术提供了背景基础知识。

自从激光技术首次用于研究燃烧 30 年来,燃烧诊断领域已大大成熟起来,不仅基础技术得到检验和应用,而且产生了许多新概念,研制了更复杂的设备和评估工具,使得更具挑战性的问题得到解决。几年前,重要的反应中间组分的探测就是一种成就,而今天,已经实现了对其浓度的精确定量测量。过去某些定量测量仅仅在实验室洁净条件下才能进行,现在已经发展了一些技术可以在存在颗粒、壁面和真实运行条件下测量。过去只有在某些特定区域进行逐点定量测量,现在可以实现一维、二维、三维测量。过去只能在给定时间测量温度和浓度值,现在已经演示了用多种激光技术相结合给出多组分多物理量的概念。新的激光技术如快脉冲、高重频、更好的光束质量、更宽的波长范围和更大的可调谐性等,这些性能与光学及电子学探测器并行发展,使得新的诊断途径和方法成为可能。这些令人兴奋的新发展使燃烧诊断领域在基础研究方面不断增加活力,满足了燃烧科学及相关环境研究所需的日益增长的挑战性需求。同时许多技术转换为常规的工具,上次燃烧研讨会上发表的实验研究论文中至少有一半都是基于激光测量数据得出结论的。这里从诊断学的角度,给出应用激光测量技术解决燃烧问题的当前技术水平。本书的目的是使读者掌握激光诊断知识并选择正确的方案解决燃烧问题。

1.2 背　　景

基于激光的燃烧诊断学的多学科本质产生了大量不同的综述性文献。Eckbreth 在文献[2]中论述了空间分辨的气相测量的线性和非线性诊断技术基础物理,而这本书假定读者熟悉这方面的背景知识。关于激光物理的更全面的讨论,Siegman[3] 的书给予了介绍。Demtröder[4] 介绍了激光光谱学。Herzberg[5-8] 出版了分子光谱学的系列丛书,还有大量的最新文献[9,10]。基于激光的诊断系统设计需要材料光学性质和光学设计的数据,推荐 Born 和 Wolf[11] 的经典著作以及美国光学学会的手册[12]。基于激光的燃烧诊断系统的设计一般包括激光源的选择、光学器件的选择、波长选择性元件如滤光片或单色器、探测设备等都在Eckbreth[2] 的书中有叙述。

某些技术如激光诱导荧光(LIF)、相干反斯托克斯拉曼散射(CARS)、拉曼和 Mie 散射是广泛应用的燃烧诊断技术。这些技术的基本物理问题、典型的实验布局、优点和缺点等都可以在文献[2]中找到,因此本书不安排专门的章节论述。我们只讨论这些技术在燃烧诊断中的应用。

1.3　本书的结构

本书分成三个部分:技术、应用和展望。第一部分(第2—9章)集中介绍适于测量燃烧性质的方法,包括微量组分浓度(第2章)、温度(第6章)和流场特性(第7章)等。另外,对皮秒激光脉冲(第5章)和多维时空研究(第8章)等新技术用于研究燃烧现象的可能性也进行了讨论。其他一些新技术在这部分也进行了评论,这些技术是在 Eckbreth 的书正在撰写的时候出现的,包括相干技术用于中间产物的测量(第3章)、腔衰荡(CRD)光谱(第4章)、激光诱导白炽光(LII)(第9章)。本书第一部分的章节安排顺序是:第2—5章中间产物测量,第6章温度测量,第7、8章流场测量,第9章颗粒相关特性的测量。

在过去20年间,发表了大量的表面上看来似乎不相关的基础信息,如碰撞过程、极化性质、光谱线型和光谱干涉、激光解离、激光吸收、光束控制和光束面型畸变等。这些基础数据与 Eckbreth 在文献[2]中论述的诊断原理相结合,为本书第一部分讨论复杂的定量测量提供了机会。它包含了多种手段,这些手段在详细地探测从实验室火焰到实际装置的化学组分、污染组成和燃烧性能中找到了应用。读者可以参阅第2章附录中编辑的大量参考文献。

本书的第二部分(第10—18章)主要介绍基于激光的诊断技术在燃烧研究中的具体应用。过去10年里,尽管燃烧诊断研究致力于改进已有的技术或演示一些新的研究成果,但许多研究团队已经开始用综合诊断技术研究日益复杂的燃烧问题。因此,新的测量方略是使用一组测量方法开发测量系统以指导设计和验证模型,并评估污染排放等性能参数。典型的诊断技术的结合用于解决特殊的燃烧问题在本书第二部分进行了概述,章节的次序粗略地反映了燃烧问题逐渐增加的复杂性。值得注意的是,诊断策略中包括一些非激光方法和探测技术以补充基于激光的测量技术。

对湍流、多环芳香烃组分和碳烟的形成、喷雾燃烧等问题的理解是实际装置中最为紧迫的问题,而它们最终有可能是不可分离的问题。这些燃烧问题的解决需要创新的诊断机制并且与验证新的理论模型相结合。

尽管已经探索了许多有价值的研究和测量机制,但该领域仍然面临着实时在线定量测量湍流火焰中所有相关的标量和矢量参量的挑战,而这些能够揭示火焰的三维结构及其随时间的变化。为了帮助理解一些重要的燃烧过程,数值模拟对一些不易观测量的需求也在日益增加,包括局部释热或反应通量等。

第二部分从阐述富燃燃烧(第10章)开始,阐明火焰中复杂的化学反应。同样地,在第11章从化学的角度叙述对火焰的抑制。这两章涉及的大多数化学过程主要考虑气相反应,后面的章节则考虑两相流燃烧系统。第12章介绍了催化燃烧诊断,在真实压力条件下,在表面直接测量不同种类的化学反应。第13章介绍多环芳香碳氢化合物(PAH)和碳烟诊断,这里应用的一些方法包括LII,在第一部分有所评论。在叙述了化学反应的复杂应用之后,将关注更加实际的应用系统。首先,把湍流火焰的诊断(第14章)作为测量实际装置的先决条件,其次关注气体涡轮发动机研究中重要的喷雾燃烧的诊断(第15—17章)。第二部分的最后一章介绍适于燃烧控制传感器的诊断技术(第18章),这些装置必须足够快地提供数据,使先进的燃烧设备能实时控制以保证闭环运行并能实时优化。尽管上述燃烧诊断相关的例子可能并不是毫无遗漏,但它们给读者提供了有价值的指导,在某些条件下包括湍流、涡流、高密度、蒸发和燃烧喷雾、高压及加载粒子等,可把多种诊断技术相结合。

尽管燃烧系统的诊断已经走过了很长的路,但仍留下了一些未解决的问题。高度复杂的任务包括碳烟火焰、两相流燃烧和焚化等有待进一步先进的诊断技术加以解决。此外,可日益看出燃烧科学与相近领域的交叉。燃烧反应堆被用来产生纳米尺度的材料,产生完全不同的化学反应系列,而这些过程的优化是需要研究的。燃烧产生的污染对气候和大气反应平衡问题产生影响,因此诊断的需求可能不止于排气管处。同样地,出于对公共健康的考虑,不仅对含碳颗粒的大小分布而且对其表面化学性质都需要详细研究。

本书的第三部分(第19—26章)集中叙述部分未解决的问题和进一步研究的方向。企图更清晰明了地说明今后燃烧研究的需求。这些研究有可能受益于先进的诊断技术,同时为相关领域类似的技术和设备的应用开辟新的途径。同样地,本部分内容粗略地按系统的复杂度增加排序。作为一种特色,某些简要的叙述出自建模者的看法,用于解释对模型设计和验证。按照该思路,第19章从改进详细的化学模型所需的诊断技术开始,集中介绍气相化学。第20章讨论接触反应燃烧,介绍不同种类的系统。后面的章节介绍主动燃烧控制(第21章)和燃气轮机燃烧器模型验证(第22章)所需的诊断技术。本部分的最后几章介绍燃烧材料合成期望的诊断技术应用(第23章)、有毒物排放控制(第24章)、燃烧废流的监测(第25章)、测量与燃烧相关的大气污染的先进传感器技术(第26章)。通过这些章节,读者不仅把注意力放在燃烧设备本身,而且从更全面的观点考虑,还要关注与燃烧相关的诊断技术可能解决的挑战性问题。当然,这些章节强调了某些方法的潜力,已在本书前面部分讨论过。

最后,在第27章"可持续发展",我们强调诊断机制和战略,它们将加入基于激光的燃烧诊断技术库。

参 考 文 献

[1]　Gaydon A G. The Spectroscopy of Flames. London：Chapman and Hall，1957.

[2]　Eckbreth A C. Laser Diagnostics for Combustion Temperature and Species，2nd Ed. UK：Gordon and Breach，1996.

[3]　Siegman A E. Lasers. University Science Books，CA：Mill Valley，1986.

[4]　Demtroder W. Laser Spectroscopy，2nd Ed. Berlin：Springer – Verlag，1981.

[5]　Herzberg G. Molecular Spectra and Molecular Structure，Vol. Ⅰ：Spectra of Diatomic Molecules，2nd Ed. New York：Van Nostrand ReinholdCompany，1950.

[6]　Herzberg G. Molecular Spectra and Molecular Structure，Vol. Ⅱ：Infrared and Raman Spectra of Polyatomic Molecules. New York：Van NostrandReinhold Company，1945.

[7]　Herzberg G. Molecular Spectra and Molecular Structure，Vol. Ⅲ：Electronic Spectra and Electronic Structure of Polratomic Molecules. New York：Van Nostrand Reinhold Company，1966.

[8]　Huber K P，Herzberg G. Molecular Spectra and MolecularStructure，Vol. Ⅳ：Constants of Diatomic Molecules. New York：Van NostrandReinhold Company，1979.

[9]　Steinfeld J 1. Molecules and Radiation：An Introduction to ModernMolecular Spectroscopy. Cambridge，MA：The MIT Press，1978.

[10]　Bernath P F. Spectra of Atoms and Molecules. Oxford：OxfordUniversityPress，1995.

[11]　Born M，Wolf E. Principles of Optics，7th Ed. Cambridge：CambridgeUniversity Press，1999.

[12]　Bass M，ed. Handbook of Optics，2nd Ed. NewYork：McGraw – Hill，1995.

第一部分　技　术

实验是最好的证据。

——Francis Bacon

(*novum organum sive vera de interpretatione natusae*, *London* 1620)

第2章 微量组分激光探测技术

Kermit C. Smyth，David R. Crosley

2.1 引　言

燃烧可以认为是一种将化学能转化为热能的可自持反应的流体。热化学、流体力学、质量和热量输运、化学反应动力学在燃烧过程中都起到非常重要的作用。无论是稳态火焰，还是爆炸或内燃机等瞬态燃烧过程，系统效率通常都是燃烧研究的主要议题。燃烧效率主要受前三个因素影响，通常并不需要考虑微量组分反应动力学的细节。

然而，那些浓度从1%到ppb量级的微量组分的化学反应动力学，对于研究其他燃烧问题却起着十分重要的作用，主要的问题涉及污染物形成(NO_x、SO_x、碳烟、有毒有机化合物)、火焰点火和火焰抑制。随着环保法规日趋严格，理解污染物形成的化学反应动力学成为燃烧研究的主要议题。本章主要关注对于这些过程非常重要的火焰微量组分的测量。我们的讨论将集中于激光诱导荧光(Laser - Induced Fluorescence，LIF)技术，它已经成为火焰中微量组分测量的一种有力的手段。这主要归因于该测量技术简单易行，有用于理论解释的现成数据库以及二维成像能力。本章将附带简要介绍其他技术手段，在本书的其他章节将会涉及其中的某些技术。到目前为止，微量组分中研究最多的是OH、NO以及CH自由基。由于它们在火焰中的重要性，并且具有成熟的检测方案，我们将给予它们最大的关注。

此外，本章还将讨论在简单流场如各种类型的层流火焰中的测量。在这种火焰中，由于混合以及其他输运过程比湍流场简单得多，因此能够获得化学反应路径的详尽细节。为了了解复杂流场内的化学过程，不能孤立地进行反应机理研究，需要对基团组分进行测量，以检验可预测的化学反应机理。我们要做的是给出各种组分的定量分布，最好是绝对测量以及精确的温度测量。尽管如此，在湍流燃烧室内进行微量组分测量，能用以定性地校验化学反应和混合现象。也就是说，我们需要在最简单、可控的情形下，通过测量微量组分来理解化学反应过程，然后进一步在描述复杂系统的计算机程序中得到应用。

不同于稳定的燃烧气体,自由基不能存在于气相色谱仪或傅里叶变换红外光谱仪所需的取样路径里。因此,探测自由基的技术必须是非侵入式的,也就是说,不能有插入火焰中的取样探头(分子束质谱仪能够探测大量的自由基,但依然会对测量点的火焰产生扰动)。本章的正文部分首先列出了各种非侵入式的、基于激光的微量组分测量技术(其他章节也涉及这些技术),接着对 LIF 技术进行了非常详细的描述,讨论了相对和绝对浓度分布测量方法。本章还专门安排了一节,选择了一些论文,对详细的模型预测结果与微量组分测量结果进行比较。本章的精髓在于附录中的一张表格,表中列举了与火焰化学反应动力学研究相关的 60 种不同微量组分,其中包含激发和探测方法、测量的火焰类型以及相关的文献。少数对于燃烧过程很重要的微量组分,以往只在流管、反应器以及光解反应实验中才进行研究,附录中同样进行了收录。在正文中还讨论了对于某些特定问题至关紧要的其他组分,如多环芳香烃或金属等,但表中没有收录。

2.2　微量组分激光测量技术概述

2.2.1　激光诱导荧光

激光诱导荧光技术中,激光波长调谐到感兴趣的原子或分子的某个吸收线,接着该组分被激发到电子激发态并发射荧光,然后探测荧光辐射信号。LIF 技术通过调谐激光波长能够描绘出组分的吸收光谱,可靠地鉴别出组分类型,还可以通过确定分子转动或振动能级的分布来测量温度。LIF 除了能用于逐点测量(这对于理解火焰化学反应过程非常有用),还可方便地用于火焰中微量组分分布的二维平面成像。

LIF 是用于火焰微量组分浓度研究最成功的技术,其在燃烧学研究领域的应用已经很成熟了。早期的研究主要集中于概念验证和演示性实验。1992 年第 24 届燃烧学会议上,在众多的实验结果报道论文(口头和张贴报告)中,13% 的论文都应用到了 LIF 技术。特别是,在这些工作中 LIF 技术都是用于燃烧学研究,并未有新的诊断技术文章出现。到 1998 年第 27 届燃烧学会议上,发表的论文中 20% 都应用了 LIF 技术。

通常来说,LIF 技术使用起来比较容易,尤其是对常见的组分,如 OH、CH 与 NO,已建立了用于描述光谱、猝灭和能级转移的数据库。尽管如此,为了获得精确的定量结果,还有许多复杂的问题需要去考虑,其中主要涉及测量过程中各转动、振动和电子能级间的能级转移。这些将在接下来的部分进行讨论,更详细的内容见第 5 章。

已有若干综述性文章论述了 LIF 技术及测量,其发展历史可参考两本燃烧激光诊断著作[1,2]。发表在 *Progress in Energy and Combustion Science* 期刊上的两篇文章尤其值得关注。第一篇[3]是关于火焰中微量组分探测实验的非常全面的文章(超过 700 篇参考文献),该文章虽然重点介绍的是 LIF 技术,但也讨论了其他若干技术。第二篇[4]只关注 LIF,介绍了 LIF 的数学模型,包括碰撞导致的复杂模型并给出了实验和设备的详尽细节。另一篇综述论文[5]的主题是利用可调谐准分子激光在火焰中进行 LIF 和拉曼散射测量。这些优秀的论文提供了关于探测微量组分非常详细的细节,由于篇幅所限,这里就不讨论了。本章试图用大量篇幅在正文中介绍这些技术,并在附录的表格中列出相关文献。

火焰中的少数微量组分,特别是 O、H、N 与 CO,并不能通过吸收单个激光光子的方式进行探测,这是因为要达到它们的第一电子激发态必须采用真空紫外光。在这样的情形下,可以通过调谐激光波长,使得组分同时吸收两个光子,成功地实现探测。双光子 LIF 技术在定量化方面遇到了额外的挑战,接下来将会对此进行讨论。

利用 LIF 技术进行二维成像非常普遍,尤其是通过羟基 LIF 对复杂系统内的火焰区进行成像。绝大多数此类实验都采用 248nm 的 KrF 激光器,在定量化方面它们或许显得不足,但在多数情况下这并不是个严重的问题。我们建议读者阅读文献[5]和本书的第 7、8 两章,其中对 LIF 成像以及其他技术进行了更详细的讨论。

2.2.2 共振增强多光子电离

共振增强多光子电离(Resonantly Enhanced Multiphoton Ionization, REMPI)技术是一种多光子过程,第一步通过吸收一个或多个光子使分子跃迁到激发态,第二步另外的激光光子使得分子直接从激发态被电离。在表中用 $n+m$ 来描述该过程,其中 n 为第一步的光子数,m 为第二步的光子数。例如,用 333.5nm 波长的 2+1 REMPI 探测火焰中非常重要的 CH_3 基[6]。通过插入火焰中的阳极收集从分子上轰击出的电子,进而得到信号。

REMPI 技术异常灵敏并可进行点测量。通常,对于那些可以采用多种技术进行探测的组分,REMPI 与本章中提到的其他技术拥有相似的灵敏度。REMPI 技术也非常适用于测量那些能被激发但不发射荧光的组分。例如,CH_3 能被波长为 217nm 的光子激发到某一激发态,但在其发射荧光之前就迅速地被解离了。但如前所述[6],利用不同的电子激发态,甲基能够通过多光子过程被电离。REMPI 技术同样适用于多种组分的探测,并且已经在探测取样气体中碳氢自由基方面得到重要应用。这些并未在附表中列出,相关应用实例见文献[7,8]及本书第 22 章。Hudgens 等人报道的 REMPI 组分测量的大量结果,也未在附表中列出,这些组分包含了表中第 2、3 列的元素,见文献[9]。

　　然而,REMPI 并不是一种真正的非侵入式测量技术,与 LIF 和下面要列举的其他技术不同的是,REMPI 技术需要将阳极插入火焰中。为了可靠地进行火焰中的相对浓度测量,需要确定探头灵敏度与火焰位置的函数关系。在扩散火焰[10]和预混火焰[11]中都可以找到相关应用。

2.2.3　简并四波混频

　　简并四波混频(Degenerate Four－Wave Mixing,DFWM)需要利用三束激光,它是一种类似于相干反斯托克斯拉曼散射(Coherent Anti－Stokes Raman Spectroscopy,CARS)的非线性过程,但是,DFWM 是基于真实的能级跃迁,这与 LIF 过程相同。因此,DFWM 综合了上述两个过程的特性:产生的第四束相干光能够利用空间滤波消除背景干扰(不同于 LIF 信号沿 4π 立体角辐射);类似于 CARS,依赖于分子的非线性极化率 $\chi^{(3)}$,能够通过宽带模式产生;类似于 LIF,能够拍摄信号的图像。与 REMPI 一样,DFWM 技术在探测有相关激发态但不辐射荧光的分子时,具有重要的地位,例如用波长 217nm 探测甲基[12]。然而,DFWM 是一种非常复杂的光学技术,其空间分辨率也有限,因此,尽管有种种优点,依然未在火焰结构测量方面得到广泛的应用。

　　DFWM、CARS 和 LITGS (Laser－Induced Thermal Grating Spectroscopy,激光诱导热光栅光谱技术)将在第 4 章中进行详细讨论。在附表中我们同样列举了 DFWM 测量的结果,但这里不打算进行深入讨论。

2.2.4　腔衰荡光谱技术

　　腔衰荡光谱(Cavity Ringdown Spectroscopy,CRD)技术是一种全新的激光探测技术,用于研究对燃烧化学非常重要的微量组分。在该技术中,一束脉冲激光被调谐到感兴趣的分子的某个吸收线上,少量的光进入由两个反射镜构成的光腔,火焰放置在光腔中。当火焰未燃时,光子在光腔内往返传播,由于腔镜透过率较低以及腔内气体的散射,在每次循环过程中,光子数逐渐减少。从而产生随时间指数衰减的信号,通过放置在其中一面腔镜后的光电倍增管或光电二极管进行探测。当燃烧时,产生了我们想要探测的微量组分,它们对调谐激光的吸收附加到每次循环过程的损耗上,产生了更快的衰减信号,从而能对总的吸收进行测量。

　　与 REMPI 和 DFWM 类似,CRD 技术只要求分子能吸收激光,因此也能探测不辐射荧光的分子。如果相关的吸收系数已知并精确地确定有效路径长度,则这种直接吸收法能提供一种免标定的绝对浓度测量方法。但是,若沿腔吸收路径上的吸收分子不是均匀分布,则定量测量时就必须考虑实际的分布。即便是仔细控制的实验室平面火焰,如在很多火焰化学研究中使用的 McKenna 型烧结盘式燃烧炉,其火焰面依然会有弯曲。解决此问题的一种方法是利用 CRD 激光进行 LIF 成像,直接给出有效的吸收路径长度[13]。

CRD 技术将在第 4 章中进行详细描述。同样地,我们在附表中列举了 CRD 测量的相关结果,但这里不打算进一步讨论。

2.2.5 可调谐二极管激光吸收光谱技术

可调谐二极管激光器(Tunable Diode Laser,TDL)工作在红外或远红外光谱区域,在探测中等浓度的组分如 CO 和 NO 方面,取得了极大的成功。在激波管、火焰以及需要快速反馈控制方面,已经得到了应用。通过结合多程吸收和频率调制技术,TDL 光谱可以非常灵敏,相关技术及其应用见本书第 18 章。

TDL 吸收光谱技术也同样应用于探测火焰中产生的微量组分,如 OH、C_2H_2 以及含氟基团。附表中同样包含了燃烧研究中所关注的组分测量的结果,如 HO_2 与 C_2H_3,但不包含火焰环境中的结果。在火焰中微量组分探测的应用上,TDL 吸收光谱技术主要存在两个困难:①与 CRD 和下面将要介绍的其他技术类似,TDL 技术是一种路径积分方法,只有在精确表征的一维和二维火焰中才能提供有用的轮廓信息;②除非压强足够低,否则转动/振动跃迁会产生不可忽视的谱线展宽,使得主要组分展宽线的两翼会覆盖微量组分的弱吸收线。例如,H_2O 展宽线会覆盖 OH 的吸收线,烃展宽线会覆盖 CH 的吸收线。因此,我们不能指望 TDL 吸收光谱技术能在常压火焰中用于微量组分的测量。对于低压火焰(多数研究都在 25 ~ 40Torr① 压力范围内进行)的测量,TDL 吸收光谱技术已被证明是非常有用的[14]。

2.2.6 其他技术

还有其他几种已经用于火焰或其他反应流系统中微量组分测量的技术。但这些技术在燃烧领域尚未得到广泛应用,主要是由于它们使用困难或者缺乏定量的空间分辨信息。我们列出了这些技术以及相关的参考文献,但这里不打算进一步讨论。

光声光谱术[15]依靠分子吸收激光能量,对火焰进行局部加热。加热过程(即使只有几 K)产生的冲击波能用麦克风探测到(通常耳朵都能听到)。然而,尽管其灵敏度可以和 LIF 相比,但其在整个激光传播路径上均会产生冲击波,所以空间分辨率很差。

激光腔内吸收法已经介绍过,在 HCO 和 $^1CH_2$[16] 的测量上也与 CRD 技术进

----

① 1Torr = 133.322Pa。

行过比较。这种技术中,火焰放置在激光器的谐振腔内,由于激光波长调谐到组分的吸收线位置,使得激光能量被吸收,所导致的单程损耗降低了激光增益,这很容易反映在激光输出上。与 CRD 一样,定量测量时必须知道有效的吸收路径长度。

自发辐射放大(ASE),与双光子 LIF 一样,首先利用双光子将感兴趣的组分(尤其是 H、N、O 和 CO)激发到电子激发态。在 LIF 中,激发态分子通过辐射荧光,跃迁回到一个或多个下能级激发态。在 ASE[17] 中,上能级被强烈地泵浦,足以在该能级与其他激发态之间形成粒子数反转,从而能够辐射光。产生的受激辐射光沿激光束方向传播,受激辐射光与辐射的荧光可以通过强度加以区分。在研究 H_2/O_2 火焰[18] 中 O 原子的 ASE 时,ASE 信号强度是 LIF 信号的 10^4 倍。然而,ASE 的空间分辨率很差,因为光增益只在激光路径上产生。另外,研究显示对于 H 原子[19] 与 O 原子[20],无法通过 ASE 获得精确的浓度分布信息。

2.3 激光诱导荧光

绝大多数 LIF 测量都采用脉冲激光,较短的激光脉冲(典型脉宽为 3 ~ 10ns)提高了 LIF 信号的强度,能与火焰中基团的背景化学辐射光较好地区分。对脉冲激光,在 LIF 实验中测量的激光单脉冲荧光信号 S_F(由已知阻抗如 boxcar 积分器输出的信号强度,以 mV 为单位)由下式给出:

$$S_F = BI_L\Gamma\tau_L Nf_B\Phi F_{fl}(\Omega/4\pi)\varepsilon\eta V \qquad (2.1)$$

式中,B 为爱因斯坦受激辐射系数除以光速,单位为 $m^2/(J \cdot cm)$;I_L 为单位面积的激光功率谱密度除以激光带宽,单位为 $J/(m^2 s \cdot cm)^{-1}$;Γ 表示激光与吸收线宽之间卷积;τ_L 为激光脉宽;N 为电子基态上的分子数(cm^{-3}),这是需要测量的物理量;f_B 为 Boltzman 分数,表示能够被激光激发的处于特定电子振转能级的那部分分子;Φ 为激发态的荧光量子产额,即每个被激发的分子所发射的光子数,正如后面将要讨论的,这是一个易受碰撞和解离影响的关键量;F_{fl} 为探测器带宽内收集的荧光份额;Ω 为探测器收集荧光的立体角;ε 和 η 分别为探测器的传输和光电效率;V 为作用区的体积。

需要指出的是,方程(2.1)只适用于线性区,即当 $BI_L\Gamma$ 足够小时,基态只有很少一部分粒子被激发。"饱和"区是大量的粒子被激发的情况,将在后面进行简要的讨论。

式(2.1)的最后一项 $(\Omega/4\pi)\varepsilon\eta V$ 对于通过 LIF 进行绝对测量是至关重要的,当直接吸收法测量不可行时,这个量必须通过其他标定方法获得,正如下面将要讨论的。许多在火焰中进行的测量,都是确定相对浓度轮廓,它们分别是某些量的函数,如平面燃烧炉上方的高度、轴对称火焰(如本生灯)的半径与高度、或者扩散火焰如 Wolfhard – Parker 燃烧炉燃料和空气进气口间距等。精确的相对测量表明 S_F 仅仅依赖于 Γ、N、f_B 和 Φ 的空间变化，而由 S_F 得到 N 的精度与其他三个量的精度一样。

特定的微量组分常常通过对它们特征"激发"谱的扫描加以鉴别，即把激光波长扫描到分子的吸收光谱时，产生荧光辐射。图 2.1 为 CH 基 $B^2\Sigma^- - X^2\Pi$ 跃迁的激发谱。每条线代表电子基态的一个（或多个，如果发生叠加）转动能级。当转动能级分布是处于热平衡状态（火焰中总是这样的情况，因为化学迁移比转动能级转移慢），通过式（2.1），每条线的相对强度就能与每个能级（即 f_B）的粒子数联系起来，从而得到测量点的温度。精确的而且空间分辨的温度测量，对于与模型预测结果进行比较是至关重要的，这将在后面讨论。低压火焰中，能进行高空间分辨率的测量，±30K 的测量精度已得到有效确认。对式（2.1）的分析必须考虑到转动能级与 B、Φ 和 F_n 的依赖关系，这一点对于氢化物，如 OH、CH 和 NH 尤其明显。对这些参数的影响证明了在这些分子内部有较大的转动能级间隔。

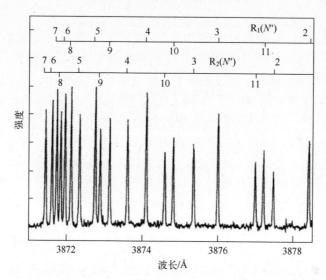

图 2.1　CH_4/O_2 火焰 CH 基的 $B^2\Sigma^- - X^2\Pi$ 带系中 (0,0) 跃迁带的 R 分支激发扫描图，火焰工作压强 8Torr，采用 10ns 的积分门宽[37]（美国光学学会提供）

多原子分子的光谱复杂程度大大增加，图 2.2 显示了 NCO 基的激发扫描谱。NCO 基在 CH_4/N_2O 火焰中大量存在，它是一种线状的三原子分子，其光谱数据已经研究得很清楚了。但是，大量的振动能级使得其光谱变得非常复杂。此外，在多原子分子中，在火焰温度下粒子数分散在大量的转动和振动能级上，使得 f_B 比双原子分子小得多，导致在同样的浓度下信号强度更低。

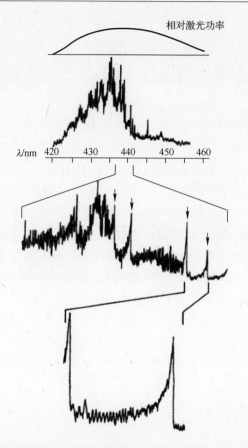

图 2.2　常压下 CH_4/N_2O 火焰反应区中线状 NCO 基团的电子跃迁 $A^2\Sigma^+ - X^2\Pi_i$ 带的
激发谱图,其转动结构与双原子分子类似,但振动结构更为复杂。上部:单个
激光染料波长扫描范围内的荧光激发谱;中部:000←000 振动带区域
4nm 光谱范围;底部:0.45nm 光谱范围的 $^0P_{12}$ 转动带分支,
其起点接近 $J \sim 70$(燃烧学会提供)

　　尽管附表中列出了大量的能够通过 LIF 测量的火焰微量组分,但到目前为
止只有三种分子是最常用的:OH、CH 和 NO。主要是因为它们相对易于测量,有
完善的光谱(B, f_B 与 F_Ω)和碰撞(Φ, F_Ω)信息数据库,而且它们在许多火焰测量
中发挥着重要作用。我们将会重点讨论这些组分的 LIF 测量结果,见附录中的
参考文献,这些工作使用了多种测量方法。

2.3.1　光谱学

　　通过多年的实验和理论工作,已经能确定 OH、CH 和 NO 的光谱参数。近年
来,斯坦福国际研究所开展了对这三种组分的理论和实验研究工作,研究成果收

集在名为 LIFBASE[21,22] 的程序中。该程序能计算吸收和辐射跃迁概率,并能模拟热平衡和非热平衡状态下的转动振动态的吸收或发射光谱(少数其他分子,如 N_2^+、CN、CF 和 SiH 也在 LIFBASE 中给出,但其实验数据不如 OH、CH 和 NO 准确性好)。若想了解双原子分子全面的光谱参数和带系信息,见 Huber 和 Herzberg 的专著[23]。

2.3.2 碰撞

采用 LIF 进行微量组分分布的精确测量(绝对或相对)时,碰撞的影响是最棘手的。图 2.3 以 OH 分子 $A^2\Sigma^+ - X^2\Pi_i$ 电子跃迁为例,阐明了其 $v' = 1$ 和 $v'' = 0$ 振动带的激发过程。最初被激发到 $v' = 1$ 态的分子通过辐射荧光回到 $v'' = 0$ 和 1 态(未在图中显示),然而其还得经受碰撞。$v' = 1$ 态的初始转动激发能级(J')与其他 J' 能级之间的转动能级转移(RET)使粒子数重新分布,从而有不同的辐射和碰撞特性。振动能级转移(VET)使粒子数向下回到 $v' = 0$ 态,导致在该能级上可能形成非热平衡的 J' 粒子数分布(OH 中会发生此种情形[24])。尽管如此,在(0,0)带依然观察到了荧光,正如图中所示的那样,从而能避免激光散射,

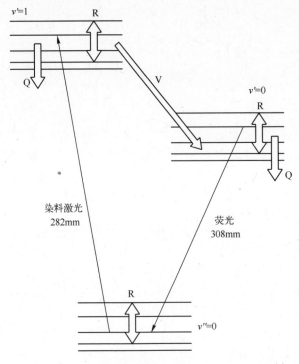

图 2.3 火焰诊断中非常重要的碰撞效应示意图,激发到 $v' = 1$ 上能态,跃迁回到基态,观察到(0,0)带辐射荧光。符号的定义参考正文部分(美国地球物理协会提供)

这一点是非常有利的;此外,通过弱的(1,0)带激发到 $v' = 1$ 态能避免火焰中光学厚度的问题。RET 影响了 $v' = 0$ 态中 J' 粒子数的分布,产生了与 $v' = 1$ 态情况下类似的难题。猝灭(Q)使得了电子激发态的 OH 分子完全转移至 $X^2\Pi_i$ 电子基态带 v'' 能级,并且该过程不辐射光。此外,如果激发态在分子解离极限以上,并且存在激发和预解离相耦合的能态,则分子发生预解离(P)。一般来说,Q 与 P 过程也都与 J 和 v 有关。某些情况下,当电子激发态不是最低激发态时,电子能级转移也能泵浦较低的激发态并辐射荧光,当然其 F_n 不同。比如,对 CH 来说情况就是如此,$B^2\Sigma^-$ 态的激发态能级转移到 $A^2\Delta$ 电子激发态并从该态辐射荧光。所有这些过程都与温度有关。

上述过程的复杂性意味着在火焰中进行微量组分的定量测量是个非常困难的任务。但是,实际情况往往比图 2.3 所示的简单。如果最低电子态 $v' = 0$ 能级被激发,则无需考虑 VET 和电子能级转移,而且有足够多的信息去评估转动能级转移的影响。对于 OH、CH 和 NO,已经足够了解了在火焰或类火焰条件下的碰撞效应,能获得较好的组分相对分布,并有可能通过标定获得某些点的绝对值。1994 年,Kohse – Höinghaus[3] 对这方面的发展现状进行了出色、全面的讨论。从那以后,只有少数相关的文献在此列出。

1. OH、CH 和 NO 的猝灭

美国桑迪亚国家实验室的 Paul 等人在激波管中进行了猝灭的测量,通过测量各种气体混合物中 NO 和 OH 的荧光信号衰减时间,来获得高温下双分子的猝灭截面。OH 的猝灭研究已发表[25],结果以图表的形式进行了总结[26],还列出了模型的拟合参数[27]。该模型基于电子转移(捕获)机制,对于大的核内间距非常重要,并且在高温下也适用。如果不在猝灭中引入其他物理机制,则猝灭与温度基本无关,这与激波管中的测量结果[25]是一致的。但是,由于 OH 与碰撞对象之间的吸引力的相互作用,形成的碰撞复合体能存在足够长的时间,故对低温下的猝灭有贡献[28]。文献[27]建立了完整的模型,通过对温度约 300K 的流管中猝灭测量结果进行拟合,将上面的碰撞复合机制考虑了进去。

在文献[3](给出了相关的早期文献)和文献[29]中,讨论了在流动池、火焰和激波管中对 NO 进行的 200 ~ 2500K 全部温度范围内的猝灭测量。对于除了 N_2 和 CO 之外的所有研究过的碰撞对象,NO 的行为都与 OH 类似,即吸引力作用导致碰撞截面随着温度增加单调递减直至达到一个恒定值。N_2 是一种室温下效率极低的碰撞对象,随着温度增加,猝灭急剧增强,虽然其碰撞截面很小,但由于大多数火焰中都存在大量的 N_2,使得其碰撞依然非常重要。

CH 的猝灭通常似乎由排斥力碰撞主导,因此随着温度增加,碰撞截面也增加[30]。极性碰撞分子 NH_3 和 H_2O 是一种例外。遗憾的是,在超过 415K 的情况下 H_2O 对 CH 的猝灭截面尚未测量,而这一测量却是非常有价值的。

对这三种重要基团的最低电子激发态 $v' = 0$ 能级的研究见文献[31]。在低压火焰中利用直接荧光时间衰减法测量了燃烧炉上方不同火焰高度处猝灭截面。对于主要组分的碰撞对象,作为温度函数的猝灭截面数据从文献中获取(某些情况下也存在不一致的现象)并给出简单的参数。对于吸引力占主导地位的 OH 和 NO,双参数形式的猝灭截面已经足够了。而对于 NO 和 CH 的某些截面,有必要采用改进过的 Arrhenius 形式。以测量的温度分布作为输入,可利用火焰化学模型计算截面并与实验结果进行比较,NO 和 OH 的结果符合得相当好;但对于 CH,因为缺少高温下作为 CH 猝灭剂的 H_2O 效率的相关知识,尽管其绝对值尚不确定,但轮廓看起来是合理的。

文献[31]中的结果令人鼓舞。如果能够合理地估计测量点的温度和主要组分浓度,对 NO 和 OH 猝灭截面的预测精度就能控制在 ±30% 以内。这两种情况下,H_2O 都是主要的猝灭剂。单独的温度测量(例如通过瑞利散射技术),通常能够用于估计多数火焰中的主要组分。对于 CH,如果高温下 H_2O 的猝灭已知,则情况也是如此。

如果压强足够低(小于 50Torr),则可以采用消除荧光猝灭影响的方法,这种情况下荧光辐射是可以时间分辨的。激光脉冲停止后,使探测器快速开门并让其只持续很短的时间,大概是总衰减时间的 10%。这段时间内,激发态分子几乎不受猝灭(或其他能级转移过程)的影响。这种快速/短门限方法首先应用在 OH 的探测上[32]。其他一些可与猝灭过程竞争的方法会在后续的内容中进行讨论。如果能采用皮秒激光脉冲激发,则可以在大气压强下直接进行时间衰减测量,并给出总的猝灭速率,第5章对此进行了讨论。

2. 温度测量中的转动和振动能级转移

在比勒菲尔德,当文献[3]发表之后开展了这方面的少量研究。文献[33]对高温下的 RET 和猝灭进行了研究,提出了一个涵盖 VET、RET 和猝灭的速率方程模型(名为 LASKIN),足以研究包括碰撞效应在内的 OH 温度定量测量。特别重要的是,对 $A^2\Sigma^+$ 电子态中 $v' = 1$ 能级初始激发关注。将 OH 激发到这个能级而不是 $v' = 0$ 能级是十分必要的,以避免吸收和辐射跃迁时的光学厚度问题。从那以后,比勒菲尔德研究组绝大部分的工作,都围绕着利用皮秒激光以及快速衰减时间测量来进行大气压下火焰中的能级转移过程研究,这些实验在第5章中有详细介绍。在激波管中进行的高温下 OH 的 VET 研究也在文献[35]中有相关介绍。

我们选择了一个例子说明转动能量对温度测量的影响(温度测量主要在第6章中讨论)。将 CH 激发到 $A^2\Delta$ 或 $B^2\Sigma^-$ 态,都能进行火焰温度测量。但由于这两个态之间的 RET、VET 能级转移,以及 B 态高转动能级上的预解离,使得问题变得复杂起来。早期的研究[36]显示利用这两个带系进行温度测量,其差异高达 20%。近年来的研究[37]将此归因于与转动能级相关的跃迁概率,以及进入和离开预解离能级的 RET 过程。一旦考虑到这些过程的影响,则利用两种不同带系进行温度测量,其结果将会符合得很好。

2.3.3　多光子 LIF

对于某些火焰组分,其第一电子激发态处于较远的真空紫外波段,很难(或者说不可能)产生对应的激光波长,或者即使产生了也很难穿透空气或者火焰气体。属于此范畴的微量火焰组分主要有 H、C、N、O 和 CO,它们能通过虚能态同时吸收两个光子(对 H 来说,需要三个)被激发。显然,这种吸收方式比共振吸收弱,但足以在火焰中产生易于探测的信号。虽然多光子 LIF 能给出信号的轮廓,但通常难以进行定量分析。这一方面归因于难以确定火焰中激光与被测组分的(非线性)相互作用体积;另一方面,为了实现双光子激发,必须使用高激光强度,这又导致其他火焰组分的解离,产生我们不希望看到的化学反应过程(有时也会刚好生成我们希望探测到的组分)。例如,分别用来激发 H 和 CO 的波长可以使 H_2O 与 CO_2 发生光解。但只要在测量中,通过改变激光强度对可能的干扰和光化学扰动进行鉴别,多光子 LIF 就能提供组分轮廓的位置和形状的精确信息。通常,可以通过以下方式降低这些问题的影响:①用更少的光子激励(BBO 倍频晶体发明后,就不再需要多于两个光子的激励了);②更长的激励波长;③测量位置处更小的化学配比。

2.3.4　饱和 LIF

对于简单的二能级系统,上能态与基态之间的粒子数平衡关系(为简单起见,假设每个态具有相同的简并度)由下式给出:

$$N_u/N_g = BI_L/(A + BI_L + Q + P + P_1I_L) \tag{2.2}$$

其中,A 为爱因斯坦自发辐射系数;I_L 和 BI_L 的定义与前面相同,Q 和 P 分别为猝灭与预解离速率;P_1 为光电离速率系数,所有的量都采用国际单位制。BI_L 表示从 u 到 g 的受激辐射。此方程只有在有激光脉冲存在时才成立,也就是 $I_L \neq 0$。

由于前面描述过的各种猝灭和能级转移过程导致的问题复杂性,人们已经提出了许多种方法,使得分母中的特定项比 Q 大得多,从而能进行测量而无需考虑猝灭效应的影响。但是,式(2.2)显示,这些方法的不可避免的代价就是信号强度的急剧减小,因此在定量测量方面尚未得到广泛的应用。

早期试图克服碰撞复杂性的一种策略是使用非常高的激光功率运行,以使得 $BI_L \gg A + Q + P + P_1I_L$,荧光信号依然与 AN_u 成比例。为了令这种方法定量化,必须知道用以确定碰撞确实发生时的饱和度,以及在此高度非线性条件下的激光作用区体积。文献[4]中给出了详细的讨论。在各种火焰中利用 NO 进行测量是很好的例子(参见附录),证明饱和荧光是非常有用的。

当光电离截面较大时,一种相关的技术是把激光强度 I_L 增加到某个值,使得式(2.2)中的分母主要由 P_1I_L 决定。如果光电离截面已知,则这种方法可用于定量测量[38],但是尚未得到广泛应用。另外一种技术是利用某条 P 值非常大的跃迁线,将在下面进行介绍。

2.3.5 预分离 LIF

如果能激励一个快速预解离的能态,式(2.2)的分母就主要由 P 决定,不再需要猝灭(或任何其他的碰撞过程)的相关信息。这种方法通常用于 OH 基的 v' =3 能态,它能在几皮秒的时间内预解离(由文献[31]的猝灭速率系数计算得到:1atm 下,$v'=0$ 态,猝灭 OH 基的典型寿命大约为 1.8ns)。此外,利用波长在 248nm 附近的可调谐 KrF 激光器激励 $v'=3$ 态是可行的。即使(3,0)跃迁的强度很低,这种高功率激光器也能足以产生 OH 图像。已经证明这种方法普遍用于确定复杂流场中的 OH 位置,但在层流流动中确定 OH 浓度和化学结构尚未得到应用。

同样地,即便是相对测量,这种方法在定量化方面也存在问题。虽然该能级碰撞影响少,但它占据量子产额更高的 OH 低振动能级,使得在激励 $v'=3$ 态之后,约半数的光辐射都主要由复杂碰撞决定,这在首次利用 KrF 激光激励[39]及定量化[40]的文章中已经得到确认。因此,定量测量的关键在于只探测来自于 v' =3 态的跃迁,但是这降低了信号的强度。在文献报道过的很多例子中,都是对所有的荧光进行探测,对信号正确的解读必须包含复杂碰撞过程。此外,高激光强度减少了基态的粒子数,使得 Boltzman 分数[41]的意义变得含糊不清。在准分子激光用于燃烧诊断的综述性文章中,对这些问题以及其他问题(如 O_2 等组分的激励)都进行了讨论。

2.3.6 LIF 绝对浓度测量

要获得组分轮廓,需要将原始的相对浓度分布转换到标定的绝对浓度分布。从原始信号强度到浓度转换的质量决定了组分轮廓的结果值。多数情况下,精确的相对浓度轮廓能对火焰化学模型能进行很好的校验。但精确就意味着在火焰中要考虑 f_B、Γ、F_Π 的变化以及碰撞效应。

然而,在另一些情况下,需要对微量组分的绝对浓度进行测量。例如在碳氢火焰(尤其是甲烷或天然气)中对 CH 基的定量测量,而碳氢火焰的快速 Fenimore 机制是产生 NO 的主要来源。该机制中的关键反应是 $CH + N_2 \rightarrow N + HCN$ (根据最近的报道[42],产物并不是这些,而是 NCN + H)。因此,对于工业界来说,至关紧要的问题是预测天然气火焰中 NO 浓度的能力,而这依赖于对 CH 绝对浓度的预测。

　　对于短寿命的自由基或原子,如 OH、CH、H 和 O,绝对测量会面临无法在火焰中注入已知份量的这些自由基的问题。对稳定的组分,如 CO 与 NO,虽然能在火焰中注入已知量的这类化合物,但是与流体情况相比,化学反应依然会使火焰浓度发生改变。例如,在火焰中注入大量的 NO 会改变火焰的化学反应;此外,在 CH 基存在的情况下,即使 NO 的含量极低,也会使其在火焰的高温末期阶段再度燃烧[43]。因此,注入的经标定过的化合物量,与下游测量的浓度之间存在差异。

　　对自由基的绝对浓度测量,有多种技术可利用,包括直接吸收、独立确定式(2.1)中的量$(\Omega/4\pi)\varepsilon\eta V$、利用部分平衡假设、通过计算或者在分立系统中测量并与已知量的自由基进行比较等。

　　OH 能用两种方法标定,第一种是直接吸收,第二种是计算。即使是在低压火焰中也大量存在 OH,使直接吸收测量成为可能。这些最好在预混火焰燃尽区中进行,那里的 OH 浓度最大,几乎不随空间位置而变化。这种标定方法的精度反映了确定吸收路径长度的精度。该技术或许可以用于常压火焰的测量,虽然必须要确保火焰是光性薄的,或者必须要进行生长曲线分析。其次,在达到了完全或部分平衡的 O、H 和 H_2O 预混火焰燃尽气体中也存在 OH 基(烃扩散火焰中没有[44]),如果测量点的温度已知(比如通过 OH 扫描激励获得),就应该能可靠地计算 OH 的浓度。于是,在燃尽气体中进行的测量能对总的浓度轮廓进行标定。

　　CH 会带来一个有趣的问题,这种基团在低压火焰中的含量不足以进行直接吸收测量(虽然能通过 CRD 技术进行探测)。对 CH 进行 LIF 绝对浓度测量的方法在文献[45]中进行了介绍,A – X 与 B – X 跃迁都得到了应用。据式(2.1),B 可以通过光谱学研究得到,I_L 通过测量得到(保持非常低的脉冲能量,约 μJ/脉冲,产生未饱和的线性激励)。在测量点对 CH 基光谱进行激励扫描,f_B 通过温度测量值计算得到;Γ 通过激光线型与 CH 基的多普勒带宽的卷积计算得到,后者随温度的变化而变化;τ_L 通过直接测量得到;Φ 通过荧光的时间衰减直接确定,在 40Torr 的火焰中荧光衰减大约几十纳秒;F_n 通过荧光扫描确定。

　　还剩下$(\Omega/4\pi)\varepsilon\eta V$ 这一项需要确定。它作为一个整体参数,可利用 N_2 的瑞利散射和 H_2 的拉曼散射进行测量(在文献[46]中首次对瑞利散射的应用进行了报道)。与 LIF 信号类似,在瑞利和拉曼散射信号中包含同样的项,因此需要进一步知道散射体的散射截面和数密度。因此用四种独立的方法进行测定:两种电子系统方法和两种散射方法。结果显示 GRIMech 化学反应机理[47]在预测甲烷/空气火焰中快速生成的 NO 方面遇到了困难,对于正确预测 CH 的绝对浓度也无能为力。在激波管中对 $CH + O_2$ 反应进行的最新测量[48,49]表明必须要进行修正。目前,该机理在预测贫燃与理想配比火焰中的 CH 方面成效显著(虽然对于富燃火焰情形预测效果不如前二者),见本书第 19 章。

由于 CH 基绝对浓度测量的重要性,后来在相同的火焰中利用 CRD 光谱技术进行了独立的实验[13]。在适当地考虑了非均匀路径长度之后,LIF 与 CRD 的测量结果符合得非常好。

瑞利散射方法同样在确定电子激发态发光的 CH 和 OH 分子的绝对浓度方面得到了应用[50,51]。它们是通过化学发光反应直接产生的激发态自由基进行测量的。在许多实际火焰中,LIF 技术并不适用,化学发光法是唯一能采用的方法。这种方法并不能给出基态的重要反应基团的浓度信息,但是如果对于化学发光反应自身有足够的了解,就能可靠地用于火焰结构的诊断,参考第 21 章可以获取更多用于燃烧控制的化学发光传感器的信息。

另一种用于绝对测量的方法是在标定容器中产生已知量的自由基。一个重要的例子是 20 世纪 80 年代进行的 O 和 H 的绝对浓度测量(附录中列出了参考文献,文献[3]总结了该工作)。在这种情况下,首先在火焰中进行测量,然后用原子含量已知的流池代替火焰而不改变光路布局,并且测量还可多次重复。

一个类似的利用光解离生成自由基的方法已在 HCO 基上得到应用,HCO 在火焰传播中非常重要,能作为热释放过程的标记物[52]。为确定 HCO 的绝对浓度[53],通过 308nm 的准分子激光光解乙醛,由 258nm 附近的可调谐激光器激发 B - X 辐射进行 LIF 测量。308nm 处乙醛的截面已知(并且同样是直接测量),该波长下形成 HCO 的量子产率确定为 93%。火焰与容器中 Γ、f_B 和 Φ 的差别也被考虑了进去。参量 $(\Omega/4\pi)\varepsilon\eta V$ 在两种实验中都是相同的。文献[54]中还建议,同样的光解离过程也能用于非常重要的 CH_3 自由基的绝对浓度测量。

对于 O 和 H 原子的情况,基于 OH 基、稳定组分和温度的测量,应用部分平衡理论可确定它们的最大浓度,这方面的例子包括对预混和扩散火焰[44,45]中的 H 原子以及湍流扩散火焰中的 O 原子[56]的测量等。

2.4　与燃烧化学模型比对

正如前言所提到的,本章的目的是讨论微量组分的激光测量,用于理解燃烧化学。通过合理选择自由基并且定量测量,可构成对火焰化学最严格的检验。火焰化学模型的精度、不确定度以及与实验结果的比较,都将在第 19 章中讨论。

从第 19 章以及在模型 - 测量对比的先验经验中,能获得一些重要的结论。文献[57 - 61]是此类比对的非常好的例子,虽然所列的文献并不全面。本章自始至终都将层流火焰与 LIF 测量作为比对的主题。首先,精确地测量温度场非常重要。第 6 章中介绍了各种不同类型的温度测量方法。对于给定的自由基,在火焰的同一位置用 LIF 测量了温度和浓度后,就能达到很好的空间精度。

OH、CH 以及加入的少量 NO 能用于该目的,虽然在解释实验数据上还需要加以注意[36]。正如图 2.1 一样,全激励扫描能提供最完整的数据,测温精度约达 ±30K,足以与化学模型的预测结果进行比对。

还有少数转动能级子级也能被利用。一种简单的方法就是利用来自不同能级的两条转动线,为了获得足够的精度,两条转动线之间的能级差约为 kT。该方法已经在 OH 的三对靠得非常近的转动线上得到了应用[62],比如,$Q_2(11)$ 与 $R_2(8)$ 之间能量相差约 1980K($1376cm^{-1}$)。另一种更简单的方法,是选择注入火焰中 NO 的一条单独的转动能级,该能级的 f_B 必须与温度几乎无关,或者能通过迭代修正。信号能给出 NO 的密度,假定 NO 没有被稀释或化学反应发生,根据常压条件下的理想气体定律,可获得火焰的温度分布信息。通过 NO 的单线和双线测温结果与 OH 的 R 支全激励扫描结果的比较[63],发现单线测温的误差约为 25%(除非模型中如实地考虑稀释与化学反应修正)。NO 的双线测温结果与 OH 扫描结果符合得很好。

由第 19 章中获得的第二条重要结论是,某些微量组分通常并不能告诉我们关于火焰化学的更多信息。在高温状态的火焰中,H、O、OH 和 H_2O 处于准平衡状态,因此,OH 基的测量并不能提供对火焰化学更深刻的理解,它们只能告诉实验者火焰确实在燃烧。另一方面,需要知道 OH 的分布。任何与预测结果不一致的地方,都反映了模型(可能是输运或流体力学方面的原因)或者测量存在问题。作为比对,CH 和 HCO 能很好地用于校验烃火焰中的化学过程。对于给定的火焰,应该如第 19 章描述的那样,结合灵敏度/不确定度分析,然后合理地选择微量组分(除了 OH 之外)进行测量。对于模型而言,绝对浓度比相对轮廓的宽度和位置是更有力的校验手段。

第三点,应该定量地考虑一致性,而不仅仅是直观地检查轮廓。当进行模型与测量之间的比对时,要将模型预估与实验结果的不确定度考虑进去。我们将再次利用 CH 基进行很好的说明,请参考第 19 章。

2.5 其他微量组分

上面的讨论主要集中于 OH、CH 和 NO,这些是 LIF 或其他激光测量技术最感兴趣的探测组分。附录中总共给出了 57 种其他组分。受篇幅所限,许多其他分子并未包含进去,这里进行简单介绍。

我们省略了多环芳香烃,对它们的测量在第 13 章中将进行介绍。许多其他不充分燃烧以及能发射荧光(如苯、乙醛)的大分子也未包含进去。在火焰温度下,由于粒子分布在多个能级上,使得这些组分的配分函数很大,信号很弱。我们同样没有收录金属,它们中的绝大多数都能辐射荧光,或者它们的化合物,如

HgCl 或 VO,拥有能用于 LIF 探测的合适的电子态。对于这些组分,我们建议读者参考标准汇编,尤其是关于原子[64]和双原子[23]的汇编。由于含氟火焰抑制剂在研究中日益增长的重要性(见第 11 章),少量的相关分子也收录在附录中。

参 考 文 献

[1] Crosley D R,ed. Laser Probes for Combustion Chemistry,Amer. Chem. Soc. Symposium Series #134,American Chemical Society,Washington,D. C. ,1980.

[2] Eckbreth A C. Laser Diagnostics for Combustion Temperature and Species,2nd Ed. Gordon and Breach,1996.

[3] Kohse – Höinghaus K. Laser Techniques for the Quantitative Detection of Reactive Intermediates in Combustion Systems. Progr. Energy Combust. Sci. ,vol. 20,pp. 203 – 279,1994.

[4] Daily J W. Laser Induced Fluorescence Spectroscopy in Flames. Progr. Energy Combust. Sci. , vol. 23,pp. 133 – 199,1997.

[5] Rothe E W,Andresen P. Application of Tunable Excimer Lasers to Combustion Diagnostics:A Review. Appl. Optics,vol. 36,pp. 3971 – 4033,1997.

[6] Smyth K C,Taylor P H. Detection of the Methyl Radical in a Methane/Air Diffusion Flame by Multiphoton Ionization Spectroscopy. Chem. Phys. Lett. ,vol. 122,pp. 518 – 522,1985.

[7] Bartels M,Edelbüttel – Einhaus J,Hoyermann K. The Detection of CH_3CO,C_2H_5, and CH_3 CHO by REMPI/Mass Spectrometry and the Application to the Study of the Reactions H + CH_3CO and O + CH_3CO. Proc. Combust. Inst. ,vol. 23,pp. 131 – 138,1990.

[8] Williams B A,Tanada T N,Cool T A. Resonance Ionization Detection Limits for Hazardous Emissions. Proc. Combust. Inst. ,vol. 24. pp. 1587 – 1596,1992.

[9] Brum J L,Hudgens J W. Multiphoton Ionization Spectroscopy of PCl_2 Radicals:Observation of Two New Rydberg States. J. Phys. Chem. ,vol. ,98,pp. 5587 – 5590. 1994.

[10] Smyth K C,Tjossem P J H. Signal Detection Efficiency in Multiphoton Ionization Flame Measurements. Appl. Optics,vol. 29,pp. 4891 – 4898,1990.

[11] Fein A,Bernstein J S,Song X. – M,et al. Experiments Concerning Resonance – Enhanced Multiphoton Ionization Probe Measurements of Flame Species Profiles. Appl. Optics,vol. 33, pp. 4889 – 4898,1994.

[12] Sick V,Bui – Pham M N,Farrow R L. Detection of Methyl Radicals in a Flat Flame by Degenerate Four – Wave Mixing. Optics Lett. ,vol. 20,pp. 2036 – 2038,1995.

[13] Luque J,Jeffries J B,Smith G P,et al. Combined Cavity Ringdown Absorption and Laser – Induced Fluorescence Imaging Measurements of CN(B – X) and CH(B – X) in Low Pressure $CH_4 – O_2 – N_2$,and $CH_4 – NO – O_2 – N_2$, Flames. Combust. Flame,vol. 126,pp. 1725 – 1735,2001.

[14] Daniel R G,McNesby K L,Miziolek A W. Application of Tunable Diode Laser Diagnostics for Temperature and Species Concentration Profiles of Inhibited Low – Pressure Flames. Appl. Optics,vol. 35,pp. 4018 – 4025,1996.

[15] Smith G P, Dyer M J, Crosley D R. Pulsed Laser Optoacoustic Detection of Flame Species. Appl. Optics, vol. 22, pp. 3995 – 4003, 1983.

[16] Lozovsky V A, Derzy I, Cheskis S. Radical Concentration Profiles in a Low – Pressure Methane – Air Flame Measured by Intracavity Laser Absorption and Cavity Ring – Down Spectroscopy. Proc. Combust. Inst., vol. 27, pp. 445 – 452, 1998.

[17] Westblom U, Agrup S, Aldén M, et al. Properties of Laser – Induced Stimulated Emission for Diagnostic Purposes. Appl. Phys. B, vol. 50, pp. 487 – 497, 1990.

[18] Aldén M, Westblom U, Goldsmith J E M. Two – Photon – Excited Stimulated Emission from Atomic Oxygen in Flames and Cold Gases. Optics Lett., vol. 14, pp. 305 – 307, 1989.

[19] Goldsmith J E M. Two – Photon – Excited Stimulated Emission from Atomic Hydrogen in Flames. J. Opt. Soc. Anm. B, vol. 6, pp. 1979 – 1985, 1989.

[20] Smyth K C, Tjossem P J H. Relative H – Atom and O – Atom Concentration Measurements in a Laminar, Methane – Air Diffusion Flame. Proc. Combust. Inst., vol. 23, pp. 1829 – 1837, 1990.

[21] Luque J, Crosley D R. LIFBASE: A Spectral Simulation and Database. SRI International Report MPL 96 – 01, 1996.

[22] Luque J. http://www. sri. com/psd/lifbase/, 2000.

[23] Huber K P, Herzberg G. Molecular Spectra and Molecular Structure. IV: Constants of Diatomic Molecules. Toronto: Van NostrandReinhold, 1979.

[24] Williams L R, Crosley D R. Collisional Vibrational Energy Transfer of OH ($A^2\Sigma^+$, $\nu' = 1$). J. Chem. Phys., vol. 104, pp. 6507 – 6514, 1996.

[25] Paul P H, Durant Jr. J L, Gray J A, et al. Collisional Electronic Quenching of OH $A^2\Sigma^+$ ($\nu' = 0$) Measured at High Temperature in a Shock Tube. J. Chem. Phys., vol. 102, pp. 8378 – 8384, 1995.

[26] Paul P H, Carter C D, Gray J A, et al. Correlations for the OH $A^2\Sigma^+$ ($\nu' = 0$) Electronic Quenching Cross – Section. Sandia National Laboratories Report No. SAND 94 – 8244, 1994.

[27] Paul P H. A Model for Temperature – Dependent Collisional Quenching of OH $A^2\Sigma^+$. J. Quant. Spectr. Radiat. Transfer, vol. 51, pp. 511524, 1994.

[28] Fairchild P W, Smith G P, Crosley D R. Collisional Quenching of $A^2\Sigma^+$ OH at Elevated Temperatures. J. Chem. Phys., vol. 79, pp. 1795 – 1807, 1983.

[29] Paul P H, Gray J A, Durant Jr. J L, Collisional Electronic Quenching Rates for NO $A^2\Sigma^+$ ($\nu' = 0$). Chem. Phys. Lett., vol. 259, pp. 508 – 514, 1996.

[30] Heinrich P, Stuhl F. Electronic Quenching of CH($A^2\Delta$) and NH ($A^3\Pi$) between 300 and 950 K. Chem. Phys., vol. 199, pp. 105 – 118, 1995.

[31] Tamura M, Berg P A, Harrington J E, et al. Collisional Quenching of CH(A), OH(A), and NO (A) in Low Pressure Hydrocarbon Flames. Combust. Flame, vol. 114, pp. 502 – 514, 1998.

[32] Kohse – Höinghaus K, Jeffries J B, Copeland R A, et al. The Quantitative LIF Determination of OH Concentrations in Low – Pressure Flames. Proc. Combust. Inst., vol. 22, pp. 1857 –

1866,1988.

[33] Lee M P,Kienle R,Kohse – Höinghaus K. Measurements of Rotational Energy Transfer and Quenching in OH $A^2\Sigma^+$, $\nu' = 0$ at Elevated Temperature. Appl. Phys. B, vol. 58, pp. 447 – 457,1994.

[34] Kienle R,Lee M P,Kohse – Höinghaus K. A Detailed Rate Equation Model for the Simulation of Energy Transfer in OH Laser – Induced Fluorescence. Appl. Phys. B, vol. 62, pp. 583 – 599,1996.

[35] Paul P H. Vibrational Energy Transfer and Quenching of OH $A^2\Sigma^+$ ($\nu' = 1$) Measured at High Temperatures in a Shock Tube. J. Phys. Chem. , vol. 99, pp. 8472 – 8476,1995.

[36] Rensberger K J,Jeffries J B,Copeland R A,et al. Laser – Induced Fluorescence Determination of Temperatures in Low Pressure Flames. Appl. Optics, vol. 28, pp. 3556 – 3566,1989.

[37] Luque J,Crosley D R. Radiative, Collisional, and Predissociative Effects in CH Laser – Induced – Fluorescence Flame Thermometry. Appl. Optics, vol. 38, pp. 1423 – 1433,1999.

[38] Salmon J T, Laurendeau N M. Quenching – Independent Fluorescence Measurements of Atomic Hydrogen with Photoionization Controlled – Loss Spectroscopy. Optics Lett. , vol. 11, pp. 419 – 421,1986.

[39] Andresen P,Bath A,Gröger W, et al. Laser – Induced Fluorescence with Tunable Excimer Lasers as a Possible Method for Instaneous Temperature Field Measurements at High Pressures. Checks with an Atmospheric Flame. Appl. Optics, vol. 27, pp. 365 – 378,1988.

[40] Steffens K L,Jeffries J B,Crosley D R. Collisional Energy Transfer in Predissociative OH Laser – Induced Fluorescence in Flames. Optics Lett. , vol. 18, pp. 1355 – 1357,1993.

[41] Nguyen Q – V,Paul P H. Photochemical Effects of KrF Excimer Excitation in Laser – Induced Fluorescence Measurements of OH in Combustion Environments. Appl. Phys. B, vol. 72, pp. 497 – 505,2001.

[42] Moskaleva L V,Lin M C. The Spin – Conserved Reaction CH + $N_2 \rightarrow$ H + NCN: A Major Pathway to Prompt NO Studied by Quantum/Statistical Theory Calculations and Kinetic Modeling of Rate Constant. Proc. Combust. Inst. , vol. 28, pp. 2393 – 2401,2000.

[43] Berg P A,Smith G P,Jeffries J B,et al. Nitric Oxide Formation and Reburn in Low – Pressure Methane Flames. Proc. Combust. Inst. , vol. 27, pp. 1377 – 1384,1998.

[44] Smyth K C,Tjossem P J H,Hamins A,et al. Concentration Measurements of OH and Equilibrium Analysis in a Laminar Methane Air Diffusion Flame. Combust. Flume, vol. 79, pp. 366 – 380,1990.

[45] Luque J,Crosley D R. Absolute CH Concentrations in Low – Pressure Flames Measured with Laser – Induced Fluorescence. Appl. Phys. B, vol. 63, pp. 91 – 98,1996.

[46] Salmon J T, Laurendeau N M. Calibration of Laser – Saturated Fluorescence Measurements Using Rayleigh Scattering. Appl. Optics, vol. 24, pp. 65 – 73,1985.

[47] Smith G P,Frenklach M,Bowman C T,et al. http:// www. me. berkeley. edu/gri_mech/ , 2000.

[48] Markus M W,Roth P,Just T. A Shock Tube Study of the Reactions of CH with CO_2 and O_2. Int. J. Chem. Kinet. , vol. 28, pp. 171 – 179,1996.

[49] Röhrig M,Petersen E L,Davidson D F,et al. Measurement of the Rate Coefficient of the Re-

action CH + O$_2$→Products in the Temperature Range 2200 to 2600 K. Int. J. Chem. Kinet. , vol. 29, pp. 781 – 789, 1997.

[50] Walsh K T, Long M B, Tanoff M A, et al. Experimental and Computational Study of CH, CH *, and OH * in an Axisymmetric Laminar Diffusion Flame. Proc. Combust. Inst. , vol. 27, pp. 615 – 623, 1998.

[51] Luque J, Jeffries J B, Smith G P, et al. CH($A - X$) and OH($A - X$) Optical Emission in an Axisymmetric Laminar Diffusion Flame. Combust. Flame, vol. 122, pp. 172 – 175, 2000.

[52] Najm H N, Paul P H, Mueller C J, et al. On the Adequacy of Certain Experimental Observables as Measurements of Flame Burning Rate. Combust. Flame, vol. 113, pp. 312 – 332, 1998.

[53] Diau E W – G, Smith G P, Jeffries J B, et al. HCO Concentration in Flames via Quantitative Laser – Induced Fluorescence. Proc. Combust. Inst. , vol. 27, pp. 453 – 460, 1998.

[54] Cool T A. Comment. Proc. Combust. Inst. , vol. 27, p. 460, 1998.

[55] Salmon J T, Laurendeau N M. Absolute Concentration Measurements of Atomic Hydrogen in Subatmospheric Premixed H$_2$/O$_2$/N$_2$ Flat Flames with Photoionization Controlled – Loss Spectroscopy. Appl. Optics, vol. 26, pp. 2881 – 2891, 1987.

[56] Barlow R S, Fiechtner G J, Chen J – Y. Oxygen Atom Concentrations and NO Production Rates in a Turbulent H$_2$/N$_2$ Jet Flame. Proc. Combust. Inst. , vol. 26, pp. 2199 – 2205, 1996.

[57] Etzkorn T, Muris S, Wolfrum J, et al. Destruction and Formation of NO in Low Pressure Stoichiometric CH$_4$/O$_2$ Flames. Proc. Combust. Inst. , vol. 24, pp. 925 – 932, 1992.

[58] Bernstein J S, Fein A, Choi J B, et al. Laser – Based Flame Species Profile Measurements: A Comparison with Flame Model Predictions. Combust. Flame, vol. 92, pp. 85 – 105, 1993.

[59] Norton T S, Smyth K C, Miller J H, et al. Comparison of Experimental and Computed Species Concentration and Temperature Profiles in Laminar, Two – Dimensional Methane/Air Diffusion Flames. Combust. Sci. Technol. , vol. 90, pp. 1 – 34, 1993.

[60] Gasnot L, Desgroux P, Pauwels J F, et al. Detailed Analysis of Low – Pressure Premixed Flames of CH$_4$ + O$_2$ + N$_2$: A Study of Prompt – NO. Combust. Flame, vol. 117, pp. 291 – 306, 1999.

[61] Berg P A, Hill D A, Noble A R, et al. Absolute CH Concentration Measurements in Low – Pressure Methane Flames: Comparisons with Model Results. Combust. Flame, vol. 121, pp. 223 – 235, 2000.

[62] Seitzman J M, Hanson R K, DeBarber P A, et al. Application of Quantitative Two – Line OH Planar Laser – Induced Fluorescence for Temporally Resolved Planar Thermometry in Reacting Flows. Appl. Optics, vol. 33, pp. 4000 – 4012, 1994.

[63] Tamura M, Luque J, Harrington J E, et al. Laser – Induced Fluorescence of Seeded Nitric Oxide as a Flame Thermometer. Appl. Phys. B, vol. 66, pp. 503 – 510, 1998.

[64] Moore C E. Atomic Energy Levels. National Bureau of Standards Report No. 35, vol. I, 1949; vol. 11, 1952, vol. III, 1958.

附录:火焰微量成分测量的文献综述

下表意在提供一个指南,引导读者阅读用激光诊断技术测量火焰微量组分浓度的优秀文章。它包含了 60 种组分的相关信息,共有 302 篇参考文献,完成于 2001 年 5 月 24 日。特别值得关注的是在线测量(不同于取样 – 探测方法),尤其是在层流燃烧条件下浓度轮廓测量。通常,如果可行的话激光诱导荧光是最适合的方法,尤其是它与吸收测量技术或者其他标定方案结合来得到定量的数据。因此,首先列出关于 LIF 的文章,接着是其他技术的引用文献。

请注意:当更全面、彻底的研究成果报道之后,组分的首次观测以及给定技术的首次应用就不再加以引用。对经常研究的分子,如 OH、CH 与 NO,在 LIF 方面数以百计的文献中只收录了少量一部分。相反,对于某些几乎没有测量过的组分,基本上所有的文献都被引用了。附录中还选择性地列出了一些光谱学和成像方法。

缩略语

＊空气中以波长(纳米),真空中用能量(波数)表示。

ABS	吸收(同样见 CRD 和 TDL)
ASE	自发辐射放大
CARS	相干反斯托克斯拉曼散射
2C – LIGS	双色激光诱导光栅光谱
2C – RFWM	双色共振四波混频
DFWM	简并四波混频
EM	辐射
ICLAS	腔内激光吸收光谱
LIF	激光诱导荧光
MP – LIF	多光子激光诱导荧光
OA	光声
PAD	光声偏转
PD	光解离
PTD	光热偏转
POL	偏振
REMPI	共振增强多光子电离
TDL	可调谐二极管激光

火焰的微量组分测量

组分　方法	激励 跃迁	激励 波长/nm *	探测 跃迁	探测 波长/nm	火焰 预混 [P] 扩散 [D]	参考文献 剖面 [P] 探测 [D] 像 [I] 光谱 [S]
(A) 组分包括 H,C 和 O						
H 原子　MP – LIF	$3p^2P, 2s^2S - 1s^2S$	$2 \times 243 + 656$	$3p^2P - 2s^2S$	656	$H_2/空气\ [D]$	Gol,And 1985 [P,I]
					$H_2, CH_4, C_2H_2 - O_2 - Ar\ [P]$	Gol 1988 [P]
					$H_2 - O_2[P]$	Gol 1989a [P]
					$H_2 - O_2 - N_2, C_2H_2 - O_2 - Ar\ [P]$	Gol 等 1990 [P]
					$CH_4, C_2H_4, C_2H_6 - O_2 - Ar\ [P]$	Ber 等 1993 [P]
	$4p^2P, 2s^2S - 1s^2S$	$2 \times 243 + 486$	$4p^2P - 2s^2S$	486	$H_2 - O_2 - Ar\ [P]$	Gol,Lau 1990 [P]
	$3s^2S, 3d^2D - 1s^2S$	2×205.1	$3s^2S, 3d^2D - 2p^2P$	656.3	$H_2 - O_2 - Ar\ [P]$	Luc 等 1983a [P]
					$H_2 - O_2[P]$	Gol 1986 [P]
					$H_2 - O_2 - N_2[P]$	Sal,Lau 1986,1987 [P]
					$C_2H_4 - O_2 - Ar\ [P]$	Sal,Lau 1988 [P]
					$H_2 - O_2 - Ar\ [P]$	Bit 等 1988 [P]
					$H_2, CH_4, C_2H_2 - O_2 - Ar\ [P]$	Gol 1988 [P]
					$H_2 - O_2[P]$	Wes 等 1994 [D]
						Agr 等 1995 [D]
						Gas 等 1997 [P]
	$4p^2P - 1s^2S$	3×291.7	$4p^2P - 2s^2S$	486.1	$CH_4 - N_2 - O_2, Ar\ [P]$	Ald 等 1984a [D]
					$C_2H_4 - O_2[P]$	Gol 1988 [P]
	$4p^2P, 2s^2S - 1s^2S$	$2 \times 243 + 486$	$4p^2P - 2s^2S$	486.1	$H_2, CH_4, C_2H_2, C_2H_6 - O_2 - Ar\ [P]$	Bro 等 2001 [P]
MP – LIF,ASE　$3s^2S - 1s^2S$		2×205	$3s^2S - 2p^2P$	656	$H_2 + N_2/空气\ [D]$	Wil,File 1995 [P]
					$CH_4 - O_2 - NO_2 - N_2[P]$	Gol 1989b [P]
					$H_2 - O_2[P]$	

29

（续）

组分	方法	激励 跃迁	激励 波长/nm*	探测 跃迁	探测 波长/nm	火焰 预混[P]/扩散[D]	参考文献 剖面[P]/探测[D]/像[I]/光谱[S]
C 原子	2+1 REMPI	$2s^2S-1s^2S$	2×243	电子		H_2-O_2[P]	Gol 1984 [P]
						CH_4/空气[D]	Smy,Tjo1990a [P]
	3+1 REMPI	$2p^2P-1s^2S$	3×364.7	电子		$CH_4,C_2H_4,C_2H_6-O_2-Ar$[P]	Ber 等 1993 [P]
	2C-LIGS	$3p^2P,2s^2S-1s^2S$	$2\times243+656$	$3p^2P-2s^2S$	656	H_2-O_2-Ar[P]	Tjo,Coo 1983 [P]
	DFWM,LIF	$3p^2P,2s^2S-1s^2S$	2×243	散射光		H_2-O_2[P]	Gra 等 1993 [P]
	MP-LIF	$3p^3P-2p^2{}^3P$	2×280	$3p^3P-2s^2P$	910	$H_2-O_2-N_2$[P]	Gra,Tre 1993 [P]
						$C_2H_4-O_2-N_2$[P]	Wes 等 1991a [P]
						CH_4,C_2H_4-空气[P]	Tjo,Smy 1988 [D]
O 原子	2+1 REMPI	$3p^3D-2p^2{}^3P$	2×287	电子		$C_2H_4-O_2$[P]	Ald 等 1989a [P]
	ASE	$3p^3P-2p^2{}^3P$	2×280	$3p^3P-2s^3P$	910	$C_2H_4-O_2$[P]	Ald 等 1984b [P]
	MP-LIF	$3p^3P-2p^3P$	2×226	$3p^3P-3s^3S$	845	$CH_4-N_2O-N_2$[P]	Miz,DeW 1984 [P]
						H_2-O_2[P]	Gol 1987 [P]
						$H,CH_4,C_2H_2-O_2$[P]	Mei 等 1988 [P]
						H_2-N_2O[P]	Wes,Ald 1990b [P]
						$CH_4,C_2H_4,C_2H_6-O_2-Ar$[P]	Ber 等 1993 [P]
						CH_4-O_2-空气[P]	van 等 1993 [I]
						C_3H_8-空气[P]	Fei 等 1994 [P]
						$CH_4-N_2-O_2,Ar$[P]	Wes 等 1994 [P]
			$3p^5P-3s^5S$	845,77	H_2-空气[D]	Gas 等 1997 [D]
				777		Gol,And 1985 [P,I]
						CH_4-O_2[P]	Dye,Cro 1989 [S]

（续）

组分	方法	激励 跃迁	激励 波长/nm*	探测 跃迁	探测 波长/nm	火焰 预混[P] 扩散[D]	参考文献 剖面[P] 探测[D] 像[I] 光谱[S]
C₂	MP–LIF,ASE	$3p^3P-2p^3P$	2×226	$3p^3P-3s^3S$	845	H_2-O_2[P]	Wys 等 1989 [D]
	2+1 REMPI	$3p^3P-2p^3P$	2×226	电子		H_2-O_2[P]	Ald 等 1989b [P]
	Raman	$^3P_2-^3P_{2,0}$	$158.227\,\mathrm{cm}^{-1}$	散射光		H_2-O_2[P]	Agr,Ald 1994 [D]
	CARS	$\omega_1-\omega_2$	630,636	ω_3光		$CH_4/$空气 [D]	Gol 1984 [P]
	ICLAS	$2p^1D-2p^3P$		吸收		$CH_4,C_2H_4,C_2H_6-O_2-Ar$ [P]	Smy,Tjo1990a [P]
	ASE,增益	$3p^3P-2p^3P$	2×226	$3p^3P-3s^3S$	845	CH_4-O_2-Ar [P]	Ber 等 1993 [P]
	DFWM	$3p^3P-2p^3P$	2×226	散射光		H_2-O_2[P]	Fei 等 1994 [P]
	LIF	$d^3\Pi_g-a^3\Pi_u$		$d^3\Pi_g-a^3\Pi_u$		H_2-O_2[P]	Das,Bec 1981 [D]
						H_2-O_2[P]	Tee,Bec 1981 [D]
						H_2-空气 [P]	Che,Kov 1994 [D]
						H_2-O_2[P]	Bro,Jef 1995 [D]
						H_2-空气 [P]	Kru 等 2000 [P]
			514.5		516.5	$C_2H_6-O_2$[P]	Vea,Hen 1972 [D]
			516.5		563.5	$C_2H_2-O_2$[P]	Bec 等 1974 [D]
			514.5		516.5	CH_4-O_2[P]	Jon,Mac 1976 [D]
			509~517		555~565	$C_2H_2-O_2$[P]	Bar,McD 1977 [D]
			514.5		563.5	$CH_4-N_2O-N_2$[P]	Van 等 1983 [P]
			473.7		513	$CH_4,\cdots-O_2-N_2+NO$ [P]	Wil,Pas 1997 [P]
	ICLAS	$e^3\Sigma_u^+-B'^1\Sigma_g^+$	248	$e^3\Pi_g-a^3\Pi_u$	250~400	$C_3H_6-O_2$[P]	Bro 等 1998 [D]
		$D'^1\Sigma_u^+-B'^1\Sigma_g^+$	248	$D'^1\Sigma_u^+-X'^1\Sigma_g^+$	232	$C_3H_6-O_2$[P]	Bro 等 1998 [D]
		$d^3\Pi_g-a^3\Pi_u$	617.3	吸收		$C_2H_2-O_2$[P]	Har,Wei 1981 [P]

（续）

组分	方法	激励		探测		火焰 预混[P] 扩散[D]	参考文献 剖面[P] 探测[D] 像[I] 光谱[S]
		跃迁	波长/nm*	跃迁	波长/nm		
CH	CARS	$\omega_1-\omega_2$	$1610\sim1620\,\mathrm{cm}^{-1}$	ω_3光束		$C_2H_2-O_2$ [P]	Att 等 1983 [D]
	DFWM	$d^3\Pi_g-a^3\Pi_u$	516.5	散射光		$C_2H_2-O_2$ [P]	Nyh 等 1994 [D]
	POL	$d^3\Pi_g-a^3\Pi_u$	516.6	偏振改变		$C_2H_2-O_2$ [P]	Kam 等 1997 [D]
	PD	光解离	516.5			$C_2H_2-O_2$ [P]	Nyh 等 1995a [P]
			282	$d^3\Pi_g-a^3\Pi_u$	516.5	$C_2H_2-O_2$ [P]	Ald 等 1982 [P]
			266,355,532		473	$C_2H_4-O_2-N_2$ [P]	Ben, Ald 1990 [P]
			266,292		560	$C_2H_2-O_2-Ar$ [P]	Gol, Kea 1990 [P]
	LIF,ABS	$A^2\Delta-X^2\Pi_r$	427	$A^2\Delta-X^2\Pi_r$	431	$CH_4,CH_2O-NO_2-O_2$ [P]	Bon, Shi 1979 [D]
	LIF	$B^2\Sigma^--X^2\Pi_r$	390	$B^2\Sigma^--X^2\Pi_r$	?	CH_4-O_2 [P]	Bra 等 1991 [P]
		$A^2\Delta-X^2\Pi_r$	425	$A^2\Delta-X^2\Pi_r$	423~432	$C_2H_2-O_2$ [P]	Cat 等 1984 [D]
			431~435		427~428	$CH_4/空气$ [D]	Koh 等 1984 [P]
			427.4		431.0	$CH_4-O_2-N_2$ [P]	Nor, Smy 1991 [P]
			431		486	$CH_4,C_2H_4,C_2H_6-O_2-Ar$ [P]	Ber 等 1993 [P]
			435.4		431		Ber 等 2000 [P]
		$A^2\Delta,B^2\Sigma^--X^2\Pi_r$	434.4,387.2	$A^2\Delta,B^2\Sigma^--X^2\Pi_r$	432,392	$CH_4-O_2-Ar+N_2O,NO,\cdots$ [P]	Luq, Cro 1996 [P]
		$B^2\Sigma^--X^2\Pi_r$	390	$B^2\Sigma^--X^2\Pi_r$	390	$C_3H_8-空气$ [P]	Wil, Fle 1994b [P]
			387		431	$C_3H_8-空气$ [P]	Pau, Dec 1994 [I]
			365		405	$CH_4-O_2-NO_2-N_2$ [P]	Wil, Fle 1995 [P]
			389.5		>420	$CH_4-空气-N_2$ [P]	Ngu, Pau 1996 [I]
			387.4		320~460	CH_4-O_2+NO [P]	Juc 等 1998 [P]
			364		404	$CH_4-O_2,空气$ [D]	Luq 等 2000 [D]

（续）

组分	方法	激励 跃迁	激励 波长/nm*	探测 跃迁	探测 波长/nm	火焰 预混[P] 扩散[D]	参考文献 剖面[P] 探测[D] 像[I] 光谱[S]
CO	ABS	$C^2\Sigma^+ - X^2\Pi_r$	316.1	$C^2\Sigma^+ - X^2\Pi_r$	314.4	$CH_4 - O_2 -$ 空气[P]	Cho, Dea 1985 [D]
	REMPI	$A^2\Delta - X^2\Pi_r$	314~317	$A^2\Delta - X^2\Pi_r$	431	$CH_4 - O_2$[P]	Jef 等 1986 [D]
	DFWM	$D^2\Pi, - X^2\Pi_r$	310~314	$C^2\Sigma^+ - X^2\Pi_r$	314.5	$CH_4, C_2H_4 -$ 空气[P]	Tjo, Smy 1988 [D]
		$A^2\Delta - X^2\Pi_r$	430.4~431.3	吸收		$C_2H_2 - O_2$[P]	Jok 等 1986 [P]
			312.1	电子		$CH_4, C_2H_4 -$ 空气[P]	Tjo, Smy 1988 [D]
	2C-RFWM	$B^2\Sigma^- - X^2\Pi_r$	426.1~426.5	散射光		$C_2H_2 - O_2$[P]	Wil 等 1992 [P]
	CRD	$A^2\Delta - X^2\Pi_r$	387~394	$A^2\Delta - X^2\Pi_r$	426	$C_2H_2 - O_2$[P]	Hun 等 1995 [D]
		$A^2\Delta - X^2\Pi_r$	430	吸收		$CH_4 -$ 空气$, C_2H_2 - O_2$[P]	Eve 等 1999 [P]
		$B^2\Sigma^- - X^2\Pi_r$	420~431			$CH_4 - O_2 - Ar$[P]	Tho, McI 2000 [P]
			387			$CH_4 -$ 空气[P]	Mer 等 2001a [P]
			388.3			$CH_4 - O_2 - N_2$[P]	Luq 等 2001a [P]
		$C^2\Sigma^+ - X^2\Pi_r$	$314.0 \sim 317.0\,\text{cm}^{-1}$			$CH_4 + N_2/O_2 + N_2$[D]	Mer 等 1999a [P]
			314.5			$CH_4 - O_2 - N_2$[P]	Der 等 1999a [P]
			314.5			$CH_4 - O_2 - N_2 + N_2O$[P]	Der 等 1999b [P]
			317			$CH_4 -$ 空气[P]	Mer 等 2001a [P]
	TDL	$A^2\Delta - X^2\Pi_r$	426	$C, B, A - X^2\Pi_r$	300~500	$CH_4/$ 空气$, C_2H_4/$ 空气[D]	Pet, Oh 1999 [P]
	EM			$B^1\Sigma^+ - A^1\Pi$	484	$C_2H_2 -$ 空气[P]	Bas, Bro 1961 [S]
	MP-LIF	$B^1\Sigma^+ - X^1\Sigma^+$	2×230		451~725	$CO -$ 空气$, CH_4 -$ 空气[P]	Ald 等 1984c [P]
					451~725	$CO, CH_4 -$ 空气[P]$, CO -$ 空气[D]	Hau 等 1986 [I]
							Sei 等 1987 [I]
					484	$CH_4 - O_2 - Ar$[P]	Tjo, Smy 1989 [D, S]

（续）

组分	方法	激励		探测		火焰 预混[P] 扩散[D]	参考文献 剖面[P] 探测[D] 像[I] 光谱[S]
		跃迁	波长/nm*	跃迁	波长/nm		
	MP-LIF,ASE	$C^1\Sigma^+ - X^1\Sigma^+$	2×217.66	$C^1\Sigma^+ - A^1\Pi$	451	C_3H_8-空气[P]	Wes 等 1994 [P]
	LIF	(2,0)带	2×230	$B^1\Sigma^+ - A^1\Pi$	484	CH_4-空气[D]	Eve 等 1996 [P,I]
		$B^1\Sigma^+ - X^1\Sigma^+$	$4300\,cm^{-1}$	(1,0)带	475	$CH_4 - O_2 - N_2$[P]	Gas 等 1999 [P]
	2+1 REMPI	$C^1\Sigma^+ - X^1\Sigma^+$	2×230	电子	$350\sim550$	CH_4-空气[P],CH_4/空气[D]	Lin 等 2000 [D]
	2+1 REMPI		2×217.5	电子	$480\sim725$	流通池	Wes 等 1990 [S]
	3+2,3 REMPI	$A^1\Pi - X^1\Sigma^+$	$3\times430\sim470$	电子		$CO - Ar - H_2$[P]	Kir,Han 2000 [I]
	TDL	(1,0)带	$2020\sim2213\,cm^{-1}$	吸收	$2100\,cm^{-1}$	$CH_4 - O_2 - Ar$[P]	Tjo,Smy 1989 [D,S]
			$2128\,cm^{-1}$			$CH_4,C_2H_4,C_2H_6 - O_2 - Ar$[P]	Ber 等 1993[P]
			$2028,2034\,cm^{-1}$			$CH_4 - O_2 - Ar$[P]	Tjo,Smy 1989 [D]
			$2173\sim2169\,cm^{-1}$			$CH_4 - O_2 - Ar$[P]	Tjo,Coo 1984 [P]
			$2020\sim2100\,cm^{-1}$			CH_4-空气[P]	Sch,Han 1981 [P]
	CARS	(2,0)带	$4344\,cm^{-1}$	ω_3光		CH_4-空气[D]	Mil 等 1993 [P]
		(3,0)带	$6412\,cm^{-1}$			$CH_4 - O_2 - Ar$[P]	Ngu 等 1993 [P]
		$\omega_1 - \omega_2$	$2143\,cm^{-1}$			C_2H_4-空气[P]	Ska,Mil 1995,1996 [P]
			$2143\,cm^{-1}$			$CH_4 - O_2 - Ar + CF_3Br,\cdots$[P]	Dan 等 1996 [P]
						C_2H_4-空气[P]	Wan 等 2000 [D]
						CH_4-空气[P]	Ups 等 1999 [D]
						CH_4-空气[D]	Far 等 1985 [P]
						C_3H_8-空气[P]	Mag 等 1995 [P]
	POL	$B^1\Sigma^+ - X^1\Sigma^+$	2×230	偏振改变		$CO - O_2$[P]	Nyh 等 1995b [D]
OH	LIF,ABS	$A^2\Sigma^+ - X^2\Pi_i$	282.9	$A^2\Sigma^+ - X^2\Pi_i$	308	C_3H_8-空气[P]	Kai 1986 [P]

（续）

组分	方法	激励 跃迁	激励 波长/nm*	探测 跃迁	探测 波长/nm	火焰 预混[P] 扩散[D]	参考文献 剖面[P] 探测[D] 像[I] 光谱[S]
	LIF	$A^2\Sigma^+ - X^2\Pi_i$	306~309	$A^2\Sigma^+ - X^2\Pi_i$	306~309	$H_2 - O_2, H_2 - N_2O$ [P]	Koh 等 1988 [P]
			285.6		314	CH_4/空气 [D]	Smy 等 1990 [P]
			310		310	$C_2H_6 - O_2 - N_2$ [P]	Car 等 1991 [P]
			309.3		307.1,312.5	$C_2H_6 - O_2 - N_2$ [P]	Car, Lau 1994 [P]
			310~312		310~312	$H_2 - O_2 - Ar$ [P]	Luc 等 1983b [P]
			313.3			$C_2H_2 - O_2$ [P]	Koh 等 1984 [P]
			281,306,612;5种激励/探测方案		319.5		Lau, Gol 1989 [P]
			282			$H_2 - O_2 - Ar$ [P]	Koh 等 1990 [P]
			278.8,283.6		315	CH_4, C_2H_4/空气 [D]	Pur 等 1992 [P]
			248 – 310;3种激励/探测方案		305~385	—	Sei, Han 1993 [I]
			287.9		295~340	$CH_4 -$ 空气 [P]	Ngu 等 1996 [P]
			248.5		295	$CH_4 -$ 空气 [P]	Ngu, Pau 2001 [D]
	LIF,DFWM	$A^2\Sigma^+ - X^2\Pi_i$	282.6~283.5	$A^2\Sigma^+ - X^2\Pi_i$	295~395	$H_2 + N_2$/空气 [D]	Bro 等 2001 [P]
	ABS	$A^2\Sigma^+ - X^2\Pi_i$	281.4,306.4	吸收	308.9	$C_3H_8 - O_2$ [P]	Krö 等 1993 [D]
	OA	$A^2\Sigma^+ - X^2\Pi_i$	308.6	压力波		$NH_3 - O_2 - N_2$ [P]	Cho 等 1982 [P]
			306.9			$CH_4 -$ 空气 [P]	Cat 1982 [P]
	PTD	$A^2\Sigma^+ - X^2\Pi_i$	307.4 – 313.7	光束偏转		$H_2 - O_2$[P]	Gol 1984 [P]
			308.0,309.3			$CH_4 - O_2 - N_2$ [P]	Ros 等 1984 [P]
	PTD,PAD	$A^2\Sigma^+ - X^2\Pi_i$	309.0	光束偏转		$C_3H_8 -$ 空气 [P]	Kiz 等 1984 [P]
			309.2			$CH_4 -$ 空气/空气 [P]	Ros, Gup 1984 [P]

（续）

组分	方法	激励		探测		火焰 预混[P] 扩散[D]	参考文献 剖面[P] 探测[D] 像[I] 光谱[S]
		跃迁	波长/nm*	跃迁	波长/nm		
	CARS	$\omega_1-\omega_2$	$3065cm^{-1}$	ω_3光束		CH_4-空气[P]	Att 等 1990 [P]
	CARS,DFWM	$\omega_1-\omega_2, A-X$	$3065cm^{-1},311.2$	散射光		CH_4-空气[P]	Ber 等 1992 [P]
	POL	$A^2\Sigma^+-X^2\Pi_i$	306.4	偏振改变		$C_2H_2-O_2,C_3H_8$-空气[P]	Nyh 等 1993 [P]
			306.4~309.3			CH_4-空气[P]	Suv 等 1995 [D]
			284.9			H_2-N_2O[P]	Löf,Ald 1996 [D]
	DFWM		308.6	散射光		H_2-空气[P]	Rei 等 2000 [D]
		$A^2\Sigma^+-X^2\Pi_i$	309.7			C_3H_8-空气+SO_2[P]	Mis 等 1996 [P]
			309.7			H_2-空气+SO_2[P]	Rad 等 1999 [P]
			308.6,309.2			H_2-空气[P]	Rei 等 1999 [D]
	CRD	$A^2\Sigma^+-X^2\Pi_i$	312.2	吸收		CH_4-空气[P]	Che 等 1998 [P]
	CRD,LIF,ABS	$A^2\Sigma^+-X^2\Pi_i$	302.4,304.0	吸收,A-X		H_2,CH_4-空气[P],$CH_4/N_2/O_2$[D]	Mer 等 1999b [P]
	TDL	(2,0)带	$6420cm^{-1}$	吸收		CH_4-空气[P]	Ups 等 1999 [D]
	TDL		$6421cm^{-1}$			CH_4-空气[P]	Aiz 等 1999 [D]
C_3	2+1 REMPI	$D^2\Sigma^--X^2\Pi_i$	$2\times243\sim247$	电子	$261\sim352$	H_2-O_2[P]	Col 等 1991 [S]
	EM			$A^2\Sigma^+-X^2\Pi_i$		光解	Bas,Bro 1953 [S]
	LIF	$\tilde{A}^1\Pi_u-X^1\Sigma_g^+$	370~415	$\tilde{A}^1\Pi_u-X^1\Sigma_g^+$	370~415	CH_4-He 等离子体[P]	Bal 等 1994 [S]
			405		423	CH_4-H_2-Ar 等离子体[P]	Rai,Jef 1997 [P]
HCHO	TDL	ν_3带	$2040cm^{-1}$	吸收		光解	Mat 等 1988 [S]
	DFWM,2C-LIGS	$\tilde{A}^1\Pi_u-X^1\Sigma_g^+$	405	散射光		汽化射流[P]	But,Roh 1992 [D]
	LIF	$B^2A'-X^2A'$	245	$B^2A'-X^2A'$	276~284	CH_4-O_2[P]	Jef 等 1990 [P]
			258		340~380	$CH_4-O_2-N_2$[P]	Dia 等 1998 [P]

（续）

组分	方法	激励 跃迁	激励 波长/nm*	探测 跃迁	探测 波长/nm	火焰 预混[P] 扩散[D]	参考文献 剖面[P] 探测[I] 像[I] 光谱[S]
	2+1 REMPI	$3p\,^2A''-X\,^2A'$	258.4		<360	CH_4－空气－N_2[P]	Naj 等 1998 [I]
			258.5			CH_4－空气 [P]	Bom, Kap 1999 [I]
	1+1 REMPI		254	电子	280~400	CH_4－空气 [P]	Naj 等 2001 [I,P]
		$3p\,^2\Pi-X\,^2A'$	2×397.4			CH_4－O_2－Ar [P]	Ber 等 1988 [P]
			208~222	电子		CH_4,C_2H_4－O_2－Ar[P]	Coo 等 1988 [P]
		$\tilde{B}\,^2A'-X\,^2A'$	222~263			$CH_4,C_2H_4,C2H_6$－O_2－Ar [P]	Ber 等 1993 [P]
	TDL	$\tilde{A}\,^2A''-X\,^2A'$	758	吸收		光解	Son, Coo 1992 [S]
	ICLAS	$\tilde{A}\,^2A''-X\,^2A'$	615.5~615.8	吸收		光解	Coo, Son 1992 [S]
			615.8			流动反应器	Oh 1993 [S]
	CRD	$\tilde{A}\,^2A''-X\,^2A'$	615.8	吸收		CH_4－空气 [P]	Che 1995 [D]
			615			CH_4－空气 [P]	Loz 等 1997 [P]
			614.9			CH_4－O_2－N_2[P]	Loz 等 1998 [P]
						CH_4－N_2－O_2[P]	Sch, Rak 1997 [D]
						CH_4－O_2－Ar [P]	McI 1999 [P]
HO_2	TDL	ν_3 带	1117.5cm^{-1}	吸收		光解	Thr, Tyn 1982 [D]
		$2\nu_1$ 带	6625.8cm^{-1}	吸收		光解	Joh 等 1991 [S]
						流动反应器	Taa, Oh 1997 [S]
$^1CH_2$	LIF	$b\,^1B_1-\tilde{a}\,^1A_1$	538	$b\,^1B_1-\tilde{a}\,^1A_1$	450~650	CH_4－O_2[P]	Sap 等 1990 [P]
	ICLAS	$b\,^1B_1-\tilde{a}\,^1A_1$	612.4	吸收		CH_4－O_2－N_2[P]	Che 等 1997 [P]
			612.4			CH_4－O_2－N_2[P]	Loz 等 1998 [P]
			590~593,640~645			CH_4－O_2－N_2[P]	Der 等 1999c [P]

（续）

组分	方法	激励 跃迁	激励 波长/nm*	探测 跃迁	探测 波长/nm	火焰 预混[P] 扩散[D]	参考文献 剖面[P] 探测[D] 像[I] 光谱[S]
$^3CH_2$	CRD	$b^1B_1 - \tilde{a}^4A_1$	622	吸收		$CH_4 - O_2 - Ar$ [P]	McI 1998,1999 [P]
C_2H	3 + 1 REMPI	4态 $- X^3B_1$	385~430	电子		流动反应器	Iri,Hud 1992 [S]
	2 + 1 REMPI	$H(3p), I(4p) - X^3B_1$	311.8,269.4	电子		流动反应器	Iri 等 1992 [S]
	LIF	$^2\Pi - X^2\Sigma^+$	250~312	$^2\Pi - X^2\Sigma^+$	400~600	光解	Hsu 等 1992,1993 [S]
	ABS	$A^2\Pi - X^2\Sigma^+$	3000~4200cm^{-1}	吸收		放电	Car 等 1982 [S]
	2 + 1 REMPI	$3p\sigma^2\Pi(?) - X^2\Sigma^+$	$2 \times 272 \sim 283$	电子		光解	Coo,Goo 1991 [S]
C_2O	EM			$^2\Pi - X^2\Sigma^+$	250~300	放电	Som 等 1992 [S]
	LIF	$A^3\Pi_i - X^3\Sigma^-$	588~689	$A^3\Pi_i - X^3\Sigma^-$	?	光解	Pit 等 1981 [S]
	TDL	ν_1带	1971cm^{-1}	吸收		光解	Yam 等 1986 [S]
CH_3	2 + 1 REMPI	$3p^2A_2'' - X^2A_2''$	2×333.5	电子		$CH_4/$空气 [D]	Smy,Tay 1985 [P]
						$CH_4 - O_2$ [P]	Mei,Koh 1987 [P]
						$CH_4, C_2H_4 - O_2 - Ar$ [P]	Coo 1988 [P]
						$CH_4 - O_2 + NO$ [P]	Etz 1992 [P]
						$CH_4, C_2H_4, C_2H_6 - O_2 - Ar$ [P]	Ber 1993 [P]
	ABS	$B^2A_1' - X^2A_2''$	216.5	$CHA^2\Delta - X^2\Pi_r$		流动反应器	Hei 等 1994 [S]
	DFWM	$B^2A_1' - X^2A_2''$	217	散射光		$CH_4 - O_2$ [P]	Etz 1993 [P]
CH_2O	PD	$B^2A_1' - X^2A_2''$	205	吸收	427	CH_4-空气, C_3H_8-空气 [P]	Sic 1995 [P]
						CH_4-空气 [P]	Far 等 1996 [P]
	CRD	ν_3带	3125cm^{-1}	吸收		CH_4-空气 [P]	Des 等 1996 [P]
						CH_4-空气 [P]	Sch 等 1997 [P]
	LIF	$A^1A_2 - X^1A_1$	352.5	$A^1A_2 - X^1A_1$	395~550	$CH_4/$空气 [D]	Har,Smy 1993 [P]

（续）

组分	方法	激励		探测		火焰 预混[P] 扩散[D]	参考文献 剖面[P] 探测[D] 图像[I] 光谱[S]
		跃迁	波长/nm*	跃迁	波长/nm		
HCHO	3 + 1,2 REMPI	$3p_y,3p_z - X^1A_1$	338.1		>360	二甲醚 – 空气[P]	Pau,Naj 1998 [I]
			353.0		?	CH_4 – 空气[P]	Bom,Kap 1999 [I]
			369.2~369.7		>380	CH_4 – 空气[P]	Kle 等 2000 [I]
			353.2		>375	CH_4 – 空气[P]	Böc 等 2000 [I]
			355		425	$C_2H_4 - N_2 - Ar -$ 空气/空气[P]	McE,Ple 2000 [P]
			339.2		380~500	CH_4 – 空气[P]	Shi 等 2001 [P]
			353.1~353.6	电子吸收	360~550	$C_2H_4,C_7H_{16}\cdots$ – 空气[P]	Bur 等 2000 [I]
	TDL	ν_5带	3×445~470			流通池	Bom,Dou 1987 [S]
			2868~2872cm^{-1}			流通池	Cli,Var 1990 [S]
			2937cm^{-1}			流通池	Tol,Mil 1998 [D]
C_2H_2	CRD,LIF	$A^1A_2 - X^1A_1$	368~373	吸收	375~425	$CH_4 - N_2 - O_2$[P]	Luq 等 2001b [P]
	LIF	$B^2\Pi - X^2A''$	284.8~299.3	$B^2\Pi - X^2A''$		光解	Bro 等 1999 [S]
	LIF,PD	$A^1A_u - X^1\Sigma_g^+$	215.9	$C_2d - a,C - A$	330~650	$C_2H_2 - O_2$[P]	Rai 等 1989 [D]
	CARS	$\omega_1 - \omega_2$	1935~1980cm^{-1}	ω_3光束		$CH_4 - C_2H_2 -$ 空气[P]	Far 等 1984 [D]
	TDL	$\nu_4 + \nu_5$带	1273,1298cm^{-1}			$CH_4 - C_2H_2 -$ 空气[P]	Luc 等 1986 [P]
C_2H_3	TDL	CH_2摆动	895	吸收		$CH_4 - C_2H_4 -$ 空气[P]	Tol,Mil 1994 [P]
	CRD	$A^2A'' - X^2A'$	415~530	吸收		光解	Kan 等 1990 [S]
						光解	Pib 等 1999 [S]
CH_3O	LIF	$A^2A_1 - X^2E$	290~300	吸收	330~420	$CH_4 - O_2 - N_2 - NO_2$[P]	Wil,Fle1994a [D,P]
			297.6		350~400	$CH_4 - O_2 - N_2 - NO_2$[P]	Wil,Fle 1995 [P]
			292.8	$A^2A_1 - X^2E$	320~400	$CH_4 -$ 空气[P]	Naj 等 2001 [I,P]

（续）

组分	方法	激励 跃迁	激励 波长/nm*	探测 跃迁	探测 波长/nm	火焰 预混[P] 扩散[D]	参考文献 剖面[P] 探测[D] 像[I] 光谱[S]
CH_2OH	REMPI	$?-X^2E$	$315\sim328$	电子		流动反应器	Lon 等 1986 [D]
	2+1 REMPI	$B^2A'(3p)-X^2A''$	$2\times430\sim490$	电子		流动反应器	Dul, Hud 1986 [S]
			$2\times450\sim470$				Bom 等 1986 [S]
C_3H_5丙烯基	2+2 REMPI	$3s^2A_1-X^2A_2$	$243\sim251,$ $2\times460\sim505$	电子		流动反应器	Joh, Hud 1996 [S]
$C_2H_2O_2$	LIF	S_1-S_0	428	S_1-S_0	$455.5, 477.7$	C_2H_2-空气[P]	Tic 等 1998 [I]
C_4H_7	2+2 REMPI	$3s^2A_1$里德伯$-X$	$2\times485\sim515$	电子		流动反应器	Hud, Dul 1985 [S]
			$2\times488\sim513$			光解	Sap, Wei 1987 [S]
	1+1 REMPI	$D,C,B-X^2A_2$	$238\sim250$	吸收		闪热解	Blu 等 1992 [S]
	TDL	ν_{11}带	$795\sim823\ cm^{-1}$	电子		光解	Hir 等 1992 [S]
			$2\times485\sim535$	吸收		光解	Hud, Dul 1985 [D]
C_6H_5苯基	CRD	$^2B_1-{}^2A_1$	504.8	散射光			Yu, Lin 1994 [D]
C_6H_6	Raman	ν_1带	$992\ cm^{-1}$	电子		$CH_4+C_6H_6$/空气	Get 等 1992 [P]
	1+1 REMPI	$S_1^1B_{2u}-S_0^1A_{1g}$	$233\sim262$			分子束	Ich 1988 [S]
C_7H_7苯甲基	LIF	$1^2A_2,2^2B_2-1^2B_2$	$432\sim459$	$1^2A_2,2^2B_2-1^2B_2$	$464\sim538$	流动反应器	Oka 等 1982 [S]
	n+1 REMPI	$?-X^2B_2''$	$425\sim460$	电子	$450\sim500$	光解	Fuk, Obi 1990 [S]
托品基	2+1 REMPI	$np,nf-X^2E_2''$	$498\sim518$	电子		流动反应器	Hof, Hud 1985 [S]
			$2\times415\sim590$			流动反应器	Joh 1991 [S]
(B)含氮组分 N原子	MP-LIF	$3p^4D-2p^{3\,4}S$	2×211	$3p^4D-2s^4P$	870	$H_2-O_2-N_2+NH_3,\cdots$ [P]	Law 等 1990 [P]
						$H_2-O_2-N_2+NH_3,\cdots$ [P]	Bit 等 1991 [P]
						$NH_3-H_2-O_2$ [P]	Wes 等 1991b [P]

（续）

组分	方法	激励 跃迁	激励 波长/nm*	探测 跃迁	探测 波长/nm	火焰 预混[P] 扩散[D]	参考文献 剖面[P] 探测[D] 像[I] 光谱[S]
CN	ASE	$3p^4D-2p^{34}S$	2×211	$3p^4D-2s^4P$	870	NH_3-O_2[P]	Agr 等 1990 [P]
	LIF,ABS	$B^2\Sigma^+-X^2\Sigma^+$	384.2	$B^2\Sigma^+-X^2\Sigma^+$	388.3	$C_2H_2-N_2O$ [P]	Bon,Shi 1979 [D]
	LIF		386		?	$CH_4,CH_2O-NO_2-O_2$[P]	Bra 等 1991 [P]
			421.7,386.4		388	CH_4-NO-O_2,CH_4-N_2O[P]	Zab 1992 [P]
		$B^2\Sigma^+-X^2\Sigma^+$	388.5	$B^2\Sigma^+-X^2\Sigma^+$	380~390	$C_2H_4-O_2-Ar$ [P]	Mor 1982 [D]
			454.5		384~387	$CH_4-N_2O-N_2$[P]	Van 等 1983 [P]
			386.7		?	$H_2-O_2-Ar+HCN$ [P]	Mil 等 1984 [P]
			309~315,330~335		388	CH_4-N_2O [P]	Jef 等 1986 [D]
			421.7		388	$CH_4-NO_2-O_2$[P]	Zab 1991 [P]
			388.5		365~505	CH_4-O_2+NO[P]	Etz 等 1992 [I]
			356.5		389	CH_4-空气[P]	Hir,Tsu 1994 [I]
			388.3		420	$CH_4-O_2-NO_2-N_2$[P]	Wil,Fle 1995 [P]
			388.1		320~460	CH_4-O_2+NO[P]	Juc 1998 [P]
	DFWM	$B^2\Sigma^+-X^2\Sigma^+$	386.0~388.5	散射光		$H_2-C_2H_2-O_2-O_2-N_2-NO$ [P]	Tsa 等 1995 [D]
	CRD	$B^2\Sigma^+-X^2\Sigma^+$	388.3	吸收		$CH_4-O_2-N_2$[P]	Luq 等 2001a [P]
			384.8			CH_4-O_2+NO[P]	Mer 等 2001b [P]
NH	LIF,ABS	$A^3\Pi-X^3\Sigma^-$	335.4	$A^3\Pi-X^3\Sigma^-$	337.3	CH_4-N_2O [P]	And 等 1982a [P]
			337		337		Sal 等 1984 [P]
			336		?	$\cdot CH_4,CH_2O-NO_2-O_2$[P]	Bra 等 1991 [P]
	LIF	$A^3\Pi-X^3\Sigma^-$	302.6,332.7		336	CH_4-NO-O_2,CH_4-N_2O[P]	Zab 1992 [P]
			338.3	$A^3\Pi-X^3\Sigma^-$	337	CH_4-N_2O [P]	Cop 等 1989 [P]

41

（续）

组分	方法	激励		探测		火焰 预混[P] 扩散[D]	参考文献 剖面[P] 探测[D] 像[I] 光谱[S]
		跃迁	波长/nm*	跃迁	波长/nm		
	ABS		338.2	吸收	338	$CH_4-O_2-Ar+N_2O,NO,\cdots[P]$	Wil,Fle 1994b [P]
		$A^3\Pi-X^3\Sigma^-$	336	吸收	336	$C_2H_2,C_2H_4-O_2-N_2+NO[P]$	Wil,Pas 1997 [P]
	DFWM	$A^3\Pi-X^3\Sigma^-$	332.7	散射光		$NH_3-O_2-N_2[P]$	Cho 等 1982 [P]
	POL	$A^3\Pi-X^3\Sigma^-$	333.1	偏振改变		$NH_3-O_2-N_2[P]$	Rak 等 1990 [D]
		$A^3\Pi-X^3\Sigma^-$	333.2~333.6			$NH_3-O_2[P]$	Dre 等 1995 [D]
		$A^3\Pi-X^3\Sigma^-$	333.6~336.2			$NH_3-O_2[P]$	Suv 等 1995 [D]
		$A^3\Pi-X^3\Sigma^-$	333.5~337.7	散射光		$NH_3-O_2[P]$	Rad 等 1997 [D]
	2C–RFWM	$A^3\Pi-X^3\Sigma^-$	333.8	吸收			Der 等 1996b [P]
NO	CRD	$A^2\Sigma^+-X^2\Pi_i$	236.7	$A^2\Sigma^+-X^2\Pi_i$	258	$CH_4-O_2-N_2+N_2O[P]$	Cho 1983 [P]
	LIF,ABS	$A^2\Sigma^+-X^2\Pi_i$	214.3	$A^2\Sigma^+-X^2\Pi_i$	252.2	$NH_3-O_2-N_2,CH_4-空气[P]$	Cat 等 1988 [P]
	LIF		225.8		235~250	$H_2-O_2-Ar+NO[P]$	Hea 等 1992 [P]
			225.5		234~237	$C_2H_6-O_2-N_2[P]$	Rei 等 1993 [P]
			225.5		234~237	$C_2H_6-O_2-N_2[P]$	Rei,Lau 1994 [D]
			226.0		285~400	$CH_4/空气[D]$	Bat,Han 1995 [I]
			225.5		239	$CH_4/空气[D]$	Smy 1996 [P]
			225.9		230~300	$CH_4-空气[P]$	Ngu 等 1996 [P]
			225.6		几个波长	$CH_4-O_2-N_2,Ar[P]$	Par 等 1996 [D]
			225.95~226.15		240~270	$CH_4-O_2-N_2,Ar[P]$	DiR 等 1996 [I]
			225.6		234~237	$CH_4-O_2-N_2[P]$	Tho 等 1997 [D]
			226.0		228~273	$CH_4-O_2-N_2[P]$	Mok 等 1997 [D]
			226.4		248	$CH_4/空气+NO,NH_3[D]$	Sic 等 1998 [P]

（续）

组分	方法	激励 跃迁	激励 波长/nm*	探测 跃迁	探测 波长/nm	火焰 预混[P] 扩散[D]	参考文献 [P] 剖面[P] 探测[D] 像[I] 光谱[S]
			225.4		245	$CH_4-O_2-N_2+CH_3Cl,\cdots[P]$	Des 等 1998 [P]
			247.9		226~260	CH_4-空气,$C_7H_{16}-$空气 [P]	Sch 等 1999 [I]
			225.5		234~237	$C_2H_6+N_2/$空气 [D]	Rav 等 1999 [P]
			226		245	$CH_4-O_2-N_2[P]$	Gas 等 1999 [P]
			225.5		234~237	$CH_4/$空气,$C_2H_6/$空气 [D]	Rav, Lau 2000 [P]
			225.6		230~400	C_3H_6-空气$+NO$ [P]	Ata, Har 2000 [P]
	1 + 1 REMPI	$D^2\Sigma^+ - X^2\Pi_i$	193.0~193.7	$D^2\Sigma^+ - X^2\Pi_i$	208.0	$C_3H_6-O_2[P]$	Wod 等 1988 [D]
	2 + 2 REMPI	$A^2\Sigma^+ - X^2\Pi_i$	270~317	电子		H_2-空气$-N_2O$ [P]	Mal, Smy 1982 [D]
		$A^2\Sigma^+ - X^2\Pi_i$	2×452	电子		CH_4-空气$[P]$	Roc 等 1982 [P]
	TDL	ν_0 (3,0)带	$1850\sim1925\text{cm}^{-1}$	吸收		CH_4-空气$+NO$ [P]	Fal 等 1983 [D]
	Raman	ν_0带	$5400\sim5650\text{cm}^{-1}$	散射光		流通池	Son, All 1997 [D]
			$\sim1875\text{cm}^{-1}$	散射光		H_2-N_2O [P]	Van 等 1986 [P]
	DFWM	$A^2\Sigma^+ - X^2\Pi_i$	226	散射光		H_2/O_2+N_2 [P]	Van 等 1992a [S, D]
	POL	$A^2\Sigma^+ - X^2\Pi_i$	226.5~227.1	偏振改变		$CH_4-O_2-N_2[P]$	Far, Rak 1999 [S, D]
NF	ICLAS	$b'\Sigma^+ - X^2\Sigma^-$	528	吸收		H_2-N_2O [P]	Löf 等 1996 [D]
NS	LIF	$C^2\Sigma^+ - X^2\Sigma^-$	230~232	$C^2\Sigma^+ - X^2\Pi_i$	237.1	光解	Pod 等 1997 [D]
			571~662		516~824	$CH_4-N_2O+SF_6,\cdots$ [P]	Jef, Cro 1986[D]
			647.1		540~550	$NH_3,H_2,CH_4,-N_2O-N_2[P]$	Cop 等 1984 [D]
			600		?	$CH_4,CH_2O-NO_2-O_2[P]$	Won 等 1987 [P]
NH_2	LIF	$A^2A_1 - X^2B_1$	598	$A^2A_1 - X^2B_1$	>620	$CH_4-O_2-Ar+N-$燃料$[P]$	Bra 等 1991 [P]
							Wil, Fle 1997[P]

（续）

组分	方法	激励 跃迁	激励 波长/nm*	探测 跃迁	探测 波长/nm	火焰 预混[P] 扩散[D]	参考文献 剖面[P] 探测[D] 像[I] 光谱[S]
N₂O	ABS	$A^2A_1 - X^2B_1$	602.7	吸收		$NH_3 - O_2$[P]	Gre,Mil 1981[P]
			598			$NH_3 - O_2 - N_2$[P]	Cho 等 1982[P]
	OA	$A^2A_1 - X^2B_1$	630	压力波		$NH_3 - O_2$[P]	Smi 等 1983[D]
	CARS	$\omega_1 - \omega_2$	3220cm⁻¹	ω_3光		光解	Dre,Wol 1984[D]
	ICLAS	$A^2A_1 - X^2B_1$	597.3	吸收		$CH_4 - O_2 - N_2 + \dot{N}_2O$[P]	Der 等 1999b[P]
	TDL	$3\nu_3$带	6535~6600cm⁻¹	吸收		流通池	Mih 等 1998a[S]
		几个带	4922~5108cm⁻¹			流通池	Mih 等 1998b[S]
HCN	LIF	$A^1A'' - X^1\Sigma^+$	193.1,194.0	$A^1A'' - X^1\Sigma^+$	200~285	流通池	Bar 1979[S]
	CRD	$X^1\Sigma^+$谐波	434~572	吸收		流通池	Rom,Leh 1993[S]
HNO	LIF	$A^1A'' - X^1A'$	570~640	$A^1A'' - X^1A'$	>640	热解	Dix,Nob 1979[S]
			617.8~619.0		>620	热解	Dix,Nob 1980[S]
	ICLAS	$A^1A'' - X^1A'$	618,642~644	吸收		$CH_4 - O_2 - N_2 + N_2O$[P]	Loz,Che 2000[P]
			618,642~644			$CH_4 - O_2 - N_2 + N_2O$[P]	Loz 2001[P]
NCO	LIF	$A^2\Sigma^+ - X^2\Pi_i$	465.8	$A^2\Sigma^+ - X^2\Pi_i$	430~443	$CH_4 - N_2O$[P]	And 等 1982b[P]
			435~512		435~465	$CH_4 - N_2O$[P]	Cop 等 1984[D]
			466.4		440	$CH_4 - O_2 - Ar + N_2O, NO, \cdots$[P]	Wil,Fle 1994b[P]
			439		466	$C_2H_2 - O_2 - Ar + N_2O - NO$[P]	Wil,Pas 1997[P]
NCN	LIF	$B^2\Pi - X^2\Pi_i$	314.7~315.2	$B^2\Pi - X^2\Pi_i$	365	$CH_4 - N_2O$[P]	Jef 等 1986[D]
	LIF	$A^3\Pi_u - X^3\Sigma_u^-$	315~320	$A^3\Pi_u - X^3\Sigma_u^-$	330~440	放电	Smi 等 1989[S]
NO₂	LIF	?	450~470	?	>510	$CH_4 - O_2 - N_2 - NO_2$[P]	Bar,Kir 1978
	LIF	?	453	?	500~600	$CH_4 - O_2 - N_2 - NO_2$[P]	Wil,Fle 1995[P]

（续）

组　分	方　法	激励 跃迁	激励 波长/nm*	探测 跃迁	探测 波长/nm	火焰 预混[P] 扩散[D]	参考文献 剖面[P] 探测[D] 像[I] 光谱[S]
NH_3	OA	?	$485\sim520,575\sim620$	压力波		CH_4-空气$+NO_2[P]$	Ten 等 1982 [D]
	PTD	?	490	光束偏转		CH_4-空气$+CH_3,NH_2[P]$	Ros 等 1982 [D]
	DFWM	$A^2B_1-X^2A_1$	474.4	散射光	720	C_3H_8-空气$+NO_2[P]$	Man 等 1992,1996 [I]
	MP–LIF	$C^1A_1'-X^1A_1$	2×305	$A^1A_2''-X^1A_1$		$NH_3-O_2[P]$	Wes,Ald1990a [P]
	DFWM	$B^1E'',C^1A_1'-X^1A_1$	$2\times302\sim308$	散射光		$NH_3-O_2[P]$	Geo,Ald 1993 [D]
	POL	$B^1E'',C^1A_1'-X^1A_1$	$2\times307\sim310$	偏振改变		$NH_3-O_2[P]$	Nyh 等 1995b [D]
	CARS	$\omega_1-\omega_2$	$3334cm^{-1}$	ω_3光		流通池	Dre,Wol 1984 [D]
	TDL	ν_2带	$925\sim928cm^{-1}$	吸收		流通池	Nec,Wol 1989 [S]
		$\nu_1+\nu_4,\nu_3+\nu_4$	$5005\sim5047cm^{-1}$			流通池	Mih 等 1998b [D]
		$\nu_1+\nu_3,2\nu_3$带	$6529\sim6678cm^{-1}$			流通池	Web 等 2001 [S]
(C)含卤素组分							
HF	DFWM	$(1,0),(3,0)$带	870,2500	散射光		流通池	Van 等 1992b [D]
CCl	LIF	$A^2\Delta-X^2\Pi$	$270\sim285$	$A^2\Delta-X^2\Pi$	278.4	$CH_4+C_2H_5Cl+He/$空气$[D]$	McE 等 1994 [P]
CF	LIF	$A^2\Sigma^+-X^2\Pi_i$	277.8	$A^2\Sigma^+-X^2\Pi_i$	278	$CH_4-O_2-N_2+CH_3Cl,\cdots[P]$	Dev 等 1998 [P]
	LIF		224		254	$CH_4-O_2+CHF_3,\cdots[P]$	Esp 等 1997 [D]
	LIF		223.3		255	$CH_4-O_2+CHF_3,\cdots[P]$	Esp 等 1999 [P]
CHF	LIF	$A^1A''-X^1A'$	492.4	$A^1A''-X^1A'$	>515	$CH_4-O_2+CHF_3,\cdots,CH_2F_2[P]$	Esp 等 1997 [D]
	LIF		492.4		>515	$CH_4-O_2+CHF_3,\cdots,CH_2F_2[P]$	Esp 等 1999 [P]
CF_2	LIF	$A^1B_1-X^1A_1$	233	$A^1B_1-X^1A_1$	290	$C_2F_4-O_2[P]$	Dou 等 1996 [P]
	LIF		250			$CH_4-O_2+CHF_3,\cdots,CH_2F_2[P]$	Esp 等 1999 [P]
FCO	CRD	$A^2\Pi(A'')-X^2A'$	$316\sim338$	吸收	334	光解	How 等 2000 [S]

（续）

组分	方法	激励 跃迁	激励 波长/nm*	探测 跃迁	探测 波长/nm	火焰 预混[P] 扩散[D]	参考文献 剖面[P] 探测[D] 像[I] 光谱[S]
CF_2O	LIF	(n,π^*)系统	216	(n,π^*)系统	?	$C_2F_4-O_2$[P]	Dou 等 1996 [P]
	TDL		211.0	吸收	330~410	$C_2F_4-O_2$[P]	Esp 等 1997 [D]
CF_4	TDL	ν_4带	1250~1275cm^{-1}	吸收		$CH_4-O_2-Ar+CF_3Br,\cdots$[P]	Dan 等 1996 [P]
	TDL	$\nu_3,2\nu_4$带	1250~1280cm^{-1}	吸收		$CH_4-O_2-Ar+CF_3Br,\cdots$[P]	Dan 等 1996 [P]
CF_3H	TDL	ν_2带	1075~1100cm^{-1}	吸收		$CH_4-O_2-Ar+CF_3Br,\cdots$[P]	Dan 等 1996 [P]
CF_2H_2	TDL	ν_3带	1075~1120cm^{-1}	吸收		$CH_4-O_2-Ar+CF_3Br,\cdots$[P]	Dan 等 1996 [P]
(D)其他组分							
Ar'	3+1 REMPI	$3p^5 4s4s'-3p^{6\,1}S$	3×314.4	电子		CH_4/空气[D]	Smy, Tjo 1990b [P]
Si	2+A REMPI	$4p\,{}^3P-3p^2\,{}^3p$	2×406~410	电子		$H_2+Ar+SiH_4/O_2+Ar$[D]	Zac, Jok 1990 [P]
PO	LIF	$B^2\Sigma^+-X^2\Pi_r$	324~327	$B^2\Sigma^+-X^2\Pi_r$	325.0	放电	And 等 1984 [D,S]
	1+1 REMPI	$A^2\Sigma^+-X^2\Pi_r$	245.6~247.8	$A^2\Sigma^+-X^2\Pi_r$	240	放电	Won 等 1986 [D]
S_2		$B^2\Sigma^+-X^2\Pi_r$	302~334	电子		C_2H_2-空气[P]	Smy, Mal 1982 [S]
	LIF	$B^3\Sigma_u^- - X^3\Sigma_g^-$	296.0	$B^3\Sigma_u^- - X^3\Sigma_g^-$	302.5	$H_2-O_2-N_2+H_2S$[P]	Mul 等 1979 [P]
	DFWM	$B^3\Sigma_u^- - X^3\Sigma_g^-$	309.6	散射光		C_3H_8-空气$+SO_2$[P]	Mis 等 1996 [P]
			309.6			H_2-空气$+SO_2$[P]	Rad 等 1999 [P]
SH	LIF	$A^2\Sigma^+-X^2\Pi_r$	323.7	$A^2\Sigma^+-X^2\Pi_r$	328.0	$H_2-O_2-N_2+H_2S$[P]	Mul 等 1979 [P]
SO	LIF	$B^3\Sigma^--X^3\Sigma^-$	266.5	$B^3\Sigma^--X^3\Sigma^-$	283.4	$H_2-O_2-N_2+H_2S$[P]	Mul 等 1979 [P]
SO	LIF	$A^3\Pi-X^3\Sigma^-$	227.5~232.9	$A^3\Pi-X^3\Sigma^-$	232	$CH_4-O_2+SiCl_4$[P]	Hyn 1991 [S]
	LIF	$A^1\Pi-X^1\Sigma^+$	231	$A^1\Pi-X^1\Sigma^+$	237	$H_2+Ar+SiH_4/O_2+Ar$[D]	Zac, Bur 1994 [P]
SO_2	LIF				238	H_2-O_2+HMDS[P]	Glu 2001 [P]
		$A^1B_1-X^1A_1$	266.5	$A^1B_1-X^1A_1$	279.3	$H_2-O_2-N_2+H_2S$[P]	Mul 等 1979 [P]

附录参考文献

[1]　Agrup S, Westblom U, Aldén M. Detection of Atomic Nitrogen Using Two – Photon Laser – Induced Stimulated Emission: Application to Flames. Chemical Physics Letters, 170 (1990): 406 – 410.

[2]　Agrup S, Aldén M. Two – Photon Laser – Induced Fluorescence and Stimulated Emission Measurements from Oxygen Atoms in a Hydrogen/Oxygen Flame with Picosecond Resolution. Optics Communications, 113 (1994): 315 – 323.

[3]　Agrup S, Ossler F, Aldén M. Measurements of Collisional Quenching of Hydrogen Atoms in an Atmospheric – Pressure Hydrogen Oxygen Flame by Picosecond Laser – Induced Fluorescence. Applied Physics B, 61 (1995): 479 – 487.

[4]　Aizawa T, Kamimoto T, Tamaru T. Measurements of OH Radical Concentration in Combustion Environments by Wavelength – Modulation Spectroscopy with a 1. 55 – μm Distributed – Feedback Diode Laser. Applied Optics, 38 (1999): 1733 – 1741.

[5]　Aldén M, Edner H, Svanberg S. Simultaneous, Spatially Resolved Monitoring of C_2 and OH in a C_2H_2/O_2 Flame Using a Diode Array Detector. Applied Physics B, 29 (1982): 93 – 97.

[6]　Aldén M, Schawlow A L, Svanberg S, et al. Three – Photon – Excited Fluorescence Detection of Atomic Hydrogen in an Atmospheric – Pressure Flame. Optics Letters, 9 (1984a): 211 – 213.

[7]　Aldén M, Hertz H M, Svanberg S, et al. Imaging Laser – Induced Fluorescence of Oxygen Atoms in a Flame. Applied Optics, 23 (1984b): 3255 – 3257.

[8]　Aldén M, Wallin S, Wendt W. Applications of Two – Photon Absorption for Detection of CO in Combustion Gases. Applied Physics B, 33 (1984c): 205 – 212.

[9]　Aldén M, Bengtsson P E, Westblom U. Detection of Carbon Atoms in Flames Using Stimulated Emission Induced by Two – Photon Laser Excitation. Optics Communications, 71 (1989a): 263 – 268.

[10]　Aldén M, Westblom U, Goldsmith J E M. Two – Photon – Excited Stimulated Emission from Atomic Oxygen in Flames and Cold Gases. Optics Letters, 14 (1989b): 305 – 307.

[11]　Anderson W R, Decker L J, Kotlar A J. Concentration Profiles of NH and OH in a Stoichiometric CH_4/N_2O Flame by Laser Excited Fluorescence and Absorption. Combustion and Flame, 48 (1982a): 179 – 190 and Erratum 51 (1983): 125.

[12]　Anderson W R, Vanderhoff J A, Kotlar A J, et al. Intracavity Laser Excitation of NCO Fluorescence in an Atmospheric Pressure Flame. Journal of Chemical Physics, 77 (1982b): 1677 – 1685.

[13]　Anderson W R, Bunte B W, Kotlar A J. Measurement of Franck – Condon Factors for the $\nu' = 0$ Progression in the B – X System of PO. Chemical Physics Letters, 110 (1984): 145 – 149.

[14]　Atakan B, Hartlieb A T. Laser Diagnostics of NO Reburning in Fuel – Rich Propene Flames. Applied Physics B, 71 (2000): 697 – 702.

[15] Attal B, Débarre D, Müller – Dethlefs K, et al. Resonance – Enhanced Coherent anti – Stokes Raman Scattering in C_2. Revue de Physique Appliqué, 18(1983): 39 – 50.

[16] Attal – Trétout B, Schmidt S C, Crété E, et al. Resonance CARS of OH in High – Pressure Flames. Journal of Quantitative Spectroscopy and Radiative Transfer, 43(1990): 351 – 364.

[17] Balfour W J, Cao J, Prasad C V V, et al. Laser – Induced Fluorescence Spectroscopy of the $A^1\Pi_u - X^1\Sigma_g^+$ Transition in Jet – Cooled C_3. Journal of Chemical Physics, 101(1994): 10343 – 10349.

[18] Barnes R H, Kircher J F. Laser NO_2 Fluorescence Measurements in Flames. Applied Optics, 17(1978): 1099 – 1102.

[19] Baronavski A P. The Fluorescence Spectrum of HCN($A^1A''{\rightarrow}X^1\Sigma^+$) Using ArF Laser Excitation. Chemical Physics Letters, 61(1979): 532 – 537.

[20] Baronavski A P, McDonald J R. Application of Saturation Spectroscopy to the Measurement of C_2, $^3\Pi_u$ Concentrations in Oxy – Acetylene Flames. Applied Optics, 16(1977): 1897 – 1901.

[21] Bass A M, Broida H P. A Spectrophotometric Atlas of the $^2\Sigma^+ - {}^2\Pi$ Transition of OH. National Bureau of Standards Circular, 541(1953).

[22] Bass A M, Broida H P. A Spectrophotometric Atlas of the Spectrum of CH from 3000Å to 5000Å. National Bureau of Standards Monograph, 24(1961).

[23] Battles B E, Hanson R K. Laser – Induced Fluorescence Measurements of NO and OH Mole Fractions in Fuel – Lean, High – Pressure (1 – 10 atm) Methane Flames: Fluorescence Modeling and Experimental Validation. Journal of Quantitative Spectroscopy and Radiative Transfer, 54(1995): 521 – 537.

[24] Becker K H, Haaks D, Tatarczyk T. Measurements of C_2 Radicals in Flames with a Tunable Dye – Laser. Zeitschrift für Naturforschung, 29A(1974): 829 – 830.

[25] Bengtsson P E, Aldén M. Optical Investigation of Laser – Produced C_2 in Premixed Sooty Ethylene Flames. Combustion and Flame, 80(1990): 322 – 328.

[26] Berg P A, Hill D A, Noble A R, et al. Absolute CH Concentration Measurements in Low – Pressure Methane Flames: Comparisons with Model Results. Combustion and Flame, 121(2000): 223 – 235.

[27] Bernstein J S, Song X M, Cool T A. Detection of the Formyl Radical in a Methane/Oxygen Flame by Resonance Ionization. Chemical Physics Letters, 145(1988): 188 – 192.

[28] Bernstein J S, Fein A, Choi J B, et al. Laser – Based Flame Species Profile Measurements: A Comparison with Flame Model Predications. Combustion and Flame, 92(1993): 85 – 105.

[29] Bervas H, Attal – Trétout B, Labrunie L, et al. Four – Wave Mixing in OH: Comparison between CARS and DFWM. Il Nuovo Cimento, 14D(1992): 1043 – 1050.

[30] Bittner J, Kohse – Höinghaus K, Meier U, et al. Determination of Absolute H Atoms Concentration in Low – Pressure Flames by Two – Photon Laser – Excited Fluorescence. Combustion and Flame, 71(1988): 41 – 50.

[31] Bittner J, Lawitzki A, Meier U, et al. Nitrogen Atom Detection in Low – Pressure Flames by

Two – Photon Laser – Excited Fluorescence. Applied Physics B,52(1991):108 – 116.

[32] Blush J A,Minsek D W,Chen P. Electronic Spectrum of Allyl and Allyl – d_5 Radicals. The B $[1^2A_1] \leftarrow X[1^2A_2]$, $C[2^2B_1] \leftarrow X[1^2A_2]$, and $D[1^2B_1] \leftarrow X[1^2A_2]$ Band Systems. Journal of Physical Chemistry,96(1992):10150 – 10154.

[33] Böckle S,Kazenwadel J,Kunzelmann T,et al. Single – Shot Laser – Induced Fluorescence Imaging of Formaldehyde with XeF Excimer Excitation. Applied Physics B, 70 (2000): 733 – 735.

[34] Bombach R,Käppeli B. Simultaneous Visualisation of Transient Species in Flames by Planar Laser – Induced Fluorescence Using a Single Laser System. Applied Physics B,68(1999): 251 – 255.

[35] Bomse D S,Dougal S,Woodin R L. Multiphoton Ionization Studies of IR Multiphoton Dissociation:Direct C – H Bond Cleavage in Methanol. Journal of Physical Chemistry,90(1986): 2640 – 2646.

[36] Bomse D S,Dougal S. Multiphoton Ionization of Formaldehyde:Observation of the $3p_y$ and $3p_z$ Rydberg States. Laser Chemistry,7(1987):35 – 40.

[37] Bonczyk P A,Shirley J A. Measurement of CH and CN Concentration in Flames by Laser – Induced Saturated Fluorescence. Combustion and Flame,34(1979):253 – 264.

[38] Branch M C,Sadeqi M E,Alfarayedhi A A,et al. Measurement of the structure of Laminar, Premixed Flames of $CH_4/NO_2/O_2$ and $CH_2O/NO_2/O_2$ Mixtures. Combustion and Flame,83 (1991):228 – 239.

[39] Brock L R,Mischler B,Rohlfing E A. Laser – Induced Fluorescence Spectroscopy of the B^2 $\Pi – X^2 A''$ Band System of HCCO and DCCO. Journal of Chemical Physics, 110 (1999): 6773 – 6781.

[40] Brockhinke A,Hartlieb A T,Kohse – Höinghaus K,et al. Tunable KrF Laser – Induced Fluorescence of C_2 in a Sooting Flame. Applied Physics B,67(1998):659 – 665.

[41] Brockhinke A,Bülter A,Rolon J C,et al. ps – LIF Measurements of Minor Species Concentration in a Counterflow Diffusion Flame Interacting with a Vortex. Applied Physics B, 72 (2001):491 – 496.

[42] Brown M S,Jeffries J B. Measurement of Atomic Concentration in Reacting Flows through the Use of Stimulated Gain or Loss. Applied Optics,34(1995):1127 – 1132.

[43] Burkert A,Grebner D,Müller D,et al. Single – Shot Imaging of Formaldehyde in Hydrocarbon Flames by XeF Excimer Laser – Induced Fluorescence. Proceedings of the Combustion Institute,28(2000):1655 – 1661.

[44] Butenhoff T J,Rohlfing E A. Resonant Four – Wave Mixing Spectroscopy of Transient Molecules in Free Jets. Journal of Chemical Physics,97(1992):1595 – 1598.

[45] Carrick P G,Pfeiffer J,Curl R F,et al. Infrared Absorption Spectrum of C_2H Radical with Color Center Laser. Journal of Chemical Physics,76(1982):3336 – 3337.

[46] Carter C D, King G B, Laurendeau N M. Quenching – Corrected Saturated Fluorescence

Measurements of the Hydroxyl Radical in Laminar High – Pressure $C_2 H_6/O_2/N_2$ Flames. Combustion Science and Technology,78(1991):247 – 264.

[47] Carter C D,Laurendeau N M. Wide – and Narrow – Band Saturated Fluorescence Measurements of Hydroxyl Concentrations in Premixed Flames from 1 Bar to 10 Bar. Applied Physics B,58(1994):519 – 528.

[48] Cattolica R J. OH Radical Nonequilibrium in Methane – air Flat Flames. Combustion and Flame,44(1982):43 – 59.

[49] Cattolica R J,Stepowski D,Puechberty D,et al. Laser – Induced Fluorescence of the CH Molecule in a Low – Pressure Flames. Journal of Quantitative Spectroscopy and Radiative Transfer,32(1984):363 – 370.

[50] Cattolica R J,Cavolowsky J A,Mataga T G. Laser – Fluorescence Measurements of Nitric Oxide in Low – Pressure $H_2/O_2/NO$ Flames. Proceedings of the Combustion Institute,22 (1988):1165 – 1173.

[51] Cheskis S. Intracavity Laser Absorption Spectroscopy Detection of HCO Radicals in Atmospheric Pressure Hydrocarbon Flames. Journal of Chemical Physics,102(1995):1851 – 1854.

[52] Cheskis S,Derzy I,Lozovsky V A,et al. Intracavity Laser Absorption Spectroscopy Detection of Singlet CH_2 Radicals in Hydrocarbon Flames. Chemical Physics Letters, 277 (1997):423 – 429.

[53] Cheskis S,Derzy I,Lozovsky V A,et al. Cavity Ring – Down Spectroscopy of OH Radicals in Low Pressure Flame. Applied Physics B,66(1998):377 – 381.

[54] Chou M S,Dean A M,Stern D. Laser Absorption Measurements on OH,NH and NH_2 in NH_3/O_2 Flames:Determination of an Oscillator Strength for NH_2. Journal of Chemical Physics,76(1982):5334 – 5340.

[55] Chou M S,Dean A M,Stern D. Laser – Induced Fluorescence and Absorption Measurements of NO in NH_3/O_2 and CH_4/air Flames. Journal of Chemical Physics,78(1983):5962 – 5970.

[56] Chou M S,Dean A M. Excimer Laser Perturbations of Methane Flames:High Temperature Reactions of OH and CH. International Journal of Chemical Kinetics,17(1985):1103 – 1118.

[57] Cline D S,Varghese P L. Tunable Diode Laser Measurements of Temperature Dependent Spectral Parameters of Formaldehyde and Methane. Proceedings of the Combustion Institute, 23(1990):1861 – 1868.

[58] Collard M,Kerwin P,Hodgson A. Two – Photon Resonance Ionisation Spectroscopy of OH/ OD $D^2\Sigma^-$. Chemical Physics Letters,179(1991):422 – 428.

[59] Cool T A,Bernstein J S,Song X M,et al. Profiles of HCO and CH_3 in CH_4/O_2 and $C_2 H_4/$ O_2 Flames by Resonance Ionization. Proceedings of the Combustion Institute,22(1988): 1421 – 1432.

[60] Cool T A,Goodwin P M. Observation of an Electronic State of $C_2 H$ near 9eV by Resonance Ionization Spectrscopy. Journal of Chemical Physics,94(1991):6978 – 6988.

[61] Cool T A,Song X M. Resonance Ionization Spectroscopy of HCO and DCO. Ⅱ. The $B^2 A'$

State. Journal of Chemical Physics,96(1992):8675 – 8683.

[62] Copeland R A,Crosley D R,Smith G P. Laser – Induced Fluorescence Spectroscopy of NCO and NH$_2$ in Atmospheric Pressure Flames. Proceedings of the Combustion Institute, 20 (1984):1159 – 1203.

[63] Copeland R A,Wise M L,Rensberger K J,et al. Time Resolved Laser Induced Fluorescence of the NH Radical in Low Pressure N$_2$O Flames. Applied Optics,28(1989):3199 – 3205.

[64] Daniel R G,McNesby K L,Miziolek A W. Applications of Tunable Diode Laser Diagnostics for Temperature and Species Concentration Profiles of Inhibited Low – Pressure Flames. Applied Optics,35(1996):4018 – 4025.

[65] Dasch C J, Bechtel J H. Spontaneous Raman Scattering by Ground – State Oxygen Atoms. Optics Letters,6(1981):36 – 38.

[66] Derzy I,Lozovsky V A,Cheskis S. Absolute CH Concentration in Flames Measured by Cavity Ring – Down Spectroscopy. Chemical Physics Letters,306(1999a):319 – 324.

[67] Derzy I,Lozovsky V A,Cheskis S. CH,NH,and NH$_2$ Concentration Profiles in Methane/Air Flames Doped with N$_2$O. Israel Journal of Chemistry,39(1999b):49 – 54.

[68] Derzy I,Lozovsky V A,Cheskis S. Absorption Cross – Sections and Absolute Concentration of Singlet Methylene in Methane/Air Flames. Chemical Physics Letters,313(1999c):121 – 128.

[69] Desgroux P,Gasnot L,Crunelle B,et al. CH$_3$ Detection in Flames Using Photodissociation – Induced Fluorescence. Proceedings of the Combustion Institute,26(1996):967 – 974.

[70] Desgroux P,Devynck P,Gasnot L,et al. Disturbance of Laser – Induced Fluorescence Measurements of NO in Methane – Air Flames Containing Chlorinated Species by Photochemical Effects Induced by 225 – nm – Laser Radiation. Applied Optics,37(1998):4951 – 4962.

[71] Devynck P,Desgroux P,Gasnot L,et al. CCl,CH,and NO LIF Measurements in Methane – Air Flames Seeded with Chlorinated Species:Influence of CH$_3$Cl and CH$_2$Cl$_2$ on CCl and NO Formation. Proceedings of the Combustion Institute,27(1998):461 – 468.

[72] Diau E WG,Smith G P,Jeffries J B,et al. HCO Concentration in Flames via Quantitative Laser – Induced Fluorescence. Proceedings of the Combustion Institute ,27(1998):453 – 460.

[73] DiRosa M D,Klavuhn K G,Hanson R K. LIF Spectroscopy of NO and O$_2$ in High – Pressure Flames. Combustion Science and Technology,118(1996):257 – 283.

[74] Dixon R N,Noble M. Predissociation in the A^1A'' State of HNO. Laser – Induced Processes in Molecules,Springer Series in Chemical Physics,6(1979):81 – 84.

[75] Dixon R N,Noble M. The Dipole Moment of HNO in its Excited State Determined Using Optical – Optical Double Resonance Stark Spectroscopy. Chemical Physics, 50 (1980): 331 – 339.

[76] Douglas C H,Williams B A,McDonald J R. Low Pressure Flat Flame Studies of C$_2$F$_4$/O$_2$. Combustion and Flame,107(1996):475 – 478.

[77] Dreier T, Wolfrum J. Detection of Free NH$_2$ (X^{2}B$_1$) Radicals by CARS Spectrosco-

py. Applied Physics B,33(1984):213 – 218.

[78] Dreizler A,Dreier T,Wolfrum J. Polarization Spectroscopic Measurements of the NH ($A^3\Pi$ $-X^2\Sigma^-$) Transition in an Ammonia/Oxygen Flame. Journal of Molecular Structure,349 (1995):285 – 288.

[79] Dulcey C S,Hudgens J W. Multiphoton Ionization Spectroscopy and Vibrational Analysis of a 3pRydberg State of the Hydroxymethyl Radical. Journal of Chemical Physics,84(1986): 5262 – 5270.

[80] Dyer M J,Crosley D R. Doppler – Free Laser – Induced Fluorescence of Oxygen Atoms in an Atmospheric – Pressure Flames. Optics Letters,14(1989):12 – 14.

[81] I' Espérance D,Williams B A,Fleming J W. Detection of Fluorocarbon Intermediates in Low – Pressure Premixed Flames by Laser – Induced Fluorescence. Chemical Physics Letters,280(1997):113 – 118.

[82] I' Espérance D,Williams B A,Fleming J W. Intermediate Species Profiles in Low Pressure Premixed Flames Inhibited by Fluoromethanes. Combustion and Flame, 117 (1999): 709 – 731.

[83] Etzkorn T,Muris S,Wolfrum J,et al. Destruction and Formation of NO in Low Pressure Stoichiometric CH_4/O_2 Flames. Proceedings of the Combustion Institute,24(1992):925 – 932.

[84] Etzkorn T,Fitzer J,Muris S,et al. Determination of Absolute Methyl – and Hydroxyl – Radical Concentrations in a Low Pressure Methane – Oxygen Flame. Chemical Physics Letters, 208(1993):307 – 310.

[85] Everest D A,Shaddix C R,Smyth R C. Quantitative Two – Photon Laser – Induced Fluorescence Imaging of CO in Flickering CH_4/Air Diffusion Flames. Proceedings of the Combustion Institute,26(1996):1161 – 1169.

[86] Evertsen R,Stolk R L,Ter Meulen J J. Investigation of Cavity Ring Down Spectroscopy Applied to the Detection of CH in Atmospheric Flames. Combustion Science and Technology, 149(1999):19 – 34.

[87] Falcone P K,Hanson R K,Kruger C H. Tunable Diode Laser Absorption Measurements of Nitric Oxide in Combustion Gases. Combustion Science and Technology,35(1983):81 – 99.

[88] Farrow R L,Lucht R P,Flower W L,et al. Coherent Anti – Stokes Raman Spectroscopic Measurements of Temperature and Acetylene Spectra in a Sooting Diffusion Flames. Proceedings of the Combustion Institute,20(1984):1307 – 1312.

[89] Farrow R L,Lucht R P,Clark G L,et al. Species Concentration Measurements Using CARS with Nonresonant Susceptibility Normalization. Applied Optics,24(1985):2241 – 2251.

[90] Farrow R L,Bui – Pham M N,Sick V. Degenerate Four – Wave Mixing Measurements of Methyl Radical Distribution in Hydrocarbon Flames: Comparison with Model Predictions. Proceedings of the Combustion Institute,26(1996):975 – 983.

[91] Farrow R L,Rakestraw D J. Analysis of Degenerate Four – Wave Mixing Spectra of NO in a $CH_4/N_2/O_2$ Flame. Applied Physics B,68(1999):741 – 747.

[92]　Fein A, Bernstein J S, Song X M, et al. Experimental Concerning Resonance – Enhanced Multiphoton Ionization Probe Measurements of Flame Species Profiles. Applied Optics, 33 (1994):4889 – 4898.

[93]　Fukushima M, Obi K. Jet Spectroscopy and Excited State Dynamics of Benzyl and Substituted Benzyl Radicals. Journal of Chemical Physics, 93(1990):8488 – 8497.

[94]　Gasnot L, Desgroux P, Pauwels J F, et al. Improvement of Two – Photon Laser Induced Fluorescence Measurements of H – and O – Atoms in Premixed Methane/Air Flames. Applied Physics B, 65(1997):639 – 646.

[95]　Gasnot L, Desgroux P, Pauwels J F, et al. Detailed Analysis of Low – Pressure Premixed Flames of $CH_4 + O_2 + N_2$:A Study of Prompt – NO. Combustion and Flame, 117(1999):291 – 306.

[96]　Georgiev N, Aldén M. Two – Photon Degenerate Four – Wave Mixing (DFWM) for the Detection of Ammonia:Applications to Flames. Applied Physics B, 56(1993):281 – 286.

[97]　Getty J D, Westre S G, Bezabeh D Z, et al. Detection of Benzene and Trichloroethylene in Sooting Flames. Applied Spectroscopy, 46(1992):620 – 625.

[98]　Glumac N G. Formation and Consumption of SiO in Powder Synthesis Flames. Combustion and Flame, 124(2001):702 – 711.

[99]　Goldsmith J E M. Flame Studies of Atomic Hydrogen and Oxygen Using Resonant Multiphoton Optogalvanic Spectroscopy. Proceedings of the Combustion Institute, 20(1984): 1331 – 1337.

[100]　Goldsmith J E M, Anderson R J M. Imaging of Atomic Hydrogen in Flames with Two – Step Saturated Fluorescence Detection. Applied Optics, 24(1985):607 – 609.

[101]　Goldsmith J E M. Photochemical Effects in 205 – nm, Two – Photon – Excited Fluorescence Detection of Atomic Hydrogen in Flames. Optics Letters, 11(1986):416 – 418.

[102]　Goldsmith J E M. Photochemical Effects in Two – Photon – Excited Fluorescence Detection of Atomic Oxygen in Flames. Applied Optics, 26(1987):3566 – 3572.

[103]　Goldsmith J E M. Multiphoton – Excited Fluorescence Measurements of Atomic Hydrogen in Low – Pressure Flames. Proceedings of the Combustion Institute, 22(1988):1403 – 1411.

[104]　Goldsmith J E M. Photochemical Effects in 243 – nm Two – Photon Excitation of Atomic Hydrogen in Flames. Applied Optics, 28(1989a):1206 – 1213.

[105]　Goldsmith J E M. Two – Photon – Excited Stimulated Emission from Atomic Hydrogen in Flames. Journal of the Optical Society of America B, 6(1989b):1979 – 1985.

[106]　Goldsmith J E M, Kearsley D T B. C_2 Creation, Emission, and Laser – Induced Fluorescence in Flames and Cold Gases. AppliedPhysics B, 50(1990):371 – 379.

[107]　Goldsmith J E M, Miller J A, Anderson R J M, et al. Multiphoton – Excited Fluorescence Measurements of Absolute Concentration Profiles of Atomic Hydrogen in Low – Pressure Flames. Proceedings of the Combustion Institute, 23(1990):1821 – 1827.

[108]　Gray J A, Trebino R. Two – Photon – Resonant Four – Wave Mixing Spectroscopy of Atomic

Hydrogen in Flames. Chemical Physics Letters,216(1993):519 – 524.

[109] Gray J A,Goldsmith J E M,Trebino R. Detection of Atomic Hydrogen by Two – Color Laser – Induced Grating Spectroscopy. Optics Letters 18(1993):444 – 446.

[110] Green R M,Miller J A. The Measurement of Relative Concentration Profiles of NH_2 Using Laser Absorption Spectroscopy. Journal of Quantitative Spectroscopy and Radiative Transfer,13(1981):313 – 327.

[111] Harrington J E,Smyth K C. Laser – Induced Fluorescence Measurements of Formaldehyde in a Methane/Air Diffusion Flame. Chemical Physics Letters,202(1993):196 – 202.

[112] Harris S J, Weiner A M. Intracavity Laser Tomography of C_2 in an Oxyacetylene Flame. Optics Letters,6(1981):434 – 436.

[113] Haumann J,Seitzman J M,Hanson R K. Two – Photon Digital Imaging of CO in Combustion Flow Using Planar Laser – Induced Fluorescence. Optics Letters,11(1986):776 – 778.

[114] Heard D E,Jeffries J B,Smith G P,et al. LIF Measurements in Methane/Air Flames of Radicals Important in Prompt – NO Formation. Combustion and Flame,88(1992):137 – 148.

[115] Heinze J,Heberle N,Kohse – Höinghaus K. The CH_3 $3p_z^2 A_2'' – X^2 A_2'' 0_0^0$ Band at Temperatures up to 1700K Investigated by REMPI Spectroscopy. Chemical Physics Letters, 223 (1994):305 – 312.

[116] Hirano A,Tsujishita M. Visualization of CN by the Use of Planar Laser – Induced Fluorescence in a Cross – Section of an Unseeded Turbulent CH_4 – Air Flame. Applied Optics,33 (1994):7777 – 7780.

[117] Hirota E, Yamada C, Okunishi M. Infrared Diode Laser Spectroscopy of the Allyl Radical. Theν_{11} Band. Journal of Chemical Physics,97(1992):2963 – 2970.

[118] Hoffbauer M A, Hudgens J W. Multiphoton Ionization Detection of Gas – Phase Benzyl Radicals. Journal of Physical Chemistry,89(1985):5152 – 5154.

[119] Howie W H,Lane I C,Orr – Ewing A J. The Near Ultraviolet Spectrum of the FCO Radical:Re – assignment of Transitions and Predissociation of the Electronically Excited States. Journal of Chemical Physics,113(2000):7237 – 7251.

[120] Hsu Y C,Wang P R,Yang M C,et al. Ultraviolet Laser – Induced Fluorescence of the C_2H Radical. Chemical Physics Letters,190(1992):507 – 513.

[121] Hsu Y C,Lin J J,Papousek D,et al. The Low – Lying Bending Vibrational Levels of the $CCH(X^2\Sigma^+)$ Radical Studied by Laser – Induced Fluorescence. Journal of Chemical Physics,98(1993):6690 – 6696.

[122] Hudgens J W,Dulcey C S. Observation of the $3s2A_1$ Rydberg States of Allyl and Methylallyl Radicals with Multiphoton Ionization Spectroscopy. Journal of Physical Chemistry, 89 (1985):1505 – 1509.

[123] Hung W C,Huang M L,Lee Y C,et al. Detection of CH in an Oxyacetylene Flame Using Two – Color Resonant Four – Wave Mixing Technique. Journal of Chemical Physics, 103 (1995):9941 – 9946.

[124] Hynes A J. Laser – Induced Fluorescence of Silicon Monoxide in a Glow Discharge and an Atmospheric Pressure Flame. Chemical Physics Letters,181(1991):237 – 244.

[125] Ichimura T,Shinohara H,Nishi N. Resonance – Enhanced Two – Photon Ionization Spectra of Benzene in the Third Channel Region. Chemical Physics Letters,146(1988):83 – 88.

[126] Irikura K K,Hudgens J W. Detection of CH_2 ($X^3 B_1$) Radicals by 3 + 1 Resonance – Enhanced Multiphoton Ionization Spectroscopy. Journal of Physical Chemistry, 96 (1992): 518 – 519.

[127] Irikura K K,Johnson Ⅲ R D,Hudgens J W. Two New Electronic States of CH_2. Journal of Physical Chemistry,96(1992):6131 – 6133.

[128] Jeffries J B,Crosley D R. Laser – Induced Fluorescence Detection of the NS Radical in Sulfur and Nitrogen Doped Methane Flames. Combustion and Flame,64(1986):55 – 64.

[129] Jeffries J B,Copeland R A,Smith G P,et al. Multiple Species Laser – Induced Fluorescence in Flames. Proceedings of the Combustion Institute,21(1986):1709 – 1718.

[130] Jeffries J B,Crosley D R,Wysong I J,et al. Laser – Induced Fluorescence Detection of HCO in a Low – Pressure Flame. Proceedings of the Combustion Institute, 23 (1990): 1847 – 1854.

[131] Johnson Ⅲ R D. Excited Electronic States of the Tropyl(cyclo – $C_7 H_7$) Radical. Journal of Chemical Physics,95(1991):7108 – 7113.

[132] Johnson Ⅲ R D,Hudgens J W. Structural and Thermochemical Properties of Hydroxymethyl ($CH_2 OH$) Radicals and Cations Derived from Observations of $B^2 A'(3p) – X^2 A''$ Electronic Spectra and from ab initio Calculations. Journal of Physical Chemistry,100(1996): 19874 – 19890.

[133] Johnson T J,Weinhold F G,Burrows J P,et al. Measurements of Line Strengths in the HO_2 ν_1 Overtone Band at 1.5μm Using an InGaAsP Laser. Journal of Physical Chemistry,95 (1991):6499 – 6502.

[134] Joklik R G,Daily J W,Pitz W J. Measurements of CH Radical Concentrations in an Acetylene/Oxygen Flame and Comparisons to Modeling Calculations. Proceedings of the Combustion Institute,21(1986):895 – 904.

[135] Jones D G,Mackie J C. Evaluation of C_2 Resonance Fluorescence as a Technique for Transient Flames Studies. Combustion and Flame,27(1976):143 – 146.

[136] Juchmann W,Latzel H,Shin D I,et al. Absolute Radical Concentration Measurements and Modeling of Low – Pressure $CH_4/O_2/NO$ Flames. Proceedings of the Combustion Institute, 27(1998):469 – 476.

[137] Kaiser E W,Marko K,Klick D,et al. Measurement of OH Density Profiles in Atmospheric – Pressure Propane – Air Flames. Combustion Science and Technology,50(1986):163 – 183.

[138] Kaminski C F,Hughes I G,Ewart P. Degenerate Four – Wave Mixing Spectroscopy and Spectral Simulation of C_2 in an Atmospheric Pressure Oxy – acetylene Flame. Journal of Chemical Physics,106(1997):5324 – 5332.

[139] Kanamori H, Endo Y, Hirota E. The Vinyl Radical Investigated by Infrared Diode Laser Kinetic Spectroscopy. Journal of Chemical Physics, 92(1990):197 – 205.

[140] Kirby B J, Hanson R K. Imaging of CO and CO_2 Using Infrared Planar Laser – Induced Fluorescence. Proceedings of the Combustion Institute, 28(2000):253 – 259.

[141] Kizirnis S W, Brecha R J, Ganguly B N, et al. Hydroxyl (OH) Distribution and Temperature Profiles in a Premixed Propane Flame Obtained by Laser Deflection Techniques. Applied Optics, 23(1984):3873 – 3880.

[142] Klein – Douwel R J H, Luque J, Jeffries J B, et al. Laser – Induced Fluorescence of Formaldehyde Hot Bands in Flames. Applied Optics, 39(2000):3712 – 3715.

[143] Kohse – Höinghaus K, Heidenreich R, Just Th. Determination of Absolute OH and CH Concentration in a Low Pressure Flame by Laser – Induced Saturated Fluorescence. Proceedings of the Combustion Institute, 20(1984):1177 – 1185.

[144] Kohse – Höinghaus K, Jeffries J B, Copeland R A, et al. The Quantitative LIF Determination of OH Concentration in Low – Pressure Flames. Proceedings of the Combustion Institute, 22(1988):1857 – 1866.

[145] Kohse – Höinghaus K, Meier U, Attal – Trétout B. Laser – Induced Fluorescence Study of OH in Flat Flames of 1 – 10 Bar Compared with Resonance CARS Experiments. Applied Optics, 29(1990):1560 – 1569.

[146] Kröll S, Löfström C, Aldén M. Background – Free Species Detection in Sooty Flames Using Degenerate Four – Wave Mixing. Applied Spectroscopy, 47(1993):1620 – 1622.

[147] Krüger V, Le Boiteux S, Picard Y J, et al. Atomic Oxygen Detection in Flames Using Two – Photon Degenerate Four – Wave Mixing. , Journal of Physics B, 33(2000):2887 – 2905.

[148] Laurendeau N M, Goldsmith J E M. Comparison of Hydroxyl Concentration Profiles Using Five Laser – Induced Fluorescence Methods in a Lean Subatmospheric – Pressure $H_2/O_2/$ Ar Flame. Combustion Science and Technology, 63(1989):139 – 152.

[149] Lawitzki A, Bittner J, Kohse – Höinghaus K. Determination of N – Atom Concentration in Low – Pressure Premixed $H_2/O_2/N_2$ Flames Doped with NH_3, HCN, and $(CN)_2$. Chemical Physics Letters, 175(1990):429 – 433.

[150] Linlow S, Dreizler A, Janicka J, et al. Comparison of Two – Photon Excitation Schemes for CO Detection in Flames. Applied Physics B, 71(2000):689 – 696.

[151] Löfstedt B, Aldén M. Simultaneous Detection of OH and NO in a Flame Using Polarization Spectroscopy. Optics Communications, 124(1996):251 – 257.

[152] Löfstedt B, Fritzon R, Aldén M. Investigation of NO Detection in Flames by the Use of Polarization Spectroscopy. Applied Optics, 35(1996):2140 – 2146.

[153] Long G R, Johnson R D, Hudgens J W. Detection of Gas – Phase Methoxy Radicals by Resonance – Enhanced Multiphoton Ionization Spectroscopy. Journal of Physical Chemistry, 90(1986):4901 – 4903.

[154] Lozovsky V A, Cheskis S, Kachanov A, et al. Absolute HCO Concentration Measurements in

Methane/Air Flame Using Intracavity Laser Spectrocopy. Journal of Chemical Physics,106 (1997):8384 – 8391.

[155] Lozovsky V A, Derzy I, Cheskis S. Radical Concentration Profiles in a Low – Pressure Methane – Air Flame Measured by Intracavity Laser Absorption and Cavity Ring – Down Spectroscopy. Proceedings of the Combustion Institute,27(1998):445 – 452.

[156] Lozovsky V A,Cheskis S. Intracavity Laser Absorption Spectroscopy Study of HNO in Hydrocarbon Flames Doped with N_2O. Chemical Physics Letters,332(2000):508 – 514.

[157] Lozovsky V A,Rahinov I,Ditzian N,et al. Laser Absorption Spectroscopy Diagnostics of Nitrogen – Containing Radicals in Low – Pressure Hydrocarbon Flames Doped with Nitrogen Oxides. Faraday Discussion of the Chemical Society,119(2001):321 – 335.

[158] Lucht R P,Salmon J T,King G B,et al. Two – Photon – Excited Fluorescence Measurements of Hydrogen Atoms in Flames. Optics Letters,8(1983a):365 – 367.

[159] Lucht R P,Sweeney D W,Laurendeau N M. Laser – Saturated Fluorescence Measurements of OH Concentration in Flames. Combustion and Flame,50(1983b):189 – 205.

[160] Lucht R P,Farrow R L,PalmerR E. Acetylene Measurements in Flames by Coherent Anti – Stokes Raman Scattering. Combustion Science and Technology 45(1986):261 – 274.

[161] Luque J,Crosley D R. Absolute CH Concentrations in Low – Pressure Flames Measured with Laser – Induced Fluorescence. Applied Physics B,63(1996):91 – 98.

[162] Luque J,Klein – Douwel R J H,Jeffries J B,et al. Collisional Processes Near the $CHB^2\Sigma^-$ $\nu' = 0,1$ Predissociation Limit in Laser – Induced Fluorescence Flame Diagnostics. Applied Physics B,71(2000):85 – 94.

[163] Luque J,Jeffries J B,Smith G P,et al. Combined Cavity Ringdown Absorption and LIF Imaging Measurements of $CN(B – X)$ and $CH(B – X)$ in Low – Pressure $CH_4 – O_2 – N_2$ and $CH_4 – NO – O_2 – N_2$ Flames. Combustion and Flame,126(2001a):1725 – 1735.

[164] Luque J,Jeffries J B,Smith G P,et al. Quasi – Simultaneous Detection of CH_2O and CH by Cavity Ringdown Absorption and Laser – Induced Fluorescence in a Methane/Air Low Pressure Flame. Applied Physics B,73(2001b):731 – 738.

[165] Magre P,Aguerre F,Collin G,et al. Temperature and Concentration Measurements by CARS in Counterflow Laminar Diffusion Flames. Experiments in Fluids,18(1995):376 – 382.

[166] Mallard W G,Smyth K C. Resonantly Enhanced Two – Photon Photoionization of NO in an Atmospheric Flame. Journal of Chemical Physics,76(1982):3483 – 3492.

[167] Mann B A,O' Leary S V,Astill A G,et al. Degenerate Four – Wave Mixing in Nitrogen Dioxide:Application to Combustion Diagnostics. Applied Physics B,54(1992):271 – 277.

[168] Mann B A,White R F,Morrison R J S. Detection and Imaging of Nitrogen Dioxide with the Degenerate Four – Wave – Mixing and Laser – Induced Fluorescence Techniques. Applied Optics,35(1996):475 – 481.

[169] Matsumura K,Kanamori H,Kawaguchi K,et al. Infrared Diode Laser Kinetic Spectroscopy of the ν_3 Band of C_3. Journal of Chemical Physics,89(1988):3491 – 3494.

[170] McEnally C S, Sawyer R F, Koshland C P, et al. In Situ Detection of Hazardous Waste. Proceedings of the Combustion Institute, 25(1994):325 - 331.

[171] McEnally C S, Pfefferle L D. Experimental Study of Nonfuel Hydrocarbons and Soot in Co-flowing Partially Premixed Ethylene/Air Flames. Combustion and Flame, 121 (2000): 575 - 592.

[172] McIlroy A. Direct Measurement of $^1CH_2$ in Flames by Cavity Ringdown Laser Absorption Spectroscopy. Chemical Physics Letters, 296(1998):151 - 158.

[173] McIlroy A. Laser Studies of Small Radicals in Rich Methane Flames: OH, HCO, and $^1CH_2$. Israel Journal of Chemistry, 39(1999):55 - 62.

[174] Meier U, Kohse - Höinghaus K. REMPI Detection of CH_3 in Low - Pressure Flames. Chemical Physics Letters, 142(1987):498 - 502.

[175] Meier U, Bittner J, Kohse - Höinghaus K, et al. Discussion of Two - Photon Laser - Excited Fluorescence as a Method for Quantitative Detection of Oxygen Atoms in Flames. Proceedings of the Combustion Institute, 22(1988):1887 - 1896.

[176] Mercier X, Jamette P, Pauwels J F, et al. Absolute CH Concentration Measurements by Cavity Ring - Down Spectroscopy in an Atmospheric Diffusion Flame. Chemical Physics Letters, 305(1999a):334 - 342.

[177] Mercier X, Thersson E, Pauwels J F, et al. Cavity Ring - Down Measurements of OH Radical in Atmospheric Premixed and Diffusion Flames. A Comparison with Laser - Induced Fluorescence and Direct Laser Absorption. Chemical Physics Letters, 299 (1999b): 75 - 83.

[178] Mercier X, Thersson E, Pauwels J E, et al. Quantitative Features and Sensitivity of Cavity Ring - Down Measurements of Species Concentration in Flames. Combustion and Flame, 124(2001a):656 - 667.

[179] Mercier X, Pillier L, El Bakali A, et al. NO Reburning Study Based on Species Quantification Obtained by Coupling LIF and Cavity Ring - Down Spectroscopy. Faraday Discussionf of the Chemical Society, 119(2001b):305 - 319.

[180] Mihalcea R M, Baer D S, Hanson R K. A Diode - Laser Absorption Sensor System for Combustion Emission Measurements. Measurement Science and Technology, 9(1998a): 327 - 338.

[181] Mihalcea R M, Webber M E, Baer D S, et al. Diode - Laser Absorption Measurements of CO_2, H_2O, N_2O and NH_3 Near 2.0μm. Applied Physics B, 67(1998b):283 - 288.

[182] Miller J A, Branch M C, McLean W J, et al. The Conversion of HCN to NNO and N_2 in H_2 - O_2 - HCN - Ar Flames at Low Pressure. Proceedings of the Combustion Institute, 20 (1984):673 - 684.

[183] Miller J H, Elreedy S, Ahvazi B, et al. Tunable Diode Laser Measurement of Carbon Monoxide Concentration and Temperature in a Laminar Methane - Air Diffusion Flame. Applied Optics, 32(1993):6082 - 6089.

[184] Mischler B, Beaud P, Gerber T, et al. Degenerate Four − Wave Mixing of S_2 and OH in Fuel − Rich Propane/Air/SO_2 Flames. Combustion Science and Technology, 119(1996): 375 − 393.

[185] Miziolek A W, DeWilde M A. Multiphoton Photochemical and Collisional Effects During Oxygen − Atom Flame Detection. Optics Letters, 9(1984): 390 − 392.

[186] Mokhov A V, Levinsky H B, van der Meij C E. Temperature Dependence of Laser − Induced Fluorescence of Nitric Oxide in Laminar Premixed Atmospheric − Pressure Flames. Applied Optics, 36(1997): 3233 − 3242.

[187] Morley C. The Application of Laser Fluorescence to Detection of Species in Atmospheric Pressure Flames. Relative Quenching Rates of OH by H_2O, H_2, and CO. Combustion and Flame, 47(1982): 67 − 81.

[188] Muller Ⅲ C H, Schofield K, Steinberg M, et al. Sulfur Chemistry in Flames. Proceedings of the Combustion Institute, 17(1979): 867 − 879.

[189] Najm H N, Paul P H, Mueller C J, et al. On the Adequacy of Certain Experimental Observables as Measurements of Flame Burning Rate. Combustion and Flame, 113 (1998): 312 − 332.

[190] Najm H N, Paul P H, McIlroy A, et al. A Numerical and Experimental Investigation of Premixed Methane − Air Flame Transient Response. Combustion and Flame, 125(2001): 879 − 892.

[191] Neckel H, Wolfrum J. IR Diode Laser Measurements of the NH_3 (ν_2) Band at Different Temperatures. Applied Physics B, 49(1989): 85 − 89.

[192] Nguyen Q V, Dibble R W, Hofmann D, et al. Tomographic Measurements of Carbon Monoxide Temperature and Concentration in a Bunsen Flame Using Diode Laser Absorption. Berichte der Bunsen − Gesellschaft für Physikalische Chemie, 97(1993): 1634 − 1642.

[193] Nguyen Q V, Paul P H. The Time Evolution of a Vortex − Flame Interaction Observed via Planar Imaging of CH and OH. Proceedings of the Combustion Institute, 26 (1996): 357 − 364.

[194] Nguyen Q V, Dibble R W, Carter C D, et al. Raman − LIF Measurements of Temperature, Major Species, OH, and NO in a Methane − Air Bunsen Flame. Combustion and Flame, 105 (1996): 499 − 510.

[195] Nguyen Q V, Paul P H. Photochemical Effects of KrF Excimer Excitation in Laser − Induced Fluorescence Measurements of OH in Combustion Environments. Applied Physics B, 72(2001): 497 − 505.

[196] Norton T S, Smyth K C. Laser − Induced Fluorescence of CH in a Laminar CH_4/Air Diffusion Flame: Implications for Diagnostic Measurements and Analysis of Chemical Rates. Combustion Science and Technology, 76(1991): 1 − 20.

[197] Nyholm K, Maier R, Aminoff C G, et al. Detection of OH in Flames by Using Polarization Spectroscopy. Applied Optics, 32(1993): 919 − 929.

[198]　Nyholm K,Kaivola M,Aminoff C G. Detection of C_2 and Temperature Measurement in a Flame by Using Degenerate Four – Wave Mixing in a Forward Geometry. Optics Communications,107(1994):406 – 410.

[199]　Nyholm K,Kaivola M,Aminoff C G. Polarization Spectroscopy Applied to C_2 Detection in a Flame. Applied Physics B,60(1995a):5 – 10.

[200]　Nyholm K,Fritzon R,Georgiev N,et al. Two – Photon Induced Polarization Spectroscopy Applied to the Detection of NH_3 and CO Molecules in Cold Flows and Flames. Optics Communications,114(1995b):76 – 82.

[201]　Oh D B,Stanton A C,Silver J A. Measurement of Formyl Radical Line Strength in the $A^2 A''$ $\leftarrow X^2 A'$ Band System Using Visible/Near Infrared Diode Laser Absorption. Journal of Physical Chemistry,97(1993):2246 – 2250.

[202]　Okamura T,Charlton T R,Thrush B A. Laser – Induced Fluorescence of Benzyl Radicals in the Gas Phase. Chemical Physics Letters,88(1982):369 – 371.

[203]　Partridge W P,Klassen Jr. M S ,Thomsen D D,et al. Experimental Assessment of O_2 Interferences on Laser – Induced Fluorescence Measurements of NO in High – Pressure, Lean Premixed Flames by Use of Narrow – Band and Broadband Detection. Applied Optics,35 (1996):4890 – 4904.

[204]　Paul P H,Dec J E. Imaging of Reaction Zones in Hydrocarbon – Air Flames by Use of Planar Laser – Induced Fluorescence of CH. Optics Letters,19(1994):998 – 1000.

[205]　Paul P H,Najm H N. Planar Laser – Induced Fluorescence Imaging of Flame Heat Release Rate. Proceedings of the Combustion Institute,27(1998):43 – 50.

[206]　Peterson K A,Oh D B. High – Sensitivity Detection of CH Radicals in Flames by Use of a Diode – Laser – Based Near – Ultraviolet Ligh Source. Optics Letters,24(1999):667 – 669.

[207]　Pibel C D,McIlroy A,Taatjes C A,et al. The Vinyl Radical $(A^2 A'' \leftarrow X^2 A')$ Spectrum Between 530 and 415 nm Measured by Cavity Ring – Down Spectroscopy. Journal of Chemical Physics,110(1999):1841 – 1843.

[208]　Pitts W M,Donnelley V M,Baronavski A P,et al. $C_2 O$ $(A^3 \Pi_i \longleftrightarrow X^3 \Sigma^-)$:Laser Induced Excitation and Fluorescence Spectra. Chemical Physics,61(1981):451 – 464.

[209]　Podmarkov Yu P,Frolov M P,Yuryshev N N. Intracavity Laser Spectroscopy Measurements of the Rate Constant for the NF + NF Reaction. Chemical Physics Reports, 16 (1997):877 – 882.

[210]　Puri R,Moser M,Santoro R J,et al. Laser – Induced Fluorescence Measurements of OH. Concentrations in the Oxidation Region of Laminar,Hydrocarbon Diffusion Flames. Proceedings of the Combustion Institute,24(1992):1015 – 1022.

[211]　Radi P P,Frey H M,Mischler B,et al. Stimulated Emission Pumping of OH and NH in Flames by Using Two – Color Resonant Four – Wave Mixing. Chemical Physics Letters,265 (1997):271 – 276.

[212]　Radi P P,Mischler B,Schlegel A,et al. Absolute Concentration Measurements Using DF-

WM and Modeling of OH and S$_2$ in a Fuel – Rich H$_2$/Air/SO$_2$ Flame. Combustion and Flame,118(1990):301 – 307.

[213] Raiche G A,Crosley D R,Copeland R A. Laser – Induced Fluorescence and Dissociation of Acetylene in Flames. Advances in Laser Science – IV, American Institute of Physics Conference Proceedings,191(1989):758 – 760.

[214] Raiche G A,Jeffries J B. Observation and Spatial Distribution of C$_3$ ina DC Arcjet Plasma During Diamond Deposition Using Laser – Induced Fluorescence. Applied Physics B,64 (1997):593 – 597.

[215] Ravikrishna R V,Cooper C S,Laurendeau N M. Comparison of Saturated and Linear Laser – Induced Fluorescence Measurements of Nitric Oxide in Couterflow Diffusion Flames. Combustion and Flame,117(1990):81 – 820.

[216] Ravikrishna R V,Laurendeau N M. Laser – Induced Fluorescence Measurements and Modeling of Nitric Oxide in Methane – Air and Ethane – Air Couterflow Diffusion Flames. Combustion and Flame,120(2000):372 – 382.

[217] Reichardt T A,Giancola W C,Shappert C M,et al. Experimental Investigation of Saturated Degenerate Four – Wave Mixing for Quantitative Concentration Measurements. Applied Optics,38(1999):6951 – 6961.

[218] Reichardt T A,Giancola W C,Lucht R P. Experimental Investigation of Saturated Polarization Spectroscopy for Quantitative Concentration Measurements. Applied Optics, 39 (2000):2002 – 2008.

[219] Reisel J R,Carter C D,Laurendeau N M,et al. Laser – Saturated Fluorescence Measurements of Nitric Oxide in Laminar, Flat, C$_2$ H$_6$/O$_2$/N$_2$ Flames at Atmospheric Pressure. Combustion Science and Technology,91(1993):271 – 295.

[220] Reisel J R,Laurendeau N M. Laser – Induced Fluorescence Measurements and Modeling of Nitric Oxide Formation in High – Pressure Flames. ,Combustion Science and Technology, 98(1994):137 – 160.

[221] Rockney B H,Cool T A,Grant E R. Detection of Nascent NO in a Methane/Air Flame by Multiphoton Ionization. Chemical Physics Letters,87(1982):141 – 144.

[222] Romanini D,Lehmann K K. Ring – Down Cavity Absorption Spectroscopy of the Very Weak HCN Overtone Bands with Six, Seven, and Eight Stretching Quanta. Journal of Chemical Physics,99(1993):6287 – 6301.

[223] Rose A,Pyrum J D,Muzny C,et al. Application of the Photothermal Deflection Technique to Combustion Diagnostics. Applied Optics,21(1982):2663 – 2665.

[224] Rose A,Gupta R. Combustion Diagnostics by Photo – Deflection Spectroscopy. Proceedings of the Combustion Institute,20(1984):1339 – 1345.

[225] Rose A,Pyrum J D,Salamo G J,et al. Photoacoustic Detection of OH Molecules in a Methane – Air Flame. Applied Optics,23(1984):1573 – 1579.

[226] Salmon J T,Lucht R P,Sweeney D W,et al. Laser – Saturated Fluorescence Measurements

of NH in a Premixed Subatmospheric $CH_4 - N_2O - Ar$ Flame. Proceedings of the Combustion Institute,20(1984):1187 - 1193.

[227] Salmon J T,Laurendeau N M. Quenching - Independent Fluorescence Measurements of Atomic Hydrogen with Photoionization Controlled - Loss Spectroscopy. Optics Letters, 11 (1986):419 - 421.

[228] Salmon J T,Laurendeau N M. Absolute Concentration Measurements of Atomic Hydrogen in Subatmospheric Premixed $H_2/O_2/N_2$ Flat Flames with Photoionization Controlled - Loss Spectroscopy. Applied Optics,26(1987):2881 - 2891.

[229] Salmon J T,Laurendeau N M. Concentration Measurements of Atomic Hydrogen in Subatmospheric Premixed $C_2H_4 - O_2 - Ar$ Flat Flames. Combustion and Flame 74 (1988): 221 - 231.

[230] Sappey A D,Weisshaar J C. Vibronic Spectrum of Cold, Gas - Phase Allyl Radicals by Multiphoton Ionization. Journal of Physical Chemistry,91(1987):3731 - 3736.

[231] Sappey A D,Crosley D R,Copeland R A. Laser - Induced Fluorescence Detection of Singlet CH_2 in Low - Pressure Methane/Oxygen Flames. Applied Physics B,50(1990):463 - 472.

[232] Scherer J J,Rakestraw D J. Cavity Ringdown Laser Absorption Spectroscopy Detection of Formyl (HCO) Radical in a Low Pressure Flame. Chemical Physics Letters,265(1997): 169 - 176.

[233] Scherer J J,Aniolek K W,Cernansky N P,et al. Determination of Methyl Radical Concentration in a Methane/Air Flame by Infrared Cavity Ringdown Laser Absorption Spectroscopy. Journal of Chemical Physics,107(1997):6196 - 6203.

[234] Schoenung S M,Hanson R K. CO and Temperature Measurements in a Flat Flame by Laser Absorption Spectroscopy and Probe Techniques. Combustion Science and Technology, 24 (1981):227 - 237.

[235] Schulz C,Sick V,Meier U E,et al. Quantification of NO A - X (0,2) Laser - Induced Fluorescence:Investigation of Calibration and Collisional Influences in High - Pressure Flames. Applied Optics,38(1999):1434 - 1443.

[236] Seitzman J M,Haumann J,Hanson R K. Quantitative Two - Photon LIF Imaging of Carbon Monoxide in Combustion Gases. Applied Optics,26(1987):2892 - 2899.

[237] Seitzman J,Hanson R K. Comparison of Excitation Techniques for Quantitative Fluorescence Imaging of Reacting Flows. AIAA Journal,31(1993):513 - 519.

[238] Shin D I,Dreier T,Wolfrum J. Spatially Resolved Absolute Concentration and Fluorescence - Lifetime Determination of H_2CO in Atmospheric - Pressure CH_4/Air Flames. Applied Physics B,72(2001):257 - 261.

[239] Sick V,Bui - Pham M N,Farrow R L. Detection of Methyl Radicals in a Flat Flame by Degenerate Four - Wave Mixing. Optics Letters,20(1995):2036 - 2038.

[240] Sick V,Hildenbrand F,Lindstedt P. Quantitative Laser - Based Measurements and Detailed

Chemical Kinetic Modeling of Nitric Oxide Concentrations in Methane – Air Counterflow Diffusion Flames. Proceedings of the Combustion Institute,27(1998):1401 – 1409.

[241] Skaggs R R,Miller J H. A Study of Carbon Monoxide in a Series of Laminar Ethylene/Air Diffusion Flames Using Tunable Diode Laser Absorption Spectroscopy. Combustion and Flame,100(1995):430 – 439.

[242] Skaggs R R,Miller J H. Tunable Diode Laser Absorption Measurements of Carbon Monoxide and Temperature in a Time – Varing,Methane/Air,Non – Premixed Flame. Proceedings of the Combustion Institute,26(1996):1181 – 1188.

[243] Smith G P,Dyer M J,Crosley D R. Pulsed Laser Optoacoustic Detection of Flame Species. Applied Optics,22(1983):3995 – 4003.

[244] Smith G P,Copeland R A,Crosley D R. Electronic Quenching,Fluorescence Lifetime,and Spectroscopy of the$A^3\Pi_u$ State of NCN. Journal of Chemical Physics,91(1989):1987 – 1993.

[245] Smith K C,Mallard W G. Two – Photon Ionization Processes ofPO in a $C_2 H_2$/Air Flame. Journal of Chemical Physics,77(1982):1779 – 1787.

[246] Smyth K C,Taylor P H. Detection of the Methyl Radical in a Methane/Air Diffusion Flame by Multiphoton ionization Spectroscopy. Chemical Physics Letters,122(1985):518 – 522.

[247] Smyth K C,Tjossem P J H. Relative H – Atom and O – Atom Concentration Measurements in a Laminar,Methane/Air Diffusion Flame. Proceedings of the Combustion Institute,23(1990a):1829 – 1837.

[248] Smyth K C,Tjossem P J H. Signal Detection Efficiency in Multiphoton Ionization Flame Measurements. Applied Optics,29(1990b):4891 – 4898.

[249] Smyth K C,Tjossem P J H,Hamins A,et al. Concentration Measurements of OH and Equilibrium Analysis in a Laminar Methane/Air Diffusion Flame. Combustion and Flame,79(1990):366 – 380.

[250] Smyth K C. NO Production and Destruction in a Methane/Air Diffusion Flame. Combustion Science and Technology,115(1996):151 – 176.

[251] Somé E,Remy F,Macau – Hercot D,et al. The Near UV Spectrum of C_2 H. Journal of Chemical Spectroscopy,173(1995):44 – 48.

[252] Song X M,Cool T A. Resonance Ionization Spectroscopy of HCO and DCO. I. The $3p^2\Pi$ RydbergState. Journal of Chemical Physics,96(1992):8664 – 8674.

[253] Sonnenfroh D M,Allen M G. Absorption Measurements of the Second Overtone Band of NO in Ambient and Combustion Gases with a 1.8 – μm Room – Temperature Diode Laser. Applied Optics,36(1997):7970 – 7977.

[254] Suvernev A A,Dreizler A,Dreier T,et al. Polarization Spectroscopic Measurement and Spectral Simulation of OH ($A^2\Sigma - X^2\Pi$) and NH ($A^3\Pi - X^3\Sigma$) Transitions in Atmospheric Pressure Flames. Applied Physics B,61(1995):421 – 427.

[255] Taatjes C A,Oh D B. Time – Resolved Wavelength Modulation Spectroscopy Measurements of HO_2 Kinetics. Applied Optics,24(1997):5817 – 5821.

[256] Teets R E, Bechtel J H. Coherent anti − Stokes Raman Spectra of Oxygen Atoms in Flames. Optics Letters,6(1981):458 − 460.

[257] Tennel K, Salamo G J, Gupta R. Minority Species Concentration Measurements in Flames by the Photoacoustic Technique. Applied Optics,21(1982):2133 − 2140.

[258] Thoman, Jr. J W, McIlroy A. Absolute CH Radical Concentrations in Rich Low − Pressure Methane − Oxygen − Argon Flames via Cavity Ringdown Spectroscopy of the $A^2 \Delta − X^2 \Pi$ Transition. Journal of Physical Chemistry A,104(2000):4953 − 4961.

[259] Thomsen D D, Kuligowski F F, Laurendeau N M. Background Corrections for Laser − Induced − Fluorescence Measurements of Nitric Oxide in Lean, High − Pressure, Premixed Methane Flames. Applied Optics,36(1997):3244 − 3252.

[260] Thrush B A, Tyndall G S. Reactions of HO_2 Studied by Flash Photolysis with Diode − Laser Spectroscopy. Journal of Chemical Society:Faraday Transactions,278(1982):1469 − 1475.

[261] Tichy F E, Bjorge T, Magnussen B E, et al. Two − Dimensional Imaging of Glyoxal ($C_2 H_2 O_2$) in Acetylene Flames Using Laser − Induced Fluorescence. Applied Physics B, 66 (1998):115 − 119.

[262] Tjossem P J H, Cool T A. Species Density Measurements with the REMPI Method; the Detection of CO and $C_2 O$ in a Methane/Oxygen Flame. Proceedings of the Combustion Institute,20(1984):1321 − 1329.

[263] Tjossem P J H, Smyth K C. Multiphoton Ionization Detection of CH, Carbon Atoms, and O_2 in Premixed Hydrocarbon Flames. Chemical Physics Letters,144(1988):51 − 57.

[264] Tjossem P J H, Smyth K C. Multiphoton Excitation Spectroscopy of the $B^1 \Sigma^+$ and $C^1 \Sigma^+$ Rydberg States of CO. Journal of Chemical Physics,91(1989):2041 − 2048.

[265] Tolocka M P, Miller J H. Detection of Polyatomic Species in Non − Premixed Flames Using Tunable Diode Laser Absorption Spectroscopy. Microchemical Journal, 50 (1994): 397 − 412.

[266] Tolocka M P, Miller J H. Measurements of Formaldehyde Concentrations and Formation Rates in a Methane − Air, Non − Premixed Flame and Their Implications for Heat − Release Rate. Proceedings of the Combustion Institute,27(1998):633 − 640.

[267] Tsay S J, Owens K G, Aniolek K W, et al. Detection of CN by Degenerate Four − Wave Mixing. Optics Letters,20(1995):1725 − 1727.

[268] Upschulte B L, Sonnenfroh D M, Allen M G. Measurements of CO, CO_2, OH, and $H_2 O$ in Room − Temperature and Combustion Gases by Use of a Broadly Current − Tuned InGaAsP Diode Laser. Applied Optics,38(1999):1506 − 1512.

[269] Vanderhoff J A, Beyer R A, Kotlar A J, et al. Ar + Laser − Excited Fluorescence of C_2 and CN Produced in a Flame. Combustion and Flame,49(1983):197 − 206.

[270] Vanderhoff J A, Bunte S W, Kotlar A J, et al. Temperature and Concentration Profiles in Hydrogen − Nitrous Oxide Flames. Combustion and Flame,65(1986):45 − 51.

[271] Vander Wal R L, Farrow R L, Rakestraw D J. High − Resolution Investigation of Degenerate

Four – Wave Mixing in the $\gamma(0,0)$ Band of Nitric Oxide. Proceedings of the Combustion Institute,24(1992a):1653 – 1659.

[272] Vander Wal R L,Holmes B E,Jeffries J B,et al. Detection of HF Using Degenerate Four – Wave Mixing. Chemical Physics Letters,191(1992b):251 – 258.

[273] van Oostendorp D L,Levinsky H B,van der Meij C E,et al. Avoidance of the Photochemical Production of Oxygen Atoms in One – Dimensional,Two – Photon Laser – Induced Fluorescence Imaging. Applied Optics,32(1993):4636 – 4640.

[274] Vear C J,Hendra P J,McFarlane J J. Laser Raman and Resonance Fluorescence Spectra of Flames. Journal of the Chemical Society – Chemical Communications,(1972):381 – 382.

[275] Wang J,Maiorov M,Baer D S,et al. In Situ Combustion Measurements of CO with Diode – Laser Absorption Near 2.3μm. Applied Optics,39(2000):5579 – 5589.

[276] Webber M E,Baer D S,Hanson R K. Ammonia Monitoring Near 1.5μm with Diode – Laser Absorption Sensors. Applied Optics,40(2001):2031 – 2042.

[277] Westblom U,Aldén M. Laser – Induced Fluorescence Detection of NH_3 in Flames with the Use of Two – Photon Excitation. Applied Spectroscopy 44(1990a):881 – 886.

[278] Westblom U,Aldén M. Simultaneous Multiple Species Detection in a Flame Using Laser – Induced Fluorescence. Applied Optics,29(1990b):4844 – 4851;Errata for Applied Optics,28(1989):2592 – 2599.

[279] Westblom U,Agrup S,Aldén M,et al. Properties of Laser – Induced Stimulated Emission for Diagnostic Purpose. Applied Physics B,50(1990):487 – 497.

[280] Westblom U,Bengtsson P E,Aldén M. Carbon Atom Fluorescence and C_2 Emission Detected in Fuel – Rich Flames Using a UV Laser. Applied Physics B 52(1991a):371 – 375.

[281] Westblom U,Agrup S,Aldén M,et al. Detection of Nitrogen Atoms in Flames Using Two – Photon Laser – Induced Fluorescence and Investigations of Photochemical Effects. Applied Optics,30(1991b):2990 – 3002.

[282] Westblom U,Fernandez – Alonso F,Mahon C R,et al. Laser – Induced Fluorescence Diagnostics of a Propane/Air Flame with Manganese Fuel Additive. Combustion and Flame,99(1994):261 – 268.

[283] Williams B A,Fleming J W. LIF Detection of Methoxy in $CH_4/O_2/NO_2/N_2$ Flames. Chemical Physics Letters,221(1994a):27 – 32.

[284] Williams B A,Fleming J W. Comparative Species Concentrations in $CH_4/O_2/Ar$ Flames Doped with N_2O,NO,and NO_2. Combustion and Flame,98(1994b):93 – 106.

[285] Williams B A,Fleming J W. Comparative of Species Profile between O_2 and NO_2 Oxidizers in Premixed Methane Flames. Combustion and Flame 100(1995):571 – 590.

[286] Williams B A,Fleming J W. Radical Species Profiles in Low – Pressure Methane Flames Containing Fuel Nitrogen Compounds. Combustion and Flame 110(1997):1 – 13.

[287] Williams B A,Pasternack L. The Effect of Nitric Oxide on Premixed Flames of CH_4,C_2H_6,C_2H_4,and C_2H_2. Combustion and Flame,111(1997):87 – 110.

[288] Williams S, Green D S, Sethuraman S, et al. Detection of Trace Species in Hostile Environments Using Degenerate Four – Wave Mixing: CH in an Atmospheric – Pressure Flame. Journal of the American Chemcial Society, 114(1992):9122 – 9130.

[289] Wodtke A M, Huwel L, Schluter H, et al. High – Sensitivity Detection of NO in a Flame Using a Tunable ArF Laser. Optics Letters, 13(1988):910 – 912.

[290] Wong K N, Anderson W R, Kotlar A J. Radiative Processes Following Laser Excitation of the $A^2\Sigma^+$ State of PO. Journal of Chemical Physics, 85(1986):2406 – 2413.

[291] Wong K N, Anderson W R, Vanderhoff J A, et al. K^+ Laser Excitation of NH_2 in Atmospheric Pressure Flames. Journal of Chemical Physics, 86(1987):93 – 101.

[292] Wysong I J, Jeffries J B, Crosley D R. Laser – Induced Fluorescence of O $(3p^3P)$, O_2, and NO Near 226 nm: Photolytic Interferences and Simultaneous Excitation in Flames. Optics Letters, 14(1989):767 – 769.

[293] Yamada C, Kanamori H, Horiguchi H, et al. Infrared Diode Laser Kinetic Spectroscopy of the CCO Radical in the $X^3\Sigma^-$ State Generated by the Excimer Laser Photolysis of Carbon Suboxide. Journal of Chemical Physics, 84(1986):2573 – 2576.

[294] Yu T, Lin M C. Kinetics of the C_6H_5 + NO Association Reaction. Journal of Physical Chemistry, 98(1994):2105 – 2109.

[295] Zabarnick S. Laser – Induced Fluorescence Diagnostics and Chemical Kinetic Modeling of a $CH_4/NO_2/O_2$ Flame at 55 Torr. Combustion and Flame, 85(1991):27 – 50.

[296] Zabarnick S. A Comparison of $CH_4/NO/O_2$ and CH_4/N_2O Flames by LIF Diagnostics and Chemical Kinetic Modeling. Combustion Science and Technology, 83(1992):115 – 134.

[297] Zachariah M R, Joklik R G. Multiphoton Ionization Spectroscopy Measurements of Silicon Atoms During Vapor – Phase Synthesis of Ceramic Particles. Journal of Applied Physics, 68(1990):311 – 317.

[298] Zachariah M R, Burgess Jr. D R F. Strategies for Laser Excited Fluorescence Spectroscopy. Measurements of Gas Phase Species During Particle Formation. Journal of Aerosol Science, 25(1994):487 – 497.

第3章 中间产物浓度测量的相干技术

Thomas Dreier,Paul Ewart

3.1 引　　言

与那些基于非相干过程(如激光诱导荧光或自发拉曼散射)的技术相比,相干光学技术产生的信号是与激光束类似的辐射。对于燃烧诊断,由此带来的明显好处就是高效的信号收集,能抑制散射光或目标气体发光产生的背景噪声。但是,相干辐射要求辐射组分以相位排列的方式被激发,或者在信号的方向上通过某些过程保证相位相干。实际上通常是通过非线性光学过程实现,即将入射激光场的能量通过介质响应耦合到信号中去。在气相介质中基于对称性方面的原因,三阶极化率 $\chi^{(3)}$ 是能采用的最低阶极化率。因此诱导的非线性极化由如下形式来描述:

$$P_i^{(3)}(\omega_4,\boldsymbol{r}) = \chi_{ijkl}^{(3)}(\omega_1,\omega_2,\omega_3,\omega_4)E_j(\omega_1,\boldsymbol{r})E_k(\omega_2,\boldsymbol{r})E_l(\omega_3,\boldsymbol{r}) \quad (3.1)$$

式中, $E_m(\omega_n,\boldsymbol{r})$ 为复数场振幅。在通常所谓的四波混频过程中,该极化辐射信号波 $E(\omega_4)$。(了解非线性光学物理过程的细节,请参考 Boyd 所著的优秀教科书[1]。)

本章将介绍四种不同的过程,它们都属于同一大类的非线性相互作用:①简并四波混频(Degenerate Four – Wave Mixing, DFWM);②激光诱导热光栅光谱(Laser – Induced Thermal Grating Spectroscopy, LITGS);③相干反斯托克斯拉曼散射(Coherent Anti – Stokes Raman Scattering, CARS);④偏振光谱(Polarization-Spectroscopy, PS)。图 3.1 显示了这些过程中的基本相互作用。

前三种过程可以按照光栅散射这一共同的物理机制进行解释:入射的三个激光电场 $E(\omega_1)$、$E(\omega_2)$ 和 $E(\omega_3)$ 交叉形成干涉图样,介质对干涉产生非线性响应从而导致产生光栅。DFWM($\omega_1 = \omega_2 = \omega_3$)包括由探测光场 $E(\omega_3)$ 与其中一个泵浦光场 $E(\omega_1)$ 或 $E(\omega_2)$ 形成的静态或驻波干涉条纹,信号光 $E(\omega_4)$ 是诱导光栅对另一个泵浦光散射的结果。LITGS 过程的产生源于诱导产生的静态光栅从分子布居数调制向大量气体调制的转换,该转换是由碰撞诱导弛豫过程形成的。对于 CARS 的情形,频率为 ω_2 的斯托克斯光与其中一束频率为 $\omega_1(=\omega_3)$

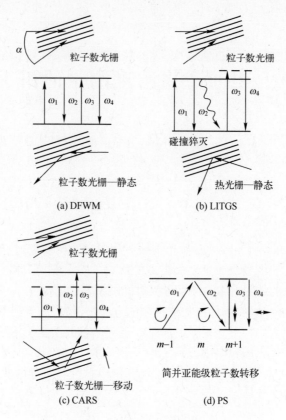

图 3.1　利用共振相互作用的相干非线性过程

的泵浦光形成非静态的干涉图样,该移动光栅对另一束泵浦光的散射产生了多普勒频移,即所谓的反斯托克斯光(ω_4)。

　　PS 也可以视为一种四波混频过程,两个入射光场使得基态分子能级的简并磁支能级上的粒子数形成非平衡分布。该分布的不平衡调制折射率,使其具有相反的圆偏振态。第三束光或者说探测光是线偏振的,即右旋和左旋圆偏振分量的叠加。由于被泵浦介质中每个分量的折射率都不相同,导致产生与入射偏振态方向垂直的偏振分量,这样的垂直偏振产生了能形成前向散射信号光的相位阵列。

　　只有合理选择入射频率使 $\chi^{(3)}$ 共振增强时,上述过程才会变得重要。正是这样的共振增强过程提供了光谱选择性,使得它们能在燃烧诊断中得到应用。相互作用的参量特性要求输入信号和产生信号的频率必须满足能量守恒。每种基于光栅的技术还进一步要求满足动量匹配或相位匹配条件。该匹配条件等价于入射与信号光波矢 $\boldsymbol{k}_i$ 之和为零,即

$$\Delta \boldsymbol{k} = \boldsymbol{k}_i - \boldsymbol{k}_2 + \boldsymbol{k}_3 - \boldsymbol{k}_4 = 0, \quad |\boldsymbol{k}_i| = \frac{2\pi}{\lambda_i} \tag{3.2}$$

对于 PS 而言,角动量守恒导致携带一个单位角动量的光子被吸收或受激辐射之后,其磁支能级发生变化。由于垂直偏振的信号光仅仅源于入射探测光的两个相反圆偏振分量之间的消相,角动量在探测光与信号光中也同样守恒。这些技术的基本物理过程在 Eckbreth 撰写的优秀专著里进行了总结[2]。

在后续的章节中,我们仅简要介绍所包含的基本物理过程,并建议读者去了解专门解释理论和实验细节方面的信息。我们所关心的在于强调有希望用于燃烧诊断的每种技术的特性。由于篇幅所限,无法进行全面的评述,我们仅通过挑选应用实例说明其可能性,关注的重点在于定量测量方面的进展与实际应用相关的问题。我们希望这些信息有助于选取最合适的技术进行中间产物浓度测量。本章中,典型的微量组分浓度范围为 $10^{-4}\% \sim 1\%$($1 \sim 10^4$ ppm)。

3.2　简并四波混频

简并四波混频(DFWM)的基本物理过程在光学与光谱学的专著中已经进行了介绍[3,4],在燃烧诊断方面的应用也有一些作者进行了评述[2,5,6]。与泵浦光和探测光耦合有关的非线性效应可能来自于不同的物理机制。在稀释的吸收气体中,最主要的机制是饱和吸收。Abram 和 Lind[7] 发展了一个关于该过程的A&L 模型,已经广泛地用于分析吸收介质中的简并四波混频过程。该模型由Eckbreth 进行了总结[2],我们这里仅略述其主要特性。过去 10 年中,大量的理论工作在于更深入地理解简并四波混频的物理过程,以便在重要的燃烧参数方面能够对信号进行定量的解释。

A&L 模型考虑了具有相等强度的两束强泵浦光和一束弱(非饱和)探测光与静态双能级原子之间的相互作用。该模型中三束线偏振光的方向都在同一平面内,并且都是单色的,几乎不被吸收;另外,假定两束泵浦光是相向传播的并且系统处于稳态。实际诊断中,我们必须处理:①包括探测光在内引起的饱和;②运动的原子;③多能级和简并能级;④前向泵浦相位匹配;⑤入射场的交叉偏振;⑥非单色激光;⑦吸收介质;⑧短脉冲激光。如果需要利用 DFWM 进行定量化测量,则 A&L 模型几乎各方面都要进行修正。接下来,我们首先概括 A&L 模型的主要结果,强调 DFWM 在燃烧诊断方面非常有吸引力的特点,然后论述实际定量测量中必须考虑的每一种特性。

A&L 模型基于强场中介质极化率微扰理论的扩展,该强场由两个强泵浦光 I_{pump} 和一个弱探测光 I_{probe} 组成。信号光的强度沿原子共振线进行积分时,表示为 I_{sig}^{int}。在由泵浦形成的弱、强饱和极限区内,其解析表达式为

当 $I_{pump} \ll I_s(0)$ 时,有

$$I_{sig}^{int} \propto \frac{|\boldsymbol{\mu}_{12}|^8 N^2 k^2 T_1^2 T_2^3}{[1 + 4I_{pump}/I_s(0)]^{5/2}} I_{pump}^2 I_{probe} \tag{3.3}$$

当 $I_{pump} \gg I_s(0)$ 时,有

$$I_{sig}^{int} \propto |\boldsymbol{\mu}_{12}|^3 N^2 k^2 T_1^{-1/2} T_2^{1/2} I_{pump}^{-1/2} I_{probe} \tag{3.4}$$

在上述关系式中,$I_s(0) = h^2/(T_1 T_2 |\boldsymbol{\mu}_{12}|^2)$ 为线中心的饱和强度。介质对信号的影响依赖于 I_{sig}^{int} 与原子数密度 N、原子偶极矩 $\boldsymbol{\mu}_{12}$ 以及纵向和横向弛豫时间 T_1、T_2 之间的关系。信号可以通过反射率 $R = I_{sig}/I_{probe}$ 加以描述。

吸收气体中简并四波混频反射率的强共振增强效应是低浓度原子或分子组分探测灵敏度的基础[5,8,9]。信号与 N^2(共振增强时初态粒子数的平方)的相关性保证了相对浓度以及原则上绝对浓度的测量。对于处于热平衡状态的气体,N 由玻耳兹曼分布确定,所以简并四波混频光谱的相对光谱强度可给出温度[10]。

由于 $I_s(0)$ 与碰撞诱导弛豫速率 T_1 和 T_2 之间的依赖关系,通过在饱和泵浦激光强度下运行,I_{sig}^{int} 对压强的敏感性能急剧地减小[11,12]。Lucht 等人对饱和 DFWM 的优点进行了详细讨论[13],Eckbreth 对其进行了概括总结[2]。

在非饱和光束下,通过考虑原子运动效应,用微扰理论近似对 A&L 模型进行了修正[14]。该效应首先导致诱导光栅的消失,并极大地限制了可用交叉角 α,因为该交叉角决定了光栅间隔(见图 3.1)。其次,该效应导致了与原子运动相关联的多普勒展宽,该展宽效应依赖于多普勒宽度 $\Delta\omega_D$ 相对于均匀宽度 $\Delta\omega_C$(由碰撞或功率加宽决定)的大小。原子运动同样会影响 DFWM 的饱和行为,而对 DFWM 线型和强度的影响强烈地依赖于所采用的相位匹配结构。该问题通常需要数值求解,虽然在某些情况下也能找到近似的解析解。

Attak – Tretout 等人[15,16]在前向相位匹配结构下给出了泵浦饱和的非微扰处理,它们包含了原子运动效应、能级简并、伴线与交叉激光偏振,显示了复杂的光谱饱和导致了光谱线型和强度的极大改变。

Lucht 等人[12,17-20]基于对四波混频极化密度矩阵方程的直接数值积分(Direct Numerical Integration,DNI)发展了一种强有力的方法。该方法解除了 A&L 模型的几乎所有的主要限制,并且已经用于量化碰撞[11,12]、原子运动[17]、近空间谐振[18]、能级简并[19]、激光场的交叉偏振[19]以及前向相位匹配结构[20]等的影响。这些计算结果已经与 OH、NO、CH 的 DFWM 实验数据比较并进行了很好的验证,极大地增进了我们对于 DFWM 基本物理过程的详细理解。尽管如此,它们的计算花费很高,耗时颇长,并不适合于实验数据的快速或日常分析[17]。因此,Reichardt 和 Lucht 提出了一个 DFWM 线型中心反射率 R 的经验关系式,

这是 Abrams 和 Lind 结果的改进形式[17]：

$$R = \frac{R_{\text{hom}}}{1 + (b\Delta\omega_{\text{D}}/\Delta\omega_{\text{C}})^2} \qquad (3.5)$$

式中，R_{hom} 为通过 A&L 模型计算得到的反射率；经验参数 b 为泵浦和探测光强的函数，用于表征饱和程度。通过 DNI 计算结果和实验数据的比较已经证实了这一结果。有可能找到某个跃迁，在恒定激光功率下，其信号在较宽温度范围内与 N^2 成正比。但该结果的有效性受到用于确定 R_{hom} 的 A&L 模型的局限性的限制，特别是对非简并、双能级原子以及非饱和探测的限制。

正交激光偏振通常用于改善噪声抑制。它对信号的影响用一个与 J 相关的几何因子 $G(J)$ 描述，$G(J)$ 是相对偏振态和跃迁 ΔJ 的函数，该函数对弱、强泵浦场下的基本 A&L 模型结果进行了修正。

实际上，采用饱和探测场也是有利的，因为在相同强度的泵浦与探测场作用下，会形成最大的光栅可见度，即光栅散射效率。探测导致的饱和效应能通过数值方法进行处理[12,22,23]，但是对于常规的诊断分析也不是十分方便。Bratfalean 等人提出了一个非微扰的解析解[24]，能在几秒钟之内通过计算机求解得到饱和线型和大部分分子光谱。通过与完全数值计算结果相比较，并与氧乙炔喷灯火焰中记录的碳 DFWM 光谱比较，核实了该解析结果的有效性。

A&L 模型的单色场假设也往往是不能成立的，因为绝大多数脉冲激光的带宽都有限，并且包含许多纵模。通常这是一个棘手的问题，采用大部分数值方法都只能得到近似解[25,26]。带宽问题的近似解由 Bratfalean 等人的解析解得到[24]。他们采用独立的光谱响应（Independent Spectral Response，ISR）模型，认为场是由独立的单色分量组成，对于每种激光失谐量，沿激光线宽对分子响应积分可得到 DFWM 的线型。尽管如此，这种方法对于饱和强度是无效的。

对激光带宽的这些处理与 DFWM 光谱的线型有关，其线型通过沿原子或分子的共振线进行激光频率扫描激励而产生，而获得多线或宽带 DFWM 谱[27]的线型是个不同的问题。在多线技术中，利用宽度为 $\Delta\omega_{\text{L}}$ 的宽带激光覆盖分子的共振线，然后通过高分辨率的光谱仪进行测量得到信号强度和线型。

Smith 和 Ewar'[28]处理该问题的方式，是在大的激光带宽限制下（$\Delta\omega_{\text{L}} \gg \Delta\omega_{\text{D}}, \Delta\omega_{\text{C}}$）找到密度矩阵方程的时间相关解。在多普勒或碰撞加宽占优势的极端情况下，可以找到解析解。在中间状态下，虽然近似解析解也能对实验数据进行恰当的拟合[28]，但是通常来说数值解还是必需的。

目前尚没有完善的简并四波混频理论能处理任意带宽和强度。当使用 Lucht 等人的 DNI 方法时，用数值手段模拟复杂分子的多线 DFWM 谱是不切实际的。另一种计算多线 DFWM 谱的手段是采用 Bratfalean 等人的 ISR 模型[24]对信号强度求解析表达式。很重要的是，宽带激励可能会导致非简并四波混频的发生。虽然 ISR 模型能够包括这些效应,但是无法同时处理饱和效应。实际上,忽略非简并的贡献是更可取的,有利于更精确的饱和行为建模。

吸收效应对 DFWM 谱相对强度的影响会造成温度和浓度测量失真[29,30]。通常,对它们的处理要求数值计算适合于特定的条件[13]。吸收将降低入射泵浦和探测光的强度,导致信号减弱。虽然信号的减弱可以采用饱和激光功率进行补偿[8,13],但在某些情况下信号光的吸收仍然是存在的问题。

最后,我们注意到 Lucht 等人的 DNI 方法[12]能克服 A&L 模型对稳态相互作用的限制。该方法能对皮秒脉冲 DFWM 进行定量分析[31],从而避免与碰撞相关的问题。但是,正如 Reichardt 和 Lucht 所指出的[32],即便激光脉宽 τ_L 比碰撞时间 $\tau_C(\tau_C = \Delta\omega_C^{-1})$ 短,碰撞依然在 DFWM 信号的产生过程中发挥重要作用。

3.2.1　简并四波混频在温度和浓度测量中的应用

Dreier 和 Rakestraw 首先提出利用玻耳兹曼分布能从 DFWM 谱的相对线强度得到温度,并通过合适的幂指数定律监测初态粒子数[10]。幂指数定律描述的信号与偶极矩的关系[33],可以凭经验确定或通过同一初态的线强度比得到[34]。尽管如此,该问题可以用饱和强度加以避免。

另一种方法是将温度作为拟合变量,将实验谱与模拟谱拟合。该方法通常用于多线 DFWM 谱测温[29]。Farrow 与 Rakestraw 采用 A&L 模型用于 NO 的 DFWM 谱的模拟,发现了该方法用于扫描谱的优势,因为它能处理较宽范围的饱和现象[35]。

只有对于稳定火焰,才能通过扫描 DFWM 谱得到温度。时间分辨测温要求在单个激光脉冲内记录多线或者宽带 DFWM 谱[27]。迄今,该技术只在 OH[29,36] 和 C_2[37] 上得到应用。采用具有足够带宽的激光激励两条紧邻的对温度敏感的谱线,就很容易产生饱和。但在传统激光器中,模式扰动是个严重的问题[36]。无模态激光器能避免该问题,可用于探测大量的分子能级。

原则上,采用更宽的光谱覆盖范围以包含更多的跃迁谱线进行分析,可以改善宽带 DFWM 的准确度和精度。这如同宽带 CARS 一样,能减小激光光谱噪声的影响。但是当拥有共同上能级或下能级的跃迁被激励时,会产生"光学移相"效应,如果此时采用饱和强度将会导致系统误差[38]。

即使对于火焰中的微量组分,无论是扫描(窄带)还是多线(宽带)DFWM 产生的相对谱线强度均容易受到吸收的影响。吸收的程度随低能态粒子数变化,以致于低 J 能级的跃迁显得比高 J 能级的跃迁弱,使得光谱外观上与高温光谱一致。这被认为是在火焰中利用 OH 进行多线 DFWM 测温时,导致错误温度值的主要因素[29]。为了解决吸收的影响,有必要预先知道温度,因为低能级粒子数随温度发生变化。如果光谱强度自身被用于确定温度,则会带来问题。Smith

和 Astill 通过改变偶极矩定律的指数 x,优化对数据的线性回归拟合[30],巧妙地回避了这个问题。实际上,只有当积分吸收低于 5% 时,吸收效应才能被忽略。

当吸收导致入射谱线中心强度衰减时,从跃迁线轮廓两翼的光谱分量产生的非简并四波混频,将继续在线中产生信号。这些非简并的贡献降低了宽带四波混频对吸收的灵敏度[39]。采用 ISR 模型和 Bratfalean 等人的分析结果,对非饱和强度下非简并项的贡献进行了计算[24],但计算结果仅与实验数据定性吻合[39]。迄今尚无完善的理论包含所有这些效应:吸收、激光带宽、非简并四波混频和饱和等。原则上,它们可以包含在 Lucht 等人的 DNI 方法中[12]。

从这些发现中得到的主要结论是,DFWM 是一种利用微量组分测温的可行技术,当大家公认的方法比如 CARS 不容易使用时,DFWM 或许非常合适。稳定火焰的精确温度能从利用饱和强度记录的扫描谱中得到。饱和减少了信号对激光强度波动、碰撞速率变化和吸收效应的灵敏度。可从单次宽带 DFWM 得到不稳定火焰的时间分辨温度,而且饱和强度使吸收效应减到最小。

转向浓度问题,我们将特别关注最近在绝对测量、二维成像以及温度和浓度同时测量方面所做的尝试。

用于燃烧诊断的 DFWM 的早期研究包括多种重要组分的探测。利用脉冲激光能从点、线或者具有时空分辨率的二维面上产生 DFWM 信号。用于浓度测量的 DFWM 的独特优势,在于产生的信号与空间变化的参数如温度、碰撞速率以及气体组成等无关。然而,要想用于定量测量,必须考虑到前面讨论过的所有那些效应,用于修正 A&L 模型计算的 DFWM 信号强度。

Attal – Tretout 等人已经利用 DFWM 在氧乙炔火焰中测量了 OH 浓度分布,并与模型预测结果进行了比较[16]。当激光强度 I 与饱和强度 I_{sat} 相当时,实验与理论符合得很好,而 I 远大于 I_{sat} 时,信号几乎不再增加。

Luch 等人对饱和 DFWM 用于浓度定量测量的价值进行了详细研究[13,17]。燃烧环境的温度和气体组分往往变化很大,伴随着 $\Delta\omega_D/\Delta\omega_C$ 的变化,导致光谱线型以及饱和行为的变化。Lucht 等人注意到,通常有可能找到在感兴趣温度范围内对温度相对不敏感的某条跃迁线[17]。不过他们也得出结论,采用饱和强度可以避免因 $\Delta\omega_D/\Delta\omega_C$ 变化而需要补偿的问题,减小了碰撞效应,并且使得信号对激光强度波动和吸收不那么敏感[13]。利用饱和 DFWM,能在良好表征的火焰中,在燃料当量比 0.5 ~ 1.5 范围内测量 OH 浓度的变化(图 3.2)。实验发现,OH 的浓度变化约 20 倍与模型预测一致。利用某个当量比下的计算值对实验数据进行归一化,就可以得到浓度的绝对值[13]。

为了研究火焰 – 涡的相互作用,利用 DFWM 和 CARS 进行了动态测量[40]。在这些实验中,单次 CARS 用于确定温度,DFWM 用于监测 NO 的浓度,并利用逐点测量数据构建温度和浓度分布的二维图像。

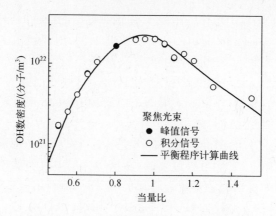

图 3.2　采用饱和 DFWM 在火焰中进行 OH 绝对浓度的实验测量[13]
（美国光学学会提供）

利用 DFWM 可以进行浓度[41,42]和温度[43]的单脉冲二维成像,通常采用片状泵浦光和发散的探测光相互作用的相位共轭结构。透镜的作用是使得探测光发散并覆盖整个成像区域,然后将相互作用区域成像到相机里。Ewart 等人[44]已经表明在 DFWM 中,相干光形成的图像不存在通常伴随着相位共轭的像差矫正。既然相位共轭结构没有优点,所以可采用前向结构。由于产生足够强的信号需要小交叉角,因而图像被缩得很小,必须矫正相应方向上空间分辨率的损失。

事实上,利用 DFWM 成像会存在几个问题,最主要的就是所用激光束的不均匀性。而过程的非线性会进一步加剧空间不均匀性,导致激光光束质量的恶化。利用同样的激光束在完全均匀介质中形成的图像作为参考,可以在一定程度上修正目标图像的光束不均匀性的影响[44]。

在氧乙炔火焰中利用宽带 DFWM,Lloyd 和 Ewart 成功地实现了对 C_2 的温度和浓度同时进行一维成像[45],如图 3.3 所示。从宽带无模态激光器发出的片状泵浦光与探测光交叉形成一条线,沿线上的信号光被成像到光谱仪的狭缝上。由在狭缝每一点上记录的光谱能够得出火焰中沿该线上相应点的温度。该狭缝上的信号强度变化给出了每条跃迁线的较低能态相对粒子数,进而通过测量的温度和配分函数得到总浓度。

DFWM 的潜在优势在于它能探测不发射荧光的组分,这是个尚未得到充分挖掘的优势。当利用小分子的红外跃迁时,该优势变得尤其重要。迄今,在红外区只有稳定组分已经在容器内实验中被探测到[46,47]。阻碍 DFWM 在此光谱区应用的主要原因是,目前缺少拥有足够高峰值功率的窄线宽激光器产生所需要的非线性光学过程。

鉴于分子在红外区的强烈吸收特性,原子基团通常要求采用真空紫外辐射

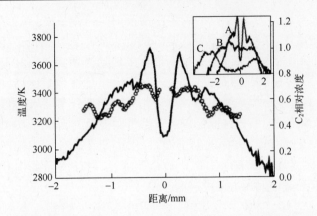

图 3.3　利用宽带 DFWM 在氧乙炔火焰中同时测量 C_2 的相对浓度（实线）和温度
（空心圆）。嵌入图显示了在火焰中从 A 到 C 增加高度时记录的浓度

进行激励。采用双光子共振增强 DFWM 过程或许可以解决探测原子组分的
问题[48]。

3.2.2　实用考虑与未来应用

随着我们对 DFWM 物理细节认识的逐步深入，推动了该技术从原理演示向
基础燃烧研究应用的转化。在特定情况下，温度及相对和绝对浓度的定量测量
现在已经成为可能，空间和时间分辨的逐点一维及二维测量也已经得到演示。
在 CARS 可能不适用的情况下（如缺乏 N_2 或其他合适的拉曼活性分子的火焰、
等离子体以及材料处理环境等），扫描和多线 DFWM 能够分别提供平均和时间
分辨的温度测量。对于微量组分浓度测量，DFWM 比 LIF 更有优势，因为它对碰
撞相对不敏感。饱和 DFWM 对多普勒与碰撞加宽之比 $\Delta\omega_D / \Delta\omega_C$ 以及猝灭与移
相碰撞速率之比的灵敏度较低，而在实际应用中，这些参数也许是未知的或者是
难以确定的。因此饱和 DFWM 在温度和气体组分变化非常显著的情况下，也可
以测量浓度。

将 DFWM 应用于内燃机等设备时，会遇到如何获得足够信噪比（SNR）的实
际问题。窗口散射、非共振信号干扰以及压力升高情况下产生的热光栅，在这些
设备中是很常见的，很难获得很好的信噪比。目前在电火花点火发动机中，用
DFWM 对燃烧产生的 NO 的探测已取得了一些进展（图 3.4）[49]。

已经在实验室火焰中演示了有望用于恶劣环境下的关键技术。通过泵浦光
与探测光之间的正交偏振可以减小或消除来自表面散射和热光栅干扰的背景噪
声，Reichardt 和 Lucht 的计算表明，在饱和条件下减小或者消除了正交偏振带
来的信号损失。采用前向折叠 BOXCARS 结构，折射率梯度引起的光束偏折可
降到最小。在光强 $I \geqslant I_{sat}$ 情况下运行，可得到最佳信噪比，这同样减小了信号对

碰撞效应的灵敏度。为了优化效率,要求激光器具有窄线宽(最好是单纵模)以及高的频率稳定性,实际上最重要的是好的光束质量。均匀的或者高斯型光斑轮廓(TEM_{00})会优化波的混频,并对不希望出现的光散射进行空间滤波。对多线 DFWM 而言,多模激光器是首选设备:它能提供足够数量的转动跃迁以提高精确性,并且通过减小模式噪声改善测量精度。由于用临界相位匹配的方法产生宽带倍频光很困难,紫外区能达到的典型带宽被限制为 0.1 ~ 0.2nm。固态激光材料(例如 Ce:LiCAF)方面的新进展,提供了能在紫外区直接产生宽带激光辐射的希望,尤其是在 OH 的强(0,0)辐射带区。在红外区的应用同样依赖于合适的高功率窄线宽辐射源方面的进展。

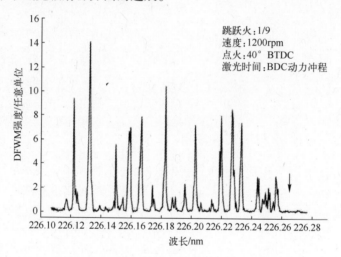

图 3.4 甲烷燃料电火花点火发动机中 NO 的 DFWM 谱[49](Springer – Verlag 出版社提供)

3.3 激光诱导热光栅光谱技术

激光诱导光栅技术(LITGS)已经在凝聚态物质的研究中得到了广泛应用[4]。这些光栅源于干涉的泵浦光与探测光产生的折射率空间调制。在气态介质中,该效应源于伴随共振吸收而产生的碰撞猝灭以及温度静态空间调制。因此,形成的密度扰动诱导产生两束相向传播的声波,横向穿过静态温度光栅,导致总散射效率产生周期性变化。Paul 等人[50]和 Cummings 等人[51]采用一维模型对激光诱导光栅的时间特性进行了建模,他们利用一组线性流体力学方程描述密度、速度和压强的归一化扰动。在短(ns)激光脉冲激励下,光栅的时间特性可以通过连续探测光的布拉格散射进行监测。若气体组成以及气体动力学特性已知,散射信号的时间特性就可以用来得到温度和压强。

　　由于热光栅通过共振吸收产生,可通过扫描激励光的波长而产生光谱。由于碰撞猝灭速率的不确定性随状态和局部气体组成而变化,此外还有饱和效应的影响,所以用组分浓度来定量解释信号强度依然比较困难。

　　研究人员早就认识到激光诱导热光栅或激光诱导热声(Laser - Induced Thermal Acoustics LITA)在气相诊断方面的潜力[52,53]。与简并四波混频相比,热光栅信号随压强升高而增强,这使得 LITGS 技术在高压条件下具有潜在的优势。Latzel 等人已经演示了 LITGS 技术在高压条件下的测量能力(图 3.5)[54]。他们利用脉冲倍频染料激光,在高压甲烷/空气火焰中激发出 OH 的热光栅,并用连续氩离子激光进行探测。在 10 ~ 40atm 的范围内,分别利用信号时间振荡和振幅衰减速率得到了单脉冲测量的火焰温度和压强。

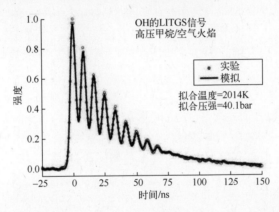

图 3.5　高压火焰中 OH 的 LITGS 信号的实验数据(空心圆)与采用 Paul 等人模型
模拟的理论拟合曲线(实线)[50,54](Springer - Verlag 出版社提供)

　　DFWM 过程可能会同时产生 LITGS 信号,并且高压下 LITGS 信号会占主导地位。Paul 等人对 LITGS 和 DFWM 的贡献进行了比较研究[50]。在大气压火焰中,热光栅的贡献通常较小,因为热光栅的建立时间可能超过了通常在 DFWM 中使用的纳秒激光脉冲的持续时间。采用正交偏振的泵浦光和探测光可以消除 LITGS 信号,使得 DFWM 信号不受干扰。如上所述,采用正交偏振激励方法会带来 DFWM 信号的减小,但这可以通过饱和激光强度进行弥补[19]。

　　因为 LITGS 本质上提供了一种时空分辨的吸收测量,原则上有可能用于浓度测量。目前对 LITGS 激发光谱的定量解释尚受到限制,因为缺少通用的理论处理饱和效应、随局部气体组成而变化的弛豫速率等问题。尽管如此,未来高压环境下测温技术的应用会进一步得到发展,该技术还可提供光学方法测量压强,且不依赖于线型的光谱分辨率。

3.4 相干反斯托克斯拉曼散射(CARS)

自从 Taran[55,56] 和 Eckbreth[57] 开展了开创性工作以来,CARS 已经从非线性光学"珍品"发展成为能进行实时燃烧诊断的实用光谱工具。尽管该技术需要有相当的理论知识、实验技巧以及颇昂贵的设备,但是它能在非常恶劣的环境下开展常规的逐点温度以及主要组分浓度的单脉冲精确测量。现在很容易获得介绍 CARS 理论和实际测量技术的优秀的综述文章和教材[2,58]。如图 3.1 所示,传统的 CARS 技术将一束"泵浦"光(通常具有固定频率 ω_1)与一束频率为 ω_2 的可调谐"斯托克斯"光在相互作用区交叉。第二束频率为 ω_3($=\omega_1$)的泵浦光穿过相互作用区,参与介质非线性极化的四波混频相互作用,产生一束具有反斯托克斯频率 $2\omega_1 - \omega_2$ 的相干信号光。当频率差 $\omega_1 - \omega_2$ 等于分子的振转(振动 CARS)或纯转动(转动 CARS)跃迁时,四波混频就是共振增强的过程。对斯托克斯光进行频率扫描,使其扫过分子中的拉曼活性跃迁从而产生 CARS 谱。当采用宽带斯托克斯光时,在一个激光脉冲内就能产生完整的 CARS 谱,利用光谱仪对信号进行色散并通过 CCD 相机探测。

传统 CARS 中,采用的频率为 ω_1 的强泵浦光并不与分子任何跃迁发生共振,相互作用实际上是通过双光子与真实的振转或纯转动能级共振进行的,而初始的单光子泵浦只激发一个虚能级(如图 3.1 中所示的虚线)。通过将相互作用光的频率调谐到接近或刚好等于分子的单光子电子共振能级(图 3.1(c)中的虚线为真实能级),就能极大地增强四波混频相互作用,这称为共振增强 CARS(Resonantly Enhanced CARS,RE–CARS)。与 DFWM 类似,能够以百万分之几的灵敏度探测微量组分,尽管其在理论和实验上更为复杂[59,60]。

CARS 理论在上面所列的文献中都有介绍,此处只给出最终表达式,并着重强调决定 CARS 信号强度的重要参数。从光谱学的观点来看,该过程可以认为是一种相干的自发拉曼散射,因此具有不同极化率分量的所有分子组分,在转动和/或振动运动中都能产生 CARS 信号。对电场进行经典处理,假设激光源为单频激光,则方程(3.1)给出的激光诱导极化产生的 CARS 信号强度为[2]

$$I_4 = I_{\text{CARS}} = \frac{\omega_4^2}{n_1^2 n_2 n_4 c^4 \varepsilon_0^2} I_1^2 I_2 \left| \chi_{\text{CARS}} \right|^2 l^2 \left(\frac{\sin(\Delta k l/2)}{\Delta k l/2} \right)^2 \tag{3.6}$$

式中,I_1 和 I_2 分别为泵浦光和斯托克斯光的强度;l 为相互作用长度;n_i 为频率 ω_i 时的折射率。当相位失配因子 $\Delta k = 0$ 时信号最强。三阶极化率 $\chi^{(3)} = \chi_{\text{CARS}}$ 通常由非共振部分 $\chi_{\text{nr}}^{(3)}$(与激励光的频率无关)以及通常为复数的拉曼共振部分 $\chi_{\text{r}}^{(3)}$组成,即

$$\chi^{(3)} = \chi_{nr}^{(3)} + \chi_r^{(3)} \tag{3.7}$$

从方程(3.6)可以很明显地看出信号的非线性特征,因为它依赖于泵浦光和斯托克斯光强的高阶幂以及总的三阶极化率模的平方。对分子拉曼跃迁的 χ 的量子力学推导得出,即使存在非共振背景,CARS 信号强度与上下拉曼能级间的粒子数之差成正比[2,58]。该技术的空间分辨率由相互作用体积的大小决定,其取决于所用激光束的交叉角和横模结构。为了得到可准确重复的实验数据,需要考虑激光源的多纵模结构以及相互作用光束的相干性。结合准确的分子参数数据(能级、线加宽数据等),有可能对燃烧诊断中人们感兴趣的许多主要组分(N_2、O_2、H_2O 等)的 CARS 光谱特征准确地建模。

3.4.1　CARS 在浓度测量中的应用

只要在噪声水平之上能够分辨共振组分光谱的某些特征参数,则用 CARS 进行浓度测量是可行的,但是所选择的参数(如峰值幅度、积分强度或者光谱形状)在感兴趣的浓度范围内必须表现出适当的变化,并且信号强度必须超过噪声的波动(如探测器的单点噪声、激光模式噪声以及同时激发的背景信号)。在低浓度下,作用区产生的无特定结构的非共振光谱背景信号,从根本上限制了探测灵敏度。在这种情况下,激光脉冲间能量波动、模式跳动以及空间光束指向稳定性会产生光谱和强度噪声,而 CARS 信号强度对这些参数又具有很强的依赖性,使得浓度测量容易产生系统误差。Eckbreth 等人[61]和 Hahn 等人[62]采用宽带 CARS 并结合光谱线型分析,演示了对火焰中 CO 浓度的空间分辨探测,浓度最低可到 0.5% ~ 1.0%,该灵敏度与利用 CARS 信号的偏振特性来抑制非共振背景的技术相当[63]。通过实时或者非实时地记录作用区内的非共振背景和共振组分同时产生的信号,有助于减轻信号强度波动带来的影响[64,65]。

只有 RE - CARS 技术能提供足够的灵敏度测量微量组分浓度。Attal 等人成功地应用该技术测量了燃烧相关的组分 C_2[66]和 OH[67]。在变压强燃烧炉中,通过"三重共振"得到 OH 的 RE - CARS 谱,也就是当图 3.1(c)中所有的激光场接近 OH 的 $A^2\Sigma - X^2\Pi$ (0,0)带的电子跃迁,在 3065cm^{-1}处进行扫描就可以获得振动拉曼共振谱。若估算的探测灵敏度为 $10^{13}cm^{-3}$,或者在 2400K 时为 2 ~ 4ppm[67],有可能在 1 ~ 10bar 下实现甲烷 - 空气火焰中空间分辨的浓度轮廓测量和温度测量。分辨荧光背景和共振跃迁饱和依然是应用 RE - CARS 获得高探测灵敏度的主要挑战。另外,实验设备的复杂性以及对光谱结构建模时需要详细的知识,是使 RE - CARS 成为微量组分浓度测量常规技术的主要障碍。

3.4.2　实用考虑与未来应用

正如本书其他章节(见第 6 章)讨论的那样,目前 CARS 在燃烧诊断上的主要应用依然采用主要组分(N_2、CO_2或H_2)进行温度测量。扫描 CARS 适用于稳定火焰,对于非稳定条件或者当数据采集时间成为决定因素时,必须采用宽带或单脉冲 CARS。在许多实际燃烧环境中,应用 CARS 的优势在于信号的相干特性以及在主要组分探测时可获得较高的单脉冲信号强度。采用精心设计的仪器设备(激光器、光学元件、探测系统),测量低至 1% 水平的浓度是可行的。然而,当微量组分中间产物浓度低至百万分之几时,唯一能采用的 CARS 技术就是 RE - CARS。

CARS 技术在燃烧诊断领域应用范围的扩展,将依赖于激光技术和探测设备的进步。例如,时域 CARS 现在已成为激光光谱诊断中新兴的发展方向,至少对于稳态燃烧环境是如此,在泵浦 - 探测实验中采用超快(飞秒)激光脉冲,从瞬态信号响应可获得特定组分信息。Beaud 等人已经演示了利用氮气进行的飞秒 CARS 温度测量[68]。

3.5　偏振光谱技术

在偏振光谱技术(PS)中,一束弱线偏振探测光与一束强线偏振或圆偏振泵浦光交叉,其相互作用区长度为 l。通常,泵浦光与探测光具有相同的频率 ω,并与原子或分子共振跃迁接近。强泵浦光在样品中诱导双折射和选择性吸收,导致探测光成为小椭圆度的偏振光并引起偏振面的转动,这可通过正交的检偏器进行监测。Demtröder 在其专著《高分辨率光谱学》(*High - resolution Spectroscopy*)[69]中介绍了 PS 理论背景,Eckbreth 综述了其在燃烧诊断中的应用[2],更详细的内容见 Teets 等人的研究论文[70]。Zizak 等人[71]介绍了偏振光谱能提供一种灵敏的、空间分辨的方法,用于探测注入火焰中的钠原子,Nyholm 等人[72]将此技术扩展用于监测大气压火焰中的初始 OH。

如图 3.1 所示,当激光频率 ω 调谐到分别由角动量 J 和磁量子数 m 所确定的分子跃迁时,对左旋、右旋圆偏振光,根据选择定则 $|\Delta m| = m' - m'' = \pm 1$,泵浦辐射被吸收。圆偏振泵浦脉冲辐射吸收截面 $\sigma(J'', m'' \rightarrow J', m')$ 对 m 能级的依赖关系导致简并磁支能级上不均匀的粒子数分布,宏观来说从而形成分子偶极子的局部取向或排列,即在泵浦光辐照下形成的介质光学各向异性。由于样品的双折射($\Delta n = n^+ - n^-$),线偏振探测光的偏振面发生了轻微的转动(左、右圆偏振光的相对消相),同时由于探测光相应圆偏振分量的吸收系数之差($\Delta \alpha = \alpha^+ - \alpha^-$),其椭圆度也发生变化[69]。通过一些代数运算,并忽略阶次低于 $(\Delta \alpha l)^2$ 的项,则通过检偏器到达探测器的信号强度为[69]

$$I_{PS}(\omega) = I_0\left[\xi + \varphi^2 + b^2 + \frac{1}{2}\frac{b\Delta\alpha_{ab}l}{1+x^2} + \frac{1}{2}\varphi\Delta\alpha_{ab}l\frac{x}{1+x^2} + \left(\frac{1}{4}\Delta\alpha_{ab}l\right)^2\frac{1}{1+x^2}\right]$$

(3.8)

其中频率相关项 $x = 2(\omega_{ab} - \omega)/\gamma$ 为频率失谐对碰撞半宽 γ 归一化的量,它表示吸收(洛伦兹型)和色散对总信号线型的贡献。方程(3.8)的前三个频率无关项与恒定背景信号有关,它们源于偏振片的剩余透射(ξ)、探测光路径上两个偏振元件的不绝对垂直(φ)和可能的剩余双折射(b),通常($\xi + b^2$)在 10^{-6} 量级。对左旋和右旋圆偏振光,共振($x=0$)时的吸收系数差 $\Delta\alpha_{ab}$ 由下式给出:

$$\Delta\alpha_{ab}(x=0) = \Delta\alpha_{ab}^0 = \alpha^+ - \alpha^- = \alpha_{ab}^0 S_0 \Delta C_{JJ_1}$$

(3.9)

式中,α^0 为未饱和吸收系数;S_0 为泵浦光的饱和参数;ΔC_{JJ_1} 为对应跃迁与耦合情况下的 Clebsch – Gordan 系数[69,70]。

3.5.1　PS 在温度和浓度测量中的应用

PS 用于微量组分测量的优势包括信号光的相干性和对那些不辐射荧光的组分的探测能力(例如多数碳氢化合物)。通过调节样品中交叉角和聚焦体积、激光源的带宽和脉宽,使该技术具有高的空间、光谱和时间分辨率。此外,采用高消光比和低内散射的偏振片,进而能在暗背景下观察信号。此外,通过评价吸收截面与 J 的相关性,该技术还具备识别光谱分支的独特能力[69]。该识别基于这样的事实,即对于线偏振泵浦光,信号由洛伦兹线型 Q 分支跃迁主导,而对于圆偏振泵浦光,这些跃迁受到强烈的抑制,形成色散线型。对几乎相向传播的泵浦光与探测光布局,能够得到近无多普勒展宽的线型。然而,灵敏度却降低了,因为当激光带宽比跃迁的多普勒宽度小时,只能探测少部分的速度子群。

PS 被若干研究团队用于 OH、NH、C_2、CO、NH_3 的测量。单光子跃迁用于 OH[72,73]、NH[73]、C_2[74] 的激发,双光子跃迁用于 CO 和 NH_3[75] 的激发,后者采用深紫外辐射能避免在火焰环境中的过度吸收和激光诱导的化学反应。图 3.6 显示了在预混乙炔 – 氧气焊枪中火焰区记录的 C_2 偏振光谱,它是在 516.5nm 处 d³ $\Pi_g - a^3\Pi_u(0,0)$ 带系激励产生的,探测灵敏度估计优于 10^{18}m^{-3}[74]。图的上半部分说明了在探测光路径上,两个偏振片完全垂直情况下洛伦兹型的 P 和 R 分支线。另一方面,当两个偏振器略微不垂直时,会引起探测光的某些平行分量的泄漏,此时色散线型将占据主导(图的下半部分)。

Nyholm[76] 在乙炔 – 氧气和丙烷 – 空气火焰中,通过 308nm 附近 OH 的 A – $X(0,0)$ 带的 R 和 Q 分支线强度的玻耳兹曼分布而得到温度。在浓度接近 10^{21}m^{-3} 时,采用非常低的脉冲能量(泵浦光 $1.5\mu\text{J}$,探测光 50nJ),实现了高于 1000 的信噪比,以此估计探测极限为 10^{19}m^{-3}。值得注意的是,这些实验中普遍采用的小交叉角,使得相互作用区增大并可能会包括非均匀的温度分布,从而引起玻耳兹曼分布的扭曲。Suvernev 等人[73]在 CH₄ – 空气火焰中 OH 探测实验（图 3.7）和 NH₃ – O₂ – N₂ 火焰中 NH 探测实验中,利用理论光谱对 PS 实验数据进行准确的最小二乘拟合得到了温度。

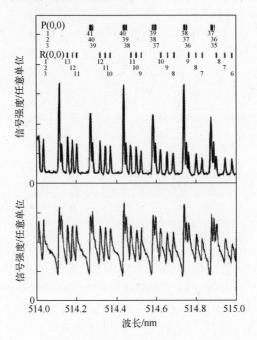

图 3.6　在乙炔 – 氧气火焰中利用圆偏振泵浦光获取的 C_2 偏振光谱。R 分支的三线结构可以清晰地分辨。上部:两偏振片相互垂直;下部:当检偏器略微偏离垂直位置时获得的色散线型。纵标尺对二者一致[74]（Springer – Verlag 出版社提供）

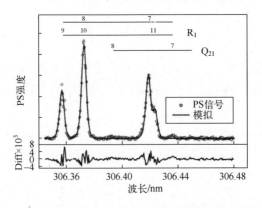

图 3.7　CH₄ – 空气火焰中 OH 的实验 PS 光谱与理论光谱的最小二乘拟合（T_{fit} = 2120K）。拟合中不包括低强度的 Q_{21} 跃迁[73]（Springer – Verlag 出版社提供）

Nyholm 等人在燃烧炉上方不同高度处逐点测量获得了火焰中 C_2 的二维分布[74]。当泵浦光为薄（小于 $200\mu m$）激光片（5mm 高）并与发散的探测光交叉时，就可以通过 PS 进行 OH 的二维单脉冲成像。为了使发散的探测光斑通过，需使用大口径且光学均匀性好的偏振片，使得这些实验代价比较昂贵。光束传播方向上的"缩小的"像同样要求大的交叉角（15°～30°），这导致相应信号强度的损失。

Nyholm 等人演示了利用 OH 进行单脉冲温度成像[78]，他们采用"双波长"染料激光器，并分别利用两块 KDP 晶体倍频得到紫外光，在 $Q_1(2)$ 和 $Q_1(9)$ 两条线（其热分布对温度足够敏感）上同时激发自由基。两束透射的探测光通过一衍射光栅在空间上分开，投射到 CCD 相机芯片的不同区域。而 New 等人[79] 完成了 OH 的宽带 PS 测温，他们利用宽带、多模染料激光器作为泵浦光和探测光，并结合配有 CCD 相机的光纤耦合光谱仪，可同时捕获多条谱线。

3.5.2　实用考虑与未来应用

在宽范围（压强、组分）的碰撞环境和激光强度条件下，通过 PS 信号定量地获取火焰中的数密度，依然是个活跃的研究领域。饱和 PS 是一种增加信号强度并减少信号对激光脉冲能量抖动敏感度的方法。Reichardt 等人[80] 通过对系统的密度算符运动方程进行直接数值积分（DNI），预测当采用饱和泵浦光时 PS 信号可以不太依赖于碰撞速率。只要跃迁的碰撞展宽比多普勒展宽小，该结果就是有效的。为测试这些结果的有效性，他们在 Hencken 燃烧炉[82] 的近绝热 H_2 –空气火焰中开展了 OH[81] 的饱和 PS 测量。实验中对信号强度随化学当量比 Φ 的变化进行了测量，并对探测光的吸收进行了修正。假设信号强度与数密度之间为平方根的关系，测量结果与直接吸收测量吻合得很好，并且与 $\Phi = 0.5 \sim$ 1.1 范围内化学平衡软件的预测也吻合得很好。然而，如果假定信号强度与数密度之间是线性关系，两种方法之间在 $\Phi = 0.8$ 附近产生偏差。Kaminski 等人[83] 对可变压强（10～900 mbar）的预混甲烷–空气平面火焰中 OH 基的 PS 信号强度对压强的依赖关系进行了系统的研究，信号强度随燃烧炉平面上方高度的不同而变化。燃烧腔室采用了特殊设计，两个偏振片放置在腔室内，避免入口和出口窗的应力和双折射导致探测光偏振质量的退化[84]。两种压强（30mbar 和 900mbar）下 OH 随高度变化曲线如图 3.8 所示，通过第三个窗口垂直于光束记录的相应的线性 LIF 信号强度也示于图中。当采用组分特征猝灭修正后，后者就可以转化为 OH 的数密度，这样就能把 PS 信号与绝对数密度进行直接比较，将来可以采用数值或解析方法进行理论预测。

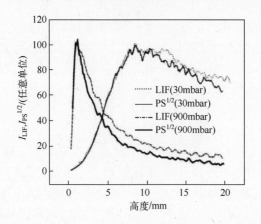

图 3.8　在两种压强下（30mbar 和 900mbar）预混甲烷 – 空气火焰中，PS（实线）和
OH 的 $A^2\Sigma - X^2\Pi(0,0)$ 电子带的 LIF（虚线）信号强度随高度
变化曲线[83]（Clemens F. Kaminski 提供）

3.6　结　　论

微量组分对于理解燃烧的重要性促进了对它们探测技术的研究。基于非线性共振相互作用的相干技术，被证明在微量浓度与温度测量方面具有生命力。虽然本章并未详细讨论，有些技术已在其他相关参数（如压强和气体速度等）测量中得到了应用。

本章讨论过的每一种技术，都有着类似的探测灵敏度，但在实验过程与理论分析两方面，其复杂度却不尽相同。DFWM 是最广泛采用的技术，它已经显示了在绝对浓度测量并在如发动机的实际设备上应用很有前途。PS 在实验上比DFWM 简单，但由于窗口的应力双折射，其应用或许将主要局限在开放火焰。另外，PS 信号的分析比较复杂，依赖于弛豫速率的知识，在某些的情况下或许不可行。RE – CARS 除了早期的原理性展示外，几乎没有看到任何应用，主要因为其实验设备的复杂性，包括三台独立的可调谐激光器。LITGS 依然是个持续研究的课题，它有希望在高压环境下进行测量，而其他技术可能会遇到困难。

参 考 文 献

［1］　Boyd R W, Non – Linear Optics. New York：Academic Press,1992.

［2］　Eckbreth A C,Laser Diagnostics for Combustion Temperature and Species,2nd Ed. Amster-dam：Gordon & Breach,1995.

［3］　Fisher R A,ed. Optical Phase Conjugation,New York：Academic Press,1983.

［4］　Eichler H J, Günter P, Pohl D W. Laser Induced Dynamic Gratings. Berlin: Springer – Verlag, 1986.

［5］　Farrow R L, Rakestraw D J. Detection of Trace Molecular Species Using Degenerate Four – Wave Mixing. Science, vol. 257, pp. 1894 – 1900, 1992.

［6］　Kohse – Höinghaus K. Laser Techniques for the Quantitative Detection of Reactive Intermediates in Combustion Systems. Prog. Energy Combust. Sci. , vol. 20, pp. 203 – 279, 1994.

［7］　Abrams R L, Lind R C. Degenerate Four – Wave Mixing in Absorbing Media. Optics Lett. , vol. 2, pp. 94 – 96, 1978; Optics Lett. , vol. 3, p. 203（errata）, 1978.

［8］　Ewart P, O'Leary S V. Absorption and Saturation Effects on Degenerate Four – Wave Mixing in Excited States Formed During Collisions. J. Phys. B Atom. Molec. Phys. , vol. 17, pp. 4599 – 4608, 1984.

［9］　Ewart P, O'Leary S V. Detection of OH in a Flame by Degenerate Four – Wave Mixing. Optics Lett. , vol. 11, pp. 279 – 281, 1986.

［10］　Dreier T, Rakestraw D J. Measurement of OH Rotational Temperatures in a Flame Using Degenerate Four – Wave Mixing. Optics Lett. , vol. 15, pp. 72 – 74, 1990.

［11］　Danehy P M, Friedman – Hill E J, et al. The Effects of Collisional Quenching on Degenerate Four – Wave Mixing. Appl. Phys. B, vol. 57, pp. 243 – 248, 1993.

［12］　Lucht R P, Farrow R L, Rakestraw D J. Saturation Effects in Gas Phase Degenerate Four – Wave Mixing Spectroscopy: Nonperturbative Calculations. J. Opt. Soc. Am. B, vol. 10, pp. 1508 – 1520, 1993.

［13］　Reichardt T A, Giancola W C, Shappert C M, et al. Experimental Investigation of Saturated Degenerate Four – Wave Mixing for Quantitative Concentration Measurements. Appl. Optics, vol. 38, pp. 69516961, 1999.

［14］　Abrams R L, Lam J F, Lind R C, et al. Phase Conjugation and High – Resolution Spectroscopy by Degenerate Four – Wave Mixing. in Fisher R A, ed. Optical Phase Conjugation, New York: Academic Press, 1983, pp. 211 – 284.

［15］　Robertson G A, Kohse – Höinghaus K, Le Boiteux S, et al. Observation of Strong Field Effects and Rotational Line Coupling in DFWM Processes Resonant with $^2\Sigma - ^2\Pi$ Electronic System. J. Quant. Spectros. Radiat. Transfer, vol. 55, pp. 71 – 101, 1996.

［16］　Attal – Trétout B, Bervas H, Taran J P, et al. Saturated FDFWM Lineshapes and Intensities: Theory and Application to Quantitative Measurements in Flames. J. Phys. B Atom. Molec. Opt. Phys. , vol. 30, pp. 497 – 522, 1997.

［17］　Reichardt T A, Lucht R P. Effect of Doppler Broadening on Quantitative Concentration Measurements with Degenerate Four – Wave Mixing Spectroscopy. J. Opt. Soc. Am. B, vol. 13, pp. 1107 – 1119, 1996.

［18］　Reichardt T A, Lucht R P. Interaction of Closely Spaced Resonances in Degenerate Four – Wave Mixing Spectroscopy. J. Opt. Soc. Am. B, vol. 14. pp. 2449 – 2458, 1997.

［19］　Reichardt T A, Lucht R P. Resonant Degenerate Four – Wave Mixing Spectroscopy of Transitions with Degenerate Energy Levels: Saturation and Polarization Effects. J. Chem. Phys, vol. 111, pp. 10008 – 10020, 1999.

[20] Reichardt T A, Lucht R P, Danehy P M, et al. Theoretical Investigation of the Forward Phase – Matched Geometry for Degenerate FourWave Mixing Spectroscopy. J. Opt. Soc. Am. B, vol. 15, pp. 2566 – 2572, 1998.

[21] Williams S, Zare R N, Rahn L A. Reduction of Degenerate Four Wave Mixing Spectra to Relative Populations Ⅰ. Weak – Field Limit. J. Chem. Phys, vol. 101, pp. 1072 – 1092, 1994. : Ⅱ. Strong – Field Limit, pp. 1093 – 1107.

[22] Ai B, Knize R J. Degenerate Four – Wave Mixing in Two – Level Saturable Absorbers. J. Opt. Soc. Am. B, vol. 13, pp. 2408 – 2419, 1996.

[23] Yu D – H, Lee J – H, Chang J – S. Theory of Forward Degenerate Four – Wave Mixing in Two – Level Saturable Absorbers. J. Opt. Soc. Am. B, vol. 16, pp. 1261 – 1268, 1999.

[24] Bratfalean R T, Lloyd G M, Ewart P. Degenerate Four – Wave Mixing for Arbitrary Pump and Probe Intensities. J. Opt. Soc. Am. B, vol. 16, pp. 952 – 960, 1999.

[25]· Cooper J, Charlton A, Meacher D R, et al. Revised Theory of Resonant Degenerate Four – Wave Mixing with Broad – Bandwidth Lasers. Phys. Rev. A, vol. 40, pp. 5705 – 5715, 1989.

[26] Meacher D R, Smith P G R, Ewart P, et al. Frequency Spectrum of the Signal Wave in Resonant Four – Wave Mixing Induced by Broad – Bandwidth Lasers. Phys. Rev. A, vol. 46, pp. 2718 – 2725, 1992.

[27] Ewart P, Snowdon P. Multiplex Degenerate Four – Wave Mixing in a Flame. Optics Lett. , vol. 15, pp. 1403 – 1405, 1990.

[28] Smith P G R, Ewart P. Spectral Line Shape of Resonant Four – Wave Mixing Induced by Broad – Bandwidth Lasers. Phys. Rev. A, vol. 54, pp. 2347 – 2355, 1996.

[29] Jefferies I P, Yates A J, Ewart P. Broadband DFWM of OH for Thermometry. in Righini et al. , eds. , Advances in CoherentRaman Spectroscopy, IX European CARS Workshop, World Scientific, 1992.

[30] Smith A P, Astill A G. Temperature Measurement Using Degenerate Four – Wave Mixing with Non – Saturating Laser Powers. Appl. Phys. B, vol. 58, pp. 459 – 466, 1994.

[31] Linne M A, Fiechtner G J. Picosecond Degenerate Four – Wave Mixing on Potassium in a Methane – Air Flame. Optics Lett. , vol. 19, pp. 667 – 669, 1994.

[32] Reichardt T A, Lucht R P. Degenerate Four – Wave Mixing Spectroscopy with Short – Pulse Lasers: Theoretical Analysis. J. Opt. Soc. Am. B, vol. 13, pp. 2807 – 2816, 1996.

[33] Farrow R L, Rakestraw D J, Dreier T. Investigation of the Dependence of Degenerate Four – Wave Mixing Line Intensities on Transition Dipole Moment. J. Opt. Soc. Am. B, vol. 9, pp. 1770 – 1777, 1992.

[34] Klamminger A, Motzkus M, Lochbrunner S, et al. Rotational and Vibrational Temperature Determination by DFWM Spectroscopy. Appl. Phys. B, vol. 61, pp. 311 – 318, 1995.

[35] Farrow R L, Rakestraw D J. Analysis of Degenerate Four – Wave Mixing Spectra of NO in a

86

$CH_4/N_2/O_2$ Flame. Appl. Phys. B, vol. 68, pp. 741 – 747, 1999.

[36] Yip B, Danehy P M, Hanson R K. Degenerate Four – Wave Mixing Temperature Measurements in a Flame. Optics Lett. , vol. 17, pp. 751 – 753, 1992.

[37] Kaminski C F, Hughes L G, Lloyd G M, et al. Thermometry of an Oxy – acetylene Flame Using Multiplex Degenerate Four – Wave Mixing of C_2. Appl. Phys. B, vol. 62, pp. 39 – 44, 1996.

[38] Lloyd G M, Ewart P. Optical Dephasing Effects in Broadband FourWave Mixing in C_2: Implications for Broadband FWM Thermometry. J. Chem. Phys. , vol. 116, Jan. 15, 2002.

[39] Lloyd G M, Hughes LG, Bratfalean R, et al. Broadband Degenerate Four – Wave Mixing of OH for Flame Thermometry. Appl. Phys B, vol. 67, pp. 107 – 113, 1998.

[40] Grisch F, Attal – Trétout B, Bouchardy P, et al. A Vortex – Flame Interaction Study Using Four – Wave Mixing Techniques. J. Non – Linear Opt. Phys. Mater. , vol. 5. pp. 505 – 526, 1996.

[41] Ewart P, Snowdon P, Magnusson I. Two – Dimensional PhaseConjugate Imaging of Atomic Distributions in Flames by Degenerate FourWave Mixing. Optics Lett. , vol. 14, pp. 563 – 565, 1989.

[42] Rakestraw D J, Farrow R L, Dreier T. Two – Dimensional Imaging of OH in Flames by Degenerate Four – Wave Mixing. OpticsLett. , vol. 15, pp. 709 – 711, 1990.

[43] Ewart P, Kaczmarek M. Two – Dimensional Mapping of Temperature in a Flame by Degenerate Four – Wave Mixing in OH. Appl. Optics, vol. 30, pp. 3996 – 3999, 1991.

[44] Ewart P, Smith P G R, Williams R B. Imaging of Trace Species Distributions by Degenerate Four – Wave Mixing: Diffraction Effects, Spatial Resolution and Image Referencing. Appl. Optics, vol. 36, pp. 5959 – 5968, 1997.

[45] Lloyd G M, Ewart P. Simultaneous Measurement of Flame Temperature and Species Concentration Along a Line. Submitted toAppl. Phys. B (2001).

[46] Germann G J, Farrow R L, Rakestraw D J. Infrared Degenerate Four – Wave Mixing Spectroscopy of Polyatomic Molecules: CH_4 and C_2H_2. J. Opt. Soc. Am. B, vol. 12, pp. 25 – 32, 1995.

[47] Voelkel D, Chuzavkov Y L, Marquez J, et al. Infrared Degenerate Four – Wave Mixing and Resonance – Enhanced Stimulated Raman Scattering in Molecular Gases and Free Jets. Appl. Phys. B, vol. 65, pp. 93 – 99. 1997.

[48] Georgiev N, Aldén M. Two – Photon Degenerate Four – Wave Mixing (DFWM) for the Detection of Ammonia: Applications to Flames. Appl. Phys. B, vol. 56, pp. 281 – 286, 1993.

[49] Grant A J, Ewart P, Stone C R. Detection of NO in a SparkIgnition Research Engine Using Degenerate Four – Wave Mixing. Appl. Phys. B. vol. 74, pp. 105 – 110, 2002.

[50] Paul P H, Farrow R L, Danehy P M. Gas – Phase Thermal – Grating Contributions to Four – Wave Mixing. J. Opt. Soc. Am. B, vol. 12, pp. 384 – 392, 1995.

[51] Cummings E B, Leyva I A, Hornung H G. Laser – Induced Thermal Acoustics (LITA) Sig-

nals from Finite Beams. Appl. Optics, vol. 34, pp. 3290 – 3302, 1995.

[52] Cummings E B. Laser – Induced Thermal Acoustics: Simple Accurate Gas Measurements. Optics Lett. , vol. 19, pp. 1361 – 1363, 1994.

[53] Williams S, Rahn L A, Paul P H, et al. Laser Induced Thermal Grating Effects in Flames. Optics Lett. , vol. 19, pp. 1681 – 1683, 1994.

[54] Latzel H, Dreizier A, Dreier T, et al. Thermal Grating and Broadband Degenerate Four – Wave Mixing Spectroscopy of OH in High – Pressure Flames. Appl. Phys. B, vol. 67, pp. 667 – 673, 1998.

[55] Régnier P R, Taran J P E. On the Possibility of Measuring Gas Concentrations by Stimulated Anti – Stokes Scattering. Appl. Phys. Lett. , vol. 23, pp. 240 – 242, 1973.

[56] Péalat M, Bouchardy P, Lefebvre M, et al. Precision of Multiplex CARS Temperature Measurements. Appl. Optics, vol. 24, pp. 1012 – 1022, 1985.

[57] Eckbreth A C. CARS Thermometry in Practical Combustors. Combust. Flame, vol. 39, pp. 133 – 147, 1980.

[58] Greenhalgh D A. Quantitative CARS Spectroscopy. in Clark R J H, Hester R E, eds. Advances in Non – Linear Spectroscopy, London: Wiley, 1988.

[59] Attal – Trétout B, Monot P, Müller – Dethlefs K. Theory of Rotational Line Strengths in Coherent Anti – Stokes Raman Spectroscopy. Mol. Phys. , vol. 73, pp. 1257 – 1293, 1991.

[60] Attal – Trétout B, Berlemont P, Taran J P E. Three – Colour CARS Spectroscopy of the OH Radical at Triple Resonance. Mol. Phys. , vol. 70, pp. 1 – 51, 1990.

[61] Eckbreth A C, Hall R J. CARS Concentration Sensitivity With and Without Nonresonant Background Suppression. Combust. Sci. Technol, vol. 25, pp. 175 – 192, 1981.

[62] Hahn J W, Park S N, Lee E S, et al. Measuring the Concentration of Minor Species from the Modulation Dip of the Nonresonant Background of Broad – Band CARS Spectra. Appl. Spectrosc. , vol. 47, pp. 710 – 714, 1993.

[63] Rahn L A, Zych L J, Mattern P L. Background – Free CARS Studies of Carbon Monoxide in a Flame. Optics Commun. , vol. 30, pp. 249 – 252, 1979.

[64] Farrow R L, Lucht R P, Clark G L, et al. Species Concentration Measurements Using CARS With Nonresonant Susceptibility Normalization. Appl. Optics, vol. 24, pp. 2241 – 2251, 1985.

[65] Eckbreth A C, Stufflebeam J H. Considerations for the Application of CARS to Turbulent Reacting Flows. Exp. Fluids, vol. 3, pp. 301 – 314, 1985.

[66] Attal B, Débarre D, Müller – Dethlefs K, et al. ResonanceEnhanced Coherent Anti – Stokes Raman Scattering in C_2. Rev. Phys. Appl. , vol. 18, pp. 39 – 50, 1983.

[67] Attal – Trétout B, Schmidt S C, Crété E, et al. Resonance CARS of OH in High – Pressure Flames. J. Quant. Spectrosc. Radiat. Transfer, vol. 43, pp. 351 – 364, 1990.

[68] Lang T, Motzkus M, Frey H M, et al. High – Resolution Femtosecond Coherent anti – Stokes Raman Scattering: Determination of Rotational Constants, Molecular Anharmonicity, Colli-

sional Line Shifts, and Temperature. J. Chem. Phys. , vol. 115, pp. 5418 – 5426, 2001.

[69] Demtroder W. Laser Spectroscopy. Springer Series in Chemical Physics, Schäfer F P, ed. , vol. 5, Heidelberg: Springer – Verlag, 1988.

[70] Teets R E, Kowalski F V, Hill W T, et al. Laser Polarization Spectroscpy. Proc. Soc. Photo – Opt. Instrum. Eng. , vol. 113, p. 80, 1977.

[71] Zizak G, Lanauze J, Winefordner J D. Cross – Beam Polarization in Flames with a Pulsed Dye Laser. Appl. Optics, vol. 25, pp. 3242 – 3246, 1986.

[72] Nyholm K, Maier R, Aminoff C G, et al. Detection of OH in Flames by Using Polarization Spectroscopy. Appl. Optics, vol. 32. pp. 919 – 924. 1993.

[73] Suvernev A A, Dreizier A, Dreier T, Wolfrum J. Polarization – Spectroscopic Measurement and Spectral Simulation of $OH(A^2\Sigma - X^2\Pi)$ and $NH(A^3\Pi - X^3\Sigma)$ Transitions in Atmospheric Pressure Flames. Appl. Phys. B, vol. 61, pp. 421 – 427, 1995.

[74] Nyholm K, Kaivola M, Aminoff C G. Polarization Spectroscopy Applied to C_2 Detection in a Flame. Appl. Phys. B, vol. 60, pp. 5 – 10, 1995.

[75] Nyholm K, Fritzon R, Georgiev N, et al. Two Photon Induced Polarization Spectroscopy Applied to the Detection of NH_3 and CO Molecules in Cold Flows and Flames. Optics Commun. , vol. 114, pp. 76 – 82, 1995.

[76] Nyholm K. Measurements of OH Rotational Temperatures in Flames by Using Polarization Spectroscopy. Optics Commun. , vol. 111, pp. 66 – 70, 1994.

[77] Nyholm K, Fritzon R, Aldén M. Two – Dimensional Imaging of OH in Flames by Use of Polarization Spectroscopy. Optics Lett. , vol. 18, pp. 1672 – 1674, 1993.

[78] Nyholm K, Fritzon R, Aldén M. Single – Pulse Two – Dimensional Temperature Imaging in Flames by Degenerate Four – Wave Mixing and Polarization Spectroscopy. Appl. Phys. B, vol. 59, pp. 37 – 43, 1994.

[79] New M J, Ewart P, Dreizler A, et al. Multiplex Polarization Spectroscopy of OH for Flame Thermometry. Appl. Phys. B. vol. 65, pp. 633 – 637, 1997.

[80] Reichardt T A, Lucht R P. Theoretical Calculation of Line Shapes and Saturation Effects in Polarization Spectroscopy. J. Chem. Phys. , vol. 109, pp. 5830 – 5843, 1998.

[81] Reichardt T A, Giancola W C, Lucht R P. Experimental Investigation of Saturated Polarization Spectroscopy for Quantitative Concentration Measurements. Appl. Optics, vol. 39, pp. 2002 – 2008, 2000.

[82] Hancock R D, Bertagnolli K E, Lucht R P. Nitrogen and Hydrogen CARS Temperature Measurements in a Hydrogen/Air Flame Using a Near Adiabatic Flat – Flame Burner. Combust. Flame, vol. 109, pp. 323 – 331, 1997.

[83] Kaminski C F, Walewski J, Aldén M, private communication.

[84] Kaminski C F, Dreier T. Investigation of Two – Photon – Induced Polarization Spectroscopy of the $A - X$ (1, 0) Transition in Molecular Nitrogen at Elevated Pressures. Appl. Optics, vol. 39, pp. 1042 – 1048, 2000.

第4章 组分浓度测量的腔衰荡光谱技术

Andrew McIlroy,Jay B. Jeffries

4.1 引　　言

　　腔衰荡光谱技术(Cavity Ringdown Spectroscopy,CRD)是一种先进的光学吸收测量技术,其选择性好、灵敏度高,并具有可定量标定的潜力,可用于火焰中化学反应中间组分浓度的直接定量测量。对于其他光学方法很难探测的组分,如不辐射荧光的预解离自由基,吸收是一种特别有用的技术。CRD 是一种高灵敏度的吸收技术,可以探测低浓度的化学反应中间产物,这些组分可将燃料或氧化剂转化成燃烧产物。为了详细研究层流火焰的化学反应动力学,利用 CRD 技术定量测量反应区密度是对荧光技术的有力补充(见第 2 章)。

　　CRD 技术是共振吸收的光学技术,它通过探测选定的原子或分子的吸收谱线而实现相应的组分浓度测量。由于光在腔内驻留时间长,使得 CRD 技术有非常长的有效吸收路径,例如,采用 99.99% 反射率的腔镜,光在腔内可来回振荡超过 10000 次,其有效吸收路径通常大于 1km;CRD 技术是时域上的测量,测量过程中不受激光光强噪声的影响。这两点相结合,赋予了 CRD 技术极灵敏的吸收测量潜力。但空间紧凑的 CRD 腔使测量只能用于小反应区,与其他的吸收光谱方法一样,CRD 技术在路径上空间分辨率有限。但是,相对于采用多次反射的吸收池或长路径的单次吸收方法,CRD 技术可采用微型谐振腔的方式来提高测量的空间分辨率。

　　原则上,CRD 技术是一种十分直接的测量方法。但是,实际测量过程中,CRD 会受很多复杂因素的影响:火焰的 CRD 定量测量需要知道腔内组分浓度分布情况;腔的模式竞争会降低预期的腔衰荡时间和空间分辨率;有限的激光线宽和吸收谱线线宽的叠加会使定量测量打折扣。理解、减小和避免这些难题的技术研究是本章的重要组成部分。此外,与其他的基于能级探测的诊断技术一样,CRD 技术需要知道与温度有关的谱线强度信息。然而,碳氢燃料燃烧场中很多重要组分,特别是一些多原子的中间产物,在火焰温度下的光谱数据目前还十分缺乏。

对于能够产生荧光的分子,LIF 与 CRD 具有类似的探测限制,而两者结合具有特别大的优势。LIF 技术提供空间分辨的组分分布,CRD 技术给出定量的浓度,二者的结合可以给出定量的空间分辨的测量结果。本章首先介绍 CRD 技术在火焰中应用的基本原理;然后简单综述 CRD 技术用于火焰中化学反应中间产物的测量情况;最后展望了基于紫外、可见光以及红外波段的连续和脉冲激光源的 CRD 技术的前景及应用。

4.2　背景及动机

自 O'Keefe 和 Deacon 等人[1]成功地将 CRD 技术应用于化学分析以来,CRD 技术已在化学分析领域中获得了广泛应用,相关文献对其主要应用和当前现状作了详尽综述[2-5]。2000 年 6 月,Berden 等人列出 213 篇文献报道了 CRD 测量技术在不同领域中的应用[5],其中只有 18 篇文献是关于火焰测量的。然而,该综述文章发表后的半年内,CRD 在火焰测量方面的文献数目就翻了一番(见第 2 章),表明 CRD 技术具有成为标准的激光燃烧诊断工具的潜质。

本章仅介绍 CRD 技术在气态燃烧场中应用情况,该技术在碳烟消光中的测量及用其标定激光诱导白炽光(LII)技术将在第 9 章介绍。目前,CRD 技术已成功应用于燃烧场中 $CH^{[7-12]}$、$OH^{[13,14]}$、$CN^{[10]}$、$CH_2^{[15]}$、$CH_3^{[16]}$、$CH_2O^{[17]}$、$HCO^{[18]}$等组分浓度的测量。由于 CRD 技术仅需要几毫焦的脉冲激光能量便可产生强 CRD 信号,所以几乎不存在激光导致自由基化学性质改变的风险。这样,CRD 技术可为理解不同燃烧场的化学反应过程提供一种研究工具。

燃烧中小分子中间产物测量通常采用激光诱导荧光(LIF)的方法(见第 2 章及文献[21]),但是定量 LIF 技术在大多数燃烧环境中的标定和碰撞猝灭是棘手的问题(见第 5 章),而其他基于非线性光学的诊断方法也需获知碰撞消相信息(见第 3 章)。基于吸收的光学诊断方法,例如 CRD 技术,在测量过程中不需要了解探测对象所处的碰撞环境,便可反演出激光传播路径上的探测组分的浓度。因此,基于物质对光的吸收在定量测量中拥有很大的优势。吸收分数表达式为 $(I_0 - I)/I_0$,其中 I_0 为入射的激光强度,I 为经过吸收介质后的激光强度,但是采用直接吸收法测量组分浓度,则需要精确确定两个大数值的微小差别。

提高直接吸收法测量灵敏度主要是通过提高探测介质的吸收强度和降低激光光强的噪声。目前,一些连续激光器的光强已十分稳定,且还可利用调制技术将对光强 I_0 的测量转化成高频信号的测量,进而可进一步降低测量噪声。频率调制测量方法[22]适于探测那些谱线及线型信息十分完善的组分和易于调制的连续激光器。采用非线性参量振荡的脉冲激光具有更宽的波长调谐范围,可满足更多的燃烧中间产物测量。但是,脉冲激光的不同脉冲之间能量波动较大

（约10%），使得高灵敏的直接吸收法测量十分困难。提高吸收测量灵敏度的另一个方法是增加激光在探测介质中的吸收路径，传统的多次反射方法，如 White – Herriot 吸收池，其最大反射次数约为100次（在实际应用中会更低）。此外，为了避免激光干涉效应，激光在反射镜上的空间位置不能重叠，所以多次反射方法大大降低了测量的空间分辨率。CRD 技术可以很好地克服上述缺点，其在增加吸收路径的同时不会降低测量的空间分辨率，且 CRD 的时域特性测量避免了光强噪声的影响。

CRD 技术在燃烧诊断中的最早应用是将探测对象放入激光器的谐振腔内，即激光腔内吸收光谱（Intracavity laser absorption spectroscopy, ICLAS）技术。ICLAS 技术具有极高的测量灵敏度，这是由于激光光强与增益之间的关系是非线性的，放入激光器谐振腔内的探测介质会改变激光增益，进而导致激光输出光强降低并被监测。ICLAS 技术目前已成功用于 $O^{[23]}$、$HCO^{[24,25]}$、$^1CH^{[26]}$、$NH_2^{[27]}$、$HNO^{[28]}$ 等燃烧中间产物的测量。但是，定量表述 ICLAS 信号较为困难，且 ICLAS 技术也不易拓展至红外或紫外波段（见第2章）。

对于所有基于能级共振的光谱诊断技术，气体温度是普遍存在的复杂问题。CRD 技术测量的是某一特定能级原子或分子的吸收。这样，总的组分摩尔分数依赖温度测量，以确定能级布居数的玻耳兹曼分布。CRD 可以用来测量沿路径的平均温度而 LIF 技术可提供一个互补信息，因为它可以用来确定温度分布情况（见第6章）。

尽管 CRD 技术可用于燃烧场中间产物浓度的高灵敏度定量测量，但需要注意的是，与其他吸收技术一样，CRD 给出的仅是路径积分测量结果。要想使该信息对火焰模型有用，需要已知激光传播路径上的组分浓度分布情况，或由其他诊断技术另外给出。对于轴对称的测量对象，CRD 技术可通过 Abel 算法重构激光路径上的组分浓度分布，但可靠的 Abel 反演需要非常好的测量信噪比。本章后面将介绍 CRD 与 LIF 联合探测的方法，即用 LIF 技术获得激光路径上吸收组分空间分辨的相对浓度分布情况，用 CRD 技术获得吸收组分绝对分布所需的定量浓度值。

4.3　腔衰荡方法

本节着重介绍 CRD 技术在燃烧诊断中应用的实际问题，主要目的是为读者提供必要的基础知识以便有效地评估已发表的 CRD 测量技术，同时也帮助实验人员了解 CRD 技术潜在的不足。关于 CRD 技术更严格和更广泛的处理，感兴趣的读者可以查阅本书所列的参考文献。

4.3.1　基本的时间特性

连续激光和脉冲激光均可用于 CRD 技术的测量,但基于脉冲激光的 CRD 测量原理更为直观。图 4.1 给出了典型的腔衰荡示意图。腔主要由两块反射率为 R、曲率半径分别为 r_1 和 r_2 的反射镜构成。为了构建一个稳定腔,两块反射镜之间的距离 L 和腔镜曲率半径通常选择满足以下关系式: $r_1 = r_2 = r$ 且 $r < L < 2r$ 或 $L < r$。若一束单色光调谐至与腔共振,且仅激发谐振腔的 TEM_{00} 模,则谐振腔内的光强 I 可简单地描述为时间的函数。谐振腔的横模和纵模等模式变化对光强的影响将在后面介绍。为简化起见,暂不考虑火焰吸收和光线扰动,仅考虑初始能量为 I_0 的短脉冲(激光脉冲小于腔长)激光输入空腔。随着激光脉冲在两个腔镜之间来回反射,每经过一次腔镜,激光的能量损失率为 $(1-R)$,那么激光脉冲在谐振腔内来回传播一次,其能量损失为 $2(1-R)$,时间为 $2L/c$(c 为光速),所以腔内的激光能量随时间变化的表达式为

$$\frac{\mathrm{d}I}{\mathrm{d}t} = \frac{-2(1-R)}{2L/c}I \tag{4.1}$$

对式(4.1)积分得

$$I = I_0 \mathrm{e}^{-(1-R)ct/L} \tag{4.2}$$

从式(4.2)可以看出,腔内的激光能量随时间指数衰减。若在腔内放入长度为 d 的吸收介质,那么激光每经过一次吸收介质便会有额外的 $\sigma\rho d$ 的损耗,其中 σ 为吸收截面,ρ 为吸收组分的浓度,即

$$I = I_0 \mathrm{e}^{-[(1-R)+\sigma\rho d]ct/L} \tag{4.3}$$

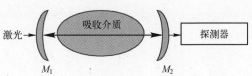

图 4.1　耦合入谐振腔内的激光多次穿过吸收介质,耦合出谐振腔的激光能量取决于腔镜反射率 $(1-R)$、探测介质的吸收以及散射

根据式(4.3),激光在腔内来回传播一次的损耗率为 $2[(1-R)+\sigma\rho d]$,所以吸收的测量便可转化为对激光随时间衰减的测量,即时间常数 $\tau = L/\{[(1-R)+\sigma\rho d]\}c$。可以看出,CRD 测量的是激光衰减过程,而不是绝对的激光能量 I_0,所以 CRD 技术对激光脉冲能量抖动不敏感,而能量抖动是脉冲激光器普遍存在的问题。图 4.2 给出了低压强平面燃烧炉火焰的 CRD 光强衰减曲线。图中两条曲线分别为激光波长与 CH $B^2\sum{}^- \rightarrow X^2\prod$ 吸收线产生共振吸收和没有共振吸收情况下的衰减过程[10]。可以看出,当激光与 CH 发生共振吸收时,其衰减速度明显增大,同时呈现出多指数衰减过程,这是由脉冲激光有限的激光线宽

导致的。

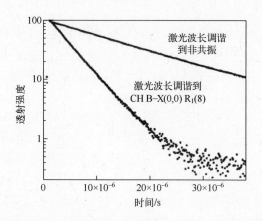

图4.2　无共振吸收的激光衰减时间主要由腔镜反射率决定,介质吸收所产生的额外衰减由共振吸收衰减时间和非共振吸收衰减时间的差决定[10](Springer – Verlag 出版社提供)

4.3.2　有限激光线宽效应

　　之前的讨论均是假定耦合入谐振腔的光是腔的单一共振频率(本书不详细讨论谐振腔的特性,感谢兴趣的读者可参考专著[30,31]),而实际的激光均有一定的线宽,可同时激发谐振腔多个模式。对于连续激光,其线宽一般都非常窄(与谐振腔的共振带宽相当),要远小于谐振腔的两个纵模间隔。然而,对于脉冲激光,其激光线宽可能会覆盖很多腔模。但 Lehmann 和 Romanini 指出[32],无论是连续激光还是脉冲激光,仅会激发与谐振腔共振的模式,所以对于输入激光来说,谐振腔就像一个梳状的滤波器。谐振腔的此种特性与激光的脉宽无关,CRD 技术的早期文献并没有清晰地认识这一问题。Berden 等人指出[5],可以设计一个横模间隔非常窄且共振带宽较宽的谐振腔,这样便可将处于激光线宽内的所有激光有效地耦合入谐振腔内。从本章后面的讨论将会看到,Berden 等人的设计会恶化 CRD 技术用于燃烧诊断所需的横向分辨率。

　　若所探测的原子或分子的谐振频率小于谐振腔的两个模式的间隔,由于腔模与跃迁频率失配,就有可能使得腔内的激光波长处于探测组分的吸收线之外。目前,在燃烧诊断中,腔内激光与吸收线失配的现象由于下面所讨论的原因还不十分突出,但是随着一些新的 CRD 测量方法的应用,应该考虑该现象对 CRD 测量的影响。Lehmann 和 Romanini 指出[32],激光与谐振腔的模式匹配使得耦合入腔内的激光线宽变窄,进而可极大地提高测量的光谱分辨率。目前,腔镜的反射率可大于99.99%,用其构成的谐振腔本身的线宽可达50kHz 或更小,那么对于线宽为3GHz 的脉冲激光来说,若仔细控制衰荡腔的模式间隔,可使光谱分辨率提高 10000 倍以上。

目前与燃烧诊断相关的大多数 CRD 测量系统都会采取措施消除"梳状滤波"效应。首先,采用信号平均的方法来提高衰减的信噪比(SNR),这样,腔内光谱脉冲 – 脉冲之间的涨落就被平均了。这种平均包含了腔频率的变化,这是由于大部分谐振腔不会采取力学加固的结构,而振动会导致不同测量脉冲之间的模式发生变化。其次,放入腔内的火焰在测量过程中会引起谐振腔的温度变化,进而导致腔长发生变化,而腔镜的微小位置变化便会使腔的边缘位置发生很大漂移(与自由光谱范围(Free Spectral Range,FSR)相比),这样会抹掉"梳状滤波"效应。例如,一个长度为 0.5m 的谐振腔,其自由光谱范围为 0.01cm^{-1},波长为 500nm 的激光与谐振腔第 $n = 2 \times 10^6$ 个共振,若腔镜的位移发生 125nm 的变化,其在 500nm 处的纵模便会有 0.005cm^{-1} 的移动(即 1/2FSR)。由于腔镜的机械振动频率通常位于 5 ~ 100Hz 范围内,这会对多脉冲取平均的测量方式产生影响。例如,对于重频为 10Hz 的激光,若采用 20 个脉冲取平均,其所需的测量时间为 2s。

脉冲激光通常会同时激发多个谐振腔的纵模,若不存在与频率相关的腔损耗,则被激发的多个纵模将以同样的时间常数衰荡。然而,它们在衰荡过程中会产生拍频,其周期为腔模间隔的倒数。例如,腔长为 0.5m 的典型谐振腔,其纵模间隔约 300MHz,拍频周期约为 33ns。高质量腔镜构成的谐振腔衰减时间约为 $30\mu s$,可有效地滤除拍频对 CRD 衰减时间的影响,进而可拟合出准确的衰减时间。

当激光线宽与吸收谱线线宽相当时,在 CRD 定量测量时需要考虑两个问题,即组分的吸收截面在激光线宽范围内随激光的频率而变化和 CRD 的衰减过程为多指数衰减。尽管这两个问题通常共同考虑,但它们对定量 CRD 的影响不同。在直接吸收测量中,有效的吸收截面由激光线型与谱线线型之间的卷积决定[31];而在 CRD 测量中,有效的吸收截面为激光产生的各个模式分别与谱线线型卷积后相加。其实,对于大多数的脉冲激光来说,两种有效截面计算方式是等价的[33]。定义 Δ 为激光线宽与谱线线宽之间的比值,若 Δ = 0.1,则高斯型的激光线型与谱线线型之间的卷积为 0.98,即谱线中心频率处的吸收截面降低了2%。这一数值同样依赖于具体的激光和吸收线的线型,若激光与吸收线均是洛伦兹线型,则上述数值变为 0.91 或需要作 9% 的修正。与直接吸收法一样,随着 Δ 的增加,对有效吸收截面的修正也会增加。在直接吸收法中,可以通过扫描激光波长获得吸收线的吸收峰面积来消除谱线和激光线型对测量的影响。在 CRD 测量中也需要这种修正,即使是非常弱的吸收且测量的 CRD 衰减时间呈很好的单指数衰减。读者在阅读 CRD 文献资料时,需要注意其中隐含的数据处理过程。

若激光的线宽与吸收谱线的线宽相当,且吸收损耗大于谐振腔非共振损耗,则 CRD 为多指数衰减过程。在吸收池[34]中进行痕量气体检测时发现了该效应[35],文献[33]对其进行了详细的分析,并在火焰测量中观察到该现象[9,11]。Zalicki 和 Zare[33] 展示并解释了随着共振吸收损耗大于腔的损耗或随着 Δ 的增加,CRD 衰减曲线越来越偏离单指数衰减。此外,定量 CRD 测量动态范围会随着 Δ 的增加而减小。

若 $\Delta > 0.1$,且吸收对激光的损耗大于腔的其他损耗(主要是腔镜损耗),则定量的 CRD 技术需要考虑非指数衰减过程。如果仅采用单指数衰减函数去拟合 CRD 衰减曲线,Yalin 和 Zare[36] 指出 CRD 测量误差依赖于曲线拟合的范围、吸收谱线线型、激光线宽的线型、吸收损耗与非吸收损耗之比。例如,对于 $\Delta = 1$,并采用有效的(激光线宽修改后)吸收线宽和高斯型激光线型,他们发现,在吸收损失大于基线损失 100 倍时,对衰减曲线的 90% ~50% 部分进行指数拟合,其测量误差小于 10%;而对衰减曲线的 90% ~10% 部分进行指数拟合,其测量误差达到 20%。也有相关文献采用多指数函数拟合衰减曲线来定量获取火焰中自由基的体密度[11]。

然而,我们认为有效的解决方式是采用窄线宽的激光进行测量。图 4.3 为测量的低压强甲烷火焰中 CH 的衰减曲线,其中采用线宽为 0.15cm^{-1} 的染料激光测量的衰减曲线呈现出明显的多指数衰减,导致测量的 CH 浓度偏低;而采用线宽为 0.02cm^{-1} 的 OPO 激光测量的衰减曲线主要呈单指数衰减,用其获取的 CH 浓度与定量 LIF 技术测量结果能很好地吻合。

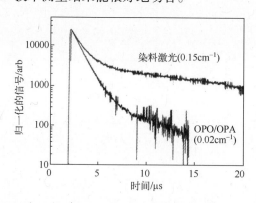

图 4.3 采用线宽为 0.02cm^{-1} 和 0.15cm^{-1} 的激光测量的低压强火焰中 CH 的 CRD 衰减曲线[9](美国化学协会提供)

4.3.3 横模效应

如果输入激光没有很好地耦合入谐振腔内,那么入射激光便会激发谐振腔的高阶横模,其频率与 TEM_{00} 模有一定的差别。谐振腔的不同横模之间的频率间隔为 $(c/2\pi^2 L)\arctan[L/(2r-L)]^{1/2}$,这些频率差别很小的横模之间相互叠加会产生频率为 $1/\Delta\nu$ 的拍频。由于拍频周期与 CRD 衰减时间相当,因此使得 CRD 衰减曲线不是一个单纯的指数衰减过程[37]。此外,谐振腔的高阶横模除了降低衰减曲线拟合精度外,还会降低 CRD 的空间分辨率。

Meijier 等人[13]展示了通过有意激发大量的谐振腔高阶横模可降低和避免谐振腔对激光的梳状滤波作用,他们采用略发散的激光入射至谐振腔内来激发高阶横模,并称之为"相干腔衰荡光谱术"。Lehmann 和 Romanini 指出[32],CRD 测量中须谨慎选择两个腔镜之间的距离,以防 $L/(2r-L)$ 为小整数分数,导致谐振腔仅有稀少的规则模式。但是,在火焰测量中,为提高横向空间分辨率,CRD 测量中仅能使用腔的 TEM_{00} 模式。

4.3.4 空间分辨率

在燃烧诊断应用中,测量技术的空间分辨率是主要技术指标之一。例如,对于常压湍流燃烧场,$0.1mm^3$ 的空间分辨率便可用于研究流体的混合过程及燃烧的化学反应速率。CRD 技术是一个路径积分过程,仅能够提供湍流燃烧的平均值,但是对于低压强环境的层流预混火焰,横向分辨率优于 1mm 的路径积分定量测量方法依然可验证预测燃烧中间产物出现和消耗的模型(见第 19 章)。在 CRD 测量中,若入射激光激发谐振腔多个横模,那么激光在腔内将有很大的横向光斑,从而降低 CRD 的横向分辨率,所以谐振腔的构成及激光耦合方式在 CRD 测量中都需要进行很好的设计及控制。图 4.4 为美国桑迪亚国家实验室燃烧研究中心 Mcllroy 等人采用的控制 CRD 激光耦合及监测其横向分辨率的实验系统。

CRD 技术的横向分辨率由谐振腔的 TEM_{00} 模的传播特性决定,TEM_{00} 模的束腰半径 w_0,及在两个腔镜上的光斑半径 w_1,w_2 分别可表示为

$$\begin{cases} w_0 = \sqrt{\dfrac{\lambda L}{\pi}\sqrt{\dfrac{g_1 g_2(1-g_1 g_2)}{(g_1+g_2-2g_1 g_2)^2}}} \\ w_1 = \sqrt{\dfrac{\lambda L}{\pi}\sqrt{\dfrac{g_2}{g_1(1-g_1 g_2)}}}, w_2 = \sqrt{\dfrac{\lambda L}{\pi}\sqrt{\dfrac{g_1}{g_2(1-g_1 g_2)}}} \end{cases} \tag{4.4}$$

式中,$g_1=(1-L/r_1)$;$g_2=(1-L/r_2)$。例如,腔长为 72.5cm,腔镜的曲率半径为 6m,激光波长为 430nm,其 TEM_{00} 模的束腰半径为 0.44mm,腔镜上的光斑半径为 0.46mm[9-11,15,38](均是指 $(1/e)^2$ 光强半径)。因此,激光在该谐振腔内几乎是平行光,其横向分辨率小于 1mm。提高谐振腔 TEM_{00} 模的横向分辨率主要方法是减少腔镜的曲率半径或腔长,如 Desgrous 等人[11]使用 $r=25cm$,$L=40cm$ 的谐振腔实现了空间分辨率优于 0.3mm,其束腰半径为 0.24mm。但是,减少谐振腔的

长度会增大腔的纵模间隔。

为了获得最好的横向空间分辨率,入射激光必须仅耦合入谐振腔的 TEM_{00} 模,所以实验人员需要谨慎控制激光与谐振腔轴线的位置、激光的入射角度、光斑尺寸及波前曲率半径。其中,激光的入射角度和共轴条件可通过相关的光线准直技术来实现;激光的光斑尺寸和波前曲率半径可通过变焦的望远镜系统来实现。此外,大多数的脉冲激光都不是严格意义上的近衍射极限高斯光束,所以 CRD 实验系统中还需要空间滤波器。在构建 CRD 实验系统过程中,我们发现采用两个 2:1 的带有空间滤波器的开普勒望远镜系统可较为方便地获得理想的光斑尺寸及曲率半径,如图 4.4 所示。图中,通过调节最后一个准直透镜便可实现入射激光与谐振腔的模式匹配,同时利用相机实时监测入射激光的准直和模式匹配情况[9,34]。

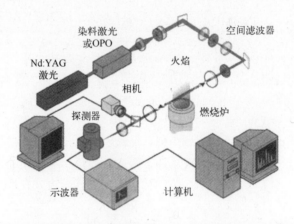

图 4.4　美国桑迪亚国家实验室燃烧研究中心用于低压强火焰研究的 CRD 实验系统。
图中两个空间滤光器分别用于建立高斯光束和腔的模式匹配,
谐振腔出射位置处的相机主要用于监测横模匹配情况

可同时采用 LIF 技术测量来提高 CRD 技术的空间分辨率[10]。尽管耦合入谐振腔内的激光能量只占入射激光能量的很小一部分(反射率为 99.99% 的腔镜耦合率为 0.01%),但是激光在腔内驻留时间长(毫秒量级),所以产生的 LIF 信号强度可达到没有谐振腔时的 1/2。由于只要腔内有激励激光存在便可产生荧光信号,所以探测荧光信号的相机快门时间也需要大幅度增加,而增加相机的快门时间会增加火焰的背景辐射的干扰。幸运的是,对于双原子分子,如 CH,其在低压强火焰中的荧光信号信噪比可大于 1000,所以采用 LIF 和 CRD 技术共同测量是可行的。Luque 等人[39]展示了低压强环境下甲烷/空气平面燃烧炉火焰的 CH 组分的 LIF 与 CRD 共同探测方法。其中,CH 的 LIF 信号是通过一个相机沿着谐振腔的某个角度拍摄的,为了提高测量信噪比,对同时测量的 CRD 和

LIF 信号作 300 个激光脉冲取平均。图 4.5 展示了入射激光波长分别与谐振腔模式匹配与失配情况下的 CH 的 LIF 图像[39]，可以看出，入射激光与谐振腔模式匹配良好时（图 4.5 下图），LIF 信号的横向宽度小于 1mm，这与实验中谐振腔（腔长 92cm，腔镜曲率半径为 6m）的 TEM_{00} 模的束腰半径为 0.94mm 相符。图 4.5 上图为入射激光没有与谐振腔 TEM_{00} 模匹配情况下的 LIF 图像，图中 LIF 信号的横向宽度大于 2.2mm。由于无法通过 CRD 的衰减时间来判断入射激光是否耦合入谐振腔的 TEM_{00} 模，所以 LIF 与 CRD 联合探测的方式可以判断谐振腔的模式匹配情况，同时图 4.4 和图 4.5 也表明了在 CRD 测量中监测谐振腔的准直和模式匹配情况是非常重要的。

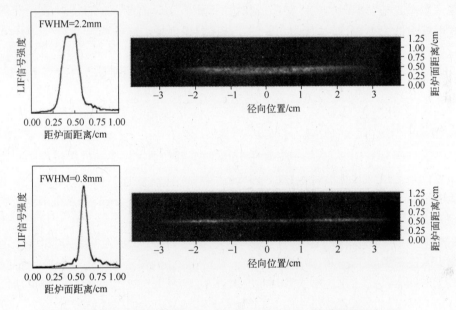

图 4.5　CRD 和 LIF 同时测量数据（来源于文献［39］），其采用压强为 25Torr，化学配比为 1 的甲烷/空气火焰中 CH A－X 带作为探测对象。
上图和下图分别为入射激光与谐振腔基横模未匹配和匹配时的 LIF 图像，
二者对比表明谐振腔的横模耦合效果对 CRD 横向分辨率产生显著影响

4.3.5　探测及其他实际问题

腔衰荡燃烧诊断的探测系统相对简单直接。通常采用光电倍增管（PMT）作为可见和紫外波段的探测装置，而高响应速率的低温光导探测器如小感光面积的 InSb 探测器通常用于红外波段探测。若采用 PMT 和反射率大于 99.99% 的腔镜，仅需要约 30μJ 的入射激光能量便可获得好的信噪比。较高的脉冲激光能量一方面会导致 PMT 的非线性响应，另一方面也容易产生模式失配而激发谐振腔高阶横模。除了满足 TEM_{00} 模耦合外,还要求探测器具有平坦的空间响应。为了使探测器的输出信号与数字示波器或高速数据采集卡等数据采集设备实现阻抗匹配(通常为 50Ω),大多数探测器都需要放大器,而放大器的带宽选择需满足能够滤除谐振腔多纵模产生的拍频干扰。

高反射率($R > 99.9\%$)的腔镜在燃烧环境下很容易受到污染,所以通常采用氮气或氩气对腔镜进行吹扫以便维持腔镜的反射率。其次,由于火焰对光线的扰动,谐振腔的背景损耗在有无火焰的情况下差别很大。再者,若采用紫外波段激光进行测量,燃烧场中其他组分会产生宽带非共振吸收。因此,确定火焰不同位置处的 CRD 背景基线至关重要。最后,在 CRD 测量中对激光的调谐也很重要,以避免入射激光的自发辐射放大(ASE)。没有调节好的染料激光器的ASE 耦合入谐振腔内,会成为光腔的非共振背景损耗。

4.4 火焰中特殊组分的 CRD 测量

4.4.1 CH

自由基 CH 为甲烷火焰中主要的中间产物,其在 NO_x 生成和分解过程中起着重要作用,因此 CH 浓度测量数据是验证污染物 NO_x 火焰模型的很好参数。本书第 2 章介绍了采用 LIF 或 PLIF 技术探测不同火焰中的 CH 分布,虽然很多测量实现了火焰中 CH 结构的显示,但火焰中 CH 的峰值含量仅为 ppm 量级,所以定量测量 CH 的浓度十分困难。Luque 和 Crosley[40] 率先实现了低压强预混火焰中 CH 定量 LIF 技术测量方法,该方法随后被相关研究人员拓展至常压本生灯火焰[41]以及其他的低压强火焰[42]。由于 CH 的重要性以及定量 LIF 技术面临诸多困难,所以采用 CRD 技术测量燃烧场中的 CH 浓度受到了研究人员的广泛关注。

自由基 CH 浓度的 CRD 定量测量通常选择其电子态 $A^2\Delta$—$X^2\Pi$,$B^2\Sigma^-$—$X^2\Pi$,$C^2\Sigma^+$—$X^2\Pi$ 之间跃迁的吸收线,吸收线选择取决于多种因素,如激光源和谐振腔的反射镜等。基于 CH 的 $A^2\Delta$—$X^2\Pi$ 之间吸收线的 CRD 方法已被用于测量低压强层流火焰的 CH 浓度和振转温度[9]。其他一些研究人员采用 CH 的 $C^2\Sigma^+$—$X^2\Pi$ 315nm 附近的吸收带开展低压平面燃烧炉火焰[7]和常压扩散火焰中 CH 浓度的测量[8]。CH 的 $C^2\Sigma^+$—$X^2\Pi$ 之间吸收线最受欢迎,这是由于该波段与 OH 的 $A^2\Delta$—$X^2\Pi$ 带之间的吸收线重叠,所以两种自由基可基于同一光学系统进行测量。Derzy 等人[7]认为,由于 CH 的 $C^2\Sigma^+$—$X^2\Pi$ 之间的谱线吸收截面比 $A^2\Delta$—$X^2\Pi$ 吸收带强 30%,所以使用该吸收带将会获得更高的测量灵敏度,尽管其吸收截面的不确定度也会增加。然而,Mercier 等人[8]发现在低压预混火焰中,燃烧炉面与峰值 CH 之间区域存在明显的背景吸收,即便对于简单的甲烷/空气火焰,其火焰面周围被加热的区域中依然存在多种组分吸收 315nm 附近的激光,这种干扰会严重影响采用 CH 的 C—X 带吸收线的测量灵敏度。

目前,CRD 技术测量 CH 的最高灵敏度达到 $3 \times 10^9 \mathrm{cm}^{-3}$,这是通过其在 $A^2\Delta—X^2\prod$ 之间的吸收线实现的[9]。图 4.6 展示了使用同位素 ^{13}CH 热带吸收线实现的高灵敏度 CRD 测量,其比采用 $C^2\sum{}^+—X^2\prod$ 之间的吸收线至少高 5 倍[7,8],主要原因是由于 430nm 的腔镜反射率比 315nm 高(430nm 为 99.995%[9],315nm 为 99.6%[8]或 99.75%[7])。由于 LIF 是零背景技术,所以对于低辐射源情况,LIF 技术测量灵敏度比 CRD 技术高。例如,Doerk 等人[43]在低辐射等离子体中实现了 CH 检测浓度为 $10^8 \mathrm{cm}^{-3}$ 或探测体积内 4×10^6 个分子/量子态的 LIF 测量,这比 CRD 技术的测量灵敏度高 1 个量级。但是,在强辐射等离子中,LIF 技术的检测灵敏度为 $4 \times 10^9 \mathrm{cm}^{-3}$,这与相同环境下的共振增强 CARS 技术相当。DFWM、CARS 以及双色共振四波混频(TC-RFWM)等非线性光学测量技术的优势是信号具有类激光特性,可很容易地滤除背景光的干扰(见第 3 章),但这些技术的信号强度与探测组分的浓度成平方关系,所以不利于在低压强环境下测量。对于一些重要的低压燃烧火焰,CHA$^2\Delta—X^2\prod$ 带的 CRD 测量灵敏度为 $3 \times 10^9 \mathrm{cm}^{-3}$,这与 LIF 技术相当,但优于非线性光学测量技术[9]。

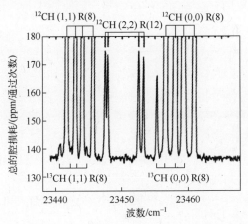

图 4.6　基于信噪比展示 CRD 动态范围和测量灵敏度。图中数据是在 1600K 低压强 CRF 火焰中 CH 浓度为 $10^{12} \mathrm{cm}^{-3}$ 时的 ^{13}CH(1.1%)和 ^{12}CH 信号[9](美国化学协会提供)

基于 CH 的 $A^2\Delta—X^2\prod$[39] 和 $B^2\sum{}^-—X^2\prod$[10] 吸收带的 CRD 和 LIF 同时测量方法已在低压强甲烷/空气预混火焰上进行了验证,该火焰也是早期定量 LIF 技术的重要探测对象。正如本章前面所讨论的,LIF 线图像可用于判定 CRD 谐振腔是否处于 TEM$_{00}$ 模。图 4.7 为利用腔内不同位置处一系列的 LIF 线信号拼接成的二维 PLIF 图像[10],通过测量两个不同转动能级的 PLIF 图像便可获得火焰温度分布。CRD 主要提供每条 LIF 线上的 CH 体密度,温度分布和体密度相结合可反演出绝对浓度的 PLIF 图像。在上述实验中，CRD 和 LIF 是互补的技术，二者结合可为低压强火焰化学中间产物结构的精确测量提供定量的诊断工具。

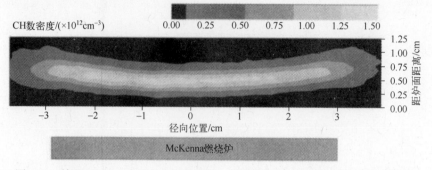

图 4.7　利用 CH 的一维 LIF 线拼接成的二维图像，每个 LIF 线均用 CRD 测量的体密度进行了标定，图中探测对象为 25Torr、化学配比为 1 的甲烷/空气火焰[39]

4.4.2　OH

OH 是燃烧场中普遍存在的自由基，是大多数燃烧链式反应的主要组分。起自 308nm 的羟基 A – X 波段为光学探测提供了很强的吸收带，并成为很多研究的主题。虽然 OH 强的吸收和相对高的组分浓度使得采用直接吸收的测量方式成为可能[21]，但探测 OH 的首选方法是 LIF 技术。通过直接吸收法测量的体密度对面或线的 LIF 图像进行标定，可实现 OH 分布的定量测量。基于 CRD 方法标定 OH – LIF 的主要优势是具有更高的灵敏度和动态范围。但对于脉冲激光 CRD 来说，OH 的强吸收和优质的腔镜导致 CRD 衰减曲线呈多指数特性[11]。直接吸收法标定 OH – LIF 的测量精度受限于吸收的测量不确定度。此外，像 CRD 这样的吸收测量方法不受碰撞猝灭的影响，而碰撞猝灭一直是定量 LIF 技术难以解决的问题。这是由于 OH 的猝灭速率与转动态和碰撞对象密切相关，使得对其修正十分困难。因此，一些研究团队也采用 CRD 技术探测 OH[13,14,44,45]。Meijer 等人[13]首次报道了 CRD 技术探测常压环境下缝式本生灯火焰中的 OH，其研究表明 CRD 数据比 LIF 数据更易反演火焰平均温度。随后，Meijer 及其研究团队利用 CRD 与 LIF 联合探测的方法测量了平面燃烧炉预混火焰中 OH 的预分离速率[44]，他们选择弱吸收的、A 态预分离能级（$v' = 3$）以避免 OH 强吸收造成的困难。Cheskis 等人[46]采用 CRD 技术测量了低压强火焰中 OH 的浓度和温度，他们使用的腔镜反射率比 Meijer 研究团队的要高，所以其测量灵敏度在室温情况下达到 $2.4 \times 10^9 \mathrm{cm}^{-3}$。Cheskis 等人发现 CRD 测量火焰的温度具有很好的线性关系，但测量的 OH 浓度要比 GRI – 2.11 模型预测结果低 2 倍，表明 CRD 测量有系统误差。他们还发现，在火焰面与周围空气之间的预热区域能级 $v = 1$ 的布居数比热平衡状态下要高 20 倍。因此，Mercier 等人[45]认为预热区域对紫外光的背景吸收有可能是 UV – CRD 技术的问题。Desgroux 等人[45]基于 CRD 方法测量了常压预混和扩散火焰的 OH 浓度和温度,其测量结果与采用直接吸收法和 LIF 技术的测量结果能够很好地吻合。

4.4.3　CN

CN 的 $B^2\sum^+$—$X^2\sum^+$ 吸收带在 388nm 附近,这与 CH 的 $B^2\sum^-$—$X^2\prod$ 带的转动吸收波长重叠。图 4.8 为 Luque 等人测量的 2Torr 压强下甲烷/空气火焰中 CRD 的激发光谱[10],其中上图为火焰中 CN 含量很少时的激发光谱,对应的 CN 浓度为 $10^9 cm^{-3}$;下图为向合成空气中氮气添加 1% 的 NO 后的火焰激发光谱(用于研究再燃化学),对应的 CN 浓度增加到 $10^{11} cm^{-3}$。CRD 对 CN 的探测限为 $10^8 cm^{-3}$,在相同反射镜情况下,比 CH 高 1 个量级。对于相同的腔镜反射率和腔内散射损耗,CRD 技术的探测限由吸收强度决定,CN 的吸收强度比 CH 的高 1 个量级。火焰中固有和再燃 CN 峰值浓度及结构的测量结果与利用 GRI Mech 3.0 模型预测结果能够很好地吻合。Desgroux 等人[11]在低压强甲烷/氧气、甲烷/空气火焰中也观察到了 CN 的分布。尽管 Luque 等人[10]用 LIF 技术在添加 NO 的火焰中探测到了 CN,但两个研究团队均没有通过 LIF 技术测量到火焰固有的 CN。Shin 等人[47]在工业本生灯火焰中用 LIF 技术测量到了火焰固有的 CN。

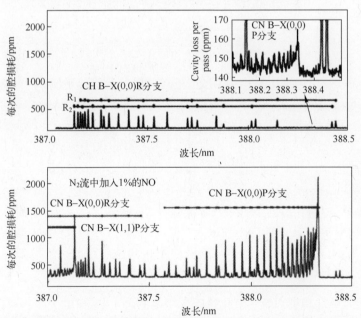

图 4.8　25Torr 压强下化学配比为 1 的甲烷/空气火焰 388nm 附近的腔衰荡吸收光谱[10]。
上图:CH 的 B—X(0,0)吸收带,插图为 CN 的 B—X(0,0)吸收带放大图;
下图:相同火焰下添加 1% 的 NO 后的谱线结构,CN 的浓度提高约 100 倍(Elsevier Science 提供)

4.4.4 $^1CH_2$

单重态亚甲基是燃烧反应中非常独特的中间产物,它能很容易地插入 C – C 键,所以对研究分子生长过程特别重要,但已证明在火焰中$^1CH_2$很难探测。这是由于$^1CH_2$单重态与三重态之间的能级间隔仅有 $3900cm^{-1}$,而单重态的第一激发态与三重态基态之间的能级间隔为 $14000cm^{-1}$,所以$^1CH_2$激发态上的粒子很容易猝灭至基态的单重态或三重态,使得 LIF 测量十分困难。目前,仅有 Crosley 等人[48]在 5Torr 压强的火焰中观察到了$^1CH_2$荧光信号,他们认为用 LIF 技术探测更高压强下的$^1CH_2$根本不可行。$^1CH_2$也很难用质谱的方法进行测量,这是由于它与三重态亚甲基($^3CH_2$)的分子量相同,且它们之间的电离能仅差 0.5eV。幸运的是,$^1CH_2$拥有很强的吸收线,图 4.9 为低压强 $CH_4/O_2/Ar$ 火焰中 620nm 附近的 CRD 光谱[15]。虽然$^1CH_2$在整个可见波段均有吸收线,但通常采用 620nm 附近的吸收线进行测量,这是因为 DCM 染料激光器输出波长在 620nm 左右,且自由基 HCO 吸收线也在该波长附近。Cheskis 等人[26]基于 620nm 先后采用 ICLAS 方法和 CRD 方法在相同实验条件下实现了相关吸收线的吸收截面测量,Moore 等人[50]在相同波长下实现了分子束中$^1CH_2$吸收截面绝对值的测量。

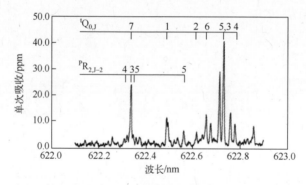

图 4.9 31Torr、$\Phi = 1.2$、$CH_4/O_2/Air$ 火焰中$^1CH_2(0,13,0) - (0,0,0)$吸收带在 620nm 附近的吸收线,图中未标注的谱线可能也是单重态亚甲基吸收线[15](Elsevier Science 提供)

4.4.5 HCO

HCO 是甲烷和类似燃料氧化过程中主要的自由基,研究表明它可以很好地标识燃烧放热过程[51]。LIF 技术可用于 HCO 测量,但与其他组分的 LIF 测量一样,尤其是多原子自由基的测量,获得定量的结果比较困难[52]。HCO 在 615nm 附近存在非常便于测量的吸收线,这是由于该波长位于 DCM 染料输出范围内,且与前面讨论的单重态亚甲基吸收线相近。图 4.10 为 HCO $A-X(09^00-00^00)$ 吸收带的吸收线。更重要的是,Moore 等人采用窄线宽的环状激光器精确测量了 HCO 在 615nm 附近 Q(9) 吸收线的吸收截面[53]。Cheskis 在低压强甲烷火焰中用 ICLAS 方法测量了 HCO 相关吸收线[24],随后 Scherer 和 Rakestraw 首次采用 CRD 方法实现了 HCO 的测量[18]。自此以后,Mcllroy 用 HCO 的 CRD 方法研究了甲烷火焰的富燃化学特性。图 4.11 为采用 CRD 方法测量的 HCO 绝对浓度随燃烧炉高度的变化曲线,图中还给出了与 GRI-2.11 和 Prada-Miller 两种模型计算的对比结果[54]。

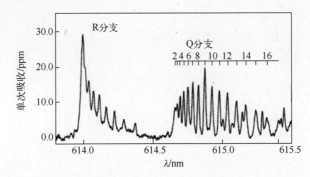

图 4.10　31Torr、$\varPhi=1$、$CH_4/O_2/Ar$ 火焰中 HCO 在 $A-X(09^00-00^00)$ 吸收带的部分吸收线[38](以色列化学期刊提供)

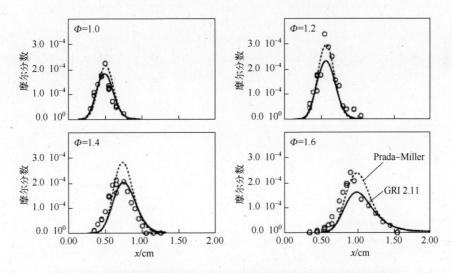

图 4.11　低压强、富燃 $CH_4/O_2/Ar$ 火焰中测量的 HCO 绝对浓度分布,测量结果与两种模型预测结果吻合很好[38](以色列化学期刊提供)

4.4.6 CH₃

CH₃是碳氢燃料燃烧场中重要的中间产物,但用光学方法定量测量 CH₃ 的浓度依然面临挑战。CH₃ 的光学测量方法多是基于 216nm 附近的 Herzberg β(1)谱线带,但是该谱线带具有高的预分离速率,且易受火焰的各种离散和连续的干扰,使得定量测量十分困难。Rakestraw 等人采用单模的 OPO、OPA 激光器开展了 CH₃ 在 3μm 附近的 CRD 测量方法研究[16,55,56],并发现 3μm 附近存在很多燃烧组分的吸收线。但是,火焰中水或其他稳定碳氢组分的干扰限制了 CH₃ 谱线的探测数量。目前,在低压强富燃甲烷/空气火焰中已实现 CH₃ 浓度的定量测量[16]。图 4.12 为其展示的火焰中 3μm 附近拥挤的碳氢组分吸收谱线,在化学配比为 1 的情况下其测量结果与 GRI − 2.11 模型计算结果吻合很好,但富燃情况下仍有偏差。这也是目前唯一采用红外 CRD 开展的燃烧诊断研究。

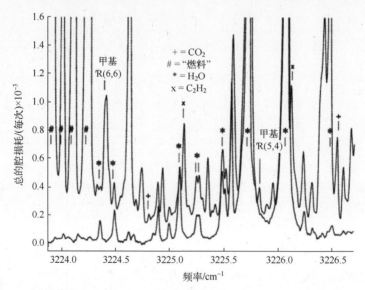

图 4.12　37.5Torr 压强下 $CH_4/O_2/N_2$(上面的曲线)和 $H_2/O_2/N_2$(下面的曲线)火焰中测量的高分辨红外腔衰荡光谱,两条光谱曲线均能够分辨出燃料(C_2H_2)、中间产物(CH_3)和燃烧产物(H_2O,CO_2)[16](美国物理学会提供)

4.4.7 NH

NH(A − X)波段的吸收线与 CH(C − X)波段相重叠,所以二者可使用相同的 CRD 测量系统。Cheskis 等人采用 333nm 附近的 CRD 方法在添加 N_2O 的低压强甲烷/空气火焰中对 NH 进行了探测,他们选择分离的 $R_1(6)$线用于定量测量,并利用 Garland 和 Crosley 测量的荧光寿命[57]推算出其吸收截面。虽然 NH 可通过 LIF 技术探测,但 CRD 方法具有数据反演简单、测量精度更高的优势。Cheskis 等人基于 CRD 测量的 NH 绝对摩尔分数值与 GRI - 2.11 模型计算结果一致[58,59]。

4.4.8 CH_2O

甲醛是碳氢燃料氧化过程中重要的中间产物,其主要存在于火焰面之前的冷区域,LIF 技术可实现其相对浓度的测量。Shin 等人[47]报道了基于 A - X 波段的甲醛绝对浓度 LIF 测量方法,但是该波段的配分函数对温度非常敏感,所以易受火焰温度变化的影响。Klein - Douwel 等人[60]使用热带 $v_4 = 1$ 的谱线实现了甲醛相对浓度的 LIF 测量,由于该谱线的玻耳兹曼因子在 $800K < T < 1500K$ 温度范围内仅变化 2,所以可降低 LIF 信号对温度的依赖。Luque 等人[17]使用 CRD 标定 PLIF 的方法实现了低压强甲烷/空气火焰中甲醛浓度的测量,其测量结果在 GRI - 3.0 模型预测误差范围之内。甲醛的测量限在 $1000K$ 时约为 $10^{13} cm^{-3}$,导致该测量限的原因主要有:①甲醛的玻耳兹曼分数仅为 0.1%,而 CH 或 CN 的玻耳兹曼分数可达到 10%;②甲醛的谱线强度仅为 10^{-5},而 CN 的 B—X(0 - 0)P 分支谱线强度达到 0.015。

4.4.9 H_2O

CRD 技术的高灵敏度特性可用于测量火焰中一些吸收弱的稳定组分。诸如 CH_4、H_2O 等组分很难通过其他光学方法进行探测,这是由于这些组分在激光器相对成熟的紫外和可见波段没有可用于 LIF 测量的电子带跃迁,而红外波段的振动态跃迁却没有合适的成熟激光器。Xie 等人[61]采用单模 OPO/OPA 激光器作为激励光源(也可使用染料激光器)实现了 H_2O 在 816nm 附近 4 量子泛频带的 CRD 测量,对 Meker 灯甲烷火焰和丙烷/空气喷灯火焰中 H_2O 浓度进行了高灵敏度测量。Xie 等人的 CRD 方法还可同时实现火焰的温度和 H_2O 浓度的测量,为了避免空气中的水气对测量的干扰,他们对火焰外的光路进行了净化。

4.5 未来发展趋势

目前,燃烧相关的腔衰荡光谱研究几乎都是采用最简单的 CRD 方法,即采用可见或紫外的脉冲激光和非稳腔结构。尽管这种组合方法可用于很多组分的测量,但其他相关的 CRD 方法在燃烧诊断中可能具有潜在的优势。本节主要探讨一些可能在燃烧诊断中获得应用的 CRD 测量方法。

4.5.1 红外 CRD 技术

几乎所有组分在红外波段均有吸收线,使得红外 CRD 技术在未来工作中倍受关注。由于振动态的荧光寿命长,所以红外波段通常基于吸收的方法进行探测。红外 OPO 激光器和量子级联激光器的发展将会在 CRD 技术中获得新的应用。然而,至今仅有一篇文献采用 IR – CRD 方法开展火焰研究[16]。火焰中高灵敏度的 IR – CRD 探测方法并不容易实现,如图 4.12 所示,复杂的众多吸收谱线需要更先进的高温红外吸收光谱技术。碳氢组分在 $3\mu m$ 附近几乎均有强的吸收线,这是优点同时也是缺点,因为不同组分吸收线之间会有干扰。IR – CRD 技术要获得普遍应用还需要克服一些技术上的难点,例如需要更容易加工制作的高质量红外反射镜。目前,已制造出波长至 $8\mu m$,$R > 99.9\%$ 的反射镜,但制作成本高昂且并不能制作出任意波段的红外反射镜。

4.5.2 连续激光 CRD

虽然 CRD 技术在燃烧诊断应用中通常采用脉冲激光,但是基于连续激光的 CRD 测量方法也在快速发展[62-71]。对于很多燃烧应用来说,连续监测是个非常大的优势,这是由于火焰本身就是连续的。脉冲激光的数据采集率非常低,对于重频为 10Hz 的脉冲激光来说,若每个脉冲在腔内的衰减时间为 $10\mu s$,则激光对火焰的探测时间占火焰燃烧持续时间不到 0.1%。由于连续激光的线宽通常也非常窄,CRD 测量中需要细致考虑激光频率与谐振腔共振频率之间的关系。目前,主要有三种方法实现连续激光与谐振腔之间的模式匹配:第一种方法是将谐振腔的共振频率与激光频率锁定,以便实现二者的同步扫描。这种方法的测量灵敏度对于静态气体样品可达到散射噪声极限[64],但实现这种方法的技术难度也是最大的。第二种方法是 Meijer 等人[13]使用的相干 CRD 方法,即采用一个微型谐振腔和小束斑并使激光同时激发谐振腔的多个横模来克服腔的"梳状"频率滤波,这种方法的缺点是破坏了横向分辨率。第三种方法,即 Simpson 等人[72]采用一个随机起伏的谐振腔,当腔的频率与入射激光频率共振时,腔便输出足够的激光能量并被采集。这种方法最易实现,但不能产生最大的采样周期。

4.5.3 多谱线测量技术

传统的 CRD 测量每次仅探测一条吸收线的衰减过程,所以至少需要两个激光波长才能实现探测组分的定量测量(一个激光波长与吸收线共振,另一个激光波长处于吸收线之外以便探测背景吸收)。为了实现多个组分的测量,传统 CRD 方法需要扫描激光波长,所以无法实现多个组分的同时测量。Scherer 等人[73]提出的衰荡光谱照相(Ringdown Spectral Photography,RSP)技术可以克服传统 CRD 方法的不足。RSP 技术利用宽带激光(如自由模式激光)作为激光源,透过谐振腔的激光经过旋转反射镜和光栅后变成二维分布,并采用二维探测器阵列来监测激光经过谐振腔后的衰减过程。二维探测器阵列与旋转反射镜对应的维度测量的是光强随时间变化情况,与光栅对应的维度测量的是光强随波长变化情况。RSP 技术可以实现多个组分的同时测量,其在燃烧诊断领域具有重要的应用前景。

4.5.4 其他 CRD 方法

CRD 技术的最大缺点是其不是真正的差分吸收测量。为了实现定量测量,CRD 测量过程中需要单独测量谐振腔的背景吸收基线,因而不能消除随机抖动噪声对测量的影响,该噪声也无法通过减背景噪声来剔除。在燃烧应用中,诸如 CRD 的吸收测量方法的噪声主要来源于燃烧场中颗粒物的散射和温度梯度变化对激光产生的扰动,这两个方面对 CRD 光谱的所有波长的影响是一致的。在真正的差分吸收测量中,背景信号和共振吸收信号可以被同时监测,所以颗粒物散射和光线扰动等噪声可以被精确剔除。Hall 等人[74] 提出了具有差分吸收特点、并且灵敏度可与 CRD 相比拟甚至高于 CRD 的技术,即减噪声、腔增强、光学外差分子光谱技术(Noise Immune, Cavity Enhanced, Optical Heterodyne Molecular Spectroscopy, NICE – OHMS)。NICE – OHMS 技术采用连续激光作为激光源,然后将激光耦合入含有探测样品的高精度谐振腔中,并在测量过程中调制激光的频率。由于频率调制,入射激光在中心频率两侧分别产生频率为 $\omega \pm \Omega$(ω 为激光频率,Ω 为调制频率)的旁瓣,这两个旁瓣分别对应谐振腔 $\pm n$ 的两个纵模。通过选择合适的实验参数,便可利用两个旁瓣实现真正的差分吸收测量,其测量灵敏度可达到散射噪声极限。

4.5.3 节中的多谱线测量技术可对多个波长同时探测,所以也能实现差分吸收测量。

4.6 结　　论

CRD 是分子选择的测量技术,其测量灵敏度相当于甚至超过 LIF 技术,这两种技术均可实现低压强火焰中间化学产物的测量,在低压强火焰中,燃烧化学与输运相互作用小。CRD 与 LIF 是互补的测量技术:LIF 技术提供组分浓度空间相对分布情况,而 CRD 的定量吸收测量可将其转换成绝对分布。所以,LIF 与 CRD 联合探测方法是验证燃烧化学模型的重要分析工具。

CRD 信号虽然容易探测,但并不容易实现组分浓度的定量测量。首先,CRD 技术的空间分辨率取决于谐振腔的设计和有多少激光耦合到谐振腔横模里;其次,吸收组分的能级分布情况需要单独测量气体的温度信息;最后,腔的衰减时间受激光的线宽影响非常大,且对不同的吸收强度其影响程度不同。以上三个因素若没有被充分考虑,实验人员将会得到错误的测量结果。

CRD 技术的最大优势是其具有定量测量那些不能产生荧光的组分或谱线的潜质,一旦有合适的激光源和完善的红外光谱数据库,就非常适合采用 CRD 测量处于红外波段的长寿命的振动能级跃迁。对于大多数的小分子组分,可以利用近红外波段的泛频跃迁。为光通信领域而研发的近红外激光就可提供窄线宽、可调谐输出的激光,而且有 HITRAN 数据库为定量光谱学提供大量的谱线参数。

致　　谢

A. McIlroy 感谢美国能源部基础能源科学办公室的化学科学、地球科学与生物科学部门的基金支持。J. Jeffries 感谢美国空军科学研究办公室和美国海军研究办公室的基金支持。

参 考 文 献

[1]　O'Keefe A,Deacon D A G. Cavity Ring – Down Optical Spectrometer for Absorption Measurements Using Pulsed Laser Sources. Rev. Sci. Instrum. ,vol. 59. pp. 2544 – 2551,1988.

[2]　Scherer J J,Paul J B,O'Keefe A,et al. Cavity Ringdown Laser Absorption Spectroscopy:History,Development,and Application to Pulsed Molecular Beams. Chem. Rev. ,vol. 97,pp. 25 – 51,1997.

[3]　Wheeler M D,Newman S M,Orr – Ewing A J,et al. Cavity Ring – Down Spectroscopy. J. Chem. Soc. ,FaradayTrans. ,vol. 94,pp. 337 – 351,1998.

[4]　Busch K W,Busch M A,eds. Cavity – Ringdown Spectroscopy:An Ultra trace – Absorption Measurement Technique. Washington DC:AmericanChemical Society,1999.

[5]　Berden G,Peeters R,Meijer G. Cavity Ring – Down Spectroscopy:Experimental Schemes and Applications. Int. Rev. Phys. Chem. ,vol. 19,pp. 565 – 607,2000.

[6]　Vander Wal R L,Ticich T M. Cavity Ringdown and Laser – Induced Incandescence Measurements of Soot. Appl. Optics,vol. 38,pp. 1444 – 1451,1999.

[7]　Derzy I,Lozovsky V A,Cheskis S. Absolute CH Concentration in Flames Measured by Cavity Ring – Down Spectroscopy. Chem. Phys. Lett. ,vol. 306,pp. 319 – 324,1999.

[8]　Mercier X,Jamette P,Pauwels J F,et al. Absolute CH Concentration Measurements by Cavity Ring – Down Spectroscopy in an Atmospheric Diffusion Flame. Chem. Phys. Lett. ,vol. 305,pp. 334 – 342,1999.

[9]　Thoman Jr. J W,McIlroy A. Absolute CH Radical Concentrations in Rich Low – Pressure Methane – Oxygen – Argon Flames via Cavity Ringdown Spectroscopy of the $A^2\Delta – X^2\prod$ Tran-

sition. J. Phys. Chem. A , vol. 104 , pp. 4953 – 4961 ,2000.

[10] Luque J , Jeffries J B , Smith G P , et al. Combined Cavity Ringdown Absorption and Laser – Induced Fluorescence Imaging Measurements of CN(B – X) and CH(B – X) in Low Pressure $CH_4 – O_2 – N_2$, and $CH_4 – NO – O_2 – N_2$ Flames. Combust. Flame , vol. 126 , pp. 1725 – 1735 ,2001.

[11] Mercier X , Therssen E , Pauwels J F , et al. Quantitative Features and Sensitivity of Cavity Ring – Down Measurements of Species Concentrations in Flames. Combust. Flame , vol. 125 , pp. 656 – 667 ,2001.

[12] Evertsen R , Stolk R L , ter Meulen J J. Investigations of Cavity Ring Down Spectroscopy Applied to the Detection of CH in Atmospheric Flames. Combust. Sci. Technol. , vol. 149 , pp. 19 – 34 ,1999.

[13] Meijer G , Boogaarts M G H , Jongma R T , et al. Coherent Cavity Ring Down Spectroscopy. Chem. Phys. Lett. , vol. 217 , pp. 112 – 116 ,1994.

[14] Lozovsky V A , Derzy I , Cheskis S. Nonequilibrium Concentrations of the Vibrationally Excited OH Radical in a Methane Flame Measured by Cavity Ring – Down Spectroscopy. Chem. Phys. Lett. , vol. 284 , pp. 407 – 411 ,1998.

[15] McIlroy A. Direct Measurement of $^1CH_2$ in Flames by Cavity Ringdown Laser Absorption Spectroscopy. Chem. Phys. Lett. , vol. 296 , pp. 151 – 158 ,1998.

[16] Scherer J J , Aniolek K W , Cernansky N P , et al. Determination of Methyl Radical Concentrations in a Methane/Air Flame by Infrared Cavity Ringdown Laser Absorption Spectroscopy. J. Chem. Phys. , vol. 107 , pp. 6196 – 6203 ,1997.

[17] Luque J , Jeffries J B , Smith G P , et al. Quasi – Simultaneous Detection of CH_2O and CH by Cavity Ring – Down Absorption and LaserInduced Fluorescence in a Methane/Air Low Pressure Flame. Appl. Phys. B , vol. 73 , pp. 731 – 738 ,2001.

[18] Scherer J J , Rakestraw D J. Cavity Ringdown Laser Absorption Spectroscopy Detection of Formyl (HCO) Radical in a Low Pressure Flame. Chem. Phys. Lett. , vol. 265 , pp. 169 – 176 ,1997.

[19] Goldsmith J E M. Photochemical Effects in 205 – nm , Two – Photon – Excited Fluorescence Detection of Atomic Hydrogen in Flames. Optics Lett. , vol. 11 , pp. 416 – 418 ,1986.

[20] Goldsmith J E M. Photochemical Effects in 243 – nm Two – Photon Excitation of Atomic Hydrogen in Flames. Appl. Optics , vol. 28 , pp. 1206 – 1213 ,1989.

[21] Kohse – Höinghaus K. Laser Techniques for the Quantitative Detection of Reactive Intermediates in Combustion Systems. Prog. Energy Combust. Sci. , vol. 20 , pp. 203 – 279 ,1994.

[22] Hall G E , North S W. Transient Laser Frequency Modulation Spectroscopy. Annu. Rev. Phys. Chem. , vol. 51 , pp. 243 – 274 ,2000.

[23] Cheskis S , Kovalenko S A. Detection of Atomic Oxygen in Flames by Absorption Spectroscopy. Appl. Phys. B , vol. 59 , pp. 543 – 546 ,1994.

[24] Cheskis S. Intracavity Laser Absorption Spectroscopy Detection of HCO Radicals in Atmos-

pheric Pressure Hydrocarbon Flames. J. Chem. Phys. ,vol. 102 ,pp. 1851 – 1854 ,1995.

[25] Lozovsky V A, Cheskis S, Kachanov A, et al. Absolute HCO Concentration Measurements in Methane/Air Flame Using Intracavity Laser Spectroscopy. J. Chem. Phys. , vol. 106 , pp. 8384 – 8391 ,1997.

[26] Cheskis S, Derzy I, Lozovsky V A, et al. Intracavity Laser Absorption Spectroscopy Detection of Singlet CH_2 Radicals in Hydrocarbon Flames. Chem. Phys. Lett. , vol. 277 , pp. 423 – 429 ,1997.

[27] Cheskis S. Quantitative Measurements of Absolute Concentrations of Intermediate Species in Flames. Prog. Energy Combust. Sci. , vol. 25 , pp. 233 – 252 ,1999.

[28] Lozovsky V A, Cheskis S. Intracavity Laser Absorption Spectroscopy Study of HNO in Hydrocarbon Flames Doped with N_2O. Chem. Phys. Lett. , vol. 332 , pp. 508 – 514 ,2000.

[29] Stolk R L, ter Meulen J J. Laser Diagnostics of CH in a Diamond Depositing Flame. Diamond Relat. Mater. , vol. 8 , pp. 1251 – 1255 ,1999.

[30] Siegman A E. Lasers. Sausalito: University Science Books ,1986.

[31] Demtröder W. Laser Spectroscopy: Basic Concepts and Instrumentation, 2nd enlarged Ed. Berlin: Springer – Verlag ,1996.

[32] Lehmann K K, Romanini D. The Superposition Principle and Cavity Ring – Down Spectroscopy. J. Chem. Phys. , vol. 105 , pp. 10263 – 10277 ,1996.

[33] Zalicki P, Zare R N. Cavity Ring – Down Spectroscopy for Quantitative Absorption Measurements. J. Chem. Phys. , vol. 102 , pp. 2708 – 2717 ,1995.

[34] Hodges J T, Looney J P, van Zee R D. Laser Bandwidth Effects in Quantitative Cavity Ring – Down Spectroscopy. Appl. Optics , vol. 35 , pp. 4112 – 4116 ,1996.

[35] Jongma R T, Boogaarts M G H, Holleman I, et al. Trace Gas Detection with Cavity Ring Down Spectroscopy. Rev. Sci. Instrum. , vol. 66 , pp. 2821 – 2828 ,1995.

[36] Yalin A, Zare R N. Effect of Laser Lineshape on the Quantitative Analysis of Cavity Ring – Down Signals. Laser Phys. ,2002 , in press.

[37] Hodges J T, Looney J P, van Zee R D. Response of a Ring – Down Cavity to an Arbitrary Excitation. J. Chem. Phys. , vol. 105 , pp. 10278 – 10288 ,1996.

[38] McIlroy A. Laser Studies of Small Radicals in Rich Methane Flames: OH, HCO, and[1] CH_2. Isr. J. Chem. , vol. 39 , pp. 55 – 62 ,1999.

[39] Luque J, Jeffries J B, Smith G P, et al. Simultaneous Cavity Ring – Down Absorption Spectroscopy and Laser Induced Fluorescence for Spatially Resolved Quantitative Measurements of Trace Gases. to be published.

[40] Luque J, Crosley D R. Absolute CH Concentrations in Low – Pressure Flames Measured with Laser – Induced Fluorescence. Appl. Phys. B , vol. 63 , pp. 91 – 98 ,1996.

[41] Klein – Douwel R J H, Jeffries J B. Luque J, et al. CH and Formaldehyde Structures in Partially – Premixed Methane/Air Coflow Flames. Combust. Sci. Technol. , vol. 167 , pp. 291 – 310 ,2001.

[42] Berg P A, Hill D A, Noble A R, et al. Absolute CH Concentration Measurements in Low – Pressure Methane Flames: Comparisons with Model Results. Combust. Flame, vol. 121, pp. 223 – 235, 2000.

[43] Doerk T, Hertl M, Pfelzer B, et al. Resonance Enhanced Coherent Anti – Stokes Raman Scattering and Laser Induced Fluorescence Applied to CH Radicals: A Comparative Study. Appl. Phys. B. , vol. 64, pp. 111 – 118, 1997.

[44] Spaanjaars J J L, ter Meulen J J, Meijer G. Relative Predissociation Rates of OH ($A^2 \sum{}^+$, v' = 3) from Combined Cavity Ring Down: Laser Induced Fluorescence Measurements. J. Chem. Phys. , vol. 107, pp. 2242 – 2248, 1997.

[45] Mercier X, Therssen E, Pauwels J F, et al. Cavity Ring Down Measurements of OH Radical in Atmospheric Premixed and Diffusion Flames. A Comparison with Laser – Induced Fluorescence and Direct Laser Absorption. Chem. Phys. Lett. , vol. 299, pp. 75 – 83, 1999.

[46] Cheskis S, Derzy I, Lozovsky V A, et al. Cavity Ring – Down Spectroscopy of OH Radicals in Low Pressure Flame. Appl. Phys. B, vol. 66, pp. 377 – 381. 1998.

[47] Shin D I, Peiter G, Dreier T, et al. Spatially Resolved Measurements of CN, CH, NH and H_2CO Concentration Profiles in a Domestic Gas Boiler. Proc. Combust. Inst. , vol. 28, pp. 319 – 325, 2000.

[48] Sappey A D, Crosley D R, Copeland R A. Laser – Induced Fluorescence Detection of Singlet CH_2 in Low – Pressure Methane Oxygen Flames. Appl. Phys. B, vol. 50, pp. 463 – 472, 1990.

[49] Derzy I, Lozovsky V A, Cheskis S. Absorption Cross – Sections and Absolute Concentration of Singlet Methylene in Methane/Air Flames. Chem. Phys. Lett. , vol. 313, pp. 121 – 128, 1999.

[50] Garcia – Moreno I, Moore C B. Spectroscopy of Methylene: Einstein Coefficients for CH_2 ($b^{\sim 1}B_1 - a^{\sim 1}A_1$) Transitions. J. Chem. Phys. , vol. 99, pp. 6429 – 6435, 1993.

[51] Najm H N, Knio O M, Paul P H, et al. A Study of Flame Observables in Premixed Methane – Air Flames. Combust. Sci. Technol. , vol. 140, pp. 369 – 403, 1998.

[52] Diau E W – G, Smith G P, Jeffries J B, et al. HCO Concentration in Flames via Quantitative Laser – Induced Fluorescence. Proc. Combust. Inst. , vol. 27, pp. 453 – 460, 1998.

[53] Langford A O, Moore C B. Reaction and Relaxation of Vibrationally Excited Formyl Radicals. J. Chem. Phys. , vol. 80, pp. 4204 – 4210, 1984.

[54] Prada L, Miller J A. Reburning Using Several Hydrocarbon Fuels: A Kinetic Modeling Study. Combust. Sci. Technol. , vol. 132, pp. 225 – 250, 1998.

[55] Scherer J J, Voelkel D, Rakestraw D J, et al. Infrared Cavity Ringdown Laser Absorption Spectroscopy (IR – CRLAS). Chem. Phys. Lett. , vol. 245, pp. 273 – 280, 1995.

[56] Scherer J J, Voelkel D, Rakestraw D J. Infrared Cavity Ringdown Laser Absorption Spectroscopy (IR – CRLAS) in Low Pressure Flames. Appl. Phys. B, vol. 64, pp. 699 – 705, 1997.

[57] Garland N L, Crosley D R. Rotational Level Dependent Quenching of the $A^3 \prod_i$; $v' = 0$ State of NH. J. Chem. Phys. , vol. 90, pp. 3566 – 3573, 1989.

[58] Derzy I,Lozovsky V A,Cheskis S. CH,NH,and NH_2,Concentration Profiles in Methane/Air Flames Doped with N_2O. Israel J. Chem. ,vol. 39,pp. 49 – 54,1999.

[59] Derzy I,Lozovsky V A,Ditzian N,et al. Absorption Spectroscopy Measurements of NH and NH_2; Absolute Concentrations in MethaneiAir Flames Doped with N_2O. Proc. Combust. Inst. ,vol. 28,pp. 1741 – 1748,2000.

[60] Klein – Douwel R J H,Luque J,Jeffries J B,et al. Laser – Induced Fluorescence of Formaldehyde Hot Bands in Flames. Appl. Optics,vol. 39,pp. 3712 – 3715,2000.

[61] Xie J,Paldus B A,Wahl E H,et al. Near – Infrared Cavity Ringdown Spectroscopy of Water Vapor in an Atmospheric Flame. Chem. Phys. Lett. ,vol. 284. pp. 387 – 395,1998.

[62] Paldus B A,Harb C C,Spence T G,et al. Cavity Ringdown Spectroscopy Using Mid – Infrared Quantum – Cascade Lasers. Optics Lett. ,vol. 25,pp. 666 – 668,2000.

[63] Paldus B A,Harris Jr. J S,Martin J,et al. Laser Diode Cavity Ring – Down Spectroscopy Using Acousto – Optic Modulator Stabilization. J. Appl. Phys. , vol. 82, pp. 3199 – 3204,1997.

[64] Paldus B A,Harb C C,Spence T G,et al. Cavity – Locked Ring – Down Spectroscopy. J. Appl. Phys. ,vol. 83,pp. 3991 – 3997,1998.

[65] Romanini D,Kachanov A A,Stoeckel F. Diode Laser Cavity Ring Down Spectroscopy. Chem. Phys. Lett. ,vol. 270,pp. 538 – 545,1997.

[66] Romanini D,Kachanov A A,Sadeghi N. et al. CW Cavity Ring Down Spectroscopy. Chem. Phys. Lett. ,vol. 264,pp. 316 – 322,1997.

[67] Romanini D,Dupré P,Jost R. Non – Linear Effects By Continuous Wave Cavity Ringdown Spectroscopy in Jet – Cooled NO_2. Vib. Spectrosc. ,vol. 19,pp. 93 – 106,1999.

[68] Engeln R,von Helden G,Berden G. et al. Phase Shift Cavity Ring Down Absorption Spectroscopy. Chem. Phys. Lett. ,vol. 262,pp. 105 – 109,1996.

[69] He Y B,Orr B J. Ringdown and Cavity – Enhanced Absorption Spectroscopy Using a Continuous – Wave Tunable Diode Laser and a Rapidly Swept Optical Cavity. Chem. Phys. Lett. , vol. 319,pp. 131 – 137,2000.

[70] Hahn J W,Yoo Y S,Lee J Y,et al. Cavity Ringdown Spectroscopy with a Continuous – Wave Laser:Calculation of Coupling Efficiency and a New Spectrometer Design. Appl. Optics, vol. 38,pp. 1859 – 1866,1999.

[71] O' Keefe A,Scherer J J,Paul J B. cw Integrated Cavity Output Spectroscopy. Chem. Phys. Lett. ,vol. 307,pp. 343 – 349,1999.

[72] Schulz K J,Simpson W R. Frequency – Matched Cavity Ring – Down Spectroscopy. Chem. Phys. Lett. ,vol. 297,pp. 523 – 529,1998.

[73] Scherer J J. Ringdown Spectral Photography. Chem. Phys. Lett. ,vol. 292,pp. 143 – 153,1998.

[74] Ye J,Ma L – S,Hall J L. Ultrasensitive Detections in Atomic and Molecular Physics:Demonstration in Molecular Overtone Spectroscopy. J. Opt. Soc. Am. B,vol. 15,pp. 6 – 15,1998.

第5章 短脉冲技术:皮秒荧光、能级转移、"无猝灭"测量

Andreas Brockhinke, Mark A. Linne

5.1 引 言

激光诱导荧光(Laser Induced Fluorescence, LIF)技术是定量测量微量组分浓度最常用的方法。LIF 技术通常采用窄线宽激光将分子或原子激发至高能级,然后沿某个角度采集与入射激光有一定频移的荧光信号。LIF 技术具有非接触、多组分测量(可探测燃烧场数十种组分)、高选择性(分子的谱线非常窄)、高测量灵敏度(达 ppb 量级)、高空间分辨率(达 $50\mu m$,可二维测量)的优势,其还可实现时间分辨的单脉冲测量[1]。事实上,*Proceedings of the Combustion Institute* 近几年发表的很大部分文章均是介绍采用 LIF 技术探测高温环境下小分子自由基浓度[2]。

然而,大多数激发态能级寿命比碰撞时间要长得多(常压火焰中的碰撞时间约为 100ps),碰撞会消除一些处于激发态的粒子(该过程称为猝灭),从而降低荧光产生效率。此外,碰撞会频繁地诱导能级转移过程,使得能级的粒子数分布发生改变,进一步导致荧光光谱复杂化。碰撞猝灭主要取决于探测的能级量子数、温度、压强以及碰撞对象(即火焰的化学成分),需在 LIF 定量测量中通过标准火焰进行标定或通过测量火焰成分来计算猝灭修正值。对于湍流场,要求 LIF 技术为瞬时测量,而瞬时条件下猝灭速率的标定和计算极为困难。仅仅最近才通过 Raman/LIF 技术联合测量的方法实现了比 H_2/Air 更为复杂火焰的单脉冲测量[3],但是 Raman/LIF 联合方法目前还没有实现一维或二维测量。此外,碰撞猝灭的修正很大程度上取决于光谱数据库的质量(仅有类似于 OH 的简单组分才有较完善的光谱数据,很多复杂组分如 HCO 几乎没有可用的光谱数据)。

短脉冲光谱技术提供了一个很好的选择:若 LIF 技术的激励激光脉冲时间比典型的碰撞时间短,且使用适当的探测系统,那么就可以降低猝灭对 LIF 技术的影响。如果测量荧光信号的瞬态衰减过程,那么就能实现"无猝灭"的 LIF 测量,且通过这种方法可建立对这些效应量化的数据库。采用短脉冲激光的另外

一个优势是拥有高的激光能量密度,从而更易实现用于原子自由基测量的多光子 LIF 技术。

5.2　基本物理概念

5.2.1　猝灭和能级转移

通常情况下激光诱导荧光主要包含两个过程:首先,探测分子吸收激励激光的一个光子(多光子荧光为几个光子)从基态跃迁至激发态;然后,处于激发态的分子会通过辐射光子的方式弛豫回到基态。该过程主要取决于能级选择定则和分子的结构,由于激发态的分子可跃迁至基态不同的振转能级,导致荧光的波长与激励激光的波长略微不同。对于简单的二能级系统,荧光信号强度 I_{fl} 正比于激发态能级的粒子数密度,即

$$I_{fl} = A_{21} h \nu_{21} \frac{\Omega}{4\pi} V N_2 \tag{5.1}$$

式中,A_{21} 为自发辐射爱因斯坦系数;h 为普朗克常数;ν_{21} 为辐射荧光的频率;Ω 为探测的立体角;V 为被探测的体积。由于大多数激发态能级的寿命在数十纳秒至百纳秒之间,而常压环境下典型的碰撞时间约为 100ps,所以处于激发态的粒子在辐射光子之前会发生很多次的碰撞。而碰撞会导致激发态的粒子以无辐射跃迁的方式返回基态(猝灭),从而大大降低荧光的产生效率。对于大多数与燃烧相关的自由基,即使压强仅为 1bar,猝灭速率也是荧光光子自发辐射速率的 $2 \sim 4$ 倍[4],而在高压强环境下碰撞时间仅为皮秒量级,使得猝灭速率更加占主导地位。

在线性激励的情况下,激发态能级的粒子数为

$$N_2 = N_1^0 \frac{I_\nu}{c} \frac{B_{12}}{A_{21} + Q_{21}} \tag{5.2}$$

从式(5.2)可以看出荧光信号强度正比于下能级的粒子数 N_1(LIF 技术就是通过式(5.2)来确定 N_1 值)和激励激光的照度 I_ν,此外,荧光信号强度还依赖于受激爱因斯坦系数 B_{12} 与猝灭速率 Q_{21}。由于 Q_{21} 取决于碰撞环境、能级选择和温度,所以 LIF 技术测量过程中很难定量确定 Q_{21} 的大小,这也是 LIF 技术存在的主要问题。表 5.1 给出了燃烧场中几种组分的荧光寿命及其随气体成分的改变,可以看出仅是碰撞环境的改变就使得荧光寿命变化达 30%。对于某些成分已知的稳态火焰和 OH 这样的被详细研究的自由基,Q_{21} 可通过计算获得,但这种方法并不适用于湍流火焰和一些不常见的自由基。

表5.1　常压火焰中几种与燃烧化学相关组分的荧光寿命及其随气体成分变化

组　分	火　焰	寿命/ns	参考文献
OH,$A^2\sum(v=1)$	预混乙烯/空气, $\Phi=0.92$ $\Phi=1.63$(火焰中心) $\Phi=1.63$(火焰边缘)	3.2 2.7 3.0	[5]
OH,$A^2\sum(v=0)$	CH_4扩散火焰, $h=3mm$ $h=4.2mm$	2.0 1.5	[6]
OH,$A^2\sum(v=1)$	H_2/空气扩散火焰	1.3~1.7	[7]
CH,$A^2\Delta$	$CH_4/H_2/N_2$扩散火焰	1.88~2.37	[8]
NO,$A^2\sum(v=0)$	预混 CH_4/N_2O,$\Phi=0.4$ 预混 CH_4/空气,$\Phi=1.92$	1.9 ± 0.6 1.5 ± 0.2	[9]
$H(n=4)$	H_2/空气扩散火焰	0.062	[7]

图5.1为荧光过程能级示意图,粒子吸收一个激励激光的光子从基态跃迁至激发态,然后激发态的粒子通过辐射荧光或猝灭的方式跃迁回基态的不同振转能级上。某些分子中,额外的损失通道(如预解离和光解离)可能会起作用。大多数情况下,这些作用仅会导致"有效"猝灭常数 Q 的略微增大。但是,如果定量分析 LIF 信号的话,猝灭并不是影响荧光信号的唯一因素。激发态上不同振转能级的粒子数也会因转动能级转移(Rotational Energy Transfer,RET)和振动能级转移(Vibrational Energy Transfer,VET)而改变。图5.2给出了一个实例。图中虚线为无碰撞环境下模拟的 OH 的 A－X 带 $P_2(11)$ 线荧光光谱,可以看出直接从激励能级上发出的 P、Q、R 线在荧光光谱中占优势。而在常压火焰环境下,能级转移过程会占据更多的能级,使得荧光光谱更为复杂,如图5.2实线所

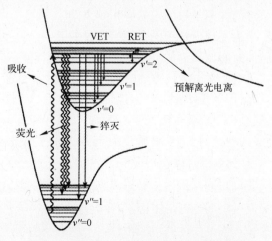

图5.1　自由基 OH 的能级转移过程示意图

示,其中多出来的谱线很大一部分来源于 RET。由于自发辐射爱因斯坦系数和猝灭速率取决于具体的量子态,而荧光信号的探测效率与荧光波长有关,在大多数 LIF 实验中,即使是波长积分的荧光探测也会受能级转移的影响。

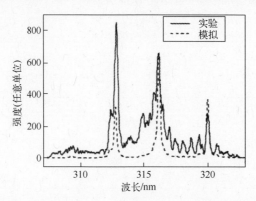

图 5.2 典型的 OH A – X(1 – 0) P₂(11)线荧光谱(实线)及其与模拟结果(虚线)对比,实验谱中额外的谱线是由能级转移过程产生的

有几种方法可以实现无猝灭的 LIF 测量。第一种方法是激光诱导预分离荧光技术(LIPF),即激励激光将粒子激发至一个预分离态。若能级的预分离速率 P 远大于碰撞猝灭速率 Q,那么产生的荧光信号几乎不受碰撞猝灭的影响[10]。另一种方法是饱和荧光技术(Saturated LIF),即激励激光的能量非常强,那么荧光信号的强度将与碰撞猝灭和激光强度无关。然而,这两种方法受基态能级的能级转移影响非常大,所以也不易实现定量测量[11,12]。理论模拟和实验表明,大部分分子在与 LIPF 所用的强激光光场作用过程中,其量子态会改变[13]。此外,即使使用高功率激光,达到完全饱和也是不可能的,激光脉冲在时间和空间边缘上的不饱和状态使探测信号的定量分析很复杂。

短脉冲光谱技术为实现无猝灭的 LIF 测量提供了一个很好的选择:如果 LIF 技术的激励激光脉冲时间比典型的分子间碰撞时间短,且使用适当的探测系统,那么就可以降低猝灭效应对 LIF 技术的影响。当脉宽为 τ 的激光脉冲与探测分子相互作用后,$N_2^0(\tau)$ 个分子被激发到上能态(具体数目与爱因斯坦系数 B_{12}、初始基态能级的粒子数 N_0 以及激光辐照度 I_ν 有关)。短脉冲激光与探测介质作用后,处于激发态能级的粒子数(即荧光强度 I_{fl})随时间的变化关系为

$$N_2(t) = N_2^0(\tau) e^{-(A_{21}+Q_{21})t} \tag{5.3}$$

利用快门时间非常短的相机拍摄初始时刻的荧光强度或通过测量整个荧光信号的衰减过程然后反推 $t = 0$ 时刻的荧光强度,这两种方法获得荧光信号均不受猝灭的影响。本章 5.4 节主要探讨这两种方式的实验测量方法。

Kohse – Höinghaus[1]、Schiffman 及 Chandler[14]的综述性文章以及 Daily 和

Rothe 的最新文章[12]更详细地给出了猝灭和能级转移在 LIF 技术定量测量组分浓度和温度时的作用。

5.2.2　短脉冲

在燃烧诊断领域,短脉冲是指激光脉冲的时间远小于探测分子激发态能级寿命和消相时间。对于常压火焰,短脉冲的时间宽度主要处在 100ps 至数十飞秒之间。通过傅里叶变换,时间波形可转换成光学频谱,如果激光脉冲满足"变换受限",那么激光脉宽与线宽之间的乘积为常数。若激光脉冲的时域波形为双曲线分布,其 $\Delta\tau \cdot \Delta\nu = 0.32$;若激光脉冲的时域波形为高斯分布,其 $\Delta\tau \cdot \Delta\nu = 0.44$[15]。这给燃烧诊断带来了很大限制,这是由于火焰中分子的碰撞时间在 10 ~ 1000ps 量级,由此导致分子的多普勒或碰撞展宽在 1 ~ 10GHz 量级。若激光脉冲的脉宽为 100ps,那么其线宽比分子的谱线宽度窄,保证了光谱分辨率但不能避免碰撞时间对测量的影响。与之相反,若激光脉冲的脉宽比分子的碰撞时间短,那么激光的线宽就会大于谱线的宽度,使用这种脉宽的激光通常不能研究光谱的细节。

短脉冲技术另外一个考虑因素就是激光能量对测量的影响,通常,实验室用的短脉冲激光的脉冲能量在 pJ ~ mJ 之间。对于 fs/mJ 激光,其脉冲的峰值功率在 TW 量级,这种高峰值功率会产生高效的非线性谐波;若采用皮秒激光,由于其峰值功率降低约 1000 倍,所以转换效率也会降低。事实上,飞秒激光的二次谐波($\propto \text{Power}^2$)或三次谐波($\propto \text{Power}^3$)的光谱亮度会更高,尽管其激光线宽也较宽。

5.3　实验设备

5.3.1　激光源

短脉冲激光器系统既可以通过高重频(80 ~ 100MHz)的连续激光产生,也可以通过低重复频率(10Hz ~ 50kHz)的脉冲激光产生。这两种方式的激光平均功率均取决于激光增益介质的饱和光强和损伤阈值。正是因为如此,连续与脉冲的钛宝石激光器的平均功率基本一致(1.5 ~ 2W),这是由于脉冲激光器的重复频率虽然低,但每个激光脉冲拥有更高的能量。

这里的连续激光器系统实际输出的激光是多脉冲的,之所以称为连续激光,是由于其泵浦源(另外一台激光器或灯)是连续的。其脉冲激光产生原理也十分简单,即将连续激光器谐振腔内(受限于基横模)不同纵模进行一定组合便可产生短激光脉冲。常规自由运转激光在介质增益带宽内可以产生 10 ~ 100 个纵模(图5.3),这些纵模的频率间隔为 $c/2L$,其中 c 为真空中光速,$2L$ 为光在谐振腔往返一次的光程[15]。在激光器的输出端,这些纵模的相干叠加产生输出激光。若激光器处于自由运转状态,由于谐振腔的声振动、气流扰动导致折射率变化等因素,使得不同纵模的相位是紊乱的,这些无组织的纵模叠加输出便是连续且紊乱的激光。可通过"锁模"的方式把自由运转激光器中的不同纵模组织起来,使其相干叠加产生脉冲激光[15]。锁模可通过调制损耗(例如在谐振腔内插入一个声光损耗调制器)或调制增益(例如采用锁模激光器作为泵浦源)来实现,使得调制频率 $c/2L$ 与每个纵模混合。则每个纵模在其两侧 $c/2L$ 处产生调制旁瓣,调制旁瓣的频率正好与其邻近的两个纵模频率相等。所以,每个纵模都互为其邻近纵模的种子光,这对于每个纵模是同时发生的,则所有纵模的相位是相同的(即锁模),它们的相干叠加产生稳定的短脉冲激光。从傅里叶变换角度理解,频域上的"梳状"分布便会产生时域上的"梳状"分布(图5.4)。该系统的噪声控制也相当好,在 100kHz 以上时可达到白噪声基线水平,且适用于所有激光脉冲及谐波转换波长[18]。当用 8W 绿光泵浦,典型的钛宝石锁模激光器输出功率为 1.8W,脉宽为 50fs ~ 60ps,达到"变换限制"的带宽。通过二次谐波转换,可产生 1ps、功率约 300mW 的 400nm 激光。

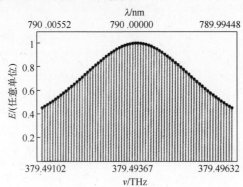

图 5.3　模拟的钛宝石激光器频谱分布,增益轮廓为洛伦兹线型,纵模间隔为 $c/2L$,70 个左右的纵模相干叠加产生时域带宽约 60ps 的脉冲

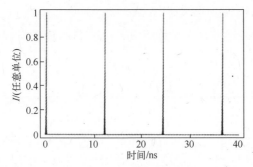

图 5.4　模拟的图 5.3 中各纵模相干叠加后产生的脉宽为 60ps 的时域脉冲串,其重频为 $c/2L$,每个脉冲均是由大量的正弦波形组成。对于变换限制脉冲,脉冲内不同时刻处的频率是相等的

　　短脉冲激光有几种波长调谐方式。对于皮秒激光，通常采用双折射利奥 (Lyot)滤光片结合脉冲整形器实现波长调谐，但这种调谐方式既不能实现很宽的调谐范围，也不能实现自动调谐，其调谐波动可能取决于激光器内其他器件产生的双折射与利奥滤光片或标准具的竞争。对于飞秒激光，通常在激光器内只有一种波长限制器，用一个狭缝在中心频率处选择特殊的线宽。这种调谐方式既简单又可能实现自动调谐。

　　高脉冲能量有两种实现方式。第一种方式是对锁模振荡器产生的脉冲激光进行放大。简单的蝶形放大器就可以恢复振荡器内增益饱和的影响，可实现 5 倍的放大增益而脉冲频率不变，但是蝶形放大器没有商品化的产品。第二种方式是使用再生放大器和降低脉冲的重复频率来提高脉冲能量。这种方式采用 10Hz ~ 50kHz 的脉冲激光来泵浦谐振腔内的增益介质，从 CW 振荡器产生的种子光通过偏振开关(泡克耳斯盒)与泵浦光同步注入到谐振腔中。种子脉冲在谐振腔内振荡并被放大，当种子光在谐振腔内穿过增益介质 10 ~ 20 次后，激光便会通过第二个泡克耳斯盒耦合输出。基于再生放大，利用多个双通放大器即可获得额外的增益。然而，若激光的脉宽非常短(小于 10ps)，在放大过程中可能会损坏增益介质，所以短脉冲激光在进入再生放大器前需要进行"啁啾"(展宽)。脉冲展宽的实现方式是通过色散器件(如光栅)和一定的空间距离(约1m)将激光脉冲内不同频率在时域上展开。展宽后的激光峰值功率大大降低，从而可以被安全放大。放大以后再通过几何位置相反的色散器件对脉冲进行压缩。对于脉宽小于 10ps 的皮秒激光，最佳的放大过程是采用飞秒激光作为输入激光，在脉冲展宽和压缩中使用频谱波罩来限制激光的线宽。当在脉冲压缩同时对其线宽进行限制时，便可以实现接近"变换限制"的激光脉冲输出。因此，该放大器可接受 50fs 脉冲而输出 10ps 脉冲。通过控制波带限制狭缝的位置，即使是 10ps 的激光脉冲也可实现简单和自动调谐。

　　短脉冲激光器系统搭配一个光学参量放大器(OPA)，可实现 $10\mu m$ ~ 300nm 波长范围的连续调谐和脉冲能量为 $35\mu J$、重频为 1kHz 的脉冲输出。通过钛宝石激光基频光的三次和四次谐波产生，可以实现 225nm 的激光输出，这些激光器系统有商品化的产品，但其价格昂贵，且较为复杂。其优点是激光脉宽和脉冲能量在很宽的波长范围内均可选择，且实验人员可购置到这样的设备。

　　另一种选择是专门搭建分布反馈染料激光器(Distributed Feedback Dye Laser, DFDL)。分布反馈激光器不是利用谐振腔(反射镜)而是通过增益介质调制分布来形成反馈。用于光谱测量的短脉冲分布反馈激光器通常利用染料作为增益介质，这是由于染料可以实现很宽的波长范围输出。DFDL 激光器利用脉冲激光作为泵浦源，可实现 1 ~ 100ps 的输出脉宽，在光学诊断应用中其脉冲能量可被放大至毫焦量级[16]。

DFDL 激光是由同一泵浦激光产生的两束光在染料池内的一个壁面附近叠加泵浦的。叠加会产生干涉条纹,由于染料对泵浦光的强烈吸收,所以在干涉增强的区域介质处于饱和增益状态,而在干涉相消的区域介质没有明显的增益,这样便可实现周期性的增益介质分布。这种增益光栅的周期由泵浦光的波长和叠加角来控制。为了获得更好的干涉对比度,通常采用全息光栅来将泵浦光分成两束。同时使两束泵浦光叠加的反射镜排布也需要特别设计以便消除对泵浦光波长的依赖性,这在泵浦激光存在波长稳定性问题时是非常有用的[19]。

DFDL 之所以能够产生激光输出,是由于仅有满足周期性增益介质的布拉格散射条件的光束才能在增益介质内传播并被放大,所以 DFDL 内会产生两条传播方向相反的激光束,通常情况下会选择其中的一条光束进行放大。DFDL 能够实现短脉冲输出是由于增益介质的损耗正比于粒子数反转的平方。这会产生非稳定增益动力学,从而经受强的弛豫振荡[19],并选择振荡的第一个峰值作为激光脉冲的输出。在第一个脉冲输出之后,后面的振荡峰将采用低于阈值的泵浦能量和用延迟的"猝灭光束"消耗剩余增益的方式让其"熄灭"。DFDL 输出激光的脉宽可以比泵浦激光的脉宽小 50 倍[19]。采用移动条纹的方式可获得亚皮秒的脉冲输出,据报道脉宽小于 1ps。输出激光可通过一放大链(例如蝶形布局[16])进行放大,从而实现谐波的有效转换。

Yaney 等人[16]报道了采用电动反射镜调节泵浦光夹角(即改变干涉条纹的周期)的方式实现了自动调谐的 DFDL 激光器,并利用反馈控制的方式来降低激光器长时间的波长漂移。Yaney 等人的激光器在 DCM 染料的基频输出能量可达到 3mJ,二次谐波的能量可达 1mJ,获得了近变换限制的 80 ~ 100ps 脉宽。该激光器已在自动光谱测量领域获得了可靠应用。Schade 等人[20]展示了 DFDL 激光器可通过控制染料池温度的方式来实现波长范围达 6nm 的连续调谐。

OPA 锁模激光器和 DFDL 激光器的主要区别是二者的成本不同。DFDL 激光器系统尽管没有商品化产品,但成本较为低廉,脉冲能量较高,在 100ps 脉冲体制下较易操作。OPA 锁模激光器系统能够产生更短的激光脉冲,具有更好的脉冲稳定性、噪声特性以及脉冲同步抖动性,此外脉冲重复频率可达到 80MHz (有利于高速瞬态场测量)。

5.3.2　短脉冲激光特性

短脉冲激光的测量需要专门的测试设备,这是由于小于 50ps 的激光脉冲不能直接通过高速探测器和采样示波器测量。测量这种脉宽通常采用自相关技术。为了实现脉冲的自相关,首先将输出激光分成两束,再将两束激光在倍频晶体内进行交叉(通常采用聚焦透镜)。每束激光均单独被倍频,且倍频光的输出角度也与入射激光一致(当晶体位于光束的匹配角时)。然而当倍频晶体的相位匹配角调整到使两束入射光相关时两束激光同时被倍频（倍频效率正比于激光能量的平方，两束激光均有贡献），倍频光的出射方向位于两束激光夹角的对分线上。需选择两束光的交叉角度，以保证平分线上的相位匹配。若其中一束光相对于另一束在时间上进行缓慢的重复扫描，则倍频光束即会产生自相关。该信号即能够被探测（通常用光电倍增管），其数据采集系统用脉冲延迟器触发。图 5.5 为实验中测量的脉冲激光自相关信号。如果激光脉冲的形状已知（通常为 $sech^2$ 形），那么就可以通过自相关信号反推出激光脉冲的宽度。需要指出的是，锁模激光器的激光脉冲形状通常是对称的，这一点与调 Q 激光器不同。通常情况下，燃烧诊断应用中并不关注脉冲啁啾现象（脉冲波形中不同时间位置处的波长不同），若要观察脉冲啁啾现象，可以在自相关测量中加入频率分辨的光学选通技术[21]。

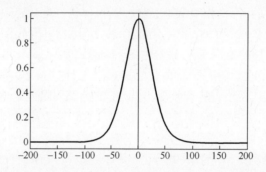

图 5.5 实验测量的脉冲激光自相关信号轮廓并采用 $sech^2$ 自相关函数进行拟合。
拟合误差小于 2.5%，激光脉宽的拟合结果为 1.17ps，波长计测量的
激光带宽为 9.2cm^{-1}，这与变换受限值 9.0cm^{-1} 相近

1ps 的红外激光有效长度约 $130\mu m$，LIF 技术可能不需要专门的光路准直，但对于多光束的诊断技术需要考虑光束之间的时间同步问题。多光束的同步可以通过仔细调节各光束的光程来实现，使得各脉冲的光程长度大致匹配且在空间和时间上排列好。精确调节脉冲激光同步的方法主要有：如果是由同一激光器发出的同一波长的光束，那么就可以采用显微物镜和感光屏观察两条光束在叠加区域的干涉条纹来判别二者是否同步。若两条光束同时到达叠加区域，那么它们就会干涉叠加并产生干涉条纹，否则不会产生干涉条纹。实验人员可通过仔细调节光路使干涉条纹的对比度达到最大。如果有多于两束激光的准直，那么可用上述方法先对两束激光进行准直，然后再利用已经准直好的其中一条光束来准直下一条光束，依此类推。另一种方法是在多光束的叠加区域放入倍频晶体（有时使用聚焦透镜以便提高倍频效率），然后通过在两束光夹角的二分线处搜寻倍频信号实现脉冲的静态自相关。通过调节其中一束激光的延迟直至

产生自相关峰便可实现不同光束的准直。如果在 DFWM 中使用前向 BOX –
CARS 几何布局,利用上述方法可以很容易实现 3 条光束的同步[22]。如果多光
束来自于不同的激光器或不同波长,装有溶质的染料池对于上述现象有很强的
响应,会提高信号强度用以光路准直。最后需要指出的是,如果使用飞秒脉冲,
由于自相位调制和群速度色散的影响,飞秒激光穿过光学玻璃时会导致脉冲畸
变,所以短脉冲激光的光路系统最好采用镀膜的反射镜。

5.3.3 探测系统

在大多数应用中,仅有短脉冲激光器还不够,如 LIF 技术,其探测系统必须
能够分辨荧光的快速衰减过程。在燃烧诊断应用中,有三种探测装置可满足测
量需求,即光电倍增管(PMT)、门控微通道板(MCP)和条纹相机。

光电倍增管具有价格相对低廉、易使用、可靠性好等优点,所以被广泛使用。
目前,响应速度最快的商品化光电倍增管的上升沿和下降沿时间可分别达到
350ps。光电倍增管需要用带宽至少为 1GHz 的数字存储示波器(DSO)完成数
据读取。DSO 的模/数转换只有 8bit,可通过光子计数技术克服 DSO 动态范围
窄的缺点。用光电倍增管进行时间分辨测量的主要局限性是整个探测系统的脉
冲响应时间在 1ns 左右(FWHM)[23 – 25],所以研究快速瞬态过程时需采用其他探
测方法。

目前,MCP 已满足 ps 量级的应用。其在光电阴极前通过控制栅施加门电
压,然后利用快脉冲信号驱动控制栅,可实现门开关时间小于 120ps。通过将皮
秒激光整形成片状光束,MCP 还可以实现二维测量。若 MCP 的门控时间远小
于碰撞猝灭时间,那么就可以实现常压燃烧场"无猝灭"的 LIF 测量。此外,通
过测量相对于激励激光不同时刻的荧光信号,MCP 还可以实现时间分辨的二维
荧光测量[26]。然而,MCP 在二维测量中需要稳定的触发信号并精确监测激光
脉冲的能量及其时空分布情况。大多数情况下,使用条纹相机更容易。

对于探测时空分辨的光信号来说,条纹相机可能是最有用的工具。其工作
原理非常类似于示波器。输入光脉冲辐照到狭缝形状的光阴极上,产生的电子
被加速并成像到探测器(荧光屏或 MCP)上。然后对一个垂直于电子运动方向
的偏转板施加三角波偏转电压,荧光屏上的图像被扫描,产生一个二维图像,该
图像在入射狭缝方向上是空间分辨的,而在另一个方向上是时间分辨的。使用
这种技术,其时间分辨率可以达到 100fs。条纹相机有单次扫描模式(对于低重
频过程的探测,激光器每次工作时,条纹相机都需要单独的触发信号)和同步扫
描模式,在该模式下,相机的触发信号直接来自于高重频的锁模激光器。后一种
情况可以大大减小触发信号的抖动,从而可获得更好的时间分辨率。条纹相机
产生的二维图像通常用 CCD 读取,其动态范围一般为 12 ~ 14bit,可通过光子计

数技术来提高整个探测系统的动态范围。条纹相机的最大缺点是价格昂贵，一套条纹相机探测系统的价格几乎相当于一套短脉冲激光器系统的价格。

原则上，光电倍增管和条纹管均能实现时间分辨的单脉冲 LIF 信号测量。然而，在大多数情况下，实际测量中为了提高测量信噪比，通常需要对数百个激光脉冲取平均。如果探测器以光子计数模式工作对数千个探测信号进行平均也并不罕见。

需要指出的是，当探测信号的脉宽小于 100ps 时，探测系统的光程变化很重要。例如，荧光信号探测前通常需采用单色仪对信号进行色散，而光栅的倾斜会导致附加的信号时间离差，该离差会达到数百皮秒[27]（具体取决于光栅的角度及尺寸）[27]。因此，需要采用补偿（采用相减型双单色仪）的方法或在数据反演时修正以消除这种影响。

在各种泵浦－探测实验中，速率测量是通过扫描探测光相对于泵浦光的时间延迟实现的，即短脉冲的探测光信号可完全确定相对于泵浦光不同时刻下的能级布居数信息。泵浦－探测技术既不需要高速的探测器也不需要高速的电子器件便可实现时间分辨的能级布居数测量，标准的光电探测器即可满足测量要求。如果激光源是高重频的，那么可利用相敏检测技术来提高测量信号的保真度。在相敏检测中，激光被一个高频信号调制（通常 $f > 100\text{kHz}$，以便消除激光的 $1/f$ 噪声），然后采用锁相放大器解调和滤波。如果激光源的重复频率比较低，那么可以采用 18bit 的相对高速的数字转换器，可获得单个探测信号，并对多个信号进行平均。这两种情况下，经过努力都可以达到散粒噪声极限（如果探测器也是散粒噪声极限的话）。

5.3.4　激发过程

如果采用分辨率足够的扫描式法布里－珀罗干涉仪观察短脉冲激光的纵模结构，将产生与图 5.3 一致的图像。这是由于法布里－珀罗干涉仪取样了多个脉冲并在测量系统内相干叠加。但是，这并不意味着单个激光脉冲与分子相互作用时也具有同样的频谱结构。若分子的弛豫时间小于激光脉冲间隔（常压火焰中该假设是正确的），那么单个分子不会感受到脉冲串的存在，仅对单个脉冲响应。该过程中，单个激光脉冲的频谱并不具有图 5.3 所示的精细结构，而是单个脉冲时域波形的傅里叶变换谱，即图 5.3 中所有纵模的包络。

通常采用速率方程描述如 LIF 这样的线性光谱诊断技术，速率方程基于能量守恒（按辐照度描述），其描述的过程与碰撞过程的速度相当[28]。当特征脉冲时间远大于消相时间，可以精确地应用速率方程。然而，如果激光脉宽非常短，分子或原子相关的相干态能级会耦合激光脉冲的电磁场而产生能级跃迁。当激光脉冲的电磁场与粒子的相干态相位一致时，粒子便会吸收一个光子；而当二者相位相差180°时,便会产生受激辐射。为了恰当地描述该动力学过程,应采用量子力学里的密度矩阵方程(Density Matrix Equation,DME,根据电场相干耦合表述)[29]。速率方程已不适合这种机制。全面介绍密度矩阵方程已超出本章的范围,这里仅给出一些密度矩阵模型的结果,它们对诊断工作者是非常有用的。

速率方程比较简单直观,即使是复杂的多能级系统,也能够通过已有的数值计算方法精确求解[30],所以在线性光谱诊断技术研究中并没有完全抛弃速率方程方法。因此,Settersten 和 Linne[31] 采用二能级系统的速率方程方法计算了变换限制短脉冲作用下的泵浦速率,他们认为短脉冲激光作用过程中可忽略能级之间的转移过程,所以可采用二能级模型描述作用过程。Reichardt 和 Lucht 基于上述模型获得了成功应用(见文献[32])。Settersten 和 Linne 模型的稍微不足是认为一个基态能级仅对应一个激发态能级,所以他们同时采用密度矩阵方程(DME)和速率方程解决了系统动力学问题[29]。DME 考虑了激发态能级寿命、碰撞消相时间,并且它们是对群速度积分的,因此包括了多普勒展宽。在可能的情况下 DME 可以得到解析解,然而为了避免一些限制性假设,DME 应用数值解。他们对两种速率方程进行了分析,线性 RE 模型忽略了受激辐射过程,而完全 RE 模型则考虑了受激辐射过程。两者都考虑了谱线线宽之间的卷积,并利用钾这个已知的二能级系统实验对模型结果进行了验证。

首先在稳态系统中对 DME 与 RE 两种模型进行了对比,这种情况下两种模型都可以用解析解,而且结果完全一致。在稳态系统中,两种模型计算的激发分数(激发态能级的相对布居数)是一样的,取决于激光脉冲的能量,而与激光脉冲的形状无关。激发分数控制了产生的线性辐射信号(如 LIF),故计算是合理的。此外,稳态系统中激光的线宽相对于吸收线宽为 δ 函数,因此激光与吸收线之间的光谱叠加非常的小。

下面探讨一下无碰撞限制情况,该情况适用于激光脉宽小于分子碰撞时间(激光线宽比分子谱线宽得多)。图 5.6(a)给出了理论上的激光脉冲波形及分别利用 DME、线性 RE、完全 RE 计算的激发分数随激发时间的变化。图 5.6(b)为线性 RE 和完全 RE 两种模型的计算误差。从图中可以看出,激发能级分数对 RE 模型计算误差影响很大,由此可确定非线性激发的开始时刻。且随着激发时间增加,线性 RE 的误差渐渐小于完全 RE 的误差。并不是 RE 能正确地预估泵浦时间内的瞬态响应,也不期望 RE 能做到这点。在这种短脉冲机制下,电场与跃迁相干的耦合控制了激发。

最后,对中间状态机制(激光脉宽比稳态短但比碰撞作用时间长)进行数值分析。在该状态下,尽管激光线宽与分子谱线线宽相当使得光谱叠加很重要,但结果是类似的。与前面一致,线性 RE 与 DME 的计算偏差最大约25%。在到达非线性激发点时,激发分数由激光能量和谱线叠加决定。

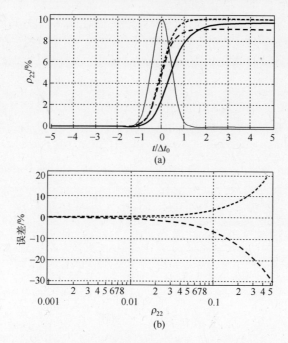

图 5.6　(a)激发分数(ρ_{22})随时间(激光脉宽归一化的无量纲量)变化关系,
激光脉冲中心为 0 时刻,实线为 DME 计算结果,点线为线性 RE 计算结果,
虚线为完全 RE 计算结果,最终的 ρ_{22} 值为 10%;
(b)RE 模型的计算误差(相对于 ρ_{22} 值),点线为线性 RE 值,虚线为完全 RE 值。

　　总之,若激发分数小于 25%,线性 RE(完全 RE 稍差些)与 DME 对泵浦产生的激发分数的计算结果偏差在 10% 以内。激发分数大于 25% 时,非线性机制开始与 RE 模型不匹配。此外,RE 模型不能预测激发过程中该系统的时域特性,但诊断应用中并不关注这一过程。对于诊断信号模拟(泵浦过程的细节并不重要),激光波形可认为是具有一定激光能量的"平顶"脉冲,其与分子作用过程可分为两个阶段:①泵浦阶段,即激光能量沉积到分子时;②无泵浦光时的衰减阶段。在谱线重叠影响较大的作用机制下,还需仔细考虑光谱叠加的积分。

5.4　典型应用及其优缺点

5.4.1　能级转移过程研究

　　正如 5.2 节所阐述的,LIF 技术要实现组分浓度和温度的定量测量,必须要考虑能级转移和猝灭过程。可利用泵浦－探测技术研究基态能级的 RET 过程[11],该部分内容将在 5.4.4 节详细阐述。然而,激发态能级的弛豫过程用时间分辨和光谱分辨同时测量的方法有利的。这样的实验需要满足两个条件：①激光线宽必须足够窄，以使激光仅能激发特定的单个能级；②整个探测系统的时间分辨率需小于常压火焰中的碰撞弛豫时间（$\tau_c \approx 100ps$）。文献[27]详细讨论了实验系统的组成，采用再生放大的钛宝石激光器作为光源，LIF 信号用偏振镜和单色仪收集，用条纹相机探测。整个探测系统的时间分辨率约为 120ps（含触发抖动和探测光路中器件展宽效应），所以适用于研究火焰中的能级转移过程。

图 5.7 为典型的常压 CH_4 预混火焰中 OH 基 $R_2(10)$ 荧光线时间/光谱分辨的原始数据图像，图中灰度表示强度。实验中，通过选择光谱间隔使得 OH 的 0－0 和 1－1 带的荧光可以被探测到。从图中可以看出，在光谱中占优势的是与相应占据能级对应的三条强荧光线。然而，随着时间推移，出现多条新的荧光线。新出现的荧光线强度基本在激光激发后数百皮秒时达到最大，该现象是由能级转移过程造成的。

为了更为详细地分析，图 5.8 给出了图 5.7 中所示四个箭头处的荧光信号强度随时间衰减曲线。荧光强度变化过程与预期结果一致，即直接布居的能级产生的荧光信号很快衰减，其衰减时间 $\tau_d = 300ps$。衰减主要是由猝灭和能级转移造成的。在能级转移过程中，RET 过程相对迅速，而由于 VET 过程布居的能级产生的荧光信号在激光激发后的 1ns 左右强度达到最大。

时间/光谱分辨测量的主要优势是可以同时监测几条荧光信号，所以可同时观察初始能级布居数的衰减和其他相关能级布居数的增长。此外，时间/光谱分辨测量不受激光能量抖动和火焰中探测位置微小改变的影响。测量结果可用于确定能级速率参数，进而有利于提高用于模拟不同能级转移过程数值模型的准确性[27,30,34]。

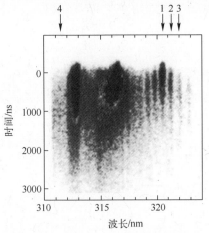

图 5.7　用于研究能级转移过程的时间/光谱分辨的条纹图像。激励线为火焰中
OH A－X(1－0) $R_2(10)$ 线，强度用灰度值表示

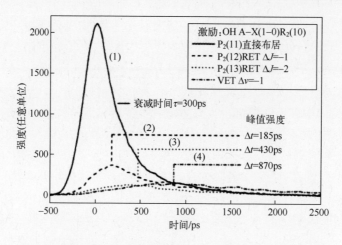

图 5.8　从图 5.7 原始数据获取的不同能级荧光信号衰减曲线

5.4.2　微量组分的"无猝灭"测量

正如 5.2.1 节所述,采用时间分辨率足够的 LIF 技术可消除猝灭对测量的影响。该方法已用于燃烧化学研究中相关组分的测量,例如氢原子[7,35]、氧原子[36]、OH 基[7,37]以及各种酮类[38]。原则上,可采用时间/光谱分辨的测量方法,但在组分浓度测量应用中,光谱分辨并不是必要条件。如果将条纹相机旋转 90°,那么光谱仪的作用就相当于带通滤光片,其成像结果便是时间空间分辨的图像。当然,光谱仪也可采用带通滤光片替代。

图 5.9 显示的是这种实验的结果,在焊炬火焰中心处测量 OH 荧光信号(激励线为 A – X(1 – 0) Q_1(4))。在荧光信号最强的位置($r = \pm 1.2$mm)可以明显地辨识出两个火焰阵面,而在它们之间和朝向火焰边缘($r > 2$mm)的地方荧光信号却弱得多。为了从图 5.9 获取定量的 OH 浓度值,需要将图中数据转换成时间分辨的荧光信号衰减曲线,图 5.10 为某一位置处的衰减曲线。由于激光脉冲和探测系统的响应时间均有一定的宽度,所以测量的荧光衰减曲线是理论预测的指数衰减曲线(参考 5.2.1 节)与系统响应函数之间的卷积。利用去卷积算法拟合荧光曲线便可获取 $t = 0$ 时刻(激光激发时刻,参见图 5.10)的荧光强度,该强度不受猝灭的影响。

最后,必须提及短脉冲 LIF 技术的另外一个优势。对于某些分子和大多数原子,即使是激发其最低的电子态也要求光子波长小于 200nm。但是,只有很少的激光源能提供该波段的辐射,且在该波段范围,空气的衰减和火焰介质的吸收非常强,所以采用深紫外波段激光器开展燃烧诊断并不多。然而,如果探测体积内激光功率密度非常高,那么探测分子就有可能同时吸收两个(或更多的)光子。这种情况下,就可能探测到 LIF 信号并实现相关组分浓度的测量[7,35,36]。

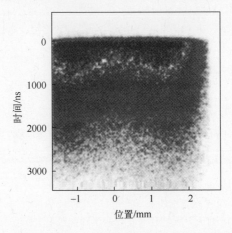

图 5.9　焊炬火焰中心处时间空间分辨的 OH 荧光信号
（激励线 A－X(1－0) Q₁(4),灰度代表强度）

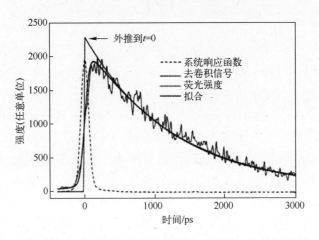

图 5.10　利用去卷积算法获取的荧光信号相对于激光激励时间的衰减曲线

5.4.3　湍流场中的脉冲串测量

本章前面介绍的实验方法可用单脉冲测量。但是激光系统的重复频率低,所以不能用于测量湍流火焰的时间演变过程。Laurendeau 等人[25,37]设计了一套激光器系统,该系统采用重复频率为 80MHz 的锁模激光器三倍频光作为激光源,能够激发 OH 的 A－X 波段的 $Q_1(8)(0-0)$ 荧光线。由于每个激光脉冲的能量非常小(小于 2.5×10^{-10} J),所以可保证处在线性激发区域。波长积分的荧光信号探测是通过在单色仪出口平面放置一个灵敏度达单光子探测的高速光电倍增管(PMT)实现的。测量系统的时间分辨率主要受限于以下几点:①即使是响应速度最快的 PMT,其对探测信号也会有明显的展宽作用(见 5.3.3 节);②数据采集系统无法完全记录 80MHz 的脉冲链和存储每个脉冲相对于激发激光脉冲的延迟时间。Laurendeau 等人将每个脉冲的荧光信号衰减过程划分为三个时间段进行测量,每个时间段为 3.5ns 并利用激光到达时刻进行锁定,通过分析这三个不同时段的荧光强度便可以获取猝灭时间和修正的 OH 浓度[25]。虽然需对多达 2×10^4 个脉冲进行累计测量以获得足够的信号强度,但由于采用高重频的激光器,其仍然可保证取样率达到 4kHz。作者认为利用上述参数的测量精度可达到 10%[25],而且这种高重频的测量系统可用于研究中等湍流火焰中 OH浓度演变过程。

上述探测系统和方法也可用于探测其他组分(相同的团队已用于 CH 测量)浓度,只要猝灭时间不是特别短。若探测的组分光子产额高,那么还可以进一步改善取样率。但是,测量系统的测量精度却很难进一步提高,这是由于精确的组分浓度测量需要实时获取温度值(即使是选择那些对温度不敏感的荧光线,玻耳兹曼分数的变化也会达到 10% 量级)。

5.4.4　多光束技术

多种多光束短脉冲技术已用于探测能级转移过程或直接用于测量组分浓度,主要包括共线多光束技术和交叉多光束技术。

多光束技术测量能级转移过程主要是通过泵浦 - 探测方法,首先利用强的泵浦光去激发相关的能级,然后采用弱探测光去探测相同能级(相同波长和相同激光器)或不同能级(不同波长和不同激光器)的时域过程。通过扫描探测光相对于泵浦光的延迟(通常为电子延迟)便可以测量出能级速率。电子延迟最为常用,这是由于机械延迟可能会导致探测区域的改变。泵浦 - 探测方法的主要优势是探测信号完全反映了相应延迟时间下的能级状态,所以测量过程中不需要高速探测器或电子器件。

Farrow 等人采用 LIF 的泵浦 - 探测方法研究了 OH 基态能级的转移过程(具体见文献[11])。几乎没有人研究基态能级转移过程,该工作是目前最新的研究进展。Miner 和 Farrow[11] 采用波长为 266nm(YAG 锁模激光器的四倍频光)、脉宽为 100ps 的激光在常温气体池内解离 H_2O_2,产生电子态和振动态处于基态、转动态处于激发态的 OH 基。然后,他们利用脉宽为 100ps 的 DFDL 激光作为探测光来激发(1,0)带的 LIF 信号。使 DFDL 激光与 YAG 泵浦光同步,并使探测光相对于泵浦光延迟。他们还仔细测量了碰撞环境的变化,基于测量数据便可反演出常温环境下 OH 的 $v'' = 0$ 振动态中不同转动态之间的弛豫速率,其结果可用指数衰减曲线很好地拟合。

基于吸收的探测技术也是一个很好的方法。在异步光取样探测技术中(A-synchronous Optical Sampling,ASOPS,具体见文献[39]),泵浦光和探测光来自于两个锁模频率稍微不同的激光器。泵浦光激发探测介质的能级,然后探测光测量介质吸收变化情况。由于两个激光器之间存在一个拍频,所以可自动获取探测能级的寿命,两台激光器时间上反复扫描过程类似于采样示波器。ASOPS 是基于吸收的探测,所以其探测极限也高。

在非线性能级转移过程研究中,通常采用简并四波混频(DFWM)技术和偏振光谱(PS)技术,这两种技术均不受背景噪声的影响。短脉冲激光非常有利于开展非线性的光学测量,因为它峰值功率高且光源比较稳定、带宽比较宽,适合多路光谱测量技术(见第 3 章)。海德尔堡大学的研究团队对两种技术都进行了研究。Dreizler 等人[40]和 Tadday 等人[41]利用 DFDL310nm 的倍频光作为泵浦光,采用 PS 和 DFWM 技术研究了 OH 的取向弛豫时间。在 PS 技术中,泵浦光(通常为线偏振或圆偏振光)会诱导分子产生双折射现象,然后通过测量探测光的去偏振状态来判断分子的取向。在 DFWM 技术中,通过测量几条光束的偏振状态便可以同时获取分子的取向状态和泵浦速率。在随后的工作中,他们又报道了 NH 的取向弛豫时间测量[42]。

测量组分浓度的皮秒激光多光束技术是一种线性泵浦 – 探测吸收光谱技术(Pump/Probe Absorption Spectroscopy,PPAS,具体见文献[43])。该技术的主要优势是可实现空间分辨的绝对浓度定量测量,且对压强变化不敏感[33],但在常压条件下强背景噪声大大限制了探测的应用。

PPAS 技术通过专门设计的探测系统可连续地获取调制深度,但到目前为止,该技术仅用于注入到火焰中的原子组分测量。此外,DME 模拟表明,在常压环境下被激发过程中,1 ~ 10ps 的脉冲会受到分子碰撞的影响,从而干扰 PPAS 技术的测量。Settersten 等人[33]演示了利用更短的脉冲激光开展火焰 PPAS 测量实验是可行的(短脉冲激光还具有倍频转换效率高的优势),他们在电子探测器件位置放置滤光片可抑制一个量级的背景光干扰。短脉冲 PPAS 技术中,激光与分子的作用过程是短脉冲的,而电信号的探测是长脉冲过程。PPAS 技术还可与 DFWM 或 PS 等无背景噪声干扰的技术联合测量,进而可将 PPAS 技术的探测极限提高 3 个量级[33],同时 PPAS 技术也可用于高浓度条件下 DFWM 或 PS 技术的标定,从而这两种技术能可靠地用于低组分浓度测量。

5.5　总结与展望

近年来,短脉冲激光器和高速探测系统已经从大学或大型设备中运行的复杂、笨重、自制的系统转变成结构紧凑、可靠、易于移动的测试工具,大多数情况下可按成品购买。在光谱应用领域,可用的激光源主要为分布反馈染料激光器(DFDL)和再生放大锁模激光器,其中再生放大锁模激光器性能更为稳定且有商品化产品。对于信号的时间分辨测量,有几种高速探测器可供选择,包括从价格相对低廉、时间分辨率达亚纳秒的光电倍增管到时间分辨率达飞秒量级的条纹相机。

正是由于激光和探测技术的进步,燃烧诊断领域才出现了很多新的技术应用。众所周知,作为最为广泛应用的激光诊断技术 LIF,它的测量受到猝灭和能级转移过程的影响,所以难以定量化。而短脉冲光谱技术可用于研究猝灭及能级转移过程,从而使得定量表述上述过程甚至修正其对 LIF 技术的影响成为可能,进而实现微量组分浓度和温度的定量测量。此外,用这些系统可以得到高功率密度,非常有利于开展多光子 LIF 技术,这对于研究原子组分是一种有用的工具,而原子组分在燃烧化学中常常起着至关重要的作用。

另一方面,短脉冲激光也非常有利于开展多光束测量技术。线性的泵浦-探测吸收光谱技术(PPAS)具有测量原理相对简单直观的特点,可用于定量测量组分浓度。异步光取样探测(Asynchronous Optical Sampling,ASOPS)技术由于吸收测量中固有的大背景噪声,探测受限严重。然而,同步方法对研究能级转移非常有用,易于应用到研究能级寿命的无背景噪声技术(LIF、DFWM、PS)中。采用两台锁模激光器(一台为飞秒激光,另一台为皮秒激光)搭建的短脉冲多路CARS 技术已被用于凝聚相物体的探测[44],该技术有望进一步应用于燃烧诊断研究。

可以看出,尽管还不到 10 年时间,短脉冲激光已经帮助克服了传统激光方法的一些局限。然而,我们期望本章介绍的很多技术的潜力尚没有完全被挖掘。毫无疑问,随着短脉冲技术的应用越来越广泛,将会出现很多新的应用。

参 考 文 献

[1]　Kohse – Höinghaus K. Laser Techniques for the Quantitative Detection of Reactive Intermediates in Combustion Systems. Prog. Energy Combust. Sci. , vol. 20, pp. 203 – 279, 1994.

[2]　Proc. Combust. Inst. , vol. 28, 2000.

[3]　Nooren P A, Versluis M, van der Meer T H, et al. Raman – Rayleigh – LIF Measurements of Temperature and Species Concentrations in the Delft Piloted Turbulent Jet Diffusion Flame. Appl. Phys. B, vol. 71, pp. 95 – 111, 2000.

[4]　Eckbreth A C. Laser Diagnostics for Combustion Temperature and Species. Amsterdam: Gordon and Breach, 1996.

[5]　Dreizler A, Tadday R, Monkhouse P, et al. Time and Spatially Resolved LIF of OH A$^2\sum^+$ (v' = 1) in Atmospheric – Pressure Flames Using Picosecond Excitation. Appl. Phys. B, vol. 57,

pp. 85 – 87,1993.

[6]   Köllner M,Monkhouse P. Time – Resolved LIF of OH in the Flame Front of Premixed and Diffusion Flames at Atmospheric Pressure. Appl. Phys. B,vol. 61,pp. 499 – 503,1995.

[7]   Brockhinke A,Bülter A,Rolon J C,et al. ps – LIF Measurements of Minor Species Concentration in a Counterflow iffusion Flame Interacting with a Vortex. Appl. Phys. B,vol. 72,pp. 491 – 496. 2001.

[8]   Renfro M W,King G B,Laurendeau N M. Scalar Time – Series Measurements in Turbulent $CH_4/H_2/N_2$ Nonpremixed Flames:CH. Combust. Flame,vol. 122,pp. 139 – 150,2000.

[9]   Schwarzwald R,Monkhouse P,Wolfrum J. Fluorescence Lifetimes for Nitric Oxide in Atmospheric Pressure Flames Using Picosecond Excitation. Chem. Phys. Lett. ,vol. 158, pp. 60 – 64,1989.

[10]   Andresen P,Bath A,Gröger W,et al. Laser – Induced Fluorescence with Tunable Excimer Lasers as a Possible Method for Instantaneous Temperature Field Measurements at High Pressures:Checks with an Atmospheric Flame. Appl. Optics,vol. 27,pp. 365 – 378,1988.

[11]   Kliner D A V,Farrow R L. Measurements of Ground – State OH Rotational Energy – Transfer Rates. J. Chem. Phys. ,vol. 110,pp. 412 – 421 1999.

[12]   Daily J W,Rothe E W. Effect of Laser Intensity and of Lower – State Rotational Energy Transfer upon Temperature Measurements Made with Laser – Induced Fluorescence. Appl. Phys. B,vol. 68,pp. 131 – 140,1999.

[13]   Gray J A,Farrow R L. Predissociation Lifetimes of OH $A^2 \sum {}^+ (v' = 3)$ Obtained from Optical – Optical Double – Resonance Linewidth Measurements. J. Chem. Phys. , vol. 95, pp. 7054 – 7060,1991.

[14]   Schiffman A,Chandler D W. Experimental Measurements of State Resolved,Rotationally Inelastic Energy Transfer. Int. Rev. Phys. Chem. ,vol. 14,pp. 371 – 420,1995.

[15]   Siegman A E. Lasers. Mill Valley,CA:University Science Books,1986.

[16]   Yaney P P,Kliner D A V,Schrader P E. et al. Distributed Feedback Dye Laser for Picosecond Ultraviolet and Visible Spectroscopy. Rev. Scient. Instrum. , vol. 71, pp. 1296 – 1305. 2000.

[17]   Spence D E,Sleat W E,Evans J M,et al. Time Synchronisation Measurements Between Two Self – Modelocked Ti:Sapphire Lasers. Optics Commun. ,vol. 101,pp. 286 – 296,1993.

[18]   Unpublished data acquired by Linne M A and Gord J R,Wright Patterson AFB,1994.

[19]   Bor Z,Müller A. Picosecond Distributed Feedback Dye Lasers. IEEE J. Quant. Electron. , vol. QE – 22,pp. 1524 – 1532,1986.

[20]   Schade W,Garbe B. Helbig V. Temperature Tuned Distributed Feedback Dye Laser with a High Repetition Rate. Appl. Optics,vol. 29,pp. 3950 – 3954,1990.

[21]   Trebino R,DeLong K W,Fittinghoff D N,et al. Measuring Ultrashort Laser Pulses in the Time – Frequency Domain Using Frequency – Resolved Optical Gating. Rev. Scient. Instrum. ,vol. 68,pp. 3277 – 3295,1997.

[22] Linne M A, Fiechtner G J. Picosecond Degenerate Four – Wave Mixing on Potassium in a Methane – Air Flame. Optics Lett. , vol. 19, pp. 667 – 670, 1994.

[23] Di Teodoro F, Rehm J E, Farrow R L, et al. Collisional Quenching of $COB^1 \sum^+ (v' = 0)$ Probed by Two – Photon Laser – Induced Fluorescence Using a Picosecond Laser. J. Chem. Phys. , vol. 113. pp. 3046 – 3054, 2000.

[24] Settersten T B, Dreizler A, Di Teodoro F, et al. Temperature and Species – Dependent Quenching of $COB^1 \sum^+ (v' = 0)$ Probed by Two – Photon Laser – Induced Fluorescence Using a Picosecond Laser. 2nd Joint Meeting of the U. S. Sections of the Combustion Institute, March 25 – 28, 2001, Paper 162.

[25] Renfro M W, Pack S D, King G B, et al. A Pulse Pileup Correction Procedure for Rapid Measurements of Hydroxyl Concentrations Using Picosecond Time – Resolved Laser – Induced Fluorescence. Appl. Phys. B, vol. 69, pp. 137 – 146, 1999.

[26] Nielsen T, Bormann F, Burrows M, et al. Picosecond Laser – Induced Fluorescence Measurement of Rotational Energy Transfer of $OHA^2 \sum^+ (v' = 2)$ in Atmospheric Pressure Flames. Appl. Optics, vol. 36, pp. 7960 – 7969, 1997.

[27] Brockhinke A, Kreutner W, Rahmann U, et al. Time – , Wavelength – , and Polarization Resolved Measurements of OH ($A^2 \sum^+$) Picosecond Laser – Induced Fluorescence in Atmospheric – Pressure Flames. Appl. Phys. B, vol. 69, pp. 477 – 485, 1999.

[28] Daily J W. Use of Rate Equations to Describe Laser Excitation in Flames. Appl. Optics, vol. 16, pp. 2322 – 2327, 1977.

[29] Boyd R W. Nonlinear Optics. San Diego, CA: Academic Press, 1992.

[30] Kienle R, Lee M P, Kohse – Höinghaus K. A Scaling Formalism for the Representation of Rotational Energy Transfer in OH ($A^2 \sum^+$) in Combustion Experiments. Appl. Phys. B, vol. 63, pp. 403 – 418, 1996.

[31] Settersten T B, Linne M A. Modeling Pulsed Excitation for Gas – Phase Laser Diagnostics. J. Opt. Soc. Am. B, 2002, in press.

[32] Reichardt T A, Lucht R P. Resonant Degenerate Four – Wave Mixing Spectroscopy of Transitions with Degenerate Energy Levels: Saturation and Polarization Effects. J. Chem. Phys. , vol. 111, pp. 10008 – 10020, 1999.

[33] Settersten T B. Picosecond Pump – Probe Diagnostics for Combustion. Ph. D. Dissertation, Division of Engineering, Colorado School of Mines, Golden, CO, 1999.

[34] Rahmann U, Kreutner W, Kohse – Höinghaus K. Rate – Equation Modeling of Single – and Multiple – Quantum Vibrational Energy Transfer of OH ($A^2 \sum^+$, $v' = 0 \sim 3$). Appl. Phys. B, vol. 69, pp. 61 – 70, 1999.

[35] Agrup S, Ossler F, Aldén M. Measurements of Collisional Quenching of Hydrogen Atoms in an Atmospheric – Pressure Hydrogen Oxygen Flame by Picosecond Laser – Induced Fluorescence. Appl. Phys. B, vol. 61. pp. 479 – 487, 1995.

[36] Ossler F, Larsson J, Aldén M. Measurements of the Effective Lifetime of O Atoms in Atmos-

135

pheric Premixed Flames. Chem. Phys. Lett. ,vol. 250,pp. 287 – 292,1996.

[37] Renfro M W,Guttenfelder W A,King G B,et al. Scalar Time – Series Measurements in Turbulent $CH_4/H_2/N_2$ Nonpremixed Flames: OH. Combust. Flame, vol. 123, pp. 389 – 401,2000.

[38] Ossler F,Aldén M. Measurements of Picosecond Laser Induced Fluorescence from Gas Phase 3 – Pentanone and Acetone: Implications to Combustion Diagnostics. Appl. Phys. B,vol. 64, pp. 493 – 502. 1997.

[39] Fiechtner G J,King G B,Laurendeau N M. Quantitative Concentration Measurements of Atomic Sodium in an Atmospheric Hydrocarbon Flame with Asynchronous Optical Sampling. Appl. Optics,vol. 34,pp. 1117 – 1126,1995.

[40] Dreizler A,Tadday R,Suvernev A A,et al. Measurement of Orientational Relaxation Times of OH in a Flame Using Picosecond Time – Resolved Polarization Spectroscopy. Chem. Phys. Lett. ,vol. 240,pp. 315 – 323,1995.

[41] Tadday R,Dreizler A,Suvernev A A,et al. Measurement of Orientational Relaxation Times of OH ($A^2 \sum - X^2 \prod$) Transitions in Atmospheric Pressure Flames Using Picosecond Time – Resolved Nonlinear Spectroscopy. J. Mol. Struct. ,vol. 410 – 411,pp. 85 – 88,1997.

[42] Tobai J,Dreier T. Measurement of Relaxation Times of NH in Atmospheric Pressure Flames Using Picosecond Pump – Probe Degenerate Four – Wave Mixing. J. Mol. Struct. ,vol. 480 – 481,pp. 307 – 310,1999.

[43] Fiechtner G J,Linne M A. Absolute Concentrations of Potassium by Picosecond Pump/Probe Absorption in Fluctuating, Atmospheric Flames. Combust. Sci. Technol. ,vol. 100,pp. 11 – 27,1994.

[44] Müller M,Squier J,De Lange C A,et al. CARS Microscopy with Folded BoxCARS Phase-matching. J. Microsc. ,vol. 197. pp. 150 – 158,2000.

第 6 章　实验室火焰和实际装置中的温度测量

Winfried P. Stricker

6.1　引　　言

温度是燃烧研究中的关键参数之一,其决定整个燃烧过程的效率。火焰中很多与放热和污染物生成相关的化学反应均很强地依赖于温度。此外,燃烧设备材料的热应力分布决定了材料的用途、寿命和可靠性。因此,准确、可靠的温度测量有助于理解上述过程。本章主要探讨几种已成功用于燃烧场温度测量的技术,这些技术均是基于能级探测的激光光谱测量方法。由于尚没有哪一种激光诊断技术能够满足所有的测量环境,所以需要根据具体的测量需求选择合适的测量技术。例如,单点的测量技术具有高的测量精度,而成像的方法能够实现一维或二维分布的温度测量,能够满足研究温度梯度分布的需求,但其测量精度也会相应降低。本章的后续内容将会介绍几种常用的激光光谱技术的具体特性及其不足,但本章不会在很深的层次上去探讨基于激光测温的基本原理,感兴趣的读者可参考综述性文献[1,2]。本章主要引用最新的文献报道,6.4 节中介绍的几个案例是德国宇航中心(DLR)相关实验室的测量结果及测量经验。

6.2　温度测量方法概述

目前,燃烧学研究主要分为两个方向。首先为燃烧过程的基础理论和实验研究,即基于先进的火焰模型去研究和理解基本的燃烧过程。其次为先进的燃烧技术研究,包括商业用途的分级燃烧室、低氧预混燃烧或高压强环境下的燃料直接注入方法,其目的是减少污染物排放、降低燃料消耗和提高燃烧效率。鉴于上述目的,即燃烧现象的基础研究和提高商品化产品的性能,温度的准确测量、燃烧过程温度波动情况以及燃烧室内温度分布情况均是研究人员感兴趣的参数。

从更为基础的角度来看,发展有效的火焰模拟软件来准确、可靠地预测燃烧行为是个重要的研究目标。复杂的燃烧现象可采用一系列的模型假设来近似,包括湍流流动、燃料与空气混合、化学反应动力学、污染物和颗粒物生成、热释放和气态组分辐射等。上述模型的验证,特别是涉及 NO_x 和碳烟生成过程的子模型验证,均需要在实验室内对特定层流火焰和湍流火焰的温度进行测量。而不同的燃烧对象决定了具体的测温方法选择,例如是层流还是湍流、高压强还是低压强、清洁火焰还是含有碳烟火焰等。

然而,实际火焰中复杂的燃烧环境给温度测量带来了挑战。这是由于温度测量必须在复杂的燃烧过程中进行,包括高压强环境下的液体燃料燃烧、充分发展的湍流火焰、密度梯度变化导致激光光程上折射率变化、一些大型燃烧设备不易开光学窗口等。上述复杂环境使得温度测量过程中易受到背景荧光和颗粒物辐射的干扰,导致测量信噪比下降,使得温度测量精度降低。此外,湍流燃烧温度测量,还需要诊断技术具备时间分辨的单脉冲测量能力。也正是由于这些复杂的条件,实际燃烧环境下依然采用接触式方法测温。

但是,需要提醒的是,接触式测量方法会干扰火焰中极为灵敏的反应流,导致局部区域温度发生变化,所以接触式测量反映的不是燃烧场中真实温度。此外,接触式测温还需要对热辐射、热传导、对流以及接触反应等进行修正,而这些因素均依赖于具体的流场、温度以及化学成分组成[3]。接触式测温和激光测温对比实验表明[4,5],接触法会强烈地干扰火焰的燃烧过程,导致二者测温结果存在明显偏差。图 6.1(a) 为在 150kW 旋流式天然气火焰中采用拉曼散射测量的距离热电偶不同位置处的温度偏差,在紧靠热电偶区域测量的温度比正常降低达 150K,甚至在距离热电偶 40mm 处,拉曼散射测量的温度仍然比正常温度低,表明热电偶会强烈地干扰局部的燃烧状态。图 6.1(b) 展示了热电偶对旋流式天然气火焰温度分布的影响,热电偶不仅会改变燃烧场的温度而且还会导致温度分布发生变化,这一现象在旋流式火焰的回流区更为严重。光学测温与接触式测温对比结果表明,即使对热电偶进行细致的修正,其测温偏差依然可达 200K。接触式测温方法难以克服的缺陷促进了高时空分辨非接触式光学测量方法的应用。

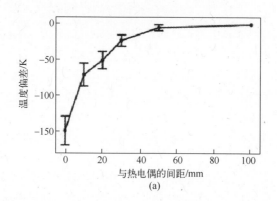

(a)

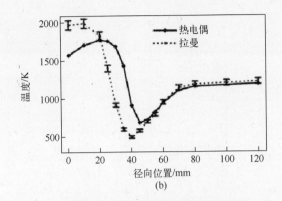

图 6.1 接触式测量方法对旋流式火焰温度的干扰
(a)距离热电偶不同位置处的温度偏差;
(b)火焰不同径向位置处光学测温与热电偶测温结果对比。

6.3 基于激光光谱的温度测量技术

在燃烧诊断中,激光光谱的测温原理主要分为两种:①燃烧场的温度可基于状态方程(如理想气体状态方程)通过总的粒子数密度来反演,该方法的前提是等压燃烧过程,且光谱信号转换成温度信息需要准确地标定;②燃烧场的温度可通过探测分子不同能级(转动能级或振动能级)上的粒子数分布来获取,因为在热平衡状态下分子不同能级的粒子数分布服从玻耳兹曼定律,且实际燃烧场基本都处于热平衡状态(这里的热平衡指时域上,而不是指空间上),这一方法反演燃烧场不需要标定。

在具体的测量方法上,激光光谱测温技术又分为线性方法和非线性方法。线性方法主要有瑞利散射技术、自发拉曼散射技术、激光诱导荧光技术等,这些技术的信号强度均与探测组分浓度线性相关。当然,LIF 技术可能会受到饱和荧光影响产生非线性特性;此外,LIF 技术的猝灭效应也需要在数据处理过程进行修正。非线性方法主要有 CARS 技术和 DFWM 技术,其中 CARS 技术具有抗干扰能力强的优势,可用于复杂燃烧环境下温度的测量。这是由于CARS 信号产生是相干的过程,具有类激光的性质,所以可很容易地将 CARS信号与背景辐射和噪声区分开来。但是,CARS 信号的强度不仅与探测分子的浓度呈非线性关系,而且与激励激光的强度也呈非线性关系。图 6.2 展示了几种用于燃烧场温度测量的光学诊断技术能级跃迁示意,图 6.3 为相应技术的典型实验系统。

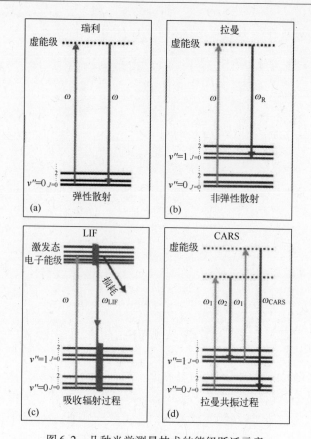

图 6.2　几种光学测量技术的能级跃迁示意
（a）瑞利散射技术；（b）自发振动拉曼散射技术；
（c）激光诱导荧光技术；（d）相干反斯托克斯拉曼散射技术。

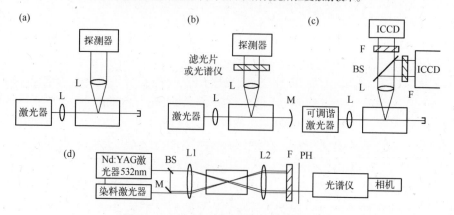

图 6.3　几种光学诊断技术实验系统示意
（a）瑞利散射技术；（b）自发拉曼散射技术；（c）LIF 技术；（d）CARS 技术。
BS—分束镜；F—滤光片；ICCD—像增强 CCD 相机；L—透镜；M—反射镜；PH—小孔。

6.3.1　瑞利散射技术

瑞利散射是由光子与分子间的弹性碰撞产生的,其信号强度正比于总的分子数密度。因此,若假设探测对象压强是恒定的,则通过理想气体状态方程可以得出瑞利散射信号反比于温度 T。瑞利散射信号表达式为

$$I_{\text{Ray}} = CI_0 N \frac{\mathrm{d}\sigma_{\text{Ray}}}{\mathrm{d}\Omega} \Omega L \tag{6.1}$$

式中,C 为标定常数,主要包括探测系统的采集效率和探测器的量子效率;I_0 为激光能量;N 为总的分子数密度;$\mathrm{d}\sigma_{\text{Ray}}/\mathrm{d}\Omega$ 为瑞利散射截面对立体角的微分;Ω 为探测系统的采集立体角;L 为探测体积的长度。

瑞利散射的详细原理可参考 Zhao 和 Hiroyasu 撰写的综述性文章[6]。

从式(6.1)可以看出,若探测对象为单一组分且瑞利散射截面恒定,则瑞利散射法测温原理相对简单直观。若探测对象由多种组分组成,则瑞利散射截面为不同组分根据其摩尔分数的加权平均,即

$$\sigma_{\text{eff}} = \sum_{i=1}^{j} x_i \sigma_i \tag{6.2}$$

式中,x_i 为第 i 种组分的摩尔分数;σ_i 为第 i 种组分的瑞利散射截面。

从式(6.2)可以看出,瑞利散射法精确测温的前提是需要知道探测对象的组分及其浓度。为了克服这一缺陷,尤其是湍流流场,测量过程中需要与瑞利散射信号同步获取探测对象的组分信息。这一过程可通过瑞利散射和拉曼散射联合测量方法实现(见文献[7]),通过拉曼散射信号可反演出主要组分的浓度,然后便可计算 σ_{eff}。Bergmann 等人的研究表明[8],若燃料是由 32.2% 的 H_2、22.1% 的 CH_4 和 44.7% 的 N_2 组成,则无论是燃烧状态还是未燃状态,瑞利散射截面几乎与空气的一致,其在湍流射流火焰中的有效瑞利散射截面已通过拉曼散射法确定,即在不同化学配比下 σ_{eff} 变化量仅为 3%。但是,对于其他燃料火焰,瑞利散射测温法仅限于那些火焰不同区域内 σ_{eff} 变化较小的燃烧场。对于小分子碳氢燃料火焰,根据不同的反应物和燃烧产物,有效的瑞利散射截面变化量约为 10%。对于层流预混火焰,有效的瑞利散射截面还可依据燃料、化学配比以及燃烧过程计算获得[9]。瑞利散射法测温的另外一个方式是通过测量信号与参考信号之间的比值来获取温度信息,其中参考信号为在已知温度及组分浓度的情况下测量的瑞利散射信号。

$$\frac{T}{T_{\text{ref}}} = \frac{\sigma_{\text{Ray}}}{\sigma_{\text{ref}}} \times \frac{I_{\text{ref}}}{I_{\text{Ray}}} \tag{6.3}$$

式(6.3)基于参考信号与测量信号具有相同的采集效率。

瑞利散射技术的最大优势是实验系统相对简单且有足够的信号强度,所以

可实现单脉冲测量,甚至可实现二维温度测量。对于激光源,任何可见光至紫外波段的激光器均可用于瑞利散射技术。但是瑞利散射截面与激光波长的4次方成反比例,所以降低激励激光的波长可以提高瑞利散射强度。然而,需要指出的是,紫外波段的激光会产生很多荧光信号干扰。瑞利散射技术的主要噪声来源于激励激光的杂散光,其叠加在瑞利散射信号上导致测量的密度偏高,即反演的温度偏低,使得测量误差很容易达到10%甚至更高。

因此,瑞利散射技术可在洁净的、低辐射的、开放火焰中获得良好的测量结果。对于受限空间内的火焰测量,需要采用一定的措施(如使用黑色的壁面)来抑制杂光干扰并细致确定背景光的强度。Eckbreth全面分析了瑞利散射技术的测量误差[2]。瑞利散射和拉曼散射主要应用有:Dally等人采用瑞利散射和拉曼散射联合探测的方法测量了不同燃料(H_2/CO,H_2/CH_4)下钝体稳定火焰温度[10];Nooren等人在引燃天然气射流扩散火焰中开展了测量实验[11]。

近几年,在研究湍流与燃烧相互作用以及火焰模型的测试与验证中,研究人员广泛采用脉冲激光并结合拉曼散射技术探测主要组分浓度的方式来开展瑞利散射测温。Masri等人报道了单点的温度测量实验[12],他们采用闪光灯泵浦的染料激光器作为激光源,该激光器的输出波长为532nm,脉冲能量为1J。相同的激光脉冲能量也可通过YAG激光器的倍频光来获得(典型为600mJ/脉冲),但是测量中为避免高能量激光引起的气体击穿,需采用光学脉冲展宽器对8ns的激光脉宽进行展宽[10,11]。

由于瑞利散射信号强,且当前激光器的脉冲能量和门开关CCD相机灵敏度也比较高,所以瑞利散射技术可实现一维和二维温度测量。Orth等人基于KrF激光器在火花点火发动机模拟装置中实现了贫燃甲烷/空气预混火焰温度的二维测量[13],但是来自于石英壁面及活塞的杂散光限制了发动机壁面附近的温度获取。Kampmann等人在燃气轮机模拟燃烧室内实现了贫燃甲烷火焰瞬态温度的测量[14]。受杂散光的影响,瑞利单脉冲温度测量不确定度约为10% ~20%。

瑞利散射技术很难用于非洁净燃烧场(如碳烟火焰)的测量。Hofmann和Leipertz发展了一种新技术,称为分子过滤瑞利散射技术,文献[16]对该技术进行了详细阐述(也可参见本书第7章)。分子过滤瑞利散射技术主要是基于瑞利散射信号具有较宽的谱线宽度,而来自于颗粒及腔体表面的杂散光是窄线宽的,所以可通过窄线宽的滤波器滤除杂散光,但是该技术需要采用合适的谱线展宽模型对测量信号进行标定。分子过滤瑞利散射技术可用于含有微量碳烟火焰的温度测量。

6.3.2 自发拉曼散射技术

与瑞利散射不同的是,拉曼散射是基于光子与分子之间的非弹性碰撞,即散射光频率与入射光频率不同。根据光子与分子作用能级的不同,拉曼光谱分为纯转动拉曼光谱和振动拉曼光谱。在纯转动拉曼光谱中,光子仅与分子的转动能级之间进行能量交换,由于转动能级间隔较小,所以散射光波长紧邻激励光的两侧(分别为斯托克斯光与反斯托克斯光)。而在振动拉曼光谱中,入射激光与分子振转能级之间进行能量交换,由于不同分子的振动能级之间的间隔不同,所以不同分子有不同的拉曼频移(通常用波数表示)。关于拉曼光谱技术的详细信息读者可参考 Anderson[17]和 Long[18]撰写的教材。

拉曼散射温度测量主要分为以下几种方法(可参考图 6.2(b)):①通过总的粒子数密度反演温度(类似于瑞利散射测温),该方法主要是采用单一激光激发探测区域所有主要组分的 Q 分支拉曼光谱;②通过纯转动拉曼光谱(S 支)反演温度,以空气作为氧化剂的燃烧场中主要使用氮气的转动能级;③通过 Q 支拉曼光谱的谱线轮廓反演温度,主要也是测量氮气的拉曼光谱;④通过斯托克斯光和反斯托克斯光之间的比值来计算温度,该方法仅限于高温环境下的温度测量,这是由于低温环境下处于激发态的粒子数非常少。

若通过拉曼光谱轮廓反演温度,首先分别采用 S 支和 Q 支跃迁选择定则计算理论上的拉曼光谱;然后将理论光谱与激励激光的线宽进行卷积,并考虑拉曼光谱线宽受压强、仪器函数等因素的影响;最后,基于计算的拉曼光谱采用最小二乘法拟合实验数据,通过改变温度参数使得二者的残差最小。这种方法在稳态层流火焰中可获得最好的测量结果,这是由于在稳态场中可对多个激光脉冲进行平均,也可采用连续激光进行长时间的测量,所以可获得高质量的拉曼光谱信号。无论是纯转动拉曼光谱,还是振动拉曼光谱,采用光谱轮廓反演温度都是免标定的,这是由于转动能级和振动能级的分布均满足玻耳兹曼分布律。若采用转动拉曼光谱,且能在测量过程中获得大量的、光谱分辨的转动拉曼谱线,则温度反演精度可优于 $\pm 3\%$[19]。若通过总的粒子数密度来反演温度(类似于瑞利散射技术测温),需测量探测区内所有主要组分的 Q 支拉曼光谱的强度,该方法更适用于湍流燃烧场中单脉冲温度的测量。

拉曼散射信号强度 I_R 表达式为

$$I_R = CI_L N_i \frac{d\sigma_R}{d\Omega} \Omega L \tag{6.4}$$

式中,C 为探测系统的标定常数;I_L 为激光的能量;N_i 为第 i 种探测组分的粒子数密度;$d\sigma_R/d\Omega$ 为微分拉曼散射截面;Ω 为光学系统的接收立体角;L 为探测区域的长度。

拉曼散射截面取决于振动态上的粒子数,所以它是温度的函数。此外,拉曼散射截面还与 $(\nu_0 - \nu_R)$ 成 4 次方关系,其中 ν_0 为激励激光的频率,ν_R 为拉曼频移量。温度通常利用探测粒子的转动态或振动态的能级结构来反演,这是由于不

同能级的粒子数分布满足玻耳兹曼分布,所以处在特定转动态或振动态能级上的粒子数 N_j 由温度决定,即

$$N_{v,J} = \frac{g_j(2J+1)}{Q_{\text{rot}}Q_{\text{vib}}}N_i\exp\left(-\frac{hcE(v,J)}{kT}\right) \tag{6.5}$$

式中,g_j 为核自旋简并度;$2J+1$ 为转动态简并度;Q_{rot} 和 Q_{vib} 分别为转动态和振动态的配分函数;E 是能级能量(cm^{-1});h、c、k 分别为普朗克常数、真空中光速和玻耳兹曼常数。

拉曼散射的主要缺点是其散射截面非常小,大约比瑞利散射截面小 3 个量级。这意味着在拉曼散射测量实验中,需要认真选择激光源和优化信号接收系统,特别是用于信号接收的光谱仪、滤光片和光电转换器件均需要特别设计。表 6.1 列出了几种激光器的特点及其用于拉曼散射测量的优缺点。尽管拉曼散射信号强度弱,但拉曼散射技术仍然可用于实际燃烧系统的温度测量。Gulati 等人[21]采用该技术在航空发动机燃烧室出口处实现了时间分辨的温度测量,发动机的燃料是甲烷和煤油,激光源采用长脉冲氙灯泵浦的染料激光器。

拉曼散射技术也可实现一维温度测量,可用于测量火焰中某条线上的温度梯度。Brockhinke 等人[22]利用 248nm 的 KrF 准分子激光器实现了 H_2/空气射流扩散火焰温度单脉冲测量,典型的测量不确定度约为 ±10%,其主要由光子统计误差引起。Yeralan 等人[23]在环境非常恶劣的火箭模拟燃烧室(液态氧气/气态氢气火焰,压强 31bar)中实现了拉曼技术一维温度的单脉冲测量,他们在无氧气液滴火焰区域获得了可靠的测量结果。为了在一定程度上避免 OH 和 O_2 荧光干扰,Rabenstein 和 Leipertz[24]采用 355nm 的 Nd:YAG 激光器三倍频光开展了一维拉曼测量实验,成像长度分别为 6mm 和 11mm,其在层流、预混、富燃 CH_4/空气火焰中的单脉冲测量不确定度约为 ±12%,该精度比典型的 10 个脉冲平均测量精度差 3 倍。Wehrmeyer 等人[25]采用 532nm 的 Nd:YAG 二倍频光实现了逆向射流空气/N_2/H_2 扩散火焰一维温度的时间分辨测量,他们利用斯托克斯/反斯托克斯信号比值来反演温度,测量不确定度为 6%。为了抑制火焰自发光的干扰,Wehrmeyer 等人采用非增强的低温致冷 CCD 相机并以铁电液晶作为快门(快门时间 40μs)的方式进行拉曼信号探测,相比于像增强 CCD 相机,该探测方式的探测效率和动态范围均有了一定提高,其空间分辨率可达到 200μm。对于 1730K 下的贫燃 H_2/空气火焰,当探测长度在 2.56 ~ 0.32mm 时,其相应的单脉冲相对测量不确定度为 8% ~ 30%。Grünefeld 等人[31]开展了燃料为异辛烷的喷雾火焰和四冲程内燃机燃烧场的温度测量,他们采用 KrF 准分子激光作为激光源,探测 N_2 的斯托克斯和反斯托克斯拉曼光谱信号,为了抑制 Mie 散射和瑞利散射信号干扰,他们在探测系统前放置了一个中心波长为 250nm、带宽为 20nm 的介质镜。偏振技术可用于降低拉曼测量中的荧光干

扰[32]，相关实验采用 50 个脉冲累积平均来提高图像的信噪比。在空间分辨测量中，为了修正成像系统的像差，通常需要采用光谱仪对探测信号进行校正。

　　由于拉曼散射截面小，所以二维拉曼技术仅限于一些特定的应用场合。Rabenstein 和 Leipertz[33] 采用脉冲能量为 1200mJ 的 532nm 的 Nd:YAG 激光器实现了甲烷/空气层流火焰尾气中平均温度的二维测量。温度是基于 N_2 的斯托克斯和反斯托克斯比值进行反演，二者通过窄带干涉滤光片（带宽 1nm）进行分离，然后用探测器先后采集，因此二维拉曼技术仅限于稳态、无温度分布抖动场合。拉曼散射技术非常适合高压强、低温环境下的测量，这是由于该环境下探测组分的粒子数密度高。Decker 等人[28] 在低温、压强达 60bar 的氮气射流中实现了瞬态温度的二维拉曼测量，这是研究高能火箭发动机的代表性实验。对于探测对象仅有 1～2 种主要组分，二维拉曼散射信号可通过 2 个像增强 CCD 相机并结合干涉滤光片来同步采集。在低温高压环境下，二维拉曼技术的温度测量精度主要取决于状态方程，即由探测对象密度转换成温度。

表 6.1　用于拉曼散射测量的几种激光器的特点及各自的优缺点

频段及名称		输出波长/nm 典型能量/mJ 激光脉宽/ns	散射截面 σ_{ref}（粗略值）	优点/缺点/评论	参考文献
可见波段	Nd:YAG	532/1200/6	1	高质量的光学器件、单色性好、滤波性好、能量频散高/激光脉冲短，易引起气体击穿/激光器性能可靠，需脉冲展宽	[7,25]
	染料激光器	532～488/2000/2000	1	长脉宽、高能量，无气体击穿/光束质量差、染料寿命短/长波调谐可避免 C_2 荧光的干扰，采用准腔内运行可进一步提高脉冲能量	[20,26,27]
近紫外	Nd:YAG	355/600/4	5	散射截面高/光学器件不成熟（单色镜、滤光片），激光脉冲短	[24]
	XeF 准分子激光器	351/300/25	5	激光脉宽长/没有窄带输出模式/采用双振荡器结构可使脉宽放大两倍	[28]
	XeCl 准分子激光器	308/400/25	9	散射截面高/OH 荧光的干扰严重/不建议使用	[29]
紫外	KrF 准分子激光器	248/600/25	21	拥有最高的散射截面，最高的信号强度，波长可细微调谐/易产生光解离过程，OH、O_2、碳氢组分荧光干扰严重，能量频散低，强烈依赖于光学器件	[30]

6.3.3　激光诱导荧光技术

　　与拉曼、瑞利散射技术相比，激光诱导荧光（LIF）技术是共振的探测技术（见第 2 章），即选择特定组分和能级，然后通过吸收/辐射过程实现对探测组分的测量。吸收/辐射过程信号强度比散射过程信号强度高约 10 个量级,所以 LIF 技术具有极高的测量灵敏度,从而可用于微量组分浓度的测量,例如燃烧过程中的自由基(OH、CH、C_2)和污染物(NO、CO),这些组分浓度的准确测量对很多燃烧研究都极为重要。LIF 技术的主要优势是不仅可以测量组分浓度,而且还可在相同实验系统下基于组分探测实现温度反演。通常,LIF 技术测温选择 OH 作为探测对象,这是由于 OH 在火焰反应区和高温区域中含量丰富,但也正是由于 OH 浓度很强地依赖于温度,所以 OH – LIF 测温仅适用于 $T > 1300K$ 的环境。为了拓展 LIF 测温范围,可采用 In 原子[34]或 NO[35-37]作为示踪粒子来进行测量。对于温度测量,LIF 技术的显著优点是其强的信号强度非常适合开展二维测量。二维瑞利散射技术在开放的简单燃料火焰应用中具有一定的优势,而基于 OH 的二维 LIF 技术可应用于杂散光干扰严重导致瑞利散射测量失败的实际燃烧装置中。详细的 LIF 技术测量原理及应用可参考 Eckbreth[2],Kohse – Höinghaus[38],Daily[39]等人的综述性文献。

通常,LIF 技术可通过多种方法实现温度测量,但所有方法均是基于探测组分能级的玻耳兹曼分布(见图 6.2)来反演温度。LIF 技术准确测温需要知道探测组分光谱信息及探测能级能量再分布过程,这是由于激光将探测粒子泵浦至上能级后会经历很多的能级转移过程,而该过程取决于具体的探测组分能级、化学成分组成以及压强等[40]。本节主要讨论对电子基态中低能级布居数的探测,并特别关注基于双线激励的二维温度测量[41,42]。在层流稳态火焰中,温度可利用 LIF 激发谱来反演,即通过窄线宽的激光扫描多条吸收谱线,然后在特定的时间和光谱窗口范围内采集辐射的荧光信号。LIF 技术准确测量还需要考虑能级相关的自发辐射、碰撞转移以及预分离速率,否则会引起非常大的系统误差[43]。Copeland[44]和 Rensberger[45]等人分析了时间/光谱窗口的设定、转动能级转移、极化效应、猝灭、非线性激发以及吸收等因素对 LIF 技术的影响,上述因素在温度精确测量中均需要进行细致的控制。

采用已知温度火焰来标定 LIF 技术可大大降低在消除猝灭、饱和荧光和谱线叠加等因素过程中的数据处理量[46]。在很多燃烧环境下,特别是高压强环境中,由于谱线展宽的影响,使得仅激发单一的、分离的谱线不可行。此外,为了获得良好的信噪比,通常选择荧光信号强的谱线,而强的荧光谱线通常由两条或更多的谱线构成。因此,LIF 双线法测温需要考虑谱线的结构而不是单一的谱线。在实际应用中,常采用数值模拟方法来计算两条选定的荧光谱线强度比值随温度的变化关系,并在计算中考虑谱线压强展宽、激光线宽等因素的影响[47]。

图 6.3(c)给出了双色 PLIF 测温技术实验系统示意图。在湍流燃烧场中,双色 PLIF 技术需要两台 Nd:YAG 泵浦的染料激光器和两台用于信号探测的像增强门控 CCD 相机。为了提高温度的测量精度,还需要实时监测激光片的能量

抖动情况,这就需要额外的两套相机系统。通常情况下,并不能很好地在光谱上分辨两条激励线产生的荧光信号,所以两条激励线并不是被同时激发,而是相互间有数百纳秒的延迟。延迟时间的选择一方面需要保证要小于湍流燃烧场的温度抖动时间,另一方面要避免两套探测系统在信号采集过程中产生干扰。为了排除人为产生的温度分布偏差,两套探测系统测量的荧光图像需要在探测空间上保持一致。

　　基于 OH 的 LIF 测温已在很多文献中进行了详细讨论,并被应用于多种燃烧环境,其通常采用 OH 的 A – X 跃迁的(0,0)、(1,0)、(3,0)三条荧光谱带。OH 的(0,0)跃迁位于 308nm 附近,尽管该波长有 XeCl 准分子激光器和可调谐染料激光器作为激光源,且该激励线的夫兰克 – 康登因子最强,但该波长的激光和荧光信号很容易被吸收,所以限制了在大尺度火焰中的应用[45,48]。Andresen 等人采用 248nm 的 KrF 准分子激光器开展了位于(3,0)跃迁的预分离荧光研究[49]。在预分离荧光中,泵浦至上能级粒子的预分离过程占主导作用,从而可降低碰撞猝灭等因素对荧光信号的影响。但是,预分离荧光的优势需以牺牲荧光产生效率为代价。其次,温度精确测量还需考虑与预分离速率相关的转动态量子数,Heard[50] 和 Sick[51] 等人的研究表明,忽略转动态量子数 J 对预分离速率的影响会引起明显的测温偏差。另外,在贫油、压强达 15bar 的火焰中会受到 O_2 荧光的干扰,使得在双色 LIF 技术中无法区分 OH 和 O_2 的荧光。因此,基于 OH 荧光的线性 LIF 技术最常采用 A – X 跃迁的(1,0)带,且(1,0)和(0,0)带的宽带探测可降低转动和振动能级转移以及极化效应对测量影响。Lawitzki 等人[52] 详细研究了 OH 的(1,0)带在低压和常压火焰中的温度测量,他们还将测量结果与其他激光诊断技术进行了对比。

　　很难评估 LIF 技术的温度测量不确定度,这是由于需要详细分析影响测量精度的几个物理量和边界条件。根据预期的测温范围,选择热平衡状态下高布居数和高跃迁几率的激励线可获得较好的测量信噪比。为了提高测温灵敏度,可选择初始能级间隔较大的两条激励线,但这意味着其中一条激励线的初始能级处于高能态,这会降低其在热平衡下的布居数。LIF 测温主要的但可避免的误差来源于带宽过窄的信号采集系统,其引起的测温偏差很容易达到数百 K。对于层流火焰温度测量,特别是低压层流火焰,无论是采用玻耳兹曼分布曲线方法,还是通过对激发谱的最小二乘拟合方法,LIF 测温偏差均可控制在几个百分点之内[45,52],其单脉冲测温不确定度通常在 ±10% 左右。Meier 等人[53] 分析了参考温度、碰撞猝灭速率随空间波动、能级相关猝灭等因素对 LIF 测温精度的影响。总之,需要谨记的是,准确的 LIF 测温需要细致地分析燃烧状态,这可通过数值模拟方法来完成[54]。此外,即使是很小的偏离线性激发区,也会产生较大的测温偏差。所以,在双色 LIF 单脉冲测温中,需要采用合适的实验设计避免产生饱和或部分饱和激发。

尽管 LIF 测温通常采用 OH 作为探测对象,但也有很多实验采用 CH、CN、NH 等作为探测对象[45,55,56]。上述自由基作为示踪粒子的主要缺点是它们在火焰中的含量非常低,且它们仅在火焰特定区域存在。采用 O_2 作为示踪粒子也会遇到相同的问题[49,55,56]。NO 似乎可以很好地克服上述缺点,NO 的化学性质比较稳定,如果将其掺混至燃气中,那么 NO 将在整个火焰区域中存在。但是,NO 荧光的主要缺点是其激励波长位于 226nm 附近,该波长很容易激发其他碳氢组分荧光,且 226nm 的激光也很容易被其他组分吸收。相对于 OH 来说,NO 的转动惯量更小,使得 NO 的荧光谱线在高压环境下更容易叠加与融合,进而限制了对 NO 荧光谱线的识别与分析,所以 NO 荧光不适用于超高压强环境下的测量。Tamura 等人[36]采用扫描 NO 在 226nm 附近的 A−X(0,0)荧光谱带实现了 25Torr 层流火焰温度的单色和双色测量,测量结果与相同条件下的 OH−LIF 结果吻合非常好,他们还分析了单色和双色 LIF 测温方法中可能存在的问题。Hartlieb 等人[37]在 50mbar 的富燃丙烯火焰中开展了 NO−LIF 测温研究,并对比了 NO−LIF、OH−LIF、斯托克斯/反斯托克斯拉曼、热电偶之间的测温区别,他们发现几种激光光谱技术之间的测温偏差处于 4%~7% 之间(取决于火焰的测量位置),而热电偶在 1000K 以上时有明显的测量偏差。Vyrodov 等人[35]开展了高压强环境下层流甲烷/空气火焰 NO−LIF 测温研究并分析了 O_2 荧光干扰。在贫油火焰中,O_2 荧光会严重干扰 NO 的荧光谱,所以需要进行全面的光谱模拟分析[59]。在 27bar 压强下,通过最小二乘法拟合 NO 荧光谱方式反演的温度结果与氮气的 CARS 测温结果偏差在 3% 以内。在高压强条件下,若 NO 注入量足够多使得测量有较好的信噪比,那么 NO−LIF 的单脉冲测量精度可以达到 10%。为了克服荧光信号弱和 226nm 激光易被吸收的缺点,可采用 NO 在 248nm 附近的 A−X(0,2)荧光带进行测量[60,61],但该荧光线仅适用于高温环境下测量。结合两种激发机制可拓展测温范围,Palmer 等人[62]采用该方法实现了激波管中温度的二维测量,其测温范围达 125~3100K,单脉冲测温不确定度达到 ±15%,平均温度图像精度优于 ±5%。

为了消除碰撞猝灭等因素对荧光信号的影响,Kaminski 等人[34]采用双色铟原子荧光实现了火花塞点火发动机内温度场的测量。铟原子的注入方式是在发动机运行过程中将 $InCl_3$ 溶液添加至发动机燃料(异辛烷)中,$InCl_3$ 在高温环境下分解产生铟原子,所以在温度位于 800~2800K、压强达 14bar 的火焰中均有铟原子存在。双色铟原子荧光使用的激光源是两台 Nd:YAG 泵浦的染料激光器,其输出波长分别为 451nm 和 667nm。由于采用可见光作为激励源,所以可有效避免激发燃烧场中其他碳氢组分荧光。但是,铟原子的注入量应该控制在一定的范围内,以避免引起火焰冷却效应和铟原子的强吸收。

Einecke 等人[63]采用示踪荧光方法测量了单缸内燃机压缩过程中温度演变情况,他们利用3-戊酮作为示踪粒子,并将其添加入不产生荧光的异辛烷燃料中(添加比为10%)。3-戊酮的吸收带随着温度升高会红移,利用两个波长不同的激光器激发3-戊酮吸收带的两个边缘,燃烧场的温度便可通过测量两个激励荧光的比值来反演,激励激光波长分别为308nm 和248nm,测温范围可覆盖 350~600K。随着温度升高,248nm 的激励荧光会显著降低,为提高3-戊酮的测温范围,可选择波长更长的激光作为激光源,例如266nm 的 Nd:YAG 激光器四倍频光。经过细致的标定,3-戊酮荧光信号比值可直接转换成温度。

6.3.4　相干反斯托克斯拉曼散射技术

目前,用于温度测量的所有相干技术中,相干反斯托克斯拉曼散射(CARS)技术是最为成熟的,已被用于各种复杂燃烧环境温度的测量,例如大尺度燃烧炉、焚化炉、发动机燃烧室等。另一个典型的相干测量技术是简并四波混频(DFWM)技术,DFWM 技术有着与 CARS 技术类似的相干特性,且具有与 LIF 技术类似的分子选择的特点,但 DFWM 技术并没有在实际燃烧环境中获得广泛应用。本书第3章已详细讨论了 CARS 和 DFWM 技术。为了实现模式匹配,相干测量技术要求激光源具有高的光束质量和稳定的模式结构。此外,相干技术产生的光谱一般较为复杂,用其反演温度通常需要很大的计算量。CARS 技术通常选择氮气作为探测对象,这是由于空气燃料火焰中氮气含量非常丰富,且氮气的光谱数据非常完善,通过分析氮气 Q 分支的振转光谱或 S 分支的纯转动光谱便可获取温度信息。当然,一些无氮气的火焰也可采用其他组分开展 CARS 测量,例如火箭发动机中 H_2/O_2 燃烧场,便可选择 H_2 作为探测对象。由于氢气具有非常大的转动和振转的相互作用常数,所以 H_2-CARS 谱通常是由少数几条间隔较大的转动线构成,这些谱线即使在高温情况下也具有很高的强度。此外,H_2 的拉曼谱线宽度要比 N_2 窄 10~100 倍,使得 H_2 的 CARS 谱对激光源的模式结构更为敏感。基于 O_2,CO,CO_2 的 CARS 技术很少用于温度测量,这是由于这些组分在火焰中含量非常少且取决于化学配比和燃烧过程,而且这些组分也缺乏精确的分子光谱数据,所以本章重点介绍基于 N_2 和 H_2 的 CARS 测量技术。

正如第3章所述,CARS 技术是非线性相干过程,对其过程的理解需要详细的理论描述,读者可参见文献[2,66,67]。CARS 是一种拉曼共振的四波混频过程,主要是基于分子对激励激光电磁波的非线性响应,即泵浦光 ω_1 和斯托克斯光 ω_2 通过探测分子三阶非线性系数 $\chi^{(3)}$ 相互作用产生极化振荡,进而产生蓝移的频率为 $2\omega_1-\omega_2$ 的 CARS 信号,图 6.2(d)给出了 CARS 原理示意。当两台激励激光的频率差 $\omega_1-\omega_2$ 趋近探测分子转动态或振转态拉曼频移时,CARS 信号便会大大增强,称为共振 CARS 信号。有效的 CARS 信号产生需要满足相位匹

配条件 Φ, CARS 信号的数学表达式为

$$I(\omega_{\text{CARS}}) \propto I(\omega_1)^2 I(\omega_2) \mid \chi^{(3)} \mid^2 L^2 \Phi \qquad (6.6)$$

式中, $I(\omega_1)$ 与 $I(\omega_2)$ 分别为泵浦光和斯托克斯光的激光能量; L 为满足相位匹配区域的长度; $\chi^{(3)}$ 为三阶非线性极化率。

与非相干的自发拉曼散射光谱不同的是, CARS 光谱的产生是对拉曼谱线结构的破坏和重组的过程, 并且依赖于拉曼谱线位置和线宽。在低压环境下, 如 1bar 左右, 转动态谱线宽度主要由多普勒展宽决定, 所以相邻谱线之间的叠加非常小。随着压强升高, 谱线的压强展宽愈来愈明显, 导致 N_2 的 Q 分支内不同的转动态谱线相互叠加和融合。因此, 分子的碰撞弛豫参数对实现高压强火焰中 CARS 技术温度的准确测量至关重要。但是, 准确的分子碰撞弛豫速率数据非常少, 从头算模型的计算精度也难以达到测量要求, 所以 CARS 测温通常采用参数拟合和定标律的方式[19,68-72]。在压强不是特别高的燃烧环境下, 由于转动态拉曼谱线的间隔较大, 所以 N_2 的纯转动 CARS 谱(如文献[73])和 H_2 的 Q 分支 CARS 谱(如文献[74])仅会有压强展宽效应(没有观察到碰撞压窄效应)。

在稳态高温层流火焰中, 可利用波长扫描 CARS 技术(如文献[75]和[76])或多脉冲平均的宽带 CARS 技术, 而在实际的湍流燃烧场中, 通常采用单脉冲的宽带 CARS 技术。图 6.3(d)给出了 CARS 实验系统构成, 通常主要由 Nd:YAG 二倍频激光器、宽带染料激光器、摄谱仪、CCD 相机等组成。532nm 的 YAG 激光器输出激光作为泵浦光, 宽带染料激光器输出激光作为斯托克斯光(对应的 N_2 的 Q 分支 CARS 谱中心波长 607nm, 带宽为 150cm^{-1}), 为实现高的空间分辨率, 泵浦光和斯托克斯光的空间布局通常采用 BOX-CARS 或 USED-CARS 结构[2], 产生的 CARS 信号经摄谱仪色散后成像于二极管探测器阵列或 CCD 相机上。CARS 技术是点测量, 在实验室火焰中其空间分辨率可优于 1mm, 而在实际燃烧装置中其空间分辨率约为 10mm。Stricker 和 Meier[77] 总结分析了 CARS 技术在实际应用中的系统构成及测量过程。目前, 基于 N_2-Q 分支的 CARS 测温技术已非常成熟, 已成功应用于实验室中的基础燃烧研究[68,76,78,79]以及实际燃烧装置的温度测量[5,80-84]。尽管 CARS 技术可进一步实现一维测量[85], 点测量方法依然具有重要的实际意义。本节所引用的案例只是那些已经公开发表的工作。在实验室环境下, 脉冲平均的 CARS 测温精度可达到 ±(2% ~ 3%), 单脉冲的瞬态测温精度可优于 5%。振动态 N_2-CARS 技术应用于高压强火焰中需要考虑非共振极化率 χ_{NR} 的影响, 这是由于即便 CARS 谱拟合得非常好, 错误的非共振极化率也会引起较大的测温偏差[68]。因此, 在高压强火焰测量中, 建议采用偏振技术来消除非共振的背景 CARS 信号[86], 然而, 理论上 CARS 信号强度会减小十六倍。

虽然 N_2 的 Q 分支 CARS 谱已在各种火焰温度测量中成功应用, 但某些场合

采用纯转动 CARS 谱测温更为有利,这是由于:①纯转动 CARS 谱在中低温度下的测量灵敏度比振动 CARS 谱高;②纯转动 CARS 谱不会受到 C_2 发射谱的影响,所以可用于碳烟火焰温度测量;③燃烧场中很多组分的纯转动 S 分支 CARS 谱具有相同的激光波长范围,所以纯转动 CARS 谱可实现温度和相关组分的同时测量。相对于氮气的 Q 分支振转拉曼频移来说($2330cm^{-1}$),纯转动 CARS 谱的拉曼频移比较小($50\sim350cm^{-1}$),所以二者实现技术上并不同,Kröll 等人[87]分析了纯转动 CARS 与振动 CARS 在测温方法的区别。目前,研究人员已建立起双泵浦转动 CARS 测量方法[88],其采用 YAG 二倍频激光作为 CARS 的泵浦光,同时 YAG 二倍频光还泵浦 DCM 染料激光器,使其输出两束宽带的斯托克斯光。在实际燃烧场应用中,由于纯转动 CARS 谱的拉曼频移小,所以 CARS 信号易受到泵浦激光杂散光的干扰,而常规带通滤光片的带宽不足以仅滤除泵浦激光而让 CARS 信号通过。Bood 等人[89]采用原子滤波器的方法来抑制泵浦光的干扰,他们向火焰中注入钠原子,钠在 589.0nm 处有强的吸收,且吸收线宽非常窄,所以利用 589.0nm 的激光作为 CARS 泵浦光,其杂散光可被钠原子有效吸收。

大量的文献报道了纯转动 CARS 技术的应用,主要内容包括:$T<1410K$,$p<50bar$ 环境下的温度测量[88,90-92];常压环境下,温度达到 2050K[93-95] 及碳烟燃烧场[96]温度的测量;研究不同的激光线宽对测温精度的影响[97];研究高压强环境下(达 440bar)谱线结构及数据反演[73];在内燃机实际燃烧场中的应用[98]。在中等温度下,与热电偶相比,脉冲平均的纯转动 CARS 的测量精度约为 ±3%,单脉冲的测量精度约为 ±10%。由于在高温下纯转动 CARS 谱的测量灵敏度低,所以其在火焰中的温度测量精度会降低。

若采用 H_2 作为探测对象,燃烧场温度的准确反演需要考虑 H_2 与 N_2 的光谱结构和分子特性的不同。由于 H_2 的拉曼谱线之间的间隔较大,所以宽带多路 CARS 技术通常仅能探测两条纯转动谱线或几条 Q 分支的振转谱线。由于燃烧场温度通常至少需要探测两条谱线才能准确反演,所以氢气 CARS 谱的测量误差对测温精度影响较大。主要的影响因素有两点:①相对于 N_2 来说,H_2 的拉曼谱线线宽较窄,所以更易受到激光器模式抖动影响,这一因素在单脉冲测量中更为明显。采用多脉冲累积测量的方式可得到平滑的、时间平均的 CARS 谱,进而可降低谱线强度的统计分散。图 6.4 展示了 H_2 和 N_2 的 Q 分支单脉冲 CARS 谱和脉冲平均 CARS 谱及其反演的温度,可以看出,N_2 的脉冲平均温度与单脉冲温度吻合较好,而 H_2 的脉冲平均温度与单脉冲温度差别较大。因此,在时间分辨测量中,氢气 CARS 系统有必要采用单模 Nd:YAG 激光器/少模宽带染料激光器作为激励激光[99,100]或采用双泵浦 CARS 方法[101]。图 6.5 为采用单模激光器后的氢气 CARS 测温精度,可以看出温度的抖动明显减少。②谱线强度是温度、转动态量子数、分子碰撞特性的函数。在低压情况下($p<1bar$),谱线宽度主要由

多普勒展宽决定,所以燃烧场温度可通过玻耳兹曼分布或谱线参数拟合的方法直接反演得出[102,103]。但是在高压情况下,碰撞展宽将占主导作用,而碰撞展宽一方面受碰撞组分的影响,另一方面也会影响转动态量子数 J,所以高压环境下的温度反演需要准确的碰撞参数[74,100]。Hancock 等人在 Hencken 近绝热炉 H_2/空气火焰中对比了氮气和氢气 CARS 测温的区别[104],结果表明在富燃情况下,二者的测量结果有明显的偏差,偏差主要来源于氢气的谱线强度及展宽系数的误差。

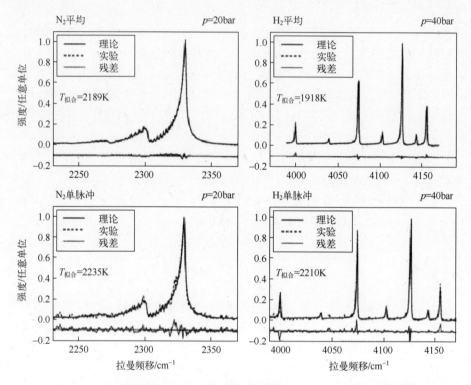

图 6.4　采用多模泵浦激光和宽带染料激光器分别测量的 H_2 与 N_2 的 Q 分支单脉冲 CARS 谱和脉冲平均 CARS 谱及其反演的温度。N_2:化学配比为 1,层流甲烷/空气预混火焰,压强为 20bar;H_2:富燃层流甲烷/空气预混火焰,压强为 40bar(Wiley – VCH 提供)

　　影响 CARS 技术测量精度的主要有饱和拉曼泵浦、大温度梯度下空间分辨率不足导致的平均效应、激光器模式抖动、单脉冲测量中低信号强度限制了信噪比的提高。饱和拉曼泵浦可通过控制激光能量和焦斑尺寸来消除,在每次测量前应该检验是否处于饱和状态,但该效应通常处于测量精度范围内[105]。由于低温下 CARS 信号强,高温下 CARS 信号弱,所以探测区间内的温度不均匀性使得测量结果并不是空间平均温度,而是更偏向于低温。在层流稳态火焰中,可通过将 CARS 激光沿温度梯度最小的方向传播来降低平均效应[106]；在实际湍流火焰中，空间平均效应往往难以通过实验方法修正，所以在数据处理过程中应该将高温谱和低温谱分开处理，分辨的方法既可采用肉眼观察的方法，也可通过 Q 分支振动态的半宽或 1/4 宽度编程处理[107]。为了获得更好的测量精度，单脉冲 CARS 测温过程中还需要降低激光器的模式抖动，这一点对于氢气 CARS 技术尤为重要[108,109]。目前，采用单模 Nd：YAG 激光器和无模式染料激光器建立的 CARS 系统，其在稳态火焰中单脉冲测量精度可达到 25K[110,111]，这代表了当前 CARS 技术的测温精度极限。

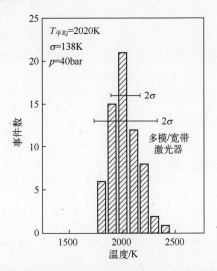

图 6.5　氢气 Q 分支 CARS 谱单脉冲测温波动柱状图。富燃甲烷/空气火焰，压强为 40bar，激励光采用单模 Nd：YAG 激光器和无模式宽带染料激光器。图中还给出了采用多模/宽带激光器测量的温度标准偏差

6.4　温度测量的典型实例

本节重点介绍德国宇航中心（DLR）在燃烧流场温度测量方面的一些典型案例，至于其他火焰温度测量的应用，本章不可能全部详细阐述，感兴趣的读者可参考书中所列的参考文献。

6.4.1　拉曼和瑞利测温在火焰模型验证中的应用

先进火焰模型和计算流体力学（CFD）软件的改进及验证需要准确可靠的湍流火焰数据。鉴于该目的，通常选择标准火焰作为测量对象，以便研究湍流与燃烧反应动力学之间的相互作用。对于低辐射、洁净火焰，例如 H_2/空气或 CH_4/

H₂/空气扩散火焰,拉曼和瑞利散射技术是测量其瞬态温度的最好选择。火焰密度与温度的关系可通过反复测量并结合模型计算的方式来获得。图 6.6 给出了射流火焰径向温度分布测量结果,图中的平均温度是通过单点的拉曼和瑞利散射技术获得的,而瞬态温度是通过二维瑞利散射图像获取的。对于单点的瑞利散射测量来说,其有效的瑞利散射截面是通过脉冲同步的拉曼散射测量火焰成分计算获得。在上述实验中,整个火焰瑞利散射截面变化量仅为 ±3%,所以使用单点的瑞利散射截面去反演二维瑞利单脉冲温度图像的整体误差约为 5%～10%。图 6.6 中两种技术的平均温度基本一致,仅在火焰中心区域二者有65K 的偏差。这是由于在火焰中心区域有更高浓度的多环芳香烃(PAH),而PAH 的荧光会干扰拉曼信号,使得拉曼散射技术的测量精度降低,因此在火焰中心区域瑞利散射测量结果更为准确。通过二维瑞利散射图像可以确定火焰的温度梯度,其在火焰径向最大梯度达到 1200K/mm。这一测量结果对数据分析非常重要,因为激光诊断技术的空间分辨率通常并不能分辨最小的湍流尺度。火焰区域的大温度梯度也进一步支持了当前的火焰模型。本实验中标准射流扩散火焰的详细温度数据及温度抖动情况可参见文献[8]。此外,数值模拟人员也可通过互联网查阅相应的数据[112]。

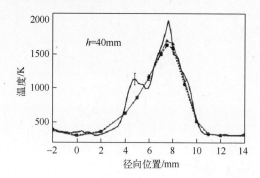

图 6.6　CH₄/H₂/空气射流扩散火焰径向温度轮廓测量结果。

测量位置处于喷管出口 40mm 处,▲拉曼平均温度,

··■··瑞利平均温度,——二维瞬态瑞利温度

6.4.2　实际应用中基于 OH 的二维温度测量

在内燃机和燃气轮机燃烧室工程应用领域,温度分布对于火焰均匀传播以及识别燃烧热点区域或机械结构引起的热负载至关重要。在这些应用研究中,温度的相对分布情况往往比绝对的温度数据更为重要,所以 LIF 技术更适合这些场合的测量。OH 是个很好的示踪粒子,这是由于其在化学平衡火焰或贫燃火焰中含量十分丰富。为了阐明 LIF 技术的实际应用潜力,本节主要探讨两个

测量实验:①火花点火内燃机燃烧室内温度场随曲柄角变化关系测量[113]（与瑞典 VOLVO 公司合作）;②高压强下煤油燃料的航空发动机模拟燃烧室内温度分布测量[114]（与德国 Rolls Royce 公司合作）。

CFD 模拟表明内燃机燃烧室内的温度大约为 2500K,所以选择 OH 的两条具有较大能级间隔的荧光线（A－X(1,0)带的 $P_1(1)$ 和 $R_1(14)$ 线,其能级间隔为 3800cm^{-1},激励波长约 282.7nm）。激励激光采用两台 Nd:YAG 泵浦的染料激光器倍频光,输出的激光首先整形成两个激光片,然后通过偏振分光镜将两个激光片在燃烧室内叠加并共面传播,激光片的平面与内燃机的活塞平面平行。在燃烧室侧面开设一个线状石英窗口,使激光入射到测量区。在活塞顶部开设石英窗口并在活塞底部安装旋转反射镜,对荧光信号进行测量。两台激光器之间的激光延迟为 500ns,这是为了消除两次荧光信号之间的干扰,荧光信号探测采用两台像增强门控 CCD 相机。在该实验中,不同脉冲的激光片光强空间分布抖动非常小,所以可对测量前和测量后的平均空间分布进行校正,采用该方法会引起一定的测量误差,但该方式简化了实验系统,使得在实际应用中更为可行。图 6.7 展示了内燃机曲柄角分别为 342°、384°、354° 下的 OH 二维温度测量结果（也可参考彩图 1）。从图中可以得出两个重要结论:①从测量的中心火焰区面积和温度变化可以看出,虽然发动机的燃料采用预蒸发的异辛烷,但不同循环之间的抖动依然非常大。对于高温情况,单脉冲温度测量精度约为 200K。②测量的温度看起来比较高,但是与在相同实验工况下采用原子荧光技术测量的结果吻合得很好[34]。

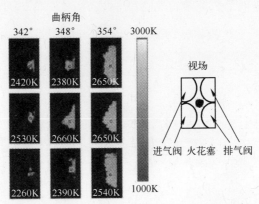

图 6.7　单脉冲二维 OH LIF 技术测量的内燃机燃烧室内温度场随曲柄角度变化关系。燃料采用异辛烷,图片中显示的温度为标记的小方框处温度[113]

航空发动机燃烧室内温度分布测量一直是激光诊断技术的难点,尤其在煤油燃料、压强达 6bar 的实际航空发动机燃烧室中温度测量更是一个极大的挑战。我们采用二维 OH LIF 测温方法在航空发动机分级燃烧室内开展了测量实验,该燃烧室有两个主燃料喷注器和三个引燃燃料喷注器,密封在一个装有大面积光学窗口的压力容器内。燃烧室的光学通道为嵌入到衬壁上的石英片,主要用于两个激光片的输入和荧光信号的采集,通过改变光学窗口位置可实现燃烧室内不同位置的温度测量。两台 Nd:YAG 泵浦的染料激光器倍频光之间的延迟为 500ns,波长分别调谐至 OH 的 A − X(1,0)带的两条荧光吸收线(282 ~ 286nm),激光片的尺寸为 60mm × 0.3mm。考虑到信噪比以及在 1500 ~ 2400K 内温度测量范围能够尽可能地宽,所以选择 OH 的 $Q_1(1)$ 和 $Q_1(11)$ 两条荧光线。荧光信号采集采用两台装有消色差透镜和干涉滤光片的像增强门控 CCD 相机,干涉滤光片的中心波长为 315nm,带宽 30nm。为了提高测量精度,测量中还实时监测每个脉冲激光片的能量分布情况。图 6.8 给出了典型的温度测量结果。二维 OH LIF 测温主要不足有:①在燃料注入口附近(图中阴影区域,或见彩图 2),由于煤油荧光的强烈干扰,使得温度反演失败。可采用芳烃燃料(如 EXXSOL D80)替代航空煤油 Jet A1 来降低煤油荧光的干扰,早期的初步实验表明采用该方式可获得较为满意的测量结果。②基于 OH 的 LIF 测温仅限于 OH 含量丰富的火焰区域,这意味着在低于 1300K 区域内,由于 OH 含量急剧减少,使得该区域的温度测量十分困难。③在湍流火焰中,OH 荧光图像的多脉冲平均要剔除低温情况下的荧光图像,这是由于低温情况下 OH 荧光信号非常弱,用其反演温度有非常大的误差,所以要在数据处理中区分低温和高温 OH 荧光图像。只有 90% 以上的单脉冲图像中均有清晰的荧光区域,才能获取可靠的多脉冲平均温度。

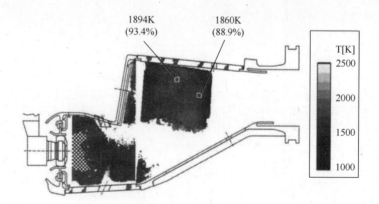

图 6.8 OH − LIF 测量的航空发动机模拟燃烧室内平均温度分布,
燃料为 Jet A1,压强为 6bar。图中的方框标记区域为单脉冲温度
及其统计情况,表明该区域温度平均是可靠的

6.4.3　碳烟火焰中氮气 Q 支 CARS 测温

在碳烟火焰中,氮气 Q 分支 CARS 测温主要受到 C_2 吸收和发射的影响,这是由于 C_2 的发射谱与氮气 Q 分支 CARS 信号在光谱上有部分叠加。根据干扰强度的不同,CARS 测温精度也会不同。此外,碳烟火焰中的多环芳香烃(PAH)产生的背景辐射也会干扰氮气 Q 分支 CARS 信号。为了克服上述问题,碳烟火焰温度测量可采用纯转动 CARS 技术[96] 或分子过滤瑞利散射技术[15],然而,纯转动 CARS 技术会降低温度测量灵敏度,分子过滤瑞利散射技术的应用也十分受限。可行的解决方案是改变氮气 Q 分支 CARS 泵浦光和斯托克斯光的激励波长,例如,泵浦光采用 550nm 的窄带染料激光器替代 532nm 的 Nd:YAG 激光器,斯托克斯光采用 631nm 的宽带染料激光器,这样可将 CARS 信号移至 487nm,在该波长附近几乎没有 C_2 发射谱的干扰。图 6.9 给出了 C_2 在 475 ~ 490nm 处的 Swan 发射谱带及两种泵浦下的 CARS 信号谱,可以看出 487nm 处的 CARS 信号无 C_2 发射谱干扰。图 6.10 为两种泵浦方式的 CARS 技术在乙烯扩散火焰中的温度结果对比。图中空心圆点为传统 CARS 技术测量结果,其仅在无碳烟火焰区域才有可靠的温度测量结果,而在火焰中心区域,C_2 发射谱干扰使得温度反演十分困难。采用新型泵浦方式的 CARS 技术在火焰中心区的碳烟火焰中却有可靠的温度测量结果(图中实方框点)。

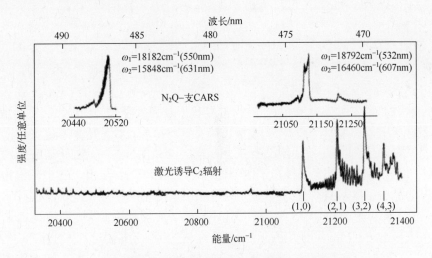

图 6.9　C_2 发射谱对 N_2Q 分支 CARS 信号谱的干扰;改变泵浦光和
斯托克斯光波长将 CARS 信号转移至 C_2 发射谱的"安静"区

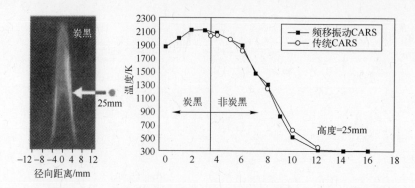

图 6.10　传统 CARS 技术与频率转移的 CARS 技术在层流碳烟火焰中温度测量对比

6.4.4　氮气 CARS 测量航空发动机模拟燃烧室瞬态温度

单脉冲的氮气 Q 分支 CARS 技术已在很多领域中获得应用,甚至用于环境十分恶劣的实际燃烧场。目前,在复杂环境和整个测温范围中 CARS 测温是最为成熟可靠的技术,但其主要不足是单点测量,在实际应用中往往需要大量的单脉冲测量数据(约 1200 个)才能获取燃烧器件内温度抖动和分布情况,所以需要的测量成本高。作为 CARS 测温的一个案例,本节主要介绍 CARS 技术在航空发动机模拟燃烧室中的应用实验(与德国 MTU 公司合作),其工作压强为 6～15bar,燃料为航空煤油,来流为加热的空气,燃烧室采用富油燃烧—快速淬熄—贫油燃烧(RQL)方式的分级结构。燃烧室附近的光学布局采用计算机控制,从而可方便的改变测量位置,而精密的激光器设备远离环境恶劣的测试室,产生的 CARS 信号采用光纤传输至探测系统。激光在燃烧室内长距离传输会受到湍流燃烧场折射率梯度的影响,主要有:①激光在长距离传输后能量会明显衰减,从而使得 CARS 信号强度降低,所以在主要测量位置不宜采用偏振 CARS 方法抑制非共振 CARS 信号;②激光探测位置抖动会降低测量的空间分辨率,若没有火焰扰动影响,实验中的空间分辨率约为 5mm(指 95% 的 CARS 信号在该区域内产生)。图 6.11 给出了富油—淬熄区域内的平均温度测量结果,图中的圆点表示 CARS 探测点,二维温度图像为采用 CARS 测量点插值产生。若修正 CARS 背景信号的影响,其平均温度的测量精度约为 ±60K,否则其测量精度约为 ±100K。作为对比,图 6.11 下图给出了 CFD 模拟结果,考虑到复杂的燃烧过程,二者在温度分布及数值上基本吻合。然而,鉴于 CARS 技术在大尺度、高度湍流燃烧场中的空间分辨率降低约为 7.5mm,所以 CFD 模拟过程中也需要对 ±7.5mm 的区域温度进行积分平均。

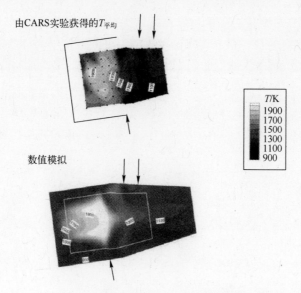

图 6.11　(上图)宽带 CARS 技术测量的 RQL 模拟燃烧室温度分布,发动机在实际工况下运行;(下图)CFD 模拟结果,图中的白框区域表示 CARS 探测区域

6.5　总　　结

近 25 年来,基于激光的燃烧流场温度测量方法获得了快速发展,这是归因于激光器和激光探测技术的进步以及大量的实验和应用研究的开展。目前,多种激光燃烧诊断技术可满足温度场、温度梯度以及热释放率的测量,无论在实验室还是在实际燃烧装置上,各种技术均获得了广泛的应用,温度反演精度和可靠性也得到了相当大的提高。当前,相关的工程技术人员更愿意将激光诊断技术应用于实际的工业应用。然而,需要提醒的是,激光诊断技术的成功应用要求实验人员熟知相关光谱知识并能够熟练操作复杂的、非标准化的激光器和探测设备。最后,成功的温度测量还取决于具体的实验条件,这也是当前的研究热点,所以在开展温度测量前需要系统地分析探测对象的边界条件,从而便于选择合适的测量方法和实验设备。无论采用何种测量技术,测量结果的对比有利于检验测量数据是否可靠,对比方法主要有:与计算结果进行对比,例如绝热火焰模型计算的温度可作为上限值[115];与其他光学诊断技术测量结果对比[52,68];采用标准的燃烧炉或火焰作为参考[104,116]。在实际复杂燃烧环境应用中,氮气 CARS 技术具有最好的测量精度,但是光线扰动和光强衰减影响限制了 CARS 技术在大尺度湍流燃烧场中的应用。OH LIF 测温方法是个非常有价值的测量工具,但其测温范围有限,此外其信号激发和探测方式也需慎重选择。瑞利和拉曼散射

技术的主要优势是简易的实验系统和简单直接的数据反演,对于实验室中的洁净火焰,瑞利和拉曼技术可获得准确可靠的温度测量结果。总之,随着激光技术的进步,新型激光源和高速率、高灵敏度、低噪声的探测器件的出现,激光诊断技术将会获得进一步的发展并被广泛应用于各种实际燃烧环境。

致　　谢

衷心感谢我的同事与合作者 J. Hussong, O. Keck, O. Kunz, R. Lückerath, U. Meier, W. Meier, Y. Schneider – Kühnle,他们无私地提供了部分尚未发表的实验结果,对本章的写作给予了有力的支持。

参 考 文 献

[1] Laurendeau N M. Temperature Measurements by Light – Scattering Methods. Prog. Energy Combust. Sci. , vol. 14, pp. 147 – 170, 1988.

[2] Eckbreth A C. Laser Diagnostics for Combustion Temperature and Species, 2nd Ed. , rev. and updated, Gordon and Breach Publishers, 1995.

[3] Heitor M V, Moreira A L N. Thermocouples and Sample Probes for Combustion Studies. Prog. Energy Combust. Sci. , vol. 19, pp. 259 – 278, 1993.

[4] Desgroux P, Gasnot L, Pauwels J F, et al. Correction of LIF Temperature Measurements for Laser Absorption and Fluorescence Trapping in a Flame. Application to the Thermal Perturbation Study Induced by a Sampling Probe. Appl. Phys. B, vol. 61. pp. 401 – 407, 1995.

[5] Lückerath R, Woyde M, Meier W, et al. Comparison of Coherent AntiStokes Raman – Scattering Thermometry with Thermocouple Measurements and Model Predictions in Both Natural – Gas and Coal – Dust Flames. Appl. Optics, vol. 34, pp. 3303 – 3312, 1995.

[6] Zhao F – Q, Hiroyasu H. The Applications of Laser Rayleigh Scattering to Combustion Diagnostics. Prog. Energy Combust. Sci. , vol. 19, pp. 447 – 485, 1993.

[7] Nguyen Q V, Dibble R W, Carter C D, et al. Raman – LIF Measurements of Temperature, Major Species, OH, and NO in a Methane – Air Bunsen Flame. Combust. Flame, vol. 105, pp. 499 – 510, 1996.

[8] Bergmann V, Meier W, Wolff D, et al. Application of Spontaneous Raman and Rayleigh Scattering and 2D LIF for the Characterization of a Turbulent $CH_4/H_2/N_2$ Jet Diffusion Flame. Appl. Phys. B, vol. 66, pp. 489 – 502, 1998.

[9] Namer I, Schefer R W. Error Estimates for Rayleigh Scattering Density and Temperature Measurements in Premixed Flames. Expts. Fluids, vol. 3, pp. 1 – 9, 1985.

[10] Dally B B, Masri A R, Barlow R S, et al. Instantaneous and Mean Compositional Structure of

Bluff – Body Stabilized Nonpremixed Flames. Combust. Frame, vol. 114, pp. 119 – 148,1998.

[11] Nooren P A,Versluis M,van der Meer T H,et al. Raman – Rayleigh – LIF Measurements of Temperature and Species Concentrations in the Delft Piloted Turbulent Jet Diffusion Flame. Appl. Phys. B,vol. 71,pp. 95 – 111,2000.

[12] Masri A R,Dibble R W,Barlow R S. The Structure of Turbulent Nonpremixed Flames of Methanol Over a Range of Mixing Rates. Combust. Flame,vol. 89,pp. 167 – 185,1992.

[13] Orth A,Sick V,Wolfrum J,et al. Simultaneous 2D Single – Shot Imaging of OH Concentrations and Temperature Fields in an SI Engine Simulator. Proc. Combust. Inst. , vol. 25, pp. 143 – 150,1994.

[14] Kampmann S,Leipertz A,Döbbeling K,et al. Two – Dimensional Temperature Measurements in a Technical Combustor with Laser Rayleigh Scattering. Appl. Optics, vol. 32, pp. 6167 – 6172,1993.

[15] Hofmann D,Leipertz A. Temperature Field Measurements in a Sooting Flame by Filtered Rayleigh Scattering (FRS). Proc. Combust. Inst. ,vol. 26,pp. 945 – 950,1996.

[16] Elliot G S,Boguszko M,Carter C. Filtered Rayleigh Scattering: Toward Multiple Property Measurements. AIAA 2001 – 0301,39th AIAA Aerospace Sciences Meeting and Exhibit,Reno,2001,pp. 1 – 14.

[17] Anderson A. ed. The Raman Effect. vols. I and 2,New York: Marcel Dekker,1971.

[18] Long D A. Raman Spectroscopy. New York: McGraw – Hill,1977.

[19] Stricker W,Woyde M,Lückerath R,et al. Temperature Measurements in High Pressure Combustion. Ber. Bunsenges. Phys. Chem. ,vol. 97,pp. 1608 – 1618,1993.

[20] Kelman J B,Masri A R,Stårner S H,et al. Wide – Field Conserved Scalar Imaging in Turbulent Diffusion Flames by a Raman and Rayleigh Method. Proc. Combust. Inst. , vol. 25, pp. 1141 – 1147,1994.

[21] Gulati A. Raman Measurements at the Exit of a Combustor Sector. J. Propul. Power,vol. 10, pp. 169 – 175,1994.

[22] Brockhinke A,Andresen P,Kohse – Höinghaus K. Quantitative OneDimensional Single – Pulse Multi – Species Concentration and Temperature Measurement in the Lift – off Region of a Turbulent H_2/Air Diffusion Flame. Appl. Phys. B,vol. 61,pp. 533 – 545,1995.

[23] Yeralan S,Pal S,Santoro R J. Major Species and Temperature Profiles of LOX/GH_2 Combustion. AIAA 97 – 2940,33rd AIAA/ASME/SAEI ASEE Joint Propulsion Conference and Exhibit,Seattle,1997,pp. 1 – 9.

[24] Rabenstein F,Leipertz A. One – Dimensional, Time – Resolved Raman Measurements in a Sooting Flame Made with 355 – nm Excitation. Appl. Optics,vol. 37,pp. 4937 – 4943,1998.

[25] Wehrmeyer J A,Yeralan S,Tecu K S. Linewise Raman – Stokes/ Anti – Stokes Temperature Measurements in Flames Using an Unintensified Charge – Coupled Device. Appl. Phys. B,

161

vol. 62, pp. 21 – 27, 1996.

[26] Meier W, Prucker S Cao M – H, et al. Characterization of Turbulent $H_2/N_2/Air$ Jet Diffusion Flames by Single – Pulse Spontaneous Raman Scattering. Combust. Sci. Technol. , vol. 118, pp. 293 – 312, 1996.

[27] Dibble R W, Stårner S H, Masri A R, et al. An Improved Method of Data Aquisition and Reduction for Laser Raman – Rayleigh and Fluorescence Scattering from Multispecies. Appl. Phys. B, vol. 51, pp. 3943, 1990.

[28] Decker M, Schik A, Meier U E, et al. Quantitative Raman Imaging Investigations of Mixing Phenomena in High – Pressure Cryogenic Jets. Appl. Optics, vol. 37, pp. 5620 – 5627, 1998.

[29] Hassel E P. Ultraviolet Raman – Scattering Measurements in Flames by the Use of a Narrow – Band XeCI Excimer Laser. Appl. Optics, vol. 32, pp. 4058 – 4065, 1993.

[30] Cheng T S, Wehrmeyer J A, Pitz R W. Simultaneous Temperature and Multispecies Measurement in a Lifted Hydrogen Diffusion Flame. Combust. Flame, vol. 91, pp. 323 – 345, 1992.

[31] Grünefeld G, Beushausen V, Andresen P, et al. Spatially Resolved Raman Scattering for Multi – Species and Temperature Analysis in Technically Applied Combustion Systems: Spray Flame and Four – Cylinder In – Line Engine. Appl. Phys. B, vol. 58, pp. 333 – 342, 1994.

[32] Knapp M, Luczak A, Beushausen V, et al. Polarization Separated Spatially Resolved Single Laser Shot Multispecies Analysis in the Combustion Chamber of a Realistic SI Engine with a Tunable KrF Excimer Laser. Proc. Combust. Inst. , vol. 26, pp. 2589 – 2596, 1996.

[33] Rabenstein F, Leipertz A. Two – Dimensional Temperature Determination in the Exhaust Region of a Laminar Flat – Flame Burner with Linear Raman Scattering. Appl. Optics, vol. 36, pp. 6989 – 6996, 1997.

[34] Kaminski C F, Engström J, Aldén M. Quasi – Instantaneous Two Dimensional Temperature Measurements in a Spark Ignition Engine Using 2 – Line Atomic Fluorescence. Proc. Combust. Inst. , vol. 27, pp. 85 – 93, 1998.

[35] Vyrodov A O, Heinze J, Dillmann M, et al. Laser – Induced Fluorescence Thermometry and Concentration Measurements on NOA – X (0 – 0) Transitions in the Exhaust Gas of High Pressure CH_4/Air Flames. Appl. Phys. B, vol. 61, pp. 409 – 414, 1995.

[36] Tamura M, Luque J, Harrington J E, et al. Laser – Induced Fluorescence of Seeded Nitric Oxide as a Flame Thermometer. Appl. Phys. B, vol. 66, pp. 503 – 510, 1998.

[37] Hartlieb A T, Atakan B, Kohse – Höinghaus K. Temperature Measurement in Fuel – Rich Non – Sooting Low – Pressure Hydrocarbon Flames. Appl. Phys. B, vol. 70, pp. 435 – 445, 2000.

[38] Kohse – Höinghaus K. Laser Techniques for the Quantitative Detection of Reactive Intermediates in Combustion Systems. Prog. Energy Combust. Sci. , vol. 20, pp. 203 – 279, 1994.

[39] Daily J W. Laser Induced Fluorescence Spectroscopy in Flames. Prog. Energy Combust.

Sci. ,vol. 23,pp. 133 – 199,1997.

[40] Hanson R K,Seitzman J M,Paul P H. Planar Laser – Fluorescence Imaging of Combustion Gases. Appl. Phys. B,vol. 50,pp. 441 – 454,1990.

[41] Cattolica R. OH Rotational Temperature from Two – Line Laser – Excited Fluorescence. Appl. Optics,vol. 20,pp. 1156 – 1166,1981.

[42] Lucht R P,Laurendeau N M,Sweeney D W. Temperature Measurement by Two – Line Laser – Saturated OH Fluorescence in Flames. Appl. Optics,vol. 21,pp. 3729 – 3735,1982.

[43] Cattolica R J,Mataga T G. Rotational – Level – Dependent Quenching of $OHA^2\sum$ ($v' = 1$) by Collisions with H_2O in a Low – Pressure Flame. Chem. Phys. Lett. ,vol. 182,pp. 623 – 631,1991.

[44] Copeland R A,Dyer M J,Crosley D R. Rotational – LevelDependent Quenching of$A^2\sum{}^+$ OH and OD. J. Chem. Phys. ,vol. 82,pp. 4022 – 4032,1985.

[45] Rensberger K J,Jeffries J B,Copeland R A,et al. Laser – Induced Fluorescence Determination of Temperatures in Low Pressure Flames. Appl. Optics,vol. 28,pp. 3556 – 3566,1989.

[46] Kohse – Höinghaus K,Meier U E. Quantitative Two – Dimensional Single Pulse Measurements of Temperature and Species Concentrations Using LIF. in Kuo K K,Parr T P. eds. Non – Intrusive Combustion Diagnostics,New York/Wallingford,UK:Begell House,1994,pp. 53 – 64.

[47] LIFBASE,www. sri. com/psd/lifbase/.

[48] Seitzman J M,Hanson R K. Comparison of Excitation Techniques for Quantitative Fluorescence Imaging of Reacting Flows. AIAA J. ,vol. 31,pp. 513 – 519,1993.

[49] Andresen P,Bath A,Gröger W,et al. Laser – Induced Fluorescence with Tunable Excimer Lasers as a Possible Method for Instantaneous Temperature Field Measurements at High Pressures:Checks with an Atmospheric Flame. Appl. Optics,vol. 27,pp. 365 – 378,1988.

[50] Heard D E. Crosley D R,Jeffries J B,et al. Rotational Level Dependence of Predissociation in the$v' = 3$ level of OH $A^2\sum{}^+$. J. Chem. Phys. ,vol. 96,pp. 4366 – 4371,1992.

[51] Sick V,Decker M,Heinze J,et al. Collisional Processes in the $O_2 B^3\sum_u{}^-$ State. Chem. Phys. Lett. ,vol. 249,pp. 335 – 340,1996.

[52] Lawitzki A,Plath I,Stricker W,et al. Laser – Induced Fluorescence Determination of Flame Temperatures in Comparison with CARS Measurements. Appl. Phys. B,vol. 50,pp. 513 – 518,1990.

[53] Meier U,Kienle R,Plath I,et al. Two Dimensional LIF Approaches for the Accurate Determination of Radical Concentrations and Temperature in Combustion. Ber. Bunsenges. Phys. Chem. ,vol. 96,pp. 1401 – 1410,1992.

[54] LASKIN is a computer program under copyright of DLR,which is available on request:e – mail:ulrich. meiera dlr. de.

[55] Raiche G A,Jeffries J B. Laser – Induced Fluorescence Temperature Measurements in a DC

Arcjet Used for Diamond Deposition. Appl. Optics, vol. 32, pp. 4629 – 4635, 1993.

[56] Luque J, Crosley D R. Radiative, Collisional, and Predissociative Effects in CH Laser – Induced – Fluorescence Flame Thermometry. Appl. Optics, vol. 38, pp. 1423 – 1433, 1999.

[57] Laufer G, McKenzie R L, Fletcher D G. Method for Measuring Temperatures and Densities in Hypersonic Wind Tunnel Air Flows Using Laser – Induced O_2 Fluorescence. Appl. Optics, vol. 29, pp. 4873 – 4883, 1990.

[58] Grinstead J H, Quagliaroli T M, Laufer G, et al. Single – Pulse Temperature Measurement in Turbulent Flame Using Laser Induced O_2 Fluorescence. AIAA J. , vol. 34, pp. 624 – 626, 1996.

[59] Vyrodov A O, Heinze J, Meier U E. Collisional Broadening of Spectral Lines in the A – X (0 – 0) System of NO by N_2, Ar, and He at Elevated Pressures Measured by Laser – Induced Fluorescence. J. Quant. Spectrosc. Radiat. Transfer, vol. 53, pp. 277 – 287, 1995.

[60] Schulz C, Sick V, Wolfrum J, et al. Quantitative 2D Single – Shot Imaging of NO Concentrations and Temperatures in a Transparent SI Engine. Proc. Combust. Inst. , vol. 26, pp. 2597 – 2604, 1996.

[61] Schulz C, Sick V, Heinze J, et al. Laser – Induced Fluorescence Detection of Nitric Oxide in High – Pressure Flames with A – X (0, 2) Excitation. Appl. Optics, vol. 36, pp. 3227 – 3232, 1997.

[62] Palmer J L, McMillin B K, Hanson R K. Multi – Line Fluorescence Imaging of the Rotational Temperature Field in a Shock – Tunnel Free Jet. Appl. Phys. B, vol. 63, pp. 167 – 178, 1996.

[63] Einecke S, Schulz C, Sick V. Measurement of Temperature, Fuel Concentration and Equivalence Ratio Fields Using Tracer LIF in IC Engine Combustion. Appl. Phys. B, vol. 71, pp. 717 – 723, 2000.

[64] Tait N P, Greenhalgh D A. PLIF Imaging of Fuel Fraction in Practical Devices and LII Imaging of Soot. Ber. Bunsenges. Phys. Chem. , vol. 97, pp. 1619 – 1625, 1993.

[65] Grossmann F, Monkhouse P B, Ridder M, et al. Temperature and Pressure Dependences of the Laser – Induced Fluorescence of Gas – Phase Acetone and 3 – Pentanone. Appl. Phys. B, vol. 62, pp. 249 – 253, 1996.

[66] Greenhalgh D A. Quantitative CARS Spectroscopy. in Clark R J H, Hester R E, eds. Advances in Non – Linear Spectroscopy, vol. 15. New York: Wiley, 1988, pp. 193 – 251.

[67] Goss L P. CARS Instrumentation for Combustion Applications. in Taylor A M K P, ed. Instrumentation for Flows with Combustion. London: Academic Press, 1993, pp. 251 – 322.

[68] Woyde M, Stricker W. The Application of CARS for Temperature Measurements in High Pressure Combustion Systems. Appl. Phys. B, vol. 50, pp. 519 – 525, 1990.

[69] Rahn L A, Palmer R E, Koszykowski M L, et al. Comparison of Rotationally Inelastic Collision Models for Qbranch Raman Spectra of N_2. Chem. Phys. Lett. , vol. 133, pp. 513 –

516,1987.

[70]　Lavorel B,Millot G,Bonamy J,et al. Study of Rotational Relaxation Fitting Laws from Calcu-
lation of SRS N_2 Q – Branch. Chem. Phys. ,vol. 115,pp. 69 – 78,1987.

[71]　Robert D. Collisional Effects on Raman Q – branch spectra at High Temperature. in Bist H
D,Durig J R,Sullivan J F, eds. Vibrational Spectra and Structure. vol. 17B, Amsterdam:
Elsevier Science Publishers B. V. ,1989,pp. 57 – 82.

[72]　Porter F M,Greenhalgh D A,Stopford P J,et al. A Study of CARS Nitrogen Thermometry at
High Pressure. Appl. Phys. B,vol. 51,pp. 31 – 38,1990.

[73]　Bood J,Bengtsson P – E,Dreier T. Rotational Coherent Anti – Stokes Raman Spectroscopy
(CARS) in Nitrogen at High Pressures (0. 1 – 44 MPa): Experimental and Modelling Re-
sults. J. Raman Spectrosc. ,vol. 31,pp. 703 – 710,2000.

[74]　Bergmann V,Stricker W. H_2 CARS Thermometry in a Fuel – Rich,Premixed,Laminar CH_4/
Air Flame in the PressureRangeBetween 5 and 40 Bar. Appl. Phys. B, vol. 61, pp. 49 –
57,1995.

[75]　Farrow R L,Trebino R,Palmer R E. High – Resolution CARS Measurements of Temperature
Profiles and Pressure in a Tungsten Lamp. Appl. Optics,vol. 26,pp. 331 – 335,1987.

[76]　Dieβel E,Dreier T,Lange B,et al. CARS Measurements and Numerical Simulation Results
for Methane/Air Counterflow Flames. Ber. Bunsenges. Phys. Chem. , vol. 96,pp. 579 – 585,
1992.

[77]　 Stricker W, Meier W. The Use of CARS for Temperature Measurements in Practical
Flames. Trends Appl. Spectrosc. ,vol. 1,pp. 231 – 260,1993.

[78]　Mantzaras J,Van der Meer T H. Coherent Anti – Stokes Raman Spectroscopy Measurements
of Temperature Fluctuations in Turbulent Natural Gas – Fueled Piloted Jet Diffusion
Flames. Combust. Flame,vol. 110. pp. 39 – 53,1997.

[79]　Bradley D,Gaskell P H,Gu X J,et al. Premixed Turbulent Flame Instability and NO Forma-
tion in a Lean – Burn Swirl Burner. Combust. Flame,vol. 115,pp. 515 – 538,1998.

[80]　Jarrett Jr. O,Antcliff R R,Smith M W,et al. CARS Temperature Measurements in Turbulent
and Supersonic Facilities. in Schooley J F,ed. Temperature,Its Measurement and Control in
Science and Industry,vol. 6,New York:American Institute of Physics,1992,pp. 667 – 672.

[81]　Hughes P M J,Lacelle R J,Parameswaran T. A Comparison of Suction Pyrometer and CARS
Derived Temperatures in an Industrial Scale Flame. Combust. Sci. Technol. , vol. 105,
pp. 131 – 145,1995.

[82]　Hedman P O,Warren D L. Turbulent Velocity and Temperature Measurements from a Gas –
Fueled Technology Combustor with a Practical Fuel Injector. Combust. Flame, vol. 100,
pp. 185 – 192,1995.

[83]　Lückerath R,Bergmann V,Stricker W. Characterization of Gas Turbine Combustion Cham-
bers with Single Pulse CARS Thermometry. AGARD – CP – 598 Advanced Non – Intrusive

Instrumentation for Propulsion Engines,1998,pp. 14. 1 – 14. 7.

[84] Bouma P H, de Goey L P H. Premixed Combustion on Ceramic Foam Burners. Combust. Flame,vol. 119,pp. 133 – 143,1999.

[85] Jonuscheit J, Thumann A, Schenk M, et al. OneDimensional Vibrational Coherent Anti – Stokes Raman – Scattering Thermometry. Optics Lett. ,vol. 21,pp. 1532 – 1534,1996.

[86] Eckbreth A C, Hall R J. CARS Concentration Sensitivity With and Without Nonresonant Background Suppression. Combust. Sci. Technol. ,vol. 25,pp. 175 192,1981.

[87] Kröll S,Bengtsson P – E, Aldén M, et al. Is Rotational CARS an Alternative to Vibrational CARS for Thermometry? Appl. Phys. B,vol. 51,pp. 25 – 30,1990.

[88] Martinsson L,Bengtsson P – E, Aldén M. Oxygen Concentration and Temperature Measurements in N_2 – O_2 Mixtures Using Rotational Coherent Anti – Stokes Raman Spectroscopy," Appl. Phys. B,vol. 62,pp. 29 – 37,1996.

[89] Bood J, Bengtsson P – E, Aldén M. Stray Light Rejection in Rotational Coherent Anti – Stokes Raman Spectroscopy by Use of a Sodium Seeded Flame. Appl. Optics, vol. 37, pp. 8392 – 8396. 1998.

[90] Leipertz A, Seeger T, Spiegel H, et al. Gas Temperature Measurements by Pure Rotational CARS. in Schooley J F, ed. Temperature, its Measurement and Control in Science and Industry. vol. 6, New York: American Institute of Physics,1992,pp. 661 – 666.

[91] Martinsson L,Bengtsson P – E, Aldén M, et al. Applications for Rotational CARS for Temperature Measurements at High Pressure and in Particle – Laden Flames. in Schooley J F, ed. Temperature, its Measurement and Control in Science and Industry. vol. 6, New York: American Institute of Physics,1992. pp. 679 – 684.

[92] Schenk M, Seeger T, Leipertz A. Simultaneous Temperature and Relative O_2 – N_2 Concentration Measurements by Single – Shot Pure Rotational Coherent Anti – Stokes Raman Scattering for Pressures as Great as 5 MPa. Appl. Optics,vol. 39,pp. 6918 – 6925,2000.

[93] Seeger T, Leipertz A. Experimental Comparison of Single – Shot Broadband Vibrational and Dual – Broadband Pure Rotational Coherent Anti – Stokes Raman Scattering in Hot Air. Appl. Optics,vol. 35,pp. 2665 – 2671. 1996.

[94] Thumann A,Schenk M,Jonuscheit J,et al. Simultaneous Temperature and Relative Nitrogen – Oxygen Concentration Measurements in Air with Pure Rotational Coherent Anti – Stokes Raman Scattering for Temperatures to as High as 2050K. Appl. Optics, vol. 36, pp. 3500 – 3505,1997.

[95] Schenk M,Thumann A,Seeger T,et al. Pure Rotational Coherent Anti – Stokes Raman Scattering: Comparison of Evaluation Techniques for Determining Single – Shot Simultaneous Temperature and Relative N_2 – O_2 Concentration. Appl. Optics. vol. 37, pp. 5659 – 5671,1998.

[96] Bengtsson P – E, Martinsson L, Aldén M, et al. Rotational CARS Thermometry in Sooting

Flames. Combust. Sci. Technol. ,vol. 81 ,pp. 129 – 140. 1992.

[97]　Martinsson L,Bengtsson P – E,Aldén M,et al. A Test of Different Rotational Raman Line-width Models:Accuracy of Rotational Coherent Anti – Stokes Raman Scattering Thermometry in Nitrogen from 295 to 1850K. J. Chem. Phys. ,vol. 99 ,pp. 2466 – 2477 ,1993.

[98]　Bengtsson P – E,Martinsson L, Aldén M,et al. Dual – Broadband Rotational CARS Meas-urements in an IC Engine. Proc. Combust. Inst. ,vol. 25 ,pp. 1735 – 1742 ,1994.

[99]　Ewart P. A Modeless,Variable Bandwidth,Tunable Laser. Optics Commun. ,vol. 55 ,pp. 124 – 126 ,1985.

[100]　Hussong J,Stricker W,Bruet X,et al. Hydrogen CARS Thermometry in $H_2 – N_2$ Mixtures at High Pressure and Medium Temperatures:Influence of Linewidths Models. Appl. Phys. B, vol. 70 ,pp. 447 – 454 ,2000.

[101]　Clauss W,Fabelinsky V I,Kozlov D N,et al. Dual – Broadband CARS Temperature Meas-urements in Hydrogen – Oxygen Atmospheric Pressure Flames. Appl. Phys. B, vol. 70 , pp. 127 – 131 ,2000.

[102]　Chen K – H,Chuang M – C,Penney C M,et al. Temperature and Concentration Distribu-tion of H_2 and H Atoms in Hot Filament Chemical – Vapor Deposition of Diamond. J. Appl. Phys. ,vol. 71 ,pp. 1485 – 1493 ,1992.

[103]　Forster J,von Hoesslin M,Uhlenbusch J. Temperature Measurements in CO_2 – Laser – In-duced Pyrolysis Flames for SiC and Ternary SiC/C/B Powder Synthesis by Means of CARS. Appl. Phys. B,vol. 62 ,pp. 609 – 612 ,1996.

[104]　Hancock R D, Bertagnolli K E, Lucht R P. Nitrogen and Hydrogen CARS Temperature Measurements in a Hydrogen/Air Flame Using a Near – Adiabatic Flat – Flame Burner. Combust. Flame,vol. 109 ,pp. 323 – 331 ,1997.

[105]　Attal – Trétout B,Bouchardy P,Magre P,et al. CARS in Combustion:Prospects and Prob-lems. Appl. Phys. B,vol. 51 ,pp. 17 – 24 ,1990.

[106]　Garman J D,Dunn – Rankin D. Spatial Averaging Effects in CARS Thermometry of a Non-premixed Flame. Combust. Flame,vol. 115 ,pp. 481 – 486 ,1998.

[107]　Meier W,Plath I,Stricker W. The Application of Single – Pulse CARS for Temperature Measurements in a Turbulent Stagnation Flame. Appl. Phys. B, vol. 53 , pp. 339 – 346, 1991.

[108]　Snelling D R,Smallwood G J,Sawchuk R A,et al. Precision of Multiplex CARS Tempera-tures Using Both Single – Mode and Multimode Pump Lasers. Appl. Optics,vol. 26 ,pp. 99 – 110 ,1987.

[109]　Snelling D R, Parameswaran T, Smallwood G J. Noise Characteristics of Single – Shot Broadband CARS Signals. Appl. Optics,vol. 26 ,pp. 4298 – 4302 ,1987.

[110]　Snowdon P,Skippon S M,Ewart P. Improved Precision of Single Shot Temperature Meas-urements by Broadband CARS by Use of a Modeless Laser. Appl. Optics,vol. 30 ,pp. 1008

167

　　　　　－1010，1991.

[111]　Snelling D R，Sawchuk R A，Parameswaran T. Noise in Single － Shot Broadband Coherent Anti － Stokes Raman Spectroscopy that Employs a Modeless Dye Laser. Appl. Optics, vol. 33，pp. 8295 － 8301，1994.

[112]　www. st. dlr. de. /EN － CV/flamedat/intro. html.

[113]　Cessou A，Meier U，Stepowski D. Applications of Planar Laser Induced Fluorescence in Turbulent Reacting Flows. Meas. Sci. Technol. ，vol. 11，pp. 887 － 901，2000.

[114]　Meier U E，Wolff － Gaßmann D，Stricker W. LIF Imaging and 2D Temperature Mapping in a Model Combustor at Elevated Pressure. Aerosp. Sci. Technol. ，vol. 4，pp. 403 － 414，2000.

[115]　CHEMKIN － Ⅲ，www. ReactionDesign. com.

[116]　Prucker S，Meier W，Stricker W. A Flat Flame Burner as Calibration Source for Combustion Research：Temperatures and Species Concentrations of Premixed H_2/Air Flames. Rev. Sci. Instrum. ，vol. 65，pp. 2908 － 2911，1994.

第7章 流场诊断

Richard B. Miles

7.1 引　言

近年来,流场诊断的概念已经与复杂流场结构的显示和分析方法紧密联系起来。在流体力学方面,挑战在于对非稳定流动的理解,包括漩涡、湍流、剪切流混合现象、边界层演变和激波相互作用等。在燃烧领域,组分浓度、反应现象、混合与扰动、温度场、火焰区以及非平衡现象等问题则变得尤为重要。过去几年中,对涉及高速流场中能量注入相关联的减阻、激波控制和传输控制等效果的观测也受到了越来越多的关注。

流场诊断技术已经从对流场简单的可视化观测发展成为一系列定量测量的工具,目前正广泛应用于各种流场环境中。基于路径积分的流场测量技术(纹影、阴影、干涉、吸收和自发荧光辐射等),除非是二维流场,无法给出流场局部的定量信息。对于复杂的三维流场,需要借助一些方法对流场进行划分。当然,基于层析数据反演技术,路径积分的测量方法也可能实现对三维流场成像,但是除了柱面对称的流场[1],必须通过多角度的测量才能获得足够的数据用于流场反演。从一个方向对特定区域进行照明,而从另外一个方向对特定区域的光辐射进行观测,特别适合定量测量,这是由于特定区域处于照明和观测矢量的交叉点上,在空间上是分离的。此类方法包括激光诱导荧光(LIF)技术和众多的散射技术等。在这类方法中,需将照明光源扩束整形为激光片,并从垂直于激光片的方向观察荧光辐射或者散射光,可实现对流场某个截面的成像。

7.2　发展历史简介

对流场的研究已经深深吸引了人类几百年的时间,"流场诊断学"也许是最古老的科学之一。早期著名的流场诊断例子可追溯到 Leonardo DaVinci 对水流的素描,Mach 和 Salcher 对超声速射流阴影图像的记录[2]等。在激光发明之前,流场的平面成像技术已经得到了较好的发展[3],然而激光的出现极大地推动了流场诊断学的发展,主要有三方面的原因:①激光的空间相干性使得光片尺度可以非常小,甚至达到衍射极限量级;②激光可以调谐至特定波长,用于对原子或分子激发或将其过滤;③激光能够在可与流场发展时间相比拟的短时间内提供很高的脉冲能量。

流场激光诊断技术的发展与激光器技术和探测技术的发展密切相关。20世纪70年代,窄线宽可调谐染料激光器的出现使得激光诱导荧光(LIF)技术在注入钠种子的高超声速氮流场成像中得到了应用[4],并随后用于注入钠种子的超声速氮流场的诊断。由于钠的吸收谱线正好与早期的染料激光器调谐范围重合,并且具有很强的荧光辐射,只需在流场注入百万分之几(ppm)的浓度量级即可,因此它很自然地成为了流场的示踪剂。图7.1展示的是不完全膨胀超声速氮射流的LIF图像,利用染料激光器的调谐输出照明注入钠种子的超声速氮射流,分别给出了低速(图7.1(a))和高速(图7.1(b))区域的流场图像[5]。但是,由于钠与氧能够发生反应,因此在研究空气流动时不是很有用。为了突破这个限制,以碘作为示踪剂的激光诱导荧光技术得以发展并用于研究超声速氮[6]和空气[7]流场。由于碘有许多条特征谱线,其中一部分与氩离子激光器的输出波长重叠,因此在这种情况下,窄线宽的氩离子激光器可用作照明光源。但由于碘非常活跃,利用碘作为示踪剂在实际应用中存在腐蚀的问题,并且其荧光强度较弱,需在流场中加入相对较高浓度(1000ppm)的碘才能得到可用的信号。利用碘荧光在镀聚四氟乙烯膜的风洞中取得了很好的应用结果[8],但是这些局限性使得碘荧光技术最终还是不能成为通用的工具。

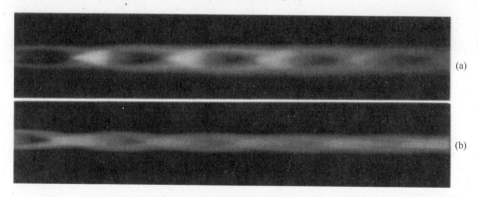

图7.1　注入钠蒸气种子的不完全膨胀超声速氮射流的LIF图像,通过改变激励激光波长分别显示了低速(a)和高速(b)区域[5](美国物理学会提供)

在20世纪70年代末80年代初,高功率脉冲激光技术的发展,使得可调谐激光器的调谐波长拓展到了紫外波段,进而迅速影响了激光诊断学研究。1980年,开始出现用氮激光器泵浦染料激光的倍频输出作为光源,利用激光诱导荧光技术进行火焰中 NO 的探测工作[9]。到 1983 年，首次出现了用 Nd:YAG 激光泵浦染料激光，并利用 NO 的双光子吸收进行温度测量的工作[10]。1984 年，利用 Nd:YAG 激光与染料激光混频输出作为光源，在 226nm 处直接激发 NO 分子获得了荧光图像[11]。1982 年，倍频的 Nd:YAG 激光泵浦染料激光开始用于对火焰中的 OH 进行二维成像[12-14]，到 1984 年激光诱导 OH 荧光技术已经成为了重要的燃烧诊断工具[15]。20 世纪 80 年代中期，注入锁模激光器的运用，导致了基于氧的受激拉曼泵浦[16]、选择性光解离[17,18]等原理的流场标记技术的出现。最近，高功率多脉冲激光器的运用，又孕育了粒子图像测速(PIV)[19]和气相图像测速技术(GIV)[20,21]，它们分别基于粒子和分子的运动相关性进行速度场测量。在探测器方面，早期对图像的记录主要通过胶片进行，但是在 20 世纪 80 年代初，基于光电二极管阵列、像增强电荷注入设备(CID)以及电荷耦合器件(CCD)的相机分辨率达到了可用的水平，随之取代了胶片。利用这些相机得到的图像主要用于速度、温度和密度场测量，数字化的图像格式使得可以对数据进行数值分析，并对流场结构进行彩色增强[22]。

　　对于精确的定量测量，碰撞引起的频移、展宽以及猝灭等带来的影响变得尤为重要。由于猝灭机理依赖于测量的局部环境，因此碰撞效应对温度、密度和摩尔分数等标量数据定量分析的影响十分显著[23]。当然，在一些情况下可以减少猝灭的影响。例如，1984 年，Massey 和 Lenmon[24]建议在利用 LIF 进行氧密度测量时，使用深紫外(192nm)激光波段的高预分离 Schumann-Runge 态跃迁，因为它的预分离速率比碰撞猝灭速率快得多。利用相似的思想，丙酮也被建议用于流场测量[25]，由于丙酮的荧光态寿命取决于内部弛豫机制，而它也几乎不受碰撞猝灭的影响。

　　鉴于在流场中进行分子注入的难度和对信号进行定量分析的问题，发展了一些非 LIF 方法，包括流场中本征分子散射法用于流场诊断。这些方法中最成功的是瑞利散射法。Pitz[27]和 Smith[28]首先提出瑞利散射方法用于燃烧诊断。为了提高信号强度，抑制背景散射噪声，使用丙烷[29]或氟利昂[30]等散射截面较大的分子进行示踪，并利用瑞利散射截面与光源频率的四次方关系[31,32]，选用紫外光源，获得了单脉冲瑞利散射图像。过去的 10 年间，随着高功率注入锁模激光器的发展，并结合分子/原子蒸气滤波器，瑞利成像技术的应用得到加强。过滤瑞利散射的概念在 1990 年首次提出，目前已经发展成为高速流场和温度场成像测量的工具[35,36]。使用这些分子/原子滤波器，让流场中气体分子瑞利散射光通过的同时，有效地抑制来自光学窗口、壁面以及颗粒的背景散射光。通过检测散射光的频移和线型，瑞利散射技术还可以拓展到对流场速度、温度和密度的成像测量[37]。利用平面法布里-珀罗干涉仪，从瑞利散射信号中也能获得流场速度、温度和密度分布信息[38]。

由于拉曼光谱中蕴含了流场中特定组分的能级布居数信息,并且不受碰撞猝灭影响,因此拉曼散射方法可能是流场测量最值得期待的工具。但直至今天,利用拉曼方法进行流场分布测量还十分困难,因为拉曼散射强度比瑞利散射还要弱 2~3 个量级。能够收集到的光子本身就很少,况且还存在很强的来自颗粒、光学窗口和实验容器壁面的散射干扰,以及瑞利散射背景噪声。目前,人们已经获得了可用的一维拉曼数据,但是要得到二维图像则需要更强的拉曼信号,要使用非常高功率的泵浦激光,或利用拉曼信号对泵浦激光频率四次方的依赖关系,选择紫外波段的泵浦光源,或者进行长时间的积分。最近,利用输出波长 532nm 的倍频 Nd:YAG 激光器,已经成功地在平面炉火焰上获得了温度分布图像[43],以及利用输出波长 193nm 激光的 ArF 激光器,成功地对不完全膨胀射流结构进行了成像[44]。这两个实验都使用了多幅图像平均的方法,达到了可接受的信噪比水平。另外,使用紫外波段高功率可调谐激光器,并结合原子带通滤波器,能够获得较强的转动拉曼散射信号[45],这可能提供了进一步迈向瞬态拉曼成像目标的机会。

向流场中注入粒子开启了多种流场成像技术的可能性。实际上,利用水蒸汽和二氧化钛进行"汽幕显示"[3]和烟雾成像[46]已经有很悠久的历史。激光出现后,大大增强了利用这类方法对流场结构成像的能力[47]。最近许多对边界层和激波结构成像的工作都基于冷凝的水蒸汽或二氧化碳[48],并且测量结果已经在研究边界层发展、转变和激波边界层相互作用中发挥了很好的作用。综合使用窄线宽激光和原子或分子滤波器,则可用于对非常贴近壁面处流场的显示,并且可将汽雾密度控制得很低,对流场的干扰很小。例如,图 7.2 给出的是在 3Ma 空气流经 24° 楔状结构激波分离处的边界层波动图像,使用的光源为 500kHz 的窄线宽脉冲 Nd:YAG 激光器,利用流场冷心部分的冷凝汽幕对特征进行显示,碘滤波器用于对背景散射光的滤除[49]。

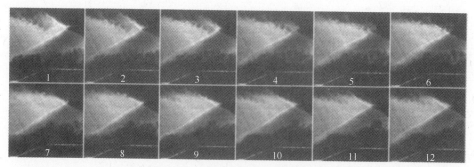

图 7.2 在 2.5Ma 流动中激波边界层相互作用的瑞利散射图像,帧频为每秒 500000 帧。
流动从左至右,散射光来自 10nm 尺度的 CO_2 团在流场冷区的凝结物,但在流场中
不存在边界层和强激波后温度较高的区域[49](Pingfan Wu 提供)

平面激光测速(Planar Laser Velocimetry, PLV)技术或激光散斑测速(Laser Speckle Velocimetry, LSV)技术[50]发展了相关性技术测量流场中注入粒子的位移,其原理是通过对流场中高密粒子的相干散射斑运动的相关运算进行速度测量。这个概念后来被发展用于低密度粒子流场,在胶片上直接记录粒子本身的图像,从而散斑图像相干性带来的起伏被消除了。这种方法已经演变为目前广泛用于流场速度测量[51]的粒子成像速度测量(Partical Imaging Velocimetry PIV)技术[19]。随着高分辨率 CCD 相机的应用,现在的数字 PIV(DPIV)技术用数字图像代替了胶片图像,并在相关过程中用电子处理代替了激光扫描[52]。高功率、双脉冲激光器,高速双曝光行间转移 CCD 相机以及图像处理程序的成熟,已经使得这项技术成为了商品化的实验室工具。由于 PIV 技术是基于特定时间间隔内粒子的位移进行速度测量,因此可以提供非常精确的测量结果。利用图像处理技术,在 CCD 上位移的测量精度可以优于 0.01 个像素[52]。拍摄两幅独立的图像代替一幅双曝光图像,可以在数据处理中使用低噪声互相关技术,并且能够消除粒子运动方向的判别错误。利用拍摄相同位置的两个偏置相机的视差(立体 PIV)[53,54],PIV 技术可被扩展到用于捕捉脱离平面粒子的运动。通过跟踪分子浓度不均匀产生的流场结构[20,21,55]或者利用流场标记技术产生的图像[56],位移相关技术也可在无粒子注入的情况下用于速度场成像。

PIV 技术非常适用于小尺度流场,单个粒子能够成像到探测器上。但是对于大尺度设备,视场限制了单个粒子成像,此时的散射基本上来自连续的粒子云团。在这种情况下,粒子不能够被单独显示,除非注入粒子的密度上存在起伏变化,否则诸如 PIV 的相关技术不适合在大尺度设备中应用。对完全的三维速度矢量测量也是需要的,尤其是在流场的三维特性特别显著时。这些需求导致了平面多普勒测速(Planar Doppler Velocimetry, PDV)技术的发展[57]。这个概念在诺斯罗普(Northrop)被首次提出用于粒子成像[58],而在 NASA Langley 被进一步发展为全场多普勒测速(Doppler Global Velocimetry, DGV)技术[59]。PDV 技术利用原子或分子滤波器进行散射光的收集,而滤波器的吸收边是频率的函数,可以很好地表征。在这种情况下,滤波器的透过率是散射光频率的函数,利用得到的多普勒频移即可计算获得速度。多普勒频移对照明光源和探测器之间夹角的等分线方向的运动敏感,所以利用它得到的速度方向处于照明光片平面外。使用三个相机和一个照明光片,就可以得到所有三个方向的速度分量。更多 PIV 和 PDV 技术的发展和应用信息可参见 Samimy 和 Wernet 的综述文章[53]。

7.3　面临的挑战

流场成像诊断方法通常用于阐明流场结构,其重要性在于能够空间连续地观察流场。在很多情况下,这种连续性的观察可以获得更多的点测量技术远不能获得的信息。经典的例子是 Brown 和 Roshko 所做的工作[60],他们首次对湍流流场大尺度结构进行了识别,他们及其他许多学者获得的图像在 Van Dyke 的《流体运动手册》(*An Album of Fluid Motion*)[61]中都有展示,近期更多关于可视化的概念在《流动、可视化:技术和实例》(*Flow Visualization: Techniques and Examples*)[62]中有详细的讨论。目前,还没有哪一种流场诊断工具能够对流场相关的所有参量进行测量。因此,将流场诊断方法分为以下两类是有意义的:

(1)用于测量温度、压力、密度、组分浓度等标量场的诊断方法;

(2)用于测量速度、漩涡、扩散等输运特性的流场诊断方法。

一般而言,由于温度、组分浓度等标量场对理解燃烧机理的重要性,第一类已经归入燃烧诊断的范畴。第二类大部分属于流体力学领域,但最近,随着对复杂、迅速演化的流场中燃烧动力学的重视,对同一流场的输运和标量特性的同时观测也提出了需求。为了完成这项相当艰难的任务,研究人员正把两种或更多种的流场诊断技术同时建立综合诊断系统,例如瑞利散射[63]、LIF、PIV[64]技术的组合。在某些情况下,甚至使用同一套激光系统就能完成。

7.4　标量参数成像

标量参数成像主要是指对温度、密度和组分摩尔分数的测量。如果流场可能处于非平衡态,则有人或许也会关注一些特定成分的个别能级,从而确定振动能级布居。问题在于很难寻找一种明确的非接触方法测量某种特定的标量参数。大部分情况下,确定任一个特定标量都需知道其他所有的标量参数。即使是看似很直接的纹影、阴影流场密度测量方法,也需要知道流场的折射率,而它又是组分和温度的函数。

7.4.1　密度成像

在复杂流场中,对密度场的成像依赖于散射光强度,该强度正比于取样区分子数。对于那些组分摩尔分数已知的非反应混合气体,例如空气,只需测量其中一个组分密度即可推出其他所有组分的密度。在燃烧流场中,不同组分的摩尔分数在时空上是变化的,因此密度测量实际上变成了对组分摩尔分数的测量。在某些情况下,尤其是对于极度贫燃的火焰,对氮或丙酮等惰性组分的测量结果,可近似用于代替对密度的测量。另外,选择那些在反应区的任意点具有近似相同散射截面的反应物和反应产物,可等价地进行密度测量[65]。对流场的密度测量主要有以下两种方法:

(1) 激光诱导荧光;

(2) 瑞利散射。

拉曼散射也是一种流场标量特性成像的方法,但迄今为止,相比于更容易测量的瑞利散射或激光诱导荧光方法,拉曼散射尚不能比后两者提供更重要的二维图像信息。最近,利用短波光源和过滤技术在这个领域取得的进展或许会改变这种境况。对于点和线测量,拉曼和相干反斯托克斯拉曼散射方法是非常有效的工具[66]。

1. 激光诱导荧光测量密度场

激光诱导荧光过程中,激发光被调谐至流场中被探测组分(原子或分子)的共振吸收线,利用相机对其荧光辐射进行收集。通常情况下,激光束被展宽成薄激光片,相机放置在垂直于光片方向,可拍摄流场一个截面的图像。由于荧光辐射是非相干的,所以相机收集到的光子数正比于在流场中被测组分的数目。单位时间内,与组分 m 中处于初始态 i 的分子数对应的荧光辐射强度可用下式表示:

$$N_{\mathrm{FL}} = \left[\frac{I_{\mathrm{L}}\lambda}{hc} \right] \sigma(T,P,X_j)\, \eta(T,P,X_j)\, \zeta N_{i,m} V \tag{7.1}$$

式中,$N_{i,m}$ 为单位体积被测分子数目;I_{L} 为辐照激光强度;λ 为激光波长;h 为普朗克常数;σ 为吸收截面;V 为探测立体角;X_j 为第 j 种组分的摩尔分数;η 为荧光辐射效率因子;ζ 为测量收集效率。收集效率 ζ 是相机系统收集角、光通量、探测器的量子效率等的函数。荧光产生效率是指光发射速率 A 和激发态原子或分子通过无辐射跃迁回到基态的速率之比。

$$\eta(T,P,X_i) = \frac{A}{A + Q(T,P,X_j) + D + Z + S(I_{\mathrm{L}})} \tag{7.2}$$

无辐射钝化过程包括猝灭(Q)、解离(D)、内部无辐射钝化(Z)和饱和(S)。如果猝灭占主导地位,则从每一个分子收集到的辐射光子数量是分子所处的局部环境的函数,因为引起猝灭的主要原因是分子碰撞。如果其他的无辐射跃迁,比如解离、内部弛豫、辐射或饱和占主导地位,则收集到的光子数与吸收截面和初始状态分子数的乘积成正比。下标 i 指分子某一振转能级 (v,J),对应 LIF 激励的初始状态。若系统处于热平衡态,处于状态 i 的分子布居分数可通过玻耳兹曼关系给出。

钠、碘、NO、OH、O_2 和丙酮均已用于 LIF 密度测量。但在空气和燃烧环境中,最常用的方法还是依赖 NO、OH 和丙酮。NO 的猝灭速率比其他反应速率占优势,因此,它的荧光辐射与测量的局部环境密切相关[67]。虽然 NO 可以用更短波长的激光激发[68],但通常采用的激光波长是 226nm,对应 A－X(0,0)支的转动跃迁。对于 NO,对 LIF 信号强度有贡献的分子数 N_i 是温度和组分摩尔分数的函数,这意味着,利用激光诱导 NO 荧光方法进行密度测量时,温度必须是已知的或者可以被同时测量。在一些情况下,选择温度测量范围内对温度不敏感的能级跃迁,可减少这种影响。文献[69]通过精确地选择激励频率和激光线宽,有效地减少了测量对温度的依赖性,获得了很好的 NO 摩尔分数测量的 LIF 信号。

OH 分子的 A – X(0,0)能带对应的光谱范围为 280 ~ 320nm,可用频率转换脉冲/连续染料激光器或脉冲 XeCl 激光器进行共振激发。但基于 OH 荧光信号强度进行密度的定量测量也是困难的,因为不仅存在很强的猝灭,并且信号强度还受激光功率、与碰撞环境相关的基态粒子数损耗及随后的再填充等因素的影响(参见第 5 章对 LIF 碰撞方面更详细的讨论)。降低猝灭影响的方法有多种,包括使用更短的波长激发分子的预分离态,或者使用激光诱导预分离荧光(LIPF)方法等。实现该过程可利用输出波长为 248nm 的 KrF 准分子激光[68],它将 OH 分子激发到寿命较短的上能级,使得式(7.2)中的分离速率占据主导地位。然而,由于不同的上转动能级的预分离速率不同,使得上能级分子的转动能级分布也必须是已知条件,这就要求在荧光辐射或分离前,对迅速的振动转动能级转移的影响有清楚的了解[71]。另一种方法是使用超短脉冲激光和超短快门的探测器,避开时间较长的荧光辐射进而达到减小猝灭影响的目的[72]。除了基于粒子布居数进行温度测量的方法,也可利用类似于在氮和氦流场中注入钠种子测量中用到的扫描激光方法[73]。文献[70]中利用连续、快速扫描紫外激光开展了此类方法的研究,基于得到的吸收谱线型,通过谱线拟合得到了流场的速度、温度和压力等参数。

由于氧的强猝灭效应,使得激发态的丙酮分子从荧光的单重态到磷光的三重态过渡,因此丙酮的荧光效率主要取决于非常快的内部弛豫速率 Z[式(7.2)]。这大大降低了碰撞猝灭的影响,由于丙酮的荧光辐射强度与它的分子浓度和激光功率成线性关系[25],因此丙酮在密度测量方面是非常有用的示踪分子。丙酮的荧光辐射强度还与温度和压力存在依赖关系,而且这个依赖关系是激发波长的函数[74]。虽然这增加了信号分析的复杂程度,但它还是开启了利用丙酮荧光同时测量流场温度和压力的可能性[75]。图 7.3 的例子(参见彩图 3)给出的是注入 20% 丙酮的低速高温空气射流流过一个 8mm 圆柱的射流混合分数场和温度场[74]。另一个利用丙酮进行混合分数测量的例子是 Ritchie 和 Seitzman 所做的关于控制燃料当量比的工作[76]。

2. 瑞利散射密度场成像

由于瑞利散射信号强度正比于探测区的分子数,因此它是密度测量非常有用的工具。另外,瑞利散射来自于单个分子的电磁感应偶极矩,不涉及能级跃

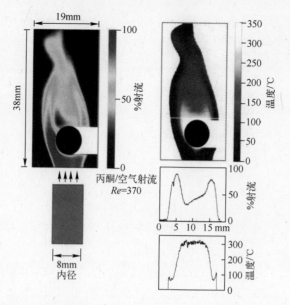

图7.3 注入丙酮的低速高温空气流过一个8mm圆柱的射流混合分数和温度场图像。
照明光源分别为波长308nm和248nm激光,使用柯达行间转移CCD相机以2μs的间隔
进行数据图像记录。曲线给出了圆柱上方(温度图像中指示的位置)
典型的射流分数和温度值(Ronald K. Hanson 提供)

迁,因此散射光是瞬时的,且不存在猝灭。

只要激励波长远离分子的共振频率,温度对瑞利散射截面的影响就可以忽略。来自瑞利散射并被检测到的光子数可写为

$$N_{\text{Ray}} = \left[\frac{I\lambda}{hc} \right] \left[\int_{\Delta\Omega} \frac{\partial\sigma}{\partial\Omega} \right] NV\eta \qquad (7.3)$$

式中,I 为入射激光强度;$\Delta\Omega$ 为收集光路的收集立体角;N 为单位体积内的分子数;V 为散射体积;η 为收集和探测效率;$\partial\sigma/\partial\Omega$ 为瑞利散射微分截面。

表7.1 给出了几种分子对532nm激光的瑞利散射截面(忽略5%的King修正因子[77])。拉曼散射微分截面也列在表中,以进行比较。瑞利和拉曼散射截面与激励激光频率的四次方成正比关系,且随折射率的增加会大大增强。利用瑞利散射进行流场测量的主要难点在于散射截面小造成的散射信号弱,另外,由于瑞利散射光与激励光源频率相同,背景散射也很难消除。因此,利用瑞利散射进行密度测量时需非常小心地对激光光源进行遮挡,以降低背景噪声。图7.4给出的是利用瑞利散射对不完全膨胀超声速自由射流进行成像的例子,用于研究"啸叫"的形成机理。通过扫描激光和逐点采集信息,得到了密度场、密度波动和射流周围相关的压力波动等图像[78]。

表 7.1 标准温度压力条件(STP)下,532nm 激光辐照气体的折射率、微分瑞利和拉曼散射截面[79]

气 体	折射率指数 $/(n-1) \times 10^3$	瑞利微分截面 $/(cm^2/sr) \times 10^{28}$	拉 曼	
			微分截面 $/(cm^2/sr) \times 10^{31}$	频移 $/cm^{-1}$
N_2	0.2994	6.12	3.71	2331
He	0.0349	0.083	—	
空气	0.2935	5.88	—	
O_2	0.2721	5.05	4.55	1555
H_2	0.1399	1.34	8.0	4156
CO_2	0.4511	13/90	5.61	1388
H_2O	0.2531	4.37	3.70	1285
			9.19	3652
			0.0354	1595

注:表中的数据对应于标准大气压条件(273K,1atm)和波长 532nm 的光源

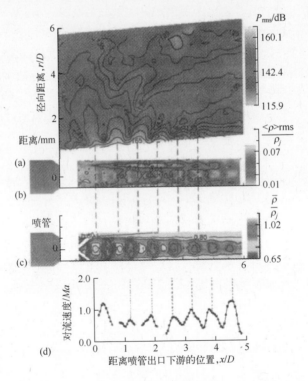

图 7.4 1.19Ma 的不完全膨胀空气射流"啸叫"的产生(J. Panda 和 R. G. Seasholtz 提供)
(a)在射流出口处与"啸叫"相关的压力场图像;(b)瑞利散射测量到的射流密度波动;
(c)瑞利散射测量的射流平面密度图像;(d)利用瑞利散射和麦克风,
测量得到的沿着唇切线的湍流漩涡对流马赫数[78]。

7.4.2　温度成像

关于温度的诊断技术在第 6 章有详细的介绍,本章只介绍温度场成像方法。

1. 激光诱导荧光技术温度成像

在很多情况下,可近似地认为流场中的压力是均匀的,于是可根据气体状态方程,利用密度分布推算流场的温度分布。在绝大多数流场中,理想气体的假设是成立的,温度与密度成反比关系。测量吸收线的温度展宽或振动转动能级布居数,可以实现更加直接的温度测量。对吸收线温度展宽的测量需要使用线宽非常窄的可调谐激光器,因此包括 LIF 在内的大部分方法都是基于对粒子布居数的测量。在热平衡状态下,每个转动、振动能级的粒子布居数都与温度有直接的关系。由于分子的转动模式与平动模式紧密地耦合在一起,因此气体的转动温度通常可以很好地用于表征平动温度。分子振动通常与平动和转动的耦合关系较弱,而且在超声速膨胀和激波后等特殊的环境中,由于快速的冷却或加热过程,振动的非平衡状态是非常普遍的现象,此时振动能级布居数不能反映平动温度。在这些环境中,常常定义"振动温度"的概念,基于该等价温度则需要对振动激发态的布居数进行测量。

利用激光诱导荧光测量流场温度归结为测量特定转动/振动能级的布居分数,并利用布居分数与温度的关系进行温度计算。在大部分情况下,激光诱导荧光信号依赖于许多因素,包括压力、组分摩尔分数以及温度等。这意味着,除非在非常特殊的环境中,通过一幅激光诱导荧光图像不能得到唯一的温度图像[80]。因此,通常需利用反映分子不同的转动/振动能级布居数的两幅荧光图像之比获得温度图像。如果这两幅图像在短到可与流场波动相比拟的时间间隔内获得,则可以消除其他因素的影响,利用图像之比就可以获得温度。在实验上,可利用两个不同频率的激光脉冲分别激励产生两幅荧光图像。或者在一些特殊情况下,也可以利用一个激光脉冲同时激发分子的两个不同跃迁产生不同频段的荧光辐射,然后,利用特殊的滤光片对两个图像分别记录,并进行对比计算[82]。对该过程的精确建模计算需要知道转动能级转移速率和饱和水平,因此一般情况下会增大测量不确定度。但无论如何,温度测量还是比密度测量可靠得多,通过精细地选择激发的上能级,可以将粒子数布居差外的所有因素消除掉,这意味着猝灭并不是一个非常重要的问题。早期的平面温度测量主要基于激光诱导 NO[81]、OH[83] 和 O_2[84] 的荧光。最近,工作的关注点开始转向利用注入流场的丙酮进行温度测量。由于丙酮分子的复杂性,转动/振动线无法进行区分,但在不同的波长激励下,荧光辐射随温度有很大的变化。图 7.3 在给出射流百分比图像的同时,也给出了利用双频率激光激发得到的温度图像。

2. 瑞利散射测温

由于猝灭和饱和带来的不确定度限制了激光诱导荧光技术进行温度场测量的精度。最近,多个学者已经开始了开发瑞利散射技术作为温度测量的替代方法。通常情况下,瑞利散射主要用于密度场测量,而且受到来自实验容器窗口、壁面、流场自身存在的颗粒等背景散射的干扰。利用窄线宽、单模激光器并结合原子或分子带阻滤波器,可对背景散射进行滤除的同时还能收集到大部分的瑞利散射光[35]。这是因为来自流场中颗粒或容器窗口、壁面的散射光是几乎不展宽的,而来自分子的散射光线型会受分子热运动和声运动的影响而加宽[85]。一个光性厚的碘滤波器的带阻宽度在 $0.05\mathrm{cm}^{-1}$ 量级(约 $1.5\mathrm{GHz}$)[86],而瑞利散射光的线宽取决于温度,一般超过 $2\mathrm{GHz}$。因此,滤波器吸收掉了来自表面和颗粒的背景散射及瑞利散射光的中间部分,但同时能够让由于热和声运动展宽的瑞利散射光谱上的两侧部分通过。如果压力为常数,则滤波器的透过率是温度的单调函数。图7.5(参见彩图4)给出了利用瑞利散射在预混甲烷/空气火焰中得到平均的温度轮廓和瞬态温度场图像[57]。在弱电离等离子体中也能通过这种方法得到温度轮廓和温度场图像[87]。

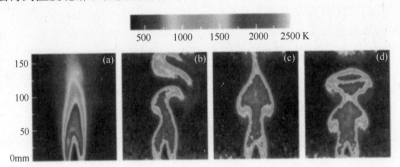

图 7.5 预混甲烷/空气火焰中时间平均(左)和瞬态温度场(Gregory Elliott 提供)(见彩图4)

值得注意的是,带阻的滤波方法本质上是在压力不变的情况下,利用理想气体状态方程通过密度进行温度测量。对激光频率进行扫描,并记录过滤器的透过率与激光频率的关系,可以基于瑞利散射线型对温度进行更基础性的测量[88]。

7.5 输运特性测量

7.5.1 基于分子散射的测量方法

1. 激光诱导荧光测速

LIF 法测速是基于与分子平均运动相关的多普勒频移的测量,碘、NO 和 OH

都是 LIF 法测速非常好的候选示踪物;而 O_2 和丙酮的带宽较宽,相比之下多普勒频移显得太小了,使得它们不适用于速度测量。正像注入钠种子的氮气喷流图像(图 7.1)所示的那样,速度可以通过激光诱导荧光进行识别。这是由于在激光照射方向,流场的运动引起了吸收线的多普勒频移。频移与速度的关系如下式:

$$\Delta f = \frac{v}{\lambda} \tag{7.4}$$

式中,λ 为入射激光波长;v 为在激光照射方向上的速度分量。

在图 7.1 中,照射激光沿着喷流的轴线方向入射,因此图中给出的是沿流动轴线方向上的速度分量图像。

当入射激光波长为 226nm 时(NO – LIF),1m/s 的速度对应的多普勒频移为 4.4MHz。由于热运动、碰撞以及激光自身线宽,吸收线也会被展宽。碰撞带来的线移会引起速度测量误差,但可通过已知的压力或利用相向传输的光束方法进行消除[73]。速度场定量测量的方法是改变激光频率并记录相应的 LIF 强度变化。可通过以下两种方式实现:使用频率扫描的激光器;选择两个或更多特殊的频移捕获图像。频率扫描的方式下,若激光线型已知,则对展宽线型的去卷积计算可以给出温度和一些情况下的气体压力,利用频移量则可得到流场的速度分量[4]。使用该方法的一个例子是在不完全膨胀射流中得到的高质量速度场 OH – LIF 图像[89],实验中使用了相向传输光束、窄线宽、频率扫描、脉冲放大的上转换染料激光器等装置。

激光的扫描虽然可能做到非常快速,但依然需要一定的时间,而这段时间里高速流场的性能可能已发生改变。利用相向入射到测量区域的宽带激光得到的两幅图像,可以实现更加快速的速度测量[91]。使用行间转移相机,这种测量方式目前可以达到微秒级的测量。利用两幅荧光图像的差异给出的是与温度相关的信号,而它们的强度之和与密度相关。图 7.6 给出的是在注入 0.5% NO 种子的不完全膨胀氮射流中得到的与流场轴线成 60°角的速度分量图像,光源为序列双脉冲激光[91]。

2. 利用分子位移测速

在一定的时间间隔内测量气体分子的位移可以进行更加精确的速度测量,但是为了使分子能够用于示踪,需要使用一些方法对它们进行区分。如果利用某些分子在流场中自然的密度变化进行示踪,则必须在它们可以测量到的密度梯度变化区域才能进行速度测量。例如,可以在两个流动交汇的剪切层或在不同的组分未完全混合的区域进行,但问题是在这些密度梯度很陡的界面区域,速度测量会有偏差。在流场中注入可用激光诱导荧光技术进行显示的分子,诸如 NO,可以最大限度地减小这个问题,这种方法被称作气相图像测速(Gas – phase

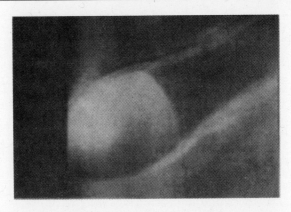

图 7.6　注入 0.5% NO 的不完全膨胀氮射流的速度图像[91]（Ronald K. Hanson 提供）

Imaging Velocimetry, GIV）技术[21]。在获得一定时间间隔的示踪分子图像后, 对它们进行相关运算即可得到速度。流场中某些分子的冷凝会形成具有密度梯度的凝结雾, 也可被用于相关的速度测量[92]。

　　另外, 利用激光改变流场中局部分子的属性可以在流场中创造一些特征, 也可用于对流场进行示踪, 这种称为"流场标记"的方法[56]提供了对湍流和涡流细节的研究能力[93]。在一些情况下, 可以利用在流场中固有的氧气[16,18]或水气[17]进行标记, 但在有些情况下, 需在流场中添加钠[94]或叔丁基硝酸盐[95]等分子进行标记。通常的实验中, 先将直径约 100μm 的标记线"写"入流场, 然后在湍流未严重扭曲它们之前对这些线进行观测。对于流场小尺度波动的精确测量, 主要通过测量标记线的扭曲变形, 而对于流场整体速度的测量, 则需利用相关运算的方法。

3. 瑞利散射测速

　　对于瑞利和微粒散射, 探测器观察到的多普勒频移正比于速度在 $K = k_0 - k_1$ 方向的投影, 其中 k_1 为入射光波矢, k_0 为探测器方向的散射光波矢（图 7.7）。频移量通过下式给出:

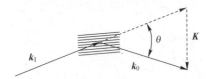

图 7.7　散射示意图。k_1 为入射光波矢, k_0 为观测方向的散射光波矢, 由它们在 $K = k_0 - k_1$ 方向定义了相干矢量

$$\Delta f = \frac{1}{2\pi} K \cdot v \qquad (7.5)$$

式中,

$$|\boldsymbol{K}| = \frac{4\pi}{\lambda}\sin\left(\frac{\theta}{2}\right) \tag{7.6}$$

λ 为激光波长。

K 处于入射激光和探测器方向夹角的等分线上。对于倍频的 YAG 激光器,在 90°散射方向进行探测,沿 45°角方向的速度对应的频移量为 2.66MHz/m/s。注意这个速度分量不在辐照激光片平面内。

当瑞利散射来自气体分子时,可利用原子或分子吸收滤波器进行速度测量。通过扫描激光频率并记录透过滤波器的瑞利散射光强度,可以确定多普勒频移进而得到流场速度。同时,利用获得的瑞利线型,通过去卷积运算,还可以得到流场温度和密度。图7.8给出的是 Forkey 等人[37]利用过滤瑞利散射(FRS)技术对 $2Ma$、接近压力匹配的空气射流进行压力、温度和速度分布测量的结果(参见彩图5)。在这些图像中,流动从下至上,温度和压力分布显示了近似的轴对称结构,由于观测到的速度分量不是沿流动的轴线方向,因此对横激波结构速度的测量将呈现出非轴对称分布。

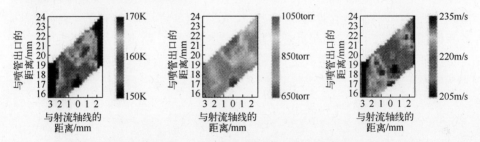

图7.8 过滤瑞利散射技术对 $2Ma$、压力近匹配的空气射流测量得到的温度、压力和速度的时间平均图像。流动从下至上,在流场中部存在一个弱横激波。鉴于入射激光和探测的方向,右边图像中的速度矢量是离轴的且不在激光平面内[37](Springer – Verlag. 提供)

7.5.2 基于粒子的速度场测量方法

最近,两种新的流场输运特性诊断技术得到了发展,即平面成像测速(PIV)和光谱滤波成像技术。与激光诱导荧光和瑞利散射技术一样,在这两种技术中,激励激光被整形成二维激光片。对于 PIV 技术,需在流场中注入粒子并且使用双脉冲激光进行照明用于记录粒子的位移,在粒子密度足够高时,可以给出激光片平面内的速度矢量分布图像。过滤散射方法使用窄线宽的激光作为激励源,并在拍摄相机前放置原子或分子蒸气滤光片对散射光进行观察,使用这种滤光片可以从流场的散射光中解算出多普勒频移,进而计算得到流场速度。

1. 粒子成像测速技术

目前,PIV 技术已经成为二维平面速度测量的通用工具。它是 20 世纪 80 年代后期[96,97]提出的方法,其基本原理是利用流场中粒子随流场运动的双脉冲图像进行速度测量。由于它是基于粒子位移而不是光谱频移测速,所以原则上可以给出非常高的测量精度。另外,粒子位移的测量在入射激光的平面内进行,因此可在该平面内得到正交的速度分量。但离开平面的粒子运动会导致粒子图像对的丢失并因此增加图像噪声。为了对粒子位置进行高质量成像,早期的工作采用胶片对图像进行记录。例如,文献[98]利用时间间隔 0.2ms 的双脉冲红宝石激光器,利用在胶片上双曝光成像,对速度为 102mm/s 流场的速度测量误差达到了约 1% 。在这个实验中,50mm ×60mm 的流场区域被成像到 4" ×5" 大小的胶片上,然后利用氦 – 氖激光器对图像进行逐点扫描,扫描步长为 0.5mm,基于形成的杨氏干涉图样对图像进行自动相关处理,测量区域内包含了 12000 个速度矢量。通过减去平均速度,图 7.9 显著地给出了流场的湍流速度波动。这个实验中,由于整个图像中平均速度是正的,因此两次曝光的粒子图像没有相互干扰。但在强湍流情况下,将会产生流动方向不确定问题,解决这个问题可以分别拍摄两幅图像,然后对它们进行互相关运算。分别拍摄两幅图像的方法有:使用门控相机或行间转移相机对两次激光照明进行分别成像,在两次照明中采用不同颜色的激光,并用对颜色敏感的胶片或相机进行图像拍摄;或利用旋转镜将两幅图像分开,给出平均速度。

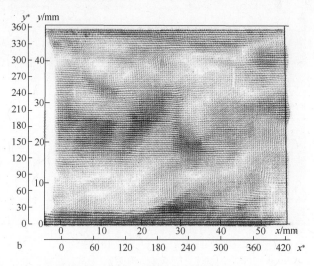

图 7.9 管道流动中减去参考系速度的微分速度图像[98](Ronald J. Adrian 提供)

PIV 技术新近又取得了非常大的进展,最值得关注的是,实现了从胶片记录图像向 CCD 相机记录图像的迈进[52]。为了避免图像上粒子运动方向的模糊并提高注入粒子的密度,需首选双幅图像系统。随着掩膜 CCD 阵列的发展,通过行间转移方式可在小于 1μs 的时间内产生两幅图像,因此快速的双幅图像拍摄已经成为了可能。双激光头 Nd:YAG 系统的发展提供了波长 532nm 的高功率短脉冲(小于 5ns)、间隔时间连续可调的双脉冲激光。图 7.10 给出的是利用数字 PIV(DPIV)对轴流压气机流场进行测量的图像[99],流场由旋转涡轮发动机的压气机产生,转子叶片末端速度 61m/s。注入粒子直径在 0.2μm 量级,拍摄使用 1000×1000 像素的双曝光行间转移 CCD 阵列,空间分辨率 2.5mm。图中显示了在该压缩流动中,回流速度远超过了叶片末端的速度。目前,人们正使用 DPIV 以及其他测量工具,对压气机失速进行定量研究。同时,DPIV 也用于超声速流动的研究,包括马赫数达到 4.5 的激波管流场,并得到了与预想符合很好的结果。在这些实验中,必须注意的是要保证流场中仅存在平均直径小于 0.4μm 的小粒子[100]。

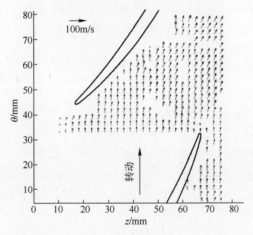

图 7.10　在轴流压气机回流的 DPIV 图像[99](Mark P. Wernet 提供)

2. 平面多普勒测速技术

基于过滤图像的粒子速度场测量概念是 Komine 首次提出的[58],主要是利用窄线宽的连续波氩离子激光器,对注入流场的粒子速度进行测量。这个方法曾被称作“多普勒全场测速技术”,现在被称作平面多普勒测速(PDV)技术。由于粒子在流场中的随机热运动很小,假定它们能够精确地跟随流场,则多普勒频移即反映了当地的流场速度。多普勒频移光是通过碘分子过滤器进行观测的,观测区域的透过率与频率成近似线性关系,此时透过率的变化与频移成正比,即与流场速度成正比。对速度分量的测量与基于瑞利散射的方法类似(见图 7.7)。

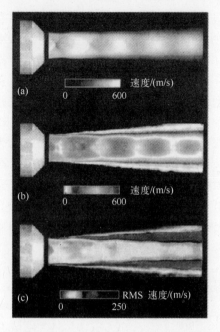

图 7.11 微过膨胀潮湿空气射流的 PDV 速度图像

(a)和(b)轴线速度的时间平均云图;(c)时间平均的 RMS 速度波动。

基于过滤散射的方法(FRS、PDV)的主要特点之一是能够对激光照明区域进行三维速度矢量的测量。Meyers 和 Komine[59]首次对该能力进行了演示,这需要用到多个相机系统,每个从不同的角度对测量区域进行观测。为了确定原子或分子滤波器的透过率,每个相机系统还需要一个参考图像。在 Samimy[53]的工作中,来自每个角度的过滤和未过滤的图像被并列地收集到一个相机中,并且对这些图像进行非常高精度的配准。忽略散粒噪声,对测量精度的主要限制来自于散射光中由于残余的相干性产生的散斑噪声[101]。

使用很小的颗粒,PDV 技术不仅可用于亚音速也适用于超音速流场。图 11 给出的是微过膨胀潮湿超音速射流的 PDV 图像[102]。其中光散射来自水蒸汽凝结的冰簇。图中给出了轴线方向时间平均的速度云图及 RMS 值。该实验还获得了瞬态的射流结构图像。在亚音速区域,最小可分辨的速度是 PDV 测量的关键因素,在旋转参考轮上的一些测量评估显示其测量不确定度可小于 5m/s,最小可测量值能达到低于 2m/s[101]。利用三台相机分别拍摄流场中的同一照明平面,可以获得速度的三个分量,也可通过一台相机和三个照明方向实现[103]。

7.6 总 结

流场的诊断正在成为流体动力学和燃烧物理研究的主要工具,在过去的 20

年间,流场诊断能力已经取得了非凡的进步,并仍在大踏步地前进。高分辨率、高帧频相机技术、多脉冲高功率激光器等取得的新进展极大地推动了诊断技术的发展,并还持续地成为该领域的主要驱动力。目前,用于流场诊断的主要有四项技术:激光诱导荧光(LIF)和平面成像速度测量(PIV)技术已足够成熟并被广泛应用;另一方面,过滤瑞利散射(FRS)和平面多普勒测速(PDV)技术是较新的流场诊断方法,还处于进一步发展阶段。另外,拉曼散射虽然目前还没有成为流场诊断的重要工具,但随着技术的进步,在不远的将来也可能发挥重要作用。但是不参照特定的流场结构,无法对这些不同的技术进行对比评价。本章给出的在超声速不完全膨胀和过膨胀射流中测量的图像反映了各诊断技术的能力。通常,激光诱导 OH 和 NO 荧光已经被证实对于温度和速度场测量特别有用,但是由于猝灭的原因,不适用于密度场测量。而另一方面,激光诱导丙酮荧光这个较新的技术,不仅能够进行温度测量,还能很好地进行密度测量。利用瑞利散射进行温度和密度测量的新方法,尤其是利用吸收滤波器的技术也是有前途的。但由于瑞利散射截面小,使得很难在火焰和等离子体等低密度环境中获得高分辨的单脉冲图像。PIV 技术在广泛的流场环境中已经被证明是非常有用的,并已成为许多实验室的测量仪器。PDV 技术虽然仍处于发展的初期阶段,但是它不仅能够提供高质量的成像,还能够进行三维速度矢量的测量。在测量精度上,每秒几米的测量精度对于高速流场是很令人满意的,但对于低速环境却不够,幸运的是 PIV 技术在低速环境中可以做得很好。

致　谢

非常感谢美国空军科学研究办公室对先进诊断技术的长期资助,在他们的支持下,本章列出的许多方法才得以成为可能。

参 考 文 献

[1] Snyder R,Hesselink,L. Measurement of Mixing Fluid Flows with Optical Tomography. Optics Lett. ,vol. pp. 87 – 89,1988.

[2] Mach E,Salcher P. Optische Untersuchung der Luftstrahlen. vol. 98, Sitzungsber, Akad. Wiss,Wien,1889,pp. 1303 – 1388 plus plate.

[3] McGregor I. The Vapour – Screen Method of Flow Visualization. Fluid Mech. ,vol. 11,pp. 481 – 511,1961.

[4] Miles R B,Udd E,Zimmermann M. Quantitative Flow Visualization in Sodium Vapor – Seeded Hypersonic Helium. Appl. Phys. Lett. ,vol. 32,pp. 317 – 319. 1978.

[5] Cheng S,Zimmermann M,Miles R B. Supersonic Nitrogen Flow Field Measurements with the

Resonant Doppler Velocimeter. Appl. Phys. Lett. ,vol. 43 ,pp. 143 – 145 ,1983.

[6]   McDaniel J C ,Hiller B ,Hanson R K. Simultaneous Multiple – Point Velocity Measurements Using Laser – Induced Iodine Fluorescence. Optics Lett. ,vol. 8 ,pp. 51 – 53 ,1983.

[7]   Fletcher D G ,McDaniel J C. Temperature Measurement in a Compressible Flow Field Using Laser – Induced Iodine Fluorescence. Optics Lett. ,vol. 12 ,pp. 16 – 18 ,1987.

[8]   McDaniel J C ,Graves J. Laser – Induced Fluorescence Visualization of Transverse Gaseous Injection in a Nonreacting Supersonic Combustor. J. Propuls. Power, vol. 4 , pp. 591 – 597 ,1988.

[9]   Grieser D R ,Barnes R H. Nitric Oxide Measurements in a Flame by Laser Fluorescence. Appl. Optics ,vol. 19 ,pp. 741 – 743 ,1980.

[10]   Gross K P ,McKenzie R L. Single Pulse Gas Thermometry at Low Temperatures Using Two – Photon ,Laser – Induced Fluorescence in NO – N_2 Mixtures. Optics Lett. ,vol. 8 ,pp. 368 – 370 ,1983.

[11]   Kychakoff G ,Knapp K ,Howe R D ,et al. Flow Visualization in Combustion Gases Using Nitric Oxide Fluorescence. AIAA J. ,vol. 22 ,pp. 153 – 154 ,1984.

[12]   Aldén M ,Edner H ,Holmstedt G ,et al. Single Pulse Laser – Induced OH Fluorescence in an Atmospheric Flame ,Spatially Resolved with a Diode Array Detector. Appl. Optics ,vol. 21 , pp. 1236 – 1240 ,1982.

[13]   Dyer M J ,Crosley D R. Two – Dimensional Imaging of OH Laser Induced Fluorescence in a Flame. Optics Lett. ,vol. 7 ,pp. 382 – 384 ,1982.

[14]   Kychakoff G ,Howe R D ,Hanson R K ,et al. Quantitative Visualization of Combustion Species in a Plane. Appl. Optics ,vol. 21 ,pp. 3225 – 3227 ,1982.

[15]   Cattolica R J ,Vosen S R. Two – Dimensional Measurements of the [OH] in a Constant Volume Combustion Chamber. Proc. Combust. Inst. ,vol. 20 ,pp. 1273 – 1282 ,1984.

[16]   Miles R ,Cohen C ,Connors J ,et al. Velocity Measurements by Vibrational Tagging and Fluorescent Probing of Oxygen. Optics Lett. ,vol. 12 ,pp. 861 – 863 ,1987.

[17]   Boedeker L R. Velocity Measurement by HO Photolysis and LaserInduced Fluorescence of OH. Optics Lett. ,vol. 14 ,pp. 473 – 475 ,1989.

[18]   Pitz R W ,Brown T M ,Nandula S P ,et al. Unseeded Velocity Measurement by Ozone Tagging Velocimetry. Optics Lett. ,vol. 21 ,pp. 755 – 757 ,1996.

[19]   Adrian R J. Scattering Particle Characteristics and Their Effect on Pulsed Laser Measurements of Fluid Flow: Speckle Velocimetry vs. Particle Image Velocimetry. Appl. Optics , vol. 23 ,pp. 1690 – 1691 ,1984.

[20]   Tokumaru P T ,Dimotakis P E. Image Correlation Velocimetry. Expts. Fluids ,vol. 19 ,pp. 1 – 15 ,1995.

[21]   Grünefeld G ,Gräber A ,Diekmann A ,et al. Measurement System for Simultaneous Species Densities ,Temperature ,and Velocity Double – Pulse Measurements in Turbulent Hydrogen Flames. Combust. Sci. Technol. ,vol. 135 ,pp. 135 – 152 ,1998.

[22]　　Hanson R K. Planar Laser – Induced Fluorescence Imaging. J. Quant. Spectrosc. Radiat. Transfer, vol. 40, pp. 343 – 362, 1988.

[23]　　Kohse – Höinghaus K. Laser and Probe Diagnostics in Fundamental Combustion Research. Israel J. Chem. , vol. 39, pp. 25 – 39, 1999.

[24]　　Massey G A, Lemon C J. Feasibility of Measuring Temperature and Density Fluctuations in Air Using Laser – Induced O_2 Fluorescence. IEEE J. Quantum Electron. , vol. 20, pp. 454 – 457, 1984.

[25]　　Lozano A, Yip B, Hanson R K. Acetone: a Tracer for Concentration Measurements in Gaseous Flows by Planar Laser – Induced Fluorescence. Expts. Fluids, vol. 13, pp. 369 – 376, 1992.

[26]　　Miles R B, Lempert W R, Forkey J N. Laser Rayleigh Scattering. Meas. Sci. Technol. , vol. 12, pp. R33 – R51, 2001.

[27]　　Pitz R W, Cattolica R, Robben F, et al. Temperature and Density in a Hydrogen – Air Flame from Rayleigh Scattering. Combust. Flame, vol. 27, pp. 313 – 320, 1976.

[28]　　Smith J R. Rayleigh Temperature Profiles in a Hydrogen Diffusion Flame. Laser Spectrosc. , SPIE, vol. 158, pp. 84 – 90, 1978.

[29]　　Dyer T M. Rayleigh Scattering Measurements of Time – Resolved Concentration in a Turbulent Propane Jet. AIAA J. , vol. 17, pp. 912 – 914, 1979.

[30]　　Escoda M C, Long M B. Rayleigh Scattering Measurements of the Gas Concentration Field in Turbulent Jets. AIAA J. , vol. 21, pp. 81 – 84, 1983.

[31]　　Miles R B, Lempert W R. Quantitative Flow Visualization in Unseeded Flows. Annu. Rev. Fluid Mech. , vol. 29, pp. 285 – 326, 1997.

[32]　　Dam N J, Rodenburg M, Tolboom R A L, et al. Imaging of an Underexpanded Nozzle Flow by UV Laser Rayleigh Scattering. Expts. Fluids, vol. 24, pp. 93 – 101, 1998.

[33]　　Miles R B, Lempert W R. Flow Diagnostics in Unseeded Air. 28th Aerospace Sciences Meeting, Paper AIAA – 90 – 0624, Reno, NV, 1990.

[34]　　Miles R B, Lempert W R, Forkey J. Instantaneous Velocity Fields and Background Suppression by Filtered Rayleigh Scattering. 29th Aerospace Sciences Meeting, Paper AIAA – 91 – 0357, Reno, NV, 1991.

[35]　　Hofmann D, Leipertz A. Temperature Field Measurements in a Sooting Flame by Filtered Rayleigh Scattering (FRS). Proc. Combust. Inst. , vol. 26, pp. 945 – 950, 1996.

[36]　　Elliott G S, Boguszko M, Carter C. Filtered Rayleigh Scattering: Toward Multiple Property Measurements. 39th AIAA Aerospace Sciences Meeting and Exhibit, Paper AIAA – 2001 – 0301, Reno, NV, 2001.

[37]　　Forkey J N, Lempert W R, Miles R B. Accuracy Limits for Planar Measurements of Flow Field Velocity, Temperature and Pressure Using Filtered Rayleigh Scattering. Expts. Fluids, vol. 24, pp. 151 – 162, 1998.

[38]　　Seasholtz R G, Buggele A E, Reeder M F. Flow Measurements Based on Rayleigh Scattering

and Fabry – Perot Interferometer. Optics Lasers Eng. ,vol. 27,pp. 543 – 570,1997.

[39] Cheng T S,Wehrmeyer J A,Pitz R W. Simultaneous Temperature and Multi – Species Measurement in a Lifted Hydrogen Diffusion Flame. Combust. Flame, vol. 91, pp. 323 – 345,1992.

[40] Rockers W,Huwel L,Grünefeld G,et al. Spatially Resolved Multi – Species and Temperature Analysis in Hydrogen Flames. Appl. Optics,vol. 32,pp. 907 – 918,1993.

[41] Miles P C. Raman Line Imaging for Spatially and Temporally Resolved Mole Fraction Measurements in Internal Combustion Engines. Appl. Optics,vol. 38,pp. 1714 – 1732,1999.

[42] Long M B,Levin P S,Fourguette D C. Simultaneous Two Dimensional Mapping of Species Concentration and Temperature in Turbulent Flames. Optics Lett. ,vol. 10,pp. 267 – 269, 1985.

[43] Rabenstein F,Leipertz A. Two – Dimensional Temperature Determination in the Exhaust Region of a Laminar Flat – Flame Burner with Linear Raman Scattering. Appl. Optics,vol. 36, pp. 6989 – 6996,1997.

[44] Sijtsema N M,Tolboom R A L,Dam N J,et al. TwoDimensional Multi – Species Imaging of a Supersonic Nozzle Flow. Optics Lett. ,vol. 24,pp. 664 – 666,1999.

[45] Finkelstein N D,Lempert W R,Miles R B. Narrow – Linewidth Passband Filter for Ultraviolet Rotational Raman Imaging. Optics Lett. ,vol. 22,pp. 537 – 539,1997.

[46] Mueller T J. Smoke Visualization in Wind Tunnels. Astron. Aeron. , vol. 21, pp. 50 – 62. 1983.

[47] Porcar R,Prenel J P. Visualization of Mixing Zones,of Instabilities and Coherent Structures in Supersonic Jets by Sheets of Laser Light. Optics Commun. ,vol. 41,pp. 417 – 422,1982.

[48] Erbland P J,Rizzetta D P,Miles R B. Numerical and Experimental Investigation of CO_2 Condensate Behavior in Hypersonic Flow. 21st AIAA Aerodynamic Measurement Technology and Ground Testing Conference,Paper AIAA – 2000 – 2379,Denver,CO,2000.

[49] Wu P P. MHz – Rate Pulse – Burst Laser Imaging System: Development and Application in the High – Speed Flow Diagnostics. Ph. D. Thesis,PrincetonUniversity,Mechanical & Aerospace Engineering Department,2000.

[50] Bryanston – Cross P J. High – Speed Flow Visualization. Prog. Aerosp. Sci. ,vol. 23,pp. 85 – 104,1986.

[51] Grant I. Particle Image Velocimetry: a Review. Proc. Inst. Mech. Engrs. C J. Mech. Eng. Sci. ,vol. 211,pp. 55 – 76,1997.

[52] Willert C E,Gharib M. Digital Particle Image Velocimetry. Expts. Fluids,vol. 10,pp. 181 – 193,1991.

[53] Samimy M,Wernet M P. Review of Planar Multiple – Component Velocimetry in High – Speed Flows. AIAA J. ,vol. 38,pp. 553 – 574,2000.

[54] Prasad A K. Stereoscopic Particle Image Velocimetry. Expts. Fluids,vol. 29,pp. 103 – 116,2000.

［55］ Buch K A, Dahm W J A. Experimental Study of the Fine – Scale Structure of Conserved Scalar Mixing in Turbulent Shear Flow. J. Fluid Mech. , vol. 317, pp. 21 – 71, 1996.

［56］ Koochesfahani M. Special Feature: Molecular Tagging Velocimetry. Meas. Sci. Technol. , vol. 11, p. U3, 2000.

［57］ Elliott G S, Beutner T J. Molecular Filter – Based Planar Doppler Velocimetry. Prog. Aerosp. Sci. , vol. 35, pp. 799 – 845, 1999.

［58］ Komine H, Brosnan S J. Instantaneous, Three – Component, Doppler Global Velocimetry. Laser Anemom. , vol. 1, pp. 273 – 277, 1991.

［59］ Meyers J F, Komine H. Doppler Global Velocimetry: a New Way to Look at Velocity. Laser Anemom. , vol. 1, pp. 189 – 296, 1991.

［60］ Brown G L, Roshko A. Density Effects and Large Structure in Turbulent Mixing Layers. J. Fluid Mech. , vol. 64, pp. 775 – 816, 1974.

［61］ Van Dyke M. An Album of Fluid Motion. Stanford, CA: The Parabolic Press, 1982.

［62］ Smits A J, Lim T T. Flow Visualization: Techniques and Examples. London: ImperialCollege Press, 2000.

［63］ Masri A R, Dibble R W, Barlow R S. The Structure of Turbulent Non – Premixed Flames Revealed by Raman – Rayleigh – LIF Measurements. Prog. Energy Combust. Sci. , vol. 22, pp. 307 – 362, 1996.

［64］ Frank J H. Lyons K M, Long M B. Simultaneous Scalar/Velocity Field Measurements in Turbulent Gas Phase Flows. Combust. Flame, vol. 107, pp. 1 – 12, 1996.

［65］ Dibble R W, Hollenbach R E. Laser Rayleigh Thermometry in Turbulent Flames. Proc. Combust. Inst. , vol. 18, pp. 1489 – 1499, 1981.

［66］ Eckbreth A C. Laser Diagnostics for Combustion Temperature and Species, 2nd Ed. TheNetherlands: Gordon and Breach, 1996.

［67］ Tamura M, Berg P A, Harrington J E, et al. Collisional Quenching of CH(A), OH(A), and NO(A) in Low Pressure Hydrocarbon Flames. Combust. Flame, vol. 114, pp. 502 – 514, 1998.

［68］ Rothe E W, Andresen P. Application of Tunable Excimer Lasers to Combustion Diagnostics: a Review. Appl. Optics, vol. 36, pp. 3971 – 4033, 1997.

［69］ Fox J S, Gaston M J, Houwing A F P, et al. Instantaneous Mole Fraction PLIF Imaging of Mixing Layers Behind Hypermixing Injectors. 37th AIAA Aerospace Sciences Meeting and Exhibit, Paper AIAA – 99 – 0774, Reno, NV, 1999.

［70］ Chang A Y, Battles B E, Hanson R K. Simultaneous Measurements of Velocity, Temperature, and Pressure Using Rapid c. w. Wavelength Modulation Laser – Induced Fluorescence of OH. Optics Lett. , vol. 15, pp. 706 – 708, 1990.

［71］ Steffens K L, Jeffries J B, Crosley D R. Collisional Energy Transfer in Predissociative OH Laser – Induced Fluorescence in Flames. Optics Lett. , vol. 18, pp. 1355 – 1357, 1993.

［72］ Bormann F C, Nielsen T, Burrows M, et al. Picosecond Planar Laser – Induced Fluorescence

191

Measurements of $OHA^2 \sum^+ (v' = 2)$ Lifetime and Energy Transfer in Atmospheric Pressure Flames. Appl. Optics, vol. 36, pp. 6129 – 6140, 1997.

[73] Zimmermann M, Miles R B. Hypersonic – Helium – Flow – Field Measurements with the Resonant Doppler Velocimeter. Appl. Phys. Lett. , vol. 37, pp. 885 – 887, 1980.

[74] Thurber M C, Kirby B J, Hanson R K. Instantaneous Imaging of Temperature and Mixture Fraction with Dual – Wavelength Acetone PLIF. 36th AIAA Aerospace Sciences Meeting and Exhibit, Paper AIAA – 98 – 0397. Reno, NV, 1998.

[75] Thurber M C, Hanson R K. Simultaneous Imaging of Temperature and Mole Fraction Using Acetone Planar Laser – Induced Fluorescence. Expts. Fluids, vol. 30, pp. 93 – 101, 2001.

[76] Ritchie B D, Seitzman J M. Acetone Fluorescence Measurements of Controlled Fuel – Air Mixing. AIAA 36th Aerospace Sciences Meeting and Exhibit, Paper AIAA – 98 – 0350, Reno, NV, 1998.

[77] Bucholtz A. Rayleigh Scattering Calculations for the Terrestrial Atmosphere. Appl. Optics, vol. 34, pp. 2765 – 2773, 1995.

[78] Panda J, Seasholtz R G. Measurement of Shock Structure and Shock – Vortex Interaction in Underexpanded Jets Using Rayleigh Scattering. Phys. Fluids. vol. 11, pp. 3761 – 3777, 1999.

[79] Miles R B, Nosenchuck D M. Quantitative Flow Visualization in Sodium Vapor – Seeded Hypersonic Helium. in Gadel – Hak M, ed. Lecture Notes in Engineering, vol. 45, Advances in Fluid Mechanics Measurements, Berlin: Springer – Verlag, 1989.

[80] Seitzman J M, Kychakoff G, Hanson R K. Instantaneous Temperature Field Measurements Using Planar Laser – Induced Fluorescence. Optics Lett. , vol. 10, pp. 439 – 441, 1985.

[81] Lee M P, McMillin B K, Hanson R K. Temperature Measurements in Gases by Use of Planar Laser – Induced Fluorescence Imaging of NO. Appl. Optics, vol. 32. pp. 5379 – 5396, 1993.

[82] Grinstead J H, Laufer G, McDaniel J C. Single – Pulse, 2 – Line Temperature Measurement Technique using KrF Laser – Induced O_2 Fluorescence. Appl. Optics, vol. 34, pp. 5501 – 5512, 1995.

[83] Cattolica R J, Stephenson D A. Two – Dimensional Imaging of Flame Temperature Using Laser – Induced Fluorescence. Prog. Astron. Aeron. , vol. 95, pp. 714 – 721, 1985.

[84] Lee M P, Paul P H, Hanson R K. Laser – Fluorescence Imaging of O_2 in Combustion Flows Using an ArF Laser. Optics Lett. , vol. 11, pp. 7 – 9, 1986.

[85] Tenti G, Boley C D, Desai R C. Kinetic Model Description of Rayleigh – Brillouin Scattering from Molecular Gases. Can. J. Phys. . vol. 52, pp. 285 – 290, 1974.

[86] Forkey J N, Lempert W R, Miles R B. Corrected and Calibrated I_2 Absorption Model at Frequency – Doubled Nd: YAG Laser Wavelengths. Appl. Optics, vol. 36, pp. 6729 – 6738, 1997.

[87] Ionikh Yu Z, Chernysheva N V, Yalin A P, et al. Shock Wave Propagation Through Glow Discharge. Plasmas: Evidence of Thermal Mechanism of Shock Dispersion. 38th AIAA Aer-

ospace Sciences Meeting and Exhibit, Paper AIAA – 2000 – 0714, Reno, NV, 2000.

[88] Yalin A P, Miles R B. Temperature Measurements by Ultraviolet Filtered Rayleigh Scattering Using a Mercury Filter. J. Thermophys. Heat Transfer, vol. 14, pp. 210 – 215, 2000.

[89] Klavuhn K G, Gauba G, McDaniel J C. OH Laser – Induced Fluorescence Velocimetry Technique for Steady, High – Speed, Reacting Flows. J. Propuls. Power, vol. 10, pp. 787 – 797, 1994.

[90] DiRosa M D, Chang A Y, Hanson R K. Continuous – Wave Dye Laser Technique for Simultaneous, Spatially – Resolved Measurements of Temperature, Pressure, and Velocity of NO in an Underexpanded Free Jet. Appl. Optics, vol. 32, pp. 4074 – 4087, 1993.

[91] Paul P H, Lee M P, Hanson R K. Molecular Velocity Imaging of Supersonic Flows Using Pulsed Planar Laser – Induced Fluorescence of NO. Optics Lett. , vol. 14, pp. 417 – 419, 1989.

[92] Erbland P J, Murray R , Etz M R, et al. Imaging the Evolution of Turbulent Structures in a Hypersonic Boundary Layer. 37th AIAA Aerospace Sciences Meeting and Exhihit, Paper AIAA1999 – 0769, Reno, NV, 1999.

[93] Noullez A, Wallace G, Lempert W, et al. Transverse Velocity Increments in Turbulent Flow Using the RELIEF Technique. J. Fluid Mech. , vol. 339. pp. 287 – 307, 1997.

[94] Barker P, Thomas A, Rubinsztein – Dunlop H, et al. Velocity Measurements by Flow Tagging Employing Laser – Enhanced Ionization and Laser – Induced Fluorescence. Spectrochim. Acta B Atom. Spectrosc. , vol. 50, pp. 1301 – 1310, 1995.

[95] Krüger S, Grünefeld G. Gas – Phase Velocity Field Measurements in Dense Sprays by Laser – Based Flow Tagging. Appl. Phys. B, vol. 70, pp. 463 – 466, 2000.

[96] Adrian R J. Multi – Point Optical Measurement of Simultaneous Vectors in Unsteady Flow – a Review. Int. J. Heat Fluid Flow, vol. 7, pp. 127 – 145. 1986.

[97] Merzkirch W. Flow Visualization, 2nd Ed. New York: Academic Press, 1987.

[98] Liu Z – C, Landreth C C, Adrian R J, et al. High Resolution Measurement of Turbulent Structure in a Channel with Particle Image Velocimetry. Expts. Fluids, vol. 10, pp. 301 312, 1991.

[99] Wernet M P, John W T, Prahst P S, et al. Characterization of the Tip Clearance Flow in an Axial Compressor Using Digital PIV. 39th AIAA Aerospace Sciences Meeting and Exhihit. Paper AIAA – 2001 – 0697, Reno, NV, 2001.

[100] Haertig J, Havermann M, Rey C, et al. PIV Measurements in Mach 3. 5 and 4. 5 Shock Tunnel Flow. 39th Aerospace Sciences Meeting and Exhibit, Paper AIAA – 2001 – 0699, Reno, NV, 2001.

[101] McKenzie R L. Measurement Capabilities of Planar Doppler Velocimetry Using Pulsed Lasers. Appl. Optics, vol. 35, pp. 948 – 964, 1996.

[102] Smith M W, Northam G B. Application of Absorption Filter – Planar Doppler Velocimetry to Sonic and Supersonic Jets. 33rd Aerospace Sciences Meeting and Exhibit, Paper AIAA – 95 – 0299. Reno, NV, 1995.

[103] Roehle I, Schodl R, Voigt P, et al. Recent Developments and Applications of Quantitative Laser Light Sheet Measuring Techniques in Turbomachinery Components. Meas. Sci. Technol. , vol. 11, pp. 1023 – 1035, 2000.

第8章 时空多维诊断

Clemens F. Kaminski, Marshall B. Long

8.1 引　言

复杂流动与化学反应的耦合对湍流燃烧研究提出了严峻的挑战。数百种组分在跨几个数量级的时间和空间尺度上同时发生化学反应,对于模拟计算来说这意味着巨大的计算代价,因此实际的操作中往往依赖于对模型的近似和简化[1]。近来,依赖超级计算机,对低雷诺数的流动进行直接求解 Navier – Stokes 方程,即直接数值模拟(Direct Numerical Simulations, DNS)已经成为可能。但对于复杂的化学反应,DNS 方法仅限于对二维和简单几何结构流场的计算。在雷诺平均方法(Reynolds – averaged approaches, RANS)中,通过对 Navier – Stokes 和组分守恒方程的平均去获得感兴趣的平均量。但有两方面原因使得实现起来非常困难:①化学反应的高度非线性;②由于湍流带来的新的未知因素会造成在对相关量进行平均时振荡引起的闭合问题。这就是为什么在湍流燃烧研究中,要对多个参量进行同时测量的主要原因之一,以此可以进行有条件的平均计算,对各参量之间的关系进行实验研究(参见第 14 章)。另外一种有希望的理论计算方法是大涡模拟方法(Large Eddy Simulations, LES)。LES 可以看作是 DNS 和 RANS 方法的组合:在计算分辨力低到仅能与流动中的大能量涡尺寸匹配时,使用 DNS 方法进行处理;对于计算网格尺度不可分辨的更小的结构(一个可能的例子是在释热产生的很薄的火焰面区域),需要采用与 RANS 类似的模型假设(亚格子模型)。

对该问题的研究和模型构建的大量投入都来自于平面激光成像技术的应用。在火焰锋面与涡流的相互作用、对释热有贡献的关键反应的确认、组分在火焰锋面处的扩散等相关课题的大量研究工作中,平面成像技术都扮演了重要角色。

平面成像的原理是利用一个薄光片穿过关心的火焰区域,与火焰中的微粒(固有的或注入的原子、分子等组分)相互作用产生非相干散射,并利用二维探测器阵列对散射光进行记录,得到组分浓度、温度和流动速度等信息。大部分非

194

相干的测量技术都是基于这样的方式,例如拉曼散射、瑞利散射、激光诱导荧光(LIF)、激光诱导炽光(LII)以及 Mie 散射等。本章无意对这些技术进行评述,而是重点关注它们的研发和应用以获得时间和空间多维信息。三维测量以及时间相关的多参数同时测量能力,能够为阐明燃烧新理论提供探测工具,并真正地促进更精确的新物理模型的发展。湍流燃烧实验如同理论研究一样具有挑战性:不仅时空分辨力要求高,而且需要多个激发探测系统,对测量数据的定量处理也很复杂,这也是至今为止对多物理量多维测量工作非常少的原因。

　　本章开头对要讨论的技术背景进行简要回顾,并给出相关的参考文献。然后,对多维测量所需仪器设备的特点进行讨论。之后,列举了一些多维测量的实例,包括多组分二维拉曼测量,粒子成像测速(PIV)技术和平面激光诱导荧光(PLIF)技术的联合测量、时间分辨的浓度场测量、三维成像技术和反应速率成像等。最后,对多维多物理量测量的发展前景进行了展望,并讨论了如何把测量信息与当前的数值计算模型相结合的问题。

8.2　基 础 知 识

8.2.1　理论

　　本章中描述的所有技术都是基于与非相干散射过程(拉曼、瑞利、LIF、Mie、LII 等)相关的二维成像技术。这里不会详述它们的技术细节,关心的读者可以参考一些优秀的专题文献[2,3]。

　　来自非相干散射过程的信号强度可以简单地用下式表述:

$$S = P_i N \sigma q \Omega l \varepsilon \tag{8.1}$$

式中,P_i 为激光功率(假设低于饱和阈值)[2];N 为对散射信号 S 有贡献的微粒数密度,通常 N 与温度(T)和压力(p)有关,因此可以从信号中还原出温度、密度和浓度信息;σ 为散射截面,取决于散射过程中入射激光与散射微粒之间相互作用的物理特性,对于非线性过程(比如双光子吸收过程),它本身还与入射激光功率 P_i 有关;σ 为影响信号强度的主要因素,而且对于不同的散射过程有数个数量级的差异[2]。例如对于典型火焰,激光诱导荧光的散射效率可能是拉曼散射的 10^6 倍,而在相同的环境下,Mie 散射的效率却可以是 LIF 的 10^6 倍。q 可以被理解为由两部分组成:由于竞争过程带来的可能的损失项(比如 LIF 中的碰撞猝灭)和与压力 p、温度 T、其他组分的存在、激发光波长相关的线型信息。Ω 为光学接收立体角;l 为取样长度,涉及测量的空间分辨力;ε 为探测系统的探测效率,取决于探测光路、探测器量子效率、电信号转换效率、光学组件的通带函数以及信号和激励激光的线型等,通常需要利用标定实验确定。

虽然散射过程涉及的物理本质可能非常复杂,但目前对它的理解已足以用于火焰中许多重要参数定量信息的提取。由于第 14 章会对单点或沿一条线上的多参数的定量测量进行详细讨论,这里我们重点关注平面的成像方法,因此多一些对成像方法更详细的论述是恰当的。

8.2.2 平面成像:实用考虑

对于平面成像技术而言,关键的是尽可能地保证对相互作用区域的均匀照明,即保证式(8.1)中入射激光功率 P_i 在整个测量平面的一致性。为了满足这一要求,研究人员已经采取了多种措施。在拉曼和瑞利散射技术中,可以使用多通结构[4],其优点是在有效地平均掉激光束的非均匀性的同时,可以获得非常大的功率谱密度。在干净的无碳烟火焰中,这个方案是非常有效的。其缺点是光路调节很困难,而且需考虑光束在介质中吸收衰减的累加。此外,由于流场的密度梯度带来的折射率梯度会导致光束的发散和空间分辨力的降低。另外一种兼具多通结构优点的技术是在激光腔内形成光片[5]。基于这种方法,灯泵染料激光器已经可以获得与多通单元方案相媲美的均匀光片输出,且光路调节更加容易。与经典的腔外激光整形装置比,腔内整形可以在获得与之比拟的光束束腰的同时,将激光强度提高 5 倍以上。

有一些测量实验使用运动镜或电光调制将激光束机械地扫过测量平面,实现二维成像。但本章不对这些方法进行详细介绍,由于它们必须使用连续激光,激光功率密度不高,再加上机械扫描需要一定的时间,所以无法在湍流场中使用(参见 8.2.4 节关于三维成像方法的讨论)。产生二维激光片最常用的方法是使用柱面透镜望远镜(图 8.1),但这不仅会极大地降低可用的激光强度,而且会加剧光束轮廓的不均匀性。原则上可以对光束进行空间滤波进而改善其不均匀性,但空间滤波通常伴随着不可接受的能量损失。因此,人们通常依赖于对光束轮廓进行在线监测的方法,用于对每个激光脉冲间偏差的修正。这使得实验装

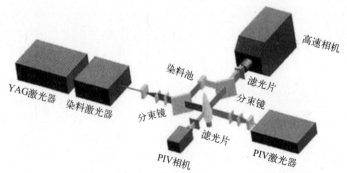

图 8.1 多维成像系统,可以分别得到时间序列的 PLIF 图像和 PIV 流场图像

置和数据分析更加复杂,尤其是在用到多个激光源和探测器时更甚。

空间分辨力取决于探测器阵列的像元尺寸、收集光学系统的景深、图像的放大倍率以及测量区光束的腰斑尺寸。另外,失准直以及像增强器、滤光片、透镜的像差和扭曲会给测量带来潜在的不利影响。通常,在远离光轴的地方空间分辨力会下降。对于多相机实验系统及不同的成像光路,还存在对图像进行像素关联匹配的问题。不同的实验这些影响各不相同,但是一般情况下很难达到小于 $100\mu m^3$ 的体积分辨力。这是需谨记的很重要的一点,因为在这样的分辨力下,对于火焰锋面厚度或最小湍流尺度可能是无法分辨的。如果在小于这个尺度下流场存在大的梯度,则对结果的解释就必须谨慎了。

8.2.3　多维成像装置

图 8.1 给出了利用两套激光和探测系统进行多参量测量的实验系统构成(参见第 2、6、7 和 15 至 17 章对基于激光片的成像技术更详细的介绍)。图中是PIV(参见第 7 章)和高速 OH – PLIF 同时成像的装置,它是 8.3.5 节要讨论的主题。对两个参量同时进行测量的实验设计原则上都与图 8.1 类似,只需选择合适的激励波长和探测器。

首先探讨装置中的 PLIF 部分,Nd:YAG 倍频光泵浦的染料激光束被整形成薄激光片穿过火焰(自左向右)。上方的相机用于拍摄 OH 荧光,相机前放置合适的滤光片用于滤除火焰辐射和激光散射光。激光频率的转换会造成光束空间分布变差,这在多脉冲成像中尤为突出(参见 8.3.5 节),且各激光脉冲之间存在较大的波动。因此有必要用参考光路的方法对光束分布进行监测,图 8.1 显示了它的实现方式:分出的部分激光穿过盛有高度稀释染料的溶液池中,在探测光路上用一个镀膜的分束镜将 OH 荧光和染料荧光信号合并,最后通过调节使得两路信号分别成像到同一相机光敏面的不同区域。注意参考和信号光路必须很好地进行匹配,确保两个信号图像一一对应。后处理过程中,在对 PLIF 图像与激光强度分布图像进行除法运算之前,还需仔细地对两个图像进行变换,使二者能够很好地重叠。其他关于激光强度分布检测的技术也有报道[6],参考光束方法虽然复杂,但对于提供定量数据往往是必需的。

从右边入射的 PIV 激光片需尽可能地调节到与 PLIF 光片重合,图中底部的相机用于拍摄其信号图像(对注入到流场中颗粒的 Mie 散射进行二次曝光,可以构建出流场的速度图像,参见第 7 章)。需指出的是,要格外注意 PIV 和 PLIF光片的重合,尤其是在它们的激励激光波长差别较大时。对于相似焦距的透镜,不同的激光波长、发散角,得到的光束束腰尺寸和焦深会有较大的差异。因此在实际实验中,常常只能在两个照明光片的部分位置实现很好的重合。

8.2.4　三维成像方案

为了充分地分辨湍流结构及其对燃烧化学反应的影响,人们十分期望能够实现参量的三维分布测量,图 8.2 给出了实现该目标的实验装置示意图。图中的快速旋转镜将激光片扫过三维的测量区域,利用相机顺序地记录下火焰不同"切片"的 PLIF 信号,即可重建出测量参数的三维分布图像。实验中需注意的是,要确保激光片的扫描速度快于流动的时间尺度,并且"切片"间的间隔要小于希望得到的最小空间尺寸的 1/2(Nyquist 理论)。通过电光或声光调制器可以实现非常快速的扫描,但利用它们能够产生的最大偏转角比较小,且设备的损耗也较大。因此,在可能的情况下,人们更希望使用同步控制简单、光束质量好的连续激光器。但是除了 Mie 散射,目前可用的连续激光功率还是显得太低,所以还一直在使用脉冲激光器。

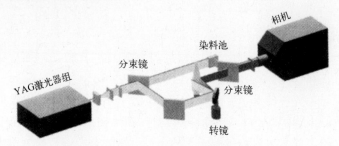

图 8.2　三维成像实验装置示意图,快速旋转镜用于激光束的空间移动

8.2.5　激励光源

至今,已有几种可用于测量实验的高重频激光器系统。闪光灯泵浦时间内两次调 Q(称为"双脉冲模式",DPO)的 Nd:YAG 激光器是常用的设备。两次开关的时间间隔取决于泵浦灯的持续时间和激光介质增益建立时间,通常在 20 ~ 150μs 范围内可调,脉冲能量可以达到 300mJ。对于粒子示踪技术(例如 PIV,参见第 7 章),这种激光器特别有用。最近,基于该方案,利用多次 Q 开关的红宝石激光器[7]实现了闪光灯泵浦时间内频率 500kHz 的 25 个脉冲输出,脉冲能量 25mJ。另一个高重频激光器方案是对连续波 Nd:YAG 激光的输出进行脉冲分割,并作为种子注入到闪光灯泵浦的放大器[8],可以产生重复频率达 1MHz,30 个脉冲能量 1mJ 的脉冲串。为了进行空间点上高速的时间相关的浓度测量,文献[9]介绍了 100MHz 的锁模钛宝石激光系统。高重频的准分子激光器也是非常有前途的工具,在单脉冲能量几毫焦的情况下,重复频率可达 5kHz。当然,上述的重复频率还只能在雷诺数比较低的流场中使用。铜蒸气激光器的输出频率可以达到 50kHz 左右,并且具有很好的光束质量,但输出能量至多能达到几毫

焦。但对于液相物体(例如在喷雾燃烧场)散射或高速纹影、Mie 散射等,这已经是非常理想的光源[10]。诸如氩离子激光器的连续波激光,也可以用于强信号(Mie 散射)的应用实验。与使用连续波激光类似,长脉冲闪光灯泵浦的染料激光器也被用于三维成像实验,其方法是:在激光脉冲持续的时间内,利用探测器的多次曝光进行测量[11]。这类激光器能够产生持续时间几毫秒,能量 1 ~ 10J 的激光脉冲。这样的脉冲持续时间一方面足以分辨大多数流场的时间尺度,另一方面又足够长,能够发挥图 8.2 中旋转镜 + 高速探测器方法的优势。但这些系统也有缺点:在长脉冲持续时间内激光强度会发生变化(因此带来不同位置光片强度的不同),并且很难获得紫外光谱区域的输出波长。

使用多台 Nd:YAG 激光器,对它们的输出进行合束[12],能够方便地产生时间间隔随意可调的激光脉冲串。这里给出了利用四台双脉冲 Nd:YAG 激光器组合系统得到的结果。其中的专利合束技术[13]使用了双色镜将基频(1064nm)和二倍频(532nm)光顺序地重合在一起,可以使能量损失降到最低。该高功率激光系统是可升级的,并能与几乎所有的外部系统同步。其 532nm 的输出可直接使用,也可通过增加配置倍频到 266nm 输出。四个谐振腔输出的脉冲时间间隔可以在 0 ~ 100ms 之间任意选择。如果选择双脉冲模式(DPO),可以输出 8 个脉冲,但也会遇到上文对 PIV 激光器讨论时的限制(每个脉冲对之间的时间间隔的调节范围为 25 ~ 180μs)。对该系统更全面的讨论可参见文献[14]。使用该系统泵浦单独的一台染料激光器即可获得激光的调谐输出[12,14],还可选择对调谐的激光输出进行倍频获得更多的波长。但即便针对这一使用目的对染料激光器进行改良,也依然存在一些问题,原因是当泵浦频率超过 10kHz 时,最快的染料循环系统也不能在两个脉冲间隔时间内对染料溶液进行更新,在整个脉冲串中,"记忆"效应会严重降低激光的输出性能。这被认为是由于染料的漂白和折射率变化(热效应)引起的,而不是在使用连续激光泵浦中所观察到的系统间转移效应[15]。需注意的是,由于功率密度太高,这些问题不能采用连续波激光中用到的染料喷注技术进行解决。从根本上讲,在该系统中使用多台染料激光器是更有用的方案,但是会大大地增加成本和系统的复杂程度。对于该系统中的高速成像,前一节中描述的在线的参考光束分布监测同样是最基本的要求。

8.2.6 探测器技术

像增强技术是在短曝光时间内达到高的探测灵敏度的主要方法。虽然增强型的摄像机可以使用,但其重复频率(在可用的图像尺寸下最大可达到 5kHz)和较低的图像分辨率限制了它们在湍流燃烧精细测量中的应用。目前,已普遍得到应用的 CCD 设备在高速成像中也遇到了瓶颈:对于存储在 CCD 上的电荷,大的动态范围需要较慢的读出速度。于是人们不得不在动态范围和帧频(可以进行连续曝光的频率)之间进行权衡。

以前,人们曾利用机械高速旋转镜将图像扫描到长胶片上的方法实现高速摄影。最近该方法再次被利用,所不同的是使用一连串像增强 CCD 单元(ICCD)代替了胶片,从而使得系统具有更高的灵敏度。这个系统很容易进行升级,但其难点在于与外部系统的同步。

另外一个方法是通过分光将图像在空间上分开,在不同的位置布置独立门控的探测器用于检测不同时刻的信号。以下展现了基于该方法进行的工作[16]。该系统可以在 100MHz 内以任意重复频率拍摄 8 幅图像。如果在入口处配置门控的像增强器,则可以将相机的灵敏度提高到单光子水平,但会将探测速率降低到 1MHz,动态范围降到 8bit。这种方法较难进行定标,并且对于每个通道的可用信号强度会下降,降低程度取决于图像的分幅数量。但另一方面,该方法可以非常灵活地与任何外部系统同步,并且每个 ICCD 相机可以完全独立地进行操作。

还有一种方法被称作帧转移技术。在该技术中,每个光敏元被一些"记忆单元"所包围,光敏元记录的电荷可以被快速地转移。目前已经能够制造出最高帧频 1MHz 带 32 个存储单元的帧转移芯片[17]。该技术的问题是会很大程度地降低芯片的感光面积,从而限制了分辨率和灵敏度。当然,随着超大规模集成(Very Large Scale Integration, VLSI)电路和微透镜阵列制作工艺的持续发展,未来这项技术必然会得到广泛的应用。

对于那些散射截面较小的测量技术(例如拉曼散射),或者在使用示踪物进行测量的情况下,高灵敏度的探测系统是尤其重要的。以上所有探测系统的测量灵敏度理论极限都取决于信号的光散粒噪声统计水平,目前许多探测器已经十分接近它们的极限水平。尤其是 CCD 探测器已经达到 50% ~ 90% 的量子效率,16bit(大于 64000)的动态范围。但由于在许多燃烧实验中对高速快门控制的需求必须使用像增强器,因此 CCD 的高量子效率并不能被充分利用。像增强器的开门时间控制在纳秒量级(对于抑制火焰发光是足够的)时,量子效率则根据波长的不同,降低至 20% ~ 40% 范围。另外,像增强器还会严重地降低探测系统的动态范围和空间分辨率。具有行间转移功能的 CCD 探测器可用于直接提供探测器的电子快门,但是对于一些应用,当前还不具备很好的杂散光抑制能力。在努力地对像增强系统本身问题进行研究解决的过程中,高速机械快门方法最近已经取得了一些进展,特别是线成像中的应用[18]。

8.3 应　　用

8.3.1　主要组分测量

虽然自发拉曼散射是极弱的过程,但它的优势在于很容易对信号进行解释

（它们不受猝灭过程的影响）。原则上,利用单一的激光波长即可检测所有的主要组分。若同时对强许多的瑞利信号进行检测,还能够推算温度信息[19]。但实际操作中,由于拉曼信号实在是太弱了,至今为止,即使利用非常强的激光再加上内腔或多通技术,也仅仅有可能获得一种或两种主要组分的二维分布图像。由于火焰中存在较高浓度的燃料,并且它们具有较大的拉曼散射截面,因此火焰中最可用的拉曼信号常常来于于燃料。Schefer 等人已经利用燃料的拉曼散射并结合同步的微量组分测量对火焰结构进行了大量的研究[20,21]。

8.3.2　混合比/温度测量

在非预混湍流火焰的物理模型构建中,混合比 ξ 是非常重要的参数,它定义为所有源自燃料流的原子的质量分数。人们已经利用自发拉曼散射测量单点主要组分浓度的方法实现了混合比[22,23]的确定。在大量实验数据中,这些研究工作给出的单点统计结果可用于湍流预混火焰研究,并已在数值计算模型的验证和优化中广泛地发挥了作用。但由于缺乏能够获得梯度信息的多维测量数据,仅单点的测量是不够的。标量耗散 χ（定义为 $\chi = 2D\nabla\xi\cdot\nabla\xi$,$D$ 是扩散率）决定了分子的混合率,它在湍流反应流场建模中也很重要。因此非常需要二维甚至三维的混合分数测量能力。

Stårner 等人[24]演示了在某些情况下只需同时测量两个量即可得到流场的混合比和温度。该方法假设了 Lewis 数的一致性以及燃料与氧化剂之间的单步反应,并利用测量的两个量构成一个守恒标量,然后对该守恒标量进行迭代运算得到混合比和温度。最常用的标量是燃料浓度和瑞利散射测量结果,它们可以通过前面讨论的多维测量装置同时进行成像。燃料浓度可利用激光诱导燃料或燃料指示剂的荧光获得,也可通过燃料的拉曼散射得到。燃料荧光方法（利用丙酮或乙醛作为指示剂）可以提供非常高的信号强度,并已证实可用于燃料的全面可视化研究[25]。但对于混合比测量,荧光技术会受到高配比荧光物质的化学反应和高温分解的困扰。而利用拉曼散射进行燃料浓度测量时可以使用更简单的燃料,因此高温分解问题不那么严重[26]。

高信噪比图像才能精确地确定标量梯度。拉曼散射信号弱是其固有弱点,因此需要尽可能地优化激光片强度、激光收集效率、图像处理过程等。对于这些实验,使用上文中介绍的内腔激光装置是很好的选择。为了进一步提高拉曼数据的信噪比,需要进行一定程度的匀化。在拉曼信号不为零的区域,拉曼图像和瑞利图像是高度相关的,因此瑞利图像可用于对拉曼图像匀化过程的优化。通过沿瑞利图像的等强度轮廓对拉曼图像进行匀化,有可能在保持图像梯度信息的同时,将信噪比提高约 10 倍[27]。

这种双标量法已经在许多不同结构的火焰中用以进行标量梯度的测量,包括甲烷扩散托举火焰[28]、氢扩散火焰[29]和非预混甲烷空气引燃火焰[30]。图 8.3 给出了上述最后一种火焰的温度、混合比、标量耗散图像。为了进一步洞察混合比结果,通过增加额外的相机和激光片[31.32],还对其他的一些标量进行了同时测量。

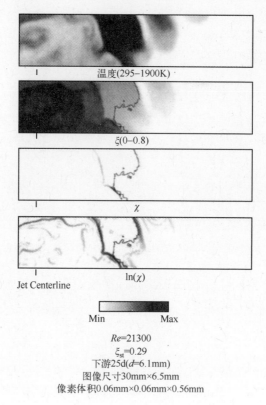

图 8.3　通过甲烷的瑞利和拉曼散射同时成像得到的温度、
混合比图像和标量耗散及其对数图像,黑线给出了理想配比轮廓

8.3.3　微量组分测量

自 20 世纪 80 年代 OH 的平面诱导荧光(PLIF)被首次报道以来[33-35],利用平面激光诱导荧光测量微量组分已成为激光诊断技术领域最活跃和多产的技术之一。关于 LIF 技术所能测量组分种类的论述请参见第 2 章,对 PLIF 技术的评述可以参见文献[36-38]。通常情况下,利用荧光技术进行定量测量必须考虑无辐射猝灭的影响。但对于一些组分,通过恰当的荧光激励线选择可以将猝灭效应的影响降到可接受的水平,此时可以认为组分浓度与荧光强度成正比(在可容忍的误差范围内)[39,40]。因此选择正确的激励线非常重要,并且需要详细

地了解猝灭受温度、压力和局部组分环境的影响。庆幸的是,在这个领域人们已经开展了大量有意义的工作,已构建的"界面友好"的猝灭模型对于许多重要的燃烧组分都适用[41](参见第 5 章)。

由于湍流火焰的复杂性,单一组分的测量常常会带来解释上的困难。因此,在过去的几年里,人们更多地开始关注综合使用多种平面图像技术进行同时测量,进而提供更易解释、更完整的数据。Donbar 等人[42]组合使用 CH 和 OH 成像技术用于非预混射流火焰测量是该项工作的一个例子。两种组分的边界显示了理想配比轮廓位置,如图 8.4 所示。除了对燃烧中间产物(例如 OH 和 CH)进行同时成像,几个研究小组还对微量组分(利用 PLIF)和温度(利用瑞利散射)的同时成像进行了研究,这无论是对预混[43]还是对非预混[44]火焰都是适用的。Bockle 等人[45]将工作更进了一步,他们开展了对天然气涡流火焰中的 OH、NO

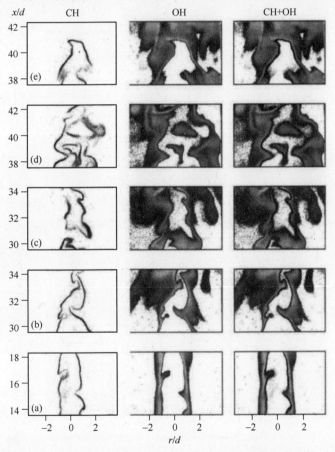

图 8.4 高雷诺数(18600)射流火焰反应区 CH/OH 结构的测量图像:CH(左),OH(中),CH−OH(右)。CH−OH 图像来自于随意拍摄时刻[42](燃烧学会提供)

和温度的同时测量。

8.3.4 反应速率成像

在火焰研究中一个基本的兴趣点是火焰中特定化学反应发生的位置及它们的反应速率。但对瞬态组分的形成和测量时间之间的关系一无所知的情况下,不能够通过测量单一的反应中间产物的浓度场去实现这个目的。目前,利用下式对反应速率 R_f 进行直接确定是可能的:

$$R_f = n_A n_B k_f(T) \tag{8.2}$$

式中,n_A 和 n_B 为反应物 A 和 B 的浓度;$k_f(T)$ 为正反应速率常数(与温度相关)。对反应速率成像的原理如下:通过荧光强度 S_A 和 S_B 分别确定出 A 和 B 的浓度场,我们必须使用乘积变换 $S_A \times S_B$ 来模拟 R_f,在这种情况下,产生的图像强度正比于正反应速率。这个技术已经被用于对火焰中的 CH_2O + OH 反应进行成像[46],在火焰释热的位置和释热量上显示出了很好的相关性。该技术也被用于测量甲烷空气火焰中主要的 CO_2 的生成反应(即 CO + $^{\cdot}$OH $\Leftrightarrow$ CO_2 + H)的反应速率[47]。

图 8.5 为该方法的一个例子,图中给出了甲烷/空气预混层流 V 形火焰($\Phi = 0.45$,10% 的氮稀释)的单脉冲的 OH PLIF 和双光子 CO PLIF 图像。一对反向旋转的线涡从图像的右下向左上传播,引起了火焰的扰动。对 OH 和 CO PLIF 图像进行逐点乘积运算得到瞬态二维正反应速率 R_f 图像。结果显示了未燃混合物在涡的核心区域,并随之被消耗掉。在漩涡对进入 V 形火焰时形成未燃混合物的拖尾通道,其大部分已经被消耗殆尽仅留下一点痕迹。反应区集中在每个漩涡的核心区并扩展至漩涡进入 V 形火焰的位置。

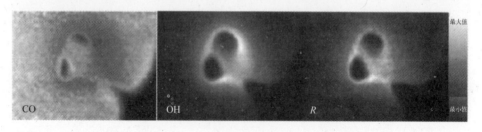

图 8.5 甲烷空气预混层流火焰中 CO + OH $\Leftrightarrow$ CO_2 + H 的反应速率图像,它与一对反向旋转的线漩涡结合在一起。第三幅图是左边的 CO 和 OH 的 PLIF 图像的乘积,该乘积变换用于显示正反应速率(R_f)的图像(Jonathan H. Frank 提供)

8.3.5 时域成像

在时域上的湍流燃烧实验研究迄今为止还很少开展,一部分原因是由于此类实验非常复杂而且代价昂贵,另外也是因为经典的 RANS 建模方法使用的是与时间无关的量(例如平均值和方差),构建的是概率密度函数(PDF)。然而,RANS 中使用的闭合模型假设远不能使人满意,其问题正是湍流脉动量之间相关性带来的,它只能通过时间分辨的测量进行解析。此外,由于 DNS 和 LES 方法也能给出时间域的信息,因此时间域的测量数据非常适用于与这些方法的对比。时间分辨的成像技术除了能为阐明燃烧基础过程提供帮助之外,在实际应用中也能发挥作用:燃烧工程师可以用它监测设计缺陷,或者在发动机研究中对单个燃烧循环中的变化和不稳定进行监测,这仅仅举出了两个例子。

人们已经开展了利用 80MHz 重频的钛宝石激光系统在湍流火焰中进行时间相关量的点测量工作[48]。这个技术被称为皮秒时间分辨 LIF(PITLIF),利用该技术可以获得精细的时间相关标量,且能够进行湍流脉动测量。过去很少有人在一次实验中能够同时得到时间和空间相关信息,Brockhinke 等人对湍流射流火焰中沿一条线的主要组分和温度进行了双脉冲线成像[48]。

二维双脉冲成像技术也已经得到了应用,比如通过测量 OH 浓度场随时间的发展过程,可以确定湍流脉动的时间尺度[49,50]。后来,人们联合使用 OH 荧光技术和双脉冲丙酮 PLIF 技术,开展了非反应混合物的动力学过程研究[51]。类似地,联合使用 CH_4 的拉曼散射和 CH 的 PLIF 成像技术,用于在湍流 CH_4/空气火焰中跟踪大尺度涡结构的演变的工作[52],Komiyama 等人利用瑞利散射进行双脉冲温度成像的工作[53]等均已报道。

对于周期性的受迫流动,利用一套激光和探测系统即可进行顺序成像,但须将测量系统与周期性外力场进行相位锁定。在研究火焰面对漩涡扰动的响应、拉伸和弯曲率对反应速率的影响等方面,此类实验已经提供了颇有价值的信息[54,55]。此外,在贫油预混燃烧中,锁相探测还被进一步用于评估湍流燃烧的共振相互作用[56,57]。

对于真实的湍流反应流场结构的长期持续记录的实验仅有非常少的例子。Winter 和 Long 报道了利用注入到燃料中的气溶胶的 Mie 散射,对燃料浓度进行二维时间序列测量的工作[58]。类似地,Kychakoff 等人对 OH 和 O 进行了较低重频(250Hz)的连续成像[59]。使用 8.2.3 节 – 8.2.6 节描述的实验概念,火焰中自由基的高质量的 PLIF 图像序列目前已经可以用大于 10kHz 的频率进行记录[12]。后续章节中会评论利用这个方法进行测量的一些实例。

1. 火焰稳定动力学研究

托举湍流扩散火焰的稳定性是非常有理论和实用意义的研究课题。虽然人们已经提出了几种机理[60],但还远不能达到对该过程理解的程度。它可能是多种过程共同作用的结果,包括火焰面 – 涡流的相互作用、燃料或燃烧产物的掺混、反应和混合在时间尺度上的竞争等。尽管近年来取得了不少进展,但这些机理还远没有被解释清楚。本节我们将展示时间分辨的平面图像技术是如何在洞察这些过程中发挥能力的。

图 8.6 给出了氢/空气托举湍流射流火焰中三个序列的 OH 浓度场图像,使用的成像系统为文献[12]中描述的 PLIF 系统。这些图像拍摄到的是火焰的一边,接近火焰的浮起区域($y/d \sim 6.5$)。把圆锥形喷嘴($d = 2mm$)出口平面的中心作为几何原点,每个图像对应于 $x = -13 \sim 1.2mm$,$y = 14 \sim 27mm$ 的区域,图像尺寸 576×384 像素。流场是纯 H_2 进入空气(出口平面雷诺数 $Re = 13500$)的流动,流量每分钟 125 标准升。拍摄区域的图像分辨率约为 $60\mu m$(实验中,通过细致的聚焦和对光束轮廓的空间滤波实现)。对于这种火焰环境,将测量值与估计的 Kolmogorov 尺度 η 进行对比是很有意义的,在火焰浮起高度(自射流的中心向外逐渐增加)上,它在图像的 x 坐标 $30 \sim 120\mu m$ 之间变化。注意这暗示了如果能够对混合比进行成像,尤其是如果使用通常的假设——分辨力达到约 10η 即就足以达到目的[61]的话,该技术已经具备了测量真实标量耗散速率 χ(真正的二维)的分辨率。

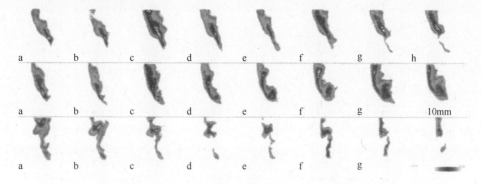

图 8.6　H_2/空气射流火焰中 OH 自由基分布的高速 PLIF 图像。流场条件:纯 H_2 以每分钟 125 标准升的流量流入空气,对应的雷诺数 $Re = 13500$(出口速度 670m/s)。每个曝光的时间间隔为 $30\mu s$。图像给出的是在燃烧炉一边的火焰升腾区域的 OH 分布图像($x = -13 \sim 1.2mm$,$y = 14 \sim 27mm$,喷嘴直径 2mm)(参见彩图 6)

图 8.6 中像电影一样的图像序列(图像间隔 $30\mu s$),展现了射流火焰发展的几个过程。在第一组图像中可以清晰地看到一个薄"先导"的形成和传播,它在向上游传播(此时主燃烧产物在向下游对流)并朝向燃料流弯曲(图中 f – h)。传播沿着贫油混合轮廓线进行,但最终被一个驱使火焰向燃料流内弯曲的漩涡所终止。在大量的实验图像中都能观察到这个过程,它保证了热的燃烧产物向流场中心流动并能随后被点燃。在第二组图像中,可以看到混合气体的燃烧产生了一个大的漩涡结构,且可能在这个过程中已经被点燃。通过最后一组图像,可以观察到非常快的熄火和再点火过程,同时也证明了这项技术的测量能力。

漩涡的大弯曲率和运动能够导致火焰面分裂,而热的燃烧产物和未燃混合物的湍流混合能够导致再次点火。需注意利用二维成像技术无法捕捉到离开平面的运动,三维的信息才能够提供更完整的火焰动力学图像(参见 8.3.6 节)。

2. 点火现象

图 8.7(参见彩图 7)给出了上述技术用于甲烷空气的湍流混合场中点火现象研究的测量图像,以及与相似条件下 DNS 计算结果的对比[62]。实验中,在一个安装四个高速风扇的大燃烧容器中将理想配比的 CH_4 空气混合物点燃,高速风扇用于控制混合气体的湍流度。序列图像(a)给出了利用高速 PLIF 得到的 OH 浓度场的演变图像。灰度条码(参见彩图 7)指示了 OH 的摩尔分数,其来源于对层流火焰核心区域的测量标定[63]。注意刚开始浓度非常高的 OH(源于点火过程中火花的急剧加热)在火焰建立后逐渐减少至一个平衡值。最初的层流火焰核心区域在通过湍流区域传播的过程中变得越来越褶皱。序列图像(b)给出的是利用 DNS 模拟得到的相似环境中 OH 的浓度场,用于与实验结果进行对比。计算中对二维各向同性湍流场,考虑了复杂的化学反应(17 种组分,52 个

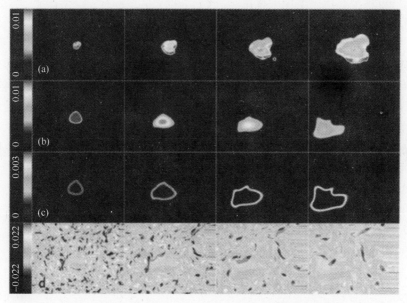

图 8.7　湍流点火过程中 OH 浓度场的高速 PLIF 图像(a),
与相似条件下 DNS 计算结果的对比(b)–(d)。图像中:(a)测量的 OH 摩尔分数,
(b)DNS 计算的 OH 摩尔分数,(c)CH_2O 浓度场(DNS),(d)计算得到的漩涡场
(单位 s^{-1})。图像从左至右对应的时刻分别为 $t/\tau = 0.3, 0.6, 0.9$ 和 1.2,
τ 为大部分大能量漩涡的周转时间。序列中的最后时刻($t/\tau = 1.2$)
对应于火花点火后 $500\mu s$(参见彩图 7)(燃烧学会提供)

反应),并且模型包含点火过程中的能量沉积,计算范围为 $1cm^2$。序列图像(c)给出了计算预测的 CH_2O 浓度场。图像(d)是与漩涡场(相当于 $u' = 3m/s$)相关的图像。虽然对每个图像序列的对比仅能在定性的意义上进行,但计算还是预测了实验观察现象的主要趋势,比如 OH 浓度值、火焰面上第一次负曲线褶皱的出现(大概对应于流动中大部分大能量漩涡的周转时间 τ)等实验和计算模拟结果是接近的。

通过对这些数据的统计分析可以定量化火焰的褶皱过程,将其定义为湍流火焰表面积与相应的层流火焰面积之比,它可以通过对火焰轮廓的积分直接得到,比如,利用文献[64,65]的图像分析方法。火焰褶皱度与局部的反应速率直接相关。反应边界也可用于定义反应过程变量 c,对于新鲜气体 $c = 0$(在本例中对应于火焰边界外的区域),对于燃烧气体(在火焰边界内)$c = 1$。预混火焰的守恒方程可以直接利用这个过程变量进行表达。对于大涡模拟(LES),这个方程可用过滤法去掉以便仅保留大尺度结构,并且需使用假设模型,包括小尺度褶皱的影响(亚格子模型)。Knikker 等人[66]已经给出了如何通过实验确定过程变量,或许可用于亚格子模型的标定。

3. 时域/PIV 组合成像

对于火焰化学反应相互作用现象的研究,同时使用二维流场显示和标量场测量技术获得的数据是非常有意义的,例如对燃烧产生的自由基浓度场和速度场的同时测量。一方面,能够获得湍流流动对化学反应区结构干扰的详细信息;反之,我们也能够"监视"化学反应对流动的影响。其实正是流动和化学反应的耦合使得湍流燃烧模型的建立十分困难。

在可重复的周期性层流逆向流扩散火焰中,OH – PLIF 和 PIV 联合测量技术可用于评估火焰拉伸对局部 OH 浓度的影响,以验证层流火焰面模型[54]。对于低 Damkohler 流动,实验证实了 OH 浓度在边缘上与局部的弯曲率相关,原因是 OH 的寿命要远大于火焰的特征对流时间。

在湍流燃烧中,锁相的测量方法是不可行的(除非是在早期关注的共振不稳定性研究中),并且图 8.1 示意的装置必须能够同时记录其他涉及的量。

文献[67]报道了标量场和速度场同时测量的早期应用,PLIF 用于对丙酮燃料的显示,而 PIV 技术用于湍流丙烷/空气火焰中速度场成像。这项技术可用于瞬态速度脉动场和反应变化过程的测量。使用 OH – PLIF 和 PIV 技术的组合,可以进行模型假设中关注的逆梯度湍流扩散的定量研究[68]。该技术还能对压缩扭曲对反应层厚度的影响进行测量[69]。通常情况下,扩散展宽的 OH 结构仅出现在低的压缩张力区域。Watson 等人联合使用 PIV 和 CH/OH 的 PLIF 技术研究了甲烷/空气湍流扩散火焰的浮起区域[70,71],指出在流动速度接近预混层流火焰速度时,火焰比较稳定。

尽管上述这些技术为流场研究提供了大量信息,但由于数据是在随机的时间点收集的,没有时间相关性,因此仍然很难进行解释。一个新的方法是组合使用能够对反应标量进行时间序列测量的 PLIF 技术和 PIV 技术[72],如图 8.8 所示(参见彩图 8)。图中的两组图像是在 TECFLAM 火焰中获得的[73],它是一个作为模型验证国际标准的 $H_2/CH_4/N_2$/空气湍流非预混火焰(参见第 14 章)。图中对应的实验条件为:燃料出口平面(燃料出口速度 55m/s)附近的雷诺数约为 20000,观察区域分别位于下游 10 倍和 5 倍喷嘴直径处(分别对应上、下两组图,喷嘴直径 8mm)。彩图 8 显示了 OH 荧光强度分布(未归一化)。图像的拍摄间隔为 75μs,PIV 激光脉冲与每组 OH 图像中的第二幅同步。燃料和协流(空气)都被注入了 1μm 尺寸的 TiO_2 颗粒,用于反应物和反应产物区域的流场速度测量。结果显示了两种原因导致的局部熄火。在上面的一组图中,大尺度结构穿过火焰面,导致了额外的冷的未反应组分的混合,对火焰面冷却,随后发生了熄火。在下面的一组图中,能够看到已被干扰的火焰的薄反应区被强压缩张力继续压薄直至反应区的热损失强于热释放,导致熄火的发生。同时也能清晰地看到,展宽的 OH 结构特点出现在压缩张力非常低的区域(对于该实验环境,OH寿命比对流时间尺度大 4 倍左右)(参见文献[69])。

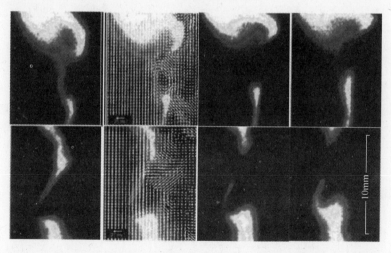

图 8.8　利用高速 OH - PLIF 成像和 PIV 技术进行火焰湍流相互作用研究的图像(细节见正文)(参见彩图 8)

8.3.6　三维成像

对二维平面中的每个点进行完整的三维标量梯度的测量,可以通过对两个间隔很近的平面的测量实现,但两个平面之间的距离必须小于希望保留的最小刻度的线性尺寸。多个研究工作已经对其原理进行了描述[74-76]。立体 PIV 成像技术更是能够进行三个笛卡儿速度分量的测量。如 8.3.5 节描述的一样,将激光片高速地扫描感兴趣的区域,时间域的成像技术也能够很容易地被转换为真正的三维测量技术。之前,断层成像方法也获得了一些成功[2,3,77],但不在本文中讨论。

基于该原理,研究人员利用气溶胶的微粒(Mie)散射[11,78]、瑞利散射[79],O_2[59]、丙酮[11]、联乙酰[59,78]的激光诱导荧光等,已经演示了对反应和非反应流的测量实验。Hult 等人[80]利用 LII 技术还进行了碳烟体积分布的高分辨定量测量,其结果如图 8.9 所示(参见彩图 9)。实验在 N_2 稀释的乙烯/空气湍流扩散火焰中进行(燃料流由体积百分比为 64% 的 C_2H_4 和 36% 的 N_2 组成)。出口速度为 15m/s,对应的雷诺数约为 2200。8 个序列激光脉冲的时间间隔为 12.5μs,通过对扫描速率的调节,使得序列测量平面之间的间隔为 0.4mm。在采集时间过程中,流场没有大的变化。为了能够提供绝对的碳烟体积分数数据,LII 信号利用层流参考火焰进行了校准。在非预混火焰中,在理想配比空气/燃料边界附近的富燃一边,更有利于碳烟的生成。图中看到的大尺度碳烟结构是由于湍流流动对空气/燃料边界的褶皱引起的。图 8.9 最下方的一排图像给出

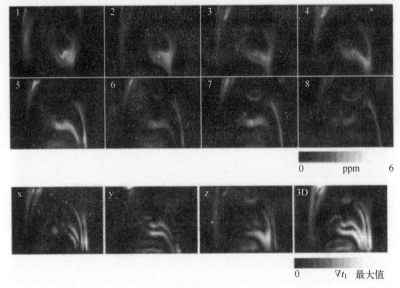

图 8.9　在湍流乙烯/N_2/空气扩散火焰中($Re = 2200$,燃料出口速度 15m/s)的碳烟体积分数的三维成像。图像是利用二维 LII 技术对火焰进行快速切面得到的(成像区域 21mm × 15mm,图像序列的时间间隔 12.5μs)。碳烟体积分数利用层流参考火焰进行标定。最下的一排图给出了沿三个笛卡儿坐标轴方向的浓度梯度,并以此重建得到的真正的三维梯度图像(最后一幅图)(参见彩图 9)

了利用这些图像得到的 x, y, z 方向的笛卡儿梯度和重建的三维梯度图。图 8.10 显示了重建得到的对应于碳烟体积分数分别为 1ppm、2ppm、3ppm 的等浓度面,并展现了利用该技术可以获得的拓扑细节。

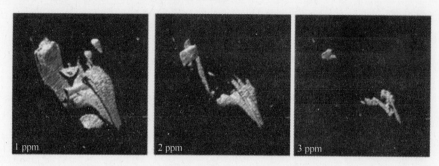

图 8.10 利用图 8.9 数据重建的对应于三个不同的碳烟体积分数的等浓度面

8.4 结论和展望

最近,计算工具的发展使得详细的多维实验与数值计算紧密结合成为可能。随着数值计算水平的快速提升,诊断能力也在过去的 10 年间得到了迅猛发展。新的激光源、探测器和数据处理方法的使用,在能够获得更加精确的数据同时,测量还可以根据建模的需要量身定做。本章中描述的测量技术已经可以进行标量和速度场的二维甚至三维分布测量,甚至还可以在实际的燃烧条件下对相关量进行时间分辨测量。

与迄今已有的方法相比,这项工作的主要目的是针对新的模型构建提供一种更加严格的测量手段。来自于复杂的、更具挑战性的流场新测量数据能够更加直接地与计算结果进行对比(如本章中火花点火的例子),清晰地给出新理论方法的优缺点。然而,这种直接对比的巨大挑战在于对边界条件的完全规范。不像层流火焰或强制的时间变化火焰,对于完全的湍流火焰,多维测量和计算的直接细致的对比还在当前的能力之外。

当然,当前工作更重要的目的也许是:时间分辨的平面成像或同时的多参数多维测量将有助于揭示湍流燃烧中仍未观察到的物理现象,并以此进行新理论模型的构建。例如,对火箭发动机、极度贫油燃气轮机、脉冲燃烧炉等的燃烧不稳定性研究,内燃机中新的点火概念等研究中,时间分辨成像技术将为洞察这些装置中非常复杂的燃烧流动问题提供重要的信息。作为一个重要例子,火焰面概念显示了实验观测(多数基于平面成像技术)在建立成功的理论模型中是如何发挥作用的。在相同的道路上,更多的新技术将打开我们认识新现象的眼界,促进新理论的产生,并引领更好的燃烧装置的研发。

致　谢

非常感谢 Johan Hlut 在文中图片的准备上给予的有益的评论和帮助。

参 考 文 献

［1］ Candel S,Thévenin D,Darabiha N,et al. Progress in Numerical Combustion. Combust. Sci. Technol. ,vol. 149,pp. 297 – 337,1999.

［2］ Eckbreth A C. Laser Diagnostics for Combustion Temperature and Species,2nd Ed. Amsterdam: Gordon and Breach Publishers,1996.

［3］ Taylor A M K P. Instrumentation for Flows with Combustion. London:Academic Press,1993.

［4］ Winter M,Lam J K,Long M B. Techniques for High – Speed Digital Imaging of Gas Concentrations in Turbulent Flows. Expts. Fluids,vol. 5,pp. 177 – 183,1987.

［5］ Marran D F,Frank J H,Long M B,et al. Intracavity Technique for Improved Raman/Rayleigh Imaging in Flames. Optics Lett. ,vol. 20,pp. 791 – 793,1995.

［6］ Stårner S H,Kelman J B,Masri A R,et al. Multispecies Measurements and Mixture Fraction Imaging in Turbulent Diffusion Flames. Exp. Thermal Fluid Sci. , vol. 9, pp. 119 – 124,1994.

［7］ Huntley J M. High Speed Laser Speckle Photography: Part 1: Repetitively Q – Switched Ruby Light Source. Opt. Eng. ,vol. 33,pp. 1692 – 1699,1994.

［8］ Wu P P,Miles R B. High Energy Pulse – Burst System for Megahertz Rate Flow Visualization. Optics Lett. ,vol. 25,pp. 1639 – 1641,2000.

［9］ Renfro M W,Guttenfelder W A,King G B,et al. Scalar Time – Series Measurements in Turbulent $CH_4/H_2/N_2$ Nonpremixed Flames: OH. Combust. Flame, vol. 123, pp. 389 – 401,2000.

［10］ Reeves M,Towers D P,Tavender B,et al. A Technique for Routine,Cycle – Resolved 2 – D Flow Measurement and Visualisation within SI Engine Cylinders in an Engine Development Environment. Proceedings of the 10th International Symposium on Turbulence, Heat and Mass Transfer,Lisbon,2000.

［11］ Patrie B J,Seitzman J M,Hanson R K. Instantaneous Three Dimensional Flow Visualization by Rapid Acquisition of Multiple Planar Flow Images. Opt. Eng. , vol. 33, pp. 975 – 980,1994.

［12］ Kaminski C F,Hult J,Aldén M. High Repetition Rate Planar Laser Induced Fluorescence of OH in a Turbulent Non – Premixed Flame. Appl. Phys. B. ,vol. 68,pp. 757 – 760,1999.

［13］ Proprietary Beam Combination Scheme of Thomson CSF Laser Systems,France.

［14］ Hult J. Development of Time Resolved Laser Imaging Techniques for the Study of Turbulent Flames. Lund Reports on Combustion Physics,LRCP64,Lund Institute of Technology,Sweden,2000.

[15]　Schäfer F P,ed. Dye Lasers. Topics in Applied Physics Series,vol. 1,Heidelberg:Springer
　　　 - Verlag,1989.

[16]　Patent property ofHadland Photonics,U. K.

[17]　Gord J R,Tyler C,Grinstead Jr. K D,et al. Imaging Strategies for the Study of Gas Turbine
　　　 Spark Ignition. SPIE paper 3783 - 43,2000.

[18]　Miles P C,Barlow R S. A Fast Mechanical Shutter for Spectroscopic Applications. Meas.
　　　 Sci. Technol. ,vol. 11,pp. 392 - 397,2000.

[19]　Long M B,Levin P S,Fourguette D C. Simultaneous Two Dimensional Mapping of Species
　　　 Concentration and Temperature in Turbulent Flames. Optics Lett. ,vol. 10,pp. 267 - 269,
　　　 1985.

[20]　Schefer R W,Namazian M,Kelly J. Simultaneous Raman Scattering and Laser - Induced
　　　 Fluorescence for Multispecies Imaging in Turbulent Flames. Optics Lett. , vol. 16, pp.
　　　 858 - 860,1991.

[21]　Schefer R W,Namazian M,Kelly J. Stabilization of Lifted Turbulent - Jet Flames. Combust.
　　　 Flame. vol. 99,pp. 75 - 86,1994.

[22]　Dibble R W,Masri A R,Bilger R W. The Spontaneous Raman Scattering Technique Applied
　　　 to Nonpremixed Flames of Methane. Combust. Flame,vol. 67,pp. 189 - 206,1987.

[23]　Masri A R,Dibble R W,Barlow R S. The Structure of Turbulent Nonpremixed Flames Re-
　　　 vealed by Raman - Rayleigh - LIF Measurements. Prog. Energy Combust. Sci. ,vol. 22,pp.
　　　 307 - 362,1996.

[24]　Stårner S H,Bilger R W,Dibble R W,et al. Measurements of Conserved Scalars in Turbu-
　　　 lent Diffusion Flames. Combust. Sci. Technol. ,vol. 86,pp. 223 - 236,1992.

[25]　Tait N P,Greenhalgh D A. 2D Laser Induced Fluorescence Imaging of Parent Fuel Fraction
　　　 in Nonpremixed Combustion. Proc. Combust. Inst. ,vol. 24,pp. 1621 - 1628,1992.

[26]　Frank J H,Lyons K M,Marran D F,et al. Mixture Fraction Imaging in Turbulent Non-
　　　 premixed Hydrocarbon Flames. Proc. Combust. Inst. ,vol. 25,pp. 1159 - 1166,1994.

[27]　Stårner S H,Bilger R W,Long M B. A Method for Contour Aligned Smoothing of Joint 2D
　　　 Scalar Images in Turbulent Flames. Combust. Sci. Technol. , vol. 107, pp. 195 -
　　　 203,1995.

[28]　Stårner S H,Bilger R W,Frank J H,et al. Mixture Fraction Imaging in a Lifted Methane Jet
　　　 Flame. Combust. Flame,vol. 107,pp. 307 - 313,1996.

[29]　Stårner S H,Bilger R W,Long M B,et al. Scalar Dissipation Measurements in Turbulent Jet
　　　 Diffusion Flames of Air Diluted Methane and Hydrogen. Combust. Sci. Technol. ,vol. 129,
　　　 pp. 141 - 163,1997.

[30]　Kelman J B,Masri A R,Starner S H,et al. Wide - Field Conserved Scalar Imaging in Turbu-
　　　 lent Diffusion Flames by a Raman and Rayleigh Method. Proc. Combust. Inst. ,vol. 25,pp.
　　　 1141 - 1147,1994.

[31] Kelman J B, Masri A R. Quantitative Technique for Imaging Mixture Fraction, Temperature and the Hydroxyl Radical in Turbulent Diffusion Flames. Appl. Optics, vol. 36, pp. 3506 – 3514, 1997.

[32] Fielding J, Schaffer A M, Long M B. Three – Scalar Imaging in Turbulent Non – Premixed Flames of Methane. Proc. Combust. Inst. , vol. 27, pp. 1007 – 1014, 1998.

[33] Aldén M, Edner H, Holmstedt G, et al. Single – Pulse Laser – Induced OH Fluorescence in an Atmospheric Flame, Spatially Resolved with a Diode Array Detector. Appl. Optics, vol. 21, pp. 1236 – 1240, 1982.

[34] Dyer M J, Crosley D R. Two – Dimensional Imaging of OH Laser Induced Fluorescence in a Flame. Optics Lett. , vol. 7, pp. 382 – 384, 1982.

[35] Kychakoff G, Howe R D, Hanson R K, et al. Quantitative Visualization of Combustion Species in a Plane. Appl. Optics, vol. 21, pp. 3225 – 3227, 1982.

[36] Seitzman J M, Hanson R K. Planar Fluorescence Imaging in Gases. in Taylor A M K P, ed. Instrumentation for Flows with Combustion. pp. 405 – 466, Academic Press, 1993.

[37] Daily J W. Laser Induced Fluorescence Spectroscopy in Flames. Prog. Energy Combust. Sci. , vol. 23, pp. 133 – 199, 1997.

[38] Wolfrum J. Lasers in Combustion: from Basic Theory to Practical Devices. Proc. Combust. Inst. , vol. 27, pp. 1 – 41, 1998.

[39] Haumann J, Seitzman J M, Hanson R K. Two – Photon Imaging of CO in Combustion Flows Using Planar Laser – Induced Fluorescence. Optics Lett. , vol. 11, pp. 776 – 778, 1986.

[40] Andresen P, Schluter H, Wolff D, et al. Identification and Imaging of OH ($v'' = 0$) and O_2 ($v'' = 6$ or 7) in an Automobile Spark – Ignition Engine Using a Tunable KrF Excimer Laser. Appl. Optics, vol. 31, pp. 7684 – 7689, 1992.

[41] Tamura M, Berg P A, Harrington J E, et al. Collisional Quenching of CH(A), OH(A), and NO(A) in Low Pressure Hydrocarbon Flames. Combust. Flame, vol. 114, pp. 502 – 514, 1998.

[42] Donbar J M, Driscoll J F, Carter C D. Reaction Zone Structure in Turbulent Nonpremixed Jet Flames – From CH – OH PLIF Images. Combust. Flame, vol. 122, pp. 1 – 19, 2000.

[43] Chen Y – C, Mansour M S. Topology of Turbulent Premixed Flame Fronts Resolved by Simultaneous Planar Imaging of LIPF of OH Radical and Rayleigh Scattering. Expts. Fluids. , vol. 26, pp. 277 – 287, 1999.

[44] Namazian M, Kelly J, Schefer R. Simultaneous NO and Temperature Imaging Measurements in Turbulent Nonpremixed Flames. Proc. Combust. Inst. , vol. 25, pp. 1149 – 1157, 1994.

[45] Böckle S, Kazenwadel J, Kunzelmann T, et al. Laser Diagnostic Multispecies Imaging in Strongly Swirling Natural Gas Flames. Appl. Phys. B, vol. 71, pp. 741 – 746, 2000.

[46] Paul P H, Najm H N. Planar Laser – Induced Fluorescence Imaging of Flame Heat Release Rate. Proc. Combust. Inst. , vol. 27, pp. 43 – 50, 1998.

[47] Rehm J E, Paul P H. Reaction Rate Imaging. Proc. Combust. Inst. , vol. 28, pp. 1775 –

1782,2000.

[48] Brockhinke A, Kohse – Höinghaus K, Andresen P. Double Pulse One – Dimensional Raman and Rayleigh Measurements for the Detection of Temporal and Spatial Structures in a Turbulent H_2 – Air Diffusion Flame. Optics Lett. , vol. 21, pp. 2029 – 2031, 1996.

[49] Dyer M J, Crosley D R. Rapidly Sequenced Pair of Two – Dimensional Images of OH Laser – Induced Fluorescence in a Flame. Optics Lett. , vol. 9, pp. 217 – 219, 1984.

[50] Atakan B M, Jörres V, Kohse – Höinghaus K. Double – Pulse 2D LIF as a Means for Following Flow and Chemistry Development in Turbulent Combustion. Ber. Bunsenges. Phys. Chem. , vol. 97. pp. 1706 – 1710, 1993.

[51] Seitzman J M, Miller M F, Island T C, et al. Double – Pulse Imaging Using Simultaneous OH/Acetone PLIF for Studying the Evolution of High – Speed, Reacting Mixing Layers. Proc. Combust. Inst. , vol. 25, pp. 1743 – 1750, 1994.

[52] Schefer R W, Namazian M, Filtopoulos E E J, et al. Temporal Evolution of Turbulence/ Chemistry Interactions in Lifted, Turbulent – Jet Flames. Proc. Combust. Inst. , vol. 25, pp. 1223 – 1231, 1994.

[53] Komiyama M, Miyafuji A, Takagi T. Flamelet Behavior in a Turbulent Diffusion Flame Measured by Rayleigh Scattering Imaging Velocimetry. Proc. Combust. Inst. , vol. 26, pp. 339 – 346, 1996.

[54] Mueller C J, Driscoll J F, Sutkus D J, et al. Effect of Unsteady Local Stretch Rate on OH Chemistry During a Flame – Vortex Interaction: to Assess Flamelet Models. Combust. Flame, vol. 100, pp. 323 – 331, 1995.

[55] Katta V R, Carter C D, Fiechtner G J, et al. Interaction of a Vortex with a Flat Flame Formed Between Opposing Jets of Hydrogen and Air. Proc. Combust. Inst. , vol. 27, pp. 587 – 594, 1998.

[56] Venkatamaran K K, Preston L H, Simons D W, et al. Mechanism of Combustion Instability in a Lean Premixed Dump Combustor. J. Propuls. Power, vol. 15, pp. 909 – 918, 1999.

[57] Lee S – Y, Seo S, Broda J C, et al. An Experimental Estimation of Mean Reaction Rate and Flame Structure During Combustion Instability in a Lean Premixed Gas Turbine Combustor. Proc. Combust. Inst. , vol. 28, pp. 775 – 782, 2000.

[58] Winter M, Long M B. Two – Dimensional Measurements of the Time Development of a Turbulent Premixed Flame. Combust. Sci. Technol. , vol. 66, pp. 181 – 188, 1989.

[59] Kychakoff G, Paul P H, van Cruyningen I, et al. Movies and 3 – D Images of Flowfields Using Planar Laser – Induced Fluorescence. Appl. Optics, vol. 26, pp. 2498 – 2500, 1987.

[60] Pitts W M. Assessment of Theories for the Behavior and Blowout of Lifted Turbulent Jet Diffusion Flames. Proc. Combust. Inst. , vol. 22, pp. 809 – 816, 1988.

[61] Tennekes H, Lumley J L. A First Course in Turbulence. Cambridge, Massachusetts: MIT Press, 1994.

[62] Kaminski C F, Hult J, Aldén M, et al. Spark Ignition of Turbulent Methane/Air Mixtures Re-

vealed by Time – Resolved Planar Laser – Induced Fluorescence and Direct Numerical Simulations. Proc. Combust. Inst. , vol. 28, pp. 399 – 405, 2000.

[63] Dreizler A, Lindenmaier S, Maas U, et al. Characterisation of a Spark Ignition System by Planar – Laser – Induced Fluorescence of OH at High Repetition Rates and Comparisons with Chemical Kinetic Calculations. Appl. Phys. B. , vol. 70, pp. 287 – 294, 2000.

[64] Abu – Gharbieh R, Hamarneh G, Gustavsson T, et al. Flame Front Tracking by Laser Induced Fluorescence Spectroscopy and Advanced Image Analysis. Opt. Express, vol. 8, pp. 278 – 287, 2001.

[65] Malm H, Sparr G, Hult J, et al. Nonlinear Diffusion Filtering of Images Obtained by Planar Laser – Induced Fluorescence Spectroscopy. J. Opt. Soc. Am. A, vol. 17, pp. 2148 – 2156, 2000.

[66] Knikker R, Veynante D, Rolon J C, et al. Planar Laser Induced Fluorescence in a Turbulent Premixed Flame to Analyze Large Eddy Simulation Models. Proceedings of the 10th International Symposium on Turbulence, Heat and Mass Transfer, Lisbon, 2000.

[67] Frank J H, Lyons K M, Long M B. Simultaneous Scalar/Velocity Field Measurements in Turbulent Gas – Phase Flows. Combust. Flame, vol. 107, pp. 1 – 12, 1996.

[68] Frank J H, Kalt P A M, Bilger R W. Measurements of Conditional Velocities in Turbulent Premixed Flames by Simultaneous OH PLIF and PIV. Combust. Flame, vol. 116, pp. 220 – 232, 1999.

[69] Rehm J E, Clemens N T. The Relationship Between Vorticity/Strain and Reaction Zone Structure in Turbulent Non – Premixed Jet Flames. Proc. Combust. Inst. , vol. 27, pp. 1113 – 1120, 1998.

[70] Watson K A, Lyons K M, Donbar J M, et al. Scalar and Velocity Field Measurements in a Lifted CH_4 – Air Diffusion Flame. Combust. Flame, vol. 117, pp. 257 – 271, 1999.

[71] Watson K A, Lyons K M, Donbar J M, et al. Observations on the Leading Edge in Lifted Flame Stabilization. Combust. Flame, vol. 119, pp. 199 – 202, 1999.

[72] Hult J, Josefsson G, Aldén M, et al. Flame Front Tracking and Simultaneous Flow Field Visualization in Turbulent Combustion. Proceedings of the 10th International Symposium on Applications of Laser Techniques to Fluid Mechanics, Lisbon. 2000.

[73] Bergmann V, Meier W, Wolff D, et al. Application of Spontaneous Raman and Rayleigh Scattering and 2D LIF for the Characterization of a Turbulent $CH_4/H_2/N_2$ Jet Diffusion Flame. Appl. Phys. B, vol. 66, pp. 489 – 502, 1998.

[74] Yip B, Long M B. Instantaneous Planar Measurement of the Complete Three – Dimensional Scalar Gradient in a Turbulent Jet. Optics Lett. , vol. 11, pp. 64 – 66, 1986.

[75] O' Young F, Bilger R W. Scalar Gradient and Related Quantities in Turbulent Premixed Flames. Combust. Flame, vol. 109, pp. 682 – 700, 1997.

[76] Su L K, Clemens N T. Planar Measurements of the Full Three Dimensional Scalar Dissipation Rate in Gas – Phase Turbulent Flows. Expts. Fluids, vol. 27, pp. 507 – 521, 1999.

[77]　Torniainen E D, Hinz A, Gouldin F C. Tomographic Analysis of Unsteady Reacting Flows. AIAA J. , vol. 36, pp. 1270 – 1278, 1998.

[78]　Yip B, Schmitt R L, Long M B. Instantaneous Three – Dimensional Concentration Measurements in Turbulent Jets and Flames. Optics Lett. , vol. 13, pp. 96 – 98, 1988.

[79]　Yip B, Lam J K, Winter M, et al. Time Resolved Three Dimensional Concentration Measurements in a Gas Jet. Science, vol. 235, pp. 1209 – 1211, 1987.

[80]　Hult J, Axelsson B, Omrane A, et al. Quantitative Three Dimensional Imaging of Soot Volume Fraction in Turbulent Non – Premixed Flames. Expts. Fluids, in press, 2002.

第9章 激光诱导白炽光

Robert J. Santoro, Christopher R. Shaddix

9.1 引　言

　　碳烟的生成在燃烧过程中是个长期受关注的研究课题,而激光诊断技术在其中已经扮演了重要的角色。现代社会中,人们已经清醒地认识到对碳烟这个重要污染源的控制,对于从事燃烧尤其是柴油发动机领域的工程师们来说是最为严峻的挑战之一。而且,碳烟严重影响着燃烧器的燃烧性能、可靠性和耐用性,并对火焰的热传导有重要作用。因此,非常有必要通过对碳烟的在线测量去弄清它们的生成和消失过程,其中需测量确定的关键参数包括碳烟浓度(体积分数)、颗粒尺寸、数密度等。此外,最新的研究表明,即使碳烟的最初形态为独立的球形颗粒,它也会从大量小颗粒迅速变成聚团结构。因此,目前同时关注聚团尺寸和聚团内初始颗粒尺寸的测量。

　　最初用于碳烟颗粒测量的激光诊断方法主要有消光和散射技术。由于消光法测量的是穿过测量区域的激光路径上的结果,因此要进行局部空间分辨的测量,则要求待测量在空间上是均匀的,或者需要利用基于路径积分的数学反演方法(例如断层成像技术)。激光诱导白炽光(Laser - Induced Incandescence,LII)技术的发展,给研究人员提供了强有力的全新诊断方法。事实上,由于LII技术能够提供定量的时空分辨测量,它已经迅速地成为了复杂燃烧场碳烟体积分数测量的首选方法。对于空间不均匀的碳烟颗粒场,LII能够为碳烟体积分数的定量测量提供最好的途径。与激光散射方法联合使用,甚至能够测量高时空分辨的碳烟平均聚团尺寸。另外,针对初期的碳烟颗粒尺寸,正在研发时间分辨的双色LII技术。

　　LII有两个特别显著的特点,即概念简单和容易实施。本质上,LII是利用高功率脉冲激光加热碳烟颗粒使其产生白炽光,然后利用光电探测方法对辐射光进行记录。而且,通过正确的标定,LII技术还可以用于高时空分辨的定量测量。

　　本章后续章节将对前期LII的应用工作进行回顾,对LII在碳烟颗粒定量测量应用中的基本理论进行讨论,并指出当前还未解决但有价值的问题。接下来,会重点关注 LII 的实验装置以及测量系统的标定。然后,给出几个不同研究小组的代表性结果,用于阐明 LII 应用中存在的不同问题。最后,将对 LII 用于燃烧系统的研究现状进行总结。

9.2　前期 LII 研究

虽然早在 1974 年就已经对 LII 技术的颗粒尺寸测量能力进行了报道[1],但最早是在富含碳烟的燃烧环境中,LII 是自发拉曼散射技术应用中的主要干扰源[2],从而激发了把 LII 与碳烟颗粒测量相关联的兴趣。接下来 Melton[3] 和 Dasch[4-6] 的工作,为 LII 用于定量的碳烟体积分数和颗粒尺寸测量奠定了坚实的理论基础。不久后,Dec 等人[7,8] 将 LII 技术用于瞬态流场的碳烟定量测量,作为他们研究柴油发动机中碳烟生成的一部分。随后,几个研究小组发表了他们进行碳烟体积分数定量测量的论文[9-12]。同时进行的工作还包括对描述 LII 过程的理论模型的发展[9,22-24] 和对影响 LII 结果分析的入射激光能量密度、能量分布[16,21,25-28]、干涉[29,30] 以及标定[31-37] 等的研究。最近工作的焦点在于对 LII 用于初始碳烟颗粒尺寸测量能力的研究,主要基于对热碳烟聚团中依赖于颗粒尺寸的能量传输过程进行建模[18,38-45]。同时,LII 已经持续地在非稳定层流和湍流火焰[16,21,46-51]、液滴[16,50]、碳烟颗粒的生成和发展[52-56]、火焰的微重力研究[57]、柴油发动机研究[58-65] 等领域得到了广泛的应用。

截至目前,即使大部分关于 LII 的工作是将碳烟作为吸收体,但原则上,没有理由认为 LII 不能用于其他吸收颗粒的测量。实际上,已经有对 Ag、TiN[40] 以及 W、Fe、Mo、Ti[66] 等进行测量的研究报道。勿庸置疑,对其他吸收颗粒的测量扩展将使得 LII 在材料研究领域得到更广泛的应用。

9.3　理　论　分　析

本质上,LII 信号的产生是复杂的热 – 光现象的结果,受颗粒尺寸和温度、周围环境温度、激光能量密度、光束形状以及其他参数等众多因素的影响。本节将简单回顾基于 Hofeldt[9] 工作的数值模型处理方法。该模型的许多预测已经得到了实验验证,更多的工作是进一步完善和拓展 LII 相关现象的理论处理方法[20,23,24,38-41,65]。所有 LII 模型的基础都是基于单个碳烟颗粒或基团的瞬态能量平衡。能量平衡描述的是颗粒和它外部环境之间的热传递以及粒子与入射激光的相互作用。这里仅给出该理论的简单描述,更详细的解释读者可以参见 Hofeldt 的文献[9]。

能量平衡可以通过下式表示:

$$m_s \frac{\mathrm{d}(c_s T_s)}{\mathrm{d}t} - \frac{H_v}{M_v}\frac{\mathrm{d}m_s}{\mathrm{d}t} = qC_{abs} - hA_s(T_s - T_\infty) - \int_a^\infty 4C_{abs}E_{b,\lambda}(T_s)\mathrm{d}\lambda$$

$$+ \int_0^\infty 4C_{abs}E_{b,\lambda}(T_w)\mathrm{d}\lambda \tag{9.1}$$

式中,m_s 为颗粒质量;c_s 为颗粒的比热容;T_s 为颗粒温度;T_∞ 为气体温度;H_v 为汽化焓;M_v 为蒸气的分子重量;q 为激发光强度;C_{abs} 为颗粒的吸收截面;h 为对流系数;A_s 为颗粒的表面积;$E_{b,\lambda}$ 为黑体光谱辐射;λ 为波长;T_w 为发光环境温度。

式(9.1)左边项分别是:①沉积在颗粒中的能量增加率;②由于汽化引起的颗粒能量损失。右边项分别代表:①对激光脉冲能量的吸收率;②碰撞冷却速率,它写在对流项中;③辐射发光;④辐射吸收。最后一项通常可以忽略,除非环境有巨大的贡献,例如存在非常高温度的壁面情况。

为了避免混淆并指出后续应进一步开展的工作,对方程(9.1)的某些方面进行一些解释。事实上颗粒尺寸可以达到周围气体分子的平均自由程(λ_{mfp})甚至更小,造成碰撞冷却项很复杂。因此,热传导系数 h 必须同时考虑连续和自由分子机制[9,24,67]。在这些条件下,热传导系数可以表达为

$$h = \frac{2k_\infty}{D_s + G\lambda_{mfp}} \tag{9.2}$$

式中,k_∞ 为气体热导率;D_s 为颗粒的平均直径;G 为取决于几何结构的因子,定义如下:

$$G = \frac{8f}{\alpha(\gamma + 1)} \tag{9.3}$$

式中,f 为 Eucken 因子[68];α 为热调节系数,通常取值为 0.9;γ 为比热比。

早期的 LII 工作并没有适当地处理传热过程,因此看文献时会产生一些混淆。利用高能激光脉冲会导致大量颗粒的汽化,对传热项带来的额外影响是有效传热系数的减小[69],原因是由于汽化的碳碎片脱离颗粒的 Stefen 流动。最近才开始讨论到该影响[28],Schraml 等人利用时间分辨的颗粒温度测量已经给出了存在 Stefan 流动的实验证据[41],实验表明激光脉冲经过之后,颗粒的峰值温度衰减很慢。

类似地,由于必须同时考虑自由和连续分子的质量输运机制,因此对汽化过程的处理需非常谨慎。此外,当质量损失产生时,与颗粒的加热过程相对应的汽化压力涉及 Clausius - Clapeyron 方程应用的假设,但该假设不适用于过热的颗粒(正如有人提议在 LII 过程中对颗粒温度进行实验测量[2,41])。另外,还必须假定一些碳烟属性,用于获得汽化焓(H_v)和折射率。前者连同汽化温度一起进入到 Clausius - Clapeyron 方程中,而后者影响到方程(9.1)中辐射项的计算[9,24]。通常石墨的属性被用于确定碳烟的物理属性,但折射率仍是需要注意

研究的参数[24,43,71]。

将上述因素引入到颗粒质量的连续性方程中,则对于一个静态颗粒表面,仅考虑蒸气的扩散作为输运过程,连续性方程如下:

$$\frac{\mathrm{d}m_\mathrm{s}}{\mathrm{d}t} = -\frac{N_\mathrm{v}\pi D_\mathrm{s}^2 M_\mathrm{v}}{N_\mathrm{Av}} \tag{9.4}$$

式中,N_v 为分子扩散通量;N_Av 为阿弗加德罗常数。上述的分子扩散必须包括自由分子和连续分子机制,即

$$\frac{1}{N_\mathrm{v}} = \frac{1}{N_\mathrm{vK}} + \frac{1}{N_\mathrm{vC}} \tag{9.5}$$

式中,N_vK 为自由分子机制的通量;N_vC 为连续分子机制的通量。

利用动力学理论[68]和质量输运理论[72],可以得到

$$N_\mathrm{vK} = \beta n \left(\frac{RT_\mathrm{s}}{2\pi M_\mathrm{v}}\right)^{1/2} (x_\mathrm{vs} - x_\mathrm{v\infty}) \tag{9.6}$$

式中,β 为质量调节系数;n 为分子数密度(可在理想气体极限下处理);R 为理想气体常数;x_vs 和 $x_\mathrm{v\infty}$ 为颗粒表面蒸发摩尔分数和远离颗粒的气体摩尔分数。

$$N_\mathrm{vC} = 2n \frac{D_\mathrm{AB}}{D_\mathrm{s}} \left(\frac{x_\mathrm{vs} - x_\mathrm{v\infty}}{1 - x_\mathrm{B}}\right)_\mathrm{ln} \tag{9.7}$$

在小蒸发率限制下,D_AB 是蒸气对气体的质量扩散率。在颗粒表面,蒸气的摩尔分数用 Clausius – Clapeyron 方程给出:

$$x_\mathrm{vs} = \exp\left(\frac{H_\mathrm{v}(T - T^0)}{RTT^0}\right) \tag{9.8}$$

式中,T^0 为蒸气压等于总压时的温度。

需再次注意的是,如果颗粒温度被加热到远超过 T^0,方程(9.8)不再适用,必须考虑 H_v 对温度的影响[9]。利用理想气体状态方程,方程(9.7)和(9.8)可以表示为局部蒸气压 P_v[24]。

为了完成分析,必须考虑颗粒质量是如何变化的,对于密度为常数的球形颗粒可以利用下式给出:

$$\frac{\mathrm{d}m_\mathrm{s}}{\mathrm{d}t} = \frac{\pi}{2}\rho_\mathrm{s} D_\mathrm{s}^2 \frac{\mathrm{d}D_\mathrm{S}}{\mathrm{d}t} \tag{9.9}$$

式中,ρ_s 为颗粒的质量密度。

实际上,Vander Wal 等人[29,30]已经利用透射电子显微镜(TEM)对碳烟进行了成像,认为在 LII 过程中,碳烟颗粒变得致密,朝石墨结构的方向发展,但致密化并不会影响一个颗粒的总质量。如果我们假设一个常数或平均值 c_s,并忽略来自环境的辐射,则方程(9.1)可以表示为

$$\frac{dT_s}{dt} = \frac{I_l A_{abs}}{c_s} - \frac{6h(T_s - T_\infty)}{\rho_s c_s D_{s\rho}} - \frac{6N_v M_v}{\rho_s c_s D_s N_{Av}} - \frac{3}{2\rho_s c_s D_s}\int_0^\infty Q_{abs} E_{b,\lambda}(T_s)\,d\lambda$$

(9.10)

式中,A_{abs} 为质量吸收率截面;Q_{abs} 为吸收效率。

注意从最后一个方程,对颗粒的辐射分析已经引入了细致平衡,于是在给定波长处的光谱发射率 $\varepsilon_{b,\lambda}$ 等于光谱吸收率 $\alpha_{p,\lambda}$,正比于吸收效率 Q_{abs}。

对方程(9.9)和(9.10)求解能够同时给出与时间相关的颗粒尺寸和温度分布。一般情况下,方程(9.10)中用于考虑颗粒辐射的最后一项的贡献可以被忽略[9]。但是一旦颗粒温度分布确定后,正是方程(9.10)中的辐射项是 LII 信号检测的来源,后文将会提到这一点。同时必须说明的是,这种分析方法假设了每个颗粒的温度是一致的(即颗粒内部没有温度梯度),并且蒸发从颗粒外表面开始。由于激发能量分布或颗粒尺寸的差异,颗粒也可能处于不同的温度,这取决于特定的实验条件[9,23]。

光束中来自离散位置的 LII 信号可以写作

$$S_p(D_s) = C_{V,o}\int_0^\tau M_S(t)w(t)\int_{\lambda_1}^{\lambda_2} G_r(\lambda)A_{abs}(\lambda, D_s)E_{b\lambda}(T_s)\,d\lambda\,dt \quad (9.11)$$

式中,$C_{v,o}$ 取决于光学系统(如收集角和探测体积),并假设为常数;窗口函数 $w(t)$ 为信号收集的门控函数,其持续时间为 τ;$M_s(t)$ 表示随时间变化的碳烟质量浓度;$G_r(\lambda)$ 为与实验中使用的探测器和滤波片响应相关的参数。全部信号可以通过对方程(9.11)在光束分布 $g_b(r)$ 上积分得到,如下式所示:

$$S(D_s) = \int_A g_b(r)S_p(D_s)\,dA \quad (9.12)$$

式中,A 为照明面积。

激光能量分布 $g_b(r)$ 常用高斯函数进行描述。高斯光束轮廓可以是一维或二维的,聚焦的激光束是二维的高斯分布,而激光片在一个方向是高斯分布,在第二个方向上是均匀的。如果局部的颗粒尺寸分布 $g_p(D_s)$ 不具备单分散性,则需要进行如下额外的积分步骤:

$$S = \int_0^\infty g_p(D_s)S(D_s)\,dD_s \quad (9.13)$$

如果颗粒尺寸可假设为局部均匀(对碳烟的初始状态而言这是经常的现象),则不需要方程(9.13)的积分步骤。

已有一些模型将颗粒尺寸分布视为单分散性[9],并认为碳烟聚团由大量相同的初始颗粒组成[23,24]。需要着重指出的是,在 LII 成功应用于吸收颗粒中,颗粒的等价球直径或初始颗粒直径处于瑞利散射尺度范围内,即 $\pi D/\lambda <$ 0.3,λ 为入射激光波长。正是这种条件使得颗粒对入射激光的吸收大致正比于它们的体积(即是说它们表现为体吸收)。然而,在 LII 中,是在一些探测波

长 λ_{det} 下测量白炽光辐射的。Adet. Melton[3] 在他的 LII 模型中,确定了在激光脉冲的峰值位置白炽光辐射正比于 D_s^x,此处 $x = 3 + 0.154/\lambda_{det}(\mu m)$。因此,LII 测量与吸收颗粒的体积分数有紧密的联系。甚至,这个相关性还会随着使用入射激光波长和检测波长的变长而增强,因为更长波的入射激光能够更好地匹配瑞利散射法则,而更长波的检测波长使得 Melton 参数 x 的值更加接近于 3。上述论述没有考虑火焰背景辐射等潜在的干扰影响,因此更期望采用更短的检测波长。

　　LII 的另外一个重要特点是入射光波长的选择可以非常宽,只要颗粒在这个波段有强烈的吸收即可,并已经开展了基于紫外到红外波段激光激发 LII 信号的工作。该特点从实际应用角度上蕴含了可以对干扰进行降低或回避,也从理论上暗示了 LII 信号对颗粒尺寸的敏感性。

　　对于聚焦光束,激光脉冲通常可以合理地假设为时间上为三角型,空间上为高斯型。聚焦脉冲的能量强度分布可以用二维高斯分布函数表示,写为

$$q(x_1, x_2, t) = \frac{Q(t)}{2\pi\sigma^2}\exp\left[-\left(\frac{x_1^2 + x_2^2}{2\sigma^2} \right)\right] \tag{9.14}$$

式中,σ 为标准偏差;$Q(t)$ 为某时刻总能量强度,单位是 W/cm²。

　　由于二维的高斯分布是关于光束传播轴对称的,模型中仅需要对沿一个轴的窄条进行确定。在这种情况下,x_2 的值设为 0,全部的信号通过对 $2\pi x_1$ 上信号的积分得到。

　　对于激光片,除了它是空间一维的并且有系数 $1/\sqrt{2\pi\sigma^2}$ 的差别,局部的激光强度与方程(9.14)定义的类似,因此

$$q(x, t) = \frac{Q(t)}{\sqrt{2\pi\sigma^2}}\exp\left[-\left(\frac{x^2}{2\sigma^2} \right)\right] \tag{9.15}$$

并且对信号在 $2\pi x_1$ 上的积分也是不需要的。

　　能够代表当前模型和实验符合水平的例子如图 9.1 所示,这些最近的研究结果来自 Snelling 等人[24]。图 9.1 显示的是利用非均匀的激光强度分布获得的实验数据与模型预测的对比结果,并阐明了计算中折射率的重要性,还与 Ni 等人[16]的结果进行了对比。同样地,根据实验的符合情况,对蒸发和输运项的处理能给出类似的变化。需要注意是,在高能量密度(大于 0.8J/cm²)下,模型无法预测在实验中开始出现的"平稳区"。最近 Witze 等人[28]通过将激光能量密度增大到 2.48J/cm²,已经非常清晰地显现了这种"平稳区"。当前的模型无法预期这一现象,并且原因至今也尚不清楚[28]。即便如此,LII 理论方面的工作也已经完成了重要的过程,当前的理论已能够用于检验 LII 对宽变化参量的敏感性,比如颗粒尺寸、折射率、蒸发模型以及其他的物理属性等。

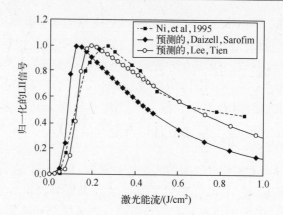

图 9.1　碳烟的光学属性对激发曲线预测的影响(G. J. Smallwood 提供)

9.4　实 验 方 法

由于 LII 只是利用高能激光对吸收颗粒快速加热,然后对颗粒的白炽光辐射进行检测,因此实现该技术的设备十分简单,这也是它最吸引人的特点之一。典型的 LII 实验装置如图 9.2 所示,它由高能脉冲激光器、聚焦光学元件、收集光学元件、合适的光学滤光片、光电探测器和与之匹配的数据采集系统等组成。

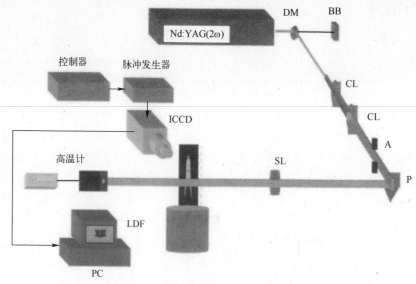

图 9.2　二维 LII 测量装置示意图

LDF—层流扩散火焰;BB—光阱;DM—双色镜;A—孔径;P—棱镜;CL—柱面透镜;
SL—球面透镜;ICCD—像增强 CCD。

LII 可以用作点、线或二维面的测量。每种情况下实验装置的基本元素都是类似的,只是聚焦和收集光学元件不同以满足特定的测量需求。在 LII 用于颗粒浓度或尺寸的定量测量时,需要考虑一些重要的参数:激发激光的能量和波长、激光强度分布、光谱探测范围以及探测门宽和同步。在后续的讨论中,将会考虑这些参数分别对 LII 测量的影响。

9.4.1　激光激发的能量和波长

LII 的激发通常采用脉冲宽度 10ns 或更短、能量密度约大于 0.2J/cm^2 的高能激光脉冲。之前的工作已经表明,波长 532nm 的激光在能量密度为 0.2J/cm^2(或 1064nm 波长激光能量密度为 0.4 J/cm^2)时[4],碳烟颗粒开始蒸发。当激光的能量密度小于蒸发阈值时,吸收的激光能量仅用于加热碳烟颗粒使其升温,产生的 LII 信号相对较弱,其信号强度强烈地依赖于激发光的能量密度。当激光能量密度接近这个阈值水平时,碳烟开始蒸发,吸收的激光能量以不断增加的比例用于蒸发碳烟颗粒,而较少地被用于提升碳烟温度使之越过平衡蒸发温度(约 4000K[70])。因此,对于任意的激光束强度分布,在蒸发阈值附近 LII 信号表现出对激光能量相对较弱的依赖关系[12-14,16,21,28],而当激光能量密度远高于阈值时,LII 信号常常呈现为一个“平台”。实际上,过阈值的 LII 与激光能量的依赖关系对激光的强度分布有更多的依赖,后文将会进行详细讨论。在接下来的激光辐照期间,颗粒由于高温将会辐射能量,即激光诱导的白炽光。由于蒸发、对流以及辐射等能量交换,颗粒会因此而冷却,白炽光信号会随着时间而衰减。图 9.3 给出了层流扩散火焰中形成的碳烟颗粒的典型时间分辨 LII 信号[16]。值得注意的是,LII 信号衰减时间在 100 ~ 200ns 量级,相比较激光脉冲

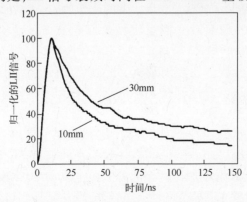

图 9.3　在乙烯空气层流扩散火焰获得的 LII 信号的时间曲线,测量位置处于
燃料管出口 10 ~ 30mm 高度,径向位置对应于该高度上碳烟体积分数的
峰值位置[16](美国光学学会提供)

激发周期仅为约 10ns。激光能量密度对 LII 信号强度的影响如图 9.4 所示[21]。该曲线是入射激光为高斯强度分布,并在很宽的能量密度范围(最大值达到 10J/cm²)得到的。该激发曲线的概貌显示,随着入射激光能量密度增加直至达到阈值 0.2J/cm²,LII 信号随之迅速上升。之后会有一个"平台"区,其斜率远小于低的激光能量密度区域。其他的一些报道还观察到了更加平坦的"平台"区,如图 9.4 所示[11,16,22,26,34,45,61]。

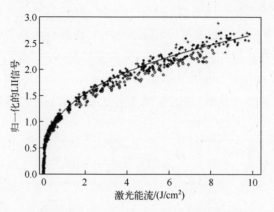

图 9.4　在稳定层流扩散火焰中 LII 与激光能量密度的依赖关系。
测量数据是在乙烯/空气火焰的 $H=20$mm 处得到的,测量门宽为 19ns(+)和 85ns（◇）,
两个开门时间与 5ns 的激光脉冲的到达时刻保持一致。图中也给出了 $H=50$mm,门开
85ns 的数据(●)。利用激光能量密度 0.6J/cm² 对每个条件下的原始信号进行归一化。
实线是利用最小二乘法对能量密度大于 0.03J/cm² 的甲烷数据的拟合曲线,拟合曲线
遵循信号 ∝ 能量密度$^{0.34}$[21]（燃烧学会提供）

　　然而,某些研究工作对激光能量密度的改变比较小,例如 Ni 等人[16]对于高斯分布光束,采用的最大激光能量密度为 0.35J/cm²,而对平顶分布光束为 1.0J/cm²。必须注意的是,当观察激光能量密度改变时的行为时,激光强度的空间分布将是重要的参数。对于空间均匀的强度分布(例如"平顶"或矩形分布),在高能量密度时,LII 信号达到最大并渐近地减少到一个稳定值[16,28],这与图 9.4 给出的趋势有很大不同。

　　关于 LII 激发光波长的选择,只要碳烟颗粒能够有效地吸收激发光即可,因此可选的波长范围很宽。一般地,需考虑将潜在的来自其他激光激发过程的干扰降到最低,如其他组分的激光诱导荧光。在碳烟诊断中,干扰通常包括来自多环芳香烃(PAH)的激光诱导荧光辐射,它们会在从紫外到可见光很宽的谱段范围吸收和辐射荧光。例如,来自 PAH 的激光诱导荧光可以被倍频的 Nd∶YAG 输出的 532nm 激光激发,但不会被其基频输出的 1064nm 激光激发。因此,1064nm 激光常被用于消除这种干扰[12,21,27,52-55]。使用近红外的激发光源会带来一些不

便,其光束是不可见的,调节会比较困难。这种能够通过选择激发波长避开潜在干扰的能力是 LII 的一个有力的特点,可以在实际应用中广泛开发。

　　另外非常值得注意的是,LII 激发过程是侵入式的,探测体积内的颗粒将承受极高的加热率,从而会影响它们的物理和光学特性。Vander Wal 等人[29,30]对 LII 激发过程对碳烟颗粒形态的影响进行了广泛研究。图 9.5 给出了通过热泳取样得到的一系列激光加热碳烟颗粒的 TEM 照片(来自文献[29]),阐明了碳烟聚团随激光能量密度的改变而产生的变化。即使如此,这种影响并没有很明显地限制 LII 对体积分数的定量测量能力,他们还提升了在建模过程中对物理和光学属性发生未知改变的关注度。至于碳烟颗粒,其光学特性还有些不确定,这只会使得理论问题变得更加复杂。

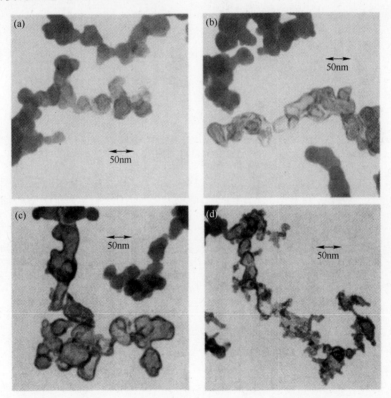

图 9.5　通过热泳取样得到的激光加热碳烟颗粒的 TEM 照片(Springer - Verlag 出版社提供)
(a) 0.15J/cm^2;(b) 0.3J/cm^2;(c) 0.6J/cm^2;(d) 0.9J/cm^2。

9.4.2　激光强度分布

之前已经提到过,激光能量密度对 LII 的影响取决于激光光束是均匀分布

(平顶或矩形)还是高斯分布。对于高斯光束,LII 信号通常表现为如图 9.4 所示的特性,此时在"平台"区,信号实际上随激光能量密度的增加适度地增长[21]。与之不同的是,Vander Wal 和 Jensen 观察到信号在 ~0.2 ~ 0.4J/cm² 之间达到平台区,随后随着激光能量密度的增加而减小。Ni 等人[16]和 Witze 等人[28]利用均匀光束分布的工作则显示,随着激光能量密度增加,LII 信号先是达到一个最大值,然后在较高激光能量时降低到一个平台区。当激光能量密度增加时,如果从物理上考虑激光吸收和颗粒之间的相互作用,信号强度下降的趋势是和颗粒汽化质量的增加相对应的。汽化使得探测体积内的碳烟质量变小,因此导致了 LII 信号变弱。有人认为在高激光能量密度值下明显的平台区的产生是非黑体源的结果,也就是说,并非是 LII 对信号的贡献[28]。是哪些特殊源带来的这些贡献还没有完全确认。

在高斯光束情况下,当激光能量密度增加时,光束截面上超出 LII 信号阈值的区域会随之增大,结果是较大的取样体积补偿了由于高斯分布中心区域颗粒的汽化带来的信号损失[16,21]。质量蒸发和探测体积增大的影响取决于激光强度分布和用于形成光学激发区域的传输光学的特性。

与激光功率或能量密度成线性关系的激光诊断技术(例如线性 LIF)相比,LII 对激光能量密度的响应为阶梯函数,使得在利用聚焦光束进行 LII 成像测量时必须小心处理。如果在焦点的激光能量密度远在 LII 的阈值之上,并且成像系统的景深大于焦点处的光束束腰尺寸,则测量到的 LII 强度将对沿光束光轴上的位置比较敏感,远离焦点处信号会增强[21]。为了逾越这一困难,在需要聚焦时,大部分有实际经验者选择使用弱聚焦透镜。

从诊断应用的角度,激光强度分布的影响很重要,应对每个系统的特征都进行表征,以便于能够正确地说明 LII 信号。当采用合理的方法表征激光强度分布及其与适当表征的颗粒场相互作用时,可以获得高度可重复性的结果,这已经得到了多个研究小组的证明。

9.4.3 光谱检测范围

根据白炽光的黑体性质,在对 LII 信号进行检测时,可选择的光谱范围非常宽(图 9.6)。很明显,探测器的光谱响应很重要,但却通常不是最关键的,更加令人关注的是背景和激光导致的干扰。对于火焰中的测量,由于碳烟的自发辐射光在紫外波段急剧减小,因此较短的检测波长比较有利。然而,在选择测量获得的光谱宽度上必须仔细考虑。在激光加热过程中产生的 C_2 的发射光会造成 420 ~ 620nm 波段内的干扰[21]。在碳烟浓度比较大(大于 2 ppm)的火焰中,尤其是使用倍频的 YAG 激光作为光源激发 LII 时,C_2 的干扰显得尤为重要[21]。使用峰值透过波长在小于 450 nm 波段的窄带滤波片在降低 C_2 的发射光干扰上是有效的[21]。在存在金属颗粒的情况下,蒸发的金属成分的发光带来的干扰在进行 LII 信号的正确解释时也需要进行考虑[66]。由于 PAH 的存在产生的荧光干扰相对于激励光通常是红移的。因此,除非是使用紫外光源进行激发 LII 信号的情况下,C_2 干扰问题的解决方案通常也用来解决 PAH 的干扰问题。如上述所讨论的,或许抑制 PAH 和 C_2 荧光干扰最有效的方法是使用红外的激励光源。

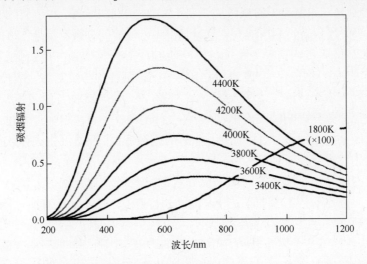

图 9.6　紫外到近红外波段计算得到的碳烟发光(对应于 LII 信号)与波长的关系,此处假定了瑞利极限发光和碳烟的折射率在这宽波长范围内为常数。显示曲线的温度范围从略低于碳烟的平衡蒸发温度到略高于碳烟的平衡蒸发温度,并给出了它们与大部分火焰系统中碳烟在 1800K 温度下的背景辐射光特性的对比

对于那些不存在火焰辐射的测量环境,如发动机的尾流,使用短检测波长的优势就不是很明显了。当然,消除蒸发成分的干扰或周围环境中已有组分荧光的干扰仍然是很重要的。

应注意的是,用于 LII 过程模拟的 Melton 模型[3]指出,LII 信号的瞬态峰值强度正比于 D_s^x,其中 $x = 3 + 0.154/\lambda_{det}(\mu m)$。该结果显示,在长波段进行检测,LII 信号与体积分数之间更接近于 3 次方关系。然而在使用 450nm 的检测波长($x = 3.34\mu m$)对质量等价颗粒直径在 15 ~ 160nm 范围内的测量结果显示,利用激光消光测量和假设 $x = 3\mu m$ 的 LII 测量得到的碳烟质量分数的结果吻合很好[12,16]。另外,Shaddix 和 Smyth[21]注意到,对于那些处于能够用准确瑞利极限描述范围之外的探测波长和颗粒尺寸,颗粒的发光可能比一个体积基准的还要少,从而补偿了 Melton 模型计算时瑞利极限的影响。考虑到激光对颗粒的加热及其与蒸发物质的相互作用等现象描述的不确定性,Melton 的表达式只能认为是粗略的近似。因此,对探测波长的选择若只基于该法则可能是不恰当的。

9.4.4　探测的门宽和同步

如图 9.3 所示,LII 信号随时间而变化,因此需要对探测的开门时间进行适当选择,以能够覆盖 LII 信号。对于单点测量,只要探测器和相关的电学设备的上升沿不小于 2ns,LII 信号就能够方便地以时间分辨的方式捕获。时间分辨的探测在 LII 碳烟颗粒尺寸测量或无需标定的定量 LII 测量中具有优势,但在许多应用中,更期望得到线或平面的 LII 信息,在这种情况下实现时间分辨测量是不可能的。

通常,研究人员用两种方式进行门控的 LII 探测:①快速开门;②延迟开门。在第一种方法中,将短促的开门时间(10 ~ 50 ns)调整到与激光脉冲同步[21,23] 或者略微滞后于激光脉冲[16]。该方法的主要优势是它能够将使用延迟检测时带来的颗粒尺寸差异影响减到最小,后面将会讨论到这一点。但如上文讨论的,快速探测的一个潜在缺点是,除非使用合适的光谱滤波,否则汽化成分或 PAH 荧光带来的干扰也会加入到信号中。

延迟探测是推荐用于辨别汽化成分或激发荧光成分干扰的方法[15]。由于荧光延迟时间比 LII 延迟时间短得多,开门时间的推迟可以有效地消除这些干扰源。然而,由于颗粒冷却速率的不同,当开门的延迟时间或开门持续时间增加时,该方法往往不适合质量较大(初始的)的颗粒。因此,除非在特殊的实验条件下延迟开门确实有利,大多数的应用中还是建议使用快速开门方式。

9.5　标　　定

在许多应用场合,利用信号标定将 LII 对碳烟属性的测量定量化是很重要的。本节首先讨论了测量碳烟浓度或体积分数的 LII 信号标定方法,最后考虑了 LII 尺寸测量的标定。

对于 LII 碳烟浓度的定量测量,最常用的标定方法是将 LII 信号和激光消光碳烟体积分数的测量进行对比[10,12 - 14,16,17,19 - 21,23,27,32,34,45,47 - 51,56,58 - 61,66]。Vander Wal[33,36] 利用腔衰荡(CRD)的碳烟浓度测量方法,把基于激光消光的标定方法扩展到了浓度非常低的碳烟水平。在少数情况下,碳烟的质量测量也用于 LII 碳烟体积分数测量信号强度的标定[22,31,63,64]。最近,Snelling 等人[64] 基于双色或三色碳烟温度测量,尝试了在激光脉冲过程中对 LII 碳烟浓度测量信号的标定,以及对 LII 探测系统收集效率的绝对标定。以下对上述四种方法进行描述。

9.5.1　消光标定法

大部分 LII 的标定是将它们与传统的碳烟浓度在线诊断方法——消光测量法进行对比。激光消光法基于碳烟颗粒对入射光源处于瑞利尺寸极限范围内的

假设。在这种情况下,消光系数 K_{ext} 表示为

$$K_{ext} = K_{abs} = \frac{6\pi E(m)}{\lambda} f_v \tag{9.16}$$

式中,λ 为激光光源的波长;f_v 为碳烟体积分数;$E(m)$ 为碳烟折射率 m 的函数,表示如下:

$$E(m) = -I \cdot m\left(\frac{m^2-1}{m^2+2}\right) = \frac{6nk}{(n^2-k^2+2)^2+4n^2k^2} \tag{9.17}$$

对于 $m = n - \mathrm{i}k$,在有限传输路径 l 上使用 Bouguer 消光定律:

$$\frac{I}{I_0} = \mathrm{e}^{-K_{ext}l} \tag{9.18}$$

在均匀流场中,可以直接求解得出碳烟的体积分数。为了得到流场二维的碳烟体积分数分布,通常需要多线的消光测量,然后对得到的消光数据进行层析成像反演得到空间分辨的碳烟体积分数分布。Dasch[73] 对现成的层析成像反演技术进行了总结,并特别提倡使用三点 Abel 程序。图9.7 给出了利用点校准的

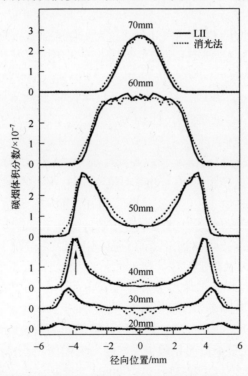

图9.7 在稳态 CH_4/空气层流扩散火焰中,激光诱导白炽光信号和消光法获得的碳烟体积分数的对比。LII 的测量(实线)以 $H=40mm$ 曲线的峰值进行标定(箭头指出)[21] (燃烧学会提供)

LII 和基于 He：Ne 激光消光法的层析成像反演技术分别得到的碳烟体积分数的对比的实例,测量对象是稳定的层流 CH_4/空气扩散火焰。通常,在碳烟浓度较大的火焰高度上,LII 测量和激光消光测量之间的一致性在 10% 以内,但在一些情况下,在层流同向扩散火焰的中间高度处标定的 LII 信号,比在低/高的高度上消光法得到的碳烟体积分数低得多[12,13,16,17,23]。产生这种结果的可能原因是:在这些区域内,众所周知碳烟初始颗粒尺寸较小,而 LII 对变化的初始颗粒尺寸比较敏感,特别是 LII 信号收集时包含了激光脉冲结束后的贡献时更甚。另一个对这些位置 LII 信号低的可能解释是:新形成的碳烟颗粒可能包含值得注意的物质,它们松散地与核心碳烟结构连接在一起,在消光测量时这些物质会与激光发生相互作用,但在 LII 测量激光加热过程中却可能被挥发掉。

一种替代基于多线消光测量和层析成像反演的方法获得空间分辨的碳烟体积分数,是对沿消光测量激光线的 LII 信号的投影使用逆算法,通过对比这些 LII 投影信号和单线消光测量数据,求解得到标定因子[32,59,61]。如果该单线测量产生的消光超出了几个百分点,则 LII 信号的标定需要迭代的求解方法,如文献[32,59,61]所描述的。

由于激光束的吸收(来自于 LII 响应函数对激光能量密度的依赖性)和信号捕获的原因,在光学吸收流场中,为了定量地说明用于碳烟体积分数的标定 LII 信号,需要使用相似的方法。对于二维流场,可以从流场外边界到中心使用离散的步进程序,对这些影响进行修正[21,32,59,61]。在径向对称流场中,对于原点左边半径 R 处的信号,信号捕获的修正因子为

$$\frac{I}{I_{cor}} = \exp\left(\int_{-\infty}^{R} - \frac{K_{ext}}{\sqrt{1 - (R/r)^2}} dr\right) \tag{9.19}$$

如果信号捕获因子很重要,这个表达式需要用于二次迭代,对信号捕获的全部做出恰当的解释。鉴于 LII 测量中常使用相对较短的波长,信号的捕获校正因子在大量应用中都很关键。对于富含碳烟的湍流和非对称流动,局部的信号捕获和激光吸收程度通常都是未知的,所以在这些环境中 LII 信号的定量解释是受限的。

基于消光法的 LII 碳烟体积分数测量标定的精度,一方面受到给定条件下选用的碳烟消光系数不确定度的限制,另一方面受到给定燃烧或火焰系统中碳烟光学属性变化范围的限制。最近,通过各种燃料的层流和湍流火焰排放的烟尘,在可见波段对无量纲消光系数 K_e(在瑞利极限内为 $6\pi E(m)$)进行了测量,给出的值在 $8 \sim 10$[74-77]。相反地,过去 30 年大量对火焰中的碳烟折射率的测量分析,得到了一些公认的结果,例如 Dalzel 和 Sarofim[71,78]普遍认为的 $m = 1.57 - 0.56i$,在瑞利极限内 m 对应的 K_e 为 4.9。另一个被广泛引用的碳烟折射率的值是 Lee 和 Tien 给出的 $1.90 - 0.55i$[79]。因此,在大部分的应用中,除非无

量纲的消光系数能够直接测量,或者在某种程度上已知有较好的精度,利用消光法对用于确定碳烟浓度 LII 标定的不确定度因子近似为 2。

9.5.2　腔衰荡标定方法

Vander Wal[33,36]探索了利用碳烟消光的腔衰荡(CRD)测量作为 LII 碳烟浓度测量标定的方法。该方法在碳烟浓度很低的应用中特别有利,在这种情况下传统的消光标定方法或者重量分析法无法发挥作用。如 Vander Wal [33] 指出的,相对于高碳烟浓度流场,低碳烟浓度流场可能具有更多不同的聚团结构和初始颗粒,因此会给消光标定法的应用带来困难,而使用 CRD 的标定方法则可以得到解决。消光和 CRD 测量之间的对比显示出了很好的一致性[33,36]。对于70ppb 浓度的碳烟流场,在 1cm 的路径长度上,CRD 单脉冲的标定精度可以达到几个百分点以内。与传统的消光测量一样,基于 CRD 的标定精度从根本上受到探测的碳烟光学属性不确定度的限制。

9.5.3　重量分析标定法

利用重量分析技术进行标定包括在流场中对沉积到过滤器上碳烟的收集和称重,并同时进行 LII 信号的采集。该 LII 标定方法具有一定的优势:避免了与碳烟光学属性相关的很大不确定性,并且当使用探针取样时,对于发动机排放的碳烟测量是个可行的规范方法。为了将测量到的碳烟质量转化为碳烟浓度(以质量为基准),流过收集过滤器的体积流率和 LII 测量点的气体温度必须是已知的。要将标定转化为体积分数基准,还必须测量或假定碳烟的质量密度。另外,重要的是,在 LII 和质量分析测量中,要么需要对标定的流动截面进行完全取样,要么需保证碳烟在 LII 和质量分析取样点的加载是均匀的。最后,必须在收集过程中对过滤器加热或稍后对碳烟干燥处理,以去除水或其他的冷凝物。Zhou 等人[80]对质量分析取样过程进行了十分详细的讨论。该标定技术通常局限在碳烟浓度大的流场中应用,且相对于光学标定技术,过滤收集的时间较长,即便不是数小时,也会是数分钟。

Wainner 等人[37]则使用了传统质量分析标定的改进方法,他们将已知质量馈送率的炭黑注入到流场中,然后用 LII 进行测量。该技术适用于低浓度碳烟流场的 LII 标定,Wainner 等人研究的碳烟浓度变化范围为 4ppt ~ 30ppb。利用该方法进行碳烟浓度标定的困难主要在于注入的炭黑在 LII 激发、发光和汽化过程与实际应用中关心的碳烟颗粒的系统差别。

9.5.4　无需标定的碳烟体积分数定量测量

从事激光诱导白炽光研究的人员长期期望能够直接利用 LII 信号本身进行

碳烟体积分数的定量测量。Snelling 等人[64] 最近在 LII 激光激发过程中利用时间分辨的双色或三色高温测定法测量碳烟颗粒的瞬态温度,开发了实现直接定量测量的方法。利用该瞬态温度信息,并结合对 LII 探测系统光收集效率的绝对标定(通过黑体或条状白炽灯)以及碳烟发光的瑞利极限假定,使得能够利用测量到的 LII 信号强度求解探测系统视场内发光颗粒的总体积。用发光体积除以成像激光束/片的横截面积和厚度的乘积,即给出碳烟的体积分数。与所有基于光学的标定过程一样,该方法的局限性在于它依赖于对成像碳烟光学属性的假定。实际上,所感兴趣的是在 LII 激发过程中和激发后的碳烟光学属性,这时碳烟的属性稍微与时间相关,大概处于初始碳烟和石墨之间的属性。与激光消光标定法相比,Snelling 等人提议的该方法相关的光学属性是碳烟发射率或 $E(m)$,文献中给出的 $E(m)$ 与 K_e 相比至少在可见波段变化很小。另一方面,该方法需要精确地测量碳烟颗粒温度,它依赖于对碳烟发射率中用于高温测量的两种或三种波长之间光谱变化的了解。

9.5.5　颗粒尺寸测量的标定

文献中还没有报道对实际 LII 颗粒尺寸测量标定的例子。Vander Wal 等人[42] 利用 TEM 图像分析方法,对于 LII 测量相同位置的碳烟初始颗粒的尺寸进行了直接测量。他们通过对比得到了利用双色和时间分辨 LII 尺寸测量方法与 TEM 测量方法测量初始颗粒尺寸直径时的一般趋势,但还不能进一步对尺寸测量技术进行真正的标定。Will 等人[39] 在柴油发动机的尾气中,对利用时间分辨 LII 的特征延迟时间得到的碳烟初始颗粒尺寸与单独的 TEM 取样分析结果进行了对比,发现了很好的一致性。

通常,碳烟初始颗粒尺寸通过对 LII 能量平衡的模型计算得到,该模型或贯穿整个 LII 激发和衰减周期[18,20,38-41,43],或在激光脉冲充分延迟一段时间后,假定热传导是激光加热碳烟热损失的主导因素[23,42,45,60,64]。实际上,基于 LII 的颗粒尺寸测量对周围环境温度有强烈的依赖性,这意味着,对 LII 颗粒尺寸测量的准确标定不能按照 LII 碳烟浓度测量的方法进行。此外,LII 能量平衡模型中用到颗粒和气体相关的参数具有很大的不确定性,表明尝试对颗粒尺寸测量技术进行标定将有助于确定当前程序中一些重要的未知量。目前普遍假设认为碳烟初始颗粒大小是使松散的聚团碳烟颗粒传导冷却的唯一相关参数[44],一个至关重要的未知量是:相关的程度是多少。另一个关键变量是热调节系数,在这些温度下对于实际气体混合物它是未知的,通常使用的取值范围为 0.26～0.9。

9.5.6　LII 标定的主要关注点

LII 的标定常常受到一些可能会降低精度的限制,且这些限制通常无法消除。例如,期望的标定应该在相同的温度和化学成分的碳烟流场中进行,因为这些参数的变化会影响到激光加热碳烟的周围气体的热传导率[61]。快速 LII 信号检测方法能够将该影响降到最低,Snelling 等人[64]采用的方法应能避免这种干扰。与之类似,正如前面提到的,在标定源和 LII 测量应用之间,碳烟挥发物含量或者特有的初始颗粒大小的变化,会导致标定中的系统误差。最后,由于 LII 信号强度受颗粒峰值温度的影响,标定和应用间的压强匹配可能也很重要。在 IC 发动机中,剧烈的压强变化使得在宽范围曲柄角内进行 LII 定量测量非常困难。

9.6　测　量　结　果

前面的几节回顾了之前的工作,提供了 LII 用于颗粒场测量的较全面的理论和实验基础知识。本节中重点选出了在几种不同应用中的具体结果。由于作者的局限性,在例子选择上难免会有一定程度的随意性。但是,主要意图是给读者提供一些在有挑战的测量条件下能够体现当前 LII 测量能力的具体实例。

LII 在燃烧系统中首次定量测量结果是在层流扩散[1-16,18,20,21,38]和预混火焰[14,17,19]中得到的,尽管在柴油机汽缸和尾气流条件[9,10]以及湍流火焰中[11]也进行了一些早期的工作。相关文献表明了 LII 的定量测量能力,获得的碳烟体积分数精度约 10%[16,21,23]。如前文所述,LII 技术的精度受到碳烟光学属性掌握不足的局限,在标定过程中引入不确定度因子高达 2。对于富含碳烟的环境,重量分析标定法能够大幅度降低该不确定度。图 9.7[21]是在这些简单火焰系统中获得典型结果的例子,图中显示了对火焰中一个单独的消光参考点进行标定时,LII 和基于消光测量之间的一致性。基于层流火焰中获得的坚实基础,LII 的用途已经持续拓展到其他问题,下文将进行叙述。

LII 最吸引人的优点之一是它对于非稳态燃烧系统(包括存在液滴的系统)[11,13,16,21,34,46-51,57-64]进行空间和时间分辨碳烟体积分数测量的能力。第二个诱人的但还稍微存在挑战的能力是实时的空间分辨颗粒尺寸的测量[18,20,38-45,64]。

Vander Wal 和 Dietrich[50]首次在含燃料液滴的流场中获得了碳烟体积分数测量结果。图 9.8 清晰地表明了 LII 测量含液滴的碳烟颗粒场的能力。他们研究了悬浮的癸烷和庚烷液滴的燃烧以及随后碳烟的形成和消亡的时间演化过程。Ni 等人[16]也报道了对苯和甲醇混合物液滴自由落体的测量。使用基于火焰的消光标定方法,Vander Wal 和 Dietrich[50]表明,能够在液滴周围平面内实现定量的碳烟体积分数测量,如图 9.9 所示。

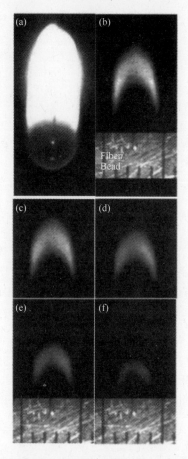

图 9.8　癸烷液体燃烧的时间序列图像,图像间隔 300ms。自然的火焰发光比点火延迟了 280ms,(b)-(f)为 LII 图像。加到(b)、(e)、(f)上的标尺刻度为毫米,在燃烧前放置在 LII 拍摄平面内。支撑液滴的光纤头由于很亮,因此显示为一个小白点[50]（美国光学学会提供）

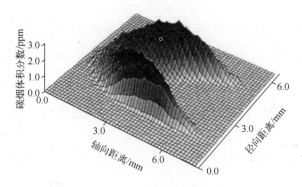

图 9.9　对癸烷的 LII 成像的碳烟体积分数三维图。利用小的同向流燃烧器
代替液滴进行标定[50]（美国光学学会提供）

由于缺乏对碳烟体积分数时空分辨诊断,从而限制了湍流扩散火焰中碳烟生成的研究。随着 LII 的发展,几个小组已经报道了湍流火焰的研究结果[11,46-49]。在这些研究中,LII 提供了含碳烟流场结构的定量可视化详细结果,以及它们随空间和时间的演化过程,如图9.10所示[48]。图中还显示了利用 LIF 获得的 OH 自由基和 PAH 组分的定性结果,表明对于同一火焰同时利用多种诊断技术可以获得丰富的信息。图9.11给出了 Geitlinger 等人[49]在湍流火焰中,联合使用 LII 和激光光散射(LLS)获得的碳烟体积分数、数密度和颗粒半径定量结果,这些结果清晰地表明能够在整个火焰中对碳烟体积分数、数密度和颗粒半径的概率密度函数等信息进行确定[49]。在该火焰中,他们还确定了长度和时间尺度信息,并显示了碳烟形成和氧化的时间尺度比湍流时间尺度小。此类信息对于指导湍流燃烧中碳烟生成的数值建模非常重要,而这在 LII 发展之前是难以得到的。

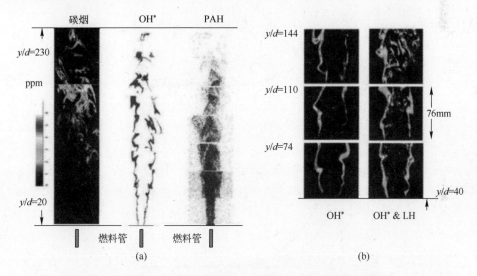

图9.10　碳烟、OH 和 PAH 场的主要结构,(a)碳烟和 OH 的联合测量;(b)$Re = 12000$(内径 2.18mm 的燃料管燃烧器)。利用波长 283.55nm 的激光激发 OH 的 Q1(8)共振线得到 OH 图像,将激光器波长略微偏离 OH 共振线得到的 PAH 图像。对于图(a),每个图像采集自不同的时间,拼合到一起对火焰进行综合显现;对于图(b)中对碳烟和 OH 的联合测量,使用了宽度约 80ns 的 OH 带通滤波器用于对两种信号的过滤。由于 LIF 和 LII 两种信号在同一 ICCD 上成像,所以使用大信号比对两种信号进行区分[48](Lee S. - Y. 提供)

自从最开始使用 LII 技术,运用它进行柴油发动机中碳烟生成研究就是一个持续活跃的领域[7-10,22,34,58-64]。这些研究工作为发动机尾流[9,22,37,59,63,64]及

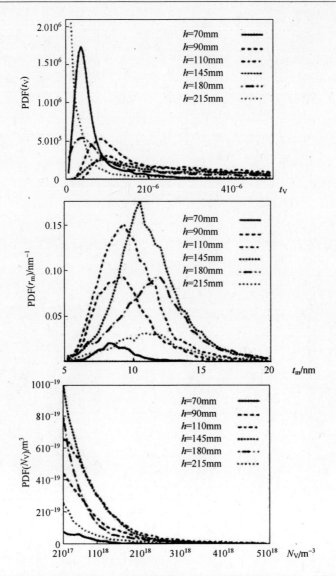

图 9.11 空气中燃烧的氮稀释的乙炔射流扩散火焰(雷诺数 3750)中的(a)碳烟体积分数、
(b)颗粒半径和(c)数密度的概率密度函数[49](Taylor&Francis 出版社提供)

汽缸中的碳烟浓度测量[7.8,58,60,62]提供了新的诊断方式。最新的工作中,Dec 和
Kelly – Zion[62]证实了 LII 能够用于跟踪汽缸中碳烟的形成演化,确定时间和稀
释物的影响,并作为控制碳烟形成的手段。

  图 9.12 和图 9.13 给出了 LII 信号强度和 OH 自由基的 LIF 强度作为曲柄
角(时间)的函数曲线,这两幅图阐述了喷注正时对发动机内碳烟演化的影响,
展示了当喷注正时变化时碳烟浓度的显著增加。当加入氮气稀释剂模拟尾气再

238

循环(EGR)时,也报道了相似的结果。该详细的测量研究洞悉了柴油发动机中碳烟排放控制的过程,对于未来发动机低碳烟排放设计具有十分重要的价值。

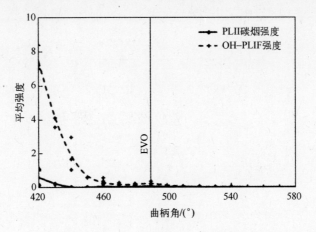

图 9.12　对于高负荷(C/F = 31)、1680r/m、正常喷注正时和 0% N_2 稀释,在 53mm 图像面内平均的碳烟 PLII 和 OH – PLIF 平均强度的时间历程曲线[62]
(汽车工程师学会提供)

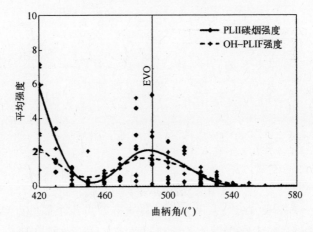

图 9.13　对于高负荷(C/F = 31),1680r/m,10.5 延迟喷注正时和 0% N_2 稀释,在 53mm 图像面内平均的碳烟 PLII 和 OH – PLIF 平均强度的时间历程曲线[62]
(汽车工程师学会提供)

　　颗粒尺寸的测量是当前 LII 研究中的热点之一,之前的章节中已经讨论了大量当前的工作[18,20,23,38 – 43,45,64]。最近,Schraml 等人[41]在层流乙烯火焰中对初始碳烟颗粒尺寸的测量结果如图 9.14 所示。这些测量相对于燃烧器出口上方轴向位置 20mm 处,包括了对局部温度变化影响的修正,它能够引入对颗粒尺寸测量的重要修正[41,45]。必须注意,利用 LII 进行颗粒尺寸测量依然是热点研究领域并存在争论。此外,颗粒光学属性、汽化和热传导模型以及颗粒形貌的影响均处于积极研究中。使用阈值以下的激光能量密度进行时间分辨的 LII 是个有前途的颗粒尺寸测量技术,其能够避免复杂的碳烟汽化和随之的 LII 曲线衰减过程[43]。

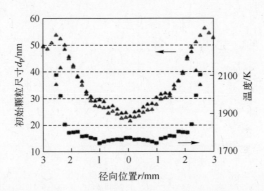

图 9.14　利用火焰温度(矩形,利用对径向分布的镜像变换获得)修正前(空心三角)和修正后(实心三角)的初始颗粒尺寸的径向分布[41](燃烧学会提供)

9.7　总　　结

在含有光学吸收颗粒的高度湍流反应流场,激光诱导白炽光是当前检测颗粒体积分数的首选方法。LII 理论已经具有扎实的基础,剩下的颗粒的光学和物理属性问题在当前已发表的工作中也已经得到了清晰的确认。其定量测量能力已经在许多燃烧环境中得到了证实,包括层流和湍流火焰、液滴燃烧和柴油发动机等。该技术还显现出了鲁棒性和应用的相对简单性。但在相似的实验条件开展的 LII 颗粒尺寸测量应用,成功度有所不同。当前的工作正在为改善颗粒尺寸测量的能力而努力,这对于初始颗粒尺寸的测量显得特别有意义。定量测量需要合适的标定技术,这最终决定着测量的精度。几个研究小组已经报道了10% 的测量精度。然而在碳烟体积分数的确定中,LII 标定的精度一般局限于当前我们对颗粒光学属性的了解。利用重量标定是可能的,精度可以得到较大程度的提高,但这需要颗粒浓度很高的环境,而且常常会引入一些未知的与可凝结气体组分以及与碳质核碳烟无关物质。LII 可以用于多种颗粒系统,由于在燃烧和环境排放中的重要性,至今碳烟颗粒已经成为首要的研究热点。LII 还非常容易和其他基于激光的测量技术联合,例如激光诱导荧光技术和光散射技术,这为同时进行组分和颗粒尺寸测量提供了可能。

参 考 文 献

［1］　Weeks R W,Duley W W. Aerosol – Particle Sizes from Light Emission During Excitation by TEA CO_2 Laser Pulses. J. Appl. Phys. ,vol. 45,pp. 4661 – 4662,1974.

［2］　Eckbreth A C. Effects of Laser – Modulated Particulate Incandescence on Raman Scattering Diagnostics. J. Appl. Phys. ,vol. 48,pp. 4473 4479,1977.

［3］　Melton L A. Soot Diagnostics Based on Laser Heating. Appl. Optics,vol. 23,pp. 2201 2208, 1984.

［4］　Dasch C J. Continuous – Wave Probe Laser Investigation of Laser Vaporization of Small Soot Particles in a Flame. Appl. Optics,vol. 23,pp. 2209 – 2215,1984.

［5］　Dasch C J. New Soot Diagnostics in Flames Based on Laser Vaporization of Soot. Proc. Combust. Inst. ,vol. 20,pp. 1231 – 1237,1984.

［6］　Dasch C J. Spatially Resolved Soot – Absorption Measurements in Flames Using Laser Vaporization of Particles. Optics Lett. ,vol. 9,pp. 214 – 216,1984.

［7］　Dec J E,zur Loye A O,Siebers D L. Soot Distribution in a D. I. Diesel Engine Using 2 – D Laser – Induced Incandescence Imaging. SAE Trans. ,vol. 100,pp. 277 – 288,paper no. 910224,1991.

［8］　Dec J E. Soot Distribution in a D. I. Diesel Engine Using 2 – D Imaging of Laser – Induced Incandescence,Elastic Scattering and FlameLuminosity. SAE – 920115 of the SAE Technical Paper Series,Society of Automotive Engineers,Warrendale,PA,1992.

［9］　Hofeldt D L. Real – Time Soot Concentration Measurement Techniques for Engine Exhaust Streams. SAE Transactions,vol. 102,J. Fuels Lubric. ,Sec. 4,pp. 45 – 57. 1993.

［10］　Pinson J A,Mitchell D L,Santoro R J,et al. Quantitative Planar Soot Measurements in a D. I. Diesel Engine Using Laser – Induced Incandescence and Light Scattering. SAE 932650,SAE International Fall Fuels and Lubricants Meeting and Exposition,Philadelphia, October 18 – 21,Society of Automotive Engineers,Warrendale,PA,1993.

［11］　Tait N P,Greenhalgh D A. PLIF Imaging of Fuel Fraction in Practical Devices and LII Imaging of Soot. Ber. Bunsenges. Phys. Chem. ,vol. 97,pp. 1619 – 1625,1993.

［12］　Quay B,Lee T – W,Ni T,et al. Spatially Resolved Measurements of Soot Volume Fraction Using Laser – Induced Incandescence. Combust. Flame,vol. 97,pp. 384 – 392,1994.

［13］　Shaddix C R,Harrington J E,Smyth K C. Quantitative Measurementsof Enhanced Soot Production in a Flickering Methane/Air Diffusion Flame. Combust. Flame, vol. 99, pp. 723 – 7311994.

［14］　Vander Wal R L,Weiland K J. Laser – Induced Incandescence:Development and Characterization Towards a Measurement of Soot – Volume Fraction. Appl. Phys. B,vol. 59,pp. 445 – 452,1994.

［15］　Cignoli F,Benecchi S,Zizak G. Time – Delayed Detection of Laser – Induced Incandescence for the Two – Dimensional Visualizationof Soot in Flames. Appl. Optics, vol. 33, pp. 5778 – 5782, 1994.

[16] Ni T, Pinson J A, Gupta S, et al. Two – Dimensional Imaging of Soot Volume Fraction by the Use of Laser – Induced Incandescence. Appl. Optics, vol. 34, pp. 7083 – 7091, 1995.

[17] Bengtsson P – E, Alden M. Soot – Visualization Strategies Using Laser Techniques: Laser – Induced Fluorescence in C_2 from Laser – Vaporized Soot and Laser – Induced Soot Incandescence. Appl. Phys. B, vol. 60, pp. 51 – 59. 1995.

[18] Will S, Schraml S, Leipertz A. Two – Dimensional Soot – Particle Sizing by Time – Resolved Laser – Induced Incandescence. Optics Lett. , vol. 20, pp. 2342 – 2344, 1995.

[19] Appel J, Jungfleisch B, Marquardt M, et al. Assessment of Soot Volume Fractions from Laser – Induced Incandescence by Comparison with Extinction Measurements in Laminar, Premixed, Flat Flames. Proc. Combust. Inst. , vol. 26, pp. 2387 2395, 1996.

[20] Will S, Schraml S, Leipertz A, Comprehensive. Two – Dimensional Soot Diagnostics Based on Laser – Induced Incandescence (LII) . Proc. Combust. Inst. , vol. 26, pp. 2277 – 2284, 1996.

[21] Shaddix C R, Smyth K C. Laser – Induced Incandescence Measurements of Soot Production in Steady and Flickering Methane, Propane, and Ethylene Diffusion Flames. Combust. Flame, vol. 107, pp. 418452, 1996.

[22] Case M E, Hofeldt D L. Soot Mass Concentration Measurements in Diesel Engine Exhaust Using Laser – Induced Incandescence. Aerosol Sci. Technol. , vol. 25, pp. 46 – 60, 1996.

[23] Mewes B, Seitzman J M. Soot Volume Fraction and Particle Size Measurements with Laser – Induced Incandescence. Appl. Optics, vol. 36, pp. 709 – 717, 1997.

[24] Snelling D R, Liu F, Smallwood G J, et al. Evaluation of the Nanoscale Heat and Mass Transfer Model of LII: Prediction of the Excitation Intensity. NHTC2000 – 12132, Proceedings of the NHTC 2000, 34th National Heat Transfer Conference, Pittsburgh, PA, August 20 – 22, 2000.

[25] Vander Wal R L, Choi M Y, Lee K – O. The Effects of Rapid Heating of Soot: Implications When Using Laser – Induced Incandescence for Soot Diagnostics. Combust. Flame, vol. 102, pp. 200 – 204, 1995.

[26] Vander Wal R L. Laser – Induced Incandescence: Detection Issues. Appl. Optics, vol. 35, pp. 6548 – 6559, 1996.

[27] Vander Wal R L, Jensen K A. Laser – Induced Incandescence: Excitation Intensity. Appl. Optics, vol. 37, pp. 1607 – 1616, 1998.

[28] Witze P O, Hochgreb S, Kayes D, et al. Time – Resolved Laser – Induced Incandescence and LaserElastic – Scattering Measurements in a Propane Diffusion Flame. Appl. Optics, vol. 40, pp. 2443 – 2452, 2001.

[29] Vander Wal R L, Ticich T M, Stephens A B. Optical and Microscopy Investigations of Soot Structure Alterations by Laser – Induced Incandescence, "Appl. Phys. B, vol. 67, pp. 115

− 123,1998.

[30] Vander Wal R L,Choi M Y. Pulse Laser Heating of Soot: Morphological Changes. Carbon, vol. 37,pp. 231 − 239,1999.

[31] Vander Wal R L,Zhou Z,Choi M Y. Laser − Induced Incandescence Calibration Via Gravimetric Sampling. Combust. Flame,vol. 105,pp. 462 − 470,1996.

[32] Choi M Y,Jensen K A. Calibration and Correction of Laser − Induced Incandescence for Soot Volume Fraction Measurements. Combust. Flame,vol. 112,pp. 485 − 491,1998.

[33] Vander Wal R L. Calibration and Comparison of Laser − Induced Incandescence with Cavity Ring − Down. Proc. Combust. Inst. ,vol. 27,pp. 59 − 67,1998.

[34] Inagaki K,Miura S,Nakakita K,et al. QuantitativeSoot Concentration Measurement with the Correction of Attenuation Signal Intensity Using Laser − Induced Incandescence. The Fourth International Symposiunr of Diagnostic and Modeling of Combustionin Internal Combustion Engines,COMODIA 98,Engine Systems Division,The Japan Society of Mechanical Engineers,Kyoto,Japan,July 20 − 23,1998,pp. 371 − 378.

[35] Snelling D R,Thomson K A,Smallwood G J,et al. Two − Dimensional Imaging of Soot Volume Fraction in Laminar Diffusion Flames. Appl. Optics,vol. 38,pp. 2478 − 2485,1999.

[36] Vander Wal R L,Ticich T M. Cavity Ringdown and Laser − Induced Incandescence Measurements of Soot. Appl. Optics. vol. 38,pp. 1444 − 1451,1999.

[37] Wainner R T,Seitzman J M,Martin S R. Soot Measurements in a Simulated Engine Exhaust Using Laser − Induced Incandescence. AIAA J. ,vol. 37,pp. 738 − 743,1999.

[38] Roth P,Filippov A V. In Situ Ultrafine Particle Sizing by a Combination of Pulsed Laser Heatup and Particle Thermal Emission. J. Aerosol Sci. ,vol. 27,pp. 95 − 104,1996.

[39] Will S,Schraml S,Bader K,et al. Performance Characteristics of Soot Primary Particle Size Measurements by Time − Resolved Laser − Induced Incandescence. Appl. Optics,vol. 37, pp. 5647 − 5658,1998.

[40] Filippov A V,Markus M W,Roth P. In − Situ Characterizationof Ultrafine Particles by Laser − Induced Incandescence: Sizing and Particle Structure Determination. J. Aerosol Sci. , vol. 30,pp. 71 − 87,1999.

[41] Schraml S,Dankers S,Bader K,et al. Soot Temperature Measurements and Implications for Time − Resolved Laser Induced Incandescence (TIRE − LII). Combust. Flame,vol. 120, pp. 439 − 450,2000.

[42] Vander Wal R L,Ticich T M,Stephens A B. Can Soot Primary Particle Size Be Determined Using Laser − Induced Incandescence? Combust. Flame,vol. 116. pp. 291 − 296,1999.

[43] Woiki D,Giesen A,Roth P. Time − Resolved Laser − Induced Incandescence for Soot Particle Sizing During Acetylene Pyrolysis Behind Shock Waves. Proc. Combust. Inst. ,vol. 28, pp. 2531 − 2537,2000.

[44] Filippov A V,Zurita M. Rosner D E. Fractal − Like Aggregates: Relation Between Morphology and Physical Properties. J. Coll. Interface Sci. ,vol. 229,pp. 261 − 273,2000.

[45] Axelsson B,Collin R,Bengtsson P - E. Laser - Induced Incandescence for Soot Particle Size Measurements in Premixed Flat Flames. Appl. Optics,vol. 39,pp. 3683 - 3690,2000.

[46] Vander Wal R L. LIF - LII Measurements in a Turbulent Gas - Jet Flame. Expts. Fluids, vol. 23,pp. 281 - 287,1997.

[47] Geitlinger H,Streibel Th,Suntz R,et al. Two - Dimensional Imaging of Soot Volume Fractions, Particle Number Densities, and Particle Radii in Laminar and Turbulent Diffusion Flames. Proc. Combust. Inst. ,vol. 27,pp. 1613 - 1621,1998.

[48] Lee S – Y. Detailed Studies of Spatial Soot Formation Processes in Turbulent Ethylene Jet Flames. Ph. D. Thesis,The Pennsylvania State University,University Park,PA,1998.

[49] Geitlinger H,Streibel Th,Suntz R,et al. Statistical Analysis of Soot Volume Fractions,Particle Number Densities, and Particle Radii in a Turbulent Diffusion Flame. Combust. Sci. Technol. ,vol. 149,pp. 115 134. 1999.

[50] Vander Wal R L,Dietrich D L. Laser - Induced Incandescence Applied to Droplet Combustion. Appl. Optics,vol. 34,pp. 1103 - 1107,1995.

[51] Decroix M E,Roberts W L. Transient Flow Field Effects on Soot Volume Fraction in Diffusion Flames. Combust. Sci. Technol. ,vol. 160,pp. 165 - 189,2000.

[52] Vander Wal R L. Soot Precursor Material: Visualization Via Simultaneous LIF - LII and Characterization Via TEM. Proc. Combust. Inst. ,vol. 26,pp. 2269 - 2275,1996.

[53] Vander Wal R L. Onset of Carbonization: Spatial Location Via Simultaneous LIF - LII and Characterization Via TEM. Combust. Sci. Technol. ,vol. 118,pp. 343 - 360,1996.

[54] Vander Wal R L,Jensen K A,Choi M Y. Simultaneous Laser - Induced Emission of Soot and Polycyclic Aromatic Hydrocarbons within a Gas - Jet Diffusion Flame. Combust. Flame,vol. 109,pp. 399 - 414,1997.

[55] Vander Wal R L. Soot Precursor Carbonization: Visualization Using LIF and LII and Comparison Using Bright and Dark Field TEM. Combust. Flame,vol. 112,pp. 607 - 616,1998.

[56] Ni T,Gupta S B,Santoro R J. Suppression of Soot Formation in Ethene Laminar Diffusion Flames by Chemical Additives. Proc. Combust. Inst. ,vol. 25,pp. 585 - 592,1994.

[57] Vander Wal R L. Laser - Induced Incandescence Measurements in Low Gravity. Micrograv. Sci. Technol. ,vol. 10,pp. 66 74,1997.

[58] Zhao H,Ladommatos N. Optical Diagnostics for Soot and Temperature Measurement in Diesel Engines. Prog. Energy Combust. Sci. ,vol. 24,pp. 221 - 255,1998.

[59] Bryce D J,Ladommatos N,Xiao Z,et al. Investigating the Effect of Oxygenated and Aromatic Compounds in Fuel by Comparing Laser Soot Measurements in Laminar Diffusion Flameswith Diesel Engine Emissions. J. Inst. Energy,vol. 72,pp. 150 - 156,1999.

[60] Inagaki K,Takasu S,Nakakita K. In - Cylinder Quantitative Soot Concentration Measurement by Laser - Induced Incandescence. SAE Paper 1999 - 01 - 0508,1999.

[61] Bryce D J,Ladommatos N,Zhao H. Quantitative Investigation of Soot Distribution by Laser - Induced Incandescence. Appl. Optics,vol. 39,pp. 5012 - 5022,2000.

[62] Dec J E, Kelly – Zion P L. The Effects of Injection Timing and Diluent Addition on Late – Combustion Soot Burnout in DI Diesel Engines Based on Simultaneous 2 – D Imaging of Soot and OH. SAE – 2000 – 01 – 0238 of the SAE Technical Paper Series, Society of Automotive Engineers, Warrendale, PA, 2000.

[63] Snelling D R, Smallwood G J, Sawchuk R A, et al. Particulate Matter Measurements in a Diesel Engine Exhaust by Laser – Induced Incandescence and the Standard Gravimetric Procedure. SAE Paper 199901 – 3653 of the SAE Technical Paper Series, Society of Automotive Engineers, Warrendale, PA, 1999.

[64] Snelling D R, Smallwood G J, Sawchuk R A, et al. In Situ Real – Time Characterization of Particulate Emissions from a Diesel Engine Exhaust by Laser – Induced Incandescence. SAE Paper 2000 – 01 – 1994 of the SAE Technical Paper Series. Society of Automotive Engineers, Warrendale, PA, 2000.

[65] Smallwood G J, Snelling D R, Liu F, et al. Cloudsover Soot Evaporation: Errors in Modeling Laser – Induced Incandescence of Soot. J. Heat Transfer, vol. 123, pp. 814 – 818. 2001.

[66] Vander Wal R L, Ticich T M, West Jr. J R. Laser – Induced Incande – scence Applied to Metal Nanostructures. Appl. Optics, vol. 38, pp. 5867 – 5879, 1999.

[67] McCoy B J, Cha C Y. Transport Phenomena in the Rarefied Gas Transition Regime. Chem. Engr. Sci. , vol. 29, pp. 381 – 388, 1973.

[68] Chapman S, Cowling T G. Mathematical Theory of Non – Uniform Gases, 3rd Ed. Cambridge University Press, p. 249, 1970.

[69] Frank – Kamenetskii D A. Diffusion and Heat Transfer in Chemical Kinetics. New York: Plenum Press, , pp. 158 – 191, 1969.

[70] Leider H R, Krikorian O H, Young D A. Thermodynamic Properties of Carbon up to the Critical Point. Carbon, vol. 11, pp. 555 – 563, 1973.

[71] Smyth K C, Shaddix C R. The Elusive History of $m = 1.57 - 0.56i$ for the Refractive Index of Soot. Combust. Flame. vol 107, pp. 314 – 320, 1996.

[72] Bird R B, Stewart. W E, Lightfoot E N. Transport Phenomena. New York: John Wiley and Sons, pp. 510, 528, and 648, 1960.

[73] Dasch C J. One – Dimensional Tomography: A Comparison of Abel, Onion – Peeling, and Filtered Backprojection Methods. Appl. Optics, vol. 31, pp. 1146 – 1152, 1992.

[74] Mulholland G W, Choi M Y. Measurement of the Mass Specific Extinction Coefficient for Acetylene and Ethene Smoke Usingthe Large Agglomerate Optics Facility. Proc. Combust. Inst. , vol. 27, pp. 1515 – 1522, 1998.

[75] Zhu J, Choi M Y, Mulholland G W, et al. Measurement of Soot Optical Properties in the Near – Infrared Spectrum. Int. J. Heat Mass Trans. , vol. 43, pp. 3299 – 3303, 2000.

[76] Krishnan S S, Lin K – C, Faeth G M. Optical Properties inthe Visible of Over – fire Soot in Large Buoyant Turbulent Diffusion Flames. J. Heat Transfer, vol. 122. pp. 517 – 524, 2000.

[77] Krishnan S S, Lin K – C, Faeth G M. Extinction and Scattering Properties of Soot Emitted

from Buoyant Turbulent Diffusion Flames. J. Heat Transfer, vol. 123, pp. 331 – 339, 2001.

[78] Dalzell W H, Sarofim A F. Optical Constants of Soot and Their Application to Heat – Flux Calculations. J. Heat Transfer, vol. 91, pp. 100 – 104, 1969.

[79] Lee S C, Tien C L. Optical Constants of Soot in Hydrocarbon Flames. Proc. Combust. Inst., vol. 18, pp. 1159 – 1166, 1981.

[80] Zhou Z – Q, Ahmed T U, Choi M Y. Measurement of Dimensionless Soot Extinction Constant Using a Gravimetric Sampling Technique. Exper. Thermal Fuel Sci., vol. 18, pp. 27 – 32, 1998.

第二部分　应　用

错误往往不是来自于技术,而是来自于应用技术的人。

——Isaac Newton

(*Philosophiae naturalis principia mathematica*, *Cambridge* 1686)

第 10 章　富燃化学和碳烟前驱物

Burak Atakan, Heidi Böhm, Katharina Kohse – Höinghaus

10.1　引　言

　　众所周知,燃烧过程会产生不希望的污染排放——实际燃烧系统的燃烧废气不仅包含水和二氧化碳,也包含一氧化碳、碳氢化合物、醛、氮化物、硫化物、磷化物、金属及卤化物等。出于对公众健康的考虑,特别是由于碳烟生成的化学反应步骤无比复杂[1,2],碳烟的形成是燃烧相关的最具挑战性的问题之一。在这个来自脂肪族和芳香族燃料的大质量结构和碳颗粒的综合体中,多环芳香烃(Polycyclic Aromatic Hydrocarbons,PAH)受到了更多的关注[3-6],这不仅因为它们是碳烟形成的前驱物,而且由于它们具有潜在的致病和致癌性[7,8]。作为许多独立反应步骤的结果,它们和碳烟都在极短的时间内生成。尽管相关的研究工作已经开展了数十年[9-15],但化学反应关系的许多细节仍然没有完全弄明白。因此,那些用于燃烧系统设计优化、PAH 和碳烟生成预测而建立的模型[13,16-23]必须依赖实验的验证和确认。

　　目前由于不同用途的需要正在使用大量的燃烧装置,包括家庭取暖用的燃气或燃油炉、汽车发动机、燃气轮机以及大规模的工业锅炉和熔炉等。从技术上讲,它们需工作在很宽的温度压力范围和特殊的环境下,相关的滞留时间、混合过程、火焰拉伸和局部熄火都可能对 PAH 和碳烟排放产生重要的影响。对于实际的燃烧系统,对涉及 PAH 和碳烟形成的所有化学反应过程进行完整的建模十分困难,因此一般在简化的条件下进行详细的反应模型检验。当前,人们正在重新研究在化学反应初期生成首个芳香环并进而形成 PAH 的复杂过程[24-28],而富燃条件下的火焰化学在过去几年中已得到越来越多的关注[29-32]。

　　对化学反应模型进行验证的燃烧诊断工作中,富燃火焰应受到特殊的考虑,原因在于富燃火焰中存在大量不同潜在的重要反应中间物和产物。目前发表的文献中,认为化学当量比 Φ 远大于 1 的富燃火焰与碳烟的产生有密切关系。它们的主要产物可能不是 H_2O 和 CO_2,而是 H_2 和 CO。在这种情况下,C/O 比常常能够比 Φ 更好地用于度量化学当量[33]。例如,在 C/O 比粗略地接近 1 的条件下,燃烧气体中的 PAH 结构典型地出现在形成碳烟的热动力学极限附近[34,35]。在理想燃烧系统中,碳烟生成阈值[36]对应的临界 C/O 比通常小于 1,碳不仅仅以固态形式出现,也会被束缚到多数的碳氢化合物中。

本章将重点关注 PAH 结构和碳烟生成反应过程的初期阶段及可能的速率受限步骤中相关的实验研究。对于富燃、近碳烟火焰中具有多个碳原子(2~20个)的中间反应物和最终产物的检测,以及用于模型评估和发展的实验室火焰的定量及系统的表征等方案及其局限性进行讨论。10.2 节将介绍典型的化学反应系统,10.3 节对富燃火焰燃烧模型及其诊断中的关键问题进行简短的评述。之后,概述诊断方法及其在这些研究中的适用性,并给出富燃火焰近期研究的一些实例,最后对未来的工作进行展望。

10.2　反　应　系　统

诊断技术正在用于对实际燃烧系统中碳烟和 PAH(见第 9 章和第 13 章)的探测。但一般情况下,实际的燃烧环境不适用于复杂化学反应机理研究。尤其是庞杂的化学反应机理与湍流流动的耦合依然是个问题,化学反应模型的发展也需要在层流、可控流动环境下获得的测量数据。在后续发展阶段,这些更完整的化学反应机制将是模型简化方案的基础[35]。但要谨记在实际的燃烧过程中,压力变化范围可以从大气压到超过 200bar,温度可达到 3000K。原则上,应用反应模型应该在这样完整的参数范围内进行验证。然而,关于富燃化学的碳烟和 PAH 前驱物研究,仅有屈指可数的实验室规模的燃烧装置通常用于热解和燃烧实验,包括:充分搅拌反应器,如连续搅拌反应釜(Continuousely Stirred Tank Reactor, CSTR)或射流搅拌反应器(Jet – Stirred Reactor, JSR),静态反应器,柱塞流反应器和层流火焰。通过改变配置,激波管可以作为理想的柱塞流反应器或静态反应装置。已经证实这些实验环境可用于富燃化学反应研究,本节将进行简单介绍。

10.2.1　反应装置

静态燃烧器概念起源于 19 世纪后期,例如爆炸极限和冷焰的存在等一些重要的燃烧现象都是在静态燃烧器上首先发现的。但是由于表面效应,静态燃烧器不适用于定量分析,因此在随后的动力学研究中失去了其重要性。目前,这种装置与光解或激光加热方法结合,正用于对反应速率的测量[37,38]。在柱塞流反应器中,利用空间分布代替了复杂的反应时间历程。这个概念利用反应物的快速混合和迅速的流动,使得在反应动力学方程中可用距离直接代替时间。利用柱塞流反应器在 300~1300K 温度范围内已经完成了大量重要的研究工作[39,40],包括碳氢化合物的氧化和热解。然而柱塞流反应器遇到的实际困难是:在反应器横截面上组分、温度和速度的均匀性问题,以及不容易达到很高的温度。在CSTR中,与化学反应速率相比,反应物和产物的混合速率非常快,因此可以满足反应器的一致性;通过改变进口的质量流率,可以达到不同的(平均)滞留时间;迅速的混合使得可以达到纯粹动力学控制的条件。因此,CSTR对于反应机理研究是非常有价值的工具。实际问题是如何完成快速充分的混合。对于诊断的目的,这些反应装置比较容易满足不同的分析方法:通常取样时间不是问题,其温度范围也允许使用热电偶。与富燃化学相关的一些最新研究可参见文献[30,41]。

10.2.2　激波管

激波管是高温动力学实验中使用最广泛的装置。在激波管中,通过控制低压测试段和高压驱动段之间隔膜的破裂,引发激波并在测试气体中传播,进而控制化学反应在测试段发生。化学反应的研究可以在入射激波处(接近柱塞流条件)进行,也可以在激波遇到端面反射后二次通过测试气体(接近稳态反应条件)时开展。在反射激波的波后可以达到非常高的温度(大于5000K),技术上相应的高压力条件也很容易实现。激波管主要用于开展复杂和基本的化学反应研究,同时也用于确定不同脂肪族和芳香族碳氢化合物反应中碳烟的诱发时间[42]和碳烟体积分数[13,16,42,43]。

碳烟及其可能的前驱物(如PAH)的生成时间非常短,根据反应条件,通常在数微秒至毫秒范围内。因此,对PAH和碳烟前驱物生成时间历程曲线的测量非常困难,尤其是在高压环境下。关于该类研究的报道比较少,其中包括Kern等人[44]在苯和乙炔的热解中,对富燃化学反应相关的组分时间历程曲线测量的工作。对于低工作周期实验的诊断,需要予以特殊的考虑,在这种实验中,所有相关的数据都应在单次激波的几个毫秒内获取,这限制了对脉冲激光的有效利用。此外,与许多其他的燃烧测量不同,该实验中的温度一般通过计算得到。

10.2.3　预混火焰

对于燃烧机理研究,预混火焰通常是首选的实验环境。然而,当接近高压状态时,火焰的稳定性和多面体火焰的形成将是严峻的问题[45]。预混火焰可达到的温度范围有限,平面火焰的熄火倾向限制了其温度的下限,而绝热火焰温度基本上给出了其温度上限。由于低压火焰的反应区分布比较广泛,因此经常被用于组分轮廓研究。但是,在将低压火焰的结果外推到高压条件时,反应机理可能发生了改变[45]。

经典的低压层流预混火焰装置如图10.1所示,在该装置中,新鲜的预混气体流过一个大直径的多孔塞,可以提供准一维结构的火焰,这对于精细建模非常有利。对于典型的压力($10^3 \sim 10^4$Pa)条件,层流预混火焰的反应区宽度约 10mm,利用质谱或激光诊断的方法可以在很好的空间分辨率下对其进行取样测量。出于建模的考虑,不仅需要对燃烧炉面上方随高度增加的组分分布进行测量,而且也需要对它们的温度进行测量,这作为稳定燃烧炉火焰模拟计算的输入条件,对计算结果会产生非常大的影响[24]。在降压[9,10,46-49]和常压[4,12,19,20,31,50,51]条件下,对预混富燃火焰已经开展了大量细致的研究工作。常压火焰中对富燃化学反应的分析通常采用微探针取样技术[12,19,20,31,50,51]与气相色谱(GC)和质谱(MS)[19,20,51]或者高精度液相色谱(High – Performace Liquid Chromatography,HPLC)[50]技术联合,或者与红外、可见、紫外波段的光谱技术联合的方法进行。对于高碳氢燃料的产物分析,需要增加额外的手段,例如成分的浓缩或萃取等。在低压力条件,通常还会用到分子束取样质谱仪[47-49]。温度曲线通常用热电偶进行测量,不依赖于所研究的压力机制。

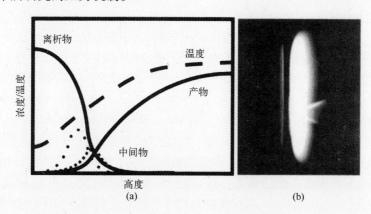

图 10.1　低压层流预混平面火焰结构示意图(a),给出的是离析物、产物和中间反应物的
温度及浓度随炉面上方高度的变化;其几何结构如图中的照片(b),
可以看到燃烧炉表面处宽范围明亮的火焰区和用于分子束取样的石英嘴

已经开展了许多实验以确定不同运行参数(如燃料结构、混合长度、温度、流动条件以及压力等)的影响。在超过环境压力情况下,由于空间分辨率的问题,对重要的碳氢化合物的中间产物和 PAH 的成分分布测量变得愈加困难。可利用的只有燃烧气体的浓度,其结果表明 PAH 浓度随着 p^2 增大,直到压力达到 10bar[53]。因此,在高压力条件下,只能通过计算对 PAH 反应进行探究。

10.2.4　层流扩散火焰

许多实用的火焰都是扩散火焰。在预混火焰中,化学转化进程沿着所有的流线是相同的,即时间轴和空间坐标能够很容易地进行互换,但在扩散火焰中情况就不同了。在扩散火焰中,燃料和氧化剂并排流动,从贫燃到富燃的不同混合状态下反应进程也不相同。而且,流动速率的变化还能对碳烟和碳烟前驱物的化学反应造成强烈的影响[54-56]。一些在环形和对冲扩散火焰中关于富燃化学的研究工作可参见文献[28,57,58]。一般来说,对扩散火焰的研究通常需要更多的测量信息(例如对速度测量的需求),并且相比于预混层流火焰,对建模也有更高的要求[23]。

10.3　建　模

富燃燃烧的建模是非常具有挑战性的课题,最近受到了大量的关注[22-24,26,27,59]。其关键问题在于对所涉及的大量成分的化学和热力学特性知之甚少。在本章中,基本上把首个苯环的形成细节作为研究大的芳香结构生成的瓶颈问题。其中,C_4H_3 和 C_4H_5 与乙炔一起分别导致苯基和苯的生成是作为关键反应步进行讨论的,而且 C_3H_3[39,60,61] 的二聚作用也被认为是重要因素。最近,文献[46]和[62]分别讨论了丙烯和 1-戊烯火焰中重要的苯环生成通道。

PAH 快速形成是建模中遇到的最为严重的问题之一。假设自由基反应对 PAH 的生成有贡献,那么可以考虑图 10.2 中示意的两种主要的平面生长模式:小碳氢化合物的连续叠加和小 PAH 的合并。一个广泛用于描述 PAH 形成的模型是基于交互脱氢加乙炔(Hydrogen Abstraction Acetylene Addition , HACA)机理[13](图 10.2 中的路径 1),该机理不依赖于燃料结构。然而,最近的实验结果[42,43,48]并不支持如此纯粹的连续生长机制。因此在一些 PAH 生长的化学反应机理中,需考虑组合反应步骤,即芳基-芳基耦联反应[16,21](图 10.2 中的路径 2)。另外,对经由环戊二烯自由基的 PAH 形成机制也进行了讨论[19](路径 3)。一个关键的问题是 PAH 的反应和结构之间的联系[17]。例如,非常重要的是考虑 PAH 呈现迫位缩合还是开口壳结构,是高稳的六环结构还是五环结构。于是,在相关的实验中利用加法原则进行决断并不奏效,应对特殊异构体进行识别。

最近,有人将图 10.2 中的三个反应途径进行了合并,其模型认为,可能的 PAH 前驱物结构不需高度浓缩,也可以呈现苯环上烷基边链特点。通过芳基-芳基耦联反应,生成了典型的结构(四碳原子框架),促进了新环的闭合。关于机理的详细讨论可参见文献[63,64]。为了研究该模型的预测能力,实验验证是必要的,以对一些假设进行检验,并区别不同反应序列的重要性。根据当前掌握的知识,显然必须从机理上理解早期的反应步骤,原因是后续的反应将取决于结构形成的本质。然而,在本章有限的篇幅内,不可能尽述所有最新模型构建的结果。

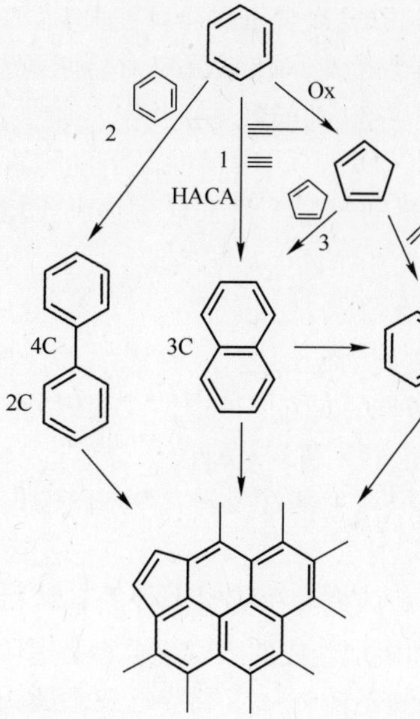

图 10.2 文献[63]描述的 PAH 生成模式的示意图。反应过程包括苯与
非周期小分子中间体的反应(路径 1:与乙炔等的 HACA 反应)、复合反应
(路径 2:苯与苯自由基等的结合反应)、苯与氧化剂(Ox)和环戊二烯反应(路径 3)。
很清楚,图中没有区分开自由基和稳定反应物,但标记出了含有 2 个、3 个和 4 个
碳原子的典型"湾式"结构(即 2C、3C、4C 湾)

10.4　实验技术和方案

为了合理地设计实验方案以验证模型,尤其重要的是考虑哪类信息是期望
得到的和有用的。理想情况下,对包括自由基在内所有组分浓度的定量对比分
析似乎是合适的。但考虑到潜在的异构体的数量,对于高碳氢化合物,此方法变
得尤为不可行。不仅测量起来比较困难,而且热力学和动力学建模数据库的不
确定性也会使得分析变得含糊。当然,如果实验数据是用于模型的发展和确认,
则它们应该照着可达到的最高定量标准去做。一般地讲,对温度的精细测量是
重要的,由于它可能对反应速率有指数级的影响。同样,实验技术中适当的空间
分辨率是基本的要求。

通常,测量不仅要靠光谱方法,也必须依赖侵入式技术,且必须在取样探针
对系统的干扰和必需的信息范围(即期望进行探测的成分数量和特性)之间进
行权衡。对于定量的浓度测量,表征取样装置的影响是有用的。为了掌握火焰

结构的全面信息,通过对整体 PAH 荧光和碳烟体积分数[3]的组合测量可以洞悉燃烧过程。然而,为了研究详细的火焰化学反应,这种类型的实验是不够的,常常需要探测更多种的组分(20~30 种或更多)[28,29,46,49,62,63]。为了进行正确的对比,首先进行水煤气组分(H_2,CO_2,CO,H_2O)的高精度测量是有用的,接着对那些重要的稳定中间产物浓度进行测量。关于自由基成分,测量不确定度可能比较高,通常大于 2 倍。因此,使用不同的火焰实验[24,25,62,63]和多种火焰条件对模型进行比较是有利的。一个有益的方法是把 C_3,C_4,C_5 等成分加入到容易表征的基础火焰中,测量火焰的变化,而不是对一种火焰进行详尽的研究[28,32]。因此,对富燃燃烧化学的实验研究的起点应该定位在待解决的特定问题,然后选择最可能对问题进行解答的诊断技术进行合理的组合测量。

10.4.1　非接触测量技术

虽然光谱技术对于贫燃和理想配比火焰的诊断是首选的方法,但使用该方法探测大分子尤其是 PAH 和碳烟生成的碳氢化合物是有限的,原因是许多成分拥有大量的自由度以及相似的光谱。利用窄带激光,可以对电子能带上一个或极少的转动线进行激发。因此,只能探测多个能态中的一个或极少的能态,它们的布居数取决于配分函数。图 10.3 给出了振动配分函数的重要影响。对于只有一个振动频率 ν 的双原子分子,在 ν 不是很低的情况下,配分函数 Q 随温度变化缓慢。而对于多原子分子来说,情况则大为不同。首先,振动频率数随着原子数 N 的增加而增加($3N-6$ 或 $3N-5$)。其次,大部分大分子的振动频率范围为约 $150\sim300\,cm^{-1}$ 至约 $3000\,cm^{-1}$。由于原子数目和一个或更多低振动频率的存

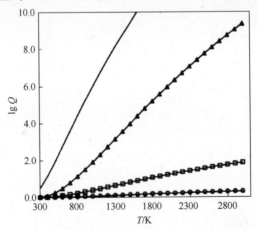

图 10.3　在不同的振动温度 Θ 下,振动配分函数 Q 随温度 T 的变化

○:双原子分子,$\Theta=2000K$;□:4 原子分子,$\Theta=2000K$;

△:12 原子分子,$\Theta=2000K$;—12 原子分子,$\Theta=1000K$。

在,分子的激发比会严重降低,造成如图 10.3 中所示的配分函数急剧增加。因此对于中间产物的检测,灵敏度是不够的。另外,对许多呈现相似结构的成分的光谱识别也是问题。当然,在富燃火焰研究中一些重要的信息可通过激光光谱进行推论,其中最重要的是火焰温度,它在燃烧化学反应中扮演着核心的角色。

1. 激光诱导荧光(LIF)

LIF 常被用于测量小分子浓度和温度(参见第 2 章和第 6 章)。在富燃火焰中,实验中遇到的首要问题是化学反应中 CH、C_2 和 OH 的强烈发光。图 10.4 为它们典型的发光光谱(探测效率校正后)。可以看到,在富燃条件下,OH 的发光强度远比 CH 和 C_2 弱。通常需要用到空间滤波和单色仪对背景进行过滤,以保证达到足够的信噪比。现代化的像增强电荷耦合设备(CCD)相机提供的脉冲检测技术也有助于区分背景辐射。同时,对于激光辐射来说,富燃火焰并不一定是透明的,图 10.5 的吸收结果说明了这一点。在燃烧炉表面附近强烈的吸收主要应归功于炉表面附近大量的小烯烃和炔分子。

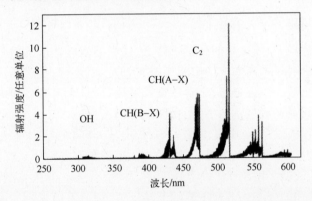

图 10.4　50mbar 的 $C_2H_2/O_2/He$ 火焰的辐射光谱(探测效率已校正)

在富燃火焰的温度测量中,OH 和 NO 的 LIF 激发光谱已经得到了应用。对于 300 ~ 3000K 范围的温度测量,至少需要识别具有合适能级差异的 2 ~ 3 个分子/原子态,才能在宽温度范围内提供较好的温度敏感度和足够的信号强度[65,66]。文献[66]对富燃火焰中温度测量需特别考虑的事项进行了综述。一般地,必须注意确保信号强度与激发光强度线性的依赖关系。同时,使测量的激发光谱包含来自不同量子态的宽范围的转动线,可以得到更精确的温度结果。原因是,它是大量统计的结果,而且通过探测来自相同基态的不同激发线的比值,还有可能对饱和的影响进行检测。

关于 OH 或 NO 在富燃火焰温度测量中的适用性,OH 浓度仅在温度达到 1500K 以上时才足够丰富,这妨碍了它在火焰预热区域的使用。相反,NO 是一个稳定的自由基,可以在低温时进行探测。然而,它在燃料、有氧火焰中是不存

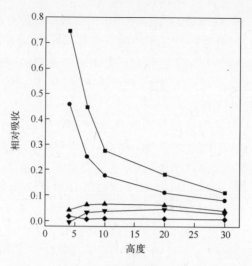

图 10.5　50mbar $C_3H_6/O_2/Ar$ 火焰的紫外吸收，$C/O = 0.77$，吸收路径长度：
10cm。■:193nm，●:210nm，▲:250nm，▼:300nm，◆385nm

在的，而且在燃料/空气火焰的高温条件下，仅仅能生成低浓度的 NO。所以，在 NO – LIF 温度测量中，需在火焰中额外添加 NO。尽管 NO 会参与火焰的化学反应，进而改变火焰的组分分布、化学计量和温度，但这里只有可能的温度变化是重要的，而且可通过改变加入 NO 的量——典型的在 0.2% ~1%——对其影响进行控制[66]。从图 10.6 中富丙烯火焰（C/O = 0.77）的结果可知，添加 0.6%（2398 ±40 K）或 1%（2397 ±30 K）NO 的情况下，在反应区（$h = 8mm$）测量到的温度没有发生改变。由于 NO 作为一个稳定的成分会在低压燃烧室里堆积，它们对激光或荧光的吸收将干扰主要的低转动线，因此可能得到错误的结果。故可取的方法是使用内部伴流。

　　在富燃火焰中，利用 LIF 技术已经进行了多种成分浓度的测量，但是对于高碳氢化合物的生成，大部分这些测量的重要性还是有限的。然而利用这些非侵入测量，至少可以获得部分火焰结构信息，并能与模型计算结果进行对比。为了与计算结果进行对比，并能容易地对结果进行解释，需强调的是，应该给出组分的摩尔分数而不是浓度，后者强烈地依赖于压力和温度。在富燃火焰中利用 LIF 技术对以下成分进行检测是非常有价值的：HCO、$^1CH_2$、CH、C_2、OH、CH_2O 和 CO（参见第 12 章）。它们中的一部分主要与燃料的降解化学有关，而 CH 和 $^1CH_2$ 还可能与不饱和烃发生反应生成较大的分子。利用多光子技术，还有研究学者对富燃火焰中的 H 原子进行了测量[67]。但据我们的了解，还未见到对富燃火焰中感兴趣的大碳氢化合物（例如苯）的定量 LIF 测量工作。

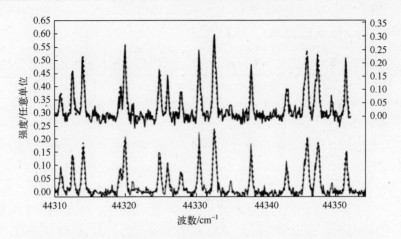

图 10.6 利用 NO – LIF 技术对 50mbar 的 $C_3H_6/O_2/Ar$ 火焰的温度测量。

$C/O = 0.77, h = 8$mm。(下):加入 0.6% 的 NO, $T_{fit} = 2398 \pm 40$K;(上):

加入 1% 的 NO, $T_{fit} = 2397 \pm 30$K

(注意,为了清晰,将上图的 y 坐标移到了右边)

2. 吸收技术

吸收技术拥有的主要优势是能够对那些非荧光分子(由于预解离、猝灭或其他原因)进行探测。当然,也有许多原因使得其具有严重的缺陷。除了腔衰荡(CRD)光谱技术(参见第 4 章)外,大部分的吸收技术都缺乏足够的灵敏度。在相同的光谱范围内,很难对多个分子的吸收进行分辨,而 LIF 技术则可以利用它们荧光光谱的差异。同样,作为一种路径积分技术,吸收会受到火焰边界处低温导致的高密度的干扰影响。断层成像方法可用于改善这个问题[68]。最近在利用 CRD 光谱技术对富燃甲烷火焰[69]的测量中,已证实探测到了 HCO 和 $^1CH_2$。更多与富燃化学相关的成分的吸收光谱范围是知道的,但是它们中的一些还有待在火焰中的探测。因此在燃烧应用之前,应该进行更加深入的光谱研究。这些成分包括 C_3H_3 有一个峰值在 240nm 附近[70]的宽吸收谱带,苯的公认吸收峰在 260nm[71],还有富烯[72]、苯基[73,74] 及 HCCO[75] 等。大部分这些成分的结构相当宽,因此利用共振增强多光子电离(Resonance – Enhanced Mltiphoton Ionization, REMPI)进行质量分辨探测似乎更有希望。

3. 激光电离

共振增强电离在多种燃烧环境的应用中是一种可选择的技术[76]。但它是侵入式的,需要将一个线圈或平板伸入到火焰中对电子或离子进行探测。与 LIF 相比,其主要优势是有可能对大的非荧光分子进行测量。但一个严重的问题在于(振动)配分函数对温度的强烈依赖。因此,必须很详细地掌握探测分子的温度和光谱。一般情况下,目前不推荐使用这项技术。

10.4.2　侵入式技术

对于富燃火焰中大的中间组分的探测,侵入式的技术通常是最适合的分析工具。这些技术之间的不同处在于:从燃烧环境中进行取样的方式及组分的探测方案等。

1. 分子束技术

通过喷嘴将火焰气体膨胀并进入到真空,会导致分子束的形成。在膨胀过程中会导致分子束的冷却,尽管这并不是膨胀的主要目的,然而有利于光谱研究,因为当很少的量子态被占据时,将较少涉及紫外/可见和红外光谱。喷嘴后的低压环境主要用于保持自由基和其他的一些反应组分在它们被探测到之前不发生变化,即对化学反应的"冻结"。该压力必须足够低,以确保分子在被探测前的运动距离比气体动力学平均自由程短。

利用石英喷嘴进行取样的一个重要问题是喷嘴会对火焰造成干扰[77-79]。最强烈的影响来自于喷嘴附近温度的下降,这还不仅仅是一维的效应。图 10.7举例说明了这一问题,图中给出的是在富燃丙烯火焰反应区中的相同区域,有无取样探针存在时的二维 OH – LIF 技术图像。对有无喷嘴时精细的温度测量可参见文献[66]。很明显,喷嘴的存在造成了火焰大面积的熄灭,并且喷嘴附近的 OH 分布也不均匀。因此,需将组分浓度的测量与二维模型计算的结果进行对比分析。在喷嘴和燃烧器之间的每个距离上,都需进行二维的模拟计算,而且取样区(大约喷嘴前 0.1 ~ 0.5mm)浓度的模拟应与实验数据进行对比。这对于建模者来说是个非常有挑战的任务,分别进行计算往往是不可行的。如果用一维模型进行代替,则必须认真地核对组分浓度对温度的依赖关系。尤其是当喷嘴在预热区取样时,温度的下降会导致局部火焰的熄灭,以至于在该条件下进行

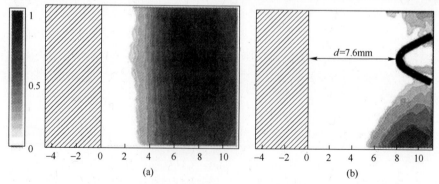

图 10.7　50mbar 的富燃丙烯火焰(C/O = 0.77)中受喷嘴(距离燃烧炉 7.6mm)
干扰的二维 OH – LIF 图像(在灰度条上,深色代表高的 OH 荧光强度)
(a)无喷嘴;(b)有喷嘴。

的对比分析可能应用非常有限。

2. 分子束质谱技术(MB – MS)

利用电子冲击电离或激光电离(化学电离方法很少用)后可用质谱的方法进行检测。电子冲击电离的主要优势是:针对每个分子或分子组在很短的时间内分别进行电离能量选择时具有很高的灵活性。常用的电离能为 $11 \sim 20eV$,在该能量范围,信号强度高又不会产生不期望的裂解。许多碳氢自由基的电离势为 $8.0 \sim 9.5eV$,而感兴趣的几种稳定组分在大于 $13 \sim 15eV$ 时才被电离。标定,尤其对于自由基浓度而言是个至关重要的问题,文献[80]对一些广泛使用的标定方法进行了综述。最近的一些文献还涉及了标定因素的溯源问题[81,82]。

在富燃火焰研究中,深紫外(VUV)光可用于光电离[28,32],例如,利用 Nd:YAG 激光的三倍频或可调谐激光[83]以及四波混频方法都可产生深紫外光。光电离实验比电子冲击电离复杂得多,但是它自身具有非常重要的优势:通过选择波长可以完全避免裂解。对于波长小于 $107nm$ 的光电离,由于没有透明的光学传输窗口材料,因此需要用差分泵浦的方法。当进行稳定成分测量时,冷气流可用于标定,但对于自由基浓度测量,则需要知道特定 VUV 波段的吸收系数(相对的)。一种有意义的方法是:对于自由基使用 $110 \sim 120nm$ 光进行电离,而对于主要组分则利用光辐射电子冲击电离的方式[84-86]。利用激光的电离方案通常与时间飞行(Time – of – Flight,TOF)质谱测量相结合。无论如何,如果想与模型进行对比,除了对感兴趣的中间产物外,还需要对包括水煤气组分 CO、CO_2、H_2O 和 H_2 在内的主要组分浓度进行测量。

在分子束方法中多光子电离也能够发挥作用。一个对灵敏度有利的方案是综合使用 REMPI 和质谱方法。利用这种方法,对于大的 PAH 结构可以达到较高的灵敏度。作为一个例子,图 10.8 给出了在低压富燃丙烯火焰中苯的 REMPI 光谱。图中,许多特征得到了很好的分辨,而且在苯浓度约 $1800ppm$ 时达到了很高的信噪比。REMPI/TOF 已经被 Homann 的研究小组广泛地应用于富燃火焰中对 PAH 的检测,例如,利用 $208nm$ 固定波长进行了富燃苯火焰的研究[48]。通过对多个不同波长标定方案的讨论[87],对于达到 20 个碳原子的 PAH,认为 $265nm$ 波长似乎更合适。因此可以完成对不同组碳氢化合物的鉴别,而且对一些重要中间产物的波长依赖关系进行更深入的研究看起来是有保证的。

Homann 和他的小组研发了另一种有意义的技术[88],该技术基于喷嘴后二甲基二硫醚与自由基的净化反应。各产物凝结后,利用经典的分析方法对其浓度进行分析,并作为确定初始自由基浓度的手段。

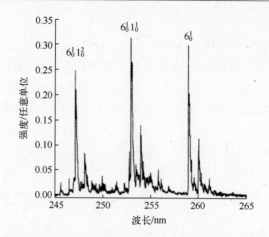

图 10.8　50mbar 的 $C_3H_6/O_2/Ar$ 火焰（$C/O = 0.77$）中，在 $h = 5.9$mm 处苯的 REMPI 光谱。在名义分辨率 0.02nm 下，可以分辨出 $^1B_{2u} \leftarrow ^1A_{1g}$（$S_1 \leftarrow S_0$）支。在该条件下，利用电子束解离的 MB – MS 测量到了约 1800ppm 的苯

3. 热取样

如果在压力下降很小的情况下通过喷嘴或微探针进行取样,则在被分析之前,分子有时间进行进一步的反应。而如果对环境温度完成快速的制冷,则那些显现高活化能的反应将被剧烈地减缓下来。当然,自由基的再复合反应通常没有或仅有很小的活化障碍,这些自由基将继续反应并生成更稳定的化合物。因此对结果的分析应时刻注意组分浓度和二次反应的干扰。取样后,即可使用所有经典的分析方法,包括 GC,GC/MS,HPLC 等,这些方法在分析化学方面的参考书上都有描述。

10.5　综合诊断方法

利用分子束质谱技术,已经获得了预混低压富燃火焰的大量信息,但这些研究工作只是少量的一些研究小组开展的,他们使用的燃料也相当有限。而温度分布测量的报道,大部分也是利用热电偶进行的。因此我们认为,综合利用激光诊断方法开展这些研究工作还有充足的空间。激光方法也非常适合用于富燃火焰的温度测量。这些非侵入的测量无论是在有取样探头还是在无取样探头情况下都能够进行,因此可以对喷嘴造成的潜在影响进行考核。激光的方法对于小分子的探测一样很有把握(利用诸如 LIF,CRD 或拉曼光谱等方法),这对于火焰结构的表征是很重要的。虽然在实验技术和设备上需要更多的努力,但只要可行,非侵入的温度(和浓度)测量就会显示出其优越性。应谨记:对于量化一维系统的偏差和检测探针对火焰的干扰上,光学方法提供了唯一的可能性。

相反地,在由五六个原子组成的分子和碳烟颗粒之间很宽的范围内,要获得成分信息,取样方法是当前唯一的途径。因此,目前对于富燃火焰研究最好的方法是综合利用光学和取样技术,并基于复杂化学理论,发展能够对标准取样实验进行模拟的二维燃烧模型。在燃烧炉和探针之间不同的距离上,用激光方法对取样探针的影响进行完全的表征。对一些可检测的成分(例如 CH_2O),利用激光和取样方法的测量结果进行对比是有益的。毫无疑问,利用组合方法对燃烧系统进行彻底的研究不仅十分耗时,而且在一些环境中是不可行的。但是像之前所说的,模型的研发和验证需要高质量的实验数据。

在这些需求的牵引下,我们最近在不同的燃料富燃火焰研究中,已经组合使用了多种方法。作为已经反复研究[46,82]的一个标准燃烧系统,我们选择了 50mbar 的预混平面丙烯火焰($C/O = 0.77$)作为研究对象。对于该火焰,利用 LIF 测量了其绝对 OH 浓度[46],利用 OH – LIF、NO – LIF 测量了温度,在燃烧气体中还使用斯托克斯/反斯托克斯拉曼光谱测量了其温度[66]。在喷嘴和燃烧器之间的不同距离上,确定了喷嘴对温度分布和对 OH – LIF 信号的影响[78]。这些测量非常有利于对 MB – MS 组分分布结果的解释,而且作为建模的输入参数非常有用。

此外,还通过质谱仪获得了超过 30 种的主要化合物和自由基的组分分布[46]。虽然得到的许多组分浓度的绝对值误差很大(达到 3 倍),但联合使用多种组分分布的结果,并且把其相对峰值位置与温度信息相结合,对于火焰模型的比较是非常有价值的。另外,在相似的条件下,对多种燃料的火焰进行了研究,包括乙炔、1 – 戊烯、环戊烯、戊二烯和戊烷等[46,62,82,89],因此为模型的比较和进一步解释提供了可靠的测量数据。

作为例子,图 10.9 给出了丙烯和 1 – 戊烯火焰中对于水煤气组分(CO_2,H_2,CO,H_2O)的测量和模型预测曲线。图 10.10 给出的是对环戊烯火焰中苯的实验和模型结果。在这些比较中,使用的始终是 Bohm 等人的模型[62-64]。对于水煤气组分,实验和模型达到了很好的一致性。存在的不确定性主要反映在对 H_2 和 H_2O 不容易利用质谱仪进行量化。而且,在末端气体附加的拉曼测量没有明显地降低误差棒[46],原因是在 50mbar 压力下信号强度太低。在苯浓度测量中,使用了分子质量 78(整个 C_6H_6)的信号,原因是考虑热力学时,苯是最稳定的异构体。虽然对于多种不同燃料,许多组分浓度的实验和模型的比较获得了很好的一致性,但是,详细的建模还有明显可提升的空间。

在实验方面,激光方法能够发挥更加重要的应用,特别是对于中间产物的定量检测,如$^1CH_2$,CH_2O 等。并且 CRD 光谱技术作为一种有潜力的检测方案受到了迫切的期待。另外,更广泛应用的 REMPI/MS 是一个强有力的工具,虽然复杂、昂贵,但是可以分辨异构体,应该得到鼓励。当然,对于每种组分更详细的光谱信息的需求和标定的难度不应被低估。

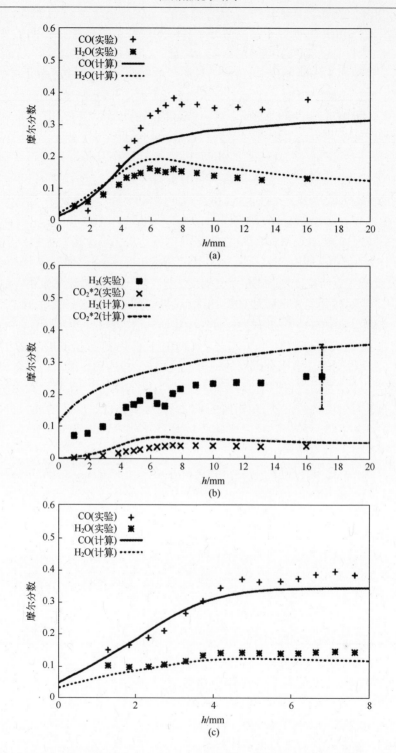

(a)

(b)

(c)

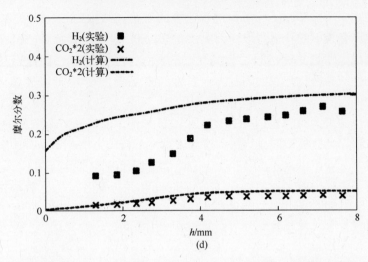

图 10.9 在富燃丙烯[(a),(b)]和 1 - 戊烯[(c),(d)]火焰中一些稳定组分浓度的比较,用于模型预测。细节参见参见文献[62,63](奥登伯格出版社提供)

(a) 丙烯:CO 和 H_2O;(b) 丙烯:H_2 和 CO_2;(c) 1 - 戊烯:CO 和 H_2O;(d) 1 - 戊烯:H_2 和 CO_2。[62,63]

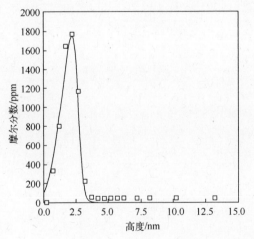

图 10.10 在 50mbar 富燃(C/O = 0.77)环戊烯火焰中苯浓度的
测量(□)和计算(-)曲线

　　在建模方面,对于诸如 C_5 燃料(更一般地,对于超过两个碳原子的燃料)的燃烧模拟,很难获得经核准的、可靠的热力学和动力学数据库。考虑到 PAH 和碳烟生成以及它们前驱物化学的整体重要性,目前条件下各个研究小组建立的许多模型常常只使用极其有限的数据进行验证,与之相比,气体研究所(GRI)[90]建立的更标准的模型更加优越。鉴于富燃化学的一维模型都如此困难,寻求二维模型似乎是不现实的。因此,一个不同的实验布局值得进行考虑,该布局使用一个能够利用标准包进行建模的滞止点结构[91]，不通过喷嘴，而是通过高温陶瓷板上的孔进行取样和火焰化学探测，这种实验布局已经成功地用于燃烧合成金刚石的研究[92]。但其缺点是表面的再复合反应，因此还不清楚这种结构的优点是否比存在的问题大。当然，对于目前的喷嘴结构，表面化学反应也是存在的，并且其重要性很少被提及。

待解决的最大的问题之一是对单独 PAH 异构体的定量精确测量，它可以用于支持或摒弃某些模型假设。目前看起来唯一可行的方法是 Homann 小组使用的净化技术[93]。因此，富燃化学反应的燃烧模型预测在实际应用时，在某种程度上不得不依赖一些宏观参数，例如感应时间和凭直觉感知的化学参数。关于 PAH 和碳烟排放引起的环境问题——不仅来自于可控燃烧，还有野火和低级加热装置及炊具——这些研究对于新的和可视化诊断方法而言都是非常有意义的课题。

致　谢

作者感谢 Tobias Hartlieb，Axel Lamprecht 和 Michael Kamphus 参与的实验工作，感谢德国科学基金会的支持(Ko 1363/4 - 1，Ko 1363/4 - 2，Ko 1363/ 4 - 3)。

参 考 文 献

[1] Bockhorn H，ed. Soot Formation in Combustion. Berlin - Heidelberg - New York：Springer，1994.

[2] Haynes B S，Wagner H Gg. Soot Formation. Prog. Energy Combust. Sci. ，vol. 7，pp. 229 - 273，1981.

[3] Vander Wal R L，Jensen K A，Choi M Y. Simultaneous Laser - Induced Emission of Soot and Polycyclic Aromatic Hydrocarbons Within a Gas - Jet Diffusion Flame. Combust. Flame，vol. 109，pp. 399 - 414，1997.

[4] Tregrossi A，Ciajolo A，Barbella R. The Combustion of Benzene in Rich Premixed Flames at Atmospheric Pressure. Combust. Flame，vol. 117. pp. 553 - 561，1999.

[5] Wornat M J，Vernaglia B A，Lafleur A L，et al. Cyclopenta - Fused Polycyclic Aromatic Hydrocarbons from Brown Coal Pyrolysis. Proc. Combust. Inst. ，vol. 27，pp. 1677 - 1686，1998.

[6] Homann K H. Fullerenes and Soot Formation New Pathways to Large Particles in Flames. Angew. Chem. Int. Ed. Engl. ，vol. 37，pp. 2434 - 2451，1998.

[7] Howard J B，Longwell J P，Marr J A，et al. Effects of PAH Isomerizations on Mutagenicity of Combustion Products. Combust. Flame，vol. 101，pp. 262 - 270，1995.

[8]　Lahaye J, Prado G, eds. Soot in Combustion Systems and Its Toxic Properties. New York: Plenum Press, 1983.

[9]　Bockhorn H, Fetting F, Wenz H W. Investigation of the Formation of High Molecular Hydrocarbons and Soot in Premixed Hydrocarbon – Oxygen Flames. Ber. Bunsen – Ges. Phys. Chem. , vol. 87, pp. 1067 – 1073, 1983.

[10]　Bonne U, Homann K H, Wagner H Gg. Carbon Formation in Premixed Flames. Proc. Combust. Inst. , vol. 10, pp. 503 – 512, 1965.

[11]　Crittenden B D, Long R. Formation of Polycyclic Aromatics in Rich Premixed Acetylene and Ethylene Flames. Combust. Flame, vol. 20, pp. 359 – 368, 1973.

[12]　D' Alessio A, di Lorenzo A, Sarofim A F, et al. Soot Formation in Methane – Oxygen Flames. Proc. Combust. Inst. , vol. 15, pp. 1427 – 1438, 1975.

[13]　Frenklach M, Clary D W, Gardiner Jr. W C, et al. Detailed Kinetic Modeling of Soot Formation in Shock – Tube Pyrolysis of Acetylene. Proc. Combust. Inst. , vol. 20, pp. 887 – 901, 1985.

[14]　Jander H, Wagner H Gg, eds. Soot Formation in Combustion an International Round Table Discussion. Nachrichten der Akademie der Wissenschaften in Göttingen, II. Mathematisch – Physikalische Klassen, Nr. 3, Vandenhoeck and Ruprecht, Göttingen, 1990.

[15]　Lam F W, Howard J B, Longwell J P. The Behavior of Polycyclic Aromatic Hydrocarbons During the Early Stages of Soot Formation. Proc. Combust. Inst. , vol. 22, pp. 323 – 332, 1989.

[16]　Colket M B, Seery D J. Reaction Mechanisms for Toluene Pyrolysis. Proc. Combust. Inst. , vol. 25, pp. 883 – 891, 1994.

[17]　Frenklach M, Warnatz J. Detailed Modeling of PAH in a Sooting Low – Pressure Acetylene Flame. Combust. Sci. Technol. , vol. 51, pp. 265 – 283, 1987.

[18]　Lindstedt R P, Skevis G. Detailed Kinetic Modeling of Premixed Benzene Flames. Combust. Flame, vol. 99, pp. 551 – 561, 1994.

[19]　Marinov N M, Pitz W J, Westbrook C K, et al. Modeling of Aromatic and Polycyclic Aromatic Hydrocarbon Formation in Premixed Methane and Ethane Flames. Combust. Sci. Technol. , vol. 116 – 117, pp. 211 – 287, 1996.

[20]　Marinov N M, Pitz W J, Westbrook C K, et al. Aromatic and Polycyclic Aromatic Hydro – carbon Formation in a Laminar Premixed n – Butane Flame. Combust. Flame, vol. 114, pp. 192 – 213, 1998.

[21]　Masonjones M C, Sarofim A F. A Broader Definition of Symmetry Number and Its Application to a Kinetic Model Describing Polyarene Growth. Proc. Combust. Inst. , vol. 26, pp. 823 – 830, 1996.

[22]　Richter H, Grieco W J, Howard J B. Formation Mechanism of Poly – cyclic Aromatic Hydrocarbons and Fullerenes in Premixed Benzene Flames. Combust. Flame, vol. 119, pp. 1 – 22, 1999.

[23] Smooke M D, McEnally C S, Pfefferle L D, et al. Computational and Experimental Study of Soot Formation in a Coflow, Laminar Diffusion Flame. Combust. Flame, vol. 117, pp. 117 – 139, 1999.

[24] Appel J, Bockhorn H, Frenklach M. Kinetic Modeling of Soot For – mation with Detailed Chemistry and Physics: Laminar Premixed Flames of C_2 Hydrocarbons. Combust. Flame, vol. 121, pp. 122 – 136, 2000.

[25] Pope C J, Miller J A. Exploring Old and New Benzene Formation Pathways in Low – Pressure Premixed Flames of Aliphatic Fuels. Proc. Combust. Inst., vol. 28, pp. 1519 – 1527, 2000.

[26] D' Anna A, Violi A, D' Alessio A. Modeling the Rich Combustion of Aliphatic Hydrocarbons. Combust. Flame, vol. 121, pp. 418 – 429, 2000.

[27] Goldaniga A, Faravelli T, Ranzi E. The Kinetic Modeling of Soot Precursors in a Butadiene Flame. Combust. Flame, vol. 122, pp. 350 – 358, 2000.

[28] McEnally C S, Pfefferle L D. Species and Soot Concentration Measure – ments in a Methane, Air Nonpremixed Flame Doped with C_4 Hydrocarbons. Combust. Flame, vol. 115, pp. 81 – 92, 1998.

[29] Bhargava A, Westmoreland P R. Measured Flame Structure and Kinetics in a Fuel – Rich Ethylene Flame. Combust. Flame, vol. 113, pp. 333 – 347, 1998.

[30] Dagaut P, Cathonnet M. A Comparative Study of the Kinetics of Benzene Formation from Unsaturated C_2 to C_4 Hydrocarbons. Combust. Flame, vol. 113, pp. 620 – 623, 1998.

[31] El Bakali A, Delfau J – L, Vovelle C. Kinetic Modeling of a Rich, Atmospheric Pressure, Premixed n – Heptane/O_2/N_2 Flame. Combust. Flame, vol. 118, pp. 381 – 398, 1999.

[32] McEnally C S, Pfefferle L D, Robinson A G, et al. Aromatic Hydrocarbon Formation in Nonpremixed Flames Doped with Diacetylene, Vinylacetylene, and Other Hydrocarbons: Evidence for Pathways Involving C_4 Species. Combust. Flame, vol. 123, pp. 344 – 357, 2000.

[33] Glassman I. Combustion. San Diego: Academic Press, 1987.

[34] Landolt – Börnstein. Zahlenwerte und Funktionen aus Physik, Chemie, Astronomie, Geophysik und Technik. Berlin – Heidelberg – New York: Springer, 1972.

[35] Warnatz J, Maas U, Dibble R W. Combustion, Berlin – Heidelberg – New York: Springer, 1996.

[36] Duff R E, Bauer S H. Equilibrium Composition of the C/H system at Elevated Temperatures. J. Chem. Phys., vol. 36, pp. 1754 – 1767, 1962.

[37] Ko T, Adusei G Y, Fontijn A. Kinetics of the $O(^3P) + C_6H_6$ Reaction Over a Wide Temperature Range. J. Phys. Chem., vol. 95, pp. 8745 – 8748, 1991.

[38] Goos E. Hippler H, Hoyermann K, et al. Laser Powered Homogeneous Pyrolysis of Butane Initiated by Methyl Radicals in a Quasi – Wall – Free Reactor at 750 – 1000K. Phys. Chem. Chem. Phys., vol. 2, pp. 5127 – 5132, 2000.

[39] Alkemade U, Homann K H. Formation of C_6H_6 Isomers by Recombina – tion of Propynyl in

the System Sodium Vapour/Propynylhalide. Z. Phys. Chem. N. F. ,vol. 161,pp. 19 – 34, 1989.

[40] Bajaj P N,Fontijn A. A Flow – Reactor Mass – Spectrometer Investigation of the Initiation Steps of the $O(^3P)$ Atom Reaction with Benzene. Combust. Flame,vol. 105,pp. 239 – 241,1996.

[41] Davis S G,Law C K,Wang H. Propene Pyrolysis and Oxidation Kinetics in a Flow Reactor and Laminar Flames. Combust. Flame,vol. 119,pp. 375 – 399,1999.

[42] Knorre V G,Tanke D,Thienel Th,et al. Soot Formation in the Pyrolysis of Benzene/Acetylene and Acetylene/Hydrogen Mixtures at High Carbon Concentrations. Proc. Combust. Inst. ,vol. 26,pp. 2303 – 2310,1996.

[43] Alexiou A,Williams A. Soot Formation in Shock – Tube Pyrolysis of Toluene,Toluene – Methanol,Toluene – Ethanol,and Toluene – Oxygen Mixtures. Combust. Flame,vol. 104, pp. 51 – 65,1996.

[44] Kern R D,Wu C H,Skinner G B,et al. Collaborative Shock Tube Studies of Benzene Pyrolysis. Proc. Combust. Inst. ,vol. 20,pp. 789 – 797,1985.

[45] Mätzing H,Wagner H Gg. Measurements About the Influence of Pressure on Carbon Formation in Premixed Laminar C_2H_4 – Air Flames. Proc. Combust. Inst. ,vol. 21,pp. 1047 – 1055,1988.

[46] Atakan B,Hartlieb A T,Brand J,et al. An Experimental Investigation of Premixed Fuel – Rich Low – Pressure Propene/Oxygen/Argon Flames by Laser Spectroscopy and Molecular – Beam Mass Spectrometry. Proc. Combust. Inst. ,vol. 27,pp. 435 – 444,1998.

[47] Bittner J D,Howard J B. Composition Profiles and Reaction Mechanisms in a Near – Sooting Premixed Benzene/Oxygen/Argon Flame. Proc. Combust. Inst. ,vol. 18,pp. 1105 – 1116, 1981.

[48] Keller A,Kovacs R,Homann K – H. Large Molecules,Ions,Radicals and Small Soot Particles in Fuel – Rich Hydrocarbon Flames. Part IV: Large Polycyclic Aromatic Hydrocarbons and Their Radicals in a Fuel – Rich Benzene – Oxygen Flame. Phys. Chem. Chem. Phys. , vol. 2,pp. 1667 – 1675,2000.

[49] Musick M,van Tiggelen P J,Vandooren J. Experimental Study of the Structure of Several Fuel – Rich Premixed Flames of Methane,Oxygen,and Argon. Combust. Flame,vol. 105,pp. 433 – 450,1996.

[50] Ciajolo A,Barbella R,Tregrossi A,et al. Spectroscopic and Compositional Signatures of PAH – Loaded Mixtures in the Soot Inception Region of a Premixed Ethylene Flame. Proc. Combust. Inst. ,vol. 27,pp. 1481 – 1487,1998.

[51] Senkan S,Castaldi M. Formation of Polycyclic Aromatic Hydrocarbons (PAH) in Methane Combustion: Comparative New Results from Premixed Flames. Combust. Flame. vol. 107, pp. 141 – 150,1996.

[52] McKinnon J T,Meyer E,Howard J B. Infrared Analysis of Flame – Generated PAH Samples.

Combust. Flame, vol. 105, pp. 161 – 166, 1996.

[53] Bönig M, Feldermann C, Jander H, et al. Soot Formation in Premixed C_2H_4 Flat Flames at Elevated Pressure. Proc. Combust. Inst. , vol. 23, pp. 1581 – 1587, 1991.

[54] Kent J H, Wagner H Gg. Temperature and Fuel Effects in Sooting Diffusion Flames. Proc. Combust. Inst. , vol. 20, pp. 1007 – 1015, 1985.

[55] Megaridis C M, Dobbins R A. Morphological Description of Flame – Generated Materials. Combust. Sci. Technol. , vol. 71, pp. 95 – 109, 1990.

[56] Santoro R J, Yeh T T, Horvath J J, et al. The Transport and Growth of Soot Particles in Laminar Diffusion Flames. Combust. Sci. Technol. , vol. 53, pp. 89 – 115, 1987.

[57] Olten N, Senkan S. Formation of Polycyclic Aromatic Hydrocarbons in an Atmospheric Pressure Ethylene Diffusion Flame. Combust. Flame, vol. 118, pp. 500 – 507, 1999.

[58] Sun C J, Sung C J, Wang H, et al. On the Structure of Nonsooting Counterflow Ethylene and Acetylene Diffusion Flames. Combust. Flame, vol. 107, pp. 321 – 335, 1996.

[59] Wang H, Frenklach M. A Detailed Kinetic Modeling Study of Aromatics Formation in Laminar Premixed Acetylene and Ethylene Flames. Combust. Flame, vol. 110, pp. 173 – 221, 1997.

[60] Miller J A, Melius C F. Kinetic and Thermodynamic Issues in the Formation of Aromatic Compounds in Flames of Aliphatic Fuels. Combust. Flame, vol. 91, pp. 21 – 39, 1992.

[61] Scherer S, Just Th, Frank P. High – Temperature Investigations on Pyrolytic Reactions of Propargyl Radicals. Proc. Combust. Inst. , vol. 28, pp. 1511 – 1518, 2000.

[62] González Alatorre G, Böhm H, Atakan B, et al. Experimental and Modelling Study of 1 – Pentene Combustion at Fuel – Rich Conditions. Z. Phys. Chem. , vol. 215, pp. 981 – 995, 2001.

[63] Böhm H, Lamprecht A, Atakan B, et al. Modelling of a Fuel – Rich Premixed Propene – Oxygen – Argon Flame and Comparison with Experiments. Phys. Chem. Chem. Phys. , vol. 2, pp. 4956 – 4961, 2000.

[64] Böhm H, Jander H. PAH Formation in Acetylene – Benzene Pyrolysis. Phys. Chem. Chem. Phys. , vol. 1, pp. 3775 – 3781, 1999.

[65] Tamura M, Luque J, Harrington J E, et al. Laser – Induced Fluorescence of Seeded Nitric Oxide as a Flame Thermometer. Appl. Phys. B, vol. 66, pp. 503 – 510, 1998.

[66] Hartlieb A T, Atakan B, Kohse – Höinghaus K. Temperature Measurement in Fuel – Rich Non – Sooting Low – Pressure Hydrocarbon Flames. Appl. Phys. B, vol. 70, pp. 435 – 445, 2000.

[67] Löwe A G, Hartlieb A T, Brand J, et al. Diamond Deposition in Low – Pressure Acetylene Flames: In situ Temperature and Species Concentration Measurements by Laser Diagnostics and Molecular Beam Mass Spectrometry. Combust. Flame, vol. 118, pp. 37 – 50, 1999.

[68] Torniainen E D, Gouldin F C. Tomographic Reconstruction of 2 – D Absorption Coefficient Distributions From a Limited Set of Infrared Absorption Data Combust. Sci. Technol. , vol.

131,pp. 85 – 105,1998.

[69] Mcllroy A. Laser Studies of Small Radicals in Rich Methane Flames: OH,HCO,and[1] CH_2. Isr. J. Chem. ,vol. 39,pp. 55 – 62,1999.

[70] Fahr A,Hassanzadeh P,Laszlo B,et al. Ultraviolet Absorption and Cross Sections of Propargyl (C_3H_3) Radicals in the 230 – 300nm Region. Chem. Phys. ,vol. 215,pp. 59 – 66, 1997.

[71] Atkinson G H,Parmenter C S. The 260nm Absorption Spectrum of Benzene: Selection Rules and Band Contours of Vibrational Angular Momentum Components. J. Mol. Spectrosc. ,vol. 73,pp. 31 – 51,1978.

[72] Malar E J P,Neumann F,Jug K. Investigation of Aromaticity in the Excited States of Fulvene. J. Mol. Struct. ,vol. 336,pp. 81 – 84,1995.

[73] Wallington T J,Egsgaard H,Nielsen O J,et al. UV – Visible Spectrum of the Phenyl Radical and Kinetics of Its Reaction with NO in the Gas Phase. Chem. Phys. Lett. ,vol. 290,pp. 363 – 370,1998.

[74] Radziszewski J G. Electronic Absorption Spectrum of Phenyl Radical. Chem. Phys. Lett. , vol. 301,pp. 565 – 570,1999.

[75] Brock L R,Mischler B,Rohlfing E A. Laser – Induced Fluorescence Spectroscopy of the $B^2 \Pi$—$X^2 A''$ Band System of HCCO and DCCO. J. Chem. Phys. ,vol. 110,pp. 6773 – 6781, 1999.

[76] Kohse – Höinghaus K. Laser Techniques for the Quantitative Detection of Reactive Intermediates in Combustion Systems. Prog. Energy Combust. Sci. ,vol. 20,pp. 203 – 279,1994.

[77] Knuth E L. Composition Distortion in MBMS Sampling. Combust. Flame,vol. 103,pp. 171 – 180,1995.

[78] Hartlieb A T,Atakan B,Kohse – Höinghaus K. Effects of a Sampling Quartz Nozzle on the Flame Structure of a Fuel – Rich Low – Pressure Propene Flame. Combust. Flame,vol. 121,pp. 610 – 624,2000.

[79] Desgroux P,Gasnot L,Pauwels J F,et al. A Comparison of ESR and LIF Hydroxyl Radical Measurements in Flame. Combust. Sci. Technol. ,vol. 100,pp. 379 – 384,1994.

[80] Biordi J C. Molecular Beam Mass Spectrometry for Studying the Fundamental Chemistry of Flames. Prog. Energy Combust. Sci. ,vol. 3,pp. 151 – 173,1977.

[81] Douté C,Delfau J – L,Akrich R,et al. Experimental Study of the Chemical Structure of Low – Pressure Premixed n – Heptane – O_2 – Ar and Iso – Octane – O_2 – Ar Flames. Combust. Sci. Technol. ,vol. 124,pp. 249 – 276,1997.

[82] Lamprecht A,Atakan B,Kohse – Höinghaus K. Fuel – Rich Propene and Acetylene Flames: a Comparison of Their Flame Chemistries. Combust. Flame,vol. 122,pp. 483 – 491,2000.

[83] Bermudez G,Pfefferle L. Laser Ionization Time – of – Flight Mass Spectrometry Combined with Residual Gas Analysis for the Investigation of Moderate Temperature Benzene Oxidation. Combust. Flame,vol. 100,pp. 41 – 51,1995.

[84]　Rohwer E R, Beavis R C, Köster C, et al. Fast Pulsed Laser Induced Electron Generation for Electron Impact Mass Spectrometry. Z. Naturforsch. , vol. 43a, pp. 1151 – 1153, 1988.

[85]　Boyle J G, Pfefferle L D, Gulcicek E E, et al. Laser – Driven Electron Ionization for a VUV Photoionization Timeof – Flight Mass Spectrometer. Rev. Sci. Instrum. , vol. 62, pp. 323333, 1991.

[86]　Colby S M, Reilly J P. Photoemission Electron Impact Ionization in Time – of – Flight Mass Spectrometry: An Examination of Experimental Consequences. Int. J. Mass Spectrom. Ion Processes, vol. 131, pp. 125 – 138, 1994.

[87]　Ahrens J, Keller A, Kovacs R, et al. Large Molecules, Radicals, Ions, and Small Soot Particles in Fuel – Rich Hydrocarbon Flames. Part Ⅲ: REMPI Mass Spectrometry of Large Flame PAHs and Fullerenes and Their Quantitative Calibration Through Sublimation. Ber. Bunsen – Ges. Phys. Chem. , vol. 102, pp. 1823 – 1839, 1998.

[88]　Hausmann M, Homann K – H. Scavenging of Hydrocarbon Radicals from Flames with Dimethyl – Disulfide. Ⅱ. Hydrocarbon Radicals in Fuel – Rich Low – Pressure Flames of Acetylene, Ethylene, 1, 3 – Butadiene and Methane with Oxygen. Ber. Bunsen – Ges. Phys. Chem. , vol. 101, pp. 651 – 667, 1997.

[89]　Lamprecht A. Vergleichende Untersuchungen in brennstoffreichen Flammen. PhD thesis, Bielefeld, 2000.

[90]　Smith G P, Golden D M, Frenklach M, et al. GRI – MECH 3. 0. http:/www. me. berke – ley. edu/gri_mech/

[91]　Coltrin M E, Kee R J, Evans G H, et al. Spin (Version 3. 83): A Fortran Program for Modeling One – Dimensional Rotating – Disk/Stagnation – Flow Chemical Vapor Deposition Reactors. Sandia National Laboratories, Report SAND91 – 8003, 1993.

[92]　Meeks E, Kee R J, Dandy D S, et al. Computational Simulation of Diamond Chemical Vapor Deposition in Premixed $C_2H_2/O_2/H_2$ and CH_4/O_2 – Strained Flames. Combust. Flame, vol. 92, pp. 144 – 160, 1993.

[93]　Griesheimer J, Homann K – H. Large Molecules, Radicals Ions, and Small Soot Particles in Fuel – Rich Hydrocarbon Flames. Proc. Combust. Inst. , vol. 27, pp. 1753 – 1759, 1998.

第11章　灭火的燃烧化学

Bradley A. Wlliams，James W. Fleming

11.1　背　　景

对环境问题的关注引起人们重新对灭火化学过程的研究兴趣,溴化物作为灭火剂已被使用了数十年,即人们所说的"哈龙",其泛指所有的卤化烷化合物[1,2],但依据消防法和环保法,"哈龙"特指溴化碳氟化合物,即 CF_3Br(哈龙1301), CF_2ClBr(哈龙1211), CF_2Br-CF_2Br(哈龙2402)[3]。哈龙里溴原子在破坏同温层臭氧的催化反应中所起的作用与氟氯烃(CFCs)里的氯原子一致。虽然哈龙向大气的释放量远小于 CFC,但 CF_3Br 对臭氧的破坏能力是 CFCl(CFC-11)和 CF_2Cl_2(CFC-12)的数十倍[3]。鉴于上述原因,1993 年哥本哈根修正案蒙特利尔议定书禁止所有的发达国家生产哈龙和 CFC,2001 年规定该禁令到 2005年对所有国家生效。但是,消防依然是十分迫切的问题,所以禁止生产哈龙激起了越来越多的研究人员开始研究有效的、环保的、可用于多种场合的灭火技术[4]。

寻找多用途的哈龙替代品十分困难,这是由于这样的灭火材料必须满足很多要求[1]。除了能够有效地抑制火焰外,还要求其满足不同的环保要求,主要包括:对臭氧层产生的损耗为零或可忽略、温室效应很低、固体材料应该能够溶于水,液体材料应该有弱的液体径流效应。而且,对那些发生了事故并有人类活动的区域,无毒性是灭火材料的极为重要的要求。另外,成本、生产基础、物理性能、运输的方便、长期存储的稳定性和兼容性等都是重要的问题。

寻找哈龙替代材料的途径之一就是选择与 CF_3Br 类似的化合物,但其中不含溴原子。很多的氟化甲烷、氟化乙烯、氟化丙烷已被用作哈龙的替代品,并已获得了大量的应用[2,4,5]。但是,无溴原子的氟化物材料在灭火效果上每质量单位会降低约 2~3 倍[4]。同时,温室效应并不是由于化合物里存在溴原子造成的,碳氟化物在温室效应中的作用还在详细调查之中。

CF_3Br 是臭氧层强消耗者的原因之一是由于其在对流层里的化学性质非常稳定[6],它不会被氧化,C-Br 键也不会被穿过大气层的紫外线解离。当 CF_3Br

到达同温层中部时,同温层里的 200～230nm 的紫外线(该波段是臭氧和氧气的强吸收波段)会解离 CF_3Br 产生溴原子[7],而在该区域大气中的臭氧浓度最高,所以产生臭氧损耗。如果能够将溴原子在对流层就释放出来,那么它就不会大量消耗臭氧层,这是由于溴原子能够被吸收成为水滴,其在到达同温层前便会随雨水沉降返回地面。因此,正在研究中的无臭氧消耗的替代方法就是提高溴化烃或卤化烃在对流层里的化学活性[4],使其在扩散至同温层之前便被分解。

虽然溴化物在大气中可接受的寿命没有官方规定,但相对于 CF_3Br 约为 50 年的寿命来说,数月或更短的寿命似乎是可以接受的。激光诊断技术在该领域的主要作用便是监测 OH 与溴化物的基元反应动力学机制,这是由于确定溴化物在大气层中寿命的一个重要参数便是确定其与 OH 的反应过程[7]。短的溴化物寿命不仅可以避免臭氧层的消耗,而且还可以降低其潜在的温室效应。目前研究的可降解溴化物主要是含有能够降低其寿命的双键结构或其他官能团[8],主要关心的问题是在降低其寿命同时是否会降低溴原子的灭火效果和是否会产生毒性。

将 CF_3Br 里的溴原子替换成碘原子是另外一个解决臭氧层消耗的方法。虽然碘也能引起臭氧消耗,其反应机制也与溴原子相同,但 C－I 键很容易被地表的紫外线解离,使得 CF_3I 在大气中的寿命仅有 1 天左右[9]。CF_3I 的灭火效果与 CF_3Br 相当,而且也满足环保要求,但弱的 C－I 键使其很容易被吸入人体,从而产生毒害作用,而 CF_3I 安全的浓度值要比其满足灭火效果的浓度值低约一个量级[12],所以 CF_3I 仅被用于无人居住的场合。

11.2　灭火的基本原理

研发和表征合适的哈龙替代物是很多灭火研究计划的主要目标。但是广义的灭火研究范围却十分宽泛,包括相关的单独反应机制、火焰结构及稳定性等。火焰中添加的灭火材料会与很多其他的组分发生反应,而不仅是含 H－,C－,O－的化合物。激光诊断技术已经并将继续在灭火研究中起重要作用。

本章的观点与其他章节不同,把燃烧看作是不受欢迎的。灭火研究对象包括实验室中精确控制的小型火焰和实际场景下大尺度火灾实验,以便验证灭火系统在实际环境中能否有效工作。与提高燃烧效率或降低污染物排放的燃烧研究不同的是,灭火研究不能仅限于单一的燃料和几何尺度。这是由于火灾往往都是突发事件,其燃烧特性通常不可预测,所以大多数的消防系统必须能够满足面对多种火源的威胁。

着火的前提条件主要有:①燃料与空气必须按一定的比例混合,且达到可燃极限;②温度必须足够高,且必须有足够浓度的自由基,使得基元反应速度能足够快达到自持状态[13]。灭火便是采用一系列措施阻碍上述过程,包括采用物理隔离阻碍燃料的蒸发、稀释火焰周围的氧气使其达不到着火的浓度(惰性气体)、降低火焰的温度(降温剂包括水)、降低火焰中自由基浓度(化学材料包括哈龙)。

　　水的灭火机制是因为其具有高的比热和蒸发焓[15],而实事上其他灭火效率相当于或超过 CF_3Br 的材料均是通过化学途径抑制燃烧[16],主要的效应便是降低火焰中主要自由基的浓度,如 H,O,OH。由于上述自由基在火焰中产生速率大于消耗速率,所以它们在火焰面里的浓度超过绝热温度下的热平衡浓度[17]。在常压环境下,化学配比为 1 的甲烷/空气火焰中 H 和 O 原子的峰值浓度是其热平衡浓度的数十倍。灭火材料便是限制火焰中自由基的超平衡状态实现快速降低火焰的整体反应速率和火焰传播速度。一般认为 CF_3Br 的灭火机制中占优势的效应是溴的接触反应净化循环过程[18-21]:

$$Br + Br + M \rightarrow Br_2 + M \tag{11.1}$$

$$H + Br_2 \rightarrow HBr + Br \tag{11.2}$$

$$H + HBr \rightarrow H_2 + Br \tag{11.3}$$

$$净反应:H + H \rightarrow H_2 \tag{11.4}$$

当 CF_3Br 的浓度达到约百分之几的摩尔分数时,方程(11.1)~(11.3)的反应速率要大于方程(11.4)的反应速率,这也是哈龙 1301 的灭火原理。

　　溴原子可能是最好的火焰自由基清除剂,但它绝不是唯一的、最有效率的灭火材料(图 11.1)。相关研究表明,很多阻燃剂的灭火效率均超过 CF_3Br[16],除了水之外,所有有效的灭火材料均是作为自由基接触反应的清除剂。图 11.1 中很多材料均为固态,需要蒸发后才能参与阻燃反应,因此整体阻燃效率取决于蒸发速率。此外,热力学过程使得灭火效率有个极限值,即接触反应并不能将火焰中自由基浓度降低至其热平衡浓度以下,即便是理想的灭火材料也依然存在饱和现象[17]。火焰中灭火组分和参与灭火反应自由基浓度的诊断,在测量单个反应速率或验证反应动力学模型预测的灭火材料对火焰结构影响等方面起着重要作用。

　　图 11.1 中所列的化学元素构成的化合物均是良好的灭火材料,其中的几个趋势值得关注:①有效的灭火材料主要处于几个特定的族中(碱金属[22]、过渡元素[23,24]、卤素[21]以及其他非金属元素[25-27]),而这些元素的化学性质几乎没有相同之处,所以难以预测那些灭火特性未知元素的灭火效率;②图 11.1 中列出的很多化合物是有效的阻燃剂(如甲基溴[1]、五羰基铁[28]、烃基膦酸脂[25]),但本身却具有可燃特性。由于这些材料既可作为阻燃剂也可作为燃料,所以灭火效率往往取决于火焰局部区域的化学配比和燃烧条件。

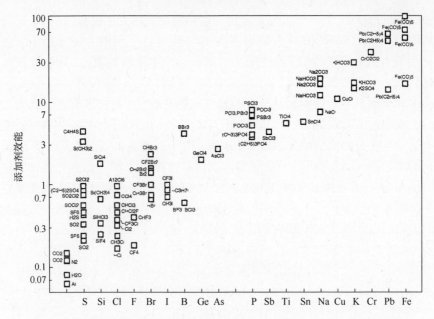

图 11.1　不同化合物的灭火效率对比(来源于文献[16]),灭火效率是依据
实现特定火焰速率的抑制所需要的灭火材料量(数值越大表明灭火效率越高,
CF_3Br 的值设定为 1)(燃烧学会提供)

很多过渡元素(如铅[16]、锰[23])化合物既可作为灭火材料也可用于辛烷促进剂(抑制火花点火内燃机的提前点火)。然而,无论作为辛烷促进剂还是灭火剂,上述材料在火焰中的化学过程究竟是气相形式还是颗粒物的表面反应却长期存在争论[13]。最近的研究表明[17],至少最有效的灭火过程必须有气相形式的化学反应,这是由于自由基与固体表面的反应速率没有快到足以解释观察到的灭火效率。

11.3　光学诊断技术在灭火化学中的应用

在实验室和现场实验中,有多种光学诊断技术已用于研究灭火化学过程的不同方面。激光诱导荧光(LIF)技术可用于探测灭火材料及其所产生的组分对火焰本身碳氢组分浓度的影响[29,30],但 LIF 技术在灭火化学应用中的主要不足有两点:①LIF 技术通常只能探测燃烧场中常见的原子和分子,如 H,C,O,N 等(见第 2 章),而图 11.1 所列灭火材料的大多数组分所含有的元素却在这四种之外。此外,对于特定的灭火材料来说,也没有在燃烧环境下可应用的 LIF 方法测量火焰中参与灭火反应的自由基。因此,采用 LIF 技术研究化学灭火火焰需要确定火焰环境中 LIF 探测机制的可行性[31]。②很多灭火材料促进了自由基－自由基的复合反应,其灭火动力学往往取决于压强。因此需要研究和了解气压条件,以对 LIF 技术中关键的荧光猝灭进行修正(见第 5 章)。

近年来,很多工作专注于更有效地使用凝聚态灭火材料,水作为其中的研究对象之一,若把水破碎为直径约 $30\mu m$ 的小液滴,那么其灭火效率与相同质量下的 CF_3Br 相当[32]。影响水及其他凝聚态材料灭火效率的关键因素是它们在火焰中的蒸发位置及其在火焰反应区的驻留时间,其中重要的是当它们与特定尺度的火焰相互作用时液滴的尺寸和速度。在实验室环境下,相位多普勒粒子测速(Phase – Doppler Particle Anemometry,PDPA)技术可用于上述参数的测量[32]。PDPA 技术也可以用来监测其他液态灭火材料的性能,但不能用于粉末测量,除非其颗粒是球形的。另外,苛刻的条件和对光路的严格要求使得 PDPA 技术在真实火灾测试现场应用变得很复杂。

成像和示踪技术,如粒子成像测速(PIV)技术(具体可参考第 7 章)以及粒子分辨的成像技术可以避免这些难题,这是由于照明光源具有漫散射特性。这些技术可用于粉末状材料的非球形颗粒特性的测量,诸如碳酸氢钠、碳酸氢钾、磷铵等广泛应用的粉末状材料。尽管成像技术在流场测试方面依然面临挑战,但由于并不要求对多路激光束的精确准直,所以比 PDPA 测量粒子大小要稍微容易一些。

一种称为激光诱导击穿光谱(Laser – Induced Breakdown Spectroscopy,LIBS)的光学技术可用于测量碳氟化合物的浓度。激光聚焦产生等离子体,进而引起聚焦体积内所包含的化学元素的原子辐射。通过测量氟原子红光和近红外光的辐射光谱便可探测氟化物[33]。LIBS 不是一种专门确定母体化合物特性的技术。然而,在火灾测试中,作为灭火的材料是已知的,测量的目的主要是探测不同地点灭火材料的浓度及其随灭火时间变化关系。

基于吸收的光学诊断技术在实验室和现场测试的灭火研究也获得了应用,如傅里叶变换红外光谱(Fourier Transform Infrared – spectroscopy,FTIR)技术[34,35]和可调谐二极管激光吸收光谱(Tunable Diode Laser Absorption Spectroscopy,TDLAS)技术[36-38]。在大尺度火灾测试中,FTIR 技术可用于探测多种组分的浓度,包括燃料蒸气、灭火材料以及反应产物,其既可实现在线测量也可用于取样测量,两种方式各有优势。在线测量可避免取样探测中二次反应的问题,同时也提高了测量的时间分辨率,因为取样探测存在取样和驻留时间。但是,在线测量需要将激光传输至燃烧容器内,所以会存在光强衰减的问题(尽管红外激光衰减要比可见波段弱得多),且还需要吹扫光学窗口和保护光学器件。

二极管激光吸收光谱技术(具体见第 18 章)已被成功用于火灾测试现场,该技术可以实现对波长进行高频的调制,所以在非常强的、随时间变化的、非共振的背景干扰环境下,依然可以探测所感兴趣组分的相对微弱的共振吸收。在灭火研究中,TDLAS 技术主要用于探测 HF 和 O_2 的浓度,其中 HF 是由碳氟化合物在火焰中分解产生的,这两种组分浓度均为火灾测试中重要的参数。HF 通常选择其在 $1.3\mu m$ 附近振动泛频带处的吸收线作为探测对象[37],而 O_2 通常选择其在 760nm 附近的 b←X 弱电子跃迁的(0,0)振动态吸收线[38]。HF 也可采用 FTIR 技术利用 $4200cm^{-1}$ 处振动态吸收线进行探测,但 O_2 是非极性分子,没有振动光谱红外特性。因此,TDLAS 技术为 O_2 浓度的测量提供了一个独特的光谱方法。

11.4　灭火的反应动力学机制

对于 CF_3Br 和其他溴化物,灭火的反应动力学机制已相对完善并且与实验测量的燃烧速度和火焰结构进行了对比,这些工作均是大量研究人员长期的工作积累[18-21],其中 Westbrook 的工作最为显著。需要指出的是,溴化物的反应动力学机制是在 CF_3Br 作为灭火材料广泛使用后才开始发展的。虽然对哈龙 1301 化学动力学机制的理解并不能提高其灭火效率,也不会对其在消防应用中产生影响,但相关的研究成果可为寻找哈龙替代物提供指导。研究哈龙替代材料反应动力学机制的主要目的是能够成功预测其灭火特性,而经过验证的预测能力必须能够采用数值计算的方式来评估灭火材料在不同燃烧状态下的特性,进而提高其在大型火灾现场应用的可靠性。

发展可靠的灭火反应动力学机制必须解决一些碳氢燃烧场动力学模型中未遇到的问题。目前,大多数的研究工作主要为测量反应速率、设计反应机制以及实验验证,涉及对象主要为含有碳、氢、氧和氮等元素的组分。但是,其他与燃烧动力学相关的化学元素,包括灭火材料,却研究得不够详细。

光学诊断技术可为灭火研究提供重要的数据,但是光学测量方法目前仅限于一些特定的灭火材料,即那些含有 H,O,C,N 等原子的材料(见第 2 章),而图 11.1 所列的材料很多均不含上述原子。此外,很多灭火材料目前正在研究中,与哈龙不同的是,它们在常温下是凝聚态。在这种情况下,材料的尺寸、形状、液滴或固体颗粒的蒸发速率等对灭火效率的影响与气相动力学过程一样重要。因此,对于凝聚态的灭火材料,仅仅模拟其气相状态下的反应机制不足以完全反映它的灭火特性。最后,在稳态火焰实验中,测量的仅是灭火材料对火焰的抑制,而不是熄火(熄火是火焰抑制的最终目标)。因此,虽然对火焰抑制的研究有助于理解熄火过程,但研究工作还需进一步给出熄火的条件。

近年来,相当多的工作专注于哈龙替代材料的研究,包括无溴原子的碳氟化合物和含有铁、钠、锰金属元素的化合物。相关的实验和模拟结果在本章后面部分将会介绍,同时本章还会分析当前的研究进展和未来研究工作的机遇与建议。

11.4.1　碳氟化合物

近十几年来,作为 CF_3Br 的替代材料之一,无溴的碳氟化合物在理论模拟和实验研究方面均开展了大量的研究工作[4]。美国国家标准和技术研究所(U. S. National Institute of Standards and Technology,NIST) 在无溴的 C_1 和 C_2 碳氟化合物和氟化烃化合物方面发展了完善的动力学机制[39]。虽然上述材料的灭火效率不如哈龙 1301[40],且极有可能引起温室效应,但上述材料具有良好的物理和无毒特性,而且其生产工艺和基础设施也相对完善,所以碳氟化合物已被用作哈龙的替代品。面对相同的火灾现场,相对于哈龙来说,碳氟化合物可以被大量使用。

NIST 发展出的动力学机制包括约 50 种含氟组分和 600 个基元反应(不包括碳氢燃料氧化过程),不过上述反应过程没有包含氟化丙烷,该物质也是当前哈龙的替代材料之一。碳氟化合物反应机制所包含的基元反应数量是典型的碳氢化合物的 $2 \sim 3$ 倍。此外,通过类比碳氢化合物来获得氟化烃化合物的基元反应速率参数还不是很可靠。但目前很多碳氟化合物的基元反应速率均是通过类比碳氢化合物的方式获得,所以火焰结构、燃烧速度和熄火条件等模型的验证需要实验数据提供支持。用于中间产物测量的光学诊断技术为实验验证工作提供了重要的工具,但再次提醒的是,光学诊断技术能够测量的组分依然十分有限。

最近的一些研究工作主要是寻求实验方法验证和完善氟化烃化合物动力学机制[4,29,41-43]。鉴于反应机制的复杂性和大量的动力学参数并没有被实验测量,所以采用少量测量数据修正动力学模型需要慎重[29]。在一些情况下,已经证实通过研究火焰结构(图 11.2)可以修正反应动力学[44],即采用过渡态的详细模型来确定有疑问的反应通道的动力学和产物。

$2-H$ 七氟丙烷($CF_3 - CHF - CF_3$)作为一种哈龙的替代材料近来在市场上已获得了大量的应用,图 11.3 给出了它的反应动力学路径[42,43]。在所有的含氟中间产物中,仅有少数几种(CF,CF_2,CHF)可通过激光诱导荧光技术进行测量[31]。相对于碳氢组分来说,碳氟分子在燃烧温度下有更多的粒子处于高能级,所以采用荧光信号反演组分浓度时需要修正温度的影响,而这一过程通常比较困难。

火焰中很多重要的组分目前还无法通过光学诊断技术进行测量,例如自由基 FCO 在碳氟化合物的燃烧化学中所起的作用与 HCO 在碳氢化合物的燃烧化学中的作用大致相似(图 11.3)。虽然 FCO 在近紫外波段有吸收,近几年也有利用腔衰荡光谱技术进行探测(图 11.4),但 FCO 的上能级是一个预分离态,所以不适用于 LIF 技术[45]。发展用于无荧光辐射的碳氟中间组分浓度测量的光

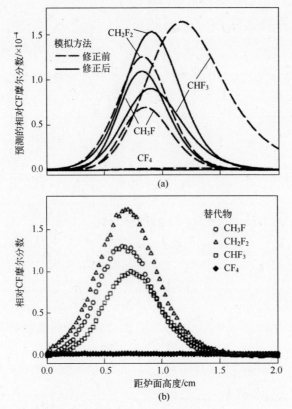

图 11.2 几种 CF 组分的理论模拟结果(a)与实验测量结果(b)对比(来源于文献[29])。测量方法为激光诱导荧光技术,对象为含有 CH_3F、CH_2F_2、CHF_3 或 CF_4 的甲烷/氧气预混火焰。理论模拟图中的实线和虚线分别代表模型修正前后的计算结果(燃烧学会提供)

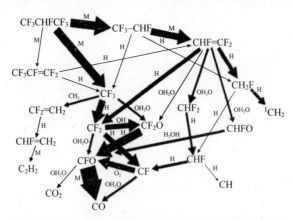

图 11.3 采用化学动力学模型预测的低压强甲烷/氧气预混火焰中灭火材料 CF_3CHFCF_3 的反应路径(来源于文献[42],燃烧学会提供)

学诊断技术将极大地提高实验研究对模型验证的水平。虽然无溴氟化烃化合物的灭火效率没有 CF_3Br 的高,但发展出简化的化学反应动力学模型并使其能够与流体动力学模型融合,将会为消防系统设计和评估提供非常有用的工具。

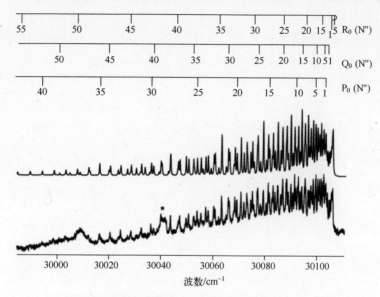

图 11.4　模拟的 FCO 吸收光谱(上图)和采用腔衰荡光谱技术测量的
FCO 吸收光谱(下图)[45](美国物理学会提供)

11.4.2　钠

一般认为碱金属对火焰抑制主要有两个反应过程,钠的反应为[22]

$$Na + OH + M \rightarrow NaOH + M \tag{11.5}$$

$$NaOH + H \rightarrow Na + H_2O \tag{11.6}$$

虽然金属钠与液态水之间会发生放热反应,但在气相状态下,式(11.6)所示的反应也是放热的。其他反应过程,如与氧气反应也起着重要作用,特别是在贫氧环境下[46]。钾的灭火效率要高于钠,二者的灭火效率均是溴的好几倍[16]。

$$Na + O_2 + M \rightarrow NaO_2 + M \tag{11.7}$$

实验研究钠注入后的火焰结构较为困难[46,47],因为很多情况下钠化合物的注入是以固体或液体溶液方式。只有在钠蒸发成气体后才会发生灭火反应,所以达到的抑制程度强烈地依赖于火焰温度和颗粒驻留时间,从而依赖于火焰传播速度[47]。此外,式(11.5)的反应速率取决于压强,而为了降低碰撞猝灭效应对光学诊断技术的影响,通常采用低压强火焰作为探测对象,这将降低式(11.5)的反应速率,从而导致测量的灭火效率偏低。最后,除了钠原子本身外,钠在火焰中参与接触反应的很多中间产物目前还无法采用便利的光学诊断技术进行测量[46]。

光解离荧光技术已被用于 NaOH 和 NaCl 的测量,其采用脉冲紫外激光解离相关的化合物产生钠原子,然后测量钠原子的辐射光谱实现相关组分的测量[48]。但是,相对于直接探测特定分子本身的特征光谱来说,光解离荧光技术是一种非选择性的相对测量技术。在常压环境下,由于自由基浓度在钠的灭火反应过程中减少,所以监测火焰中的自由基很复杂。例如,作为火焰中主要自由基的 H 和 O,在常压火焰中会迅速猝灭,使得即使采用短脉冲激光也难以准确地测量其荧光寿命。

11.4.3　铁和其他过渡金属

Linteris 及其合作者[28,49,50]最近研究了铁化合物(五羰基铁和二茂铁)的灭火效率,结果显示 50ppm 的 $Fe(CO)_5$ 就可以使常压甲烷/空气火焰速率降低 10%[49]。图 11.5 为预测的铁的反应动力学路径,图中主要假设了两个复合反应过程,即 H + H 复合反应,O + O 复合反应,这两个反应过程在含水的 CO 火焰中较为突出[28]。铁的介质在接触反应清除机制中起着重要作用,除了铁原子外,还包括大量的铁的氧化物和氢氧化物[24]。铁具有多个稳定氧化态,看来在促进清除效率方面起了作用。

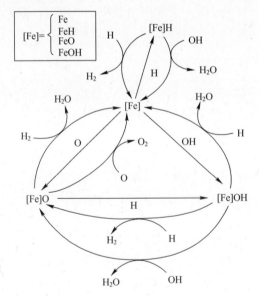

图 11.5　预测的铁在火焰中的灭火反应路径[24](美国化学学会提供)

铁的动力学机制已被用于预测燃烧速度的降低情况,并与实验测量进行对比[28,49,50],但在火焰结构方面还没有开展验证实验。与钠面临的问题一样,存在几个实际问题使其很困难。很多含铁组分目前还无法采用光学诊断技术进行探测；此外，灭火反应速率包含与压强相关的复合反应，所以实际的验证实验必须包括大气压力条件。

在火焰速度降低实验中[28]，发现当添加到易燃混合物中的五羰基铁浓度增加到一定程度后，会观察到明显的饱和效应（图 11.6）。从图中可以看出在火焰燃烧速度仅降低 20% 时便会开始产生饱和，而此刻的峰值自由基浓度仍然大大超过平衡浓度。但是，气相模型并没有预测到所观察的饱和现象，所以认为灭火效率降低是由于铁化合物会在火焰中凝聚成固体颗粒物[28]。铁的熔点比典型的火焰温度高约 1000K，所以以气态铁原子在火焰中的浓度通常都比较低。Rumminger 和 Linteris 研究发现五羰基铁和二茂铁的灭火效率没有明显区别[50]，所以灭火效应主要是化合物中的铁元素本身起作用。需要指出的是，五羰基铁和二茂铁在相对低的火焰温度下均会热分解产生铁原子，但是目前还无法确定采用更加耐火的铁化合物是否会产生相当的灭火效率。

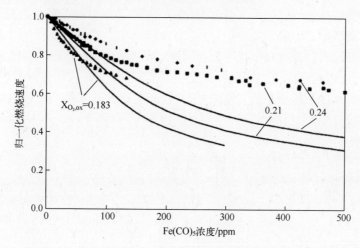

图 11.6　理论计算和实验测量的五羰基铁对一氧化碳/氢气/氧气 – 氮气火焰速度
降低量对比（来源于文献[28]）。高组分浓度下灭火效率降低是由于
气相铁化合物凝聚成固体颗粒物引起的（燃烧学会提供）

锰是另外一个被认为具有接触反应清除性能的金属，已观察到锰在常压火焰中有很好的火焰抑制作用[23]。为了分析甲基环戊二烯三羰基锰（Methylcyclo-pentadienyl Manganese Tricarbonyl，MMT）作为燃油添加剂的性能，Westblom 等人[51]研究了在低压强（约 40 Torr）丙烷/空气火焰中添加 MMT 后（添加量约10ppm 摩尔分数）的火焰结构，他们除了测量 Mn 和 MnO 浓度外，还监测了几种火焰固有组分的浓度变化情况，如 H、O、OH。但是，添加 MMT 后的火焰结构没有发生明显变化，其原因可能是压强较低，因为 Mn 的反应路径中可能含有一个

压强相关的复合过程。此外,添加的 Mn 浓度过低可能也会导致没有观察到明显的灭火效果,这表明 Mn 的灭火效果比铁要弱。还需要更多的工作进一步量化锰和其他过渡态金属化合物的灭火性能。

11.5 总 结

尽管寻找环境可接受的新的灭火材料面临挑战,但光学诊断技术在灭火研究中却发挥着重要作用。过去的基于经验的灭火研究既费时也费力,所以知道材料的物理和化学特性对于了解已鉴别过的灭火材料的效率很重要,同时有利于指导进一步研究新的灭火材料性能。在很多情况下,光学诊断技术可用于测量相关的化学反应速率,从而便于构建灭火材料的反应动力学机制。此外,光学诊断技术在建立抑火、熄火进程和验证灭火材料的动力学模型中也起着重要的作用。光学诊断技术除了测量自由基浓度外,还可用于在线监测火焰中稳定组分浓度变化情况,如氧气、灭火材料、毒性产物等,从而有利于解释火灾测试结果和阐明安全性相关问题。

抑火和熄火过程研究中其他核心问题包括流场显示、化学反应与流场相互作用、熄火过程的液体或固体颗粒物尺寸及速度。鉴于火灾研究涉及多个学科,以及新的灭火技术的验证及实施的复杂性,光学诊断技术将会在该领域发挥重大的作用。

参 考 文 献

[1] Taylor G. Halogenated Agents and Systems. in Cote A E, ed. Fire Protection Handbook, 17th Ed. Quincy, Massachusetts: National Fire Protection Association, 1992, pp. 5 – 241 – 5 – 256.

[2] Fire Suppression Substitutes and Alternatives to Halon for U. S. Navy Applications. Washington: National Academy Press, 1997.

[3] Report of the Fourth Meeting of the Parties to the Montreal Protocol on Substances that Deplete the Ozone Layer. Copenhagen, November 23 – 25, 1992, United Nations Environmental Programme, UNEP, % OzL. Pro. 4/15, Nairobi, Kenya.

[4] Miziolek A W, Tsang W, eds. Halon Replacements: Technology and Science. Washington: American Chemical Society, 1995.

[5] Noto T, Babushok V, Hamins A, et al. Inhibition Effectiveness of Halogenated Compounds. Combust. Flame, vol. 112, pp. 147 – 160, 1998.

[6] Ennis C A, ed. WMO/UNEP Scientific Assessment of Ozone Depletion: 1998. Geneva, Switzerland: World Meteorological Organization, 1998.

[7] DeMore W B,Golden D M,Hampson R F,et al. Chemical Kinetics and Photochemical Data for Use in Stratospheric Modeling: Evaluation Number 12. Jet Propulsion Laboratory,97 – 4. Pasadena,California,1997.

[8] Tapscott R E,Mather J D. Tropodegradable Fluorocarbon Replacements for Ozone – Depleting and Global – Warming Chemicals. J. Fluorine Chem. ,vol. 101,pp. 209 – 213,2000.

[9] Solomon S,Burkholder J B,Ravishankara A R,et al. Ozone Depletion and Global Warming Potentials of CF_3I. J. Geophys. Res. ,vol. 99,pp. 20929 – 20935,1994.

[10] McIlroy A,Johnson L K. Low Pressure Flame Studies of Halon Replace – ment Combustion: Characterization of Byproducts and Formation Mechanisms. Combust. Sci. Technol. , vol. 116. pp. 31 – 50. 1996.

[11] Sheinson R S,Penner – Hahn J E,Indritz D. The Physical and Chemical Action of Fire Suppressants. Fire Safety J. ,vol. 15,pp. 437 – 450,1989.

[12] Vinegar A,Jepson G W. Cardiac Sensitization Thresholds of Halon Replacement Chemicals Predicted in Humans by Physiologically – Based Pharmacokinetic Modeling. Risk Anal. , vol. 16,pp. 571 – 579,1996.

[13] Glassman I,Combustion 2nd Ed. Orlando,Florida:Academic Press,1987,pp. 141 – 148.

[14] Griffiths J F,Barnard J A. Flame and Combustion. 3rd Ed. Glasgow,U. K:Blackie Academic and Professional,pp. 239 – 244. 1995.

[15] Lentati A M,Chelliah H K. Physical,Thermal,and Chemical Effects of Fine – Water Droplets in Extinguishing Counterflow Diffusion Flames. Proc. Combust. Inst. , vol. 27, pp. 2839 – 2846,1998.

[16] Babushok V,Tsang W. Inhibitor Rankings for Alkane Combustion. Combust. Flame,vol. 123,pp. 488 – 506,2000.

[17] Babushok V,Tsang W,Linteris G T,et al. Chemical Limits to Flame Inhibition. Combust. Flame,vol. 115,pp. 551 – 560,1998.

[18] Westbrook C K. Numerical Modeling of Flame Inhibition by CF_3Br. Combust. Sci. Technol. ,vol. 34,pp. 201 – 225,1983.

[19] Westbrook C K. Inhibition of Laminar Methane – Air and Methanol – Air Flames by Hydrogen Bromide. Combust. Sci. Technol. ,vol. 23,pp. 191 – 202,1980.

[20] Biordi J C,Lazzara C P,Papp J F. Flame Structure Studies of CF_3Br – Inhibited Methane Flames. 3. The Effect of 1 – Percent CF_3Br on Composition,Rate Constants,and Net Reaction Rates. J. Phys. Chem. ,vol. 81,pp. 1139 – 1145,1977.

[21] Fristrom R M,Van Tiggelen P. An Interpretation of the Inhibition of C – H – O Flames by C – H – X Compounds. Proc. Combust. Inst. ,vol. 17,pp. 773 – 785,1979.

[22] Jensen D E,Jones G A. Kinetics of Flame Inhibition by Sodium. J. Chem. Soc. Faraday Trans. Ⅰ,vol. 78,pp. 2843 – 2850,1982.

[23] Vanpee M,Shirodkar P P. A Study of Flame Inhibition by Metal Compounds. Proc. Combust. Inst. ,vol. 17,pp. 787 – 795,1979.

[24] Kellogg C B, Irikura K K. Gas – Phase Thermochemistry of Iron Oxides and Hydroxides: Portrait of a Super – Efficient Flame Suppressant. J. Phys. Chem. A, vol. 103, pp. 1150 – 1159, 1999.

[25] MacDonald M A, Jayaweera T M, Fisher E M, et al. Inhibition of Nonpremixed Flames by Phosphorus – Containing Compounds. Combust. Flame, vol. 116, pp. 166 – 176, 1999.

[26] Twarowski A. The Temperature Dependence of H + OH Recombination in Phosphorus Oxide Containing Post – Combustion Gases. Combust. Flame, vol. 105, pp. 407 – 413, 1996.

[27] Twarowski A. The Effect of Phosphorus Chemistry on Recombination Losses in a Supersonic Nozzle. Combust. Flame, vol. 102, pp. 55 – 63, 1995.

[28] Rumminger M D, Linteris G T. Inhibition of Premixed Carbon Monoxide – Hydrogen – Oxygen – Nitrogen Flames by Iron Pentacarbonyl. Combust. Flame, vol. 120, pp. 451 – 464, 2000.

[29] L'Espérance D, Williams B A, Fleming J W. Intermediate Species Profiles in Low Pressure Premixed Flames Inhibited by Fluoromethanes. Combust. Flame, vol. 117, pp. 709 – 731, 1999.

[30] Su Y, Gu Y W, Reck G P, et al. Laser – Induced Fluorescence of CF_2 from a CH_4 Flame and an H_2 Flame with Addition of HCFC – 22 and HFC – 134a. Combust. Flame, vol. 113, pp. 236 – 241, 1998.

[31] L'Espérance D, Williams B A, Fleming J W. Detection of Fluorocarbon Intermediates in Low – Pressure Premixed Flames by Laser Induced Fluorescence. Chem. Phys. Lett. , vol. 280, pp. 113 – 118, 1997.

[32] Zegers E J P, Williams B A, Sheinson R S, et al. Dynamics and Suppression Effectiveness of Monodisperse Water Droplets in NonPremixed Counterflow Flames. Proc. Combust. Inst. , vol. 28, pp. 2931 – 2937, 2000.

[33] Williamson C K, Daniel R G, McNesby K L, et al. Laser – Induced Breakdown Spectroscopy for Real – Time Detection of Halon Alternative Agents. Anal. Chem. , vol. 70, pp. 1186 – 1191, 1998.

[34] McNesby K L, Daniel R G, Miziolek A W, et al. Optical Measurement of Toxic Gases Produced During Firefighting Using Halons. Appl. Spectrosc. , vol. 51, pp. 678 – 683, 1997.

[35] Su J Z, Kim A K, Kanabus – Kaminska M. FTIR Spectroscopic Measure – ment of Halogenated Compounds Produced During Fire Suppression Tests of Two Halon Replacements. Fire Safety J. , vol. 31, pp. 1 – 17, 1998.

[36] McNesby K L, Skaggs R R, Miziolek A W, et al. Diode – Laser – Based Measurements of Hydrogen Fluoride Gas During Chemical Suppression of Fires. Appl. Phys. B, vol. 67, pp. 443 – 447, 1998.

[37] Daniel R G, McNesby K L, Miziolek A W. Application of Tunable Diode Laser Diagnostics for Temperature and Species Concentration Profiles of Inhibited Low – Pressure Flames. Appl. Optics, vol. 35, pp. 4018 – 4025, 1996.

[38] Schlosser H E, Ebert V, Williams B A, et al. NIR – Diode Laser Based In – Situ Measurement of Molecular Oxygen in FullScale Fire Suppression Tests. Proceeding 2000 Halon Options Technical Working Conference, New Mexico Engineering Research Institute, Albuquerque, NM, 2000, pp. 492 – 504.

[39] Burgess Jr. D R, Zachariah M R, Tsang W, et al. Thermochemical and Chemical Kinetic Data for Fluorinated Hydrocarbons. Prog. Energy Combust. Sci. , vol. 21, pp. 453 – 529, 1996.

[40] Hamins A, Trees D, Seshadri K, et al. Extinction of Non – premixed Flames with Halogenated Fire Suppressants. Combust. Flame, vol. 99, pp. 221 – 230, 1994.

[41] Saso Y, Joboji H, Koda S, et al. Response of Counter – flow Diffusion Flame Stabilized on a Methanol Pool to Suppressant Doping. Proc. Combust. Inst. , vol. 28, pp. 2947 – 2955, 2000.

[42] Williams B A, L' Espérance D M, Fleming J W. Intermediate Species Profiles in Low – Pressure Methane/Oxygen Flames Inhibited by 2 – H Hepta – fluoropropane: Comparison of Experimental Data with Kinetic Modeling. Combust. Flame, vol. 120, pp. 160 – 172, 2000.

[43] Hynes R G, Mackie J C, Masri A R. Inhibition of Premixed Hydrogen – Air Flames by 2 – H Heptafluoropropane. Combust. Flame, vol. 113, pp. 554 – 565, 1998.

[44] Francisco J S. A Coupled – Cluster Study of the Mechanism for the CHF + H Reaction. J. Chem. Phys. , vol. 111, pp. 3457 – 3463, 1999.

[45] Howie W H, Lane I C, Orr – Ewing A J. The Near Ultraviolet Spectrum of the FCO Radical: Re – assignment of Transitions and Predissociation of the Electronically Excited State. J. Chem. Phys. , vol. 113, pp. 7237 – 7251, 2000.

[46] Hynes A J, Steinberg M, Schofield K. The Chemical Kinetics and Thermo – dynamics of Sodium Species in Oxygen – Rich Hydrogen Flames. J. Chem. Phys. , vol. 80, pp. 2585 – 2597, 1984.

[47] Mitani T, Niioka T. Extinction Phenomenon of Premixed Flames with Alkali Metal Compounds. Combust. Flame, vol. 55, pp. 13 – 21, 1984.

[48] Chadwick B L, Griffin P G, Morrison R J S. Quantitative Detection of Gas – Phase NaOH Using 355 – nm Multiple – Photon Absorption and Photofragment Fluorescence. Appl. Spectrosc. , vol. 51, pp. 990 – 993, 1997.

[49] Reinelt D, Linteris G T. Experimental Study of the Inhibition of Premixed and Diffusion Flames by Iron Pentacarbonyl. Proc. Combust. Inst. , vol. 26. pp. 1421 – 1428, 1996.

[50] Linteris G T, Rumminger M D, Babushok V, et al. Flame Inhibition by Ferrocene, and Blends of Inert and Catalytic Agents. Proc. Combust. Inst. , vol. 28, pp. 2965 – 2972, 2000.

[51] Westblom U, Fernandez – Alonso F, Mahon C R, et al. Laser – Induced Fluorescence Diagnostics of a Propane/Air Flame with a Manganese Fuel Additive. Combust. Flame, vol. 99, pp. 261 – 268, 1994.

第12章 用于催化燃烧研究的和频振动光谱技术

Hans – Robert Volpp, Jürgen Wolfrum

12.1 引　　言

非均相催化燃烧是一种有望用于贫燃－空气混合物燃料的方法,正如 Pfefferle W C 和 Pfefferle L D 所演示的那样,它能大量减少污染物、改善点火以及增强火焰的稳定性[1,2]。另外,非均相催化在各种污染物排放控制过程中起着重要作用,如用于汽车尾气后处理的三元催化技术[3](Three – Way Catalyst, TWC)。三元催化中,含有 Pt、Pd、Rh 的催化剂将两种还原性的污染物(CO 和未燃尽的碳氢化合物 HC)以及氧化性的污染物(NO)转化成稳定的产物(H_2O、CO_2 与 N_2 等)[4]。在此过程中,总的表面反应

$$2NO + 2CO \rightarrow N_2 + 2CO_2 \tag{12.1}$$

被认为是将 NO 转化成 N_2 的主要反应途径[3,5]。然而,因为非均相反应对反应物和产物的表面浓度敏感,而表面浓度又与吸附和解吸附平衡有关,并与依赖于工作条件的气相输运过程有关,因而不同的局部过程由反应速率决定。对于总的表面反应,其结果将具有完全不同的特性。因此,发展用于模拟表面反应以及它们与周围气相耦合的数学模型,对于理解相应技术条件下的非均相催化是非常重要的。用于描述不同催化燃烧系统的计算工具最近已经发展了起来(见第20章),这些工具包括详细的表面化学和分子组分输运模型。然而,到目前为止表面反应机制主要基于在超高真空(UHV)条件以及在高度有序的单晶表面开展的基元表面反应步骤的研究。对那些通常发生在高压("压强间隙")和多晶催化材料("材料间隙")的情况,采用这种表面动力学数据建模,非常重要的是必须发展能用于实际压强和温度条件以及真实催化剂表面的实时诊断技术(图12.1)。

用于探测界面电子与振动共振的光学诊断方法,比传统的表面光谱方法如带电粒子束作为探针[6]具有更强的优势。尤其是,三波混频技术如光学二次谐波(Second – Harmonic Generation, SHG)[7]与和频(Sum – Frequency Generation,

SFG)[8-10]技术已经成为实时研究催化燃烧的重要工具,尽管它们还处于研究的初期阶段。这两种方法在非破坏性的功率密度下可能都对表面敏感[11],并且它们的应用并不局限于超高真空条件[12]。因此两种诊断方法能填补"压强间隙"。但是,SHG 也有严重的缺陷,即缺少分子选择性。因此,SHG 不能用于鉴定未知的表面组分。另一方面,借助可调谐红外激光器,利用红外—可见光(IR – VIS),SFG 技术可实现亚单原子层灵敏度的表面振动光谱测量[13,14]。

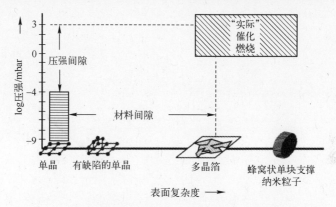

图 12.1 超高真空单晶模型研究与实际催化燃烧研究有差距的
"压强间隙"与"材料间隙"示意图

利用 IR – VIS SFG 对已知的过渡金属单晶表面的反应进行相关研究的进展,已由该领域的两位主要先驱者 Somorjai G A 与 Shen Y R 进行了评论[13,15]。本章主要关注利用 IR – VIS SFG 技术进行的测量实验,在中间产物 CO 与 O_2 的分压与火花点火发动机废气中的典型情况类似的条件下,对实用化多晶 Pt 催化剂表面的 CO 吸附和不同种类的 CO 燃烧过程中 CO 的覆盖度进行实时测量。对于结构高度复杂的催化剂,这些研究代表了向发展验证过的吸附/脱附及表面反应机理迈出了重要的一步。这些工作可以认为是 Ertl G 等对已知单晶进行超高真空表面科学的开拓性研究[16]与用于实际催化剂的载体纳米颗粒研究[17,18]之间的中间过程(图 12.1)。

本章按如下方式组织:12.2 节包含 IR – VIS SFG 表面振动光谱学的理论基础,并试图提供相关细节以帮助实验者去理解该技术的能力与局限性;12.3 节介绍能进行宽压强与温度范围内的催化燃烧过程研究的实验布局;12.4 节与12.5 节介绍了在层流条件下发生在多晶 Pt 催化剂表面的 CO 吸附、脱附与燃烧的和频测量结果;12.6 节的和频测量结果显示,在高 CO 压强和表面温度下,铂的表面存在一种新的游离 CO 吸附路径,导致表面碳的沉积以及 Pt 氧化物的形成;最后 12.7 节讨论了将 SFG 技术推广到与催化燃烧有关的其他表面组分探测的可能性。

12.2 红外 – 可见 SFG 表面振动光谱学基础

SFG 技术的一般原理已在其他相关著作中进行了详细论述[19],因此,此处仅给出简要的介绍。IR – VIS SFG 技术是一种二阶非线性光学过程,其中一束可调谐红外(ω_{IR})激光与一束可见(ω_{VIS})激光产生一束和频输出光($\omega_{SFG} = \omega_{IR} + \omega_{VIS}$)。产生的和频信号($\omega_{SFG}$)从基底反射,在与法线成 θ_{SFG} 时满足相位匹配条件:$\omega_{SFG}\sin\theta_{SFG} = \omega_{VIS}\sin\theta_{VIS} + \omega_{IR}\sin\theta_{IR}$(图 12.2)。因为在电偶极近似下,对于气相/基底系统来说,SFG 过程只允许在无中心对称性的介质中产生,SFG 信号特定地局限在两个中心对称介质边界构成的界面区[19]。通过波混频过程产生的非线性极化强度 P 由[19]给出:

$$P(\omega_{SFG} = \omega_{IR} + \omega_{VIS}) = \chi_S^{(2)}:\boldsymbol{E}(\omega_{IR})\boldsymbol{E}(\omega_{VIS}) \tag{12.2}$$

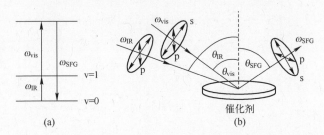

图 12.2 (a) 振动共振红外可见(IR – VIS)和频过程的三波混频机制;(b) 金属衬底上红外 – 可见和频表面振动光谱激发/探测极化构型示意图,参见文献[22]

式中,$\boldsymbol{E}(\omega_{IR})$ 与 $\boldsymbol{E}(\omega_{VIS})$ 分别为红外和可见激光在表面的电矢量;$\chi_S^{(2)}$ 为宏观非线性表面极化率,是三阶张量[19]。通过这一非线性极化过程产生的 SFG 信号 $I_{SFG}(\omega_{IR})$,在电偶极近似下与 $\chi_S^{(2)}$ 和其复共轭的乘积成正比[19]:

$$I_{SFG}(\omega_{IR}) \propto \chi_S^{(2)}\,\mathrm{Conj}(\chi_S^{(2)}) = |\chi_R^{(2)} + \chi_{NR}^{(2)}|^2 \tag{12.3}$$

通过方程(12.3),以及下面补充的振动共振与非共振对 $\chi_S^{(2)}$ 的贡献的表达式[19,20],能够拟合出 SFG 信号谱:

$$\chi_S^{(2)} = \sum_n \frac{A_{R(n)}}{\omega_{IR} - \omega_n + \mathrm{i}\Gamma_n} + A_{NR}e^{i\Phi} \tag{12.4}$$

式中,A_{NR} 为振动非共振极化率 $\chi_{NR}^{(2)}$ 的振幅;Φ 为其相对于振动共振的相位,共振频率为 ω_n,均匀洛伦兹线宽为 $2\Gamma_n$;$A_{R(n)}$ 为与吸附分子数密度和振动模式的红外以及拉曼跃迁矩成正比的振动共振振幅。

因此,如果振动模式是拉曼与红外光起作用,当红外激光通过振动共振进行调谐时,振动共振的贡献将变得十分重要。与传统的反射吸收红外光谱技术(RAIRS)一样,SFG 信号谱也能提供类似的信息。主要的区别在于 SFG 信号主要在表面产生,气相对此无任何贡献。此外,SFG 信号输出是相干光并具有高度方向性。

CO 最终吸附在多晶 Pt 催化剂表面的 SFG C – O 展宽振动谱的例子如图 12.3 所示。图 12.3(a)中显示的谱是在 CO 压强为 1 mbar、吸附/脱附平衡条件下记录的。图 12.3(b)的谱是在总压强 20mbar、不同的催化温度、层流条件(CO：15 sccm、O_2：30 sccm、Ar：105 sccm)下不同 CO 燃烧情形下获得的。图 12.3 中的十字叉表示实验数据,实线表示利用方程(12.3)和(12.4)通过最小二乘法对实验谱进行数值拟合的结果。图 12.3 中所示的所有谱都是通过 p 偏振的红外和可见激光获得的,产生的 SFG 信号也是 p 偏振的。在下面的讨论中,这一偏振组合用 ppp 来表示(p 偏振和频信号、p 偏振可见激光以及 p 偏振红外激光)。

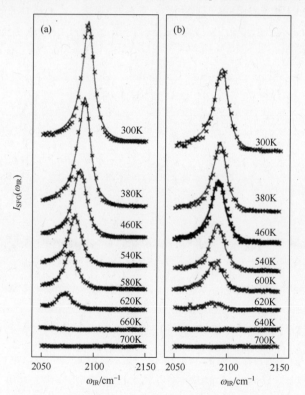

图 12.3　吸附在多晶 Pt 催化剂表面的 CO 的 SFG 谱

(a) CO 压强为 1mbar,不同催化温度时 CO 吸附/脱附平衡条件下记录的谱;

(b) 在总压强为 20mbar 时 CO 燃烧的 SFG 谱。

原则上,SFG 实验可以在不同偏振组合情况下开展。然而,在金属表面进行的红外 – 可见和频研究中,因为在金属表面 s 偏振红外激光的光场被传导电子有效地屏蔽,红外激光始终是 p 偏振的。因为金属在可见光谱区介电常数较低,表面光场并不能有效地被传导电子屏蔽,可见光可以是 s 或 p 偏振的。虽然在 ssp 构型(s 偏振的 SFG 信号、s 偏振的可见激光、p 偏振的红外激光)下获得的 SFG 信号通常明显比在 ppp 构型[15]下获得的信号弱,但是对这两种偏振构型下获得的 SFG 谱的分析,都能让我们获得吸附分子的表面取向信息。因此 SFG 技术比红外表面振动光谱技术具有更显著的优势[21]。

　　近来在 Pt(111) 面上进行的 NO 吸附研究显示,在表面高 NO 覆盖度($\theta_{NO} \geqslant$ 0.5ML)(一个单层(monolayer, ML)等于在(111)面的铂原子数为 $15 \times 10^{14}/cm^2$)下,存在倾斜的 NO 分子,已由 ppp 与 ssp 偏振构型的 SFG 测量所证实[22]。图 12.4(a) 中,作为一种例子描述了 $1724cm^{-1}$ 附近的 SFG N-O 展宽振动带,它是由倾斜吸附结构下最终吸附在 Pt(111) 面上的 NO 分子产生的,此时表面覆盖度 $\theta_{NO} = 0.75ML$。后来的 SFG 研究给出了表面覆盖度对最终吸附的 NO 分子的倾角 φ 的依赖关系,见图 12.4(a) 中的插图(数据评估形式的细节在文献[22]及其所引用的文献中给出)。对于 NO 在 Pt(111) 面上的吸附,把 SFG 测量与低能电子衍射(Low-Energy Electron Diffraction, LEED)测量的结果相结合,得到了修正后的高覆盖度($0.75ML \geqslant \theta_{NO} \geqslant 0.25ML$)吸附机制[22]。

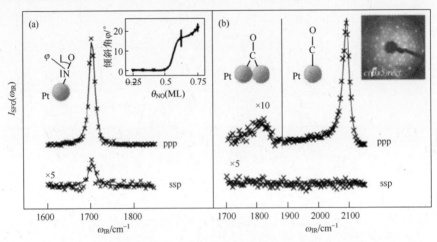

图 12.4　(a) 在表面覆盖度为 $\theta_{NO} = 0.75ML$ 的倾斜吸附下,最终吸附在 Pt(111) 面上的 NO 的 SFG 谱;(b) 中间束缚与终端束缚在 Pt(111) 面上的 CO 的 SFG 谱。SFG 谱是在室温下 ppp 与 ssp 偏振组合条件下记录的

　　图 12.4(b) 描述了在室温、CO 气相压强恒定为 10^{-6} mbar 时,吸附在 Pt(111) 面上的 CO 的 SFG 谱。在 ppp 偏振构型下观察到的具有 $1840cm^{-1}$ 与 $2090cm^{-1}$ 中心频率的振动特征,分别对应于中间束缚和终端束缚的 CO 分子的 C-O 展宽振动谱,如图所示。在 ssp 偏振构型测量中缺少这两种特征,说明了两种 CO 表面组分在总的 CO 覆盖度为 $\theta_{CO} = 0.6ML$ 时,在几乎垂直的位置被吸

附。后面的绝对 CO 覆盖度从同时记录的 $c(\sqrt{3} \times 5)$ – rect. LEED 衍射图样获得（如图 12.4（b）中的插图所示）。LEED 测量同样可以分别获得中间束缚和终端束缚 CO 组分在 $\theta_{CO(b)} = 0.2ML$ 和 $\theta_{CO(t)} = 0.4ML$ 覆盖度下的值。（由文献[23]能获得 LEED 技术的一般细节，在 Pt(111) 面上 LEED CO 覆盖度测量的特定细节,请参见文献[24]）。把中间束缚和终端束缚 CO 组分的 SFG 信号强度与 LEED 测量获得的实际覆盖度进行对比,显示了 SFG 方法的一个主要缺点,即在探测多配位表面组分时降低了灵敏度。其原因是相对于终端吸附组分,多配位表面组分的拉曼极化率更低[25]。此外,正如文献[26]中所讨论过的,动态的偶极 – 偶极耦合,会导致大量的信号强度从中间束缚 CO 的低频带转移到终端束缚 CO 的高频带,同时伴随着强烈的与温度有关的线展宽,并进一步减小双重配位中间 – 束缚 CO 表面组分的 SFG 信号强度[27]。因此,由 SFG 测量获得表面覆盖度需要采用独立的表面 – 敏感方法进行仔细的校准。文献[9]给出了标定测量的实验细节,用 SFG 探测吸附在多晶催化剂表面的 CO 与程序升温脱附（Thermal Programmed Desorption,TPD）测量相结合,建立由 CO 的 SFG 谱数值模拟得到的共振振幅 A_R 与实际 CO 表面覆盖度之间的联系。

12.3　利用 SFG 进行催化燃烧实时诊断的实验布局

图 12.5 给出了能在超高真空条件（底压约 3×10^{-10} mbar）至大气压的宽压强范围内进行催化燃烧研究的实验装置。在高压状态下,该实验布局能进行吸附/脱附[12]以及催化剂表面反应混合物特定驻点流不同类型反应过程的研究[9,10]。在反应池中利用四极质谱仪（Qudrupole mass Spectrometer,QMS）进行 TPD 测量,一台氩离子溅射源和一台迟滞电场分析仪（Retarding field Analyzer,RFA）用于俄歇电子能谱（Auger Electron Analyzer,AES）和低能电子衍射（LEED）测量。另一台差动泵浦 QMS 与反应室前的真空管相连,用于在线监测废气中的稳定反应产物（如 CO_2）。

对于光学 IR – VIS SFG 测量,采用一台 30ps 的锁模 Nd:YAG 激光器。部分基频输出经倍频到 532nm,用作 SFG 过程的可见光输入频率（ω_{VIS}）。另一部分基频光用于泵浦一台 LBO – OPG/OPA 系统产生波长范围 $1.25 \sim 1.39\mu m$ 的第一级红外可调谐辐射,如图 12.5 所示。该红外辐射在 $AgGaS_2$ 晶体中与 Nd:YAG 激光器的基频输出（1064nm）混合,通过差频过程产生可调谐的红外辐射（$\omega_{IR} = 1400 \sim 2200 cm^{-1}$,带宽约 $7cm^{-1}$）,可用于 NO 与 CO 的 SFG 表面振动谱研究。红外与可见激光脉冲在时间上是匹配的,光束在表面上是空间交叉的。可见光的入射角为 $\theta_{VIS} = 35°$,红外光为 $\theta_{IR} = 55°$。产生的 SFG 信号从 Pt 的表面反射,

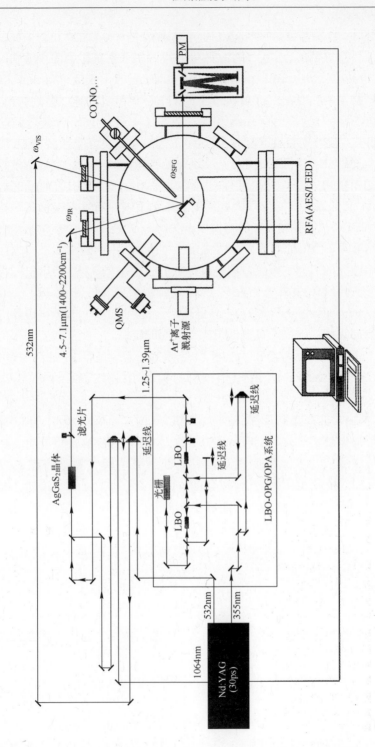

图12.5 利用红外~可见光和频产生技术在超高真空到大气压宽压强范围下在线研究催化燃烧过程的实验装置示意图

根据相位匹配条件,与表面法线夹角为 θ_{SFG}(图 12.2)。可见光激光的单脉冲能量为 400μJ。红外激光在 $\omega_{IR} = 2200 \sim 1650cm^{-1}$ 内的单脉冲能量约为 30μJ,在 $\omega_{IR} = 1500 \sim 1400cm^{-1}$ 内单脉冲能量降为 8μJ。可见光的光斑尺寸为 5mm,红外光经轻微聚焦以匹配可见光的光斑大小。SFG 信号采用具有光电倍增管(PM)与门控积分器的单色仪对过滤后的散射光进行探测,并转存到实验室计算机上。把 SFG 信号除以可见光与红外激光能量,可以修正其能量起伏。图 12.3 与图 12.4 中测量的 SFG 谱的每个点都是 120 个激光脉冲的平均。激光重复频率为 10Hz,测量完整的 NO SFG 谱所用的时间,如图 12.4(a)所示大约为 30min。催化剂(本例中可以采用 Pt(111)单晶片或多晶 Pt 箔)能通过电阻加热到温度范围 300 ~ 1600K,并通过机械手进行平移、倾斜与旋转。

12.4　多晶 Pt 箔表面进行的 CO 吸附/脱附研究

催化剂表面分子的吸附可以看作是任何不同种类催化反应的第一步。因此对粘附系数 S 的理解,特别是它们随表面覆盖度 θ 以及催化温度 T_c 的变化关系 $S = S(\theta, T_c)$,在发展基元表面反应机制时起着重要作用(见第 20 章)。虽然初始的(对裸露表面)以及与覆盖度有关的粘附系数,已利用不同的 UHV 方法在不同的气体/单晶表面系统中进行过测量,比如 King – Wells 技术[28,29],但是一旦涉及实际催化燃烧温度时,依然相当缺乏与温度相关的信息。因此通常采用与温度相关的模型比如 Kisliuk 模型,在实际催化燃烧温度下利用 $S(\theta, T_c)$ 计算吸附速率。同样,应该注意的是脱附速率系数 k_d 通常表示为 $k_d = \nu_d \exp(-E_d / kT_c)$,即使对于十分简单的吸附物/表面系统,其与表面覆盖度的关系也极其复杂。例如,对于 NO/Pt(111)系统,发现指数项前面的因子 ν_d 和脱附活化能 E_d 是 NO 覆盖度的函数[22,31]。

下面给出在吸附/脱附平衡条件下,用 SFG 对 CO 覆盖度进行实时测量的结果,该结果与 CO SFG 谱得到的频率信息一起,可用于验证 CO/多晶 Pt 箔系统的吸附/脱附机制。图 12.6(a)中,给出了由图 12.3(a)中的 SFG 谱得到的 CO 覆盖度(实心方块)与多晶 Pt 催化剂的温度的关系图(由 SFG 谱确定 CO 覆盖度的详细实验方法在文献[9]中给出)。此外,通过对图 12.3(a)中 SFG 谱进行最小二乘数值拟合分析,得到相应的 CO 振动频率的结果(用实心圆表示)。CO 覆盖度与基底温度的关系清晰地表明存在两个不同的吸附/脱附状态,一个位于温度范围 $300K \leqslant T_c \leqslant 600K$,其 CO 平衡覆盖度随基底温度几乎呈线性减小;另一个位于 $T_c > 600K$,其 CO 覆盖度随基底温度的升高急剧减小。这一行为显示在 Pt 催化剂表面至少存在两个截然不同的 CO 吸附面,具有明显不同的脱附活化能。

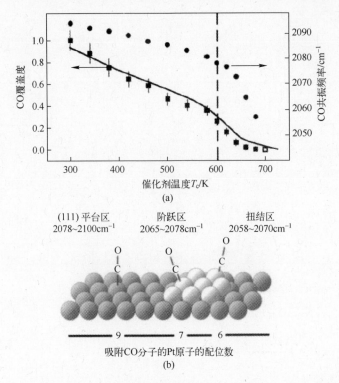

图 12.6　（a）CO 气相压强 1mbar，吸附/脱附平衡条件下，通过在多晶 Pt 催化剂表面进行实时 SFG 测量获得的 CO 覆盖度和 CO 振动共振频率，实线代表通过数值模拟得到的 CO 覆盖度[10]；（b）多晶 Pt 催化剂与终端束缚 CO（吸附 CO 的 Pt 原子的配位数与相应的典型的 CO 振动共振频率由文献［32］给出）的三个可能的吸附区域表面形貌示意图

　　通过表面覆盖度对测量的 CO 振动频率的依赖性与超高真空条件下不同 Pt 单晶表面 RAIRS 研究结果的对比，能够对 CO 吸附区域本质进行更深入的理解。正如文献［10,14］所概述的，在多晶 Pt 催化剂上观察到的 CO 振动频率对覆盖度的依赖性，与在 Pt［4(111)×(100)］单晶表面上观察到的覆盖度依赖关系十分类似[33]，这一相似点表明单晶表面与多晶 Pt 箔的表面形貌之间有类似之处。Pt［4(111)×(100)］单晶表面由 4 个原子宽的(111)平台组成，通过占无遮蔽 Pt 原子总数 25% 的 Pt 原子所形成的单原子台阶分隔开，其中无遮蔽 Pt 原子与 7 个最邻近原子进行配位（与余下的(111)平台位置 Pt 原子的 9 个最邻近原子情形进行对比，如图 12.6(b)所示）。

　　基于 Pt［4(111)×(100)］单晶与多晶 Pt 箔表面形貌的相似性，可以发展一种表面吸附/脱附模型[10]。该模型解释了两个截然不同的吸附区（用 A 区和 B 区表示），它以表面吸附动力学数据为基础，A 区由 Pt(111)面获得，B 区由存在七重配位吸附区的单晶表面获得。图 12.6(a)中的实线代表数值模拟的结果,假定多晶 Pt 催化剂的表面包含 80% 的 A 区与 20% 的 B 区。后一个吸附区的比例由在使用过的 Pt 箔上进行的 TPD 谱测量所支持[9]。在对 CO 粘附系数 $S(\theta_{co}, T_c)$ 进行数值模拟时,采用了与温度有关的 Kisliuk 模型[34],在 $T_c = 300K$ 时,取初始粘附概率为 0.7。对于 A 区脱附速率系数 K_d,使用了与覆盖度无关的指数因子 $\nu_d = 3 \times 10^{19} s^{-1}$,并结合了与线性覆盖度相关的脱附活化能 $E_d(\theta_{co}) = E_d(\theta_{co} \to 0) - (112kJ/mol \times \theta_{co})$。$E_d(\theta_{co} \to 0)$ 代表了在 CO 零覆盖度极限下的脱附活化能,其值采用 183kJ/mol。该值与在 CO 零覆盖度极限下 Pt(111) 单晶表面得到的吸附热测量值 $187 \pm 11kJ/mol$ 吻合得非常好[34]。

对于多晶 Pt 箔上更强束缚的 B 区脱附速率系数,采用了与覆盖度无关的指数因子 $\nu_d = 5 \times 10^{21} s^{-1}$ 和与覆盖度线性相关的脱附活化能,其值为 $E_d(\theta_{co} \to 0) = 220kJ/mol$。这与初始吸附热 $210 \pm 7kJ/mol$ 非常接近,这是最近在 Pt(311) 面上进行的测量,其中在七重配位 Pt 原子上 CO 的吸附占主导[35]。对 B 区,采用了中等线性覆盖度相关性,$E_d(\theta_{co}) = E_d(\theta_{co} \to 0) - (24kJ/mol \times \theta_{co})$,同样与在 Pt(311) 面上测得的覆盖度相关性非常接近[35]。

E_d 与覆盖度的强线性相关性是从 CO 覆盖度 SFG 实时测量及数值模拟得到的,实验测量是在 Pt(111) 单晶表面不同压强 CO 分子流条件下进行的,如图 12.7 中的实心符号所示。图 12.7 中的实线代表数值模拟结果,相应的实验条件与多晶 Pt 催化剂的 A 区采用的吸附/脱附参数相同。

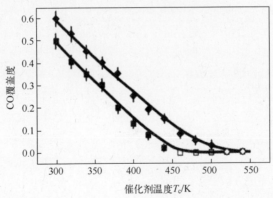

图 12.7　在 CO 气相压强为 10^{-8} mbar(实心方块)与 10^{-6} mbar(实心菱形)时测量的 Pt(111)CO 覆盖度与温度的相关性。实线表示数值模拟的结果,其使用的吸附脱附参数与多晶 Pt 催化剂 (111)平台区数值模拟使用的参数相同

12.5　多晶 Pt 箔上的 CO 燃烧研究

图 12.8(a)给出了由图 12.3(b)所示的 SFG 谱得出的 CO 覆盖度(实心方块)与多晶 Pt 催化剂的温度 T_c 之间的关系。由 SFG 谱进行最小二乘数值拟合

分析得到的相应的 CO 振动频率也在图 12.8(a)中用实心圆给出。与 CO 吸附/脱附研究(图 12.6(a))中测量的 CO 覆盖度进行对比,发现如果 O_2 出现在滞止流中,在 $T_c = 300K$ 时总的 CO 覆盖度将会显著下降。然而,虽然 CO 覆盖度减少了 30%,CO 的振动频率依然保持在 $2095cm^{-1}$,这与最终吸附在 Pt(111)平台区(A 区)的 CO 饱和覆盖度振动频率非常接近。此外,与 CO 吸附/脱附测量结果形成对比的是,在整个温度范围内 CO 的氧化过程中能探测到吸附的 CO,频率保持在 $2095 \sim 2078cm^{-1}$ 范围内,这对于 CO 吸附在 Pt(111)平台区是非常典型的结果(见图 12.6(b))。因此,CO 吸附/脱附与 CO 燃烧数据之间的主要区别在于,后一种情况下缺少阶跃区(B 区)对低频的贡献。这一现象能用阶跃区 O_2 的高粘附概率进行解释,当 CO 与 O 都出现在气相中时,就会阻碍 CO 阶跃区的吸附。阶跃区上 O_2 的优先吸附已经在 Pt[4(111)×(100)]上 CO 氧化的 RAIRS 研究中观察到了[36]。

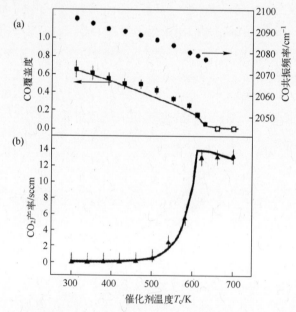

图 12.8 (a) 多晶 Pt 催化剂上 CO 燃烧时,SFG 实时测量的 CO 覆盖度与振动共振频率;
(b) 用质谱仪同时测量的 CO_2 产生率。实线表示数值模拟的结果[10]

图 12.8(a)中的实线表示 CO 燃烧实验的反应流数值模拟结果。该模拟基于 CO 氧化的 Langmuir – Hinshelwood(LH)机制,包括 CO 分子吸附与脱附(利用前面章节给出的吸附/脱附动力学数据)、O_2 的解离吸附以及通过吸附的 CO 与 O 的反应形成 CO_2 的过程。用于 A、B 区(CO 燃烧模拟中,采用了与前面章节中同样的 CO 吸附区比)的平均场表面反应模型和速率参数的进一步细节在文献[10]中给出。虽然图 12.8(a)中给出的 CO 燃烧模拟结果与图 12.6(a)中的结

果十分类似,CO 覆盖度与温度的关系存在两个不同的状态,但是 CO 覆盖度曲线形状的真实来源却完全不同。温度范围为 $T_c = 550 \sim 600K$ 时,在燃烧条件下观察到 CO 覆盖度的突然减小,并不是由于 A、B 区脱附动力学参数的差异导致的,正如在反应模型中 B 区实际上被吸附氧阻塞。在此温度间隔下 A 区 CO 覆盖度的快速减小,源于 CO 覆盖态向 O_2 覆盖态的转化,这是由于随着 CO 覆盖度的减小和 LH 反应速率的增大 O_2 的吸附增加了。图 12.8(b)给出了同时测量的CO 产率(实心三角)与模拟结果(实线)的对比。在 600K > T_c > 550K 内 CO_2 产率急剧增加,而当 T_c > 600K 时,CO_2 产率几乎不随温度变化,这种现象对于主要由表面化学动力学($300K \leqslant T_c \leqslant 550K$)决定的状态,向主要由气相($T_c \geqslant 600K$)下输运极限决定的状态转化的反应系统来说是很典型的。

12.6　高温高压下铂表面的 CO 解离研究

本节介绍 CO 的 SFG 研究结果,用于研究 CO 高气相压强($p_{CO} = 106mbar$)和 Pt 催化剂高温($T_c = 673K$)条件下解离 CO 的吸附概率[37]。在 UHV 研究中,没有证据显示能找到解离 CO 存在的吸附路径,因此通常认为 CO 不能在 Pt 催化剂表面发生解离[38]。只是最近,在 Pt(111)上进行的 CO SFG 探测与在 Pt 表面进行的反应后俄歇电子能谱技术研究一起,显示在高的 CO 压强和表面温度下,存在一种不可逆的 CO 吸附机制,导致表面碳 C(s)的沉积。然而,这些研究并未显示有 Pt - 表面氧化物形成的迹象,因此认为 C(s)是通过放热的 Boudouard 反应而形成的[39],即 $2CO \rightarrow C(s) + CO_2$。

如图 12.9 所示 CO 的 SFG 谱,是在恒定 CO 压强 106mbar 以及恒定催化温度 $T_c = 673$ K 时的层流条件下,在高度有序的 Pt(111)单晶催化剂上不同时刻记录的。谱的每一点都是通过 120 个激光脉冲平均得到的。激光重复频率为10Hz,测量一个完整谱的时间大约需要 15min,如图 12.10(a)中的水平条所示,图中给出了谱数值模拟得到的共振振幅 A_R 与时间的关系,清楚地表明 CO 的覆盖度为时间的函数,并随时间减小,直到大约 4600s 后,吸附的 CO 不再被探测到(如图 12.10(a)中的空心方块所示,此时相当于 $A_R = 0$)。降低基底温度和/或 CO 压强,不会导致 CO 的 SFG 信号再现的事实表明与文献[39]中的结果一致,即发生一种不可逆的 CO 吸附机制。然而,正如图 12.10(b)中能看到的,SFG 测量之后在 UHV 条件下记录的俄歇电子谱,显示在催化剂上同时存在C(s)和 Pt - 表面氧化物。后者在高温高压 CO 燃烧机制的发展中发挥着重要的作用,对 C(s)和 Pt - 表面氧化物来说,可能提供一种 CO_2 形成的备选反应路径,正如文献[40]中所建议的那样。但是,为了评估在 CO 燃烧条件下观察到的解离 CO 吸附路径所起的作用,还需要进行更深入的实验工作。

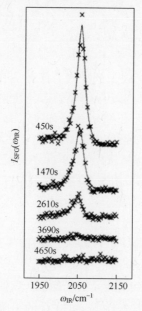

图 12.9　将初始 Pt(111) 单晶催化剂暴露在温度 673K、恒定 CO 压强
106mbar 的条件下,观察到的 CO 的 SFG 谱随时间的变化

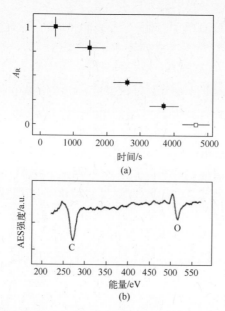

图 12.10　(a) 共振振幅 A_R 与时间的关系,表明存在 CO 的不可逆解离吸附;
(b) 催化剂表面的俄歇电子谱。碳与氧的 AES 信号显示在 CO 解离过程中形成了
表面碳与 Pt – 表面氧化物

12.7　展望与挑战

　　SFG 表面振动光谱技术作为一种用于催化燃烧研究的诊断技术,依然处于初级阶段。但是,SFG 在实际的压强和温度条件下可实时监测吸附组分的表面覆盖度和结合区所特有的可能性,将会导致许多新的应用。正如介绍过的,在粗糙无序的多晶 Pt 催化剂上进行的 CO 燃烧的 SFG 研究所表明的那样,SFG 光谱技术的应用并未局限在平坦的和高度有序的催化剂上。最近的研究表明 SFG 也能用于监测氧化铝载体上 Pd 纳米粒子吸附的 CO[41]。另外,在 Pt 上进行的 CO 解离研究显示,即使是在高浓度的表面碳 C(s)存在的情况下,在 Pt 上进行 SFG 探测也是可能的[37,39]。因此,在 Pt 催化剂上催化甲烷燃烧时,实时 CO 的 SFG 测量应该是十分明确的,其中 CO 作为表面反应中间产物,通过 C(s)与化学吸附原子氧(见第 20 章)的反应而形成。大量的研究已经表明 SFG 的应用并不仅仅局限在探测界面上的双原子分子,比如 CO,NO,CN[42] 以及 CH[43],同时还能用于过渡金属单晶上更复杂的表面组分的探测,如甲氧基[20]与碳氢吸附物[44]。例如,乙烯表面组分与化学吸附的次乙基与乙基,也能用 SFG 进行监测[44],即在 Pt(111)催化剂的高温高压乙烯氢化反应过程中,探测频率范围为 $2800 \sim 3000 cm^{-1}$ 的 CH_2 与 CH_3 基团的对称 C–H 的伸缩振动。因此,把 SFG 扩展应用到实时监测 Pt 催化的甲烷与高碳氢燃料局部燃烧时形成的表面反应中间产物应该是可行的。对这些研究来说,当务之急显然是考虑这样的事实:已经发展的用于模拟 Pt 催化乙烷部分燃烧的反应机理,都必须考虑几乎所有不同的反应步骤,包括碳氢表面反应中间产物如吸附乙烯、乙缩醛、以及乙烷基(见文献[45]的表 1)。

　　早期 SFG 研究的一个主要限制就是有限的 IR 频率范围($2650 \sim 4000 cm^{-1}$),只能用于探测被吸附物高频伸展模[15]。然而,新的非线性晶体的出现将 IR 频率调谐范围大大地扩展到了 $1100 \sim 4000 cm^{-1}$[13]。最近报道了另一种 SFG 方法,把宽带(覆盖相应被吸附物分子振动共振频率区)飞秒 IR 脉冲与窄带 VIS 脉冲混频[46]。由于通过每次激光脉冲能获得完整的 SFG 谱信息,因此在实时表面化学动力学研究中极其有用[47]。然而,SFG 技术也有一些固有的局限,接下来将进行简要概述。

　　在 Pt 电极上进行的电化学 CO 氧化的 SFG 研究显示,如果 CO 表面组分按照 C–O 化学键轴线几乎平行于表面的平面方式被吸附,则用 SFG 将探测不到[21]。发生这一现象是由于这样的事实,即与表面取向平行的动态偶极子被金属内部的像偶极子抵消[13,21]。另一种更普遍的现象就是被吸附物吸附层分子动态偶极子之间发生了耦合[48]。如果吸附层由具有相同频率的吸附分子组成,该偶极子－偶极子耦合就会导致吸附层振动带与覆盖度有关的频移。如果出现了具有不同频率的吸附分子，偶极子－偶极子耦合就会导致低频组分振动带向高频组分振动带的强度转移，在解释 SFG 谱（见文献[49]以及其中所附的参考文献）时这一点必须加以考虑。基底与中介层及被吸附物之间的额外反应可能导致 SFG 谱与覆盖度之间具有复杂的依赖关系，这一现象在 NiO 与 Ni 表面进行的 NO 与 CO 吸附研究中已经观察到了[50,51]。因此，利用独立的表面灵敏 UHV 方法如 LEED 或 TPD 技术进行标定测量，通常用于确定 SFG 测量得到的吸附物的覆盖度[10,22,44,50]。

正如文献[9]所指出的，在吸附和反应过程中催化剂表面结构发生改变的情况下，这些 UHV 标定方法可能会失效。例如，在 CO 大气压条件下开展的 CO 化学吸附研究中，已经观察到 Pt 催化剂表面压力诱导的重构现象。在这种情况下，就形成了完全压缩的不相称的 CO 吸附层，并与气相达到平衡，这将会导致新的 SFG 谱特征的出现，而在 UHV 条件下这种现象是不存在的[52]。在这种情况下，为了正确解释以及对高压 SFG 数据进行定量化，需要关于表面重构过程的额外信息[8,52]。关于被吸附物诱导表面粗糙的信息，正如最近由 Somorjai 与合作者们所报道的那样[52,53]，能通过催化剂表面的实时高温高压扫描隧道显微镜（Scanning Tunneling Microscopy, STM）研究而获得。由于 SFG 和 STM 都能用于研究载体过渡金属纳米颗粒和纳米制造的催化剂[41,52]，把实时的 SFG 和 STM 测量相结合，似乎是研究载体催化剂上发生的实际催化燃烧的最有希望的一种手段。后一种情况下，比如吸附物增强烧结和催化颗粒的再结晶效应，以及由载体与有毒杂质存在时造成催化剂颗粒的化学改性，被认为是最亟待解决的问题（见第 20 章与文献[54]）。

概括起来，我们得出这样的结论：实际催化燃烧条件下的 SFG 表面振动光谱技术的成功（以及定量）应用，强烈地依赖于它与互补的表面科学技术之间结合的成熟度。因此，在催化燃烧诊断中，这一新的研究方向代表了一种真正多学科的挑战，它使得表面/材料科学与燃烧科学之间的学科壁垒被打破，二者产生了深度的融合。

致　谢

本工作由德国科学基金会（DFG）的特殊研究领域（SFB）359 与巴登符腾堡的 TECFLAM 研究协会支持。Hans－Robert Volpp 对 DLR－Bonn 提供的项目号为 GRC 99/089 的"新型纳米结构材料"的研究计划的部分财政支持表示感谢。尤其对我们以前以及现在的学生 R. Tadday、L. Willms、C. Mendel、H. Härle、A. Lehnert、M. G. Schweitzer 和 U. Metka 在实验室满腔热情的工作表示衷心的感谢。对与 O. Deutschmann、F. Behrendt 和 J. Warnatz 富有启发性的讨论表示感谢。

参 考 文 献

［1］ Pfefferle W C,Pfefferle L D. Catalytically Stabilized Combustion. Prog. Energy Combust. Sci. , vol. 12,pp. 25 – 41,1986 (and references therein).

［2］ Hayes R E,Kolaczkowski S T. Introduction to Catalytic Combustion. Amsterdam:Gordon and Breach,1997.

［3］ Thomas J M,Thomas W J. Principles and Practice of Heterogeneous Catalysis. Weinheim: VCH – Verlag,1997.

［4］ Heck R M,Farrauto R J. Catalytic Air Pollution Control. New York:Wiley,1995.

［5］ Ertl G,Knözinger H,Weitkamp J. Handbook of Heterogeneous Catalysis. vol. 4,Weinheim: VCH – Verlag,1997.

［6］ Ertl G,Küppers J. Low Energy Electrons and Surface Chemistry. Weinheim:VCH – Verlag, 1985.

［7］ Eisert F,Gudmundson F,Rosén A. In Situ Investigation of the Catalytic Reaction $H_2 + 1/2 O_2$ $\rightarrow H_2O$ with Second – Harmonic Generation. Appl. Phys. B,vol. 68,pp. 579 – 587,1999.

［8］ Su X,Cremer P S,Shen Y R,et al. High – Pressure CO Oxidation on Pt(111) Monitored with Infrared – Visible Sum Frequency Generation (SFG). J. Am. Chem. Soc. ,vol. 119,pp. 3994 – 4000,1997.

［9］ Härle H,Lehnert A,Metka U,et al. In Situ Detection and Surface Coverage Measurements of CO During CO Oxidation on Polycrystalline Platinum Using Sum Frequency Generation. Appl. Phys. B,vol. 68,pp. 567 – 572,1999.

［10］ Kissel – Osterrieder R,Behrendt F,Warnatz J,et al. Experimental and Theoretical Investigation of CO – Oxidation on Platinum:Bridging the Pressure and Materials Gap. Proc. Combust. Inst. ,vol. 28,pp. 1341 – 1348,2000.

［11］ Shen Y R. The Principles of Nonlinear Optics. New York:Wiley,1984.

［12］ Härle H,Metka U,Volpp H – R,et al. Pressure Dependence (10^{-8} – 1000 mbar) of the Vibrational Spectra of CO Chemisorbed on Polycrystalline Platinum Studied by Infrared – Visible Sum Frequency Generation. Phys. Chem. Chem. Phys. ,vol. 1,pp. 5059 – 5064. 1999.

［13］ Somorjai G A,Rupprechter G. Molecular Studies of Catalytic Reactions onCrystal Surfaces at High Pressures and High Temperatures by Infrared – Visible Sum Frequency Generation (SFG) Surface Vibrational Spectroscopy. J. Phys. Chem. B, vol. 103, pp. 1623 – 1638,1999.

［14］ Härle H,Lehnert A,Metka U,et al. In – Situ Detection of Chemisorbed CO on a Polycrystalline Platinum Foil Using Infrared – Visible Sum – Frequency Generation. Chem. Phys.

301

Lett. ,vol. 293,pp. 26 – 32,1998.

[15] Cremer P S,McIntyre B J,Salmeron M,et al. Monitoring Surfaces on the Molecular Level During Catalytic Reactions at High Pressure by Sum Frequency Generation Vibrational Spectroscopy and Scanning Tunneling Microscopy. Catalysis Lett. ,vol. 34,pp. 11 – 18,1995.

[16] Ertl G,in Wolfrum J,Volpp H – R,Rannacher R,et al. eds. Gas Phase Chemical Reaction Systems – Experiments and Models 100 Years After Max Bodenstein. Heidelberg:Springer – Verlag,1996.

[17] Heiz U,Sherwood R,Cox D M,et al. CO Chemisorption on Monodispersed Platinum Clusters on SiO_2 : Detection of CO Chemisorption on Single Platinum Atoms. J. Phys. Chem. ,vol. 99,pp. 8730 – 8735,1995.

[18] Sandell A,Libuda J,Bäumer M,et al. Metal Deposition in Adsorbate Atmosphere: Growth and Decomposition of a Palladium Carbonyl – Like Species. Surf. Sci. ,vol. 346,pp. 108 – 126,1996.

[19] Shen Y R. A Few Selected Applications of Surface Nonlinear Optical Spectroscopy. Proc. Natl. Acad. Sci. USA,vol. 93,pp. 12104 – 12111,1996（and references therein）.

[20] Miragliotta J,Polizzotti R S,Rabinowitz P,et al. IR – Visible Sum – Frequency Generation Study of Methanol Adsorption and Reaction on Ni(100). Chem. Phys. ,vol. 143,pp. 123 – 130,1990.

[21] Baldelli S,Markovic N,Ross P,et al. Sum Frequency Generation of CO on (111) and Polycrystalline Platinum Electrode Surfaces: Evidence for SFG Invisible Surface CO. J. Phys. Chem. B,vol. 103,pp. 8920 – 8925,1999.

[22] Metka U,Schweitzer M G,Volpp H – R,et al. In – Situ Detection of NO Chemisorbed on Platinum Using Infrared – Visible Sum – Frequency Generation （SFG）. Zeit. Phys. Chem. ,vol. 214,pp. 865 – 888,2000.

[23] Van Hove M A,Weinberg W H,Chan C – M. Low – Energy Electron Diffraction. Berlin: Springer – Verlag,1986.

[24] Ertl G,Neumann M,Streit K M. Chemisorption of CO on the Pt(111) Surface. Surf. Sci. , vol. 64,pp. 393 – 410,1977.

[25] Bandara A,Dobashi S,Kubota J,et al. Adsorption of CO and NO on NiO(111)/Ni(111) Surface Studied by Infrared – Visible Sum Frequency Generation Spectroscopy. Surf. Sci. , vol. 387,pp. 312 – 319,1997.

[26] Villegas I,Weaver M J. Carbon Monoxide Adlayer Structures on Platinum (111) Electrodes: A Synergy Between In – Situ Scanning Tunneling Microscopy and Infrared Spectroscopy. J. Chem. Phys. ,vol. 101,pp. 1648 – 1660,1994.

[27] Klünker C,Balden M,Lehwald S,et al. CO Stretching Vibrations on Pt(111) and Pt(110) Studied by Sum Frequency Generation. Surf. Sci. ,vol. 360,pp. 104 – 111,1996.

[28] Shigeishi R A,King D A. Chemisorption of Carbon Monoxide on Platinum {111} : Reflection – Absorption Infrared Spectroscopy. Surf. Sci. ,vol. 58,pp. 379 – 396,1976.

[29] Guo X – C, King D A. Measuring the Absolute Sticking Probability at Desorption Tempera-tures. Surf. Sci. Lett. , vol. 302, pp. L251 – L255, 1994 (and references therein).

[30] Kisliuk P. The Sticking Probabilities of Gases Chemisorbed on the Surfaces of Solids. J. Phys. Chem. Solids, vol. 3, pp. 95 – 101, 1957.

[31] Campell C T, Ertl G, Segner J. A Molecular Beam Study on the Interaction of NO with a Pt (111) Surface. Surf. Sci. , vol. 115, pp. 309 – 322, 1982.

[32] Brandt R K, Sorbello R S, Greenler R G. Site – Specific, Coupled – Harmonic – Oscillator Model of Carbon Monoxide Adsorbed on Extended, Single – Crystal Surfaces and on Small-Crystals of Platinum. Surf. Sci. , vol. 271, pp. 605 – 615, 1992.

[33] Xu J, Yates Jr. J T. Terrace Width Effect on Adsorbate Vibrations: A Comparison of Pt (335) and Pt(112) for Chemisorption of CO. Surf. Sci. , vol. 327, pp. 193 – 201, 1995.

[34] Brown W A, Kose R, King D A. Femtomole Adsorption Calorimetry on Single – Crystal Sur-faces. Chem. Rev. , vol. 98, pp. 797 – 831, 1998.

[35] Kose R, King D A. Energetics and CO – Induced Lifting of a (1 × 2) Surface Reconstruction Observed on Pt{311}. Chem. Phys. Lett. , vol. 313, pp. 1 – 6, 1999.

[36] Szabó A, Henderson M A, Yates Jr. J T. Oxidation of CO by Oxygen on a Stepped Platinum Surface: Identification of the Reaction Site. J. Chem. Phys. , vol. 96, pp. 6191 – 6202, 1992.

[37] Metka U, Schweitzer M G, Volpp H – R, et al. Sum – Frequency Generation Spectroscopy Studies of CO Adsorption on Pt(111): Evidence for High Temperature CO Dissociation Leading to Surface Carbon and Surface Oxides Formation. to be submitted.

[38] Somorjai G A. Introduction to Surface Chemistry and Catalysis. New York: Wiley, 1994.

[39] Kung K Y, Chen P, Wei F, et al. Sum – Frequency Generation Spectroscopic Study of CO Adsorption and Dissociation on Pt(111) at High Pressure and Temperature. Surf. Sci. , vol. 463, pp. L627 – L633, 2000.

[40] Lund C D, Surko C M, Maple M B, et al. Model Discrimi – nation in Oscillatory CO Oxida-tion on Platinum Catalysts at Atmospheric Pressure. Surf. Sci, vol. 459, pp. 413 – 425, 2000.

[41] Dellwig T, Rupprechter G, Unterhalt H, et al. Bridging the Pressure and Materials Gaps: High Pressure Sum Frequency Generation Study on Supported Pd Nanoparticles. Phys. Rev. Lett. , vol. 85, pp. 776 – 779, 2000.

[42] Tadjeddine A, Peremans A, Guyot – Sionnest P. Vibrational Spectro – scopy of the Electro-chemical Interface by Visible – Infrared Sum – Frequency Generation. Surf. Sci. , vol. 335, pp. 210 – 220, 1995.

[43] Chin R P, Huang J Y, Shen Y R, et al. Interaction of Atomic Hydrogen with the Diamond C (111) Surface Studied by Infrared – Visible Sum – Frequency – Generation Spectroscopy. Phys. Rev. B, vol. 52, pp. 5985 – 5995, 1995.

[44] Cremer P S, Su X, Shen Y R, et al. The First Measurement of an Absolute Surface Concen-

tration of Reaction Intermediates in Ethylene Hydrogenation. Catalysis Lett. , vol. 40, pp. 143 – 145, 1996.

[45] Zerkle D K, Allendorf M D, Wolf M, et al. Understanding Homogeneous and Heterogeneous Contributions to the Platinum – Catalyzed Partial Oxidation of Ethane in a Short – Contact – Time Reactor. J. Catal. , vol. 196, pp. 18 – 39, 2000.

[46] Richter L J, Petralli – Mallow T P, Stevenson J C. Vibrationally Resolved Sum – Frequency Generation with Broad – Bandwidth Infrared Pulses. Optics Lett. , vol. 23, pp. 1594 – 1596, 1998.

[47] Bonn M, Hess C, Funk S, et al. Femtosecond Surface Vibrational Spectroscopy of CO Adsorbed on Ru(001) During Desorption. Phys. Rev. Lett. , vol. 84, pp. 4653 – 4656, 2000.

[48] Persson B N J, Ryberg R. Vibrational Interaction Between Molecules Adsorbed on a Metal Surface: The Dipole – Dipole Interaction. Phys. Rev. B, vol. 24, pp. 6954 – 6970, 1981.

[49] Weaver M J, Zou S, Tang C. A Concerted Assessment of Potential – Dependent Vibrational Frequencies for Nitric Oxide and Carbon Monoxide Adlayers on Low – Index Platinum – Group Surfaces in Electrochemical Compared with Ultrahigh Vacuum Environments: Structural and Electrostatic Implications. J. Chem. Phys. , vol. 111, pp. 368 – 381, 1999.

[50] Bandara A, Katano S, Kubota J, et al. The Effect of Co – adsorption of On – Top CO on the Sum – Frequency Generation Signal of Bridge CO on the Ni(111) Surface. Chem. Phys. Lett. , vol. 290, pp. 261 – 267, 1998.

[51] Katano S, Bandara A, Kubota J, et al. Screening of SFG Signals From Bridged CO on Ni (111) by the Coexistence of Linear CO. Surf. Sci. , vol. 427/428, pp. 337 – 342, 1999.

[52] Somorjai G A. New Model Catalysts (Platinum Nanoparticles) and New Techniques (SFG and STM) for Studies of Reaction Intermediates and Surface Restructuring at High Pressures During Catalytic Reactions. Appl. Surf. Sci. , vol. 121/122, pp. 1 – 19, 1997.

[53] Jensen J A, Rider K B, Salmeron M, et al. High Pressure Adsorbate Structures Studied by Scanning Tunneling Microscopy: CO on Pt(111) in Equilibrium with the Gas Phase. Phys. Rev. Lett. , vol. 80, pp. 1228 – 1231, 1998.

[54] Zhdanov V P, Kasemo B. Simulations of the Reaction Kinetics on Nano – meter Supported Catalyst Particles. Surf. Sci. Rep. , vol. 39, pp. 25 – 104, 2000.

第 13 章 多环芳香烃和碳烟的光学诊断

Alfred Leipertz, Frederik Ossler, Marcus Aldén

13.1 引　　言

在碳氢燃料燃烧过程中,芳香烃(Aromatic Hydrocarbons,AH)和多环芳香烃(Polycyclic Aromatic Hydrocarbons,PAH)被认为是碳烟生成的关键因素。在发电厂、汽车发动机(主要是柴油发动机)等各种燃烧装置的排放中都存在碳烟,它们有潜在的致癌性甚至是诱变因子。在不久的将来,特别是城市地区的健康法规,将需要借助于能够对极低浓度(ppm ~ ppb)PAH 或碳烟颗粒物进行监控的诊断工具。芳香物在碳烟颗粒的生成中扮演着重要角色,对其机理的理解具有更加基础的意义:不仅可用于基础燃烧研究,而且有助于熔炉、发动机等工业燃烧系统物理模型和计算编码的建立。在其他领域的实时和在线遥感方面,已证实光学诊断技术也是有效的。本章不仅对与温度和激光辐照相关的激光诱导发光特性进行阐述和讨论,而且对不同成分及它们集聚成的颗粒进行鉴别和量化的可能性进行分析。应用于 PAH 和碳烟研究的光学诊断技术的发展状态是相当不同的。对于 PAH,用到的多为实验室相关的技术;而在工业燃烧系统中,使用相对新的激光诱导白炽光(LII)技术对碳烟进行诊断是可行的。

对于实验室火焰,已经有不同的测量工具用于碳烟的生成研究,例如动态光散射和瑞利散射技术。它们在实验室条件下能够为相关的机理研究提供有价值的信息,然而在发动机燃烧等苛刻的环境中不能发挥相同的作用。因此,本章不会像对 LII 那样对它们进行详细的介绍。本章的开始将介绍对 PAH 的测量,它们还处在实验室阶段,接下来的章节会介绍发动机环境中的碳烟诊断。虽然它们看起来似乎是完全不同的条件,但应该牢记,在同样的化学过程中 PAH 和碳烟可以形成于不同的阶段,对它们的联合测量对于验证污染排放预测模型是非常必要的。

13.2 多环芳香烃

13.2.1 PAH 的基本特性

PAH 对紫外辐射有强烈的吸收,对其液体溶液的测试结果表明[1-3],根据激发电子能带的不同,PAH 在紫外和可见波段的消光系数可以达到 $10^3 \sim 10^5$ $M^{-1}cm^{-1}$。它的荧光量子效率在 0.1 ~ 1 之间,荧光寿命从几纳秒至 10^2 ns。PAH 的吸收和发射光谱结构取决于分子的振动能级,即取决于激发光波长和环境气体温度(参见文献[4-6])。对物质的探测效率不仅取决于吸收强度,还取决于荧光量子效率 q,它定义为荧光的有效寿命和辐射寿命之比 τ_{eff}/τ_{rad}。有效寿命主要取决于从单重态到三重态自旋系统之间的穿越速率,该速率通常随着激励能量和温度的增加而增大(参见文献[3])。关于 PAH 磷光的报道较少,但在其液体溶液中磷光可以持续数十秒的时间[3]。PAH 的荧光强度还容易受到氧猝灭的影响,NO 虽然也是熟知的猝灭因素,但在气相情况下却鲜有报道。

一般情况下,随着芳香烃结构尺寸的增加,吸收和发射会向长波方向移动(参见文献[7]和图 13.1)。该特性可用作对不同 PAH 进行选择的工具,例如,结合色谱分离方法进行离线检测(参见第 10 章)。气相 PAH 的紫外激发光谱图集不久会在互联网上公开使用[8]。

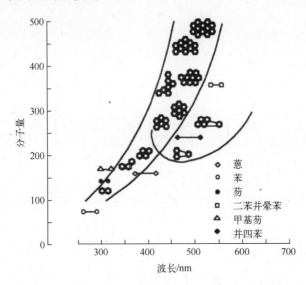

图 13.1 PAH 尺寸及其光谱特性[7](Giorgio Zizak 提供)

对于燃烧温度下的发射光谱,人们已经进行了大量的测量研究[9-15]。图 13.2 给出了一些测量结果。PAH 的荧光光谱特性还能用于对温度的测量,芘的双色荧光(Dual Fluorescence,DF)已经在注入种子火焰的温度测量中得到了应用[16,17]。DF 技术的原理是基于紫外波段荧光(随温度升高出现的 S2 和可见波段 S1 荧光的强度之比。在注入种子的火焰中,萘荧光光谱前沿的谱线位置也被用于进行温度测量[15]。

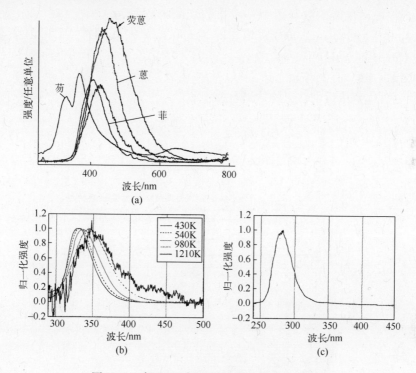

图 13.2　高温下不同芳香物质的荧光光谱曲线
(a)火焰中的种子注入,$\lambda_{exc} = 266nm$[11];(b)容器中不同温度下的萘,$\lambda_{exc} = 266nm$[14];

(c)注入到火焰中的苯,$\lambda_{exc} = 266nm$[13]。

(a) Marcus Aldén 提供;(b)斯普林格出版社提供;(c) Giorgio Zizak 提供。

人们对 PAH 在红外波段(IR)的吸收特性也进行了研究,例如在接近 700K温度下,对一些 PAH 在 3.3μm 附近(对应碳氢键的拉伸模式)的吸收光谱进行了测量。其他一些不同温度下(316~996K)的实验显示了吸收峰位置和强度随温度的变化[19]。在低温煤氧化实验[20]和预混乙烯火焰碳烟生成区域的研究[21]中,傅里叶变换红外探测技术也被用于分子结构的离线探测,CH 键的芳香性程度是研究的特性之一。

不同种类 PAH 的荧光寿命也有差异,在不同的应用中,这可以作为光谱技术的补充。对于一些芳香族成分,例如萘、芴、蒽、芘[4,14,22],荧光寿命和量子效率会随温度急剧下降;而对于其他成分,例如芘,则仅会发生适度的改变[4,23,24]。由于在火焰环境中的荧光寿命非常短(常常小于1ns),因此需要使用到皮秒激光和高速探测器,例如条纹相机或高速光电倍增管(MCP – PMT)结合高频(GHz)示波器,在时域上对不同的成分进行选择。图13.3给出了不同温度下萘荧光的时间衰减曲线和寿命。可以看到,测量得到的衰减曲线不符合一次指数规律。图中,对仪器函数和两个一次指数衰减函数强度加权的和($I_1 \exp(-t/\tau_1) + I_2 \exp(-t/\tau_2)$,二者分别对应短寿命$\tau_1$和长寿命$\tau_2$)的卷积,可以获得最好的拟合结果。于是有效寿命为$\tau_{eff} = (I_1\tau_1 + I_1\tau_1)/(I_1 + I_2)$。对于萘,在室温和火焰温度之间,有效寿命下降了约2个数量级。寿命对温度的高度灵敏特点可用于对注入点附近的注入物质进行温度测量[15]。

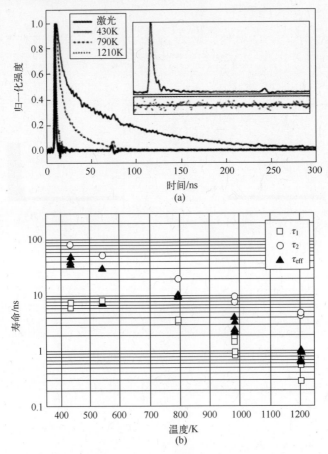

图 13.3 (a)荧光的时间曲线和(b)通过皮秒激光诱导萘估算的寿命[14]。$\lambda_{exc} = 266nm$。图中插入了最高温度的拟合曲线(斯普林格出版社提供)

利用荧光的衰减规律,人们已经获得了氧对一些 PAH 荧光的猝灭截面。在较低的温度下,它们为 $10^{-19} \sim 10^{-18} m^{2[14]}$,此时荧光强度随着氧浓度的增加几乎呈线性下降趋势。对于萘,直至接近 1000K 时都是如此,但在此温度下,在长波辐射波段,猝灭速率与氧浓度是非线性关系。而芴则不然,即使在低温情况(约 540K)下,也已经表现出了非线性的依赖关系。氮、甲烷、氩等分子似乎对荧光没有很强的猝灭效应。实际上,对萘蒸气的测量结果[25] 表明,在高于 50Torr 压力时,PAH 的荧光寿命对压力不敏感。

在种子注入的自由流动中,基于注入的芳香族物质的荧光寿命技术已经用于对温度[22]和燃料当量比[26]的成像。

在燃烧环境中,PAH 常常在碳氢化合物的热解过程中出现(参见文献[27]和第 10 章)。对于不同的气体或气化燃料,人们在扩散和预混火焰中已经开展了热解区的荧光特性研究。利用不同波长激光激发的实验表明了,发光光谱结构与激发光是在紫外还是在可见光波段密切相关[12,28],并且在热解进程中,发射光更偏重于长波波段[12]。在许多情况下的热解早期阶段,紫外光激发的发射光谱有两个最大值,分别位于紫外和可见波段。而使用可见光激发仅会得到一个宽峰。图 13.4 给出了利用紫外激光激发容器中不同浓度高温萘的结果,萘浓度的增加会引起可见波段荧光强度和寿命的增加[14]。

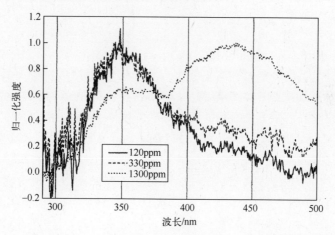

图 13.4　注入到容器(1210K)中不同浓度萘的荧光光谱[14](斯普林格出版社提供)

13.2.2　应用

在激光用于燃烧实验的前 10 年,使用连续(C W)的氩离子激光器可见波段(458 ~ 514.5nm)离散的输出波长,人们测量了气态碳烟火焰在可见光波段的宽带荧光辐射[29,30]。在扩散火焰的碳烟区域,还发现了不同类型的光辐射,即"结构化荧光"[31]。通过扩散火焰中辐射光的光谱特性,发现它们对燃料的选择不敏感[32]。

当利用脉冲紫外激光激发时,可以获得紫外波段的光辐射。无论是在远离还是接近氧化剂的区域,虽然辐射谱型不同,但在紫外波段都会有一个最大值[33]。利用质谱技术也对除 PAH 外的一些物质进行了测量,如聚烯、聚炔、单环芳香化合物等,它们也可能对荧光辐射有贡献。在较重的燃料(气化煤油和汽油)火焰中,利用紫外波段 260 ~ 310nm 激光激发时,来自可能的 PAH 的荧光辐射相对于激发光波长有一个 20 ~ 80nm 的频移[34]。而在激发波长为 330nm 或更长时,没有发现辐射光。在 266nm 波长激光激励下,除了从甲烷到丁烷由于链长度的增加引起辐射光强度变大之外,烷烃扩散火焰的辐射光谱特性在紫外波段没有发生改变[35]。在低燃区,辐射光峰值在 330nm 附近。在更高的燃区,除了甲烷火焰外,辐射光的另一个峰值在 430nm 附近开始出现,与微碳烟条件的预混火焰中的碳烟成核区域相对应。

从 20 世纪 90 年代初开始,学者们综合使用基于紫外吸收、荧光和散射的在线测量技术,对不同条件下富燃预混火焰中的 PAH、碳烟前驱体、颗粒和碳烟的特性开展了持续的研究[36-40]。在某些情况下,这些测量还附带一些取样和离线分析。研究结果表明,预混火焰的前端区域对于可见光是透明的,但会吸收紫外光,而且在 266nm 激光的辐照下会辐射荧光[40]。纳米级颗粒被认为只包含有限的芳香度。

利用紫外 280 ~ 290nm 波段的激光能够同时进行 OH、PAH 和碳烟的检测[41,42],并且具备区分热解和高温氧化区的能力,因此可以进行火焰结构研究。研究发现,PAH 和碳烟产物会随着扩散火焰的闪烁强度而增加,而在对冲扩散火焰中,PAH 和其他碳烟前驱物的浓度会随着拉伸的增加而减少[44]。

用于 PAH 检测的激光诱导荧光技术的另一个用途是对喷雾及喷雾燃烧的研究。利用氩离子激光,人们已经获得了大气压力下等温燃烧喷雾可见区域的宽带荧光。评估认为,对荧光起主要贡献的物质是热解过程中生成的 PAH,而非燃料中固有的 PAH[45]。在高压力环境中还观察到了类 PAH 的发光[46]。该实验将脉冲的正十四烷喷雾喷入到装有近静止状态空气的高温(900K)高压(4MPa)容器内,在喷雾喷入后的不同时刻,利用波长 266nm 的脉冲激光激发产生辐射光和散射光,利用门控的像增强电荷耦合装置(CCD)结合摄谱仪对它们进行研究,可以实现对辐射光的光谱和空间的同时分辨。在喷入后的特定时刻,可以捕捉到单个喷注循环内不同时间点的荧光光谱的演变过程。观察到的类 PAH 光谱的辐射光在可见波段所占的比例随着喷注喷入时间的增加而增大。在第一个阶段,光辐射几乎全部集中在紫外区域,但是随着时间的推迟可见光部分逐渐增大,并出现两个光谱最大值,显示了气态火焰中热分解的典型演变过程。

　　通过对汽车尾气的化学分析和激光诱导荧光光谱分析,已经证实其中存在 PAH。通过对已知的蒸气态芳香物质光谱的加权求和,可以实现与这些测量光谱的良好吻合[7]。然后通过去卷积过程,即可确定出尾气中的芳香族成分。研究报道的成分并不是以某种具体的物质给出,而是按照光谱位置和分子结构将它们归于某些类别。

　　火炉中木头的高温分解过程中也会产生相当大的芳香成分。大规模的生物质燃烧器正在发展和应用,因此基于激光对 PAH 产物的测量在排放控制中是非常重要的。图 13.5 给出了生物质燃烧器(50kW 生物质粉末燃烧炉)中靠近粉末注入点位置,利用 266nm 激光激发的荧光光谱[47]。光谱表现出的特征与那些 PAH 的光谱特征很相似。

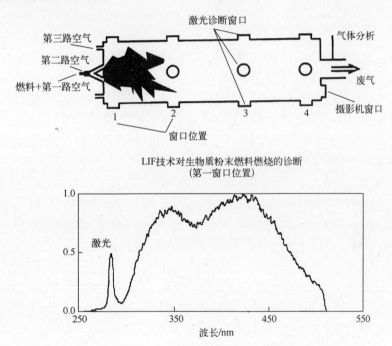

图 13.5　生物质燃烧器(50kW)和测量到的荧光光谱(激发波长 266nm)[47]
(Marcus Aldén 提供)

13.2.3　讨论

　　在 PAH 的检测中,至少还有两个突出的问题必须要解决:特定的 PAH 光谱分离和检测极限。在火焰中普遍存在的高温条件下,这些问题变得更加突出。原因之一是在这种环境下,一些成分的荧光量子效率变得很低,而另一些的量子效率却下降较小,因此会出现在低温环境下不会发生的现象:许多芳香物和 PAH 可能会淹没在那些强发光成分的荧光辐射中。

另一个问题是其他成分带来的光谱干扰,聚烯、聚炔以及一些类苯结构的自由基在近紫外光谱区域存在强烈的吸收(参见文献[33]及其引用的参考文献),因此会对光辐射有贡献。酮和醛等包含羰基的物质在可见波段也会辐射光,虽然它们的吸收系数(通常小于 10^2 $M^{-1}cm^{-1}$)和荧光量子产率(约 10^{-3})在低温情况下比芳香物小一个量级以上。尽管酮类应该更加难以检测,但根据 PAH 的检测经验,氧带来的猝灭几乎可以忽略(对比结果来自于文献[13,14,48,49])。不管怎样,已经识别出了火焰中甲醛[50]和乙二醛[51]等物质的荧光结构,并期望它们也能出现在富氧区/湍流区/再循环区域。杂环式氧和含氮化合物也可能被识别。

为了区分特定的 PAH,必须使用额外的信息作为对光谱特性的补充。一个潜在的、还未被充分开发的方法是同时使用特定 PAH 的时间特性。另外一个可能性是利用其红外光谱特性。

至于检测极限,在典型的量子产率下,探测极限约为数十或数百 ppb(10^{-9})[52,53]。例如,对 ppm 或更低浓度的芘的探测是可能的,而对萘的探测则需要高于 ppm 级的浓度水平(参见文献[15])。在气相热解过程中,可能仅有很少的 PAH 成分能够在 ppm 水平被检测到,并能解释使用紫外激光激励时,在热解区经常能够看到的光谱双峰特性。

在生物质燃烧中,杂环化合物的存在是预料之中的。然而,本节不讨论它们的高温特性,留待进一步研究。

13.3　光学技术对碳烟的诊断

对碳烟的形成和氧化的理解与选用合适的诊断技术密切相关,如对碳烟体积分数 f_v、初始颗粒直径 d_p、形成聚团的等效体积直径 D、簇团中初始颗粒数目 n 的测量,以及可利用这些参数推论出的其他量,如初始颗粒及聚合物的数浓度 N_p 和 N_a 等。而这些参量的测量,光学技术是最主要的方法[54],例如用于簇团尺寸测量的动态光散射技术[55]以及各种散射和吸收方法[54,56-60],它们不仅可以提供簇团尺寸和结构信息,还能给出碳烟的体积分数。这些方法有的可以进行逐点的测量,有的给出的是沿光传播路径的特性。后者常结合层析重建的方法给出火焰内部平面的分布信息[61,62]。利用光声技术进行碳烟质量监测也是可能的[63]。而通过激光使碳烟汽化产生 C_2,并利用激光诱导荧光的方法可以得到碳烟体积分数的二维空间分辨图像[64]。所有的这些技术都不同形式地有各自的缺点,经常会限制它们在特殊测量环境中的应用。然而,在许多条件下,它们是非常有用的,例如,利用激光诱导白炽光(LII)对碳烟体积分数测量进行标定。第 9 章已经涵盖了 LII 这个相对较新的碳烟测量方法的基础知识。过去的几年,LII 已经被作为常规手段用于碳烟特性的测量,不仅在基础燃烧方面,而且还用于实际燃烧系统的研究。

13.4　激光诱导白炽光技术测量碳烟

13.4.1　LII 原理

LII 技术的基本原理是用高能脉冲激光对探测区域的碳烟颗粒加热到汽化温度,然后用合适的探测器对大大增强的热辐射光进行检测。在计算激光辐照后导致的颗粒温度 T 时,必须将相关的功率消耗和热损失机制计入功率平衡,以此能够进行小颗粒辐射的计算,从而形成 LII 时间衰减信号。信号的最大值呈现的是碳烟体积分数,信号的衰减给出了初始颗粒的尺寸信息。LII 的技术细节和为了获得大量不同的有意义信息的各种方法在第 9 章中已经探讨过,读者也可在相关的文献中查阅到(例如文献[65 - 69])。

13.4.2　LII 的应用

LII 技术提供了量化碳烟质量浓度的可能性,并能在探测平面内获得二维测量信息。许多研究学者在实验室火焰上已经给出了可靠的结果(例如 Shaddix 等人[62],Quay 等人[70]),而且还用 LII 与弹性散射技术结合对上述许多感兴趣参数进行了同时测量(例如 Will 等人[68]对层流乙烷扩散火焰的测量)。图 13.6[71]给出了在层流预混甲烷空气火焰中,二维碳烟体积分数和初始颗粒尺寸的测量结果。人们还研究了利用时间分辨的激光诱导白炽光(Time - Resolved Laser Induced - Induced Incandescence,TIRE - LII)[65,69,72]对初始颗粒尺寸测量的可能性。对 LII 结果和从散射消光测量推断的颗粒尺寸的结果进行了比较研究,发现在碳烟形成过程的早期阶段(聚合体开始形成簇团之前)两者可以达到很好的一致。

LII 也在实际的燃烧系统中成功地得到了应用,主要是在柴油发动机(参见文献[74 - 79])或者高温高压腔室的类发动机条件下[79]提供碳烟分布的定量信息。最近对汽油直喷发动机汽缸内的测量报道[80]称,燃料直喷过程中产生了与近年来在柴油发动机中已经认识到的相似的碳烟问题。这些测量在碳烟体积分数量化方面遇到的困难,来自于如何进行合适的标定。在简单的火焰中可以通过视线消光测量法进行标定。但是在实际的燃烧系统中,用于标定测量的光路在期望的测量时间内和研究区域中是变化的。在高压力环境下,很难确定初始颗粒尺寸,原因是在这种条件下,赖以推出颗粒尺寸的 LII 信号会很快地衰减。然而,利用 TIRE – LII 技术,可以对燃烧过程的废气进行高精度的定量测量,它可以在线给出燃烧系统(如柴油机,其可行性取决于发动机或燃料参数[68,81-87])的工作性能信息。

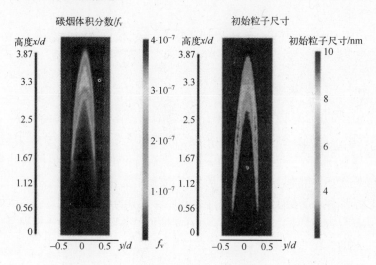

图 13.6　富燃(Φ = 10)层流预混甲烷空气火焰中的二维 LII 测量图像[71]

13.4.3　发动机和类发动机条件下的 LII 测量

Dec 等人[74-76]和 Pinson 等人[77,78]已经进行了多年的汽缸内参数测量,然而,这些工作的开展基于对发动机很大的改造。在 LTT – Erlangen,此类测量工作已经成功地用在一个研究型的发动机内,该发动机已非常接近批量生产并使用标准的柴油燃料[79,88]。最近,Inagaki[89]报道了利用替代燃料进行碳烟体积分数定量测量的方案。

虽然一般情况下,能够提供的更多是定性的结果,但在类发动机条件下的碳烟测量对整个发动机运行的性能特点,或者对特殊喷注系统的燃料喷注过程等一些重要的方面,都能提供非常有价值的信息。作为例子,图 13.7 给出了高温高压喷注室内碳烟测量图像[79]。其研究的对象是配备不同类型喷嘴的高压共轨柴油喷注系统,并且在不同的喷注压力下运行。实验中,通过调整燃烧条件,使得燃烧和碳烟的生成发生在腔室底部插入的壁面附近。在图 13.7(a)和(b)中,显示了微囊孔喷嘴在轨压分别为 600bar 和 900bar 时的对比结果。而图 13.7(b)和(c)是对微囊孔和阀盖孔(Valve – Covered – Orifice,VCO)喷嘴在 900bar 压力下的结果对比。在所有的研究中,由于对强度标尺进行了一致性调整,给出的强度即是对碳烟分布的直接测量。通过对不同图像的对比得到了如

314

下重要信息:VCO 喷嘴显然比微囊孔喷嘴产生的碳烟更少,而且共轨压力的增加有利于碳烟的减少。

然而,在将 LII 用于柴油机燃烧室碳烟质量浓度的在线测量时,还需要更加仔细地考虑更多方面的问题才能获得合理的结果。对于这些方面的详细讨论,读者可以参考 Schraml 等人的工作[88]。

作为例子,这里给出了在可通光的直喷重型卡车柴油发动机(基于 MAN

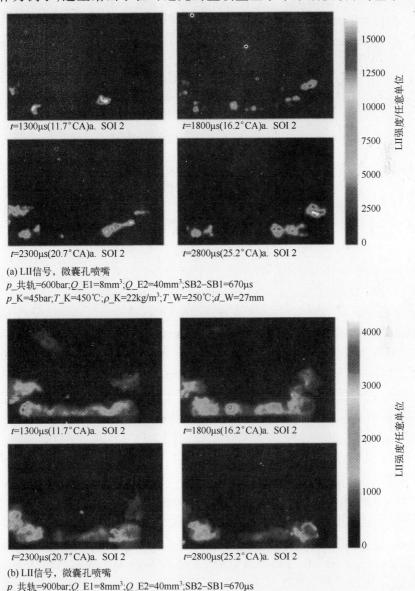

(a) LII信号,微囊孔喷嘴

p_共轨=600bar;Q_E1=8mm³;Q_E2=40mm³;SB2-SB1=670μs

p_K=45bar;T_K=450℃;$ρ$_K=22kg/m³;T_W=250℃;d_W=27mm

(b) LII信号,微囊孔喷嘴

p_共轨=900bar;Q_E1=8mm³;Q_E2=40mm³;SB2-SB1=670μs

p_K=45bar;T_K=450℃;$ρ$_K=22kg/m³;T_W=250℃;d_W=27mm

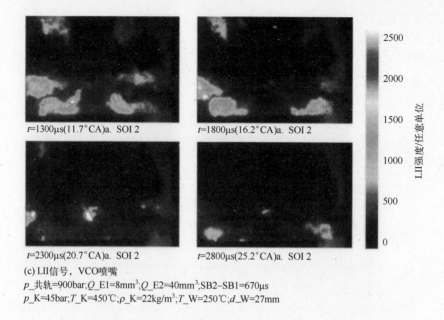

$t=1300\mu s(11.7°CA)a. SOI 2$ $t=1800\mu s(16.2°CA)a. SOI 2$

$t=2300\mu s(20.7°CA)a. SOI 2$ $t=2800\mu s(25.2°CA)a. SOI 2$

(c) LII信号，VCO喷嘴

$p\_共轨=900bar;Q\_E1=8mm^3;Q\_E2=40mm^3;SB2-SB1=670\mu s$

$p\_K=45bar;T\_K=450℃;\rho\_K=22kg/m^3;T\_W=250℃;d\_W=27mm$

图 13.7　高温高压腔室内碳烟二维分布图像在喷注（SOI）开始之后随时间的变化关系

（a）微囊孔喷嘴，共轨压力 = 60MPa[79]；（b）微囊孔喷嘴，共轨压力 = 90MPa[79]；

（c）VCO 喷嘴，共轨压力 = 90MPa[79]

D0824 LFL 06 系列发动机产品）中碳烟测量的一些结果。为了确保运行条件的真实，测量中使用的是仅做了很小改进的标准曲轴箱和汽缸盖。为了使得光能够穿过活塞碗，活塞被强行拉长，相应地在曲轴箱和汽缸之间使用了一个延长件用于适应拉长的活塞。利用这个结构，压缩比达到 $\varepsilon = 16.7$（系列标准 $\varepsilon = 18$），并保持吸入的空气流和喷注系统不发生改变。然而，为了通光，必须对活塞碗的几何结构进行一些修改[79,88,90]。

　　这些研究的目的是对高温高压室（图 13.7）内，不同共轨压力和不同喷嘴条件下的碳烟行为相关的研究结果进行检验，进而对发动机的完整燃烧过程中燃烧链的重要部分进行检查。测量了燃烧碗内三个不同位置的二维碳烟分布（图 13.8，参见彩图 10），分别对应于接近喷注喷嘴的上部区域、燃烧室中心和靠近底部的区域。

　　在不同的曲柄角位置，对火焰发光和碳烟分布进行了测量，前者提供了燃烧过程演化的信息。从图 13.8 对一个周期位置的测量结果可以看出，火焰发光的图像表明了发动机扩散火焰依然在燃烧（10° CA），而另一个序列图像对应于燃烧结束以后（32° CA）。在两个周期位置都能检测到碳烟，并且从燃烧结束后的结果看，在发动机尾气排放中，也会包含碳烟。从两个周期位置的测量结果还能看到，在微囊孔喷嘴（DLLZ）检测到的碳烟的量比 VCO 喷嘴（DSLZ）要多，这和在腔室内的研究结果(图 13.7)吻合很好。在大量碳烟生成的活塞碗内,测量提供了更多的信息。所有的图像都清晰地表明碳烟更容易在靠近活塞壁处产生,这虽然在之前还不是公认的常识,但可以通过壁面附近的热损失和碳烟更容易在低温中产生进行解释。

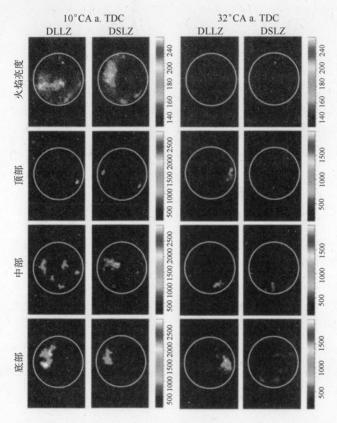

图 13.8　具有光学窗口的研究用重型发动机内火焰发光和碳烟分布(参见彩图 10)

13.4.4　LII 对柴油发动机尾气的测量

在对内燃机环境达标的日益需求下,促生了严格的排放标准,因此导致了向清洁燃烧概念方面的巨大努力。此外,为了满足将来排放标准的要求,多种尾气后处理系统(如氧化催化剂和颗粒过滤器)的发展已经极大地降低了柴油机大量气体和颗粒物的排放。合适的诊断技术在这些技术改进中是必不可少的工具。在碳烟体积分数和初始颗粒尺寸测量上,近年来已经证实 LII 是非常有潜力的工具。该技术似乎有可能发展成为一种好用的高时间分辨的传感器,在美国及欧洲,按照发动机排放标准的测试周期中,它也可能用于发动机瞬态行为的在线研究[87]。

1993 年,Hofeldt[67]提出利用 LII 对柴油机尾气进行研究,1996 年其研究小组报道了首次实验[81]。最近,在 LTT – Erlangen 的研究小组以及其他团队开始将 LII 用于柴油发动机的原始排放[82,83]和炭黑的研究中[84-86]。在这些研究中,这个方法的优良特性得到了证实,并且得到了初始颗粒尺寸在 5~100nm 范围、碳烟质量浓度低至 100 μg/m³ 的精确可靠结果。在这些工作的激励下,现在已经可以在市场上买到基于 TIRE – LII 的紧凑好用的商品化传感器[87,91]。其他一些团队也开展了相似的工作,例如与 Artium Technologies 一起的 NRC 的 Snelling 团队。

LI²SA 传感器[91]已经成功地用于重型卡车柴油机和客车发动机尾气的碳烟体积分数和初始颗粒尺寸的测量,而且还对不同测试周期的部分瞬变特性进行了测量[82,83,87]。与当前的碳烟测量系统相比,例如滤纸式烟度 (Filter Smoke Number,FSN) 技术[92],LII 技术的优势是不需要颗粒取样,而颗粒取样所采用的尾气流稀释技术会对颗粒的测量结果带来很不明确的影响(如文献[93]介绍了不同应用系统的差别)。LII 已经能够成功地进行低至 100μg/m³ 的测量,并与烟计的结果显示出了极好的相关性。图 13.9 是在 1.9L 沃尔沃客车直喷(DI)柴油发动机的尾气中利用 LII 进行测量的例子,图中给出了不同操作条件下初始颗粒的尺寸。根据对信号波动的统计,在所有状态下尺寸范围 15~50nm 的颗粒的测量标准偏差约为 1nm。利用透射电子显微镜(TEM)对其中的一个状态进行了额外的尺寸测量,在实验不确定度范围内,LII 测量结果与之符合得很好。

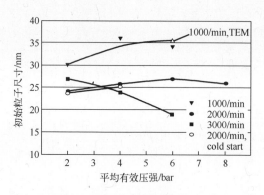

图 13.9 1.9L DI 柴油机原始尾气中碳烟初始颗粒尺寸(汽车工程学会提供)

从图 13.9 可以看到,初始颗粒尺寸通常随着发动机转速的增加而减小。这个现象可能是表面生长反应时间的减少以及可能的 PAH 浓度降低造成的,它会进一步减慢该进程。不幸的是,本章前面介绍的技术还不能测量发动机内部的 PAH 浓度。对于平均有效压力的变化,还没有发现普遍的趋势。特别值得注意的是,在冷启动条件下初始颗粒尺寸几乎不会受到影响,却观测到了急剧增加的颗粒质量浓度[82]。

13.5　总　结

基于激光的在线测量方法的优势在于能够对许多不同的碳氢化合物燃烧现象(例如预混和扩散火焰、闪烁和湍流火焰、喷注燃烧、各种发动机研究等)能够快速远距离地探测和可视化(点测量、一维和二维)。例如,可在 0.1~100ns 的时间尺度上对火焰结构形成的非常复杂的流动进行时间分辨的研究,而在对颗粒进行 PAH 荧光和 LII 测量时,也能在含碳烟的区域观察到更长寿命的发光。由于 PAH 和碳烟颗粒呈现出宽带的吸收特性,因此对激发激光线宽没有特殊要求。至于其他的物质,信号普遍较强。一些 PAH 可以在 ppm 或更低的浓度水平上被检测到,但这个家族其他的一些成员则可能需要较高的浓度才能进行探测。对实际燃烧条件下的 PAH 绝对浓度测量,还需要对高温下的光谱吸收、辐射以及量子率等特性进行进一步研究。不过这些测量工作已经启动,并在用于发动机尾气中较低温度下的光谱识别时已显示了有希望的结果。另外,还需要对自由基和电离的芳香烃以及其他成分的光物理特性进行研究,因为它们会对吸收和发射光谱造成干扰。在对基础问题的认识中,另一个重要的问题是颗粒的初始过程。目前还不清楚怎样对其进行观测,以及怎样对最终形成碳烟颗粒和聚团的成核最初过程进行识别和分析。

由于 PAH 和碳烟的形成对压力和温度有强烈的依赖关系,因此未来的研究必将重点转移到对合适燃烧容器内高压火焰的测量及对 PAH 和碳烟的联合测量,尤其是在碳烟形成的早期阶段。在火焰及实际燃烧容器、火炉和发动机中,对燃烧和碳烟形成模型的建立,都需要更多有关不同 PAH 分馏行为及微粒存在和部分氧化的测量信息。当在一定程度上将 LII 与光散射技术进行结合时,能够在恶劣的实际环境中实现对碳烟颗粒高精度测量,而对于 PAH 的检测,合适的技术还处于发展的早期阶段。

致　谢

Alfred Leipertz 非常感谢德国研究基金会(DFG)、巴伐利亚研究基金会(BFS)以及奥迪、宝马、曼商用车公司,ESYTEC 有限公司等对部分研究工作的财政支持。

Frederik Ossler 和 Marcus Aldén 非常感谢 Thomas Metz 基于皮秒激光的测量工作,感谢瑞典研究委员会对工程科学(TFR)的支持,以及瑞典工业技术发展委员会(STEM)在财政上的支持。

参 考 文 献

[1] Clar E. Polycyclic Hydrocarbons, vols. Ⅰ and Ⅱ. London: Academic Press, 1964.

[2] Berlman I B. Handbook of Fluorescence Spectra of Aromatic Molecules, 2nd Ed. New York: Academic Press, 1971.

[3] Birks J B. Photophysics of Aromatic Molecules. London: Wiley, 1970.

[4] Borysevich N A. Vobuzhdenye Sostoyanya Sloszhnykh Molekul v Gazovoy Faze, Minsk: Nakuay Technika, 1967(in Russian).

[5] Dygdala R, Stefan' ski K. Absorption Investigation of Anthracene Vapour. Chem. Phys. , vol. 53, pp. 51 − 62, 1980.

[6] Thöny. A, Rossi M J. Gas − Phase UV Spectroscopy of Anthracene, Xanthone, Pyrene, I − Bromopyrene and 1, 2, 4 − Trichlorobenzene at Elevated Temperatures. J. Photochem. Photob. A: Chemistry, vol. 104, pp. 25 − 33, 1997.

[7] Zizak G, Cignoli F, Montas G, et al. Detection of Aromatic Hydrocarbons in the Exhaust Gases of a Gasoline I. C. Engine by Laser − Induced Fluorescence Technique. Recent Res. Dev. Appl. Spectrosc. , vol. 1, pp. 17 − 24, 1996.

[8] Zizak G. private communication.

[9] Coe D S, Steinfeld J I. Fluorescence Excitation and Emission Spectra of Polycyclic Aromatic Hydrocarbons at Flame Temperatures. Chem. Phys. Lett. , vol. 76, pp. 485 − 489, 1980.

[10] Coe D S, Haynes B S, Steinfeld J I. Identification of a Source of Argon − Ion − Laser Excited Fluorescence in Sooting Flames. Combust. Flame, vol. 43, pp. 211 − 214, 1981.

[11] Aldén M. Applications of Laser Techniques for Combustion Studies. PhD Thesis, LRAP − 22, 1983.

[12] Petarca L, Marconi F. Fluorescence Spectra and Polycyclic Aromatic Species in a N − Heptane Diffusion Flame. Combust. Flame, vol. 78, pp. 308 − 325, 1989.

[13] Cignoli F, Benecchi S, Zizak G. Detection of Polycyclic Aromatic Hydrocarbons in Combustion by Laser Induced Fluorescence. Second International Conference, Fluid Mechanics, Combustion Emissions and Reliability in Reciprocating Engines, Capri, September 14 − 19, 1992.

[14] Ossler F, Metz T, Aldén M. Picosecond Laser − Induced Fluorescence from Gas − Phase Polycyclic Aromatic Hydrocarbons at Elevated Temperatures. I. Cell Measurements. Appl. Phys. B, vol. 72, pp. 465 − 478, 2001.

[15] Ossler F, Metz T, Aldén M. Picosecond Laser − Induced Fluorescence from Gas − Phase Polycyclic Aromatic Hydrocarbons at Elevated Temperatures. Ⅱ. Flame − Seeding Measurements. Appl. Phys. B, vol. 72, pp. 479 − 489, 2001.

[16] Peterson D L, Lytle F E, Laurendeau N M. Determination of Flame Temperature Using the

Anomalous Fluorescence of Pyrene. Optics Lett. ,vol. 11,pp. 345 – 348,1986.

[17] Peterson D L,Lytle F E,Laurendeau N M. Flame Temperature Measure – ments Using the Anomalous Fluorescence of Pyrene. Appl. Optics,vol. 27,pp. 2768 – 2775,1988.

[18] Flickinger G C,Wdowiak Th J,Gómez P L. On the State of the Emitter of the 3. 3 Micron Unidentified Infrared Band: Absorption Spectroscopy of Polycyclic Aromatic Hydrocarbon Species. Astrophys. J. ,vol. 380,pp. L43 – L46,1991.

[19] Robinson M S,Beegle L W,Wdowiak Th J. Spectroscopy of PAH Species in the Gas Phase. Planet. Space Sci. ,vol. 43,pp. 1293 – 1296,1995.

[20] Tognotti L,Petarca L,D'Alessio A,et al. Low Temperature Air Oxidation of Coal and Its Pyridine Extraction Products. Fourier Transform Infrared Studies. Fuel,vol. 70,pp. 1059 – 1064,1991.

[21] Ciajolo A,Apicella B,Barbella R,et al. Correlations of the Spectroscopic Properties with the Chemical Composition of Flame – Formed Aromatic Mixtures. Combust. Sci. Technol. ,vol. 153. pp. 19 – 32,2000.

[22] Ni T,Melton L A. Two – Dimensional Gas – Phase Temperature Measure – ments Using Fluorescence Lifetime Imaging. Appl. Spectrosc. ,vol. 50,pp. 1112 – 1116,1996.

[23] Gruzinkii V V,Degtyarenko K M,Kopylova T N. 248nm Novaya Naibolee Koroktovolnovaya Dlina Volny Nakachi Laerov na Parak Slozhnykh Molekul. Izv. Vyssh. Uchebn. Zaved. Fiz. ,pp. 118 – 120,1984 (in Russian).

[24] Gruzinkii V V,Davydov S V,Kukhto A V. Intensity and Kinetics of the Fluorescence of Vapors of Complex Organic Compounds in a Mixture with Foreign Gases Excited with an Electron Beam. J. Appl. Spectrosc. ,vol. 46,pp. 573 – 579,1987.

[25] Beddard G S,Formosinho S J,Porter G. Pressure Effects on the Fluorescence from Naphthalene Vapour. Chem. Phys. Lett. ,vol. 22,pp. 235 – 238. 1973.

[26] Ni T Q,Melton L A. Fuel Equivalence Ratio Imaging for Methane Jets. Appl. Spectrosc. , vol. 47,pp. 773 – 781,1993.

[27] Haynes B S. in Bartok W,Sarofim A F,eds. Fossil Fuel Combustion. New York:John Wiley & Sons,1991,p. 261.

[28] Beretta F,Cincotti V,D'Alessio A,et al. Ultraviolet and Visible Fluorescence in the Fuel Pyrolysis Regions of Gaseous Diffusion Flames. Combust. Flame, vol. 61, pp. 211 – 218,1985.

[29] Haynes B S,Wagner H Gg. Sooting Structure in a Laminar Flame. Ber. Bunsenges. Phys. Chem. ,vol. 84,pp. 499 – 506,1980.

[30] Haynes B S, Jander H, Wagner H Gg. Optical Studies of Soot Formation Processes in Premixed Flames. Ber. Bunsenges. Phys. Chem. ,vol. 84,pp. 585 – 592,1980.

[31] Miller J H,Mallard W G,Smyth K C. The Observation of Laser Induced Visible Fluorescence in Sooting Diffusion Flames. Combust. Flame,vol. 47,pp. 205 – 214,1982.

[32] Miller J H,Mallard W G,Smyth K C. Optical Studies of Polycyclic Aromatic Hydrocarbons

321

in Pyrolysis and Diffusion Flame Environments. in Cooke M, Battelle A D C, eds. International Symposium on Polynuclear Aromatic Hydrocarbons 7, 1982, Polynuclear Aromatic Hydrocarbons, 1983, pp. 905 – 919.

[33] Smyth K C, Miller H J, Dorfman R C, et al. Soot Inception in a Methane/Air Diffusion Flame as Characterized by Detailed Species Profiles. Combust. Flame, vol. 62, pp. 157 – 181, 1985.

[34] Fujiwara K, Omenetto N, Bradshaw J B, et al. Laser – Induced Fluorescence in Kerosene/Air and Gasoline/Air Flames. Appl. Spectrosc. , vol. 34, pp. 85 – 87, 1980.

[35] Cignoli F, Benecchi S, Pulici G, et al. Laser Induced Broadband Fluorescence in Diffusion Flames of Gaseous Alkane Fuels. Joint Meeting of the French, Italian and Swedish Sections of the Combustion Institute, Capri, September 21 – 24, 1992.

[36] D'Alessio A, D'Anna A, D'Orsi A, et al. Precursor Formation and Soot Inception in Premixed Ethylene Flames. Proc. Combust. Inst. , vol. 24, pp. 973 – 980, 1992.

[37] D'Alessio A, Minutolo P, Gambi G, et al. Optical Characteri – zation of Soot. Ber. Bunseng-es. Phys. Chem. , vol. 97, pp. 1574 – 1582, 1993.

[38] Sgro L A, Minutolo P, Basile G, et al. UV – Visible Spectro – scopy of Organic Particulate Sampled from Ethylene/Air Flames. Chemosphere, vol. 42, pp. 671 – 680, 2001.

[39] Ciajolo A, Ragucci R, Apicella B, et al. Fluorescence Spectroscopy of Aromatic Species Produced in Rich Premixed Ethylene Flames. Chemosphere, vol. 42, pp. 835 – 841, 2001.

[40] D'Alessio A, D'Anna A, Gambi G, et al. The Spectroscopic Characterisation of UV Absorbing Nanoparticles in Fuel Rich Soot Forming Flames. J. Aerosol Sci. , vol. 29, pp. 397 – 409, . 1998.

[41] Cignoli F, Benecchi S, Zizak G. Simultaneous One – Dimensional Visualization of OH, Polycyclic Aromatic Hydrocarbons, and Soot in a Laminar Diffusion Flame. Optics Lett. , vol. 17, pp. 229 – 231, 1992.

[42] Cignoli F, Benecchi S, De Iuliis S, et al. Laser Induced Fluo – rescence of Aromatic Hydrocarbons in Diesel Oil Laminar Premixed Flames. Laser Application to Chemical and Environmental Analysis, March 9 – 11, 1998, Conference Edition, Technical Digest Series, vol. 3, Optical Society of America.

[43] Smyth K C, Shaddix C R, Everest D A. Aspects of Soot Dynamics as Revealed by Measurements of Broadband Fluorescence and Flame Luminosity in Flickering Diffusion Flames. Combust. Flame, vol. I11, pp. 185 – 207, 1997.

[44] Böhm H, Kohse – Höinghaus K, Lacas F, et al. On PAH Formation in Strained Counterflow Diffusion Flames. Combust. Flame, vol. 124, pp. 127 – 136, 2001.

[45] Beretta F, Cavaliere A, D'Alessio A. Laser Excited Fluorescence Measure – ments in Spray Oil Flames for the Detection of Polycyclic Aromatic Hydrocarbons and Soot. Combust. Sci. Technol. , vol. 27. pp. 113 – 122, 1982.

[46] Ragucci R, De Joannon M, Cavaliere A. Analysis of Pyrolysis Process in Diesel – Like Com-

bustion by Means of Laser – Induced Fluorescence. Proc. Combust. Inst. , vol. 26, pp. 2525 – 2531,1996.

[47] Löfstrom Ch, Aldén M. Temperature Measurement with the Pulsed Laser Technique, CARS in the Jordbro. 75 MW Boiler with Bio Powder Fuel. Lund Reports on Combustion Physics, LRCP 50, Lund Institute of Technology, Lund, 1999.

[48] Ossler F, Aldén M. Measurements of Picosecond Laser Induced Fluorescence from Gas Phase 3 – Pentanone and Acetone: Implications to Combustion Diagnostics. Appl. Phys. B, vol. 64, pp. 493 – 502, 1997.

[49] Yuen L S, Peters J E, Lucht R P. Pressure Dependence of Laser Induced Fluorescence from Acetone. Appl. Optics, vol. 36, pp. 3271 – 3277, 1997.

[50] Harrington J E, Smyth K C. Laser – Induced Fluorescence Measurements of Formaldehyde in a Methane/ Air Diffusion Flame. Chem. Phys. Lett. , vol. 202, pp. 196 – 202, 1993.

[51] Tichy F E, Bjørge T, Magnussen B F, et al. Two – Dimensional Imaging of Glyoxal ($C_2H_2O_2$) in Acetylene Flames Using Laser – Induced Fluorescence. Appl. Phys. B. vol. 66, pp. 115 – 119, 1998.

[52] Jandris L J, Forcé R K. Determination of Polynuclear Aromatic Hydro – carbons in Vapor Phases by Laser – Induced Molecular Fluorescence. Anal. Chim. Acta, vol. 151, pp. 19 – 27, 1983.

[53] Peterson D L, Lytle F E, Laurendeau N M. Determination of Mixed Polynuclear Aromatic Hydrocarbons in the Vapor Phase by Laser – Induced Fluorescence Spectrometry. Anal. Chim. Acta, vol. 174, pp. 133 – 139, 1985.

[54] Charalampopoulos T T. Morphology and Dynamics of Agglomerated Parti – culates in Combustion Systems Using Light Scattering Techniques. Prog. Energy Combust. Sci. , vol. 18, pp. 13 – 45, 1992.

[55] Scrivner S M, Taylor T W, Sorensen C M, et al. Soot Particle Size Distribution Measurements in a Premixed Flame Using Photon Correlation Spectroscopy. Appl. Optics, vol. 25, pp. 291 – 297, 1986.

[56] Bockhorn H, Fetting F, Meyer U, et al. Measure – ment of the Soot Concentration and Soot Particle Sizes in Propane Oxygen Flames. Proc. Combust. Inst. , vol. 18, pp. 1137 – 1147, 1981.

[57] Santoro R J, Semerjian H G, Dobbins R A. Soot Particle Measurements in Diffusion Flames. Combust. Flame, vol. 51, pp. 203 – 218, 1983.

[58] Dobbins R A, Megaridis C M. Absorption and Scattering of Light by Polydisperse Aggregates. Appl. Optics, vol. 30, pp. 4747 – 4754, 1991.

[59] Puri R, Richardson T F, Santoro R J, et al. Aerosol Dynamic Processes of Soot Aggregates in a Laminar Ethene Diffusion Flame. Combust. Flame, vol. 92, pp. 320 – 333, 1993.

[60] Köylü Ü Ö. Quantitative Analysis of In Situ Optical Diagnostics for Inferring Particle/ Aggregate Parameters in Flames: Implications for Soot Surface Growth and Total Emissivity. Com-

bust. Flame,vol. 109,pp. 488 – 500,1997.

[61] Dasch C J. One – Dimensional Tomography: A Comparison of Abel, Onion – Peeling, and Filtered Backprojection Methods. Appl. Optics,vol. 31,pp. 1146 – 1152,1992.

[62] Shaddix C R,Harrington J E,Smyth K C. Quantitative Measurement of Enhanced Soot Production in a Flickering Methane/Air Diffusion Flame. Combust. Flame,vol. 99,pp. 723 – 732,1994.

[63] Petzold A,Niessner R. Photoacoustic Soot Sensor for In – situ Black Carbon Monitoring. Appl. Phys. B,vol. 63,pp. 191 – 197,1996.

[64] Bengtsson P – E,Aldén M. Soot – Visualization Strategies Using Laser Techniques. Laser – Induced Fluorescence in C_2 From Laser – Vaporized Soot and Laser – Induced Soot Incandescence. Appl. Phys. B,vol. 60,pp. 51 – 59,1995.

[65] Melton L A. Soot Diagnostics Based on Laser Heating. Appl. Optics,vol. 23,pp. 2201 – 2208,1984.

[66] Dasch C J. Continuous – Wave Probe Laser Investigation of Laser Vaporization of Small Soot Particles in a Flame. Appl. Optics,vol. 23,pp. 2209 – 2215,1984.

[67] Hofeldt D L. Real – Time Soot Concentration Measurement Technique for Engine Exhaust Streams. SAE Technical Paper Series,SAE Paper 930079,Society of Automotive Engineers, Warrendale,PA,1993.

[68] Will S,Schraml S,Leipertz A. Comprehensive Two Dimensional Soot Diagnostics Based on Laser – Induced Incandescence (LII). Proc. Combust. Inst. , vol. 26, pp. 2277 – 2284,1996.

[69] Will S,Schraml S,Bader K,et al. Performance Characteristics of Soot Primary Particle Size Measurements by Time – Resolved Laser – Induced Incandescence. Appl. Optics,vol. 37, pp. 5647 – 5658,1998.

[70] Quay B,Lee T – W,Ni T,et al. Spatially Resolved Measure – ments of Soot Volume Fraction Using Laser – Induced Incandescence. Combust. Flame,vol. 97,pp. 384 – 392,1994.

[71] Dankers S,Schraml S,Will S,et al. Application and Evaluation of Laser – Induced Incandescence (LII) for the Determination of Soot Mass Concentration and Primary Particle Size Under Various Conditions. Proc. Int. Congress for Particle Technology (PARTEC 2001), Nürnberg,Germany,2001,Paper No. 079,CD – ROM,8 pages.

[72] Will S,Schraml S,Leipertz A. Two – Dimensional Soot Particle Sizing by Time – Resolved Laser – Induced Incandescence. Optics Lett. ,vol. 20,pp. 2342 – 2344,1995.

[73] Axelsson B,Collin R,Bengtsson P – E. Laser – Induced Incandescence for Soot Particle Size Measurements in Premixed Flat Flames. Appl. Optics,vol. 39,pp. 3683 – 3690,2000.

[74] Dec J E,zur Loye A O,Siebers D L. Soot Distribution in a D. I. Diesel Engine Using 2 – D Laser – Induced Incandescence Imaging. SAE Technical Paper Series,SAE Paper 910224, Society of Automotive Engineers,Warrendale,PA,1991.

[75] Dec J E. Soot Distribution in a D. I. Diesel Engine Using 2 – D Imaging of Laser – Induced

Incandescence, Elastic Scattering and Flame Luminosity. SAE Technical Paper Series. SAE Paper 920115, Society of Automotive Engineers, Warrendale, PA, 1992.

[76] Dec J E, Espey C. Soot and Fuel Distributions in a D. I. Diesel Engine via 2 – D Imaging. SAE Technical Paper Series, SAE Paper 922307, Society of Automotive Engineers, Warrendale, PA, 1992.

[77] Pinson J A, Mitchell D L, Santoro R J, et al. Quantitative, Planar Soot Measurements in a D. I. Diesel Engine Using Laser – Induced Incandescence and Light Scattering. SAE Technical Paper Series, SAE Paper 932650, Society of Automotive Engineers, Warrendale, PA, 1993.

[78] Pinson J A, Ni T, Litzinger T A. Quantitative Imaging Study of the Effects of Intake Air Temperature on Soot Evolution in an Optically Accessible D. I. Diesel Engine. SAE Technical Paper Series, SAE Paper 942044, Society of Automotive Engineers, Warrendale, PA, 1994.

[79] Leipertz A, Schünemann E, Schraml S, et al. Analyse der dieselmotorischen Gemischbildung und Verbrennung an einem Common – Rail – System mittels mehrdimensionaler Laserdiagnostik. VDI – Berichte, nr. 1418, pp. 421 – 434, 1998. (in German).

[80] Block B, Oppermann W, Budack R. Luminosity and Laser – Induced Incandescence Investigations on a DI Gasoline Engine. SAE Technical Paper Series, SAE Paper 2000 – 01 – 2903, Society of Automotive Engineers, Warrendale, PA, 2000.

[81] Case M E, Hofeldt D L. Soot Mass Concentration Measurements in Diesel Engine Exhaust Using Laser – Induced Incandescence. Aerosol Sci. Technol. , vol. 25, pp. 46 – 60, 1996.

[82] Schraml S, Will S, Leipertz A. Simultaneous Measurement of Soot Mass Concentration and Primary Particle Size in the Exhaust of a D. I. Diesel Engine by Time – Resolved Laser – Induced Incandescence (TIRE – LII). SAE Technical Paper Series, SAE Paper 1999 – 01 – 0146, Society of Automotive Engineers, Warrendale, PA, 1999.

[83] Schraml S, Will S, Leipertz A, et al. Performance Characteristics of TIRE – LII Soot Diagnostics in Exhaust Gases of Diesel Engines. SAE Technical Paper Series, SAE Paper 2000 – 01 – 2002, Society of Automotive Engineers, Warrendale, PA, 2000.

[84] Snelling D R, Smallwood G J, Campbell I G, et al. Development and Application of Laser – Induced Incandescence (LII) as a Diagnostic Tool for Particulate Measurements. AGARD Conf. Proc. , vol. 598, pp. 23. 1 – 23. 9, 1997.

[85] Snelling D R, Smallwood G J, Sawchuk R A, et al. Particulate Matter Measurements in a Diesel Engine Exhaust by Laser – Induced Incandescence and the Standard Gravimetric Procedure. SAE Technical Paper Series, SAE Paper 1999 – 01 – 3653, Society of Automotive Engineers, Warrendale, PA, 1999.

[86] Snelling D R, Smallwood G J, Sawchuk R A, et al. In Situ Real – Time Characterization of Particulate Emissions from a Diesel Engine Exhaust by Laser – Induced Incandescence. SAE Technical Paper Series, SAE Paper 2000 – 01 – 1994, Society of Automotive Engineers, Warrendale, PA, 2000.

[87]   Schraml S,Heimgärtner C,Will S,et al. Application of a New Soot Sensor for Exhaust Emis-
          sion Control Based on Time – Resolved Laser – Induced Incandescence (TIRE – LII). SAE
          Technical Paper Series,SAE Paper 2000 – 01 – 2864,Society of Automotive Engineers,War-
          rendale,PA. 2000.

[88]   Schram S,Heimgärtner C,Fettes C,et al. Investigation of In – Cylinder Soot Formation and
          Oxidation by Means of Two – Dimensional Laser – Induced Incandescence (LII). Proc. 10th
          Int. Symp. on Application of Laser Techniques to Fluid Mechanics, Lisbon, 2000, Paper
          25. 2.

[89]   Inagaki K,Takasu S,Nakakita K. In – Cylinder Quantitative Soot Concentration Measurement
          by Laser – Induced Incandescence. SAE Technical Paper Series, SAE Paper 1999 – 01 –
          0508,Society of Automotive Engineers,Warrendale,PA,1999.

[90]   Münch K – U,Szuscanyi K,Schünemann E,et al. Optisch zugänglicher Nfz. – Forschun-
          gsmotor zur Analyse von Gemisch – and Schadstoftbildung. VDI – Berichte, nr. 1341, pp.
          137 – 146,1997 (in German).

[91]   LI^{2}SA – Laser – Induced Incandescence Soot Analyzer; more detailed information available
          from ESYTEC Energie – and Systemtechnik GmbH,Erlangen,Germany.

[92]   AVL 415 S Smoke Meter,AVL List GmbH,Graz,Austria.

[93]   Christian R,Knopf F,Jaschek A,et al. Eine neue Meßmethodik der Bosch – Zahl mit
          erhöhter Empfindlichkeit. Motortechn. Z. ,vol. 54,pp. 16 – 22,1993 (in German).

第 14 章　湍流火焰中的多标量诊断

Robert S. Barlow, Campbell D. Carter, Robert W. Pitz

14.1　引　　言

在湍流火焰中,混合过程和化学反应耦合在一起,会对化学反应进程、组分之间的关系、污染物的生成,甚至火焰的形状和稳定性造成影响。本章介绍多标量诊断方法,用以研究湍流混合对化学反应的影响以及为湍流燃烧模型的验证提供定量数据,重点是对温度、主要组分浓度以及 OH 或 NO 等微量组分浓度进行时空分辨的、点和线的同时测量。

综合使用自发拉曼散射(SRS)、瑞利散射和激光诱导荧光(LIF)技术,人们已经在各种湍流火焰中实现了此类测量,测量结果给出了探测区域内详细的瞬态热化学状态信息。如果具有足够的测量准确性和精度,额外的标量信息还能描述火焰的混合状态(混合分数或局部当量比)、混合率(标量耗散)[1-4]、长度尺度[5]、化学反应的整体进程[6]、局部平衡偏差[7]、微分扩散程度[7-11]、不可测组分浓度[12],甚至可以从组分和温度的测量中得到一些反应速率[12]。不幸的是,拉曼散射截面太小,需要使用大功率的脉冲激光和高效率的光学收集装置才能在火焰中获得满足精度要求的单脉冲数据。此外,激光激发的干扰会严重地影响 SRS 信号,尤其是在碳氢化合物火焰中干扰尤为突出。因此,虽然多标量测量已经在湍流火焰中应用了二十多年,定量的研究还是仅仅局限在 H_2、CO/H_2 火焰,以及简单碳氢燃料的无碳烟火焰。未来面临的挑战将是如何在保持好的单脉冲测量精度的情况下,把多标量诊断技术扩展应用到不“友好”火焰。本章讨论多标量诊断技术用于湍流火焰时的一些实验注意事项,提供一些成功的范例,指出干扰问题,并简要地评述多标量技术与其他诊断技术联合应用,以及在特殊的具有挑战性的燃烧环境中的应用工作。

14.2　实验设计要点

受篇幅限制,我们不可能对多标量实验的设计进行深入讨论。读者可以参考之前介绍相关诊断技术的章节(第 2、6、8 章)和对多标量诊断实验设计要点进行了很好讨论的最新文献。例如,Eckbreth[13] 介绍了 SRS 和瑞利散射技术,其中包含了理论背景知识;Masri 等人[6] 评述了碳氢化合物火焰中多标量实验,重点在于利用可见光进行点测量;Rothe 和 Andresen[14] 评述了可调谐准分子激光的应用,其中包括了多标量实验;Hassel 和 Linow[15] 综述了用于湍流燃烧的各种激光诊断技术,特别关注了模型验证对测量数据的要求;Miles[5] 提供了优秀的 SRS 实验设计实例。

14.2.1 激光的选择和拉曼信号的估算

SRS 系统主要包括激光器、收集和色散光学元件及探测器阵列。已经有人对不同的激励激光的优缺点进行了讨论[5,6,15]。通常在火焰中用于单脉冲 SRS 测量的主要激光器是输出波长 488nm(如通用电气的 CRD、斯图加特 DLR)或 532nm(1994 年之前的美国桑迪亚国家实验室)的灯泵染料激光器[6,9],248nm 的可调谐 KrF 准分子激光器[14],以及 532nm 的倍频 Nd:YAG 激光器(例如文献 [16])。其他一些激励波长也得到了尝试。由于强烈的 OH 荧光干扰,308nm 的 XeCl 准分子激光显然不是个好的选择[17],而在碳氢火焰中使用 355nm 的三倍频 Nd:YAG 激光已经取得了一些成功经验[18]。

拉曼散射截面与 ν_i^4 成比例,其中 ν_i 是来自组分 i 的散射光频率,所以产生的散射光子数用 ν_i^3 度量。在单位激光能量能够产生的拉曼散射光子数方面,紫外激光具有较大的优势,尤其是当激光能量受到光学窗口损伤阈值限制时其优势尤为明显。在使用可见波段激光激励时,相对于紫外波段其散射截面较小,对比可以通过更高的激光能量和更高的信号收集/探测效率(例如后向照明 CCD 探测器或砷化镓像增强器)进行弥补[4,5]。此外,在碳氢化合物火焰中,紫外激光激励时,来自火焰中产生的 PAH 和其他的碳烟前驱物的宽带干扰比可见激光激励时要大[15,19]。然而,据我们所知,文献中还没有确切的数据可以表明一种激光即可满足宽范围应用的需求。

对于每一种探测的组分 i,收集到的光电子数为

$$S_i = \left(\frac{E_L}{h\nu_i}\right)\left(\frac{\partial\sigma}{\partial\Omega}\right)_i \Gamma_l(T)\, X_i N l \Omega \eta_i Q e_i \tag{14.1}$$

式中,E_L 是激光脉冲能量;$(\partial\sigma/\partial\Omega)_i$ 为微分散射截面[6,13,15];X_i 为摩尔分数;N 为总的数密度;l 为用于散射光探测的激光束长度;Ω 为收集立体角;η_i 为收集/色散系统的光学效率;Qe_i 为探测器量子效率;$\Gamma_i(T)$ 为与温度有关的线宽函数,如果对组分 i 的探测波长间隔没有涵盖散射截面所代表的全部振转带,它小于 1。一般情况下,拉曼散射截面随温度增加,而且在标定的带宽函数中常常要考虑到这种对温度的依赖性。

双原子分子的拉曼散射光谱比较容易计算[13,20]。CO_2 和 H_2O 的光谱也能进行计算,但为了保持高温时的精度,需包含大量的能级。而 CH_4 以及其他的碳氢化合物的光谱则过于复杂。用于拉曼散射光谱计算的 RAMSES 码[21]包括了有限的 CO_2 和 H_2O 模型(虽然工作正在改进,但在火焰温度下仍不太精确)以及 CH_4 的近似光谱。在系统设计过程中,该软件可用于对信号的估计,进而判断光谱分辨率和色散对于拉曼光谱中相邻光谱(CO_2 与 O_2,CO 与 N_2)的分辨是否足够,并评估信号间的串扰。基于光谱拟合方法,计算光谱也能用于对光谱分辨的 SRS 测量的评估[11]。

SRS 信号强度的计算表明,火焰温度下反应组分的散射光子数比较少,因此在 SRS 实验中不可回避地需要采用大动态范围。例如,在甲烷/空气扩散火焰中,冷的燃油系统($X_{CH4} = 1.0$,$T = 300K$)中估算的 CH_4 的散射光子数是 CO 在其最大摩尔比时($X_{CO} \sim 0.06$,$T \sim 2000K$)的约 1000 倍。高精度的 CO 测量在模型的验证中是很重要的,因此 CO 信号强度应该是噪声的数倍。通过方程(14.1),可以得到在这些火焰条件下,每个激光脉冲能够收集到来自 CO 的平均光电子数为 144,计算中假设了散射截面为 $0.48 \times 10^{-30} cm^2/sr$ [13],$\Omega = 0.19sr$($f/2$ 收集),$E_L = 1.0$ J/脉冲(532nm),$X_{CO} = 0.06$,$N = 3.67 \times 10^{18} cm^{-3}$,$l = 0.3mm$,$\eta_i = 0.4$,$Qe_i = 0.2$,并忽略了散射截面或带宽方程对温度的依赖性。这对应于在使用纯净的甲烷实验中,在散斑噪声极限情况下信噪比为 12,动态范围需要大于 10^4。

14.2.2　收集和探测装置的选择

SRS 的应用中,通常使用小 f 数的光学收集系统($f/2$ 或更小)。由于散射光覆盖了很宽的波长范围,因此更适合使用消色差透镜或反射光学系统。对于 532nm 激励的拉曼散射线成像系统,当前多个研究小组使用的是匹配的 $f/2$ 和 $f/4$ 消色差透镜(Linos Photonics)设计。在紫外波段,没有现成的大口径消色差透镜,通常使用反射式的光学设计(卡赛格林反射镜系统[22,23]或在探测器相对的方向放置一个反射镜[24])以达到大的收集立体角,同时还能避免色差。光谱仪的 f 数通常大于收集光学系统的 f 数,因此有必要对线成像点进行放大,这需要增加光谱仪入口狭缝的宽度,因此会降低光谱的分辨率。当需要确定 SRS 光谱是否有足够的分辨率对邻近的光谱进行区分时,这种情况必须加以考虑。

为了增强 SRS 信号强度,人们已经采用了多种方法:①使得激光束二次通过探测区域(见 14.3 节的例子 1);②把火焰放在灯泵染料激光器加长的谐振腔内,用于增加有效的激光能量[9](参见第 8 章);③在原有收集透镜的基础上,增加一个球面镜[9]。然而这些"诀窍"有可能会降低实验的空间分辨率,因为光在具有折射率梯度的介质中传播会增加光程。

对于 SRS 信号的色散和探测有两个主要的选择。一个是使用长焦距光谱仪（例如 0.75 m）和光电倍增管阵列（PMT）结合的方式。这样的系统比较庞大，而且需要专门定制，难以更改，因此局限于单点测量，且无法给出单脉冲详细的光谱。然而，它们已经和所有主要的激光源一起得到了成功的应用[6]。基于 PMT 系统的主要优势是每个单独 PMT 的增益可调，消除了探测不同组分时的大动态范围问题。但必须注意要保证在所有的实验条件下 PMT 的响应是线性的，通常需要利用定制的插口扩展其线性范围。在合适的波长下，应选择高量子效率的管子。设计较好的基于 PMT 的 SRS 系统仅仅受限于光电子散粒噪声，能够给出每种组分的特性。

第二个选择是使用小的成像摄谱仪（例如 0.25 m）和探测器阵列（典型的为 CCD）相结合的方式。这里，激光束的图像和摄谱仪入口狭缝对齐，光谱被色散到探测器阵列上，一个方向对应激光束长度方向的空间位置，另一个方向对应于波长。这个方法有两个主要的优点：①可以进行瞬态的标量梯度和火焰空间结构（例如长度尺度）测量；②与基于 PMT 的系统相比，能够提供更加完整的光谱干扰信息，从而可以对这些干扰进行更好的修正。

在大部分燃烧的应用中，为了阻挡火焰发光干扰，都需要探测器阵列的门控。通常，门控是通过像增强 CCD（ICCD）相机实现的。然而，利用非像增强的背向照明 CCD 阵列结合铁电液晶闸[25,26]或高速机械闸[4,27]进行多标量线成像测量也有报道。非像增强 CCD 探测器在量子效率、动态范围和噪声性能上与像增强设备相比有明显的优势[5,28]，前提是能够进行有效的门控。

14.3 应用实例 1：拉曼/瑞利/LIF 同时点测量

目前，大部分的湍流燃烧模型都是基于对单点的统计信息，在非预混和局部预混火焰中，多标量的点测量技术在湍流/化学反应相互作用的模型验证中已经扮演了核心的角色。多标量实验还包括对选定微量组分（例如 OH 或 NO）的测量，它们对于燃烧模型的严格测试尤其有用。OH 有助于对自由基团状态的量化，并且它的缺失是局部熄火很好的指示器。而 NO 作为一种污染物，具有非常重要的现实意义。

早期，Pitz 及其同事[22,29]已经证明了利用一台 KrF 准分子激光器即可进行 SRS 和 OH LIF 的同时测量。也有人将 SRS 与独立的激光/探测系统相结合用于微量组分 LIF 测量（例如文献[30−33]）。近些年，几个研究小组已促成了基于互联网的湍流火焰标量和速度数据库，它在"湍流非预混火焰测量计算国际研讨会"的框架下，为模型计算的目标服务[34]。关于碳氢火焰，美国桑迪亚的"湍流扩散火焰（TDF）"实验室的多标量参数测量是最全面的，包括了对 OH、

NO 和 CO 的 LIF 测量,以及温度和主要组分质量分数的测量。通过该系统获得测量数据的例子如图 14.1 所示,图中给出的是在 CH_4/空气射流火焰中测量的温度和组分质量分数的散点和条件平均图[34,35]。

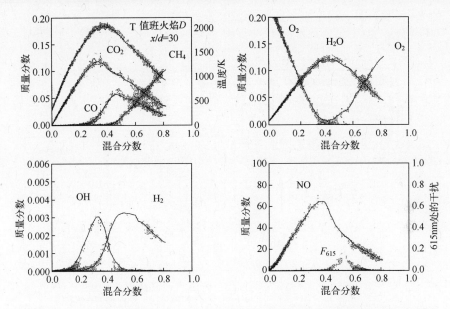

图 14.1　在 CH_4/空气射流(在 $x/d=30$ 的火焰 D)湍流火焰中测量的温度、组分质量分数的散点图和干扰信号(615nm)[34,35]。虚线标出的是混合比的理想配比值($\xi_{st}=0.351$)。实线显示的是条件平均值(以混合比为条件的组分的平均质量分数)

14.3.1　用于点测量的光学布局

在过去的 20 年间,美国桑迪亚 TDF 实验室的光学配置在逐步演变。图 14.2 给出了最近对甲烷和天然气火焰进行研究时用到的装置[10,35-37],其中使用了两台倍频 Nd:YAG 激光器实现拉曼和瑞利测量。为了避免使用的 1.5m 焦距透镜聚焦引起的介质击穿,使用了一个双腔脉冲展宽器将 10ns 的激光脉冲展宽到约 40ns(FWHM)。为了方便脉冲展宽器的调节以及对调节的监测,在聚焦透镜后分出一小部分激光,利用一个显微物镜将焦平面的图像成像到摄像 CCD 的芯片上。利用一个透镜和棱镜将两束 532nm 激光返回通过探测区域,将拉曼和瑞利信号提高到原来的 2 倍。激光束方向与单色仪入口狭缝垂直布局,以降低光束控制的敏感度,沿激光束长度方向,狭缝宽度设置为 0.75mm 的分辨率。以定制的装配方式使用 10 个 PMT,7 个用于拉曼组分(CO_2、O_2、CO、N_2、CH_4、H_2O 和 H_2)测量,3 个用于干扰测量。使用一个 16 通道、12bit、门控的电荷积分 A/D 转换器((Phillips Scientific 7166)进行信号的采集。

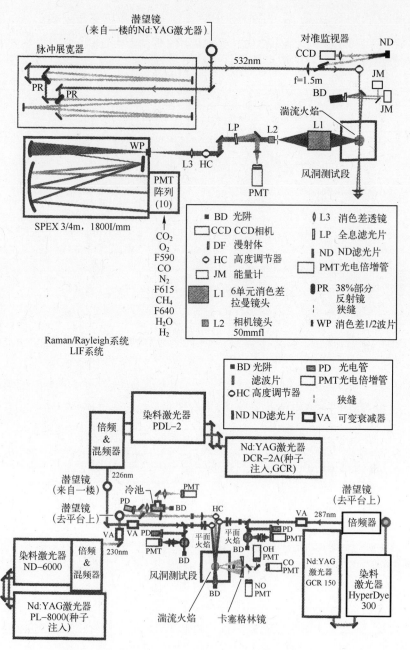

图 14.2　美国桑迪亚 TDF 实验室的拉曼/瑞利和 LIF 系统的光路布局。两个系统聚焦在湍流火焰的相同区域,收集光学系统位于测试段的另一边

三套 Nd∶YAG 泵浦的染料激光器分别用于 OH、NO 和 CO 的 LIF 测量。表 14.1 给出了它们的激发和探测方案。三束紫外光的每一束都以很小的角度

与拉曼/瑞利光束相交。对于 OH 和 NO,光束焦点位于探测区域之外,使得在探测区的光束直径与拉曼/瑞利具有相同的分辨。OH 和 NO 的光束能量(表 14.1)维持在荧光的线性范围内。

表 14.1　LIF 组分的激发和检测

组分	激　　发	检　　测	滤　　波	泵浦能量 /(μJ/脉冲)
OH[†]	$O_{12}(8)$ $A^2\Sigma^+ \leftarrow X^2\Pi(1,0)$ $\lambda = 287.0\text{nm}$	$A^2\Sigma^+ \rightarrow X^2\Pi(1,1),(0,0)$ $\lambda = 305 \sim 320\text{nm}$	Schott WG295 & Hoya U-340	≤17
NO[†]	$Q_1(12) + Q_2(20)$ $A^2\Sigma^+ \leftarrow X^2\Pi(0,0)$ $\lambda = 226.1\text{nm}$	$A^2\Sigma^+ \rightarrow X^2\Pi(0,1),(0,2),\cdots$ $\lambda = 236 \sim 280\text{nm}$	Schott UG5 & 对太阳光无响应 的光电倍增管	≤12
CO	多条线 $B^1\Sigma^+ \leftarrow X^1\Sigma^+(0,0)$ $\lambda = 230.1\text{nm}$	$A^1\Pi \rightarrow X^1\Sigma^+(1,0)$ $\lambda = 480 \sim 488\text{nm}$	中心波长 484nm 的带通滤 波片	≈700

用于激发 CO 的波长 230nm 的激光束在探测区域聚焦直径为 $150\mu\text{m}$,用于增强双光子激发 CO 分子的 B−X(0,0)跃迁[39,40]。随着激励激光的增强,激发态 CO 的光电离超越碰撞猝灭成为主要的损失机制,因此对于典型的实验,CO LIF 信号强度与激发光能量接近于线性关系[39],即 $S_f \propto E_L^b (b < 1.2)$。信号强度对局部猝灭速率的一些依赖性是预料之中的。然而,在湍流火焰中的标定实验和与 SRS 平均测量结果的对比显示,在宽范围的火焰条件下,猝灭的影响很小。因此,CO 猝灭的影响目前是被忽略的。

考虑到收集光的波段宽(表 14.1),使用卡赛格林镜进行荧光信号采集可以消除色差,而在使用简单的熔石英透镜时这是个严重的问题。使用反射式光学装置的额外好处是可以使用便捷的可见光源对光路进行调节。使用介质膜分束镜对 OH、NO 和 CO 的荧光信号进行分离,并分别聚焦到三个单独的狭缝上,这三个狭缝位于各种光束的传播方向上,用于限定空间分辨率(0.75mm)。PMT 和光电二极管的信号用门控积分器(Stanford Research Systems SR250)进行测量。激光脉冲在时间上(每个 100 ~ 150ns)分开,按照 OH、NO、拉曼/瑞利、CO 的顺序进行测量。把 CO 放到最后是因为离子和电子的再复合会对后续的 SRS 测量带来非常强的干扰。

14.3.2　标定和数据处理

拉曼/瑞利/LIF 系统的标定方法和定量测量过程已经在别处有过介绍[7,36,37],这里只强调几点。首先,利用迭代的矩阵求逆方法将拉曼散射信号转换为组分浓度,矩阵的对角元对应于每个拉曼通道的标定响应,而非对角元对应的是拉曼串扰和荧光干扰。本质上必须还包含这些拉曼响应及串扰对温度的依赖。实际上,在已知组分、温度的热流动和火焰中大量的标定工作被用于生成描绘矩阵元的曲线[7,10,37]。如果拉曼探测带宽是已知的(例如基于 CCD 的探测系统),则可以利用拉曼计算光谱和有限的标定相结合的方式生成拉曼响应和串扰的温度依赖曲线(例如文献[5,18])。若 SRS 测量是光谱分辨的,可以使用全光谱拟合方法作为数据处理的备选方案[11,42]。无论何种方法,在湍流火焰中要达到精确测量,通过基于标准流动和火焰的正规检查对标定和处理算法进行确认是基本的。

要强调的第二点是,拉曼/瑞利/LIF 的同时测量允许对脉冲与脉冲之间玻耳兹曼分数 F_B 的变化、碰撞猝灭速率 $Q^{[43,44]}$ 的变化、以及激光和跃迁之间的光谱重叠 $g(v_0)$ [30] 等在标定火焰中的所有相关值进行荧光测量的校正。对于 OH 和 NO,若在线性荧光区域进行测量,数密度 N 与荧光信号 S_F 的关系如下式:

$$N = \left[\frac{N}{S_f}\right]_{cal} \left(\frac{[F_B]_{cal}}{F_B}\right) \left(\frac{[E_L/Q]_{cal}}{[E_L/Q]}\right) \left(\frac{[g(v_0)]_{cal}}{g(v_0)}\right) S_f \qquad (14.2)$$

图 14.3 给出了这些组合校正量的例子,包括了在湍流 H_2/N_2 射流火焰中测量到的 OH 和 NO 质量分数及修正的散点图。在高 OH 浓度产生的区域,对 OH 变化的修正仅有约 ±10% 。而在存在大量 NO 的区域,对 NO 变化的修正因子为 2 或更大。

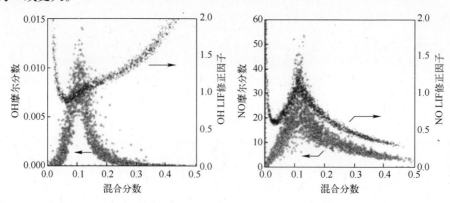

图 14.3　湍流 H_2/N_2 射流火焰实验得到的 OH 和 NO 摩尔分数的
散点图及其相应的单点修正因子[12]

第三点是在碳氢火焰中,对 CO 的 LIF 测量要比 CO 的拉曼散射测量更有优势。Meier 等人对在 DLR 设备上的 $CH_4/H_2/N_2$ 射流火焰获得的 CO 拉曼散射测量和 Sandia 获得的激光诱导荧光测量结果进行了比较[10]。一般情况下,当存在一定程度的碳氢荧光干扰的火焰中,CO LIF 测量方法具有鲁棒性,而这些干扰对拉曼测量却会造成极大的问题。目前,CO LIF 通常忽略猝灭的影响,这与光电离强于猝灭的思想相一致[39]。然而,人们最近对与温度有关的 CO 猝灭截面也进行了测量[45],对于猝灭的修正在不久也能够被包含进来。对于光解离 CO_2 引起的干扰[40,46],使用了近似的、与温度相关的修正。在碳氢扩散火焰中,这个修正较小,但在贫油预混火焰中,由于 CO 浓度低,它对于 CO LIF 测量将可能是个严重的问题[36]。

第四点是,这里用于获得温度的瑞利信号是在远离窗口或壁面的开放火焰得到的。在存在强烈的激光波长的背景散射情况下,温度通过总的粒子数密度和测量的实验室压力进行计算(精度不太高)。当温度足够高时,还可以利用 N_2 的斯托克斯和反斯托克斯拉曼散射信号的比进行确定[13]。当局部的统计压力未知时,该技术尤其有用,例如在超声速反应流中[47](参见第 6 章)。

14.4　应用实例 2:标量耗散的一维测量

标量耗散,定义为 $\chi = 2D_\xi \nabla^2 \xi$,$\xi$ 为混合比,D_ξ 为其扩散率。在燃烧理论和各种湍流燃烧建模中,标量耗散都是重要的参量。混合比是一个守恒标量,可以用不同的方式进行定义,但一般定义为碳、氢、氧基本质量分数的线性组合,通过燃料和氧化剂流中的值进行归一化。由于混合比最好能够通过多组分的测量进行确定,而标量耗散取决于混合比的空间导数,因此在湍流火焰中,标量耗散的测量遇到了严峻的挑战。此外,对于模型构建最有用的量是理想配比时的标量耗散 χ_{st},但此时高温会导致拉曼信号变得很弱。当然,求导会使得噪声放大,造成 χ 的测量非常困难。

图 14.4 展示的是在湍流 H_2 火焰中[1-3,48],使用拉曼散射的线成像技术对标量耗散的一个分量(沿着线的导数)进行测量使用的装置。在层流甲烷火焰中,对标量耗散的单点测量也进行了演示[4]。Brockhinke 等人[49]组合使用两个线成像系统对两个方向的标量耗散进行了测量(利用平面成像技术进行混合比和标量耗散二维分布测量在第 8 章有描述)。另外,Mansour 等人[50]还报道了在反应进程变化时对不同标量耗散的测量。

由于计算混合比梯度的需要,对统计噪声的分析[4]和噪声对标量耗散的贡献的量化[1,2]特别重要。对空间分辨率影响的考虑也很重要[1,4],无论是点测量还是线测量,它都是湍流火焰中任何多标量测量的中心问题。在湍流火焰中对最小标量长度尺度的估算方法和对由于空间平均带来的误差估算也有报道[8,51]。这些估算能够提供有用的指导。然而,必须认识到,这些只是基于湍流尺度法则和火焰中有限的实验数据的近似值,还不能普遍应用。据报道,不同的多标量系统的空间分辨率在 200μm ~ 1mm。通过改变平均(或芯片上的像元组

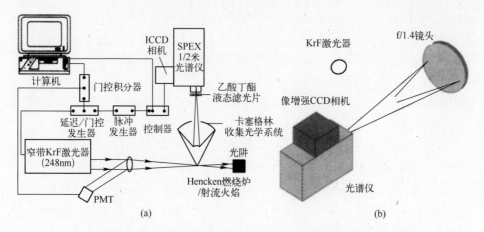

图 14.4　Nandula 等人[1,23]（a）和 Brockhinke 等人[3,49]（b）建立的用于 H_2 射流火焰
中标量耗散测量的线成像拉曼装置（来自文献[24]的图 1）
（（a）：美国光学学会提供；（b）：斯普林格出版社提供）

合）窗口的尺寸,基于 CCD 的系统可以非常容易地对空间分辨率变化的影响进
行测试。受到信号水平和低 f 数光学系统成像性能的实际局限,很难达到比
300μm 更好的分辨率。因此,在标量梯度的跃变处(例如预混火焰锋面,射流火
焰出口附近高度拉伸的反应层,高雷诺数火焰以及高压力火焰等)的测量将会
一定程度地受到空间平均的影响。

14.5　碳氢化合物荧光干扰:属性、规避和修正

当多标量参数测量技术用于碳氢火焰时,最大的局限性来自于荧光干扰,这
些干扰主要来自于 PAH 以及其他的碳烟前驱物等多种组分。因此干扰光谱的
特性取决于激发光的波长、燃料的种类、火焰类型以及测量的火焰位置。一般情
况下,干扰光谱包括宽谱和特征谱,有些很容易进行识别,而有些却不容易。例
如,利用 KrF 激光,能够获得 OH、O_2 和 H_2O 的特征荧光谱[14,29];利用 532nm 在
碳氢火焰中激发,能够得到 C_2 的特征荧光谱[[4]]。不难发现,在碳氢燃烧环境
中,干扰与最强的 SRS 信号一样强,甚至数倍于 CO 和 H_2 的 SRS 信号。一般地,
火焰越接近形成碳烟的条件,干扰越强。一旦碳烟颗粒开始形成,来自激光诱导
白炽光的额外干扰将变得更加重要。

在基础研究中,常可以灵活地设计"拉曼友好"的火焰,采用多种方案降低
带来干扰的高碳氢化合物的粒子数密度,从而提高 SRS 的测量精度。这些方案
包括利用氮对燃料或氧化剂流进行稀释[9,52-54]、与空气进行部分预混[6,35]、将
H_2 混入碳氢燃料[6,9,55]等。而且,预混火焰(尤其是贫油火焰)比非预混火焰更

加清洁。托举火焰稳定区的干扰水平要比附着火焰相同位置的干扰低得多,这归因于燃料和空气在燃烧之前的混合带来的好处。在非预混火焰中,在火焰区增强混合,减小滞留时间是有益的。例如,Meier [56] 观察到在 Tecflam 炉中(强漩涡稳定的天燃气火焰),干扰水平比在 DLR 的 $CH_4/H_2/N_2$ 射流火焰中低[9]。Nooren 等人[37] 研究了两个不同雷诺数的天燃气引燃射流火焰,发现在高雷诺数火焰中 SRS 的测量更加成功,由于其具有更高的拉伸率,更短的滞留时间,而且一些局部的熄火能够带来与空气的部分预混。

在层流火焰中进行细致的光谱测量有助于对干扰特征的描述,发展 SRS 测量修正方法。图 14.5 给出的是在层流、部分预混的 CH_4/空气射流火焰中,利用 532nm 激光激发得到的拉曼散射和干扰光谱的例子。在非碳烟的碳氢化合物火

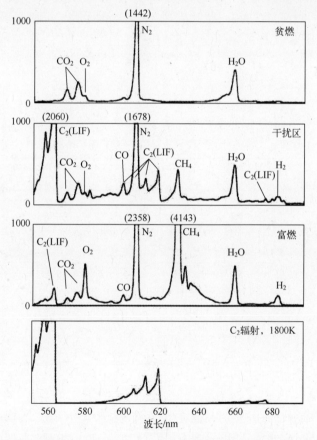

图 14.5　部分预混的层流 CH_4/空气射流火焰(在燃料流中 $\varPhi = 3.17$)中利用线成像拉曼散射测量到的平均光谱(500 个)。光谱对应于火焰的三个位置:贫燃、干扰和富燃区。光谱中包含了顶端被切去光谱的峰值。底部的图像给出的是计算得到的 1800K 时 C_2 发射谱[4](燃烧学会提供)

焰中,例如该例子,观察到的最大干扰在化学配比的富燃边(参见图14.1)。在这个区域,干扰光谱中有 C_2 荧光的强烈贡献。在 SRS 组分测量中,CO 常常是干扰的首个牺牲品,这也是 CO LIF 大受欢迎的原因。图 14.5 还有干扰光谱的宽带成分,它在拉曼散射带 O_2 和 CO 以及 CH_4 和 H_2O 之间最明显。当滞留时间增大(例如在射流火焰的下游区域)以及高碳氢化合物数密度增加时,这个宽带的干扰强度会增大并扩散进入更富燃的区域。

和预期的一样,在碳氢火焰中使用紫外激光激发时产生的干扰光谱有更大的宽带成分。图 14.6 显示了利用窄带 KrF 准分子激光和 ICCD 探测器,在拉伸、层流、相对流动、部分预混 CH_4/空气($\Phi=1.3$)火焰的三个位置(富燃、干扰最大、理想配比)获得的光谱。这种火焰在 532nm 光激励下产生的荧光干扰可以忽略不计。然而,在 248nm 激光激励下,干扰水平比 CO 和 H_2 的拉曼信号要大得多,与 CO_2 和 H_2O 的拉曼信号可比拟。

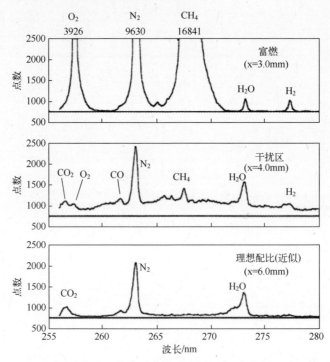

图 14.6　在部分预混的层流、相对流动 CH_4 空气火焰($\Phi=1.3$)(与空气相对的拉伸速率为 150s)的三个位置,利用 KrF 准分子激光(248nm)和 ICCD 探测器得到的光谱。
图中给出的是原始的点数数据,为了方便,标记出了基准线用做参考
(感谢 Robin Osborne 提供的数据)

如果干扰的强度与 SRS 信号相比不太大,且能够得到干扰光谱结构的足够信息,则可以对干扰的影响进行校正。包含附加的 PMT 的系统已经用于监测荧

光干扰信号[6,9,37]，并且基于这些干扰信号和拉曼通道额外的信号，用于对 SRS 测量的修正(例如文献[37]中的图 4)。当使用 532nm 激光激发时，这个方法相对"拉曼友好"的火焰是有局限性的，原因是，实践证明只有在干扰主要来自良好的 C_2 光谱的火焰中才能达到高精度的校正结果。人们希望根据每个拉曼带的光谱数据，基于 CCD 的系统能够进行更加有效的修正。

另一个有希望对干扰进行修正的方法是通过偏振将拉曼和干扰光谱进行分离的测量方法[19,57,58]。拉曼散射光保持着激光束的偏振方向(虽然根据分子的不同，会产生退偏现象)，而荧光干扰信号通常是非偏振的。在偏振分离光谱测量中，收集光被分为两个偏振分量进行传播和探测。光谱中包含的主要干扰于是被按比例地分开(考虑光学效率的差别)，并从包含拉曼散射和干扰的光谱中减掉。图 14.7 给出了在等辛烷值发动机中进行单脉冲偏振分离的紫外拉曼测量[58]的实例，实验中在成像光谱仪的焦平面上放置格兰棱镜，对两个偏振光谱重新聚焦到两个 ICCD 探测器上。斜方型方解石也可作为一种选择置于摄谱仪入口，在两个光谱成像到一个 ICCD 探测器之前，从垂直偏振光中移除掉水平的偏振光[19]。

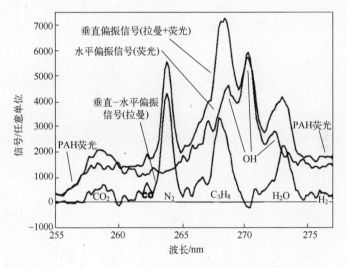

图 14.7　在层流丙烷火焰中获得的单脉冲偏振分离光谱[19]

(Joseph A. Wehrmeyer 提供)

当然，偏振分光器件会在一定程度上降低 SRS 系统的效率和成像质量。并且，考虑到统计噪声，当干扰相对于 SRS 信号增大时，各组分单脉冲的测量精度将会恶化。尽管如此，偏振分离方法在将多标量参数诊断推广到更加广泛的燃烧环境中时，依然具有巨大的潜力，尤其是在那些只需要少数最强的拉曼组分数据即可进行有用的分析的情况下。

14.6　标定燃烧炉

在定量的多标量参数实验中,精确表征的标准流场和火焰是最基本的需求。Hencken 炉和 McKenna 炉是两个通用的多标量标定燃烧器(例如文献[7,22,33])。Hencken 炉是一种非制冷燃烧器,其中用于氧化剂流动的蜂窝状结构中排列着许多细小的燃料管。它的设计几乎是绝热的,可以在很宽的当量比范围内进行非预混燃烧,对 H_2 和 H_2/CO 火焰中的拉曼标定非常有用。McKenna 炉使用一个水冷的烧结金属塞,提供稳定的预混平面火焰,非常适用于低温度下的拉曼标定[59],而且是 NO LIF 标定的优选燃烧炉(例如文献[31,33])。对于涉及 CH_4 燃烧的实验,简单的不锈钢蜂窝结构燃烧炉可以很好地用于拉曼标定。预混的 CH_4/空气流动速率可以设置为将火焰刚好稳定在炉面上方,使得热传导带来的热损失变得最小。通常,使用绝热平衡摩尔分数确定标准火焰产物的瑞利散射截面,于是主要组分的平衡浓度可以在测到的瑞利温度下进行重新计算。本文中也利用 CARS 进行温度测量[59]。流动的不均匀(在 Hencken 炉中)和流动速率的不确定性能够导致标定的误差,因此需要确保测到的峰值温度是在期望的当量比下产生的。对于室温至约 900K 范围内的拉曼标定,可以使用电加热的方式。而且,瑞利散射可以在加热流场的温度测量中应用。

14.7　精确度和准确度考虑

当实验结果用于对湍流燃烧模型进行定量确认时,测量的不确定度是非常关键的。对测量的精确度(主要由散点噪声和仪器噪声引起的随机不确定度)和准确度(平均值的系统不确定度)分别进行评估是有意义的。精确度可以通过在层流平面火焰的测量标准偏差进行描述(例如文献[6,7,24])。而绝对准确性很难进行定量判定,可以基于标定的重复性、标定条件下的不确定度、湍流火焰测量的重复性、干扰的贡献、流动速率的不确定度等进行评价。在"拉曼友好"的火焰中,对温度和主要组分的测量准确性已经可以达到 2% ~ 4%。在 CH_4 火焰中,对 CO 和 H_2 的拉曼测量和对 OH、NO、CO 的 LIF 测量的典型不确定度为 10% ~ 15%。在平面火焰中测量到的比值,例如 C/H 和 N/O 原子的比,以及基于瑞利散射和整体数密度所测量的温度比,可以对多标量测量标校的自洽性进行检验。间接得到参量的精确度和准确性,例如混合比或标量耗散,也应该给出。

14.8　其他多标量参数测量在燃烧中的应用

本章中我们已经重点关注了在非受限湍流非预混火焰基础研究中的多标量参数点和线的诊断。这些方法还有更广的应用例子。一类是多标量参数方法和其他诊断技术的组合应用。一个虽然很难实现但很重要的例子是拉曼散射和 LDA 技术的组合[60]，该实验可以对湍流燃烧模型中的标量 – 速度的相关性进行直接测量。第二个重要的例子是多标量参数点或线测量与 PLIF 成像技术的结合[42]。该实验可以给出瞬态的火焰空间结构信息（例如火焰稳定位置或局部的火焰弯曲度），并与同时测量的多标量数据是相关的。文献中还有许多在更具挑战性的燃烧环境中多标量诊断（尤其是拉曼散射技术）的应用例子[14]，包括内燃机[5,61]、火箭发动机[62]，喷气式发动机测试段[63,64]和喷雾火焰[61,65]等。

14.9　多标量诊断的前景展望

在过去的 20 年间，多标量诊断已经为理解湍流燃烧，尤其是湍流混合对化学反应的影响做出了突出贡献。在同一火焰中，多种标量以及速度的测量已经为先进的湍流非预混燃烧模型的测试奠定了定量的数据基础。我们期望看到它们在未来能够持续地发挥作用。最近才出现的基于机械快门和背照明 CCD 的 SRS 系统[4]有望能够提高多标量测量的精确度。通过对偏振分离干扰校正方法的进一步发展，希望能够提高在高碳氢燃烧应用中的定量测量能力。拉曼/瑞利/LIF 综合诊断已经在 OH、NO 和 CO 测量中实现，对于其他燃烧组分可能会找到其他的诊断组合的办法。多种标量的诊断在稳态和非稳态层流火焰研究中还没有充分被利用，在该领域开展更多的工作对于化学反应机理的测试将是非常有意义的。同时，随着用于计算湍流火焰非稳态大尺度运动的大涡模拟（LES）的发展，对多种标量数据并与同时测量的火焰结构数据相结合将会有更加强烈的需求。因此，我们也期待着有更多将多种标量（点或线）测量与平面或多平面成像技术相结合的实验工作。

附 加 说 明

Meier 和 Keck[66]最近的工作给出了在甲烷空气火焰中利用可见光和紫外光源进行 SRS 测量的信噪比的比较，他们在 532nm 时获得了最高的信噪比。

参 考 文 献

[1]　Nandula S P, Brown T M, Pitz R W. Measurements of Scalar Dissipation in the Reaction Zones of Turbulent Nonpremixed H_2 – Air Flames. Combust. Flame, vol. 99, pp. 775 – 783. 1994.

[2]　Chen Y – C, Mansour M S. Measurements of Scalar Dissipation in Turbulent Hydrogen Diffusion Flames and Some Implications of Combustion Modeling. Combust. Sci. Technol. , vol. 126, pp. 291 – 313, 1997.

[3]　Brockhinke A, Haufe S, Kohse – Höinghaus K. Structural Properties of Lifted Hydrogen Jet Flames Measured by Laser Spectroscopic Techniques. Combust. Flame, vol. 121, pp. 367 – 377, 2000.

[4]　Barlow R S, Miles P C. A Shutter – Based Line – Imaging System for Single – Shot Raman Scattering Measurements of Gradients in Mixture Fraction. Proc. Combust. Inst. , vol. 28, pp. 269 – 277, 2000.

[5]　Miles P C. Raman Line Imaging for Spatially and Temporally Resolved Mole Fraction Measurements in Internal Combustion Engines. Appl. Optics, vol. 38, pp. 1714 – 1732, 1999.

[6]　Masri A R, Dibble R W, Barlow R S. The Structure of Turbulent Non – premixed Flames Revealed by Raman – Rayleigh – LIF Measurements. Prog. Energy Combust. Sci. , vol. 22, pp. 307 – 362, 1996.

[7]　Barlow R S, Fiechtner G J, Carter C D, et al. Experiments on the Scalar Structure of Turbulent $CO/H_2/N_2$ Jet Flames. Combust. Flame, vol. 120, pp. 549 – 569, 2000.

[8]　Smith L L, Dibble R W, Talbot L, et al. Laser Raman Scattering Measurements of Differential Molecular Diffusion in Turbulent Nonpremixed Jet Flames of H_2/CO_2 Fuel. Combust. Flame, vol. 100, pp. 153 – 160, 1995.

[9]　Bergmann V, Meier W, Wolff D, et al. Application of Spontaneous Raman and Rayleigh Scattering and 2D LIF for the Characterization of a Turbulent $CH_4/H_2/N_2$ Jet Diffusion Flame. Appl. Phys. B, vol. 66, pp. 489 – 502, 1998.

[10]　Meier W, Barlow R S, Chen Y – L, et al. Raman/Rayleigh/ LIF Measurements in a Turbulent $CH_4/H_2/N_2$ Jet Diffusion Flame: Experimental Techniques and Turbulence – Chemistry Interaction. Combust. Flame, vol. 123, pp. 326 – 343, 2000.

[11]　Tacke M M, Linow S, Geiss S, et al. Experimental and Numerical Study of a Highly Diluted Turbulent Diffusion Flame Close to Blowout. Proc. Combust. Inst. , vol. 27, pp. 1139 – 1148. 1998.

[12]　Barlow R S, Fiechtner G J, Chen J – Y. Oxygen Atom Concentrations and NO Production Rates in a Turbulent H_2/N_2 Jet Flame. Proc. Combust. Inst. , vol. 26, pp. 2199 – 2205, 1996.

[13]　Eckbreth A C. Laser Diagnostics for Combustion Temperature and Species. 2nd Ed. , Gordon

and Breach,1996.

[14] Rothe E W,Andresen P. Application of Tunable Excimer Lasers to Combustion Diagnostics: A Review. Appl. Optics,vol. 36,pp. 3971 – 4033,1997.

[15] Hassel E P,Linow S. Laser Diagnostics for Studies of Turbulent Combustion. Meas. Sci. Technol. ,vol. 11,pp. R37 – R57,2000.

[16] Nguyen Q V,Dibble R W,Carter C D,et al. Raman – LIF Measurements of Temperature, Major Species,OH,and NO in a Methane – Air Bunsen Flame. Combust. Flame,vol. 105, pp. 499 – 510,1996.

[17] Hassel E P. Ultraviolet Raman – Scattering Measurements in Flames by the Use of a Narrow – Band XeCl Excimer Laser. Appl. Optics,vol. 32,pp. 4058 – 4065,1993.

[18] Rabenstein F,Leipertz A. One – Dimensional, Time – Resolved Raman Measurements in a Sooting Flame Made with 355 – nm Excitation. Appl. Optics, vol. 37, pp. 4937 – 4943, 1998.

[19] Osborne R J,Wehrmeyer J A,Pitz R W. A Comparison of UV Raman and Visible Raman Techniques for Measuring Non – Sooting Partially Premixed Hydrocarbon Flames. AIAA conference paper 2000 – 0776,2000.

[20] Long D A. Raman Spectroscopy. New York:McGraw – Hill,1977.

[21] Dreizler A. RAMSES,software for calculation of Raman scattering spectra,Technical University of Darmstadt,http://www. tudarmstadtde/fb/mb/ekt/ main. html.

[22] Cheng T S,Wehrmeyer J A,Pitz R W. Simultaneous Temperature and Multispecies Measurement in a Lifted Hydrogen Diffusion Flame. Combust. Flame,vol. 91,pp. 323 – 345,1992.

[23] Nandula S P,Brown T M,Pitz R W,et al. Single – Pulse,SimultaneousMultipoint Multispecies Raman Measurements in Turbulent Nonpremixed Jet Flames. Optics Lett. ,vol. 19,pp. 414 – 416,1994.

[24] Brockhinke A,Andresen P,Kohse – Höinghaus K. Quantitative One – Dimensional Single – Pulse Multi – Species Concentration and Temperature Measurement in the Lift – Off Region of a Turbulent H_2/Air Diffusion Flame. Appl. Phys. B,vol. 61,pp. 533 – 545,1995.

[25] Wehrmeyer J A,Yeralan S,Tecu K S. Multispecies Raman Imaging in Flames by Use of an Unintensified Charge – Coupled Device. Optics Lett. ,vol. 20,pp. 934 – 936,1995.

[26] Wehrmeyer J A,Yeralan S,Tecu K S. Influence of Strain Rate and Fuel Dilution on Laminar Nonpremixed Hydrogen – Air Flame Structure: An Experimental Investigation. Combust. Flame,vol. 107,pp. 125 – 140,1996.

[27] Miles P C,Barlow R S. A Fast Mechanical Shutter for Spectroscopic Applications. Meas. Sci. Technol. ,vol. 11,pp. 392 – 397,2000.

[28] Paul P H,van Cruyningen I,Hanson R K,et al. High Resolution Digital Flowfield Imaging of Jets. Expts. Fluids,vol. 9,pp. 241 – 251,1990.

[29] Wehrmeyer J A,Cheng T – S,Pitz R W. Raman Scattering Measurements in Flames Using a Tunable KrF Excimer Laser. Appl. Optics,vol. 31,pp. 1495 – 1504,1992.

[30] Carter C D, Barlow R S. Simultaneous Measurements of NO, OH, and the Major Species in Turbulent Flames. Optics Lett. , vol. 19, pp. 299 – 301, 1994.

[31] Barlow R S, Carter C D. Raman/Rayleigh/LIF Measurements of Nitric Oxide Formation in Turbulent Hydrogen Jet Flames. Combust. Flame, vol. 97, pp. 261 – 280, 1994.

[32] Neuber A, Krieger G, Tacke M, et al. Finite Rate Chemistry and NO Molefraction in Non – Premixed Turbulent Flames. Combust. Flame, vol. 113, pp. 198 – 211, 1998.

[33] Meier W, Vyrodov A O, Bergmann V, et al. Simultaneous Raman/LIF Measurements of Major Species and NO in Turbulent H_2/Air Diffusion Flames. Appl. Phys. B, vol. 63, pp. 79 – 90, 1996.

[34] Barlow R S, ed. International Workshop on Measurement and Computation of Turbulent Non-premixed Flames (TNF), Sandia National Laboratories, www. ca. sandia. gov tdfWorkshop.

[35] Barlow R S, Frank J H. Effects of Turbulence on Species Mass Fractions in Methane/Air Jet Flames. Proc. Combust. Inst. , vol. 27, pp. 1087 – 1095, 1998.

[36] Frank J H, Barlow R S. Simultaneous Rayleigh, Raman, and LIF Measurements in Turbulent Premixed Methane – Air Flames. Proc. Combust. Inst. , vol. 27, pp. 759 – 766, 1998.

[37] Nooren P A, Versluis M, van der Meer T H, et al. Raman – Rayleigh – LIF Measurements of Temperature and Species Concentrations in theDelft Piloted Turbulent Jet Diffusion Flame. Appl. Phys. B, vol. 71, pp. 95 – 111. 2000.

[38] Luque J, Crosley D R. LIFBASE ver 1. 5, SRI Report MP99 – 009, 1999.

[39] Fiechtner G J, Carter C D, Barlow R S. Quantitative Measurements of CO Concentrations in Laminar and Turbulent Flames Using Two – Photon Laser – Induced Fluorescence. Proc. of 33rd National Heat Transfer Conf, Albuquerque, NM, August 15 – 17, 1999.

[40] Di Rosa M D, Farrow R L. Cross Sections of Photoionization and AC Stark Shift Measured From Doppler – Free B←X (0,0) Excitation Spectra of CO. J. Opt. Soc. Am. B, vol. 16, pp. 861 – 870, 1999.

[41] Dibble R W, Stårner S H, Masri A R, et al. An Improved Method of Data Acquisition and Reduction for Laser Raman – Rayleigh and Fluorescence Scattering from Multispecies. Appl. Phys. B, vol. 51, pp. 39 – 43, 1990.

[42] Tacke M M, Geyer D, Hassel E P, et al. A Detailed Investigation of the Stabilization Point of Lifted Turbulent Diffusion Flames. Proc. Combust. Inst. , vol. 27, pp. 1157 – 1165, 1998.

[43] Paul P H. A Model for Temperature – Dependent Collisional Quenching of $OHA^2\Sigma^+$. J. Quant. Spectrosc. Radiat. Transfer. vol. 51, pp. 511 – 524, 1994.

[44] Paul P H, Gray J A, Durant Jr. J L, et al. Collisional Quenching Corrections for Laser – Induced Fluorescence Measurements of $NOA^2\Sigma^+$. AIAA J. , vol. 32, pp. 1670 – 1675, 1994.

[45] Settersten T B, Dreizler A, Di Teodoro F, et al. Temperature – and Species – Dependent Quenching of CO $B^1\Sigma^+$ ($\nu'=0$) Probed by Two – Photon Laser – Induced Fluorescence Using a Picosecond Laser. presented at the 2nd Joint Meeting of the U. S. Sections of the Combustion Institute, Oakland. CA. March 2001 (in preparation for submission to J.

Chem. Phys.).

[46] Nefedov A P, Sinel'shchikov V A, Usachev A D, et al. Photochemical Effect in Two – Photon Laser – Induced Fluorescence Detection of Carbon Monoxide in Hydrocarbon Flames. Appl. Optics, vol. 37, pp. 7729 – 7736, 1998.

[47] Cheng T S, Wehrmeyer J A, Pitz R W, et al. Raman Measurement of Mixing and Finite – Rate Chemistry in a Supersonic Hydrogen – Air Diffusion Flame. Combust. Flame, vol. 99, pp. 157 – 173, 1994.

[48] Chen Y – C, Mansour M S. Measurements of the Detailed Flame Structure in Turbulent H_2 – Ar Jet Diffusion Flames with Line – Raman/Rayleigh/LIPF – OH Technique. Proc. Combust. Inst., vol. 26, pp. 97 – 103, 1996.

[49] Brockhinke A, Andresen P, Kohse – Höinghaus K. Contribution to the Analysis of Temporal and Spatial Structures Near the Lift – Off Region of a Turbulent Hydrogen Diffusion Flame. Proc. Combust. Inst., vol. 26, pp. 153 – 159, 1996.

[50] Mansour M S, Chen Y – C, Peters N. Highly Strained Turbulent Rich Methane Flames Stabilized by Hot Combustion Products. Combust. Flame, vol. 116, pp. 136 – 153, 1999.

[51] Mansour M S, Bilger R W. Spatial – Averaging Effects in Raman/ Rayleigh Measurements in a Turbulent Flame. Combust. Flame, vol. 82, pp. 411 – 425, 1990.

[52] Stårner S H, Bilger R W, Dibble R W, et al. Some Raman/ Rayleigh/LIF Measurements in Turbulent Propane Flames. Proc. Combust. Inst., vol. 23, pp. 645 – 651, 1990.

[53] Ebersohl N, Klos Th, Suntz R, et al. One – Dimensional Raman Scattering for Determination of Multipoint Joint Scalar Probability Density Functions in Turbulent Diffusion Flames. Proc. Combust. Inst., vol. 27, pp. 997 – 1005, 1998.

[54] Du J, Axelbaum R L. The Effect of Flame Structure on Soot – Particle Inception in Diffusion Flames. Combust. Flame, vol. 100, pp. 367 – 375, 1995.

[55] Dally B B, Masri A R, Barlow R S, et al. Instantaneous and Mean Compositional Structure of Bluff – Body Stabilized Nonpremixed Flames. Combust. Flame, vol. 114. pp. 119 148, 1998.

[56] Meier W, Keck O, Noll B, et al. Investigations in the TECFLAM Swirl Diffusion Flame: Laser Raman Measurements and CFD Calculations. Appl. Phys. B, vol. 71, pp. 725 – 731, 2000.

[57] Grünefeld G, Beushausen V, Andresen P. Interference – Free UV – Laser – Induced Raman and Rayleigh Measurements in Hydrocarbon Combustion Using Polarization Properties. Appl. Phys. B, vol. 61, pp. 473 – 478, 1995.

[58] Knapp M, Luczak A, Beushausen V, et al. Polarization Separated Spatially Resolved Single Laser Shot Multispecies Analysis in the Combustion Chamber of a Realistic SI Engine with a Tunable KrF Excimer Laser. Proc. Combust. Inst., vol. 26, pp. 2589 – 2596, 1996.

[59] Prucker S, Meier W, Stricker W. A Flat Flame Burner as Calibration Source for Combustion Research: Temperatures and Species Concentrations of Premixed H_2/Air Flames. Rev. Sci.

345

Instrum. ,vol. 65,pp. 2908 – 2911,1994.

[60] Dibble R W,Kollmann W,Schefer R W. Conserved Scalar Fluxes Measured in a Turbulent Nonpremixed Flame by Combined Laser Doppler Velocimetry and Laser Raman Scattering. Combust. Flame,vol. 55,pp. 307 – 321,1984.

[61] Grünefeld G,Beushausen V,Andresen P,et al. Spatially Resolved Raman Scattering for Multi – Species and Temperature Analysis in Technically Applied Combustion Systems: Spray Flame and Four – Cylinder In – Line Engine. Appl. Phys. B,vol. 58. pp. 333 – 342,1994.

[62] Santoro R J,Pal S,Woodward R D,et al. Rocket Testing at University Facilities. AIAA conference paper 2001 – 0748. 2001.

[63] Gulati A. Measurement of Scalar Flowfield at the Exit of Combustor Sector Using Raman Diagnostics. AIAA conference paper 92 – 3350,1992.

[64] Grünefeld G,Beushausen V,Brockhinke A,et al. Laser – Based Multiparameter Measurements in a Jet Engine Burner. AIAA J. ,vol. 35,pp. 500 – 508,1997.

[65] Karpetis A N,Gomez A. An Experimental Study of Well – Defined Turbulent Nonpremixed Spray Flames. Combust. Flame,vol. 121,pp. 1 – – 23,2000.

[66] Meier W,Keck O. Laser Raman Scattering in Fuel – Rich Flames: Background Levels at Different Excitation Wavelengths. Meas. Sci. Technol. ,accepted. 2002.

第 15 章　燃气轮机和内燃机的燃料注入
与混合研究中的液滴测量

Douglas A. Greenhalgh，Mark Jermy

15.1　引　　言

采用液体燃料的燃烧系统无处不在，这是由于液态碳氢化合物既是相对安全的储能材料，又便于运输和补给。液体燃料的燃烧需要蒸发并与空气混合，而在燃料与空气混合前的预蒸发过程会导致碳氢组分的碳化和结焦。此外，燃料的混合或蒸发需要长驻留时间或大湍流度来提高扩散作用。当前的燃料注入技术可以很容易地将燃油分解成直径约 25μm 的小液滴[1]，有的甚至可以小到 1~2μm[2]。相对于气相来说，液相的最大特性便是单位体积内具有更大的动量，所以燃油的液滴穿过气流时会形成"弹道"一样，从而促进了燃油与空气的进一步混合。因此，使用液体燃料注入的混合系统通常比气体燃料注入的系统更为紧凑。

有很多燃料雾化的方法，但内燃机和燃气轮机主要通过两种途径：①采用大液压使燃油从小孔喷出；②采用高速空气流，然后利用液体和气体之间的剪切效应使燃料雾化。希望在本领域进行更深入研究的读者可参考 Lefebvre[1] 和 Azzopardi[3] 等人的文献。现代的柴油机喷油嘴代表了特殊的极端例子[2]，其采用压强达 100MPa 的液压驱使燃油通过一个直径为 0.2~1mm 的小孔，小孔的气穴现象和液体射流与空气之间的剪切效应相结合产生非稳态的燃油射流，从而实现燃料雾化。而大多数的燃气轮机雾化方式却是采用鼓风喷油嘴，其基于另外一种原理[1]，即液体薄片被夹在两个高速旋转的气流之间，强空气剪切效应会使液体薄片破碎成丝带和小液滴。由于表面张力的作用，更小的液滴会更加稳定，故丝带会进一步破碎成小液滴。图 15.1 展示了三种类型的燃油喷油嘴。

液体燃料雾化特性测量一直面临诸多挑战，早期人们主要采用摄影法[4]和机械法进行测量，Lefebvre[1] 和 Azzopardi[3] 对这两种方法进行了全面的综述。取样探测方法的主要缺点是燃料雾化是一个动态过程，任何机械取样均会改变液滴尺寸或样品，故可能不具有代表性。摄影法直至今天依然是研究燃料射流

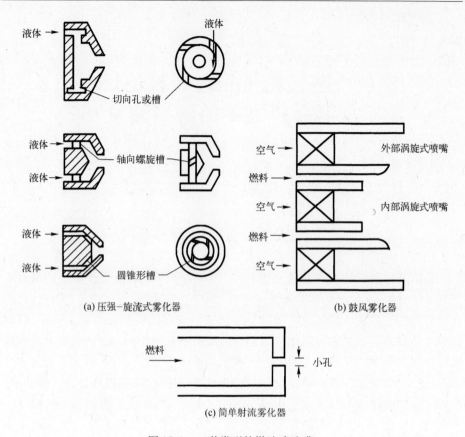

(a) 压强-旋流式雾化器 (b) 鼓风雾化器

(c) 简单射流雾化器

图 15.1　三种类型的燃油喷油嘴

或薄片破碎过程的主要测量方法。在实际雾化过程中,强的剪切力使燃油迅速破碎成小液滴并扩散,所以燃油雾化区域通常非常小,本章重点介绍的便是光学粒度仪的原理及方法。在燃油注入研究中主要有三种光学测量方法。第一种方法是 Swithenbank[5] 首次采用的基于路径积分的夫琅和费衍射测量方法,该方法目前已有商品化仪器,即马尔文粒度仪(Malvern Particle Sizer,MPS)。MPS 技术的主要缺点是路径积分过程,所以空间分辨率差;其优点是价格相对低廉,且易于操作,对于简单的液滴分布测量,MPS 技术可获得相对高的测量精度。另外两种广泛用于实际雾化测量的光学方法是激光相位多普勒风速仪(Phase Doppler Anemometry,PDA)[6,7] 和激光片液滴显示仪(Laser Sheet Dropsizing,LSD)[8,9]。这两种方法均具有高空间分辨率,PDA 主要为单点的时间分辨测量,而 LSD 为激光片上的时间平均测量。每种方法都有优点和缺点,后面将进行讨论和对比。所有光学技术在雾化测量中面临的主要问题是高密度液滴导致光多次散射,这会降低成像质量或改变散射信号特性。

这里还需要介绍另外两种平面激光粒子显示方法,即偏振光方法(Polarization Method)和激光干涉成像液滴显示法(Interferometric Laser Imaging for Dropler Sizing,ILIDS)。偏振光方法[10,11]主要通过测量垂直偏振和水平偏振散射光的强度比来反演粒子尺寸信息,其前提是需要给定初始的粒子分布信息。ILIDS 方法[12-16]又称为离焦 Mie 散射(Defocused - Mie Scattering)方法,其不需要给定粒子分布信息便可反演粒子尺寸。在 ILIDS 方法中,液滴的反射光和折射光之间会相互干涉产生干涉条纹,然后利用离焦相机记录条纹信息,条纹数量与液滴尺寸成反比例。ILIDS 既可用于单个液滴尺寸测量,也可用于液滴尺寸分布测量,但分辨干涉条纹要求相机放大倍数高,所以其测量视场通常都比较小。

15.2　液滴稳定性和喷雾统计基础

液滴只有在韦伯数低于某个临界值时才会存在,韦伯数是液滴动量力与表面张力之间的比值,它是一个无量纲量。很多雾化过程中液体的黏度通常都比较低,所以动量力主要来自液滴与气相介质(一般为空气)之间的速度差别,可用滑移速度 U_s 表示。因此,若液滴直径为 d_p,表面张力为 σ,其韦伯数可表示成 $W_c = \rho_{gas} U_s d_p / \sigma$。液体的韦伯数临界值为 13[1],高于该值时,液滴便会破碎成更小的液滴。在很多实际雾化中,液滴的平均韦伯数通常小于 1,韦伯数大于 1 时液滴形状便会产生扭曲,使其在扁平和扁长椭球体之间来回振荡,从而影响测量的精度。

喷雾测量涉及大量的统计过程,该方面知识对于不从事两相流研究的人员可能有点陌生。本节主要目的便是总结其中的一些关键内容,更详细的描述读者可参见文献[1]。有些液滴产生装置,如振动微通道板或 Berglund - Liu[17]能够产生单一尺寸的液滴(即单分散粒子),这些装置通常用作标定使用。但很多实际喷雾粒子尺寸都会有一个分布,例如自然气溶胶会遵循一个简单的分布函数。因此,描述喷雾特性至少需要两个参数,即平均尺寸和分布宽度,另外,需采用粒径分布函数来完整地描述喷雾信息。

对于总数为 N 的液滴,可采用不同的权重方式对其进行统计,表 15.1 给出了几种常见的平均计算方式。显然,液滴的质量分布函数与它的长度或数量分布函数不同,对于单峰分布函数,粒子质量分布将会明显偏移至大尺寸液滴,所以选择合适的权重函数非常重要。若所有的液滴均是按弹道排布,且只有弛豫到气体速度时即被迅速蒸发,那么以质量作为权重函数便是很好的选择,因为这会反映燃油的扩散情况。但在实际情况下,液滴的蒸发与混合均需要一定的时间,而这又部分地由液滴的表面积控制,所以在燃烧应用中,合适的权重函数是面积体积比或 Sauter 平均直径(Sauter Mean Diameter,SMD)。

表 15.1　平均直径及其物理意义

符　号	权　重	表 达 式	物 理 意 义
D_{10}	数量或长度	$\dfrac{\sum N_i d_i}{\sum N_i}$	平均尺寸
D_{20}	表面面积	$\left(\dfrac{\sum N_i d_i^2}{\sum N_i}\right)^{1/2}$	平均表面面积
D_{30}	体积	$\left(\dfrac{\sum N_i d_i^3}{\sum N_i}\right)^{1/3}$	平均体积(或质量)
D_{32}	面积体积比或 SMD	$\dfrac{\sum N_i d_i^3}{\sum N_i d_i^2}$	面积体积比与传质相关

　　有些仪器可以直接测量 SMD,但更多技术测量的是单个液滴尺寸,所以需要对测量数据进行处理以便获得预期结果。幸运的是,大多数喷雾均遵循一些相对简单的分布函数,其中最重要的分布函数是对数 – 正态分布

$$\frac{\mathrm{d}N}{\mathrm{d}d} = f(d) = \frac{1}{\sqrt{2\pi}\,s_{\mathrm{g}}}\exp-\left[\frac{1}{2s_{\mathrm{g}}^2}(\ln\overline{d} - \ln\overline{d}_{\mathrm{ng}})^2\right] \qquad (15.1)$$

式中,$\overline{d}_{\mathrm{ng}}$ 为液滴的平均体积直径,s_{g} 为分布的几何标准偏差,这两个参数与正态分布里的平均值和标准偏差意义一致。

　　对数 – 正态分布还可以用液滴的面积和体积来表述,若用面积表述,式(15.1)中的 $f(d)$ 和 $\overline{d}_{\mathrm{ng}}$ 分别替换为 $f(d^2)$ 和 $\overline{d}_{\mathrm{sg}}$;若用体积表述,式(15.1)中的 $f(d)$ 和 $\overline{d}_{\mathrm{ng}}$ 分别替换为 $f(d^3)$ 和 $\overline{d}_{\mathrm{vg}}$。上述不同参数之间的数学关系为

$$\text{表面 或 } D_{20}: \ln\overline{d}_{\mathrm{sg}} = \ln\overline{d}_{\mathrm{ng}} + 1.0 s_{\mathrm{g}}^2$$

$$\text{体积 或 } D_{30}: \ln\overline{d}_{\mathrm{vg}} = \ln\overline{d}_{\mathrm{ng}} + 1.5 s_{\mathrm{g}}^2$$

$$\text{SMD 或 } D_{32}: \ln\overline{d}_{\mathrm{svg}} = \ln\overline{d}_{\mathrm{ng}} + 2.5 s_{\mathrm{g}}^2$$

　　罗辛 – 拉姆勒(Rosin – Rammler)分布函数是另外一个常用的描述液滴分布的函数[18],它来源于粉体技术,表达式为

$$1 - Q = \exp[-(d/X)^q] \qquad (15.2)$$

式中,Q 为直径小于 d 的液滴占总数的比重;X 与 q 为经验常数。常数 q 表示液滴尺寸分布的分散情况,若喷雾由单一尺寸液滴构成,q 为无穷大;通常情况下,q 位于 1.5~4 之间。

　　罗辛 – 拉姆勒分布函数的主要优点是相对简单,而且还可用其推断尺寸非常小的液滴情况,而小尺寸液滴由于散射效率低,所以通常难以准确测量。

15.3　马尔文粒度仪

在液滴测量方面,马尔文粒度仪是目前最为广泛使用的光学测量技术,这主要是由于其测量原理相对简单且成本低廉。尽管它是一种成熟的方法,这里也对其进行简单的描述以与其他两种主要的技术进行比较。其原理是基于单色平行光的夫琅和费衍射,激光源通常采用 He–Ne 激光器。图 15.2 为测量系统示意图。在夫琅和费衍射中,若液滴的直径为 d_p,则在距离液滴为 $D(D \gg d_p^2/\pi)$ 的垂直于激光传播方向平面上的光强成一系列圆环分布,若衍射角 θ 非常小,则衍射光强分布的表达式为[19]

$$\frac{I(\theta)}{I_0} = C(\lambda)a^4 \left[\frac{2J_1(a\theta)}{a\theta}\right]^2 \frac{1}{2}(1+\cos^2\theta) \tag{15.3}$$

式中,I_0 为入射的激光光强;$I(\theta)$ 为衍射光强;θ 为衍射角;α 为与液滴尺寸相关的无量纲量 $\pi d_p/\lambda$;J_1 为一阶贝塞尔函数。

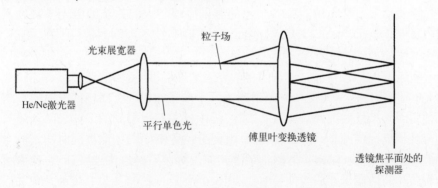

图 15.2　用于液滴尺寸测量的马尔文粒度仪夫琅和费衍射示意图

式(15.3)主要是针对单个液滴,在实际应用中,若液滴的尺寸满足简单的单峰分布,则会产生随 θ 变化的特有的光滑曲线[1,5,19,20]。衍射光强经傅里叶变换透镜后成像(不是液滴的像)至探测系统上,探测系统既可以是圆环状分布的二极管探测器阵列,也可以是 CCD 相机。依据衍射光强,实验人员便可采用预设的分布函数拟合出相关参数,对于罗辛–拉勒姆分布函数,拟合参数为 q 和 X;对于对数正态分布函数,拟合参数为 $\bar{d}_{svg}$ 和 s_g^2。

马尔文粒度仪的主要缺点有:①它是一个路径积分测量,所以若液滴的尺寸和分布均随空间变化,其测量结果会有一定的误差;②数据反演过程中需要给定液滴尺寸分布函数,而实际的液滴尺寸分布并不是单一的分布函数,若液滴尺寸是多峰分布便会导致错误的计算结果;③它难以用于高密度的喷雾测量。在高密度喷雾中,40%以上的光强会因液滴的多次散射而损耗,多次散射也会增加衍射角,但是数据处理过程中认为激光没有经过多次散射,所以马尔文粒度仪往往错误地给出较小的平均直径[21]。目前也有针对多次散射的修正算法,但其前提是液滴尺寸必须成单峰分布[21-23]。

在长期的研究经验中,我们发现液滴尺寸成双峰分布通常表示喷雾故障或存在两相流效应,例如回流。

15.4　相位多普勒测速仪

相位多普勒测速仪(Phase Doppler Velocimetry, PDV)又称为相位多普勒风速仪(Phase Doppler Anemometry, PDA),二者是相同的,相关的文献对该技术进行了详细阐述[6,7,24]。本节主要目的是总结该技术的基本原理,并突出分析与液滴尺寸测量相关的问题。PDV 技术利用两个空间分开的探测器测量两个多普勒脉冲之间的位相差来估算单个液滴的尺寸。多普勒脉冲是由两束交叉的激光经过液滴后散射产生的。PDA 技术的测量原理与人们熟知的激光多普勒测速仪(Laser Doppler Velocity, LDV)相同,利用 LDV 技术可以测量粒子在垂直于激光交叉平面内的速度分量。

PDV 技术原理可通过非常简单的方式来理解,即透明的液滴可看作一个微透镜,当液滴穿过两束交叉激光束产生的干涉条纹时(图 15.3),液滴的折射作用使得干涉条纹放大并被探测器接收,所以探测器观察到的干涉条纹间隔与液滴尺寸成反比例,而干涉条纹间隔是由两个位置不同的探测器同时测量的多普勒信号相位差反演得出。若测量系统几何位置关系经过细致设计,可使测量到的相位差与液滴尺寸成线性关系。图 15.4 给出了 PDV 测量系统的几何关系示意图。

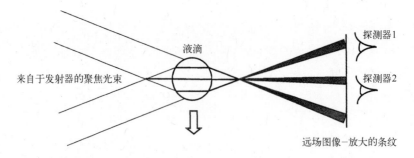

图 15.3　两束交叉的激光束产生的干涉条纹以及由液滴折射后成像至探测器

PDV 技术的复杂性之一是液滴对激光既有折射也有反射,而折射光的相位

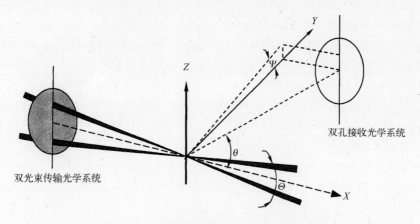

双孔接收光学系统

双光束传输光学系统

图 15.4　PDV 测量系统中的几何关系示意图

差与反射光的相位差并不相同。对于图 15.4 所示的几何位置关系,Saffman[25]给出了两个探测器测量的反射光相位差和折射光相位差的数学表达式为

$$\Phi_{12}(\text{反射}) = \left(\frac{\pi dm_{空气}}{\lambda}\right) 2\sqrt{2}\left[\left(1 + \sin\frac{\Theta}{2}\sin\psi\sin\theta - \cos\frac{\Theta}{2}\cos\theta\right)^{1/2}\right.$$
$$\left. -\left(1 - \sin\frac{\Theta}{2}\sin\psi\sin\theta - \cos\frac{\Theta}{2}\cos\theta\right)^{1/2}\right] \tag{15.4}$$

$$\Phi_{12}(\text{折射}) = \left(\frac{\pi dm_{空气}}{\lambda}\right) 4\left\{\left[1 + m^2 - \sqrt{2}\,m\right.\right.$$
$$\left.\left(1 + \sin\frac{\Theta}{2}\sin\theta\sin\psi + \cos\frac{\Theta}{2}\cos\theta\right)^{1/2}\right]^{1/2}$$
$$-\left[1 + m^2 - \sqrt{2}\,m\right. \tag{15.5}$$
$$\left.\left(1 - \sin\frac{\Theta}{2}\sin\theta\sin\psi + \cos\frac{\Theta}{2}\cos\theta\right)^{1/2}\right]^{1/2}\right\}$$

式中,d 为液滴直径;m 为液滴折射率;θ,ψ,Θ 为图 15.4 标注的角度。

上述关系式没有考虑液滴的二次散射,因为没有闭环解,若考虑高次散射,需采用数值迭代过程。式(15.4)和式(15.5)在实际应用中还会遇到以下重要的问题,即:对于远离前向散射角度上的非透明液滴来说,反射光的相位差与液滴尺寸之间的关系是唯一的,但对于透明液滴来说则不同。来自透明液滴的反射光和折射光对测量信号均有贡献,在采用后向散射接收系统时,很可能会产生不确定性。若激光采用 p 偏振光,且探测器的接收角为布儒斯特角($\phi_b = 2\arctan(1/m)$),那么折射信号占优势。在实际应用中,若接收角位于 30°～80°之间,则相位差与液滴直径几乎成线性关系。在布儒斯特角处线性关系最好;通常,散射信号最强的角度位于 1 级折射角处,称之为"彩虹角"。更为详细的分析与讨论,读者可以参见文献[24,25]。

第二个问题便是处理测量精度和测量范围(总位相角为 2π)之间的关系。为了克服这一限制,可采用 3 个探测器进行测量,其中 2 个探测器接收角度间隔较小,第 3 个探测器与它们的接收角度间隔较大,这样角度间隔大于 2π 的探测器可以精确测量。采用 3 个探测器的另外一个好处是增加了测量数据冗余度,所以可相互验证测量结果的准确性,例如利用角度间隔较小的一对探测器以适度的精度给出液滴直径,角度间隔较大的一对探测器进一步给出液滴直径的精确值。

PDV 通常采用专门的数据处理器进行数据反演计算,如协方差处理器[26],可同时给出多普勒信号的频率和相位信息。最近,有关厂家研制出离散傅里叶变换处理器,其高带宽特性使得 PDV 测速范围更宽、精度更高、并减少了信号空载时间[27]。

PDV 技术的主要优势有:①可实现液滴尺寸精确测量而无需复杂的标定过程(仔细测量系统的几何关系便可实现合理精度的标定);②可同时测量单个液滴的尺寸和速度(通常指速度的 2 个分量,也可实现 3 个速度分量测量);③可实现单点的实时在线测量,并能够根据液滴速度和尺寸信息间接得到质量流量。但在质量流量测量中,遇到的问题之一便是 PDV 往往无法精确测量大尺寸液滴。这是由于大尺寸液滴的韦伯数较大,所以其形状通常都是非球形的。此外,大尺寸液滴往往不能完全处于由激光束位置和探测器孔径决定的探测区域的中心位置(即所谓的"狭缝效应"和"轨迹效应",其结果导致反射光光强增强,而理论上的液滴尺寸与相位关系往往是基于折射光占优的预期假设)。上述两种情况均会导致探测器观察的干涉条纹发生扭曲,从而导致错误的测量结果,有的甚至被数据处理器的验证程序剔除。大尺寸液滴对浓度和质量流量影响较大,且大尺寸液滴具有非球形形状和非主流散射强的特性,这两个因素导致 PDV 在浓度和质量流量测量中有较大误差。PDV 面临的另外一个限制是应用于高密度喷雾测量时精度低并且识别率很低。此处高密度喷雾定义为激光传播路径上液滴密度大于 $10^{10}/m^3$(液滴的 SMD 约 $20\mu m$)。在高密度喷雾中,影响测量精度的因素主要有:激光由于散射而衰减,同时粒子多次散射导致测量信号进一步衰减;探测区域外围散射光导致测量噪声和直流信号增加;多个粒子同时穿过探测区域。由于小尺寸粒子的 PDV 信号通常较弱,所以上述因素导致测量中无法探测到小尺度粒子,而 PDV 的大尺寸粒子的测量误差又往往比较大,所以 PDV 在高密度喷雾测量中依然面临挑战。

近年来,Dantec 公司研制出双模 PDA 技术,该技术在抑制狭缝效应和轨迹效应问题上取得了一些成功。双模 PDA 技术采用两套探测器,其中一套探测器布局方式与常规 PDA 一致,即沿 ψ 角方向布置,另外一套探测器沿 θ 角方向布置。通过两套探测器反演的粒子尺寸信息之间对比达到数据相互验证的目的。若数据一致,则粒子的实际散射机制与预设模型一致,该数据为有效数据;若数据不一致,则剔除该数据。这种处理方式可有效降低错误测量结果的数据量,错误测量结果主要来源于大尺寸液滴的非球形形状和狭缝及轨迹效应,从而提高了液滴浓度和质量流量测量精度。双模 PDA 技术还可通过减少探测区域的方式应用于高密度喷雾测量。

PDV 技术的主要缺点有:①它是一个点测量技术,二维测量需要牺牲测量时间;②它需要沿特定角度开设对开的光学窗口;③整套系统价格昂贵;④在高密度喷雾测量中,PDV 系统性能差。尽然如此,PDV 技术或许仍是详细研究燃料雾化特别是喷雾动力学以及空气动力学的可供选择的方法。

15.5　激光片粒径测量技术

理论上可通过荧光信号和 Mie 散射信号之间比值反演出液滴尺寸,该原理已用激光片粒径(Laser Sheet Dropsizing, LSD)测量技术进行了演示[8,9,28-32]。LSD 本质上是二维平面成像测量技术,其测量系统与平面激光诱导荧光技术基本一致(见第 7 章、第 8 章和文献[33]),图 15.5 给出了 LSD 测量系统示意图。可以看出,LSD 主要由一个激光片和一台或两台位于特定角度的 CCD 相机构成。LSD 的基本原理是弹性散射和荧光散射均与液滴尺寸相关,利用二者的关系可反演出液滴尺寸。

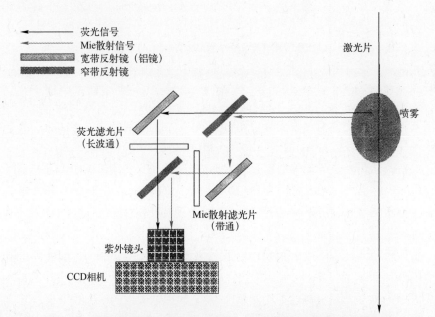

图 15.5　LSD 仪器及光学布局示意图,其中采用分束镜将 Mie 散射光和 LIF 信号光分开并成像至同一 CCD 相机的不同区域上

对于直径为 d_p 的液滴,其散射光强表达式为

$$S = Cd_p^n \tag{15.6}$$

式中,C 为与实验参数相关的常数,包括激光强度、探测效率、信号接收角等;n 为依赖指数,其在固定温度下为恒定值。

式(15.6)只有在 $d_p \gg \lambda$ 时才成立(λ 为激光波长),且没有考虑形态依赖共振(Morphology Dependant Resonance,MDR)现象。弹性散射的特性已众所周知,主要采用 Lorenz–Mie 理论[34]进行计算。对于直径大于 2λ 的球形液滴,式(15.6)可简化成式(15.7),其散射光在液滴表面的赤道轴处会形成两个散射斑,如图 15.6 所示。

$$S_{\text{Mie}} = Cd_p^2 \tag{15.7}$$

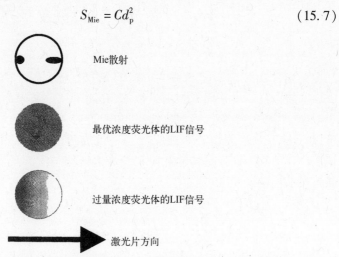

Mie散射

最优浓度荧光体的LIF信号

过量浓度荧光体的LIF信号

激光片方向

图 15.6　球形液滴对光的不同散射机制

形态依赖共振现象会使式(15.7)叠加一个尖峰,但是尖峰的面积非常小,此外微弱的吸收便会消除该尖峰(LSD 测量中通常存在吸收)[28]。最后,由于液滴尺寸分布的多分散特性,即便只有几个微米,也会产生额外的平均效应。

激光诱导荧光是非弹性散射过程,即激光首先被荧光体吸收,然后产生通常为红移的辐射信号。对于透明介质(即对激光为弱吸收),处于液滴内的分子基本为均匀发光,则荧光信号与液滴尺寸之间为理想化的关系式:

$$S_{\text{LIF}} = Cd_p^3 \tag{15.8}$$

在实际情况中,Mie 散射和 LIF 的理论假设均不是严格成立,近期的理论研究表明其在小液滴尺寸($d < \lambda$)应用中会存在问题[28,30]。但是,本章以及其他实验研究[9,28]表明,对于大量液滴的平均测量来说,上述理论假设的误差非常小。

鉴于上述条件,大量液滴产生的 Mie 散射和 LIF 图像的像素与像素之间的比值与液滴的 SMD 成正比:

$$\frac{S_{\mathrm{LIF}}}{S_{\mathrm{Mie}}} \doteq \frac{C_{\mathrm{LIF}} \sum_i d_i^3}{C_{\mathrm{Mie}} \sum_i d_i^2} \propto \frac{\sum_i d_i^3}{\sum_i d_i^2} : D_{32} : \mathrm{SMD} \tag{15.9}$$

　　另一方面,由于 LIF 信号正比于液滴直径的 3 次方,所以可默认为 LIF 信号与液体体积分数成正比,这是自摄影法发展出来的液滴尺寸测量的最新方法,而马尔文粒度仪和 PDV 技术是第四代粒径测量技术。基于 LIF 的测量方法的优势和诱人之处是简单并能够实现 SMD 图像的直接测量。

　　然而,还存在许多关键问题。LSD 方法明确要求荧光信号依赖于 d^3,但这又取决于荧光粒子的浓度和液滴内的吸收长度[9]。图 15.6 直观地展示了该现象,可以清楚看出,在低吸收介质浓度下,整个液滴均会发光,而在高吸收介质浓度下,激光仅会激发液滴前表面的分子。对该现象合理解释是,随着吸收介质浓度的提高并超过一定阈值时,式(15.6)中的指数 n 从 3 变为 2。然而,实际中其他因素也有可能产生影响,图 15.7 给出了激发波长为 266nm 的 PTP 激光染料在矿物精油溶液中的浓度对指数 n 的影响[9]。与预期一致,随着浓度升高,指数 n 会降低,但在非常低的浓度下,指数会超过 3,使得自发辐射放大(Amplified Spontaneous Emission,ASE)具有高增益。因此,在低浓度下,介质对辐射光的吸收非常弱,使得 ASE 甚至类激光行为[35]成为可能。其中最为重要的因素是,ASE 是爱因斯坦 B 过程,而荧光是爱因斯坦 A 过程,后者受猝灭和能级寿命影响。所以,ASE 将会完全消耗处于激发态能级的分子,并能更为有效地提取激光能量。此外,对于大尺寸液滴,ASE 逃离液滴的平均路径更长,进而使得 ASE 的效率更高。因此,若增益大于吸收,大尺寸液滴里的 ASE 将会占主导作用,不成比例地产生更多的辐射,导致系数 n 超过 3。尽管上述效应是个非常有意思的现象,但还需设法去避免它,最简单的方法是提高荧光体的浓度使 $n=3$。此外,还可以向溶液里添加能吸收 ASE 辐射波长的吸收介质,或采用增益低的染料。

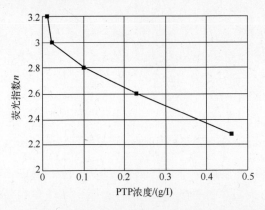

图 15.7　荧光指数 n 随吸收体浓度变化曲线

影响 LSD 测量的另外一个问题是液滴蒸发,这是由于 SMD 和液滴体积分数测量均认为穿过成像平面的单位液滴体积的荧光辐射强度是恒定的。因此,需要选择那些蒸发速率与溶液一致的染料。此外,还要求成像区域内温度变化对荧光效率的影响应该足够小。

图 15.8 给出了 LSD 技术的一些测量实证,也可参阅彩图 11。这些图是由 A 型 Delavan 压力旋流喷雾器产生的喷雾图像,喷雾器工作流量为 2.48L/h,并进入接近静止的空气中(有少量吹扫气体用于清除多余的薄雾)[9]。从图 15.8 可以看出(参见彩图 11),Mie 散射图像和 LIF 图像之间存在明显不同。这是由于压力旋流喷雾器首先在喷嘴附近形成空心旋转的锥形薄片,然后薄片迅速破碎成液滴。所以空心锥体的作用就像驱动器一样,使得锥形喷雾的中心区域压强降低,从而形成径向的内向流,导致更多的小尺寸液滴迁移至中心区域。因此,强度正比于液滴表面积的 Mie 散射图像在靠近喷雾的中心区域强度更强,而正比于液滴体积分数的 LIF 图像在喷雾的锥体处强度更强。图 15.9 为 LIF 图像与 Mie 散射图像的比值,得到的是利用 PDV 标定的 SMD 图像。图 15.10 给出了 LSD 技术与 PDV 技术测量的 SMD 结果对比。

(a) 平均LIF图像(3000个点)　　　(b) 平均Mie散射图像(3000个点)

图 15.8　小型压力旋流喷雾上测量的 LIF 和 Mie 散射平均图像(见彩图 11)

在实际中,LSD 面临的一个重要问题是要求每个像素均是对大量液滴的成像,这可通过对大量单脉冲图像取平均实现,并/或在测量中确保每个像素分辨的不是单个液滴,后者是为了平滑 Mie 和 LIF 信号在单个液滴表面空间

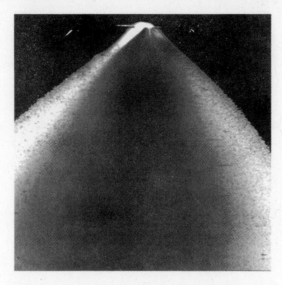

图 15.9　LSD 在小型压力旋流喷雾器上测量 SMD 图像

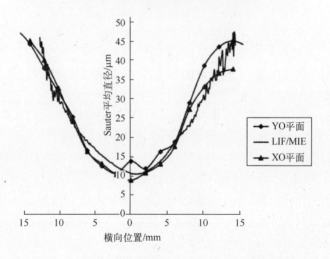

图 15.10　小型压力旋流喷雾器上 LSD 和 PDA 测量结果对比

分布的不同(图 15.6)。若求出瞬态图像间的比值,则要求单个像素在每个时刻均是对大量液滴的成像,如 Stojkovic 和 Sick 等人的工作[32]。LSD 面临的第二个关键问题是要求 Mie 和 LIF 图像之间能够充分关联(达到亚像素级别),以保证二者的比值能够精确预估 SMD 值。我们采取的实验装置是利用 4 个反射镜系统并结合恰当的滤光片使得 2 个图像成像至同一 CCD 相机上(见图15.5),该装置的最大优点是保证了两幅图像拥有相同的光学器件;其缺点是降低了每个图像的空间分辨率,但后者造成的损失非常小,这是由于当前

CCD 相机像素可达到 1k×1k,且价格适中。Stojkovic 和 Sick[32]设计了一种可以分别调节 Mie 和 LIF 路径长度的实验装置,该装置在色差非常大的大孔径、小景深的流场应用中非常有用。最后,LSD 图像还需要一个独立的方法进行标定,这是由于不能精确地给出式(15.9)中的因子 C_{LIF}/C_{Mie},所以需要采用其他方法(如 PDV)对图像中的至少一个点(选择那些喷雾浓度对 PDV 测量影响不大的点)进行标定或采用标准的喷雾标定。本章的所有 LSD 数据均是采用 PDV 对图像中的一个点进行标定。

LSD 的主要优点有:①测量系统较为简单、利于使用;②两幅图像的比值可以消除共同的干扰因素(例如,若采用单个相机采集图像,则激光的衰减和相机成像因素均是相同的);③ 相比于 PDV,LSD 能够满足浓度更高喷雾的测量[9,30];④测量系统的成本比 PDV 更为便宜。LSD 的测量精度与 PDA 相当[30],且可实现瞬态图像的测量[32]。LSD 能够应用于高密度喷雾测量是由于激光在喷雾中的穿透能力和多次散射对信号强度影响等因素对两幅图像的贡献是相同的,所以在比值运算时可有效消除。此外,LSD 在多幅图像取平均时可以将小尺寸液滴信号提高至大尺寸液滴信号的背景噪声以上,且 LSD 并不要求图像能够分辨单个液滴。

LSD 的主要缺点是需要进行标定,但 LSD 另一个优势是其 LIF 数据可同时给出液滴的体积分数。对于激光衰减较大的液滴体积分数测量,需要对激光片的衰减情况进行合适的修正[36]。

15.6   应用实例和不同方法对比

LSD 和 PDV 均已被广泛使用和相互比对[8,9,28-32,37]。本节介绍的两个对比案例主要是为了说明 LSD 在高密度喷雾测量中的优势,同时突出 PDV 技术的难点。图 15.11 为 PDV 和 LSD 在小型燃气轮机的空气雾化喷嘴上测量数据的对比,该喷嘴的流量为 0.1L/min(矿物精油,即不含芳香族化合物的煤油),PTP 种子的添加浓度为 0.023g/L[9]。与本章前面数据一致,PTP 的激励波长为 266nm。可以看出这种实用喷嘴的两条曲线轮廓吻合得很好。若认为图中用大正方形标记的 4 个 PDV 测量数据是错误的,则 LSD 与 PDV 的数据吻合是异乎寻常的好。巧合的是,图中的 4 个数据点也正好对应 PDV 测量区和探测器之间干扰最大的喷雾区域。

上面的测量发现也进一步被第二个对比案例证实,即在水里面添加水杨酸钠,添加浓度为 0.2g/L,激励波长为 308nm[30]。图 15.12 展示了垂直于喷嘴出口,距离分别为 100mm、200mm、300mm 处的横切线 PDV 和 LSD 测量的 SMD 结果。

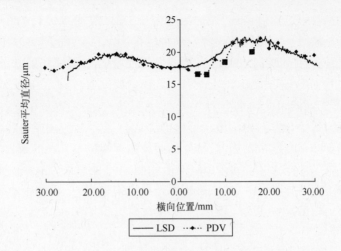

图 15.11 LSD 和 PDV 在中等密度的空气雾化喷嘴上的测量数据对比

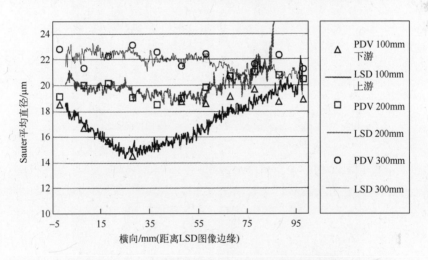

图 15.12 LSD 和 PDV 在大密度的水喷雾中测量结果对比

实验中的喷嘴是专门设计的,用于产生细密喷雾,测量在一个腔体内进行(直径为 0.7m,长度为 1m,并含有空气吹扫的光学窗口),该装置能够产生大量的小尺寸、低流速(长的驻留时间)液滴,使得 PDV 测量极为困难。测量中,我们发现影响 PDV 的关键因素是 PDV 信号能否横穿过喷雾。因此,仅在一些有限的区域才能实现 PDV 的可靠测量,导致测量结果存在明显的不对称性。作为对比,LSD 的测量结果是对称的,并在 PDV 测量数据可靠区域,二者能够很好地吻合。

最后一个案例来源于柴油机运行中对 LSD 技术的初步评估[37](图 15.13),燃料是四乙氧基丙烷(TEP)和四甘醇二甲醚(TEGDE)按 70/30 的体积分数配制而成。示踪粒子为茂并芳庚,添加浓度为 0.5g/L,其激励波长为 354nm,荧光波长处在可见波段。测量图像横穿发动机缸内中部,以便能够观察 5 个喷注嘴的雾化情况,5 个喷油嘴以发动机头部的燃料喷嘴为中心呈辐射状分布。测量图像为 S_{LIF}/S_{Mie} 值,即应该正比于 SMD,但是在数据解读过程中还需谨慎。首先,柴油喷雾的液滴尺寸通常小于 $10\mu m$[2,8];其次,柴油喷雾的浓度比较高。这种喷雾中韦伯数小,然而,由于液滴与液滴之间肯定会发生碰撞,在这种浓密喷雾中不可能排除存在丝带。因此,LSD 在柴油喷雾测量中存在的最大问题是,大量的燃料液滴尺寸小于 $2\lambda = 0.7\mu m$,使得式(15.7)偏离线性关系。然而,若液滴的体积大于上述极限,则测量结果依然是可以接受的。尽管如此,测量的图像与期望值是一致的,测量结果表明,小尺寸液滴更多地位于 5 个喷注嘴的中心附近。

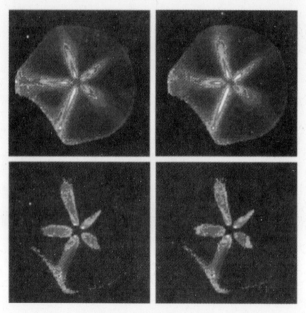

图 15.13　柴油发动机喷雾缸内测量的 LIF(上图)和 LSD(下图)图像

作为总结,表 15.2 比较了所讨论的几种技术的主要特性。

表 15.2　三种测量技术的优势及劣势对比

技　术	优　点	缺　点
MPS	简单 易于标定 价格低廉	路径积分测量 空间分辨率低 高密度喷雾中难以使用

（续）

技　术	优　　点	缺　　点
PDV	空间分辨率高 易于标定 实时数据 尺寸和速度同时测量 精细化测量中最全面的方法	点测量技术 需要特殊设计的离轴前向散射几何结构 无法用于高密度喷雾场 价格非常昂贵 喷雾图像测量需要长的测量时间
LSD	简单 价格适中 能够给出完全的喷雾图像 可用于高密度喷雾场 能够同时测量液体体积分数	需要独立标定 仅能够测量时间平均的 SMD 数据

参 考 文 献

[1]　Lefebvre A H. Atomisation and Sprays. Hemisphere Publishing Corporation,1989.

[2]　Heywood J B. Internal Comhustion Engine Fundamentals. McGraw – Hill Book Co. 1988, p. 522.

[3]　Azzopardi B J. Measurement of Drop Sizes. Int. J. Heat Mass Transfer,vol. 22,pp. 1245 – 1279,1979.

[4]　Fraser R P,Dombrowski N. The Selection of a Photographic Technique for the Study of Movement. J. Phot. Sci. ,vol. 10,pp. 155 – 168,1962.

[5]　Swithenbank J,Beer J M,Abbott D,et al. A Laser Diagnostic Technique for the Measurement of Droplet and Particle Size Distribution. AIAA Paper 76 – 69,14th Aerospace Sciences Meeting,Washington D. C. ,January 26 – 28,1976.

[6]　Bachalo W D,Houser M J. Phase Doppler Spray Analyzer for Simultaneous Measurement of Dropsize and Velocity Distributions. Opt. Eng. ,vol. 23,pp. 583 – 590. 1984.

[7]　Saffman M,Buchhave P,Tanger H. paper 8. 1,Proc. 2nd Int. Symp. Application of Laser Anemometry to Fluid Mech. Lisbon 1984.

[8]　Yeh C – N,Kosaka H,Kamimoto T. Fluorescence/ Scattering Image Technique for Particle Sizing in Unsteady Diesel Spray. Trans. JSME B,vol. 59,pp. 4008 – 4013,1993.

[9]　Le Gal P,Farrugia N,Greenhalgh D A. Laser Sheet Dropsizing of Dense Sprays. Optics Laser Technol. ,vol. 31,pp. 75 – 83,1999.

[10]　Stach T,Wensing M,Münch K – U,et al. Zweidimensionale quantitative Bestimmung der Tropfengröße in Sprays. Chem. Ing. Tech. ,vol. 70,pp. 405 – 408,1998（in German）.

[11]　Hodges J T,Baritaud T A,Heinze,T A. SAE910725,1991.

[12]　Roth N,Andres K,Frohn A. Third Intl. Congress on Optical Particle Sizing. 1993,pp. 371 – 377.

[13]　Glover A R,Skippon S M,Boyle R D Interferometric Laser Imaging for Droplet Sizing:A

Method for Droplet – Size Measurement in Sparse Spray Systems. Appl. Optics, vol. 34, pp. 8409 – -8421, 1995.

[14] Hess C F. paper 18. 1 vol. 1, Proc. 9th Int. Symp. Application of Laser Techniques to Fluid Mech. Lisbon, Portugal, July 13 – 16, 1998.

[15] Mounaïm – Rousselle C, Pajot O. Optical Technology in Fluid, Thermal and Combustion, ed. SPIE, vol. 3172, pp. 700 – 707, 1997.

[16] Niwa Y, Kamiya Y, Kawaguchi T, et al. Paper 38PL, Proc. 10th Int. Symp. Application of Laser Techniques to Fluid Mech. Lisbon, July 10 – 13, 2000.

[17] Berglund R N, Liu B Y H. Generation of Monodisperse Aerosol Standards. Environ. Sci. Technol. , vol. 7, pp. 147 – 153, 1973.

[18] Rosin P, Rammler E. The Laws Governing the Fineness of Powdered Coal. J. Inst. Fuel, vol. 7, pp. 62 – 67, 1933.

[19] Jones A R. Light Scattering for Particle Characterisation. in Taylor A M K P, ed. Instrumentation for Flows with Combustion. London: Academic Press, 1993, pp. 323 – 404.

[20] Dobbins R A, Crocco L, Glassman I. Measurement of Mean Particle Sizes of Sprays from Diffractively Scattered Light. AIAA J. , vol. 1, pp. 1882 – 1886, 1963.

[21] Hamidi A A, Swithenbank J. Treatment of Multiple Scattering of Light in Laser Diffraction Measurement Techniques in Dense Sprays and Particle Fields. J. Inst. Energy, vol. 59. pp. 101 105. 1986.

[22] Felton P G, Hamidi, A A, Aigal A K. Measurement of Drop Size Distribution in Dense Sprays by Laser Diffraction. Proc. Int. Conf. On Liquid Atomisation and Spray Systems, IVA/4/1 – 11, 1985.

[23] Dodge L G. Change in Calibration of Diffraction Based Particle Sizers. Optics Eng. , vol. 23, pp. 626 – 630, 1984.

[24] Wigley G. Phase Doppler Anemometry and Its Application to Liquid Fuel Spray Combustion. in Lading L, Wigley G, Buchhave P, eds. Optical Diagnostics for Flow Processes. New York: Plenum Press, 1994.

[25] Saffman M. The Use of Polarized Light for Optical Particle Sizing. Proc. 3rd Int. Symp. Application of Laser Anemometry to Fluid Mech. , 1986.

[26] Lading L. Principles of Laser Anemometry. in Lading L, Wigley G, Buchhave P, eds. Optical Diagnostics for Flow Processes. New York: Plenum Press, 1994.

[27] FT PDV processors and descriptive literature are available from Dantec Measurement Technology (the BSA P50 and P70) and from TSI Inc. (the RSA).

[28] Domann R, Hardalupas Y. Evaluation of the Planar Droplet Sizing PDS Technique. Proc. 8th ICLASS, 2000.

[29] Sankar S V, Maher K E, Robart D M, et al. Spray Characterisation Using a Planar Droplet Sizing Technique. Proceedings ICLASS – 97, Seoul, Korea, 1997.

[30] Jermy M C, Greenhalgh D A. Planar Dropsizing by Elastic and Fluorescence Scattering in

Sprays too Dense for Phase Doppler Measurement. Appl. Phys. B, vol. 71, pp. 703 – 710, 2000.

[31] Zelina J, Rodrigue A, Sankar S V. Fuel Injector Characterisation Using Laser Diagnostics at Atmospheric and Elevated Pressures. AIAA 98 – 0148, 36th Aerospace Sciences Meeting and Exhibit, Reno, NV (1998).

[32] Stojkovic B D, Sick V. Evolution and Impingement of an Automotive Fuel Spray Investigated with Simultaneous Mie/LIF Techniques. Appl. Phys. B, vol. 72, pp. 75 83 (2001).

[33] Seitzman J M, Hanson R K. Planar Fluorescence Imaging in Gases. in Taylor A M K P, ed. Instrumentation for Flows with Combustion. London: Academic Press, 1993, pp. 405 – 466.

[34] Bohren G F, Huffman D R. Absorption and Scattering of Light by Small Particles. Wiley, 1983.

[35] Serpengüzel A, Swindal J C, Chang R K. et al. Two – Dimen – sional Imaging of Sprays With Fluorescence, Lasing, and Stimulated Raman Scattering. Appl. Optics, vol. 31, pp. 3543 – 3551, 1992.

[36] Talley D G, Verdieck J F, Lee S W, et al. Accounting for Laser Sheet Extinction in Applying PLIF to Sprays. AIAA 96 – 0469, 1996.

[37] Lockett R D, Richter J, Greenhalgh D A. The Characterisation of a Diesel Spray Using Combined Laser Induced Fluorescence and Laser Sheet Dropsizing. CWC2, Proc. CLEO/Europe ' 98, IEEE Cat. No. 98TH8326, 1998.

第16章 直喷柴油发动机的光学测量

Thierry Baritaud

16.1 柴油发动机相关的关键问题

柴油(或者压燃式)发动机是所有往复式发动机中最高效的能量转换器。它们同样是将化学能转化为机械能的最好的转换器,效率可以超过50%。这主要是由于其热力学循环的压缩比高,吸气循环时的泵气损失较低(无节气门工作)以及燃烧贫燃混合物的能力。此外,柴油比汽油更高能,能提供高密度的能量储存。至少到目前为止,柴油燃烧是分层和贫燃的,这使 CO 和 HC 排放水平非常低。因为部分混合物在富燃区燃烧会形成碳烟,通过峰值压力调校,总能与 NO 排放之间找到折中办法。

在柴油发动机上安装排放控制设备比在电火花点火式发动机上更困难和昂贵,这促使柴油技术向着更好地控制缸内过程的方向发展。所有现代柴油发动机都是在单个主燃烧室进行燃料直喷。燃料喷注是发动机控制的关键参数。现代的高压直喷系统(共轨式或泵注式)以初始速度为几百米每秒的喷雾进入燃烧室,然后,需控制大尺度湍流、燃料与空气注入期间的残留混合以及大部分的燃烧时间。

燃料的蒸发、混合和加热过程决定了自点火时间和位置。开始化学反应的速率比湍流混合时间慢得多。当燃料变热时,化学反应时间急剧地减少,形成"一混合就燃尽"型的燃烧机制。

技术上的最新进展是关于多点喷油(多至 5~6 个点),从非常小的喷油孔里射出高压燃料喷雾(2000bar 或更高,100μm 或更小)。全自动点火模式(均质压燃)采用可变的阀门时间、增压技术以及灵活的喷注系统,现在变得更实用。这一类型的发动机,所有的燃料在自点火发生前被蒸发,注油燃烧从少数几个点火点开始,随后在整个燃烧室极快速地消耗燃料。

由于柴油燃烧现象非常复杂,故应用光学诊断技术对三种类型的实验装置进行了详细的研究。高温高压容器用于研究静止气体中的喷注与自点火。简化的光学发动机具有非常大的光学窗口,可以用精心控制的气流与瞬态热力学条件对喷注与燃烧的相互作用进行描述。最后,在几何尺寸、压缩比与那些真实发动机几乎类似但光学窗口非常小的发动机上,研究发动机所有参数之间的真实耦合效应。光学诊断给传统测量(发动机压力,排放等)提供了补充数据,而且对于洞悉发动机过程提供了非常宝贵的信息。此外,它们通常还是调节和验证计算流体力学(CFD)程序的唯一手段。

在柴油发动机中利用光学诊断研究的主要领域如下:

(1) 喷嘴流动(气穴现象);

(2) 喷雾(雾化、分离、蒸发、液滴尺寸和速度、液体和气体燃料浓度、加气);

(3) 自点火(燃料分解/基团形成、温度、自点火位置);

(4) 燃烧(自点火转化、燃烧区结构);

(5) 污染物(NO、碳烟与前驱物、HC)。

改变发动机的工作条件(发动机转速与载荷)、机头、活塞和多种几何尺寸的进气口,会带来流动、压缩比、热传递、阀门升程规律的改变,对这些效应的理解目的在于改变流动、热力学循环、喷注特性(喷管类型,喷注压力与位置,多点喷注效应)和燃料。

激光技术在柴油发动机中的应用甚至比在电火花点火发动机中诊断面临更多的挑战。20 世纪 80 年代与 90 年代早期,光学诊断在柴油喷注与燃烧上的应用,主要给出了定性的或整体的信息,如喷雾形状与穿透深度、自点火区位置、总的燃烧传播、碳烟产生和燃尽的定性信息。但在以下方面尚不够精确:定量描述燃料与空气湍流混合、完全确定燃烧状态(扩散、预混、或部分预混)的本质、鉴别反应类型以及量化与燃烧和污染物相关的化学反应速率等。尽管采用了前面介绍过的相当有效的柴油光学发动机或者发动机模拟器,喷嘴出口处较大的液体质量分数超过了绝大多数基础光谱学研究范围的高温高压条件,碳烟的快速形成导致光吸收和快速的窗口污染,使得定量组分确定遇到令人难以置信的挑战。然而,通过采用精心选择的工作条件、燃料和皮实的光谱测试方案,使获得后一种类型的数据成为可能。

本章介绍了光学诊断技术在直喷柴油发动机燃烧中的应用。文中并未列出所有开展的实验,但所收集的一些工作例证能有助于理解发动机过程或开发更好的发动机。

16.2　喷嘴流动

喷嘴孔内的流动在很大程度上控制雾化过程以及接下来的进气和燃料－空气混合。由于柴油喷嘴孔的尺寸小(目前直径约为 $100 \sim 200 \mu m$),使得在里面甚至在这些孔出口处进行测量都十分困难。Knapp 等人开展的早期工作[1] 显示在大多数情况下,压差高于3~40MPa时,孔入口与出口之间小孔内的气穴现象十分强,在很大程度上控制了喷雾的结构和邻近区域的特性(图16.1),这已经由Hiroyasu的团队明确地进行了证实[2]。最近,Flora等人[3]和Smith等人[4]研究了接近产品尺寸的喷嘴,发现似乎喷油器内部尺寸所有细节都很重要,至少在几十兆帕的中间压力范围内是这样的。绝大多数内部流体可视化实验采用简单的背光照明,并且在大尺度和准真实尺寸模型两方面都得到应用。在测量喷管内部或者出口处的流体速度方面,通过透射或反射激光束的自变量相关或者激光多普勒测速,已经有了一些尝试,但只获得有限的成功。测量喷管内部成穴的(蒸发的)燃料量,以及邻近喷管出口处流体结构的工作尚未开展,虽然Leipertz的团队[5,6]最近的工作给出了一些有意思的结果。这是发展光学技术应用的主要研究领域。使研究工作变得困难的原因在于喷油孔尺寸减小、几何结构的重要性、高压、两相流以及非常高的流速。

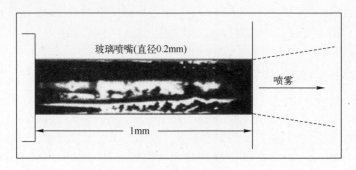

图16.1　真实尺寸透明柴油喷嘴中的成穴(气泡用黑色表示)
现象可视化(H. Chaves 提供)

16.3　喷雾与混合物形成

发动机喷雾一直是大量实验工作的主题。在20世纪80年代,利用光吸收、纹影照相、光漫射等技术进行了缸内喷雾可视化测量,同时期在高压甚至加热容器中进行详细测量,目的是创造一种类发动机热力学条件。最近,随着工业高喷注压力的发展趋势,美国桑迪亚国家实验室的Siebers等人、Kamimoto等人以及Verhoeven等人都开展了非常详细的高压容器实验工作。一种典型的高压燃料容器如图16.2所示。容器内的常压空气被加压,并被各种气体混合物的预燃过程加热。然后,当想要达到的工作条件满足时,在由传热导致的压力/温度衰减阶段燃料被注入。对燃料液体部分结构的进一步评述,可以在Smallwood与Gulder的文章中找到[7]。

图 16.2　法国石油研究院用于柴油喷雾研究的高压/高温容器

16.3.1　弹性散射

1. 直接 Mie 散射

三维或平面 Mie 散射足以给出液相穿透深度和喷雾角的高质量信息。例如,Verhoeven 等人在文献[8]中给出的图 16.3 中,清楚地表明蒸发喷雾的穿透深度与喷油压力关系不大。为了进行可视化,从脉冲红宝石激光器出来的厚激光片入射至含喷油轴的平面上,散射光通过致冷 CCD 相机收集。许多该类光学诊断研究中,还报道了在热的和高密度大气中,液相穿透长度典型地会稳定在 1~2cm。这些事实都是通过光学诊断技术揭示出来的。

虽然由于容器壁强烈的反射导致 Mie 散射通常难以在发动机上应用,但可以用于特定的过程。例如使机头发黑和采用镀膜的光学窗等,通常 Mie 散射技术就可以奏效。通过精心设计的实验,就能获得有助于喷油器鉴定或发动机设计的信息。在有熔融石英活塞的光学柴油直喷发动机中,如图 16.4 所示,Mokaddem 等人[9]获得了燃料液相的图像。图 16.5 是在喷油开始之后短时间内获得的,显示了从喷油嘴喷出的 5 条喷雾。它反映了不同的喷雾穿透长度完全不同,这是由于倾斜的喷油嘴内的不对称流动造成的。因为液体的量不同对于发动机燃烧行为会产生重要的影响,5 条喷雾中的气态燃料被周围空气加热,因此将发动机调节到最佳的燃烧与排放性能上是不可能的。这一原因导致许多柴油发动机生产商改变他们的发动机布局,以便采用具有更对称的喷雾模式的垂直喷油器。

2. 弹性散射用于蒸气示踪

弹性散射方法已经用于高压柴油喷雾蒸气中大面积的浓度测量,如在高压容器中观察到的那样。通过在燃料中注入较重的成分(润滑剂添加剂),这些成

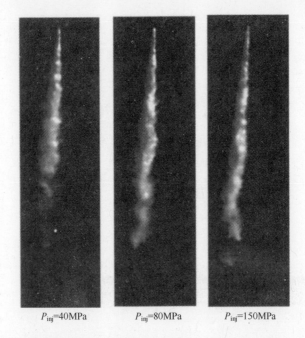

$P_{inj}=40$MPa　　　　$P_{inj}=80$MPa　　　　$P_{inj}=150$MPa

图16.3　蒸发条件下液态喷雾穿透深度的可视化:十二烷、$T=800$K、$\rho=25.2$kg/m^3。
像的垂直尺寸约20mm[8](汽车工程师协会提供)

(a)　　　　　　　　　　　(b)

图16.4　GSM 的直喷柴油发动机的光学窗(标致雪铁龙集团,雷诺与法国石油研究院)
(a)熔融石英活塞;(b)用以模拟各种发动机尺寸的光学罩。

分具有在某些发动机工作条件下不蒸发的性质,通过脉冲的二维激光片照射喷雾,就可能获得液相与在液相之前的部分气相的图像(图16.6)。当环境密度与

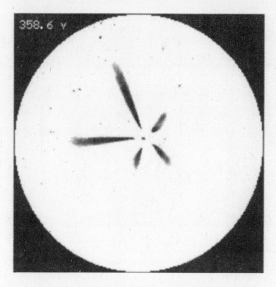

图 16.5 在图 16.4 的光学发动机中,利用一束直径 5cm 的脉冲
YAG 激光获得的 Mie 散射图像

喷油压力保持恒定时,蒸发条件下蒸气的穿透深度与未蒸发液体的穿透深度相当。环境压力密度、温度和其他参数效应都存储在数据库中,用于支持 CFD 模型的研发。Won 等人[10]曾经使用一种非常类似的利用硅油液滴的技术。最近,Bruneaux 通过总的喷油量,对蒸气相的散射信号进行了归一化处理,用于对燃料浓度进行大范围的测量[11]。他们表明在蒸气羽流中瞬时空间燃料浓度分布类似于一个平顶函数,其典型浓度水平为 $4 \sim 6 kg/m^3$,从而确认了 Espey 等人的发现[12]。然而,当在喷油后给定浓度分布的位置和时间,对喷油数量进行平均时,其分布就更接近于边缘梯度光滑的高斯型函数。当有人想建立自点火与燃烧模型时,这一类信息就会极其有价值,因为它指出了存在高水平的高压喷油预混。此外,这些定量的测量已经用于支持新的喷雾模型的研发[13],该模型除了喷注深度之外还考虑了其他因素。近几年,美国桑迪亚国家实验室的 Siebers 等人[14-16]已建立了在高温高压容器中获得的柴油喷雾的数据库,使得用于液相与气相穿透深度的相关规律的发展成为可能,这些规律在大范围参数变化时已得到确认。

16.3.2 激光诱导荧光

由于容器壁与窗口的反射,使得 Mie 散射通常难以应用,非弹性光 - 物质相互作用能有助于减小这些问题。在发动机中荧光一直是优先考虑的燃料诊断技术,因为大多数情况下其信噪比高。但是尚需处理两方面的问题。一是当对原

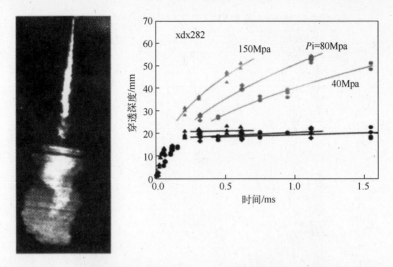

图 16.6　Mie－瑞利散射形成的液滴(左,上)和蒸汽(左,下),其中注入了较重的
不蒸发示踪剂;(右)800K、25kg/m³下作为喷油压力函数的气相与液相穿透深度曲线

油精炼时,柴油燃料是由准连续的有机成分构成的。燃料的确切组成依赖于原油产地以及精炼工艺,各批次的组成都会有很大的不同。燃料中的芳香烃成分含量相当高,能产生非常宽的荧光信号。但当燃料进入发动机条件下的燃烧室后,所有这些芳香烃成分的抗热裂性并不相同。另一个困难在于利用蒸发燃料的荧光,感兴趣的结果通常是按照液态或气态成分进行分析的。为了简化诊断并克服前面提到的两个困难,Melton[17]建议采用纯燃料,并且加入两种具有特殊性能的成分(M 和 N):一种荧光单体 M 在激光激励下,与 N 一起反应形成一种激发态的复合体,这是可逆的并与温度相关。由于分子的近邻程度大不相同,无论它们处于液相还是气相中,激发复合体将首先在液相中形成,此时单体将在气相中自行发射荧光。这两种荧光辐射的波长并不相同,能通过合适的滤光片进行光谱分离。从这一巧妙的技术获得的结果存在一些局限:由于在发动机工况下强烈的荧光猝灭效应,需要使用氮气代替空气,这就影响了同时对燃烧的观察。还有许多与温度和压强效应有关的问题,同时为了对燃料示踪而注入非常重的成分(TMPD 通常用作单体,萘或者同一族化合物用作激发复合体)。不同浓度(典型地为 1%~2% 的 TMPD,10% 或更多的萘或其他等效物)的混合物,已经在对不同的单组分燃料的示踪应用上取得了很大的成功。

对液相结构详细的可视化能通过激光诱导复合体荧光(用 LIEF 或 LIXF 命名)而实现。在图 16.2 中的高温－高压容器中,通过小心地调节一束 YAG 激光片(355nm)和喷油孔的位置而获得喷雾的高分辨二维图像[18]。图 16.7 中(参见彩图 12),能在喷嘴出口处观察到非常高的液体密度。正如强度刻度所示,离小孔约 1～2mm 处,液体密度就迅速降低一个数量级。在不同作者的观察中,波浪状的结构往往会退化成"岛屿"的现象。在这些"岛屿"之间,低液体密度区显示了蒸发和与空气混合的重要性。虽然多重散射与俘获能导致 LIEF 信号偏离线性区,但该液相的可视化工作已经能给出半定量的信息了。

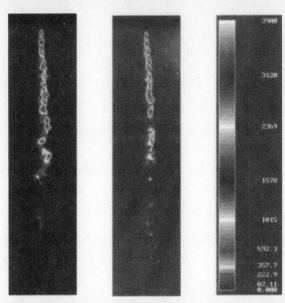

图 16.7　喷雾液体成分的复合体激光诱导荧光。YAG 激光波长 355nm, P_{inj} = 800bar,
T = 800K, ρ = 25.2kg/m^3。图像垂直尺寸约 20mm(参见彩图 12)

　　激发复合体荧光在 20 世纪 80 年代末期用于光学发动机,比如 Hodges 等人的工作[19]。研究工作清楚地表明对于直喷柴油发动机,尤其是在高的喷油压力下,气相的穿透深度远大于液相的穿透深度。高的信噪比允许我们建立数据库,并已被用于验证 CFD 建模。发动机内喷雾可视化的一个例子如图 16.8 所示。采用共轨技术的喷油器固定在侧面,通过一个光学活塞进行全流场可视化。因此,热力学与湍流条件都接近于真实发动机。环境气体为氮气,液相与气相的结构看起来非常清楚。气相的空间范围非常大并且喷油压力也很高。由于发动机内猝灭以及组分和温度的变化,除了简单的穿透深度分析,很难将激发复合物荧光技术用于定量成像。

　　长期以来,对气相进行定量测量一直是许多研究工作的主题,但这些研究工作尚未获得成功。在美国桑迪亚国家实验室的大口径光学柴油发动机上,Espey 等人[12]利用二维瑞利散射技术,并采取非常精细的混合和温度理论分析,期望在蒸气云中首次获得燃料相对浓度和当量比的良好近似。据观察该蒸气云的当量比保持在 3～4 的范围,意味着在蒸气羽流中达到了相当程度的预混。通过其

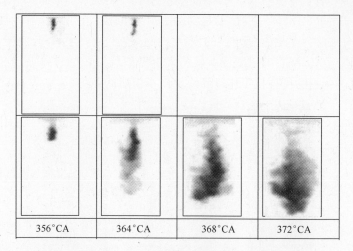

图 16.8 利用 LIEF 技术(单次实现)测量的喷雾液相(上部)与气相(下部)的图像。
涉及的工作条件:1200r/min、$P_{inj}=90MPa$(喷油孔直径 0.175mm)、
355°的曲柄角下喷油、氮气作为环境气体。图像尺寸为 30.2mm×67.4mm

他几种应用在相同发动机上的诊断技术给出的结果,Dec[20] 提出了一种对柴油喷雾以及燃烧区结构,尤其是与直喷发动机相关的新见解。美国桑迪亚国家实验室的研究团队除了不懈地将多种光学诊断技术用于同一问题研究并给出大量信息之外,他们所采用方法的重要优势在于利用其时间和空间分辨能力去重新审视基于平均信息的传统观念。

激发复合体荧光技术同样也用于表征类工业设备的多孔喷嘴的喷雾[9]。通过采用具有光学活塞的直喷柴油发动机,并用一束直径5cm的激光束穿过如图 16.4 所示的光学活塞,当改变发动机运行条件时,能够看到液相与气相的不同发展阶段。图 16.9 中的图像都是在透明活塞中收集的。该类型的装置使得激发复合体荧光成为一种能用于发动机与喷油系统改进的合适工具。信号是路径积分测量还是外部包络的可视化测量依赖于激光束与信号的吸收。由于发射与收集光波长的频移,使得该技术在信噪比方面具有独特的优势。

16.3.3　激光诱导拉曼散射

20 世纪 80 年代,亚琛大学 Heinze 与 Schmidt 等人的研究团队[21]在高压容器中应用了拉曼散射技术(见第 6 章、第 14 章)。采用其测量结果建立的数据库,已经帮助了不同的欧洲研究计划用于发展 CFD 模型。由于当时泵的喷油压力不如当今的共轨系统那么高,在气相测量位置同时存在大量液滴,必须剔除相当数量的点测量结果。事实上,拉曼散射信号强度比 Mie 散射甚至 LIF 信号要低几个数量级。这就使得当容器壁或窗口形成反射或者存在粒子或荧光辐射

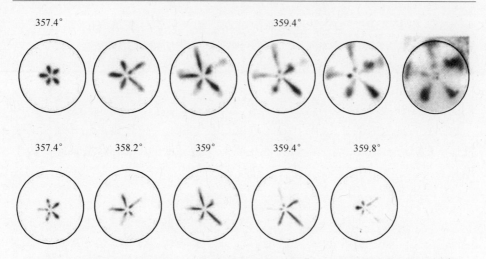

图 16.9　接近真实发动机尺寸下,利用激发复合体荧光对多孔喷油器喷雾进行的液相
（底部）与气相（顶部）成像。$P_{inj} = 65\text{MPa}$,喷油量 $15\text{mm}^3/\text{inj}$,$\rho = 20\text{kg/m}^3$,1200r/min

时,难以应用拉曼光谱技术,而这在发动机中是很常见的。

但是,采用现代的激光源与条件以及高响应的探测系统,在不存在噪声的情况下,拉曼散射信号强度直接与探测组分的绝对或相对浓度成正比(如果能够消除或者说明温度效应)的特性,正在重新引起不同的发动机研究团队的兴趣。对于柴油发动机的研究,Rabenstein 等人[22]已经采用偏振滤波技术减少了荧光背景噪声,在一个多孔喷油器的其中一束喷雾气相羽流中,沿一束几毫米长的聚焦激光束,获得了局部燃料空气当量比。用于探测的 CCD 相机已经给出了每一束激光的光谱,随着燃烧学的发展,使得鉴别不同性质混合物的组成成为可能。获得的局部燃料/空气当量比与美国桑迪亚国家实验室和法国石油研究院团队的可视化结果符合得很好[8,12]。已经研究了喷油压力、喷管类型、油气混合物中的燃油以及首次燃烧反应的发生等效应。通过 LIF 对流场测量的补充,局部拉曼散射能提供在燃烧与碳烟产生之前关于混合物成分的精确值。燃料点燃后背景噪声将会使获得精确的数据变得困难。

16.4　自点火与燃烧

由于柴油发动机燃烧时形成碳烟并在窗口上沉积,对其进行诊断通常很麻烦。此外,由于柴油发动机中的压力和温度高、大部分燃烧过程中存在着液滴、在有限的喷雾区中大部分感兴趣组分的浓度低等,使得诊断变得更加困难。已用于光学诊断的碳烟的自发光通常用作燃烧的示踪剂。碳烟发光叠加在富焰发光上,并且很早就发生在燃烧相的较热部分。许多由于燃料氧化的反应在低温下会发生得更早,但是由于浓度低而很难观察到。尽管存在这些困难,在20世纪90年代,光学诊断依然帮助我们更好地理解了柴油发动机的燃烧过程。

对自点火诊断最广泛采用的手段是自发光辐射。当用合适的感光度成像时,在喷油过程中,第一个亮斑相当早地出现。通常来说,存在许多自点火区,它们的位置是喷油、燃料、环境热力学以及流动状态的函数。Baritaud 等人[23] 给出了自点火可视化的例子,见图 16.10,可以观察到其统计位置概率。采用低的喷油压力(最大 40MPa),着火区域为液相喷雾穿透深度的 1/2。降温效应是为了增加点火延迟,以及接着将自点火位置向下游推进。

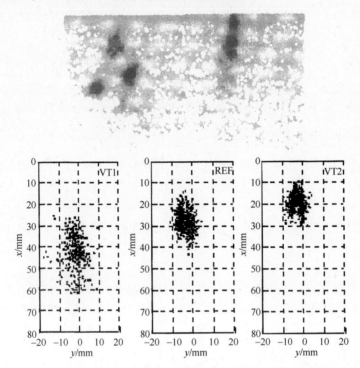

图 16.10　顶部:对自点火区(左)和通过光学空间偏移 Mie 散射对液相喷雾(右)的同时可视化成像;底部:若干工作循环下的自点火亮斑,环境温度效应
(713K、800K、900K)[23]（汽车工程师协会提供）

当采用共轨喷油系统提高喷油压力时,有可能对该混合过程进行监测,因此更好地理解燃料-空气混合与燃烧之间的耦合问题变得更加重要。Dec 和 Espey[24,25] 采用高灵敏度的探测设备发现在亮斑出现之前已经存在大量的光辐射,仅仅滞后于喷油开始后几度的曲柄角,这可能与早期的燃料分解以及基团和各种中间物的出现有关。他们还发现在前面介绍过的当量比为 3~4 的整个区域中,似乎同时发生了自点火。Kosaka 等人[26] 使用三倍频 YAG 激光器进行了

甲醛的二维 LIF 研究,发现在低温和负温度系数反应阶段燃烧分解产生甲醛。在只存在蒸气的位置对喷雾的顶端进行成像,他们表明(图 16.11)甲醛似乎在蒸气中的浓度是相当均匀的(左图),而循环与循环之间的 H_2CO 分布存在很大的不同(比较两次喷油左右两幅图像),这或许对热燃烧状态的快速发展有贡献。采用与文献[8]中相同的硅油,利用 Mie 散射技术,他们表明当燃料蒸气消失后 H_2CO 就会出现。

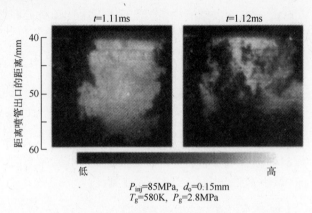

图 16.11 喷雾顶端的甲醛二维 LIF 图像,$P_{inj} = 85MPa$,
$P_{ambient} = 2.8MPa$,$T_{ambient} = 580K$[26](汽车工程师协会提供)

对燃料行为的了解(在很宽的区域内分布十分均匀,该区域内普遍存在自点火)及喷油压力和环境温度效应的观测,使我们能理解为什么高压喷油能有助于同时减少碳烟和 NO 的形成。在图 16.12 中可以很清楚地看到喷油压力效

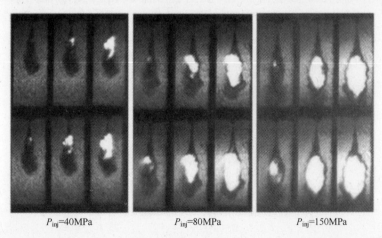

图 16.12 当改变喷油压力时,同时采用纹影对蒸气以及采用燃烧光辐射对自点火和早期燃烧进行可视化。在容器测量中,$T_{ambient} = 800K$,$\rho = 25kg/m^3$,图像间隔为 40μs

应,见文献[8]。该图给出了蒸气相(暗区)和燃烧发光的区域。当提高喷油压力时,正如在蒸发条件下用不同的技术已经观察到的那样,液相穿透深度变得稳定,而此时气相穿透深度增加。由压力增加导致的高动量增强了燃料–空气的混合。在高压力下,形成了更多的预混,使得大部分的燃料能燃烧得更快或在预混模式下形成贫燃。由于高的喷雾速度,当提高压力时在远离喷嘴孔处发生了自点火,故可在碳烟与 NO_x 形成之间找到更好的折中。

虽然由光学诊断给出的大量信息十分重要,依然有必要更好地理解燃烧区结构。比如,是否存在预混或扩散火焰单元依然有争议。同时,需要进一步研究体自点火向热燃烧的转化。

16.5　污染物测量

与燃烧的光学测量很困难的原因一样,在柴油发动机汽缸内的污染物诊断也不容易。正如前言中讨论过的,柴油发动机遇到的挑战在于同时减少碳烟和 NO 的排放水平。接下来将介绍对这些参数的测量。

16.5.1　激光诱导白炽光测量碳烟

传统上,可用双波长技术对体碳烟浓度和温度进行测量。但是,由于碳烟浓度非常高,在某些条件下测量精度可能是不确定的,因为难以知道此时观察的是表面性质还是体性质。

美国桑迪亚国家实验室的研究团队[27]已经采用 Melton[28]所提议的激光诱导白炽光技术(见第 9 章、第 13 章)在光学柴油发动机中测量了碳烟。该技术利用了高能激光脉冲加热碳烟粒子产生的热辐射,若高数密度的粒子不吸收激光,则其信号强度与碳烟体积分数成正比。然而,由于在柴油发动机中会形成高浓度的碳烟,所以该条件通常难以达到。因此,进行光学诊断要采用低碳烟燃料。这些研究显示在直喷柴油发动机中,正如本章前面介绍过的那样,在整个富燃预混区会出现小的碳烟粒子。然后,在蒸气云的边缘会出现大的碳烟粒子,或许在薄的扩散火焰内会由于湍流逐步形成褶皱以及加厚现象。碳烟粒子尺寸的信息可由同时进行的弹性散射成像得到,相比于 LII 技术,其对粒子尺寸变化具有不同的响应。

在 20 世纪 90 年代末期,很多研究团队已利用 LII 技术去研究不同参数对碳烟形成的影响。例如,Bruneaux 等人[29,30]在具有单孔喷油器的发动机上观察到喷油压力、喷油正时以及废气稀释的影响。图 16.13 中,当改变这些参数时获得了喷雾顶端的二维 LII 相平均图像。这些图像不是定量的,由于采用的燃料(30% 的 α – 甲基萘和 70% 的 n – 癸烷)与选择的工作条件,在某些情况下碳烟浓度相当高,会发生吸收。凹陷形的碳烟分布归因于喷雾边缘高炭黑密度导致的信号吸收。EGR 为 50% 的情况下比参考情况下的吸收更少。虽然测量不是定量的,这一较低的缸内碳烟分数与在废气中通过烟雾测量所揭示的趋势相反。这表明产生亮斑的工作条件与产生高浓度碳烟的条件等效,或许在后续过程中具有快速燃烧的能力。该类型的分析证实碳烟的氧化和碳烟的形成在控制发动机烟雾水平上是同等重要的。Dec 与 Kelly – Zion 已对这一现象进行了研究[31],他们将 LII 与 PLIF 技术同时应用于直喷柴油发动机的 OH 研究。OH 主要是用作燃烧的局部示踪剂。通过光学诊断,这些作者揭示了稀释燃烧或延迟燃烧导致了在所有碳烟颗粒燃尽前燃烧过程的终止,即便热释放差别很小这也能发生。

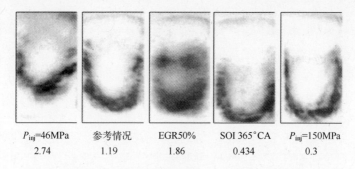

$P_{inj}=46MPa$	参考情况	EGR50%	SOI 365°CA	$P_{inj}=150MPa$
2.74	1.19	1.86	0.434	0.3

图 16.13　发动机中炭黑的 LII 图像(喷雾顶端),10 幅图像的平均。工作条件:90MPa、1200r/min、0.175 mm 孔、N_2 稀释到 30% 浓度。废气烟雾水平(任意单位)在每幅图的下部给出

16.5.2　LIF 测量 NO

NO 的测量是柴油发动机中污染物探测的最新成就。Dam 等人[32]开展了 NO 的点测量,通过对温度、压强进行了诸多修正,消除了氧气等的干扰,他们表明 NO 实质上是在燃烧阶段的晚期形成的。Nagawa 等人[33]与 Dec 和 Canaan[34]用 NO LIF 进行二维测量时,发现了非常有趣的现象。最近这些作者利用 226.035nm 的激励波长,收集 237 ~ 276nm 带内的 NO 荧光,用于减小热氧和 PAH 荧光的干扰。发现了非常有趣的结构特性:NO 实质上是在富燃预混蒸气云的边缘即在扩散火焰的空气边缘形成的。正如 NO 化学反应所预期的那样,无法在富燃预混区找到 NO。NO 继续在贫燃后热燃气体中形成,与前面的点测量结果是吻合的。

16.6　柴油发动机光学诊断总结及尚未解决的问题

光学诊断在直喷柴油发动机燃烧研究中的应用,尽管面对高温高压环境、有

限的光学窗口、大量的碳烟等诸多挑战,依然在 20 世纪 90 年代取得了巨大的进展。燃料的行为、控制液相和气相穿透深度以及空间分布的参数,都得到了很好的理解。采用多种诊断技术重新解读了自点火机制、燃烧区结构等。空间和时间分辨的光学诊断技术使我们能对瞬时的反应流成像,表明瞬态图像与以前通用的平均结果十分不同。污染物形成机制同样得到了更好的描述。所有这些信息不仅对于研发发动机 CFD 程序起到了良好的支持作用,而且直接有助于发展新型的发动机与喷油系统。

但仍然存在着许多尚未解决的问题。一个非常重要的研究领域就是喷油器内的两相流问题。目前,CFD 预测需要冒险猜测喷管出口处的边界条件。而且,喷油系统与发动机发展的实际经验表明,喷管流动是最为重要的参数。因此,期望对气穴(局部燃料密度、气泡/液体界面结构)以及喷嘴孔内的流速进行测量,同样的要求也适用于非常接近喷管出口处喷雾特性的测量,需要测量的主要性质包括燃料蒸气与液体燃料中的空气浓度以及雾化过程。利用 X 射线或许可以研究这些非常稠密的液体流。

对距离喷管一定距离处的液滴形状与尺寸进行表征,以获得更好的破碎与蒸发图像,在本章中尚未进行讨论。高液体密度使得该类型的测量非常具有挑战性,所获得数据的可靠性相当低,并且有很大的统计偏差,在这点上已经达成广泛共识。应用相位多普勒技术测量速度和液滴尺寸的讨论,以及如何优化它们,可以在 Araneo 与 Tropea[35] 的文章中找到。壁冲击与最终的薄膜沉积已成为许多研究的主题,但对于真实柴油发动机工作条件,尚需更多的定量数据。

本章表明在最近几年中,液滴分布结构与燃料蒸气分布已获得了很好的理解。但是,依然需要燃料蒸气、燃料–空气、废气混合物的精确定量统计数据,用于验证各种建模方法。困难之一是在 1000K 范围内的高温环境中,初始燃料在燃烧发生之前分解为各种烃(短链烃燃料、基团)并伴随着强烈的放热反应。燃料蒸发/混合的研究与许多中间产物组分的诊断相关联。当研究均质压燃(Homogeneous Charge Compression Ignition,HCCI)发动机时,这是一个严重的问题。可以预计对微量组分的测量在自点火过程中发挥着重要的作用,需要更进一步发展该技术,并与 CFD 程序中引入络合物化学相结合,正如 Mauss 等人[36]所做的那样。用拉曼散射和 LIF 对微量组分研究将在提供定量数据方面发挥重要的作用。

虽然光学诊断已经揭示出柴油发动机中燃烧区结构的许多特性,但在湍流扩散或部分预混火焰中,蒸气羽流的体燃烧向快速反应转化的通道机制尚不明确。同时,对 HCCI 燃烧,有必要了解在大面积点火后发生了什么:燃烧是继续保持体模式,还是出现薄的火焰面?

虽然在柴油发动机中进行污染物测量依然处于初级阶段,但是其给出了

NO 及碳烟的生成和最终减少的结构信息。在随时间空间急剧变化的混合物组成及压力和温度下，即使不考虑碳烟对窗口或探针的污染，获取定量的数据依然是困难的。LIF 用于 NO，LII 用于碳烟已被证明是非常可靠的诊断技术，但将信号转换为定量的数据，对于真实的发动机测量往往是不可能的。非常困难的信号处理与解读，比如由 Bruneaux[30] 所做的对 LII 的处理，为了获得有用的信息，需要对结构和燃料组成进行简化处理。

　　本章关于柴油发动机中的光学测量表明，即使是在高温高压、密闭空间与运动部件的恶劣环境下，依然能获得大量的信息，并用于增进理解、改善拟合程序以及产品。在如此困难的环境中，光学诊断的作用并不在于其精度，而是其给出对基本过程以及这些过程相互之间耦合的整体理解的能力，之后才能对精确的以及定量的测量技术提出需求。希望在不久的将来，这两类诊断方法在柴油发动机的应用上会得到更多的发展，因为这一将化学能转化为机械能的转换装置依然是最高效的。

参 考 文 献

[1] Knapp M,Chaves H,Kubitzek A,et al. Experimental Study of Cavitation in the Nozzle Hole of Diesel Injectors Using Transparent Nozzles. SAE Paper 950290,1995.

[2] Hiroyasu H. Spray Breakup Mechanism from the Hole – Type Nozzle and Its Applications. Atom. Sprays,vol. 10,pp. 511 – 527,2000.

[3] Flora H,Badami M,Gavaises A,et al. Cavitation in Real – Size,Multi – Hole Diesel Injector Nozzles. SAE Paper 2000 – 01 – 1249,2000.

[4] Smith M,Soteriou R,Torres C,et al. The Flow Patterns and Sprays of Variable Orifice Nozzle Geometries for Diesel Injection. SAE Paper 2000 – 01 – 0943,2000.

[5] Fath A,Fettes C,Leipertz A. Investigation of the Diesel Spray Break – Up Close to the Nozzle at Different Injection Conditions. Proc. COMODIA 98,pp. 429 – 434,1998.

[6] Heimgartner C,Leipertz A. Investigation of the Primary Spray Breakup Close to the Nozzle of a Common – Rail High – Pressure Diesel Injection System. SAE Paper 2000 – 01 – 1799,2000.

[7] Smallwood G J,Gülder O L. Views on the Structure of Transient Diesel Sprays. Atom. Sprays, vol. 10,pp. 355 – 386,2000.

[8] Verhoeven D,Vanhemelryck J L,Baritaud T. Macroscopic and Ignition Characteristics of High – Pressure Sprays of Single – Component Fuels. SAE Paper 981069,1998.

[9] Mokaddem K,Lessart P,Baritaud T. Proc. ILASS Europe,Toulouse,pp. 5 – 7,1999.

[10] Won Y – H,Kosaka H,Kamimoto T A Study on the Structure of Diesel Sprays Using a 2 – D Imaging Technique. SAE Paper 928473,1992.

[11] Bruneaux G. Quantitative Visualization of Vapor Phase in High Pressure Common – Rail Diesel Injections. Eighth ICLASS,Pasadena,CA,USA,July 2000.

[12] Espey C, Dec J E, Litzinger T A, et al. Planar Laser Rayleigh Scattering for Quantitative Vapor – Fuel Imaging in a Diesel Jet. Combust. Flame, vol. 109. pp. 65 – 86. 1997.

[13] Béard P, Duclos J M, Habchi C, et al. Extension of Lagrangian – Eulerian Spray Modeling: Application to High – Pressure Evaporating Diesel Sprays. SAE Paper 2000 – 01 – 1893, 2000.

[14] Naber J D, Siebers D L. Effects of Gas Density and Vaporization on Penetration and Dispersion of Diesel Sprays. SAE Paper 960034, 1996.

[15] Siebers D L. Liquid – Phase Fuel Penetration in Diesel Sprays. SAE Paper 980809, 1998.

[16] Siebers D L. Scaling Liquid – Phase Fuel Penetration in Diesel Sprays Based on Mixing – Limited Vaporization. SAE Paper 1999 – 01 – 0528, 1999.

[17] Melton L A, Verdieck J F. Vapor/Liquid Visualization for Fuel Sprays. Combust. Sci. Technol., vol. 42, p. 217, 1985.

[18] Bruneaux G. Optical Diagnostics of High Pressure Common – Rail Diesel Sprays: Liquid and Vapor Phase Visualization. Atom. Sprays, vol. 5, 2001.

[19] Hodges J T, Baritaud T A, Heinze T A. Planar Liquid and Gas Fuel and Droplet Size Visualization in a DI Diesel Engine. SAE Paper 910725, 1991.

[20] Dec J. A Conceptual Model of DI Diesel Combustion Based on Laser – Sheet Imaging. SAE Paper 970873, 1997.

[21] Heinze T, Schmidt T. Fuel – Air Ratios in a Spray, Determined Between Injection and Autoignition by Pulsed Spontaneous Raman Spectroscopy. SAE Paper 892102, 1989.

[22] Rabenstein F, Egermann J, Leipertz A, et al. Vapor – Phase Structures of Diesel – Type Fuel Sprays: An Experimental Analysis. SAE Paper 982543, 1998.

[23] Baritaud T A, Heinze T A, Le Coz, J F. Spray and Self – Ignition Visualization in a DI Diesel Engine. SAE Paper 940681, 1994.

[24] Dec J E, Espey C. Ignition and Early Soot Formation in a D. I. Diesel Engine Using Multiple 2 – D Imaging Diagnostics. SAE Paper 950456, 1995.

[25] Dec J E, Espey C. Chemiluminescence Imaging of Autoignition in a DI Diesel Engine. SAE Paper 982685, 1998.

[26] Kosaka H, Catalfamo L, Aradi A, et al. Two – Dimensional Imaging of Formaldehyde Formed During the Ignition Process of a Diesel Fuel Spray. SAE Paper 2000 – 01 – 0236, 2000.

[27] zur Loye A O, Siebers D L, Dec J. E. 2 – D Soot Imaging in a Direct Injection Diesel Engine Using Laser – Induced Incandescence and Light Scattering. Proc. COMODIA 90, pp. 523 – 528, 1990.

[28] Melton L A. Soot Diagnostics Based on Laser Heating. Appl. Optics, vol. 23, pp. 2201 – 2208, 1984.

[29] Bruneaux G, Verhoeven D, Baritaud T. High – Pressure Diesel Spray and Combustion Visualization in a Transparent Model Diesel Engine. SAE Paper 1999 – 01 – 3648, 1999.

[30] Bruneaux G. A Study of Soot Cloud Structure in High Pressure Single Hole Common – Rail Diesel Injection Using Multi – Layered Laser – Induced Incandescence. Proc. COMODIA

2001,pp. 622 – 630,2001.

[31] Dec J E,Kelly – Zion P L. The Effects of Injection Timing and Diluent Addition on Late – Combustion Soot Burnout in a DI Diesel Engine Based on Simultaneous 2 – D Imaging of OH and Soot. SAE Paper 2000 – 01 – 0238,2000.

[32] Dam N,Meerts W L,Duff J L C,et al. In – Cylinder Measurements of NO Formation in a Diesel Engine. SAE Paper 1999 – 01 – 1487,1999.

[33] Nagawa H,Endo H,Deguchi Y,et al. NO Measurement in Diesel Spray Flame Using Laser Induced Fluorescence. SAE Paper 970874,1997.

[34] Dec J E,Canaan R E. PLIF Imaging of NO Formation in a DI Diesel Engine. SAE Paper 980147,1998.

[35] Araneo L,Tropea C. SAE Paper 2000 – 01 – 2047,2000.

[36] Mauss F,Amneus P,Johansson B,et al. Supercharged Homogeneous Charge Compression Ignition. SAE Paper 980787,1998.

第 17 章　直喷汽油发动机的光学诊断

Werner Hentschel

17.1　引　　言

现代发动机比如直喷(Direct – Injection, DI)汽油和柴油发动机的燃烧概念得益于激光诊断工具,它能更深入地洞察缸内过程,如流动的产生、燃料注入和喷雾形成、雾化和混合、点火和燃烧以及污染物的形成和减少等。本章将介绍一些测量技术,如二倍频双脉冲 Nd:YAG 激光器的粒子成像测速(PIV)技术和具有柔性光学探头的激光多普勒测速(LDA)技术用于缸内流动分析,铜蒸气激光器与高速摄影结合的 Mie 散射技术用于燃料液滴测量,准分子激光的激光诱导荧光(LIF)技术用于喷雾与燃料蒸气分析,自发拉曼散射技术(SRS)用于空气/燃料比测量,高速摄影和断层照相燃烧分析(Tomographic Combustion Analysis, TCA)用于火焰传播分析,激光诱导白炽光(LII)和 NO – LIF 用于燃烧过程中形成的污染物探测等。

从光学发动机上测量获得的多项结果,演示了这些测量技术的能力,同时也确定了燃烧过程的设计得益于光学诊断技术的应用。本章并未详细描述诊断技术及其物理背景,因为本书的其他作者已经进行了介绍(见本书相关章节),此处强调的是在发动机的应用方面。本章所有例子都集中在直喷汽油发动机上,但是所介绍的光学诊断技术大部分同样能用于柴油发动机和进气道喷注(Port Fuel Injection, PFI)发动机。

汽车工业的目标就是持之以恒地降低内燃机的燃油消耗,从而减少引起全球温室效应的人为的 CO_2 排放。无论是柴油机还是汽油机,把燃油直接喷入发动机的燃烧室是最有望实现这一具有挑战性目标的方法。光学技术能进行无扰的成像,并且能测量缸内过程,已经在世界上许多实验室中应用多年。它们已经成功地应用于均质燃烧汽油发动机和直喷柴油发动机。通过与计算流体力学模拟相结合,形成一种功能强大的工具以有效地进行燃烧分析现在已成为可能,这一进步将促进下一代汽车发动机的研发过程。另外的细节包括 CFD 模拟可以在 Hentschel[1] 的著作中找到。对现代激光诊断技术用于研究燃烧过程的更广泛的评述,可以在 Wolfrum[2] 以及 Rothe 和 Andresen[3] 的著作中找到。

过去 10 年中,通过光学方法进行燃油喷注与燃烧的研究,对于直喷柴油发动机的发展做出了非常重要的贡献(见第 16 章 Hentschel 等人[4] 或 Koyanagi 等人[5] 的文章)。光学诊断技术能让我们对缸内过程有更深入的理解,并且增加直喷汽油发动机燃烧过程当前状态的知识。光学技术在柴油发动机中的应用,已经在第 16 章中介绍了,本章就不再涉及。此外,对燃油喷雾诊断的更详细描述见第 15 章。

本章的目的在于解释直喷汽油发动机研发中使用的光学技术,以及展示激光诊断是如何对与这一有前途的燃烧概念相联系的各种现象的分析与优化做出贡献的。在可能的情况下,给出了直喷汽油发动机中的光学测量的参考文献。其中提供的许多例子都来自于大众 FSI 发动机概念研发的结果,正如 Krebs 等人[6] 介绍过的。

17.2　直喷汽油发动机

在直喷汽油发动机中,燃油直接喷入燃烧室。该方法不同于传统的进气道喷注(PFI)概念,即燃油喷入每个汽缸的进气口(图 17.1)。

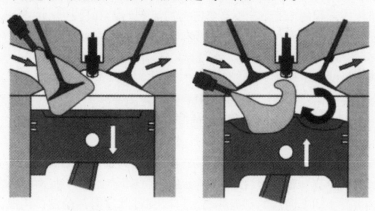

(a) 进气道燃油喷射　　　　　　　　(b) 直喷

图 17.1　电火花点火内燃机内进气道燃油喷注与直喷燃烧过程的对比[1](燃烧学会提供)

根据喷油器相对于火花塞的位置以及缸内混合物的输运方式,对直喷汽油发动机中燃烧过程的研究可能会用到不同的方法。此外,直喷汽油发动机能在两种不同的混合模式下工作。在高负载与高发动机转速下,采用的是提前喷油以及均质和满足化学当量比的混合物。在低负载和部分情况下,延迟喷油和分层贫燃比较合适,但该模式需要受控的充量分层将可燃的混合物在火花塞附近浓缩聚集并确保快速的火焰传播。为了产生高度的充量分层现象,精确控制燃油喷注量和时间是必要的。在充量分层工作模式下,燃油在压缩冲程末期注入压缩空气中,并且只有很短的时间来形成可燃混合物。相比于传统的进气道喷注类型的汽油发动机,这一类型的工作模式可能会将效率提高15%。这里并不适合详细讨论产生直喷汽油发动机燃烧过程的优势与挑战的技术原因。有关这方面的情况,建议读者查阅相关文献,如 Kuwahara 等人[7]、Takagi[8]、Spicher 等人[9]、Geiger 等人[10]和 Hentschel[1]的文章。对这些研究工作全面的评述可以参考 Zhao 等人[11]的著作。

喷油器是混合初期所使用的重要器件,对直喷汽油发动机而言,典型的喷油器是涡流式的,能产生空心圆锥式的喷雾。燃油通过高压燃油泵加压到12MPa,并通过油路进入喷油器。通过喷油器喷管设计,燃油呈空心圆锥状离开喷油器,并渗透到周围的高压空气中。环状的燃油膜碎裂成微小的液滴云(尺寸约15～20μm SMD,Sauter 平均直径),并且形成空心圆锥状喷雾。关于喷雾与喷油器设计的细节,请参考 Preussner 等人[12]和 Arndt 等人[13]的工作。喷雾与周围气体作用的方式依赖于燃油压力、周围空气的压力和温度以及燃油液滴的尺寸和速度。由喷雾自身形成的喷雾锥内产生的动态低压所导致的结果,就是沿喷雾轴方向产生了再循环的空气流,这会导致喷雾的收缩。当喷油发生在高压环境下,如发动机压缩冲程的末期,该现象变得更加显著。尤其是,更小的液滴进入流体,增大了轴向的穿透深度,燃料液滴和蒸气填满了锥顶。该效应证明了喷雾体积内燃料/空气混合物的均匀性。在设计稳定和可控的燃烧过程时,对这些过程的详细理解是非常重要的。

17.3 光学发动机

在发动机燃烧室上开设光学通道是应用光学测量技术的前提条件。通常,研究用的发动机在曲轴箱与汽缸盖之间装有过渡室和加长的活塞。燃烧室上的光学通道由空心活塞两端的石英玻璃窗口以及过渡室上部的窗口构成,典型的设计请参见文献[4]。依据这一基本结构的透明发动机,目前在全世界的许多研究与工业实验室中广泛应用。为了在活塞上安装石英玻璃窗口,该设计略显不足的是需要部分平整的活塞表面。这对于缸内过程的基础研究不成问题,但是对于研发发动机,与最终活塞头形状的偏差是无法接受的。最近,采用完全透明的活塞筒的方案,能在接近活塞顶部的止点位置构建光学通道。

目前提供的大多数测量结果所使用的装置上,透明发动机的汽缸盖下都装有玻璃环,因此在燃烧室的各个方向都能提供非常大的光学通道。尤其是,屋顶状燃烧室的"人"字形区域被制作成窗口作为光学通道,甚至可达到火花塞附近的顶部,该透明发动机的玻璃环部分如图 17.2 所示。这一结构使得在活塞头部能采用具有特殊直喷汽油发动机活塞筒形状的近常规活塞,但是无法从活塞下部进行观察。发动机在低负载和中负载、启动和点火条件下分别运行几分钟。缸内气流和喷注与真实发动机相比并未发生改变,但是由于玻璃环发动机不同的热环境,其中的蒸发和燃烧或许会发生轻微的改变。因此,发动机的热环境对于获得可靠的结果非常重要。该类型的发动机已经作为一种开发工具,用于上面提到过的 FSI 发动机概念中燃烧过程的设计与优化。

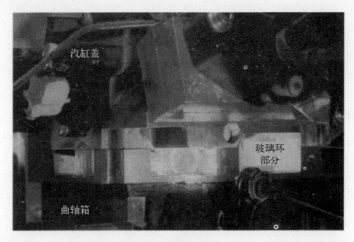

图 17.2　用于缸内光学诊断测量用的光学直喷汽油发动机的玻璃环
部分[1](燃烧学会提供)

对本章内容的组织是基于缸内过程的物理特征,这里将进行解释。在与发动机类似的边界条件下,在压力室开展实验所获得的结果,可在文献[14,15]中找到。在发动机实验中,时间用相对于燃烧时活塞上止点(TDC)的曲柄角(CA)度数给出:吸气冲程的持续时间从上止点之前(BTDC)的 360°CA 到 180°CA,压缩冲程的持续时间从上止点之前的 180°CA 到 0°CA。对于多数实验来说非常典型的发动机转速 2000r/m, 12°CA 的周期相当于 1ms。

17.4　流场的发展

缸内混合过程受到缸内流体运动的强烈影响。对于均质燃烧,在点火时要求有足够高的湍流程度,以产生加速的火焰传播,进而形成高效的燃烧。在充量分层燃烧情况下,必须形成可燃的混合物,并由内流场引导至火花塞,以产生可靠的点火和稳定燃烧。在现代内燃机中,具有屋顶形状的汽缸盖是非常典型的,空气通过进气歧管/气门进入汽缸盖和燃烧室时产生相互作用,在吸气阶段产生滚流。滚流是一种旋转轴垂直于缸轴但平行于曲轴的涡流结构。压缩冲程末期该翻滚运动停止,在缸内点火时刻产生强湍流。

17.4.1　粒子成像测速技术

用粒子成像测速技术(PIV)开展了缸内流体的定量测量(见第 7 章)。PIV 系统的关键部件是双脉冲二倍频 Nd:YAG 激光器、双幅 CCD 相机(1024 × 1280 像素,动态范围 12bit)以及对图像进行互相关和后处理的计算机。PIV 系统的细节在 Hentschel 等人[16]的文献中有详细介绍。激光束通过模块化的光学系统被整形成激光片,发动机缸内的激光片宽度为 0.5 ~ 1.0mm,脉冲能量约为 2 × 20mJ。流体中注入直径为 1 ~ 2μm 的油滴,据信在缸内流体的流动速度下,这些油滴会紧紧跟随气流的运动。在每个曲柄角下,至少采集了 20 幅 PIV 图像,相关的矢量场在后续进行计算和平均。视场受到玻璃环表面激光片入射与出射线的强反射限制,其范围为 32mm(宽) × 25mm(高)。

PIV 系统用于光学发动机的光路布局如图 17.3 所示。发动机固定在试验台上,在所需的发动机转速下不启动燃烧,以避免污染光学表面。由于燃烧室与进气歧管的对称设计,预计流场相对于中心截面差不多是对称的。

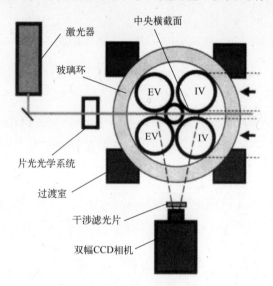

图 17.3　玻璃环发动机中央横截面上 PIV 测量的结构:EV、排气阀、IV、进气阀[1]
(燃烧学会提供)

图 17.4 矢量图的顺序显示了在缸内进气(270°CA)与压缩状态(80°CA、60°CA、40°CA)下滚流的发展过程。空气从右上方通过开放的进气阀进入缸内。在发动机转速为 2000r/min 时,在平均流场中的空气速度高达 50m/s,在单次循

环下超过 70m/s。在进气状态末期,滚流完全形成,几乎占据了整个缸内体积。由于视场的有限尺寸,只有滚涡流上半部分是可见的,其均匀的切向速度约为 12m/s。大范围的滚流包含由进气过程形成的动能。但是,当活塞在压缩状态下朝汽缸盖运动时,滚流在剩下的汽缸容积内(80°CA 和 60°CA)被压缩,转动中心朝排气阀方向移动。当汽缸盖与活塞间距在压缩冲程末期变得太小时,滚流开始瓦解。结果,储存在大涡中的动能转化为湍流动能,从而形成所需的湍流度。滚流的衰减在序列图的最后一幅图(40°CA BTDC)时清晰可见。

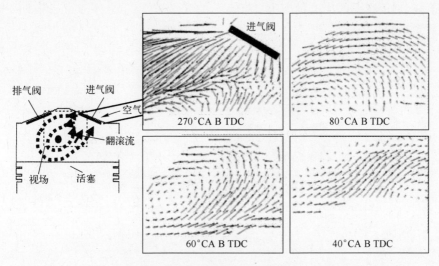

图 17.4　进气与压缩状态下,汽缸横截面上翻滚流的形成与衰减。PIV 测量,发动机在 2000r/min 下运行[1](燃烧学会提供)

用 PIV 测量技术能详细研究缸内流体结构的发展。此外,通过矢量图得到的速度剖面从测量中获益良多,见 Hentschel 等人的文献[16]。

17.4.2　激光多普勒测速技术

为研究循环 - 循环之间缸内流体的变化,通过火花塞孔上的转换器进行了 LDA 测量。不同于 PIV,LDA 是点测量技术,可用于测量进入流体中的微小油滴的速度,流体穿过两束激光交叉的探测区域。采用了标准的一维背向散射光纤 - 光学探针,通过一台脉冲频谱分析仪进行数据分析。除了用光学转换器代替火花塞,并不需要对发动机进一步修改。该结构将测量点限制在沿火花塞轴线位置上。当通过缸壁上的窗口进行 LDA 测量时,探测区域能在较大面积范围内进行空间扫描。

图 17.5 上半部分的散点图显示了从 188 次成功的发动机循环中获得的大量单次速度值与曲柄角的关系。散点图的垂直宽度包含了关于单次循环湍流和

循环－循环变化的信息。吸气阶段散点图宽度较大,其部分原因是由于探测区域位于吸入空气射流的上边缘。即使在 80°CA BTDC 的压缩阶段(图 17.4 表明该阶段为均匀流),散点图的宽度依然非常大。在曲柄角迟于 60°CA BTDC 时,当前的光路结构无法进行可靠的 LDA 测量,这是由于移动过来的活塞杂散光对散射光信号产生强烈干扰。图 17.5 的数据率很高,在分辨率为 1°CA 时能够对速度变化进行单循环分析。从 150°CA BTDC 到 60° CA BTDC,在循环－平均数据中得到的接近恒定的流速,用于显示火花塞下的稳定滚流。但是在单循环测量下,出现了很强的速度扰动(见图 17.5 的下半部分)。另外,Faure 等人[17]也开展了类似的测量。

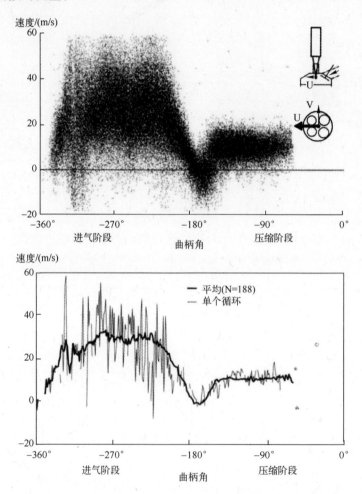

图 17.5 188 次循环(上部)和循环平均以及单循环流速变化(底部)下,在火花塞位置
处记录的流场瞬时变化的散点图:LDA 测量,发动机转速为 2000r/min[19]
(德意志联邦共和国李斯特内燃机及测试设备公司提供)

LDA 测量非常适合研究给定位置处的流速变化,无论是循环平均或单循环模式。因此,它们是对 PIV 测量的有益补充,PIV 能够测量整个平面内的流场,但是需要很长的时间去记录瞬时的流场变化。

17.5 喷 雾 形 成

为了获得发动机缸内喷雾喷注过程和喷雾 – 空气相互作用的详细信息,采用不同的泛光灯和光片技术对喷雾形成过程进行频闪或时间分辨的测量。这些技术利用燃料液滴的散射光(Mie 散射)或激光诱导荧光(LIF)。图 17.6 简要给出了它们在玻璃环发动机上应用的实验布局(图中的技术不是同时而是依次使用,通常激光片沿中心截面)。许多作者都对此做出了贡献,例如 Davy 等[18],Hentschel 等[14,19]以及 Wagner 等[20]。

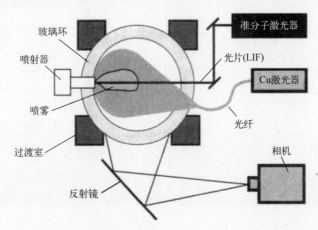

图 17.6　采用铜蒸气激光照明的高速摄影技术和准分子激光激励的 LIF 技术
在玻璃环发动机上应用的布局[1](燃烧学会提供)

17.5.1　Mie 散射

泛光灯照明的高速摄影技术用于分析喷雾的形成。在该实验布局中,采用 16mm 彩色反转胶片的高速相机在 8000 帧/s 的帧频下获得喷雾图像。采用脉宽 10ns 的高功率铜蒸气激光器发出的绿/黄光照明。激光器通过相机触发,单脉冲能量约为 1.5mJ,并通过光纤将光导入发动机的玻璃环,类似于泛光灯照亮整个喷雾。高速摄影在时间上分辨出一系列喷油过程,在 2000r/min 下典型地为 10 次,因此能对循环 – 循环的变化过程进行定性比较。胶片冲洗后通过扫描仪进行数字化,制成能在计算机上观看的视频。

  图17.7展示了玻璃环发动机内时间分辨的喷油过程。从高速照相连续记录的图像中截取了4帧,把压缩冲程末期单次喷油过程记录下来。喷雾从左上方沿对角线方向注入燃烧室,并撞击到移动过来的活塞表面。在主喷雾之前形成较窄的预喷雾,然后喷雾开始发展。之后,涡流型喷油器的喷雾锥在主喷雾中形成,并由于喷雾锥内的低压而收缩。直到喷雾进入活塞筒以前,都能清楚地观察到油滴的穿透,喷雾碰到活塞筒表面后向上转向火花塞运动。箭头表示逐步靠近的喷雾羽流。点火与贫燃(蓝焰)以及富燃(黄焰)燃烧由于颜色的不同,能在彩色胶片上清楚地看到。

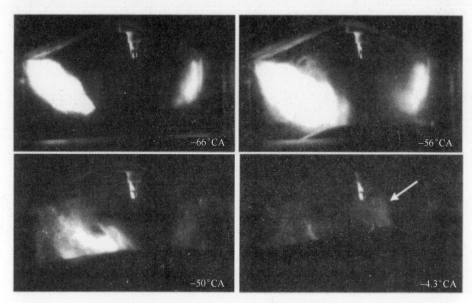

图17.7 直喷汽油发动机内压缩冲程末期单次喷油的喷雾形成过程,通过高速摄影以及铜蒸气激光泛光灯照明拍摄。玻璃环发动机转速2000r/min,部分载荷[19]
(德意志联邦共和国李斯特内燃机及测试设备公司提供)

17.5.2 液相激光诱导荧光

  通过液相激光诱导荧光(LIF)探测燃油分布已经在过去得到广泛应用。荧光信号源于标准汽油燃料中的芳香烃成分或加入模型燃料中的示踪剂。因为液相比气相密度更高,只要存在足量的液态燃料,液相LIF信号就比气相LIF信号强得多。即使采用标准汽油,液相荧光强度也能通过添加合适的示踪剂得到进一步增强。在我们的实验中,复杂的预先研究证实主要是液相对探测到的LIF信号有贡献。喷雾被波长为248nm的准分子激光器产生的激光片照射,激光片与喷雾轴的交叉如图17.6所示。由于被激励分子的吸收带很宽,因此没有必要采用窄带可调谐准分子激光器。像增强 CCD 相机用于记录红移荧光图像,但由于信号很强,也可采用非增强的相机。Mie 散射光利用光学滤光片进行抑制。在发动机测量中,图像采集在选定的曲柄角下同步进行。图 17.8 给出在玻璃环直喷汽油发动机上充量分层运行模式下,位于 55°CA BTDC 记录的液相 LIF 图像(参见彩图 13),燃油从右上方喷注。循环变化表征了喷雾形成时的行为,尤其是在喷雾上面,再次显示了缸内流动变化的强烈影响。

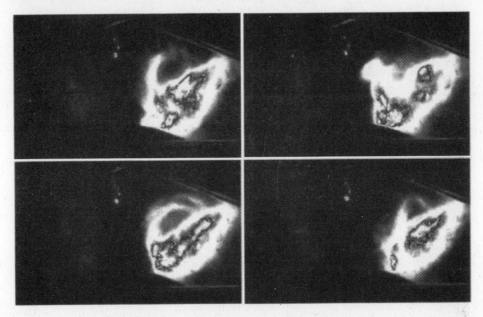

图 17.8　直喷汽油发动机运行在充量分层模式下,转速为 2000r/min,在 55°CA BTDC 时喷雾发展的循环变化,通过液相 LIF 技术进行显示(参见彩图 13)

17.5.3　油滴 PIV

通过油滴 PIV 方法研究喷雾油滴的速度,目的在于分析缸内气流对喷雾油滴穿透深度的影响,详见 Beushausen 等人[15]的文献。在本实验中,两台准分子激光器(308nm)用于产生双脉冲液相 LIF 图像,标准的 PIV 算法用于数据评价,发动机工作在充量分层模式下。油滴速度只能在喷雾边缘区域获得,因为喷雾内部油滴密度太高,无法进行可靠的速度计算。正如图 17.9 中的矢量场所显示的那样,许多油滴改变了方向,朝与喷雾轴垂直的方向向燃烧室顶部运动。流体方向的剧烈改变是由于缸内气流对微小油滴强烈的影响。因此,在喷油时缸内流场的形成,对于一种可控的以及可靠的燃烧过程的设计十分重要。如今,正如所描述过的,油滴 PIV 测量采用一套标准的 PIV 系统用于气流分析的研究。但是,需要特别注意的是,要在注入种子密度、激光功率以及相机灵敏度的平衡之间进行优化。

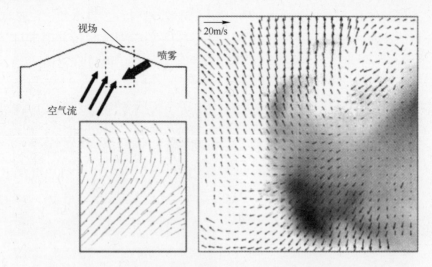

图 17.9　用油滴 PIV 技术测量的玻璃环发动机内燃料油滴的速度场,燃油
在压缩冲程末期喷注[1]（燃烧学会提供）

对缸内流动和喷雾发展及其与燃烧室结构的相互作用各方面的详细研究,对于获得喷雾行为以及混合物形成和燃烧的精确认识是至关重要的。

17.6　汽化与混合

17.6.1　气相 LIF

微小燃料油滴的汽化行为由它们的高个体速度以及在发动机工作循环压缩状态下增加了空气密度和温度决定。许多实验室通常采用平面 LIF 技术对燃料蒸气分布进行显示（参见第 15 章、第 16 章）。图 17.10 给出了吸气冲程内开始于 310°CA BTDC 的早期喷油过程中燃料油滴与时间相关的汽化行为,其视场位于缸内中央,比图 17.7 和图 17.8 的视场略小。实验中采用标准汽油,通过 LIF 获得的燃料油滴图像中,能看到喷雾（见左上图）。在 240°CA BTDC 下获得的图像中,来自前面喷注的许多燃料油滴依然存在（见右上图）。约迟于 100°CA BTDC 之后 12ms,所有的油滴都已完全汽化,在燃烧室内形成了近均匀分布的燃料蒸气。在这种情况下,通过像增强 CCD 相机探测到的 LIF 信号只可能来自于燃料蒸气。当低载荷或部分载荷时,在吸气冲程前期发生燃料喷注时,燃料完全汽化所需时间约为 150°CA 量级。因此,燃料在压缩冲程末期喷注的分层模式下,对于完全的燃料汽化来说,喷油与火花塞点火之间的时间间隔过短,当点火发生时依然存在油滴。

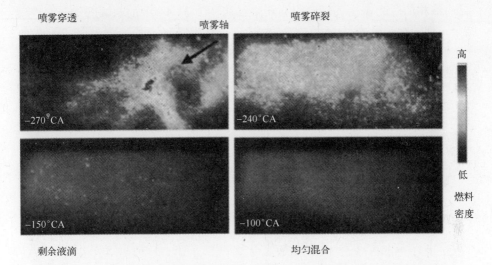

图 17.10　发动机循环期间的燃料蒸发,发动机均质运行,燃油在吸气冲程前期喷注。液相与气相 LIF 结合,从右上方喷油[1](燃烧学会提供)

当采用标准燃料时对 LIF 信号进行定量化以获得绝对的空气－燃料比似乎是不可能的,这是因为对燃料的组成、与压力有关的猝灭以及剩余液态燃料油滴的影响都不了解。对汽化结果更复杂的解释,需要考虑到玻璃环发动机与真实发动机的热力学行为不同。作为备选方案,可以使用替代燃料,它含有少量几种选定组分,相比于典型的汽油燃料,其沸点范围更宽,见 Styron 等人[21]的文献。依次采用两种不同的激发复合体化合物作为燃料示踪剂,可对气相分布进行归类。首先,一种较轻的激发复合体取代了低沸点组分;接着一种较重的激发复合体取代了高沸点组分,使得总的燃料汽化特性在两种情况下被保留。两套气态燃料图像一起显示了燃料的分布。

除了燃料分布,作为火焰中的一种中间产物,OH 的分布也能用类似的设备进行测量。为此,激励激光必须采用窄带可调谐准分子激光,将其调谐到 OH 的某条吸收线上,详见文献[3]。反应区可以直接在 LIF 图像上识别出来。OH LIF 测量的更多细节参见第 2 章、第 5 章。

此外,采用双线示踪 LIF 技术还能进行二维温度测量,Einecke 等人[22]已经进行过阐述。

17.6.2　两相 LIF

对液相和气相的同时和单独探测,是在定性的基础上采用激发复合体示踪技术,通过一台准分子激光器和两台像增强 CCD 相机进行的。采用一种合成的多组分燃料作为不辐射荧光的模型燃料,同时采用 TMPD/萘的激发复合体示踪系统,液相的荧光谱比气相谱将会产生红移。图 17.11 中的两幅图像是在喷油结束末期同时记录的,显示了剩余喷雾(a)与气相(b)的空间分布。由于示踪剂比燃料的沸点高得多,可见的示踪剂分布并不能确切反映燃料蒸气的分布。不同的模型燃料与示踪剂组合已经被测试过,例如,Kornmesser 等人[23]、Ipp 等人[24]、Kramer 等人[25]以及 Knapp 等人[26]开展的工作。

液相 气相

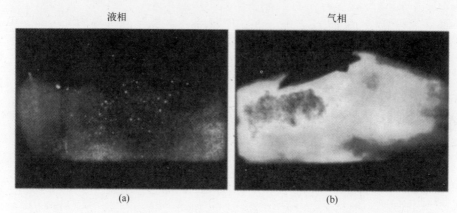

(a)   (b)

图 17.11　通过两相荧光技术分别得到的液相与气相图像。玻璃环发动机转速
1000r/min,喷油在吸气冲程前期从左上方进入

　　所有的 LIF 测量技术存在的缺陷是它们仅仅测量选定组分的分布,比如芳香烃化合物或添加的示踪剂,而不是燃料的分布。因此,并不能准确地描述标准燃料的汽化行为。通过自发拉曼光谱技术进行的测量能够克服这一不足,因为其测量的是燃料自身。

17.6.3　自发拉曼散射技术

　　自发拉曼散射技术(SRS)能对空气/燃料混合物的化学组成进行定量表征,详见 Schütte 等人[27,28]的文献。该技术具有高空间分辨率,但在发动机循环下仅能取得一次。与前面提到的平面成像方法不同的是,SRS 是一种点或线测量技术。相对的空气/燃料比(λ 值)是从同时测量的氧或氮以及燃料的相对浓度得到的,这就使得 λ 值的计算不受激光抖动、窗口污染或其他信号变化的影响。在模拟的类发动机但无强烈的起始气流条件下开展的压力室实验中,我们了解到在喷油过程中,喷油器下方长达 30mm 的距离内,在环绕喷雾的空气中几乎没有燃料蒸气存在,见 Schütte 等人[27]的文献。

　　在火花塞位置处测量了 λ 值随时间的变化,通过火花塞孔上的光学转换器,对拉曼探测区域进行照明并从边上观察。对均质和充量分层发动机运行模式都进行了多次循环平均的测量,对于燃油喷注意味着处于吸气冲程前期以及压缩冲程末期。为了将计算的 λ 值与油滴云的位置进行比较,同时采集了二维 Mie 散射图像。两种不同模型燃料的测量结果如图 17.12 所示。在均质燃烧条件下,标准辛烷具有与多组分模型燃料类似的蒸发行为。在充量分层条件下,油滴时刻都存在,其蒸发行为存在很大的差异。很显然,当燃料油滴蒸发时进行测量,此时标准辛烷并不是一种合适的模型燃料。在靠近点火位置处测量被证明是不可能的,因为活塞阻挡了缸内探测区域的视野。

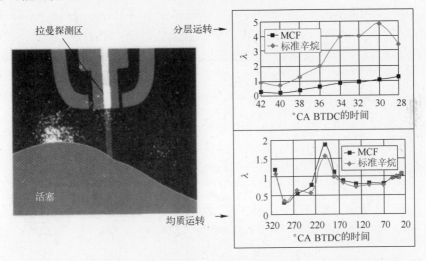

图 17.12 在火花塞位置对两种模型燃料的空气/燃料比(λ 值)的拉曼测量
以及对燃料油滴的 Mie 散射可视化测量(玻璃环发动机在分层以及均质条件下运行)

当采用标准汽油或不含酒精的模型燃料时,SRS 测量技术从原理上来说,无法区分液相与气相燃料。评价得到的空气/燃料值代表了两相之和。因此,存在微小燃料油滴时,获取气相浓度的可靠结果将变得非常困难。此外,当采用汽油作为燃料时,强烈的 LIF 背景辐射干扰了测量信号。虽然如此,混合物的点火行为主要由气相中存在的燃料决定。

17.7 燃 烧

采用光学手段研究燃烧的最简单方法是高速摄影或者是记录火焰自发光的视频图像。通过高速摄影对点火、燃烧以及燃尽的可视化测量,已经在柴油发动机的研发中应用了很长时间,因为热的碳烟粒子使柴油燃烧过程产生明亮的火焰。同样的方法已经在直喷汽油发动机燃烧过程的发展中得到成功的应用,并且揭示出火焰传播与循环变化的重要信息。

为了显著地提高时间分辨率,同时减小对光学通道的需求,由 Philipp 等人[29]发展的断层照相燃烧分析(TCA)技术得到了应用。该技术中,通向燃烧室的光学通道由安装在一个改进过的汽缸盖垫圈上的光纤束构成。因此,玻璃环发动机就不再需要了。每根光纤接收来自于一个很窄圆锥角内的光,该圆锥角以汽缸某个横截面的一个特定方向为中心。在汽缸盖垫圈上大约布置了 100 根光纤,覆盖整个横截面以形成一个光学网格(见图 17.13 左图,也可参见彩图 14 的左图)。通过对探测到的信号采用断层照相重构算法,能够对空间火焰位置进行定位。空间分辨率约为 5mm,时间分辨率优于 0.1°CA。在具有不同活塞筒形状的不同的直喷汽油发动机中,TCA 技术已经用于对火焰传播的比较,以及对分层和均质运行条件的比较(见图 17.13 右图,也可参见彩图 14 的右图[30])。高的火焰强度的位置对应于富燃混合物区中的燃尽状态。

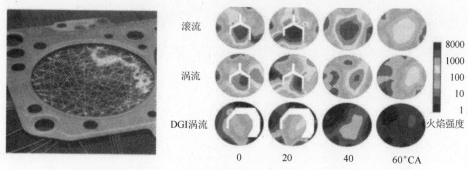

图 17.13　TCA 技术对不同直喷汽油发动机火焰传播的分析(参见彩图 14)
(E. Winklhofer 和燃烧学会提供)

如今,高速摄影相机要么受限于工作在高空间分辨率情况下的帧频(约 4kHz),要么受限于高重频情况下的帧数(约 16 帧)。为了分析光辐射部分位于紫外区的快速燃烧过程,比如,来自于 OH 基的辐射,最近采用了一种新的方法。在 PTM – UV – Cam 技术中,一捆约 10000 根紫外光纤安装在一个内窥镜上。光纤在 1920 个光电倍增管上成像,倍增管组成 30 个阵列,记录的信号能在帧频高达 200kHz 的情况下对约 10000 幅图像进行评估。因此,即使是紫外区的自发光现象也能在单次发动机循环下,通过一根伸入发动机内部的内窥镜进行高时间分辨的观察。欲了解相关细节和实例,请参考 Spicher 等人[31]与 Wytrykus 等人[32]的文献。

17.8　污染物形成

一氧化氮和碳烟是发动机缸内燃烧时形成的主要污染物。前者是由于燃烧时较高的火焰温度而形成的,后者是由于富燃混合物区和缸内表面的液态燃料而形成的。

17.8.1　一氧化氮

燃烧时高温会影响一氧化氮的形成。更好地理解 NO 的形成对于确定减少其排放的合理措施是非常重要的。尤其是对于非均质燃烧环境,减少燃烧过程中已形成的 NO 含量特别有意义,因为废气后处理方法不如化学当量比燃烧有效。

在 Hildenbrand 等人[33] 开展的实验中,NO 的形成是在透明直喷汽油发动机上,利用 KrF 准分子激光激励的两种不同的 LIF 技术方案进行研究的。通过探测荧光的红移,发现了来自于部分燃烧燃料荧光的强烈干扰,因此 NO 的结构无法探测。通过蓝移荧光,干扰得到减小,从而能在燃烧时以高空间分辨率对 NO 进行选择性探测。分层载荷条件下,发动机内的 NO 平均分布场随时间变化的实例在图 17.14 中给出。在充量分层直喷汽油发动机中对 NO 进行细致的探测,证明是非常困难的,尽管循环分辨的定量 NO 分布与模拟结果进行比较是必需的。

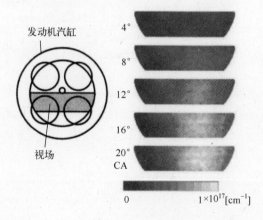

图 17.14　不同曲柄角下的平均 NO 分布场;发动机在分层载荷条件下运行[1,33]

（C. Schulz 和燃烧学会提供）

17.8.2　碳烟

中间产物碳烟的总分布可以通过燃烧时的强烈自发光进行观察。热状态结束后,激光诱导白炽光(LII)用于对剩余的即使是非常少量的碳烟进行可视化测量(见第 9 章和第 13 章关于 LII 的细节)。在 PIV 或 LIF 装置中,通过强激光脉冲照射一平面,利用像增强相机获取图像。采用 LII,信号记录不是在激光辐照时而是约 10ns 或 100ns 之后。微小的碳烟颗粒通过吸收激光被加热到约 4000K,依据其高温发出的热辐射位于可见光波段。辐射非常强以至于可以在燃烧循环的任何时间进行测量,包括燃烧过程中。Block 等人[34] 给出的图像实例如图 17.15 所示,是在直喷汽油发动机早期研制阶段排气冲程末期采集的。如果燃烧过程得到周密的设计,碳烟排放将会极低,因为在燃烧状态早期形成的几乎所有碳烟,都在燃烧冲程末期被氧化。

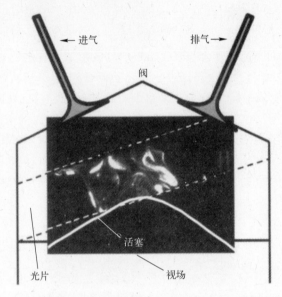

图 17.15　发动机循环排气冲程末期的碳烟分布,直喷汽油发动机中的 LII 图像

17.9　光学发动机诊断的未来趋势

在设计新型的激光光学技术时,一些新的方法被采用,它们即将成为发动机缸内应用的重要工具。

17.9.1　流场标记

当所研究的喷雾太稠密时,绝大多数用于喷雾分析的光学技术会失效。利用分子流场标记测速技术,通过整形过的激光可以直接在喷雾云中写入二维结构,比如,多条交叉激光束形成的网格。此后,网格由于流场的运动发生畸变。若采集两幅图像,该二维畸变通过光学流场算法能进行定量地评估。因此,如同 PIV 研究中的那样,能获得二维的向量图,代表喷雾的运动。在实验室采用标准直喷汽油喷油器实验时,在靠近喷管出口的位置能获得高达 100m/s 的喷雾速度。该技术已经分别用于气相与液相环境,相关细节请参见 Krüger 等人[35,36] 及 Stier 和 Koochesfahani[37] 的文章。

17.9.2　准二维拉曼散射技术

以乙醇作为燃料,并采用自发拉曼散射技术(SRS),对二维喷雾特性进行更精密的分析是可能的,细节及图请参见 Beushausen 等人[38] 或 Hentsche[1] 的文章。该方法提供了一种对瞬态喷雾中平均液相和气相分布以及油滴温度和尺寸的同时定量成像的可能性。该方法的物理基础是液相与气相 OH - 拉曼辐射在光谱上可以分离。通过喷雾中的一系列激光线记录多个一维拉曼谱和 Mie 散射光谱,结合多个一维测量结果可获得二维图像。遗憾的是,该强大的实验工具中只能以乙醇作为燃料。标准汽油以及多组分模型燃料不能用于研究蒸发过程,因为从测量原理上来说,它们在光谱上不能分离开。

17.9.3　发射光谱技术

火焰温度能通过多线技术对火焰的辐射进行评估而得到。该技术在柴油发动机研究领域很知名。首次由 Block 等人[34] 进行的测试表明即使在低碳烟含量的直喷汽油火焰中,也能获得温度的变化,但在改善过的燃烧过程中,碳烟含量太低而不能用于该光谱分辨的测量。通过改善探测系统的灵敏度或者加入示踪剂后测量光谱特性,即使在贫燃火焰中也能进行温度测量。

17.9.4　发射/吸收光谱技术

一种不同的方法是采用发射/吸收光谱技术,该技术把示踪剂加入到进气空气中,并使低强度激光束横穿燃烧室。Aust 等人[39] 已经报道了在瞬态运行模式的 PFI 发动机中成功地实现了单循环分辨的温度测量。该方法甚至有望用于直喷汽油发动机中。

17.9.5　时间分辨测量

迄今为止,绝大多数采用准分子或 Nd:YAG 激光器的定量诊断技术,其重复频率约为 10Hz。因此,不可能在一系列发动机循环下连续地记录喷雾、混合以及燃烧特性,比如局部空气燃料比或火焰温度,以获得单循环结果。由 Koenig 等人[40] 发展的一种非激光技术,利用 CH 基在 3.3μm 附近的红外吸收。吸收探测装置安装在火花塞转换器上,能对火花塞位置处的电荷密度进行连续的测量。通过采用重复频率在千赫兹范围内的激光器与探测系统,未来有望能进行反应组分的选择性测量。

光谱技术越先进,其对燃料中的杂质和芳香烃成分就越敏感。对在真实条件下的应用,如在发展过程中对发动机的优化,对于测量来说尤其重要的是不仅能使用模型燃料而且还要能使用标准汽油(或柴油)燃料。采用合适示踪剂的二极管激光器,或许会打开光学诊断技术应用的新局面,因为标准燃料在可见光和近红外波长范围内不辐射荧光(参见第18章)。

17.10 总　　结

对于高效的燃烧分析以及协助燃烧研究和发展过程来说,光学诊断是强有力的工具。采用 PIV、LIF 和高速摄影技术,对流场形成、喷雾穿透和蒸发的时间分辨的可视化测量,会有助于现代直喷汽油和柴油发动机中燃烧过程的优化,并进一步减少燃油消耗和污染物排放。

目前,许多激光-光学和光谱技术的发展已经跨越了由定性转变为定量的门槛。喷雾形成的简单可视化技术对喷雾/流场相互作用的基本理解极其有用。通过 PIV 进行定量的二维流场测量是目前发展的最高水平。某些技术,比如 LIF 与 SRS,已经在均质燃烧条件下的发动机上成功地得到应用。但是当流场中存在太多的燃料油滴时,它们就不能获得气相状态下的空气燃料比的定量数据。从尺寸与真实发动机产品类似并开有光学窗口的发动机上,可获得燃料油滴速度与尺寸、充量分层的混合物分布、燃烧温度、反应物和燃烧产物的局部分辨的浓度等信息。

关于直喷汽油发动机中的燃烧过程,依然存在许多未解决的问题。为了更好地理解其中的基础现象以及进行更精确的预测,需要进一步深入了解相关的知识:缸内流场形成以及循环-循环变化、燃料分裂机制与雾化、蒸发过程中燃料分解对可燃混合物形成的影响、喷雾、空气与喷雾、壁与微小油滴的反应、点火和燃烧稳定性与局部混合物组成的依赖关系、非均质混合物与燃烧场中的污染物如 NO 和碳烟的形成等。此外,强烈需要至少是多组分,或者甚至最好是高压(高达 3MPa)、高温(高达 2700K)条件下标准汽油燃料的物理与动力学方面的信息。

现代激光测量技术能对缸内流体以及混合物形成和燃烧时的物理与化学过程进行研究。直喷汽油发动机中燃烧的发展与优化,使得实验与数值方法的组合应用成为必要,以确保最好的性能并满足日益严格的排放法规要求。

对不同类型的内燃机诊断,最近 Zhao 与 Ladommatos[41] 给出了另外的优秀参考文献。

致　　谢

本章作者对工作在大众汽车公司的计量、发动机研究与预先发展部门和哥丁根大学激光实验室的同事的多方面的支持表示感谢。向对此工作的新结果、最新文章以及富有成效的讨论做出过贡献的科技界的同仁们表示感谢。本章介绍的部分工作是在联合 BMBF 研究计划"减少直喷内燃机内排放与燃油消耗的激光诊断与等离子体技术基础"的框架内进行的。对德国联邦科学与教育部（BMBF）的财政支持表示感谢。

参 考 文 献

[1] Hentschel W. Optical Diagnostics for Combustion Process Development of Direct – Injection Gasoline Engines. Proc. Combust. Inst. , vol. 28, pp. 1119 – 1135, 2000.

[2] Wolfrum J. Lasers in Combustion: From Basic Theory to Practical Devices. Proc. Combust. Inst. , vol. 27, pp. 1 – 41, 1998.

[3] Rothe E W, Andresen P. Application of Tunable Excimer Lasers to Combustion Diagnostics: a Review. Appl. Optics, vol. 36, pp. 3971 – 4033. 1997.

[4] Hentschel W. Modern Tools for Diesel Engine Combustion Investigation. Proc. Combust. Inst. , vol. 26, pp. 2503 – 2515, 1996.

[5] Koyanagi K, Öing H, Renner G, et al. Optimizing Common Rail – Injection by Optical Diagnostics in a Transparent Production Type Diesel Engine. SAE Technical Paper Series, 1999 – 01 – 3646, 1999.

[6] Krebs R, Stiebels B, Spiegel L, et al. FSI – Ottomotor mit Direkteinspritzung im Volkswagen Lupo. Proc. Wiener Motoren – Symposium, May 2000, VDI Fortschritt – Berichte, Reihe 12, vol. 420. Bd. 1 (in German).

[7] Kuwahara K, Ueda K, Ando H. Mixing Control Strategy for Engine Performance Improvement in a Gasoline Direct Injection Engine. SAE Technical Paper Series. 980158, 1998.

[8] Takagi Y. A New Era in Spark – Ignition Engines Featuring High – Pressure Direct Injection. Proc. Combust. Inst. , vol. 27, pp. 2055 – 2068, 1998.

[9] Spicher U, Reissing J, Kech J M, et al. Gasoline Direct Injection (GDI) Engines – Development Potentialities. SAE Technical Paper Series, 1999 – 01 – 2938, 1999.

[10] Geiger J, Grigo M, Lang O, et al. Direct Injection Gasoline Engines – – Combustion and Design. SAE Technical Paper Series, 1999 – 01 – 0170, 1999.

[11] Zhao F, Lai M – C, Harrington D L. Automotive Spark – Ignited Direct – Injection Gasoline Engines. Prog. Energy Combust. Sci. , vol. 25, pp. 437 – 562, 1999.

[12] Preussner C, Döring C, Fehler S, et al. GDI: Interaction Between Mixture Preparation, Combustion System and Injector Performance. SAE Technical Paper Series, 980498, 1998.

[13] Arndt S, Döring C, Gartung K, et al. Zerstäubung und Gemischbildung mit Hochdruck – Einspritzventilen für Benzin – Direkteinspritzung. in Spicher U, ed. Direkteinspritzung im Ottomotor Ⅱ. Germany: Renningen, 2000, pp. 44 – 60 (in German).

[14] Hentschel W, Homburg A, Ohmstede G, et al. Investigation of Spray Formation of DI Gaso-

line Hollow – Cone Injectors Inside a Pressure Chamber and a Glass Ring Engine by Multiple Optical Techniques. SAE Technical Paper Series,1999 – 01 – 3660,1999.

[15] Beushausen V,Müller T,Kornmesser C,et al. Laser Diagnostic Measurement Techniques for Spatially and Temporally Resolved Vaporization and Mixture Formation Analysis for DI – Engines. SAE Technical Paper Series,2000 – 01 – 0239,2000.

[16] Hentschel W,Block B,Oppermann W. PIV Investigation of the In – Cylinder Tumble Flow in an IC – Engine. Proc. 8th Int. Conf. on Laser Anemometry Advanced and Applications, Rome,Italy,1999,pp. 429 – 438.

[17] Faure M A,Sadler M,Oversby K K,et al. Application of LDA and PIV Techniques to the Validation of a CFD Model of a Direct Injection Gasoline Engine. SAE Technical Paper Series,982705,1998

[18] Davy M H,Williams P A,Anderson R W. Effects of Injection Timing on Liquid – Phase Fuel Distributions in a Centrally – Injected Four – Valve Direct – Injection Spark – Ignition Engine. SAE Technical Paper Series,982699,1998.

[19] Hentschel W,Meyer H,Stiebels B. Application of Laser – Optical Diagnostics for the Support of Direct – Injection Gasoline Combustion Process Development. Proc. 4th Int. Symp. Für Verbrennungsdiagnostik,Baden – Baden,Germany,2000,pp. 181 – 196.

[20] Wagner V,Ipp W,Wensing M,et al. Fuel Distribution and Mixture Formation Inside a Direct Injection SI Engine Investigated by 2D Mie and LIEF Techniques. SAE Technical Paper Series,1999 – 01 – 3659,1999.

[21] Styron J P,Peters J E,Kelly – Zion P L,et al. Multi – Component Liquid and Vapor Fuel Distribution Measurements in the Cylinder of a Port Injected Spark Ignition Engine. SAE Technical Paper Series,2000 – 01 – 0234,2000.

[22] Einecke S,Schulz C,Sick V,et al. Two – Dimensional Temperature Measurements in an SI Engine Using Two – Line Tracer LIF. SAE Technical Paper Series,982468,1998.

[23] Kornmesser C,Müller T,Beushausen V,et al. Spectroscopic Investigation of Mixture Formation in a DI Gasoline Engine Using Two Different Exciplex Tracers and Model Fuels. Proc. 14th Annu. Conf. on Liquid Atomization and Spray Systems (ILASS Americas) ,Dearborn, MI,May 2001,pp. 2 – 6.

[24] Ipp W,Wagner V,Krämer H,et al. Spray Formation of High Pressure Swirl Gasoline Injectors Investigated by Two – Dimensional Mie and LIEF Techniques. SAE Technical Paper Series,1999 – 01 – 0498,1999.

[25] Krämer H,Einecke S,Schulz C,et al. Simultaneous Mapping of the Distribution of Different Fuel Volatility Classes Using Tracer – LIF and NIR – Tomography in an IC Engine. SAE Technical Paper Series,982467,1998.

[26] Knapp M,Luczak A,Beushausen V,et al. Vapor/Liquid Visualization with Laser – Induced Exciplex Fluorescence in an SI – Engine for Different Fuel Injection Timings. SAE Technical Paper Series,961122,1996.

[27] Schütte M, Grünefeld G, Andresen P, et al. Fuel/Air – Ratio Measurements in Direct Injection Gasoline Sprays Using 1 D Raman Scattering. SAE Technical Paper Series, 2000 – 01 – 0244, 2000.

[28] Schütte M, Finke H, Grünefeld G, et al. Spatially Resolved Air – Fuel Ratio and Residual Gas Measurements by Spontaneous Raman Scattering in a Firing Direct Injection Gasoline Engine. SAE Technical Paper Series, 2000 – 01 – 1795, 2000.

[29] Philipp H, Fraidl G K, Kapus P, et al. Flame Visualization in Standard SI – Engines – Results of a Tomographic Combustion Analysis. SAE Technical Paper Series, 970870, 1997.

[30] Winklhofer E, Fraidl G K. Optical Methods to Assist the Development of GDI Combustion Systems – Efforts and Benefits. Proc. 3rd Indicating Symposium, Mainz, Germany, April 1998, pp. 207 – 225.

[31] Spicher U, Kölmel A, Kubach H, et al. Combustion in Spark Ignition Engines with Direct Injection. SAE Technical Paper Series, 2000 – 01 – 0649, 2000.

[32] Wytrykus F, Düsterwald R. Improving Combustion by Using a High Speed UV – Sensitive Camera. SAE Technical Paper Series, 2001 – 01 – 0917, 2001.

[33] Hildenbrand F, Schulz C, Hartmann M, et al. In – Cylinder NO – LIF Imaging in a Realistic GDI Engine Using KrF Excimer Laser Excitation. SAE Technical Paper Series, 1999 – 01 – 3545, 1999.

[34] Block B, Oppermann W, Budack R. Luminosity and Laser – Induced Incandescence Investigations on a DI Gasoline Engine. SAE Technical Paper Series, 2000 – 01 – 2903, 2000.

[35] Krüger S, Grünefeld G. Gas – Phase Velocity Field Measurements in Dense Sprays by Laser – Based Flow Tagging. Appl. Phys. B. vol. 70, pp. 463 – 466, 2000.

[36] Krüger S, Grünefeld G, Arndt S, et al. Planar Velocity Measurements of the Gas and Liquid Phase in Dense Sprays by Flow Tagging. Proc. 10th Int. Symp. on Applications of Laser Techniques to Fluid Mechanics, Lisbon, Portugal, 2000.

[37] Stier B, Koochesfahani M M. Molecular Tagging Velocimetry (MTV) Measurements in Gas Phase Flows. Expts. Fluids, vol. 26, pp. 297 – 304, 1999.

[38] Beushausen V, Müller T, Hentschel W. 2 – D Characterization of Alcohol Sprays by Means of 1 – D Spontaneous Raman Scattering. Proc. 16th European Conference on Liquid Atomization and Spray Systems (ILASS Europe), Darmstadt, Germany, September 2000, pp. V. 2. 1 – V. 2. 8.

[39] Aust V, Zimmermann G, Manz P – W, et al. Crank – Angle Resolved Temperature in SI Engines Measured by Emission – Absorption Spectroscopy. SAE Technical Paper Series, 1999 – 01 – 3542, 1999.

[40] Koenig M H, Stanglmaier R H, Hall M J, et al. Mixture Preparation During Cranking in a Port – Injected 4 – Valve SI Engine. SAE Technical Paper Series, 972982, 1997.

[41] Zhao H, Ladommatos N. Engine Combustion Instrumentation and Diagnostics. SAE International, 2001.

第 18 章　可调谐二极管激光传感及燃烧控制

Mark G. Allen, Edward R. Furlong, Ronald K. Hanson

18.1　引言和传感器概述

结构紧凑的半导体激光器发明不久,便被用于燃烧组分的高灵敏监测。20世纪 70 年代中期,半导体激光器开始用于汽车尾气的 CO 排放量监测和实验室中燃烧炉的在线测量[1,2]。目前,作为大气和环境的监测仪器,NASA 的火星探测机器人中已集成具有多参数监测功能的近红外二极管激光传感器模块。基于吸收光谱的可调谐二极管激光(Tunable Diode Laser, TDL)传感器的主要特性有:设计和操作简单,从而便于研制全自动的传感器;波长调谐速率高,使得传感器具有宽带宽响应;低成本、坚固耐用且通常为光纤耦合结构,使其在实际的工业尺度燃烧设备中获得了重要应用。将上述所有特性综合在一起,便可将二极管激光传感器集成在燃烧闭环控制系统中,同时也可直接监测温度、单个组分浓度等重要的燃烧参数[3,4](具体可见第 21 章和第 26 章)。

TDL 传感器是路径积分测量器件,其在燃烧测量中主要用于 CO、NO、OH 等痕量组分浓度的高灵敏度、高速监测,基于 O_2 或 H_2O 等主要组分也用于温度、压强以及速度等宏观气体动力学参数的测量。图 18.1 对比了室温状况下半导体激光器所能达到的波长范围与燃烧应用中 TDL 传感器所能探测组分的吸收线近似强度,图中还给出了硅基光纤器件的波长范围和将二极管激光转换至紫外波段(利用二次谐波产生器)或中红外波段(使用差频产生器或光学参量振荡器)的高效非线性光学材料的光谱窗口。

大部分 TDL 传感器和大多数燃烧测量应用中均采用通信领域成熟发展的性能优越的 InGaAsP 激光器,其波长范围 980nm ~ 2.0μm。与大多数半导体激光器一样,InGaAsP 激光器的典型线宽约 $0.0003cm^{-1}$(10MHz),即远小于常压气体吸收线线宽。激光器的波长可通过调整珀耳帖制冷器温度实现范围达 5nm 的波长调谐,也可在激光阈值至最大功率输出之间,通过快速扫描注入电流实现约 $2cm^{-1}$(60GHz)的调谐范围。InGaAsP 激光器典型的输出功率约为几个毫瓦,

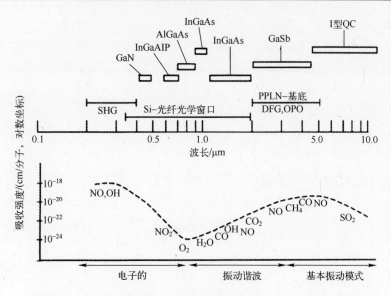

图 18.1　半导体激光器波长范围与燃烧相关组分吸收线强度对比

在 $1.55\mu m$ 光通信窗口附近目前可达到 $40mW$ 的功率输出。基于上述激光器研制传感器的优点是可利用成熟的光纤器件技术实现信号的分配与多路探测。TDL 传感器主要用于探测相对微弱的振动泛频带和组合谱带之间的跃迁，所以受限于双原子分子或轻质量多原子分子，例如 H_2O、CO_2、CH_4 等。

处于 $630\sim800nm$ 的可见波段激光器可用于探测 NO_2 和 O_2 电子态之间的弱跃迁，而基于周期性极化铌酸锂(PPLN)等工程化光学材料研制的近紫外激光器则用于探测 $OH^{[5]}$ 和 $NO^{[6]}$ 电子态之间的强跃迁。在 $2\sim5\mu m$ 波段，可探测的吸收线为一些轻质量分子低阶泛频带跃迁和基频跃迁。基于 GaSb 材料的实验装置已在 $CO^{[7]}$ 和 $NO^{[8]}$ 测量方面获得应用，但该波段大部分工作均是采用 PPLN 差频产生器作为激光源$^{[9-11]}$。在大于 $4.5\mu m$ 波段，可用的激光源为量子级联半导体激光器(QCL)，目前最大波长可达到 $19\mu m$，由于该波段存在强的基频振动态跃迁，所以可实现 CO 和 NO 等双原子分子$^{[13]}$的亚 ppm 量级探测以及 SO_2 等重分子$^{[14]}$的 ppm 量级探测。

18.2　测量原理

TDL 传感器是基于光线穿过测量路径时，波长调谐的激光被吸收，其表达式由比尔 – 朗伯关系描述：

$$I_\nu = I_{\nu,0}\exp\left[-S(T)g(\nu-\nu_0)Nl\right] \tag{18.1}$$

式中，I_ν 为频率为 ν 的单频光束穿过粒子数密度为 N、长度为 l 的吸收组分后的激光光强。

吸收强度由温度相关的谱线强度 $S(T)$ 和线型函数 $g(\nu - \nu_0)$ 决定[15]。若吸收路径上的介质是均匀的,则式(18.1)可直接转化成与气体动力学特性成正比例的量化关系。

吸收跃迁的谱线强度是吸收组分的一个基本光谱参数(见文献[16]),尽管其在一些数据库中用数字列表方式表示[17],但在任何温度下的谱线强度 $S(T)$ 都可通过 T_0 温度下的谱线强度,使用下式来计算:

$$S(T) = S(T_0)\frac{Q(T_0)}{Q(T)}\exp\left[-\frac{hcE}{k}\left(\frac{1}{T} - \frac{1}{T_0}\right)\right] \times \left[\frac{1 - \exp(-hcE/kT)}{1 - \exp(-hcE/kT_0)}\right]$$

$$(18.2)$$

式中,Q 为分子的配分函数;E 为跃迁下能级能量;h 为普朗克常数;k 为玻耳兹曼常数;c 为光速。

式(18.2)的后面一项考虑了受激辐射,其在波长小于 $2.5\mu m$ 和温度低于 2500K 时可忽略。

对于常压附近的在线测量,谱线的线型通常由 Voigt 函数表示,同时包含了碰撞展宽和多普勒展宽[15]。在常压环境下,与气体动力学和燃烧流动传感相关的谱线轮廓典型的半高全宽(FWHM)约为 0.15cm^{-1}(4.5GHz)。若气体温度、谱线强度、吸收路径已知,则测量的吸收跃迁与吸收组分的粒子数密度直接相关。或者,若同时测量两条吸收线(采用一台或两台激光器,具体取决于目标吸收线之间的间隔和激光波长调谐范围),则其积分值之比仅是温度的函数:

$$R = \left(\frac{S_1}{S_2}\right)_{T_0} \exp\left[-\frac{hc\Delta E}{k}\left(\frac{1}{T} - \frac{1}{T_0}\right)\right] \qquad (18.3)$$

式中,S_1 和 S_2 为两条吸收线在参考温度 T_0 下的谱线强度;ΔE 为两条吸收线的下能级间隔。当温度确定后,便可通过任何一条吸收线的吸收率或两者来计算粒子数密度[15,16,18]。

若激光传播方向与流动的体速度 V 方向相交,则运动中的分子感受到的激光频率有一定的多普勒频移:

$$\Delta\nu_{\text{Doppler}} = \frac{V}{c}\nu_0\cos\theta \qquad (18.4)$$

式中,θ 为激光传播方向与流动体速度方向之间的夹角。

对于近红外 TDL 传感器,1m/s 的流体速度对应的多普勒频移约为 $3 \times 10^{-5}\text{cm}^{-1}$(1MHz)。在常压条件下,其与谱线宽度的比值约为 10^{-4},这是实际速度测量中典型的下限值。由于吸收测量本身可以得到气体的密度,所以多普勒频移的测量可以确定密度与速度的乘积或质量流量[19,20]。采用两台激光器测量水蒸汽吸收线,相关的传感器已用于超声速燃烧流场的浓度、温度、速度的同时测量,其连续的数据读取带宽可达到 1Hz[21]。传感器是自动的全光纤耦合结构,且无需人为干涉。它是典型的集成化的 TDL 传感器结构,所以可应用于闭环控制。

18.3 传感器结构

图 18.2 是典型的光纤耦合、多路激光的 TDL 传感器结构。在 1.31 ~ 1.65μm 波段,激光器通常为光通信式的带尾纤封装结构,并将珀耳帖制冷器和温度稳定器件与激光器集成一体,这种 14 针的蝶封装结构尺寸与典型的计算机存储片相当。集成化的、单片机式的电流和温度控制器用于调整和稳定激光器的工作温度(即控制中心波长)。激光器的注入电流通过计算机控制的波形进行扫描,使得激光波长以兆赫兹的频率反复地扫过吸收线及其轮廓。

在所示结构中,每路激光均被耦合入有两路光纤输出的光纤耦合器中,其中一路光纤将组合波长的激光传导至测量位置处并通过直接安装在光纤端面的集成透镜组将激光发射至流场中。穿过流场的激光直接由光电二极管接收器接收,转换成电信号后耦合回位于远处的传感器中。图 18.2 展示了双光束平衡比率探测系统,即第二根光纤用于产生参考信号,其与传输信号相结合可实现高灵敏度测量[22]。图中的基本结构与其他探测方法相似。

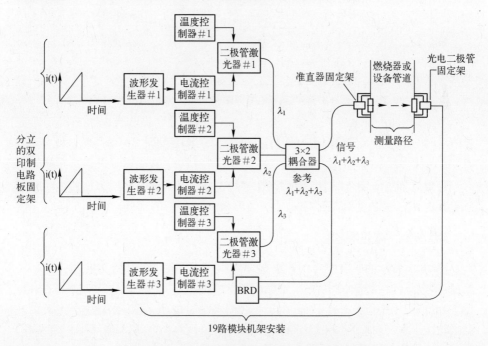

图 18.2 典型的多路激光 TDL 传感器结构布局

通过先后扫描激光注入电流,每个激光器会先后扫过各自对应的吸收谱线。采用时分复用分光途径,单个探测器便可以测量多路激光复合信号[21]。或者,多个激光也可耦合入一根公共光纤中,然后采用光栅进行分光,这种方法已实现了五路激光的分光,并在脉冲爆震发动机[23]上实现了多组分浓度、温度、碳烟的同时测量(图18.3)。大尺度工业焚化炉测量中也应用薄膜二色镜和介质膜滤光片进行分光[24]。

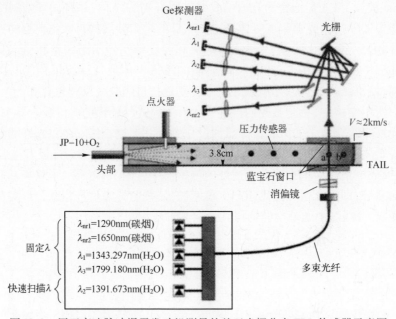

图 18.3　用于高速脉冲爆震发动机测量的基于光栅分光 TDL 传感器示意图

18.4　TDL 传感应用案例

最近,文献[3,4]对 TDL 传感器在燃烧测量的应用中进行了综述,本章我们只着重介绍一些浓度和气体动力学参数测量方面更新的案例。

18.4.1　浓度测量

图 18.1 所示的所有组分均在火焰环境中实现了测量(参见文献[3,4])。长路径、多组分的在线测量也在全尺度的工业熔炉中进行了演示[24]。位于 1.31 ~ 1.65μm 波段内的近红外泛频带,由于一些尚不清楚的水蒸汽、燃烧主要组分的高温吸收线干扰,使得高温环境下测量 ppm 量级的 CO、NO 等微量污染物复杂化。采用快速取样并结合气体冷却和干燥方法实现对 O_2、CO、CO_2 和 NO 的一系列测量已在实验燃烧炉中进行了演示,图 18.4 为其实验装置图[25]。

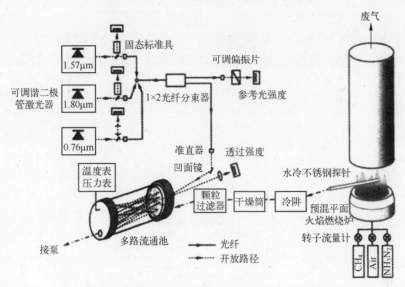

图 18.4 用于火焰组分高灵敏测量的多台 TDL 传感器、气体取样及吸收池的示意图

图中,3 台 TDL 激光器耦合入一根单模光纤中:1.57μm 用于 CO、CO_2 或 N_2O 的测量;1.80μm 用于 NO 测量;760nm 用于 O_2 测量。双光束探测系统的信号直接输入至一个 300mL 的散光吸收池中,该吸收池可实现 33m 的吸收路径。燃烧气体采用一根水冷不锈钢管进行取样,然后依次通过冷凝管、干燥筒和颗粒阱(为了去除水蒸气和颗粒物)并在多次反射池中有 1s 的驻留时间。图 18.5 展示了测量的燃烧气体中 NO 浓度随燃料/空气化学配比变化(a)和测量的 CO,CO_2 和 O_2 浓度与平衡值对比(b)。该案例表明,TDL 传感器阵列可替代诸如 NDIR 或化学发光分析仪等取样仪器,并具有更好的抗相互干扰的能力。

对于 CO_2 的测量和 ppm 量级的 CO 或 NO 在线测量来说,研究主要集中在目标吸收线比周围水蒸汽吸收线强的长波长波段。采用输出波长 1.996μm 的高紧凑 InGaAsP 多量子阱激光器已实现了实验燃烧炉 CO_2 和温度(基于水蒸汽的双线吸收测量)的在线测量[26]。对于燃烧控制来说,在线测量在成本、可靠性及速度方面均具有一定的优势。在线测量的主要难点包括光线扰动、高温气体及燃烧室壁面的背景辐射、颗粒物引起光强衰减、变化的测量环境等。

18.4.2 气体动力学参数测量

基于水蒸汽的双线测温法的温度测量已在许多实验室和大尺度测试设备上获得了应用。图 18.6 为燃烧炉化学配比随机变化时同步、连续测量的水蒸汽密度和温度随时间变化及其分别与平衡预测和热电偶测量结果的对比,测量对象为 H_2/空气平面燃烧炉[21]。传感器由两台位于 1.31μm 附近的 TDL 构成,并集

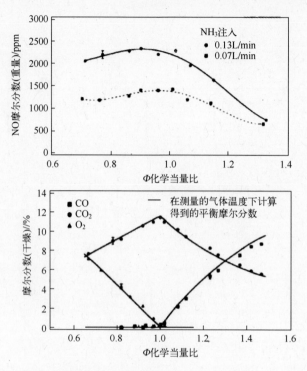

图 18.5 （a）基于吸收池 TDL 传感器测量的两种 NH₃ 浓度注入的 NO 随化学配比变化；
（b）基于吸收池 TDL 传感器测量的 CO，CO₂ 和 O₂ 浓度与平衡预测值对比及随化学配比变化

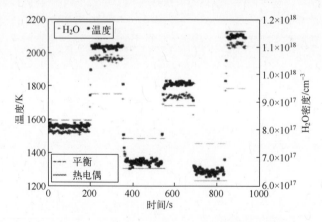

图 18.6 随机变化的 H₂/空气化学配比下，TDL 传感器测量的温度和水浓度随
时间连续变化及其分别与热电偶和平衡预测结果对比

成于具有连续采集、计算机控制的数据采集平台中，其数据输出带宽为 10Hz。
可以清楚看出，在可控制的实验室火焰中，由 TDL 技术提供的精度为：在 1300 ~

2000K,温度测量精度约为 ±15K,密度测量精度优于 2% 。

　　该技术还进一步扩展成对密度、温度、速度的连续和同时测量[21],图 18.7 为东京大学流体科学研究所在燃油喷杆后表面测量的超声速燃烧流场连续 6s 的数据。氢气由喷油杆后表面注入至稳定火焰区域,来流状态为 $2.5Ma$, $T = 300K$, $P = 0.3atm$。传感器测量的是两条位于 $1.39\mu m$ 附近的水吸收线,输出的激光在喷油后面形成两条交叉的长度为 13cm 的激光路径。传感器的温度和浓度测量精度和准确度非常高,但速度测量精度有些降低,这主要是由于谱线频移的测量灵敏度易受到激光基线测量抖动的影响[20] 。尽管如此,本案例及其他应用结果(文献[3,4]及其所引文献)表明,TDL 传感器具有精确、连续在线测量燃烧过程重要流场参数的能力——即使是在复杂的超声速反应流场中。

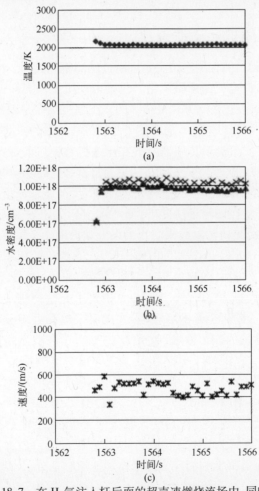

图 18.7　在 H_2 气注入杆后面的超声速燃烧流场中,同时、在线测量的温度(a),水蒸气浓度(b)和流场速度(c)

18.5　燃烧、发动机和工业过程控制中的应用

在过去的 10 多年中,TDL 传感器已被安装于各种实验室和工业设施中。多年来,商品化的 NH_3、O_2、CO、HF 等其他微量组分传感器已能满足燃烧和工业过程的应用需求,并在全球范围内可以发现数百个装置。随着上述装置研发以及使用二极管激光进行更为复杂的气体动力学参数测量,TDL 传感器尤其是用于燃烧、发动机和工业过程闭环控制的传感器开始出现。目前,集成化的闭环控制应用案例还不多见,但全球大量实验室的研究工作表明进一步的闭环控制应用即将到来。本节将介绍两个专门用于控制应用的 TDL 传感器和一个用于燃烧闭环控制的 TDL 传感器。

18.5.1　压缩机喘振/失速控制

目前,航空发动机的控制系统主要是通过压缩机的转速、导向叶片角度、进气温度和压强预估入口空气的质量流量。只要发动机工作点靠近设计点并没有出现反常及瞬态模式,上述控制方式是精确的。压缩机喘振是限制发动机性能的瞬态模式之一,它是一种整体效应,但开始于压气机叶栅内的转动隔舱旋转失速。具有足够精度的空气质量流量传感器能够在压缩机喘振之前观察到瞬态的旋转失速,所以可采取修正动作来降低发动机的失速余量和提高发动机的整体工作效率。

前面的 O_2 传感器测试表明,空气密度和速度(或质量流量)的同时测量精度优于 2% 是可能的。在该测量精度下,便可观察到失速导致的进气速率的微小抖动,进而可调整压缩机的参数来阻止大尺度喘振的发生。

传感/控制概念实验是在 Allied Signal T-55 燃气轮机压缩机段上开展的。两条路径为 27cm 的交叉激光位于压缩机上游环形管中,压缩机故意工作在喘振条件下,空气进入量为 10kg/s。图 18.8 给出了光学结构示意图,二极管激光扫描 O_2 位于 761nm 附近分离的吸收线,并同时采集和处理吸收线轮廓数据,进而实现密度和速度值的连续输出,频率为 10Hz。在该激光路径长度下,虽然谱线的峰值吸收率仅为 0.4% ,但是在稳态条件下密度测量精度依然高达 0.4% (对应于 1Hz 带宽时的 5×10^{-6} 背景吸收)。根据平均时间的不同,典型的质量流量精度处于 3% ~ 10% 。

图 18.9 给出了压缩机工作在喘振状态时密度/速度序列数据的示例,数据率为 10Hz,平均数据率为 0.1Hz。虽然 10Hz 数据的噪声较大,但依然可以根据当地空气密度的突然降低和相应强的流体加速清晰地分辨出喘振事件。在喘振事件前后,密度和速度均呈现出微小的正弦振荡,这种振荡虽不清晰,但可表示真实的进口空气质量流量的变化。本案例中,TDL 传感器的带宽精度还不足以

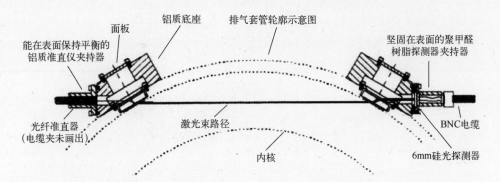

图 18.8 用于喘振/失速控制测试中的 TDL 空气质量流量传感器安装界面示意图

分辨任何的质量流量畸变,进而达到喘振控制的目标。大多数噪声来源于单模光纤机械振动引起的偏振噪声,单模光纤的作用是将激光耦合入透过率对偏振敏感的光学窗口中。因此,保偏光纤可用于进一步降低噪声水平。

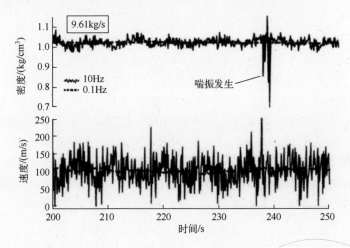

图 18.9 压缩机喘振事件中连续监测的密度和速度数据,其平均质量流量为 9.61kg/s

18.5.2 富氧燃料工业供热

在特定的工业过程中,通常采用天然气的富氧燃烧来提高传热和整个燃气的使用效率。然而,相对于空气燃烧,富氧燃烧更高的气体温度会因空气卷吸而产生额外的 NO。为了阻止这一过程以及进一步提高燃烧效率,通常采用脉冲燃料注入方式。这就需要可在线测量炉内气体的高速传感器,以优化和控制燃料与氧气的注入。

图 18.10 展示了芝加哥液化空气研究中心的 750kW 中试炉上在线测量 CO 和 O_2 的双激光 TDL 传感器布局。输出激光通过光纤耦合穿过 1m 的炉子,并在

接收端采用镀膜光学器件将近红外激光和可见激光分开,在发射端和接收端的管中均用正压的 N_2 吹扫炉外激光路径上周围的 O_2。

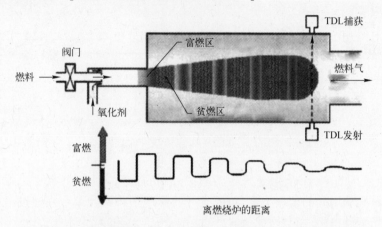

图 18.10 振荡、富氧燃烧研究的 750kW 液化空气中试炉示意图,用于 CO 和 O_2 测量的多激光 TDL 传感器安装在接近尾气烟道的入口处

图 18.11 给出了燃料振荡频率分别为 0.2Hz 和 0.5Hz 情况下 TDL 传感器记录的 O_2 和 CO 分子数密度。测试过程中,采用真空高温计测量流体中心线处的温度,燃气温度变化范围 1500 ~ 1700K。在洁净燃气中,传感器的 O_2 和 CO 的探测极限分别为 1000ppm 和 100ppm,这足以用于燃料和氧气注入参数的闭环控制。由于在很多实际工业加热过程中,燃气中含有相当多的颗粒物,而在颗粒物注入可控的系列测量实验中,观察到注入颗粒物会使传感器的探测极限低约一个量级,该灵敏度对于控制应用仍是合理的。用于全尺寸工业炉测量的多组分 TDL 传感器的加固样机正在进行进一步的测试[24]。

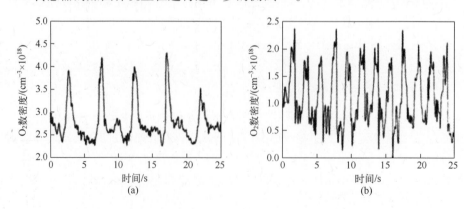

图 18.11 试验炉上燃料振荡频率分别为 0.2Hz 和 0.5Hz 情况下 连续在线测量的 O_2(a) 和 CO(b) 分子数密度

18.5.3 燃烧主动控制

TDL 传感器在燃烧闭环控制上的首次同时也是最逼真的演示由一系列振荡燃烧控制应用组成,是在美国中国湖海军航空作战中心 50kW 中试燃烧炉上进行的[27,28]。图 18.12 展示了在线(利用水汽的双线吸收实现 3kHz 连续温度测量)和取样池(用于稳定态的 CO、C_2H_2、C_2H_4 测量)联合测量的多激光、多组分 TDL 传感器的实验布局。

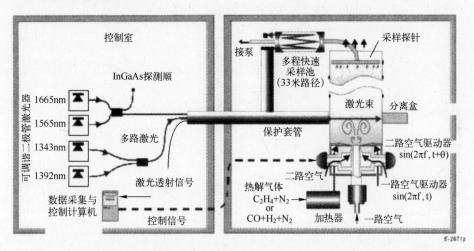

图 18.12 用于 50kW 振荡燃烧器闭环控制的多激光、多组分 TDL 传感器布局示意图

在该燃烧炉中,初级和次级空气流均被 175Hz 的声波驱动,从而产生 100% rms 的相干漩涡,使得热解产物被带入到交汇面处。此种驱动型燃烧器作为保证有害材料能够完全燃烧的手段正在研究当中。温度的在线测量位于燃气下游 8cm 处,激光传播路径为 18cm,未燃的碳氢化合物和 CO 则是在下游 45cm 处采用多孔探头取样尾气进行测量(采用前面章节所述的测量方法)。

图 18.13 给出了 TDL 传感器测量的温度 T_{rms} 和 CO 随初级与次级之间驱动相位差的变化。当相位差接近零时,燃料(实心点对应 $C_2H_4 - N_2$,空心点对应 $CO - H_2N_2$)的卷吸达到最佳,使得 CO(非有效燃烧的代表产物)生成量最小,对于 C_2H_4 和 C_2H_2 也观察到相同的定性变化规律。由于 T_{rms} 测量值越高,便可获得更高的速率及相对于燃料注入最小的传播延迟,这两个因素与 CO 低排放水平密切相关,因此可采用最小二乘控制算法和温度测量值作为控制输入来调整次级空气驱动源的幅度与相位。

图 18.14 展示了温度振荡幅度测量值和误差函数(指测量值与 25K 振荡预期值之间的偏差)以及次级空气的驱动幅度和相位。在初始状态,仅有初级空

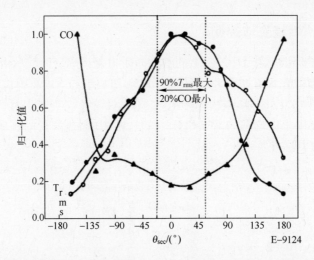

图 18.13 振荡燃烧器中初级和次级空气注入不同相位差时,T_{rms} 测量值与 CO 排放
水平波动变化关系。归一化的值对应 540ppm 的 CO,温度分别为 34K(实心点对应燃料为
$C_2H_4 - N_2$)和 16K(空心点对应燃料为 $CO - H_2N_2$)

气加载振荡驱动。在 100ms 之内,控制器便将次级空气的驱动幅度和相位调整
至预期的工作窗口,如相位随时间变化图中虚线所示,该区域在开环测试中达到
最低的 CO 排放水平。该结果清晰地表明高速和在线的 TDL 传感器可用于燃烧
闭环控制。

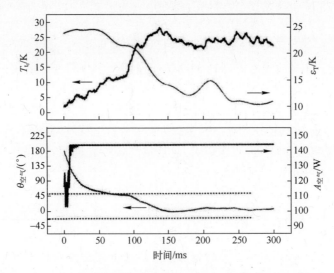

图 18.14 闭环控制系统时间响应特性。该系统通过调整次级燃料幅值和
相位使得温度误差函数达到最小

418

18.5.4　未来的机遇及需求

多组分测量的近红外 TDL 传感器正在迈向商品化的重大突破,这些传感器的可靠性和寿命也在长时间的测试中得到检验,所以将与工业过程控制相结合。用于光纤通信领域宽调谐范围光源的 $1.55\mu m$ 波段多段式 DBR 激光器正在得到大力发展。基于该激光器的初级样机已在气体传感中得到应用,单台激光器便有近 80nm 的调谐范围,可用于燃烧气体中 CO、OH、H_2O 的测量[29]。由于 DBR 激光器的功率水平和可靠性及成熟度的提高,可组合成多气体、多参数的 TDL 传感器,其相对于多激光系统其成本和复杂度要低。低成本、宽调谐范围的垂直腔表面发射激光器是近红外二极管激光技术的另一个发展趋势,其有可能影响实际的 TDL 传感器。

对于诸如 CO 和 NO 等微量污染物来说,为了获得亚 ppm 的探测极限,我们须着眼于室温中红外激光技术的进步,例如位于 $4.6\sim25\mu m$ 波段的量子级联激光器(QCL)。室温环境下的 NO、NO_2、SO_2 等微量气体的探测已在实验室得到初步展示,表明其可用于污染物探测[13,14],但在高温气体中可预见到水汽的干扰,这需要进一步的研究工作。QCL 的封装技术比近红外激光器技术落后约 10 年,为了适应 QCL 高的注入电流阈值,需要发展高效率的热管理技术。

对于燃气轮机燃烧场,通光性和高压强运行环境代表着最为棘手的挑战。在数十个大气压下,前面部分所描述的分离的吸收线将会融合成准连续谱,这就需要新的方法来实现灵敏探测和光谱分辨。65atm 压强下的水蒸汽初步研究[30]提供了一种潜在的方法,该方法已被成功应用于瞬态脉冲爆震发动机主要成分的测量,其峰值压强达到 18atm[23]。至今为止,燃气轮机燃烧室的测量还未见报道。

随着固定和可移动燃烧装置颗粒物及微量污染物排放要求的提高,拥有高速、高灵敏度、在线测量等特点的 TDL 燃烧传感器有望获得广泛的应用需求。传感器样机将从实验室走向工业装置,技术发展将集中于降低传感器的成本和复杂度,同时提高传感器的可靠性和易使用性。研究热点将集中于采用具有更宽光谱范围和调谐范围的新型激光源,包括提高相关先进激光源的封装水平以及高压强燃气轮机中的应用。

致　　谢

作者衷心感谢 NASA 和美国能源部的支持。同时感谢空气液化公司、联合信号公司(霍尼韦尔)以及美国空军(AFRL and AFOSR)在本章中所描述的各种研究工作。我们因使用图 18.7 数据而感谢日本东北大学流体科学研究所 Hide-aki Kobayashi 教授,因使用图 18.11 数据而感谢空气液化研究中心。

参 考 文 献

［1］ Ku R T, Hinkley E D, Sample J O. Long – Path Monitoring of Atmos – pheric Carbon Monox-ide with a Tunable Diode Laser System. Appl. Optics, vol. 14, pp. 854 – 861, 1975.

［2］ Hanson R K, Kuntz P A, Kruger C H. High – Resolution Spectroscopy of Combustion Gases Using a Tunable IR Diode Laser. Appl. Optics, vol. 16, pp. 2045 – 2047, 1977.

［3］ Allen M G. Diode Laser Absorption Sensors for Gas – Dynamic and Combustion Flows. Meas. Sci. Technol.. vol. 9, pp. 545 – 562, 1998.

［4］ Wolfrum J. Lasers in Combustion: From Basic Theory to Practical Devices. Proc. Combust. Inst. , vol. 27, pp. 1 – 41, 1998.

［5］ Oh D B. Diode – Laser – Based Sum – Frequency Generation of Tunable Wave – length – Modulated UV Light for OH Radical Detection. Optics Lett. , vol. 20, pp. 100 – 102, 1995.

［6］ Kliner D A V, Koplow J P, Goldberg L. Narrow – Band, Tunable, Semi – conductor – Laser – Based Source for Deep – UV Absorption Spectroscopy. Optics Lett. , vol 22, pp. 1418 – 1420, 1997.

［7］ Wang J, Maiorov M, Baer D S, et al. In Situ Combustion Measurements of CO with Diode – Laser Absorption Near 2. 3 μm. Appl. Optics, vol. 39, pp. 5579 – 5589, 2000.

［8］ Oh D B, Stanton A C. Measurement of Nitric Oxide with an Antimonide Diode Laser. Appl. Optics, vol. 36, pp. 3294 – 3297, 1997.

［9］ Richter D, Lancaster D G, Tittel F K. Development of an Automated Diode – Laser – Based Multicomponent Gas Sensor. Appl. Optics, vol. 39, pp. 4444 – 4450, 2000.

［10］ Petrov K P, Ryan A T, Patterson T L, et al. Spectroscopic Detection of Methane by Use of Guided – Wave Diode – Pumped Difference – Frequency Generation. Optics Lett. , vol. 23, pp. 1052 – 1054, 1998.

［11］ Huang L, Hui D, Bamford D J, et al. Periodic Poling of Magnesium – Oxide – Doped Stoi-chiometric Lithium Niobate Grown by the Top – Seeded Solution Method. Appl. Phys. B, vol. 72, pp. 301 – 306, 2001.

［12］ Tredicucci A, Gmachl C, Wanke M C, et al. Surface Plasmon Quantum Cascade Lasers at 19μm, " Appl. Phys. Lett. , vol. 77, pp. 2286 – 2288, 2000.

［13］ Sonnenfroh D M, Rawlins W T, Allen M G, et al. Application of Balanced Detection to Ab-sorption Measurements of Trace Gases with Room – Temperature, Quasi – cw Quantum – Cascade Lasers. Appl. Optics, vol. 40, pp. 812 – 820, 2001.

［14］ Allen M G, Upschulte B L, Sonnenfroh D M, et al. Infrared Characterization of Particulate and Pollutant Emissions from Gas Turbine Combustors. Paper 2001 – 0789, 39th AIAA Aero-space Sciences Meeting, January 2001.

［15］ Arroyo M P, Hanson R K. Absorption Measurements of Water – Vapor Concentration, Tem-perature, and Line – Shape Parameters Using a Tunable InGaAsP Diode Laser. Appl. Op-tics, vol. 32, pp. 6104 – 6116, 1993.

420

[16]　Baer D S,Nagali V,Furlong E R,et al. Scannedand Fixed − Wavelength Absorption Diagnostics for Combustion Measurements Using Multiplexed Diode Lasers. AIAA J. ,vol. 34,pp. 489 − 493,1996.

[17]　Rothman L S,Rinsland C P,Goldman A,et al. The HITRAN Molecular Spectroscopic Database and HAWKS (HITRAN Atmospheric Workstation):1996 Edition. J. Quant. Spectrosc. Radiat. Transfer,vol. 60,pp. 665 − 710,1998.

[18]　Allen M G,Kessler W J. Simultaneous Water Vapor Concentration and Temperature Measurements Using 1. 31 pm Diode Lasers. AIAA J. ,vol. 34. pp. 483 − 488,1996.

[19]　Philippe L C,Hanson R K. Laser Diode Wavelength − Modulation Spectroscopy for Simultaneous Measurement of Temperature, Pressure, and Velocity in Shock − Heated Oxygen Flows. Appl. Optics,vol. 32,pp. 6090 − 6103,1993.

[20]　Miller M F,Kessler W J,Allen M G. Diode Laser − Based Air Mass Flux Sensor for Subsonic Aeropropulsion Inlets. Appl. Optics,vol. 35,pp. 4905 − 4912,1996.

[21]　Upschulte B L,Miller M F,Allen M G. Diode Laser Sensor for Gasdynamic Measurements in a Model Scramjet Combustor. AIAA J. ,vol. 38,pp. 1246 − 1252,2000.

[22]　Allen M G,Carleton K L,Davis S J,et al. Ultrasensitive Dual − Beam Absorption and Gain Spectroscopy:Applications for Near − Infrared and Visible Diode Laser Sensors. Appl. Optics,vol. 34,pp. 3240 − 3249,1995.

[23]　Sanders S T,Mattison D W,Muruganandam T M,et al. Multiplexed Diode − Laser Absorption Sensors for Aeropropulsion Flows. Paper 2001 − 0412,39th AIAA Aerospace Sciences Meeting,January 2001.

[24]　Ebert V,Fernholz T,Giesemann C,et al. Simultaneous Diode − Laser − Based in situ Detection of Multiple Species and Temperature in a Gas − Fired Power − Plant. Proc. Combust. Inst. ,vol. 28,pp. 423 − 430,2000.

[25]　Mihalcea R M,Baer D S,Hanson R K,A Diode − Laser Absorption Sensor System for Combustion Emission Measurements. Meas. Sci. Technol. ,vol. 9,pp. 327 − 338,1998.

[26]　Webber M E,Kim S,Sanders S T,et al. In situ Combustion Measurements of CO,by Use of a Distributed − Feedback Diode − Laser Sensor Near 2. 0μm. Appl. Optics,vol. 40,pp. 821 − 828,2001.

[27]　Furlong E R,Baer D S,Hanson R K. Real − Time Adaptive Combustion Control Using Diode − Laser Absorption Sensors. Proc. Combust. Inst. ,vol. 27,pp. 103 − 111,1998.

[28]　Furlong E R,Mihalcea, R M,Webber M E,et al. Diode − Laser Sensors for Real − Time Control of Pulsed Combustion Systems. AIAA J. ,vol. 37,pp. 732 − 737,1999.

[29]　Upschulte B L,Sonnenfroh D M,Allen M G,Measurements of CO,CO_2,OH,and H_2O in Room − Temperature and Combustion Gases by Use of a Broadly Current − Tuned Multi − Section InGaAsP Diode Laser. Appl. Optics,vol. 38,pp. 1506 − 1512,1999.

[30]　Nagali V,Herbon J T,Horning D C,et al. Shock − Tube Study of High − Pressure H_2O Spectroscopy. Appl. Optics,vol. 38,pp. 6942 − 6950,1999.

第三部分　展　望

　　许多发动机研究人员期望,基于均值压燃(HCCI)的动力装置将成为首次"从内到外"设计的发动机。换言之,工程师们在确定发动机设计之前,能利用先进的数值模拟技术,探究那些与混合和燃烧相关的燃料氧化化学反应动力学以及流体力学现象,用于控制 HCCI。尽管如此,在一台实用且经济的发动机被研发出来之前,还需要在试验样机上开展大量的传统实验工作。

——Steven Ashley

(*Scientific American*, vol. 284, pp. 75 – 79, 2000)

第19章　用于详细动力学建模的诊断

Gregory P. Smith

19.1　引　言

　　简单火焰的建模比较容易,已经广泛应用观测反应中间产物的方法来检验对燃烧化学反应认识的准确性。当结果一致时,这些验证工作应该为使用先进的数值模拟工具预测更加复杂的真实燃烧系统提高置信度。即使是这些简单火焰的燃烧实验,其复杂的化学反应也需要对测量数据进行比对,原因是反应机理中基本速率常数的不确定度具有累加效应,加上偶然的大误差或者忽略了某些反应通道都会导致模型的严重不一致。用更复杂的方法,例如,把大量观测实验中获得的动力学机理数据用于系统优化,构建了 GRI – Mech 动力学机理[1,2]。但其误差在于单独的反应动力学测量包含一系列可容许的反应机理,其中许多给出的预测并不是很好。因此,必须优化设计以选择最有利的方案。

　　实验和模拟燃烧动力学机理研究或系统研究包括在激波加热混合物、连续搅拌池反应器、快速加热流动反应器以及一维层流火焰系统中的观测。同向流和逆向流扩散火焰以及低压预混系统是我们实验室正在研究的课题[3-5],这里将提供一些研究建模不确定度的实例,并提出获得重要的动力学信息对诊断的需求。实验和模拟的对比将有代表性地包含一些对实验误差的分析,希望该分析不仅仅是精度而且是准确度,并包括对所有非激光测量方法探针效应的评估。但是,对于模型一致性的性能,尤其是当对相对值或组分分布进行对比时,大部分是主观的评价。

　　认识到建模也有误差是同样重要的,并且需要同等认真地考虑对有用信息的提取和有效的对比。例如对于低压预混火焰,模拟计算可以考虑有两组误差源:我们比较关注的动力学不确定性以及模型中其他参数和假设的不确定性。这些其他参数主要有火焰模型中的热动力学和输运特性、测量得到的火焰温度分布、火焰气体的流动速率和径向分布图像等。一些模型可以进行温度分布计算,但又会产生不确定度并需要考虑其影响。为了阐明这个观点,本章将对一些典型低压火焰中间产物进行的 LIF 测量和模型进行检验,作为模型定量不确定度分析的例子,并展示对动力学实际测试的程度。

我们对略富燃($\varPhi = 1.07$)、压力 25Torr 的甲烷空气火焰的一组自由基进行了测量,包括 OH、CH、CN 和 HCO 等[3-6]。其他潜在的可观测量也能进行检验。本章不涉及其他低压预混火焰化学反应的研究,已经将激光诊断技术用于多种中间组分测量,如 H、O、$^{1}CH_2$、CH_3、$^{3}C_2$、CH_2O、CH_3O、CO、CF、CF_2、CHF、CF_2O、CCl、NO、NH、NH_2、NCO 和 NO_2 等(参见第 2 章)。分析将主要关注组分浓度峰值,并检测峰值位置和宽度。在特定情况下,也能对不同火焰的相对浓度(比值)进行类似研究。

在后续章节中,首先对一维火焰计算模型中非动力学参数(热力学、输运、温度和气流速率)的不确定度进行检验。然后,在这些低压系统中,对使用计算温度代替测量值时的建模现状、热损失项的贡献、释热模式及流动形态等问题进行讨论。接下来,重点关注来自动力学的模型累加不确定度的计算和对比,并对火焰实际测量获得的动力学信息进行评估。

在这些燃烧动力学系统中,仅仅基于对模拟与实验测量对比的表观检验不足以得出结论。需要对诊断测量、模型和动力学的不确定性进行评估,进而确定实验设计是否能够很好地对机理进行检验,测量必须达到或能够达到怎样的精确度才是有意义的等。一些组分还不能提供重要的动力学信息,一些诊断技术也依然缺乏足够的精度。

19.2　模型不确定度

19.2.1　热力学——焓

除了动力学参数,模型参数中的热力学不确定度在组分浓度的预测中也占据着重要的地位。焓值的误差 δH 基本上通过计算的反应逆速率系数($K_e = k_f/k_r$)传递。通常机理中沿着前向反应速度较快,因而会明显减小热力学敏感度。所有对火焰和敏感性(S)的计算均采用桑迪亚预混(Sandia Premix)火焰和输运代码[7,8],并使用外加的测量温度分布和 GRI – Mech 2.11 机理[1,2]。作为一个典型例子,在富燃的甲烷空气火焰中,CH 仅对 O、H、OH、CH、CH_2 和 CH_3 的热力学性质敏感,焓值变化 1kcal/mol 时,引起的模拟 CH 浓度的最大变化约 20%。只有最后的 4 个焓值是不确定的,其不确定度也仅有 0.3kcal/mol。在利用 $U_{th}(X) = [\sum (S_{XY})^2 (\delta H_Y)^2]^{1/2}$ 进行 CH 的热力学计算中,来自这些项的网络模型不确定度 U 是 10%,其中 S 为敏感系数,δH 为焓的不确定度。通常,仅能建立少量组分峰值浓度的不确定度,并且主要的 H、O 和碳氢自由基的焓值还涉及部分火焰的局部平衡。在对最新的 GRI – Mech(version 3.0)热力学不确定度影响的全系列检验中,发现唯一重要的影响是 HCN 氧化测量对 HCN 焓的敏感性[9],因此模型不确定度的这项来源通常被忽略。

19.2.2 输运

除了热力学和动力学,输运特性也是机理的一部分。我们的计算使用的是桑迪亚的输运数据库和代码[8],由于 Paul[10] 对该方法的误差或不确定度提出了一些建议,我们对这些参数的敏感度进行了分析。表 19.1 列出了对峰值浓度和火焰特性的计算结果,计算对象为甲烷火焰,Lennard – Jones 碰撞直径(σ)有 ±15% 的变化,在此条件下,输运系数以关键组分氮、水和氢(同时改变原子和分子)为准。氮和水是主要气体,所有的组分通过它们进行扩散,少量的氢是最易变化的重要中间组分。从计算结果得出的这三个参数的敏感系数在表 19.1 中给出,其值通过下式确定:

$$S = [\ln X(+15\%) - \ln X(-15\%)] / [\ln(1.15) - \ln(0.85)] \quad (19.1)$$

表 19.1 的第 5 列(标注 U)是所有 3 个对 σ15% 变化影响的和,该值作为对每个模型观测的传输不确定度的评估。注意,对于该火焰,在代码中使用热扩散(Soret 效应)或者多组分选项所产生的差异可以忽略。

来自输运的组分不确定度通常比较小,约为 3% ~ 5%。对分析起主要作用的是浴气(全部的)的输运敏感度,氢的输运通常在相同的方向也有一些贡献。根据我们测量的轮廓特征,只有 CH 的宽度对输运敏感。7% 的不确定度约是典型的测量精度 0.2mm 的 2 倍。对于温度固定的预混火焰实验,虽然输运敏感性低得可以忽略,但对于火焰速度或扩散火焰实验,对其敏感性进行类似的模拟分析有可能得到不同的结果。而且,如果对温度的测量不可行,则利用能量方程对预混火焰的模拟需包含对温度轮廓的计算,会使得热传导成为一个因素,输运敏感度会高得多(参见 19.3 节和表 19.1 的最后一列)。

表 19.1 对输运直径 $S = d(\ln X)/d(\ln\sigma)$ 和特征不确定度的敏感性

特征 X	$\sigma(N_2)$	$\sigma(H_2O)$	$\sigma(H,H_2)$	U	计算的 T^1
OH	+ 0.100	+ 0.024	+ 0.128	0.036	+ 0.383
CH	+ 0.075	+ 0.031	+ 0.125	0.033	+ 0.675
HCO	+ 0.246	+ 0.068	+ 0.062	0.054	+ 0.322
NO (2cm)	− 0.222	− 0.022	+ 0.080	0.023	+ 1.025
NH	− 0.246	− 0.002	− 0.037	0.040	− 0.923
CN	− 0.246	− 0.006	0.000	0.036	− 1.061
CN 峰值	− 0.066	0.000	0.000	0.009	− 0.390
CH 半高宽	− 0.288	− 0.067	− 0.148	0.073	− 0.443

（续）

特征 X	$\sigma(N_2)$	$\sigma(H_2O)$	$\sigma(H, H_2)$	U	计算的 T^1
OH 半高宽	−0.005	0.000	−0.017	0.010	−0.435
HCO 峰值	0.000	0.000	0.000	0.000	−0.473
NH 峰值	−0.032	0.000	0.000	0.004	+0.322
注：[1] 当温度用模型计算时，对于碰撞直径 15% 的增长，预测的组分分数的变化					

19.2.3　气体流动

进入首个模型单元的气体流速边界条件是个重要的参数，但利用标定过的质量流量计进行测量的不确定度在 2% 之内。该流动参数能够与一维火焰模型的其他两个假设相联系。目前计算中使用均匀的圆柱体作为火焰的几何形状，在低压火焰中测到的 OH 径向分布在标称的半径附近有所减少[11]，表明经过火焰气流，即更快更有效的流动速率，横截面会收缩。其他的火焰则可能会展开更大的面积、流速变慢。我们前期对 30Torr 压力火焰径向的观测表明，在火焰高处直径收缩 11%，会导致火焰面积改变 23%。其次，一维模型中不包括火焰中的径向输运和不均匀性，改变流速可以粗略地代替流体动力学或该二维结构的其他效应。这并不意味着能够将它作为一个可调整的参数，而是作为探究模型不确定度的途径。

为了对这些流动参数影响的敏感度和不确定性进行分析，在 ±20% 的流速变化范围内对模型进行了反复运行。在靠近燃烧器的低温处，较低的流速意味着较长的反应时间。表 19.2 的第 2 列给出了流速增加 20% 时不同组分摩尔分数的观测结果，它们作为特征值的分数变化。当忽略 OH 和 NO 的变化时，预测 CH 的差别可以与测量不确定度相比拟。对轮廓特性的影响显示，火焰像预期的一样远离开燃烧器，CH 和 NH 的变化约为 0.2mm，这与典型的测量精度匹敌。由于 CH 主要在温度较高、化学反应较快处生成，其轮廓变得更窄。

表 19.2　模拟速率 20% 变化时各组分分数的变化

特　　征	+20%	−20%	计算的 T
OH	+0.054	−0.067	−0.165
CH	+0.185	−0.185	−0.292
HCO	+0.160	−0.173	−0.185
NO	−0.020	+0.040	−0.268
NH	+0.113	−0.092	−0.360
CN	+0.127	−0.111	−0.407
CH 峰值	+0.037	−0.037	+0.036

（续）

特　征	+20%	-20%	计算的 T
CH 半高宽	-0.019	+0.029	+0.055
OH 半高宽	+0.030	-0.028	+0.021
HCO 峰值	+0.045	-0.068	+0.021
NH 峰值	+0.042	-0.031	+0.020

19.2.4　气体温度

由于很难精确地确定火焰的释热,所以通常采用 LIF 测量的温度分布作为模型的输入条件。能够获得的测量精度为 ±35K,但是如果不十分谨慎地考虑碰撞效应、探测偏差、激光束和荧光的吸收等影响,它们带来的误差可以达到数百度[12]。为了确定模型参数不确定度的影响,在温度增减 50K 的情况下运行模型。人们也可以把这些结果和模型中辐射效应影响的不确定处理的结果联系到一起,该模型中温度是计算变量。(根据我们的计算,该火焰燃烧气体的辐射冷却速率为 30K/cm)。

表 19.3 给出了温度上升 50K 时组分分数的影响。可以看到,这个小变化会产生巨大的影响,这与大部分实验不确定度相匹配。如之前注意到的[13],NO 对于模型的温度历程尤其敏感,原因是 $CH + N_2$、$H + CH_2$ 和 $O + N_2$ 对温度依赖性很强。但 HCO 的最大摩尔分数显然没有受到影响。因为在 +50K 运行时温升略早,所以组分轮廓位置更加接近于燃烧器。HCO 的轮廓位置对温度特别敏感,但却很难从实验中找出它精确的峰值位置。

表 19.3　模拟温度增长 50K 时各组分分数的变化

特　征	变　化
OH	+0.067
CH	+0.070
HCO	+0.014
NO	+0.200
NH	+0.174
CN	+0.207
CH 峰值	-0.046
CH 半高宽	-0.010
OH 半高宽	-0.040
HCO 峰值	-0.109
NH 峰值	-0.070

19.3 温度计算

火焰模型运行时也能将温度作为输出项。这需要对所有的释热项有很好的了解并恰当地应用到模型中,于是表 19.3 中与外加温度相关的敏感度依旧能够用到与释热项相关联的不确定度中。另外,对于含温度计算的模型,输运和流动敏感度的模式和大小可能不同,因为它们的变化也会引起温度轮廓的改变,可能产生更大的二阶相互作用。

首先,可以认为与输运有关的敏感性对温度不再是固定不变的,而且热传导现在也成为了一个因素。利用计算的温度、默认的输运和氮碰撞直径增加 15% 进行运算,表 19.1 的最后一列给出了获得的浓度和分布特性的敏感度结果,应将它们与第 2 列的正常外加温度的结果进行对比。作为一般性的结论,可以看到输运的敏感性更大。这应该能被预测到,因为当温度采用计算值时,热传导也进入到了模型。热输运的增加使得火焰特性更接近于炉面,并导致负的灵敏度。使用精确的温度测量能够避免这个敏感性并更关注动力学。

表 19.2 的最后一列显示了当温度是个变量以及流动速率降低 20% 时模型的变化,并可和前一列进行比较,那里用于计算的是测量的温度分布。当进行温度 T 计算时,低流率的一个影响是导致最终温度较低,原因是包含了较高的炉面热损失。因此,对温度依赖性强的 NO 浓度降低了。对于其他的组分浓度,单独降低流率带来的影响被放大了。因此,火焰面离炉面更远,这也是来自于低温的间接影响。我们接下来检验计算温度与流动速率之间的关系。

当不使用外加测量温度时,模型中流速对计算温度同时也对预测的浓度有重要的影响。图 19.1 举例说明了一组初始温度为 300K(25Torr、$\Phi = 1.07$)、不同流速的火焰计算结果与最终火焰温度的关系。最高的流速代表了自由火焰速度,并达到了绝热火焰温度。这意味着随着气体流速的减小,通过炉面的热损失逐渐增加。进一步的研究显示部分热从系统中移出(进入到实验中的冷却水),部分对经炉子流入首个模型单元的反应气体进行预热。因此,炉面温度和在炉面的热损失或转化量之间是单调的变化关系。我们对 Chemkin Premix 代码[7]进行了修改,从首个模型单元中移出一部分能量("转化热"),并观测预测的初始火焰温度("炉面温度 T"),计算使流动反应物从 300K 升至该温度需要的转化热。图 19.2 给出了压力 25Torr 火焰的结果。注意从系统可能移出的热量("移除热")范围很小,并且在固定流速下计算的燃烧气体温度对该参数不敏感。当更多的热量被转化时,进入到冷却水的热量在比例上更小,但数量上有所增加。

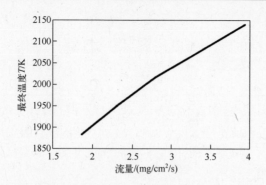

图 19.1　在初始气体温度 300K、压力 25Torr、$\Phi = 1.07$ 的 $CH_4 - O_2 - N_2$
火焰中,最终火焰温度随气体流速的变化

　　如果将炉面温度(移除热)当作未知量(很难进行精确测量),对于压力 25Torr 的甲烷火焰,测量的温升与计算温度匹配得很好($\pm 40K$)。推测该炉面温度为 670K,但使用外加温度的模型对这个初始温度不敏感。然而,除非流速增加 10%,接近炉面 $1 \sim 2cm$ 处的燃烧气体温度比预测温度低约 75K。文献[3]对富燃和贫燃甲烷火焰得到了类似的结果。这些模型预测的变化(使用半经验的计算温度)带来的结果改变,对于 CH 约为 5% ~ 15%,对于 OH 约为 7%,大概与之前温度和流速敏感性期望的一样。

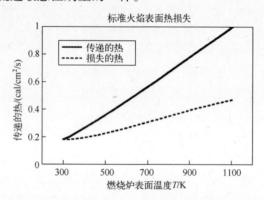

图 19.2　压力 25Torr、$\Phi = 1.07$ 的 $CH_4 - O_2 - N_2$ 火焰中,与炉面温度有关的炉面的热传递和系统热损失,它们的差别代表了燃烧热用于预热反应气体从 300K 达到表面温度的量

19.4　动力学不确定度

19.4.1　组分

　　用于组分浓度计算模型的机理中,由于每个速率常数都有相应的不确定度,

因此也必须对动力学不确定项进行计算。桑迪亚预混火焰代码提供的敏感性系数 $S_{ij} = d(\ln X_i)/d(\ln k_j)$，可与速率常数误差限 δk_j 一起得到下式：

$$U_{kin}(X_i) = \left[\sum (S_{ij})^2 (\delta k_j)^2 \right]^{1/2} \tag{19.2}$$

与许多测量的火焰轮廓进行对比的模拟轮廓也应有误差棒，用来体现动力学不确定度。除非实验测量轮廓的误差棒大大低于某值，即 $U_{meas} < U_{kin}$，其他的模拟不确定度也比较低，否则不能对火焰动力学进行测试，这可以在实验前进行估算（当然这预示着机理中重要的步骤不被丢失，而且对大部分碳氢化物来说，也不能错误地估计线性—阶导数敏感系数对于合适的模型系统是一种粗劣的方法。如果 $X_{EXPER} - X_{MODEL} > > U_{kin}$，这些问题就能够显现出来）。

利用在压力 25Torr 的甲烷火焰中的一组观测样本，得到的动力学模拟不确定度在表 19.4 中列出。组分轮廓的空间特征（位置和宽度）的敏感性和不确定度数值上来自于局部敏感项[14]。将其他模型参数的不确定值（表 19.1 – 表 19.3 所有项平方和的根加上热力学不确定度）与可能的测量（实验）不确定度进行对比，用于确定被测试中的化学反应程度。对于大部分敏感反应，使用更新的 GRI – Mech 3.0 优化[9]的速率参数不确定度，而对于其他反应，使用 Baulch 等人[15]给出的值，最大的因子可以达到 3。对于富燃（$\Phi = 1.28$）、压力 30Torr 的甲烷火焰中的组分浓度，图 19.3 给出了类似的、略低一些的动力学不确定度（如果机理中不对压力依赖的速率常数进行正确处理，将会得到较高的不确定度，尤其是对于 C – 2 组分）。

表 19.4　火焰动力学模型的不确定性（分数值）

特　　征	U(动力学)	U(模型)[1]	U(实验)	特　　征	U(动力学)	U(模型)[1]
OH	0.09	0.12	0.20	H	0.11	0.13
CH	0.93	0.22	0.15	O	0.13	0.15
HCO	0.42	0.17	0.30	CH_3	0.38	0.18
NO	0.72	0.20	0.10	$CH_2(S)$	0.48	0.24
NH	1.24	0.21	~0.30	C_2H_3	1.02	0.28
CN	1.22	0.24	0.25	C_2H	0.95	0.33
CH 峰值	0.11	0.06	0.05	CH_2O	0.56	0.15
CH 半高宽	0.12	0.08	0.04	HCCO	1.21	0.30
OH 半高宽	0.11	0.05	0.04	CH_3O	1.74	0.28
HCO 峰值	0.15	0.12	0.06	HO_2	1.22	0.23
CH_4 半高宽	0.17	0.11	~0.11	CO	0.03	0.04
NH 峰值	0.08	0.08	~0.05			

注：[1]模型的非动力学参数

通过对比表 19.4 中的各行,很显然 CH 和含氮的组分如 CN 能提供很好的动力学测试,而 HCO 以及 CH、OH 的位置特征对于它们各自的动力学不确定度有点不太敏感(位置与温升密切相关)。约有一半的 HCO 动力学不确定度来自于它的分解反应。燃气中 OH 的低敏感度和它十分确定的速率参数排除了利用其浓度作为化学反应机理验证的方法。考虑到受一些反应速率比值所决定,燃气中的 OH 是局部平衡的,因此其灵敏度低并不值得惊讶。当然对于 OH 的预测失败仍意味着有一些东西是不对的! 通过分析模型并得到如表 19.4 中的一些值,能够对以下疑问做出合理的定性判断:预混火焰测量实验是否能够对化学反应机理进行验证,或者是否值得或需要做得更加精确。本书中的其他章节汇编了激光检测方案和对不同组分的灵敏度,展示了一些不确定度及降低它们的方法(参见第 2、4、5 章)。

总体上看,对这种火焰中各组分的测量,以及对所有组分的峰值或半高宽浓度的动力学模型不确定度的计算,可以得出以下几个结论。首先,某些稳定的中间产物在动力学上很好确定,如 CH_4、O_2、H_2、CO、CO_2、H_2O、H 和 O 具有 20% 或更低的不确定度,应给以较低的测量优先权。为了获得有用的信息,需要极高的测量精度,并且温度主要决定着这些分布。其他大部分的动力学不确定度在 50% ~ 120% 之间。在这个范围的低端,今后需要利用精确测量对动力学进行检验的是 HCO、CH_2O、$CH_2(S)$、C_2H_6 和 CH_3。但是对于多原子化合物,要将误差棒降低到 40% 以下非常困难(当前对甲醛的一些工作反映了该困难[16])。HO_2、C 和 N 原子,以及微量 C-2 组分和甲醇化学的动力学不确定度处于上述范围的高端。一些组分的不确定度高于 120%,典型的原因是它们的高度复杂性和至今仍不确定导致它们生成的化学反应链是什么,在这种情况下它们也最终成为次要的。对于不加 NO 的甲烷火焰,它们通常是含氮的微量组分。然而,H_2O_2、NO_2、CH_2CO 和 CH_3O 也具有较高的动力学不确定度。在火焰发光中观测到的激发态组分(OH^*、CH^*、C_2^*)的模型不确定度也较高,它们反映了产物速率常数和前驱物 CH 或 C_2H 动力学性能[17]。必须检验灵敏度分析的细节,进而判断是否值得对可能的高动力学不确定度进行测量。

图 19.4 显示了 CH 误差因素的对比。四个非动力学模型因素被单独表示(而不是作为纯的模型不确定度)。右边显示了对特定反应动力学不确定度的单独分类,该分类只是基于对不确定度简单的线性分割,而不是基于方差平均项去计算全部的动力学不确定度。该图显示,足够的测量精度、占主导地位的动力学模型以及潜在流速(火焰面积)误差对结果阐释具有重要的贡献。图 19.5 给出了在炉面以上不同高度处,绝对 CH 浓度的实验和模拟对比的曲线。图中分别给出了误差棒,包含测量最大值、反应动力学模型不确定度和其他建模误差因素,也给出了与峰值位置测量和模型特征定位有关的空间误差棒。模型误差棒展示了很好的一致性。

432

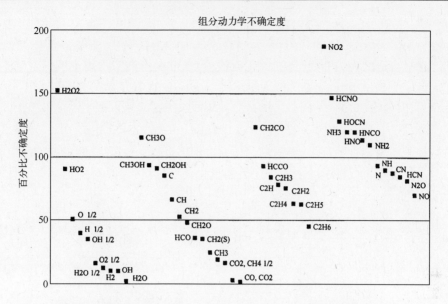

图 19.3　压力 30Torr、$\Phi = 1.28$ 的 $CH_4 - O_2 - N_2$ 火焰不同组分的最大值的模型动力学不确定度。A 1/2 指的是上升或下降一半的点

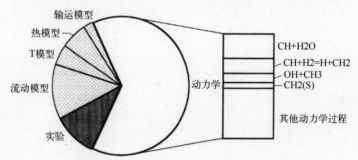

图 19.4　在低压甲烷火焰中 CH 不确定度因素的对比

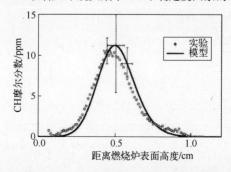

图 19.5　在压力 25Torr、$\Phi = 1.07$ 的甲烷火焰中,测量和模拟的 CH 浓度对比,带完整的误差棒。模拟轮廓的右边是来自非反应动力学不确定度,其误差棒较短;峰值位置是只来自反应动力学的不确定度,误差棒较大

19.4.2　比值

选择合适的火焰和组分,通过比值检验,也可能将许多不确定度因素减小。注入种子火焰是很好的例子,例如利用注入的 NO 进行复燃研究的工作[18-20]。如果对比值进行了检验,则灵敏度可以利用两个火焰灵敏度的差简单地给出。

$$S(X/Y) = \mathrm{d}(\ln(X/Y))/\mathrm{d}(\ln k) = S(X) - S(Y) \tag{19.3}$$

一些模拟不确定度消掉了,绝对测量误差也不再重要,一些不是很特殊的反应动力学敏感性也可以被消除。对于比值的量化灵敏度,可通过对关键测量的直接检验得到。

例如,当 1.0% 的 NO 注入到富燃($\Phi = 1.28$)低压甲烷火焰中时,注入种子的 CH 与未注入种子时的比值是 0.90,并能在 0.01 内进行测量[18,19]。在这个火焰中,绝对 CH 的反应动力学误差棒是 80% 时,而动力学比值不确定度仅有 5%,如此精确的比值测量是对再燃化学过程很好的测试。NO 减少量(37%)的测量精度可以在 4% 以内,而动力学不确定度是 17%,其他的模拟不确定度是 5%。因此比值也是对一些化学反应很好的测试。另外一个对比值很好的应用是氟代甲烷火焰对低压甲烷火焰的抑制添加效应研究[21](参见第 11 章对火灾抑制中的添加效应介绍)。在对比研究中,氮化物和含卤素化合物是最常用的低压火焰添加剂。

对于不同配比的非注入火焰中的 CH 比值也能进行检测。观测到的富燃($\Phi = 1.28$)火焰和常规($\Phi = 1.07$)火焰的 CH 比值为 2.4,动力学不确定度为 16%($\pm 0.4\%$),而绝对 CH 的不确定度则达到约 85%。因此在该种情况下,好的动力学测试需要精确的比值检验。

之前,我们利用 NO/CH 比值[18]获得了快速 NO 反应 CH + N_2 的速率常数,由于忽略了大多数的灵敏度,这才成为可能。对于这种比值,很明显动力学不确定度是在 41.4% 之内,约是表 19.4 中单独组分峰值浓度的 1/2。比值灵敏度的值小,表明在两个观测量之间的相关性大,可以避免多余的测量或用于替代测量。

当寻找一个对控制进行的诊断方法(参见第 18 章和第 21 章)及其所需的测量精度,或者寻求大量火焰标量的测量候选方法时,可考虑使用相同的灵敏度和不确定度。例如,Najm 等人[22]为了对火焰中的化学释热进行表征,检验了很多可能的诊断方式,发现了 HCO 这个优秀的候选者。在低压预混甲烷火焰中 HCO 的峰值处,对 HCO 最敏感的六个反应中的四个($H + O_2$、$H + HCO$、$O + CH_3$ 和 HCO 分解)都处于决定释热化学反应的前五位中。这当然更多是主观的引导,而不是直接的相关。

19.5　总　　结

无论对一个特定的低压预混火焰进行观察还是为燃烧化学反应动力学机理的敏感性测试提供正确检验,都需要仔细考虑所涉及的各种模型的不确定度。分析表明在大多数情况下,反应动力学主导着不确定性,因此好的测量将对动力学进行评估。然而,截面流速的不确定性(或任意二维效应)是个需重点关注的问题,而且必须准确确定温度的轮廓。在几乎所有被检测的预混低压火焰中,燃烧机理中的热力学和输运特性的不确定度对建模的不确定性贡献微乎其微。

需强调的是,利用高温、低压、预混的实验对这些不确定性进行检验的结论可能并不适用于其他燃烧条件。例如,尽管预混大气的敏感性相似,但人们也许依然认为在较低温度下热力学是无法忽视的,并且对于扩散火焰,输运可能更加重要。关键是这类分析应该使用其他的验证数据。

关于哪种潜在的火焰测量将能够对化学反应进行检验,以及需要的测量精度如何,动力学敏感度 – 不确定度分析过程提供了定量的指导。不只是位置特性,某些比值和精确的绝对浓度测量,将能够为火焰化学提供测试。详细的灵敏度分析将能够揭示利用测量验证的特定动力学。对火焰浓度实验和模拟的对比和正确评价,不仅需要仔细评估实验的不确定性,而且需要从机理上确定动力学不确定性的传播极限,并检验实验模型中固有的其他可能误差。对其他复杂动力学系统和过程也应进行相同的考虑。在最后的分析中,明确了诊断方法的精度和准确性,以及需要开发与中间产物相关的数据库。

致　　谢

在建模方面开展的大多数的工作得到了天然气研究所的资助,另外,美国国家航空航天局微重力计划、南加州天然气有限公司、Ethyl 公司、东京燃气有限公司也提供了支持。感谢 Jaimee Dong 女士,作为美国国家基金会本科生项目研究的一部分进行的模型参数灵敏度计算。同时感谢与我的同事们进行的非常有价值的讨论,他们中的许多人列在以下的参考文献中。

参 考 文 献

[1]　Bowman C T, Hanson R K, Gardiner W C, et al. GRI – Mech 2. 11 – an Optimized Detailed Chemical Reaction Mechanism for Methane Combustion and NO Formation and Reburning. Gas Research Institute Report GRI – 97/0020,1997.

[2] Frenklach M, Wang H, Goldenberg M, et al. GRI - Mech an Optimized Detailed Chemical Reaction Mechanism for Methane Combustion. Gas Research Institute Report GRI - 95/0058, 1995.

[3] Berg P A, Hill D A, Noble A R, et al. Absolute CH Concentration Measurements in Low - Pressure Methane Flames: Comparisons with Model Results. Combust. Flame, vol. 121, pp. 223 - 235, 2000.

[4] Luque J, Smith G P, Crosley D R. Quantitative CH Determinations in Low - Pressure Flames. Proc. Combust. Inst., vol. 26, pp. 959 - 966, 1996.

[5] Diau EW - G, Smith G P, Jeffries J B, et al. HCO Concentration in Flames via Quantitative Laser - Induced Fluorescence. Proc. Combust. Inst., vol. 27, pp. 453 - 460, 1998.

[6] Luque J, Jeffries J B, Smith G P, et al. Combined Cavity Ringdown Absorption and Laser - Induced Fluorescence Imaging Measurements of CN(B - X) and CH(B - X) in Low Pressure $CH_4 - O_2 - N_2$ and $CH_4 - NO - O_2 - N_2$ Flames. Combust. Flame, vol. 126, pp. 1725 - 1735, 2001.

[7] Kee R J, Grcar J F, Smooke M D, et al. A Fortran Program for Modeling Steady Laminar One - Dimensional Premixed Flames. Sandia National Laboratories Report SAND85 - 8240, 1985.

[8] Kee R J, Warnatz J, Miller J A, A Fortran Computer Code Package for the Evaluation of Gas - Phase Viscosities, Conductivities, and Diffusion Coefficients. Sandia National Laboratories Report SAND83 - 8209, 1983.

[9] Smith G P, Golden D M, Frenklach M, et al. GRI - Mech 3.0 web page at http://www.me.berkeley.edu/gri_mech/, 1999.

[10] Paul P H. DRFM: A New Package for the Evaluation of Gas Phase Transport Properties. Sandia National Laboratories Report SAND98 - 8203, 1997.

[11] Jeffries J B, Smith G P, Heard D E, et al. Comparing Laser Induced Fluorescence Measurements and Computer Models of Low Pressure Flame Chemistry. Ber. Bunsenges. Phys. Chem., vol. 96, pp. 1410 - 1416, 1992.

[12] Rensberger K J, Jeffries J B, Copeland R A, et al. Laser - Induced Fluorescence Determination of Temperatures in Low Pressure Flames. Appl. Optics. vol. 28, pp. 3556 - 3566, 1989.

[13] Heard D E, Jeffries J B, Smith G P, et al. LIF Measurements in Methane/Air Flames of Radicals Important in Prompt - NO Formation. Combust. Flame, vol. 88, pp. 137 - 148, 1992.

[14] Goldenberg M Frenklach M. A Post - Processing Method for Feature Sensitivity Coefficients. Int. J. Chem. Kinet., vol. 27, pp. 1135 - 1142, 1995.

[15] Baulch D L, Cobos C J, Cox R A, et al. Evaluated Kinetic Data for Combustion Modelling. J. Phys. Chem. Ref. Data, vol. 21, pp. 411 - 734, 1992.

[16] Luque J, Jeffries J B, Smith G P, et al. Quasi - Simultaneous Detection of CH_2O and CH by Cavity Ring - Down Absorption and Laser Induced Fluorescence in a Methane/Air Low Pressure Flame. Appl. Phys. B, vol. 73, pp. 731 - 738, 2001.

436

[17] Luque J,Smith G P,Jeffries J B,et al. Flame Chemiluminescence Rate Constants for Quanti-tative Microgravity Combustion Diagnostics. 39th AIAA Aerospace Sciences Meeting,AIAA 2001 – 0626,2001; Rate Constants for Flame Chemiluminescence. 2nd Joint Meeting U. S. Sections of the Combustion Institute,Oakland CA,2001,Paper 25.

[18] Berg P A,Smith G P,Jeffries J B,et. al. Nitric Oxide Formation and Reburn in Low – Pressure Methane Flames. Proc. Combust. Inst. ,vol. 27,pp. 1377 – 1384,1998.

[19] Williams B A Fleming J W. Comparative Species Concentrations in $CH_4/O_2/Ar$ Flames Doped with N_2O,NO,and NO_2. Combust. Flame,vol. 98,pp. 93 – 106,1994.

[20] Williams B A Pasternack L. The Effect of Nitric Oxide on Premixed Flames of CH_4,C_2H_6,C_2H_4,and C_2H_2. Combust. Flame,vol. 111,pp. 87 – 110,1997.

[21] L'Espérance D,Williams B A,Fleming J W,Intermediate Species Profiles in Low Pressure Premixed Flames Inhibited by Fluoromethanes. Combust. Flame, vol. 117, pp. 709 – 731,1999.

[22] Najm H N,Paul P H,Mueller C J,et al. On the Adequacy of Certain Experimental Observables as Measurements of Flame Burning Rate. Combust. Flame,vol. 113,pp. 312 – 332,1998

第20章 催化燃烧诊断

Olaf Deutschmann，Jürgen Warnatz

20.1 引 言

自从发现可燃的燃料－空气混合物在铂丝表面产生无火焰燃烧，接着在1817年Davy发明矿工安全灯[1]，以及1823年Döbereiner建造了气动式的气体引燃器[2]后，催化和燃烧就联系了起来。催化燃烧定义为在催化剂表面发生的可燃化合物的完全氧化过程。传统的燃烧有火焰存在，催化燃烧是无火焰的过程，且在低温下发生，所以氮氧化物的排放水平很低。此外，催化燃烧对可燃性极限和反应器设计的限制较少。催化燃烧的这些优势决定了其潜在的应用价值。

由于氮氧化物排放较低，应用催化燃烧的气体涡轮发电引起了广泛的兴趣[3,4]。如今，催化燃烧模式运行的燃气涡轮机正在从实验室向工业规模的试验发展，并且显示了将氮氧化物排放水平减少到3 ppm的能力[5]。该技术的发展需要基于先进燃烧器设计及具有高活性和稳定性的催化剂研发相结合的综合方法。典型的催化燃烧需要整体式设计，通常由喷有耐洗涂层的堇青石制作而成，它能提供较大的表面积和较低的压降。

目前，很多材料均已被用于研究催化燃烧，包括贵金属（特别是铂和钯）和大量氧化物，并主要针对富氧环境下的甲烷催化氧化。大部分研究都是关注找到合适的催化材料，但是对于发生在催化剂表面的基本物理和化学过程却几乎没有涉及。例如，钯/钯氧化物催化剂的复杂性能尚不清楚。但是，人们选择以氧化铝和氧化锆为载体并加入各种添加剂的钯氧化物作为甲烷燃烧的催化剂，因为它具有高活性和低的挥发性，且可通过PdO－Pd可逆转换实现特有的温度自控能力[4]。此外，金属取代的六方晶系铝酸盐因其热稳定性和甲烷氧化时的高活性也被广泛地研究[6,7]。

催化燃烧可用于在气流中燃烧低浓度的挥发性有机化合物（VOC），例如，采用铂催化剂的过滤器减少VOC的含量[8]。催化辐射炉已经在工业上获得了多种应用，比如烘干和热成型[9]。汽车的催化转换器可以认为是更进一步的催化燃烧技术。在三元催化转化器中,CO 和未燃的碳氢化合物在贵金属催化剂(Pt,Pd,Rh)上被彻底氧化,且 NO_x 被转换为无害的 N_2。催化燃烧的进一步应用包括催化点火器、便携式加热器和家用加热装置。生物质燃料、燃料电池技术、化学合成、微型燃烧器和微反应器成为催化燃烧研究和开发的进一步驱动力。

通过与放热的非均质氧化反应的热和化学相互作用,催化剂也能用于均质气相燃烧的点火和稳定[10]。这种催化稳定热燃烧在扩展可燃性极限和减少污染物排放方面很有潜力。有关催化燃烧方面的更详尽的介绍,建议读者阅读 Hayes 和 Kolaczkowski[9] 的专著。

目前,由于环境问题日益突出,催化燃烧研究主要关注反应器设计、提高效率、寻找更合适的催化材料以及在未来技术中的应用。因此,我们亟需深入理解发生在催化剂表面的物理和化学过程以及它们和周围流场的耦合作用。激光诊断能够帮助我们拓展催化燃烧在基本过程方面的有限知识,进而用于改善模型。这些模型能用于数值模拟,并最终用于催化燃烧过程的优化。本章后文,我们将讨论催化燃烧的最新建模以及建模需求,用以揭示激光诊断研究面临的挑战。

20.2　催化燃烧建模

20.2.1　流体和化学的耦合

过去 10 年中,已经建立起来包括非均质表面反应的详细燃烧模型,能够对理解和优化催化燃烧提供更好的指导。催化燃烧器的建模和数值模拟包含对反应流场和催化剂表面过程的描述,同时计算流体力学(CFD)程序甚至能够模拟非常复杂的流体结构。但是,由于发生在非均质反应流中的时间尺度的巨大差异,使得采用详细的反应动力学,尤其是非均质化学反应依然是个挑战。例如,在图 20.1 所示的催化燃烧装置中,在轴向对流(驻留时间 1ms)、扩散进出催化通道壁和耐洗涂层内(时间尺度 10^{-4} s)、几种热输运模式、在催化剂表面的化学反应以及可能在气相内部之间存在着复杂的相互作用,而非常快速的吸附和脱附过程(10^{-9} s)却能在气相 – 表面界面通过组分质量扩散达到平衡。

因此,对催化燃烧系统建模的最精确方式是结合与组分和温度相关的输运系数以及详细的均质和非均质反应机制求解三维 Navier – Stokes(N – S)方程[11]。由于这些模拟计算成本很高,需要根据流体条件进行适当的近似和简化。Raja 等人[12] 假设了圆柱形通道,并分别以边界层(BL)模型和栓塞流模型(PF)模拟催化燃烧装置求解了 N – S 方程。结果表明,忽略了流动扩散输运的 BL 模型只要在不产生火焰的情况下是合理的[13],而此时 PF 模型不适用。BL 模型能在 1min 内对催化燃烧通道进行模拟,并且能和整个催化剂的瞬态模拟相兼容[14]。

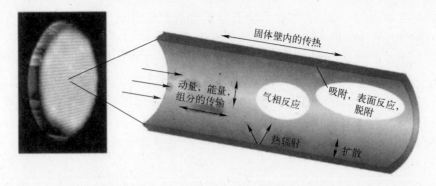

图 20.1　点火的催化燃烧装置和单通道内对催化燃烧过程模拟的框图（R. W. Dibble 提供）

在催化燃烧装置内，比如独石或辐射炉，大多数情况下流场都是层流。但是，在高压和高流速情况下以及在通道入口处流场可能是湍流。沿入流方向的狭小开放空间以及在催化壁上，对湍流的层流化进行建模依然是个问题[15]。可靠模型的研发仍然依赖于激光诊断的实验结果。

20.2.2　反应动力学

反应动力学的相关知识是催化燃烧建模者面临的最大挑战。尽管均质燃烧的反应动力学似乎已经得到了很好的理解，但与催化和催化稳定燃烧相关的低温气相化学依然存在不确定性。此处，我们将重点关注非均质表面反应，因为气相燃烧已经在第 19 章中介绍过了。

催化剂通过降低燃烧反应的活化能，在反应物和产物之间建立了额外的反应通道。反应物从气相向催化剂扩散后吸附在催化剂表面，并发生解离和分解反应。表面反应和脱附速率依赖于表面覆盖率和温度。除了如图 20.2 所示的在铂表面的甲烷催化燃烧的 Langmuir – Hinshelwood 反应路径外，气相组分也可以直接和吸附组分发生反应（Eley – Rideal 机制）。

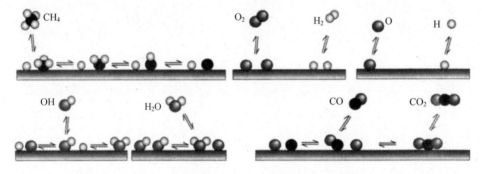

图 20.2　甲烷在贵金属上催化燃烧的反应机制

速率方程以及催化反应的反应速率对于不同配方的催化剂是特有的。这就意味着每一种催化剂都有唯一的速率表达式,它不仅依赖催化材料类型,而且也依赖催化剂载体、耐洗涂层的类型和结构以及制备方法。催化剂不同的表面结构在其反应路径和动力学数据中通常会改变。反应的时间特性、组分浓度和温度变化导致的重结晶、吸附组分扩散进入催化剂内部,可能会改变反应速率。由于这一复杂性,广义的速率表达式和反应速率成为多年来模型的首选[9]。反应速率通常与催化剂质量、催化剂体积、反应器体积或催化剂外表面面积有关。

建立催化反应速率方程的方法之一是 Langmuir – Hinshelwood – Hougen – Watson 法,即基于 Langmuir 吸附、吸附中间物之间的表面反应及脱附,并假设这些步骤之一是缓慢的。显然,该方法并未考虑之前所述的多种复杂现象。因此,对每种新的催化剂和不同的外部条件,必须通过实验来获取速率参数值。

因此,反应动力学研究的最终目标是基于发生在催化剂表面的基元反应发展详细的反应机理,也就是揭示微观动力学。如果采用平均场近似,则催化燃烧中的非均质反应大体上可以用和气相反应非常类似的一种形式进行处理[16],这就意味着吸附物被假定是随机均匀地分布在催化剂表面。催化剂表面状态用温度 T 和表面覆盖率 Θ_i 来描述,这二者都依赖于其在反应器中的宏观位置,但是其微观局部扰动被平均掉了,这样便可建立平衡方程把表面过程和周围反应流耦合起来[16,17]。催化剂表面和气相组分(由于吸附和脱附)的产生速率 $\dot{s}_i$ 可以写作

$$\dot{s}_i = \sum_{k=1}^{K_s} n_{ik} k_{fk} \prod_{i=1}^{N_g+N_s} (c_i)^{n'_{ik}} \tag{20.1}$$

式中,K_s 为包括吸附和脱附的表面反应总数;v_{ik},v'_{ik} 为化学当量系数;k_{fk} 为前向速率系数;$N_g(N_s)$ 为气相(表面)组分数;c_i 为组分 i 的浓度。对于吸附组分来说,单位为 mol·cm^{-2}。

因为在表面吸附的结合态依赖于所有吸附组分的表面覆盖率,所以速率系数的表达式变得复杂:

$$k_{f_k} = A_k T^{\beta k} \exp\left[\frac{-E_{a_k}}{RT}\right] \prod_{i=1}^{N_s} \Theta_i^{\mu_{ik}} \exp\left[\frac{\varepsilon_{i_k}\Theta_i}{RT}\right] \tag{20.2}$$

式中,A_k 为前面的指数因子;β_k 为温度指数;E_{a_k} 为反应 k 的活化能;参数 μ_{i_k} 和 ε_{i_k} 描述速率系数和组分 i 的表面覆盖率的依赖关系。

对吸附反应,通常采用粘附系数。它们通过下述表达式转化为传统的速率系数:

$$k_{f_k}^{ads} = \frac{S_i^0}{\Gamma^\tau}\sqrt{\frac{RT}{2\pi M_i}} \tag{20.3}$$

式中,S_i^0 为初始粘附系数;Γ 为表面区密度,单位为 $mol \cdot cm^{-2}$;τ 为被吸附组分占据的区域数量;M_i 为组分 i 的摩尔质量。

尽管对 H_2、CO 和碳氢氧化物进行了大量的表面科学研究,依然缺少重要的反应动力学数据。然而,过去10年中对于催化燃烧已经建立了几种表面反应机理和相关的速率表达式。虽然这些机理通常都基于很少的实验数据,并且这些数据是在有限的条件下取得的,但它们依然使我们对催化燃烧现象有了更好的理解。

20.2.3 应用——催化点火

本节以氢和甲烷在铂箔上催化氧化点火为例介绍催化燃烧的应用。在实验中[18],氮气稀释的燃料/氧气混合物流动到铂箔上并通过电阻加热。温度慢慢升高直到产生温度跃变,这是由于发生了放热的催化燃烧反应。该点火温度依赖于燃料/氧气比,并且随氢气/氧气比的增加而增加,随甲烷/氧气比的减小而增加,如图20.3所示。把实验数据与驻点流的瞬态数值模拟结果进行了比较,其中该模拟利用了表20.1中给出的详细的反应机理。

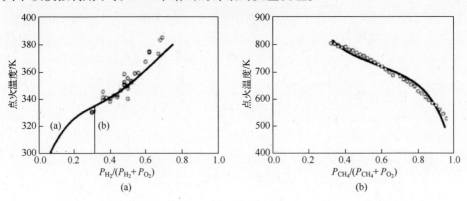

图20.3 铂箔表面氢气氧化(a)[18]和甲烷氧化(b)[17]的催化点火温度,稀释 N_2 的体积分数为94%,压强为 1bar;圆圈为实验结果,曲线为模拟结果。对于依赖于初始表面覆盖率的氢气点火,存在一种双稳态的行为(a/b)
(a)Taylor & Francis 出版社提供;(b)燃烧学会提供

基于分子行为的多步反应机制能计算点火时的表面覆盖率,并且能够解释点火温度对燃料/氧气比的依赖关系。如图20.4(a)所示,催化点火前表面主要被氢覆盖。在点火温度下,氢的吸附/脱附平衡向脱附移动,导致未覆盖表面面积的增加(Pt(s)),从而使得氧(以及随后氢)能够吸附,而放热的水的形成和脱附接着开启了一个自加速过程。如果氢/氧比减少,氢的抑制效应将会在低温下被克服。因此,催化点火温度随氢/氧比增加而升高。因为点火前表面被氧而不是被燃料覆盖(图20.4(b)),因此催化点火温度随甲烷/氧气比增加而降低。

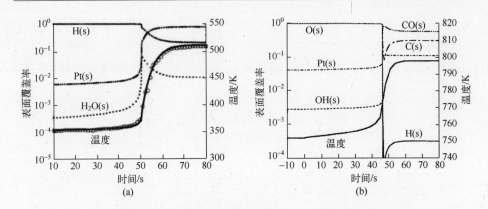

图 20.4　在铂箔表面利用体积分数为 94%、压强 1bar 的 N_2 稀释的氢的

催化点火[18]（a），和甲烷的氧化[17]（b）时计算得到的

表面覆盖率和箔温（a）Taylor & Francis 出版社提供；（b）燃烧学会提供

20.3　表面反应机理的发展

20.3.1　反应路径

可靠的表面反应机理遵循如图 20.5 所示的复杂过程。初步的反应机理是基于表面科学及与气相动力学和有机金属化合物相类比而提出的。为了使其更为基础并且能适用于较宽范围的条件，该机理应该包含形成所考虑的化学组分的所有可能路径。与广义速率表达式不同的是，对速率限定步骤和部分吸附－脱附平衡并未做任何假设，因为在实际情况下它们往往不可靠。

表面科学实验采用大量的技术去研究吸附、表面扩散和反应、脱附和再结晶[19]。在过去几年中，新型的实验工具如扫描隧道显微镜（STM）和光电辐射显微镜（PEEM）的使用，揭示了非均质催化时的基元表面过程[20]。但是，绝大多数这类研究都是在超高真空（UHV）或者至少是在低压和已知的单晶表面进行的。因此，将这些结果外推到高压条件以及多晶和有载体的催化剂上，依然是个有待解决的问题。利用光学和频（SFG）振动光谱技术（见第 12 章），最近证实在高温高压条件下，一氧化碳可以在铂上分解[21,22]，这一反应途径以前并未在大量的 UHV 实验中观察到。为了填补压强和材料的空白，在相关的压强和温度条件下，在真实催化剂上需要有实时的诊断技术以进行表面反应研究。

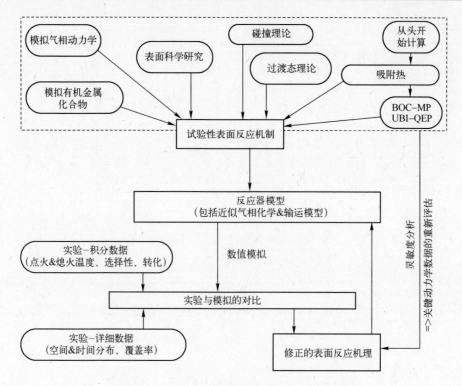

图 20.5 表面反应机理发展的方法学的总览图

表 20.1 在箔表面 H_2、CO 和 CH_4 催化点火的表面反应机理

			A	β	E_a	ε_i , μ_i^1	
(1)	$H_2 + 2Pt(s)$	$\Rightarrow 2H(s)$	$4.60 \cdot 10^{-02}$			$\mu_{Pt(s)} = -1$	s. c
(2)	$2H(s)$	$\Rightarrow 2Pt(s) + H_2$	$3.70 \cdot 10^{+21}$	0.0	67.4	$\varepsilon_{H(s)} = 6$	
(3)	$H + Pt(s)$	$\Rightarrow H(s)$	$1.00 \cdot 10^{-00}$				s. c
(4)	$O_2 + 2Pt(s)$	$\Rightarrow 2O(s)$	$1.80 \cdot 10^{+21}$	-0.5	0.0		
(5)	$O_2 + 2Pt(s)$	$\Rightarrow 2O(s)$	$2.30 \cdot 10^{-02}$				
(6)	$2O(s)$	$\Rightarrow 2Pt(s) + O_2$	$3.70 \cdot 10^{+21}$	0.0	213.2	$\varepsilon_{O(s)} = 60$	
(7)	$O + Pt(s)$	$\Rightarrow O(s)$	$1.00 \cdot 10^{-00}$				s. c
(8)	$H_2O + Pt(s)$	$\Rightarrow H_2O(s)$	$0.75 \cdot 10^{-00}$				s. c
(9)	$H_2O(s)$	$\Rightarrow H_2O(s) + Pt(s)$	$1.00 \cdot 10^{+13}$	0.0	40.3		
(10)	$OH + Pt(s)$	$\Rightarrow OH(s)$	$1.00 \cdot 10^{-00}$				s. c
(11)	$OH(s)$	$\Rightarrow OH + Pt(s)$	$1.00 \cdot 10^{+13}$	0.0	192.8		
(12)	$O(s) + H(s)$	$\Leftrightarrow OH(s) + Pt(s)$	$3.70 \cdot 10^{+21}$	0.0	11.5		
(13)	$H(s) + OH(s)$	$\Leftrightarrow H_2O(s) + Pt(s)$	$3.70 \cdot 10^{+21}$	0.0	17.4		

（续）

			A	β	E_a	ε_i,μ_i^1	
(14)	$OH(s) + OH(s)$	$\Leftrightarrow H_2O(s) + O(s)$	$3.70 \cdot 10^{+21}$	0.0	48.2		
(15)	$CO + Pt(s)$	$\Rightarrow CO(s)$	$8.40 \cdot 10^{-01}$			$\mu_{Pt(s)} = +1$	s. c
(16)	$CO(s)$	$\Rightarrow CO + Pt(s)$	$1.00 \cdot 10^{+13}$	0.0	125.5		
(17)	$CO_2(s)$	$\Rightarrow CO_2 + Pt(s)$	$1.00 \cdot 10^{+13}$	0.0	20.5		
(18)	$CO(s) + O(s)$	$\Rightarrow CO_2(s) + Pt(s)$	$3.70 \cdot 10^{+21}$	0.0	105.0		
(19)	$CH_4 + 2Pt(s)$	$\Rightarrow CH_3(s) + H(s)$	$1.00 \cdot 10^{-02}$			$\mu_{Pt(s)} = +0.3$	s. c
(20)	$CH_3(s) + Pt(s)$	$\Rightarrow CH_2(s) + H(s)$	$1.00 \cdot 10^{+21}$	0.0	20.0		
(21)	$CH_2(s) + Pt(s)$	$\Rightarrow CH(s) + H(s)$	$1.00 \cdot 10^{+21}$	0.0	20.0		
(22)	$CH(s) + Pt(s)$	$\Rightarrow C(s) + H(s)$	$1.00 \cdot 10^{+21}$	0.0	20.0		
(23)	$C(s) + O(s)$	$\Rightarrow CO(s) + Pt(s)$	$3.70 \cdot 10^{+21}$	0.0	62.8		
(24)	$CO(s) + Pt(s)$	$\Rightarrow C(s) + O(s)$	$1.00 \cdot 10^{+18}$	0.0	184.0		

20.3.2　动力学数据

接下来工作是确定上文所述机理中的速率表达式。这里要遵循的第一原理是热力学守恒，但当动力学数据被调整用于预测实验数据时，这一原理有时会被违反。因此，宁可从一开始就考虑所有吸附组分的一组生成焓，它是基于吸附热和相应的气相组分的焓。由于吸附物–吸附物相互作用改变了吸附的结合态，所有的吸附热以及依赖于表面覆盖率的所有活化能，都必须以热力学平衡的方式进行具体化[23,24]。

由于真实催化剂的动力学数据很少，因此材料的寻常面如(111),(110)和(100)的数据通常用于初始推测，尤其是吸附步骤和脱附能的粘附系数。粘附系数和表面覆盖率以及压强的依赖关系可能比较复杂，包含不同的吸附机制，正如 NO 在铂表面吸附的例子[25]。粘附系数也随温度变化[26]，例如表 20.1 所列的机理中，氧气吸附采用了温度相关的粘附系数。

为了发生反应，表面组分必须能够克服小的能量势垒跳跃到邻近的区域，而在表面发生扩散。假设组分在表面是可移动的，对于双分子反应能粗略地估计出前面的指数因子[27,28]。扩散系数能够通过场发射[29,30]或激光脱附实验[31,32]进行实验确定。当采用过渡态理论时[19,20]，便可在估计前面的指数因子时考虑具体的分子结构细节。

对于表面反应，利用作为温度函数[式(20.2)]的速率系数来实验获取活化能是困难的。因此，Shustorovich 的半经验 BOC – MP(Bondorder – Conservation Morse – potential，键级守恒 Morse 势)方法[33,34]和最近发展的 UBI – QEP(Unity

Bond Indexquadratic Exponential Potential,单键平方指数势)方法[35]用于估算活化能变得越来越流行。将原子吸附热和气体结合能作为输入,为上文所述的反应机制提供了热力学平衡的吸附焓和活化能。尽管从头计算方法,尤其是密度函数理论越来越实用化[36-38],它们在复杂反应机制上的应用以及外推到实际催化剂上是不容易的,且超出了现有的计算能力,然而,它们往往用于吸附热的计算。

20.3.3 机理的评估

目前,所提出的初始反应机理耦合了各种反应器模型,这些模型包括气相动力学和输运等子模型。利用这些模型,在不同的外部条件下数值模拟了大量的实验,并将预测结果与实验数据进行了比较。验证的变量可以是点火和熄火温度,或特定的组分及其转化。此外,时间和空间分辨的数据,如组分和温度分布或表面覆盖率,也为反应机理确认提供了宝贵的信息。因此,激光诊断起着非常重要的作用,如通过 LIF 在靠近催化剂表面能够探测到脱附的 OH 基[39,40],通过拉曼光谱能够记录催化剂表面稳定组分的空间分布,利用二次谐波(SHG)和 SFG(见第 12 章)能够确定表面覆盖率。实验数据与数值方法预测数据之间的偏差能够用于调节反应机理,甚至也能采用优化策略进行[24]。应用数值灵敏度分析通常支持该过程去揭示关键的速率参数。测试事例的数量越大,反应机理就证明越可靠。但是应该指出的是,只有遵守对动力学数据的物理和化学限制,而且对于环境反应流采用合适的模型,并将实验不确定度考虑进去,则对速率参数的拟合才是合理的。

20.4 局限和挑战

20.4.1 表面结构和反应特性

催化表面必定是非均匀的;由于真实催化剂表面由具有不同晶体结构、间距、边缘、添加剂、杂质和缺陷的平台区构成,因此存在区域不均匀性。在上面讨论过的方法中,区域不均匀性通过平均速率系数得到均化。如果不同类型吸附区的分布以及在那些区内的反应动力学已知,所讨论过的概念可以很容易地用于建立反应机理,它是由用于不同表面结构的几个子机理组成的[16]。Kissel-Osterrieder 等人[41]在层流条件下的"双吸附区模型"框架内,应用此方法对 CO 在多晶 Pt 表面的燃烧进行了模拟。在该研究中,预测的 CO 覆盖率与 SFG 测量获得的实验数据是吻合的(见第 12 章)。区域非均匀性能够用相关联的反应动力学刻画的任意区域的概率进行描述。在迄今为止讨论过的模型中,此概率函数为有限数量的表面结构之和。但在文献中同样也采用了连续函数[28]。此处，不同类型表面斑的分布及其动力学知识的缺乏再次成为问题。

20.4.2　蒙特卡洛方法

横向的吸附相互作用产生的效应，从本质上来说更加难以处理。在平均场（MF）近似下，它们要么被忽略，要么用平均速率系数处理。各种吸附物－吸附物相互作用已经在实验上被观察到：二维相变依赖于温度和覆盖率、吸附组分岛的形成、粘附概率和表面反应速率对局部环境的依赖性（占据邻近区域的组分的数量和性质）等。如果能定量地理解特定的表面反应，则就能对表面化学过程进行 Monte Carlo(MC)模拟[42]。模拟最好从一个表面区大阵列上具有特定结构的吸附组分开始，在这些区域上有反应过程发生，比如吸附、扩散、表面反应、脱附和相变，这些过程的反应速率根据局部环境来表述。记录足够数量的事例之后，就能计算总的反应速率了。在不同温度和气相浓度下的 MC 模拟能获得表观活化能和反应级数。最近，在 Pt 表面 CO 氧化的催化燃烧研究中，开展了包括周围流场的实时 MC 模拟，并且与采用平均场近似的模拟进行了比较[43]。尽管 MC 计算提供了理解复杂表面现象的重要前景，但把这些计算应用到碳氢化合物催化燃烧中依然是不可能的，部分原因是计算能力的限制，更主要的是因为我们缺乏对于表面化学过程的理解。尤其是在高压和催化温度下，对真实的表面基本过程的开启是激光诊断面临的巨大挑战。

20.5　总　　结

催化燃烧的最新建模包括详细的表面反应机制，它需要新的实验工具，能对发生在催化表面的物理和化学分子过程进行观察和定量测量。虽然在过去几年中，对于催化燃烧装置进行定量模拟的数值模型和计算工具已经发展了起来，但是依然缺少大量的对这些程序进行修正的表面反应信息和动力学数据。尤其是我们需要填补压强和材料空白。此处我们看到了激光诊断方法如 SHG，SFG 和拉曼光谱技术的巨大优势和挑战，它们能在真实压强和温度条件下对发生在催化剂表面的非均匀过程进行实时的研究。靠近催化剂的气相过程能够通过 LIF 对脱附中间产物如 OH 和 CH_x 进行探测，以及通过质谱技术对稳定产物如 CO、CO_2 和 H_2O 进行时间分辨的测量研究。此外，实时的表面形貌测量可以通过高压 STM 技术开展。这些方法的组合将最终揭示非均匀反应机理。

我们特别鼓励激光诊断研究人员将首个成功的对 CO 燃烧的实时研究，扩展到对碳氢化合物燃烧反应的研究中。此外，对多组分催化剂，比如双金属系统上发生的催化燃烧反应的刻画，是一个已经显现的问题。此处我们还遇到了耐洗涂层与催化剂之间发生化学反应，以及支撑的添加剂和有毒的杂质对催化剂性能的影响的问题。

参 考 文 献

[1] Knight D. Humphry Davy: Science and Power. Cambridge University Press, 1998.

[2] Kauffman G B. Johann Wolfgang Döbereiner's Feuerzeug. On the Sesquicentennial Anniversary of his Death. Platinum Metals Rev. , vol. 43, pp. 122 – 128, 1999.

[3] Dalla Betta R A. Catalytic Combustion Gas Turbine Systems: the Preferred Technology for Low Emissions Electric Power Production and Co – Generation. Catal. Today, vol. 35, pp. 129 – 135, 1997.

[4] Forzatti P, Groppi G, Catalytic Combustion for the Production of Energy. Catal. Today, vol. 54, pp. 165 – 180, 1999.

[5] Xonon Combustor, Catalytica Combustion Systems, Inc. , Mountain View, CA.

[6] Machida M, Eguchi K, Arai H. High Temperature Catalytic Combustion over Cation – Substituted Barium Hexaaluminates. Chem Lett. , vol. 5, pp. 767 – 770, 1987.

[7] Groppi G, Cristiani C, Forzatti P. Preparation and Characterization of Hexaaluminate Materials for High – Temperature Catalytic Combustion. Catalysis, vol. 13, pp. 85 – 113, 1997.

[8] Saracco G, Specchia V. Catalytic Filters for the Abatement of Volatile Organic Compounds, Chem. Eng. Sci. , vol. 55, pp. 897 – 908, 2000.

[9] Hayes R E, Kolaczkowski S T. Introduction to Catalytic Combustion. Gordon & Breach Publishing Group, 1998.

[10] Pfefferle L D, Pfefferle W C. Catalysis in Combustion. Catal. Rev. Sci. Eng. , vol. 29, pp. 219 – 267, 1987.

[11] Deutschmann O, Schwiedernoch R, Maier LI. , et. al. Natural Gas Conversion in Monolithic Catalysts: Interaction of Chemical Reactions and Transport Phenomena. in Iglesia E, Spivey JJ, Fleisch TH, eds. Studies in Surface Science and Catalysis. vol. 136. Natural Gas Conversion VI. Elsevier, Amsterdam, 2001, pp. 215 – 258.

[12] Raja L L, Kee R J, Deutschmann O, et al. A Critical Evaluation of Navier – Stokes, Boundary – Layer, and Plug – Flow Models of the Flow and Chemistry in a Catalytic – Combustion Monolith. Catal. Today, vol. 59, pp. 47 – 60, 2000.

[13] Mantzaras J, Appel C, Benz P. Catalytic Combustion of Methane/ Air Mixtures over Platinum: Homogeneous Ignition Distances in Channel Flow Configurations. Proc. Combust. Inst. , vol. 28, pp. 1349 – 1357, 2000.

[14] Tischer S, Correa C, Deutschmann O. Transient Three Dimensional Simulations of a Catalytic Combustion Monolith Using Detailed Models for Heterogeneous and Homogeneous Reactions and Transport Phenomena. Catal. Today, vol. 69, pp. 57 – 62, 2001.

[15] Mantzaras J, Appel C, Benz P, et al. Numerical Modelling of Turbulent Catalytically Stabi-

lized Channel Flow Combustion. Catal. Today, vol. 59, pp. 3 – 17, 2000.

[16] Coltrin M E, Kee R J, Rupley F M. SURFACE CHEMKIN (Version 4.0): A Fortran Package for Analyzing Heterogeneous Chemical Kinetics at a Solid – Surface – Gas – Phase Interface. SANDIA National Laboratories Report SAN D90 – 8003B, 1990.

[17] Deutschmann O, Schmidt R, Behrendt F, et al. Numerical Modeling of Catalytic Ignition. Proc. Combust. Inst. , vol. 26, pp. 1747 – 1754, 1996.

[18] Deutschmann O, Schmidt R, Behrendt F. Interaction of Transport and Chemical Kinetics in Catalytic Combustion of H_2/O_2 Mixtures on Pt. Proc. 8th International Symposium on Transport Phenomena in Combustion, Taylor and Francis, San Francisco, 1995, pp. 166 – 175.

[19] Christmann K. Introduction to Surface Physical Chemistry. Topics in Physical Chemistry 1. New York: Springer, 1991.

[20] Ertl G. Elementary Steps in Heterogeneous Catalysis. Angew. Chem. Int. Ed. Engl. , vol. 29, pp. 1219 – 1227, 1990.

[21] Kung K Y, Chen P, Wei F, et al. Sum – Frequency Generation Spectroscopic Study of CO Adsorption and Dissociation on Pt(111) at High Pressure and Temperature. Surf. Sci. , vol. 463, pp. L627 – L633, 2000.

[22] Metka U, Schweitzer M G, Volpp H – R, et al. Sum Frequency Generation (SFG) Vibrational Spectroscopic Study of CO Dissociation on Pt(111) at High Pressure and Temperature. to be submitted, 2002.

[23] Zerkle D K, Allendorf M D, Wolf M, et al. Understanding Homogeneous and Heterogeneous Contributions to the Platinum – Catalyzed Partial Oxidation of Ethane in a Short – Contact – Time Reactor. J. Catal. , vol. 196, pp. 18 – 39, 2000.

[24] Aghalayam P, Park Y K, Vlachos D G. Construction and Optimization of Complex Surface – Reaction Mechanisms. AIChE J. , vol. 46, pp. 2017 – 2029, 2000.

[25] Metka U, Schweitzer M G, Volpp H – R, et al. In – Situ Detection of NO Chemisorbed on Platinum Using Infrared – Visible Sum – Frequency Generation (SFG). Z. Phys. Chem. , vol. 214, pp. 865 – 888, 2000.

[26] Campbell C T, Ertl G, Kuipers H, et al. A Molecular Beam Study of the Adsorption and Desorption of Oxygen from a Pt(111) Surface. Surf Sci. , vol. 107, pp. 220 – 236, 1981.

[27] Warnatz J, Maas U, Dibble R W. Combustion: Physical and Chemical Fundamentals, Modeling and Simulation, Experiments, Pollutant Formation. New York: Springer, 1996.

[28] Dumesic J A, Rudd D F, Aparicio L M, et al. The Microkinetics of Heterogeneous Catalysis. Washington, DC: American Chemical Society, 1993.

[29] Chen J – R, Gomer R. Mobility of Oxygen on the (110) Plane of Tungsten. Surf. Sci. , vol. 79, pp. 413 – 444, 1979.

[30] Wang SC, Gomer R. Diffusion of Hydrogen, Deuterium, and Tritium on the (110) Plane of Tungsten. J. Chem. Phys. , vol. 83, pp. 4193 – 4209, 1985.

[31] Mullins DR, Roop B, Costello SA, et al. Isotope Effects in Surface Diffusion: Hydrogen and

449

Deuterium on Ni(l00). Surf. Sci. , vol. 186, pp. 67 – 74, 1987.

[32] Seebauer E G, Kong A C F, Schmidt L D, Adsorption and Desorption of NO, CO and H_2 on Pt(111): Laser – Induced Thermal Desorption Studies. Surf. Sci. , vol. 176, pp. 134 – 156, 1986.

[33] Shustorovich E. Chemisorption Phenomena: Analytic Modeling Based on Perturbation Theory and Bond – Order Conservation. Surf. Sci. Rep. , vol. 6, pp. 1 – 63, 1986.

[34] Shustorovich E. Bond Making and Breaking on Transition – Metal Surfaces: Theoretical Projections Based on Bond – Order Conservation. Surf. Sci. , vol. 176, pp. L863 – L872, 1986.

[35] Shustorovich E, Sellers H. The UBI – QEP Method: A Practical Theoretical Approach to Understanding Chemistry on Transition Metal Surfaces. Surf. Sci. Rep. , vol. 31, pp. 1 – 119, 1998.

[36] Sautet P, Paul J – F. Low Temperature Adsorption of Ethylene and Butadiene on Platinum and Palladium Surfaces: A Theoretical Study of the diσ/π Competition. Catal. Lett. , vol. 9, pp. 245 – 260, 1991.

[37] Van Santen R A. Theoretical Heterogeneous Catalysis, Singapore: World Scientific, 1991.

[38] Van Santen R A, Neurock M. Theory of Surface – Chemical Reactivity. in Ertl G, Knözinger H, Weitkamp J, eds. Handbook of Heterogeneous Catalysis. Weinheim: Wiley – VCH, 1997, pp. 991 – 1004.

[39] Wahnström T, Fridell E, Ljungström S, et al. Determination of the Activation Energy for OH Desorption in the H_2 + O_2 Reaction on Polycrystalline Platinum. Surf Sci. , vol. 223, pp. L905 – L912, 1989.

[40] Williams W R, Marks C M, Schmidt L D. Steps in the Reaction H_2 + O_2 = H_2O on Pt: OH Desorption at High Temperatures. J. Phys. Chem. , vol. 96, pp. 5922 – 5931, 1992.

[41] Kissel – Osterrieder R, Behrendt F, Warnatz J, et al. Experimental and Theoretical Investigation of CO Oxidation on Platinum: Bridging the Pressure and Materials Gap. Proc. Combust. Inst. , vol. 28, pp. 1341 – 1348, 2000.

[42] Lombardo S J, Bell A T. A Monte Carlo Model for the Simulation of Temperature – Programmed Desorption Spectra. Surf. Sci. , vol. 206, pp. 101 – 123, 1988.

[43] Kissel – Osterrieder R, Behrendt F, Warnatz J. Detailed Modeling of the Oxidation of CO on Platinum: A Monte – Carlo Model. Proc. Combust. Inst. , vol. 27, pp. 2267 – 2274, 1998.

第 21 章　用于燃烧控制的传感器需求

Nicolas Docquier, Sebastien Candel

21.1　引　　言

　　当前,燃烧控制主要采用无信息反馈的开环控制方式,这不足以优化燃烧过程并可能在将来发展中呈现出严重问题。因此,很自然地想到新的燃烧技术应该集成反馈控制。机动车发动机已经在采取闭环控制理念[1],从而实现运行工况的精细调节。利用传感器探测尾气的工况调整方法在当前很多应用中进行了研究,包括生物质燃烧和燃气轮机[3]。在燃气轮机中,采用预混模式运行可显著降低 NO_x 的排放,这是由于预混模式火焰温度更低,使得 NO_x 大量减少。然而,预混燃烧需要精确确定化学配比,而化学配比可通过测量火焰和燃气流来推算。此外,燃气轮机中广受欢迎的预混燃烧模式容易产生大幅度的燃烧不稳定性,从而可能引起严重的后果。因此,研究人员致力于发展主动控制方法来解决这一问题,这就需要用于过程监测和反馈输入的传感器。

　　本章我们致力于寻找最合适的过程变量以实现有效的燃烧控制,其基本问题便是控制中所需信息需要何种类型的传感器。本章首先概括介绍燃烧控制的方法,并在随后部分阐述相关的概念,重点是探讨燃烧控制对控制对象、输入参数以及传感器特性方面的需求。另一个问题便是考察当前的传感器技术是否具有为燃烧器的动态过程提供合适参数测量的能力。这些方面均包含在对可调谐二极管激光传感器的考察分析中,该传感器有望用于燃烧控制(见第 18 章),其他的一些综述可参见文献[4]。

21.2　燃　烧　控　制

　　尽管具有相同的特点和目标,但很容易区分两种燃烧控制方式:工作点控制(Operating Point Control, OPC)和主动燃烧控制(Active CombustionControl, ACC)。在 ACC 领域,又按其用途分为主动燃烧增强(Active Combustion Enhancement, ACE)控制和主动燃烧不稳定性(Active Instability Control, AIC)控制。

表21.1列出了一些文献介绍的燃烧控制实验及其重要的内容,燃烧控制实验是按其目的和传感器技术搜集的。

表 21.1 燃烧控制相关的文献

种 类	固体传感器	光学传感器
燃烧增强	2,5 – 8	9 – 16
不稳定控制	6 – 8,17 – 26	5 – 9,10,13,14,27 – 29
工作点控制	1,30 – 43	12,14,16,44 – 49

21.2.1 主动燃烧控制

主动控制的基本理念已在实验室中得到了验证和展示(Rijke 管[27],层流火焰炉[50],湍流燃烧器[51])。已在大型系统上开展了一些最新的研究[20,21,26],并在很多案例中达到了一定程度的控制,有些实验甚至表明主动控制在燃烧增强方面具有应用潜质。典型的 ACC 实验装置如图 21.1 所示[52]。

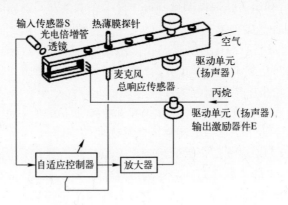

图21.1 用于不稳定抑制的主动自适应控制系统布局示意[52](Taylor&Francis 提供)

不稳定性控制是主要关心的问题之一,这也是当前实验室研究中最为领先的工作,但目前仅在一些有限的大型装置上进行了应用。主动控制在超声速推进[53]、预混贫燃燃烧室[54]、加力燃烧室以及分离式固体推进剂火箭[55]等方面受到特别的青睐。文献[56 – 58]调研分析了主动控制燃烧不稳定性方面的应用。主动控制在其他方面的应用特别是主动降低污染物排放方面也受到关注。

在技术上首先对主动控制感兴趣的是预混贫燃装置,发展该装置是为了降低燃气轮机污染物排放。虽然这类装置可显著降低氮氧化物的排放水平,但预混贫燃对压强扰动特别敏感,由此会导致回火和熄火等不稳定性的产生。主动控制可用于消除不稳定运行或至少拓宽燃烧室的稳定工作区域[9,17,21]。

第二种感兴趣的情况是标准的非预混模式运行的燃烧装置。该装置的反应物分别注入,所以往往不能很好地混合,导致火焰在很大的区域内被拉伸并且温度被提升,使得该环境下的污染物排放水平非常高。主动控制可用于增进混合,从而提高转换速率和燃烧效率,进而降低火焰温度和污染物的生成[10,59,60]。主动控制也通过重新分配燃料和氧化剂来重构火焰结构,使其位于化学转换的特定区域。文献[61]综述了主动控制在燃烧增强方面的应用。

主动增强控制的相关应用可用于改进现有的燃烧装置,使其满足更为严格的排放标准。

21.2.2　工作点控制

任何发动机或燃烧装置都或多或少依赖于复杂的控制系统,以便使其在功率、安全性及环保性等方面工作在可接受的范围内,图 21.2 给出了工作点控制(OPC)的典型案例。本节主要讨论 OPC 在机动车发动机和燃气轮机中主要关心的问题。

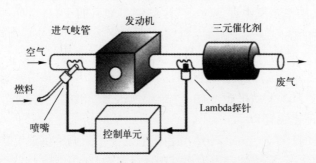

图 21.2　传统的汽油机动车发动机控制系统

21.2.2.1　机动车控制

众所周知,大部分的城市地区拥有严重的雾霾,雾霾是由机动车及其他燃烧器件排放的氮氧化物和碳氢化合物经过光化学反应产生的[62]。因此,20 世纪60 年代中期出台了排放标准,并迫使安装控制排放的设备。

1. 当前的控制系统

目前,为了测量空气和燃油的混合程度,机动车发动机包含电控燃油注入、催化转化器和反馈系统等部分(图 21.2)。工作点控制是通过三元催化剂(TWC)的转化效率(由碳氢化合物、一氧化碳及氮氧化物转化为二氧化碳和氮气)来驱动。TWC 在化学配比为 1 时的转化效率接近 100%,但是氮氧化物偏少或其他碳化合物偏多,其转化效率会迅速降低。因此,为了保证高效的催化转换和发动机的洁净运行,控制系统需要维持燃烧的化学配比。化学配比是由空气燃油比探头(Lambda)来获取的,该探头对氧气响应,所以用于监测化学配比。

2. 机动车控制面临的挑战

由于目前机动车的污染物排放主要集中在热车阶段,为了满足机动车低排放标准(LEV)的需求,当前的控制策略是发动机启动不久便开启 A/F(空气/燃料)控制。为实现这一目的,需要快速介入的氧气传感器,并通过将探头从排气管移至更靠近发动机(图 21.3)来进一步降低传感器的时间延迟,这种改变使得传感器的温度超过 1000°C,所以设计了新型 Lambda 传感器[63-67]。另一方面,当前的 Lambda 控制策略包含二级控制器,即将燃烧分为化学配比和非化学配比,所以在偏离 $\lambda = 1$ 的最大值处无法维持高效率的催化转化,尤其是老化的催化床。为降低这些偏离,研究人员建立了线性 λ 控制策略[37,42,51],该策略需要新型宽线性范围的传感器并在 $\lambda = 1$ 附近均有高的测量精度。

当前,诸如二氧化碳等温室气体导致的全球变暖成为最受关注的问题,燃烧控制的目标也随之发生改变,即致力于降低总的排放量并使燃油消耗最小化。为满足这两个需求,目前的生产商集中发展贫燃汽油机(汽油直喷技术,GDI)和柴油机。但是,与传统的配备有 TWC 的汽油机相比,柴油机排放出更多的 NO_x;而贫燃 GDI 发动机尾气中过多的氧气也限制了现有的 TWC 后处理系统对 NO_x 的降解。针对上述问题,一个解决方法就是研发能够吸收 NO_x 的催化剂[68,71],其在发动机贫燃时期吸收 NO_x,然后在发动机短暂的富燃时期与添加的 CO,HC 和 H_2 等可燃气体发生降解反应使吸收的 NO_x 分解。因此,该方法除了含有 NO_x 吸收阱外,在更靠近发动机处还有一个能够实现 HC 和 CO 高转化效率的预催化装置(或氧化催化装置)。

这种先进的技术由图 21.3 所示,由于它需要不断调整供油策略以适应尾气后处理装置的状态,所以使得发动机控制系统复杂化。

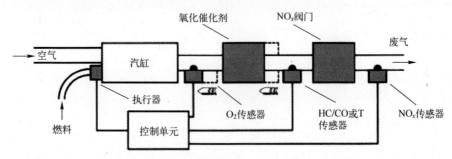

图 21.3　新型汽油直喷发动机控制系统[4](Elsevirer Science 提供)

这表明需要新型的气体传感器。首先,应该重新设计 Lambda(氧气)传感器,以适应更为复杂的工作条件,例如高温,或者拓宽它们的动态范围以满足控制系统精确测量的需要。其次,需要对其他气体组分进行监测,以便解决在诸如

GDI 的新型机动车燃烧理念中尾气后处理系统所面临的困难。其中,可靠和精确的 NO$_x$ 传感器可能是吸收催化剂工作过程中的关键[72,73],使其能够确定从贫燃向富燃转换的恰当时机。最后,为了遵从随车监测以及新的排放规章的需求,催化剂的转换效率应该采用新的温度传感器(电阻探测器[38,74])或 HC/CO 气体传感器[75,76]进行监控。

21.2.2.2　燃气轮机控制

限制污染物排放同样也是燃气轮机工业所关心的问题。严厉的排放法规使得高增压比的航空燃气轮机燃烧系统需要被彻底地重新设计。相关的技术在预混燃烧器中取得了进步[77-84]。众所周知,如果反应物在燃烧之前便混合,则可降低 NO$_x$ 的排放水平,这是由于它降低了火焰温度,进而降低了与温度呈指数增长的 NO$_x$ 的生成。此外,燃气轮机工况下的贫燃预混燃烧不会降低循环效率,这是由于循环效率依赖于涡轮进口温度(对于给定的增压比)。这一参数由材料和涂层技术决定,并需要完全低于化学当量的值。在传统的非预混燃烧器中,为了使火焰稳定,主燃区域需要维持化学当量条件,然后反应物被次级空气稀释至合适的混合比和温度。因此,传统的燃烧器存在近化学当量比区域,该区域具有高温的特点,进而生成的 NO$_x$ 达到无法接受的水平。

1. 贫燃预混燃烧

图 21.4 展示了甲烷(天然气的主要成分)与空气贫燃混合燃烧产生的主要污染物演化过程,可以看出 NO$_x$ 和 CO 的排放呈相反的趋势,即低的火焰温度有利于减少 NO$_x$,但可能会产生非完全氧化的 CO 和 HC。因此,该种燃烧过程的工作点控制需要权衡两种污染物的减少量。在理想情况下,人们可以让系统工作在一个最佳状态,即 CO 和 NO$_x$ 的排放水平均最小。然而,在工业背景下,其目标是为了应对法律的排放限制。因此,控制系统应该将燃烧器控制在避免 CO 和 NO$_x$ 快速增加的一定当量比范围内。

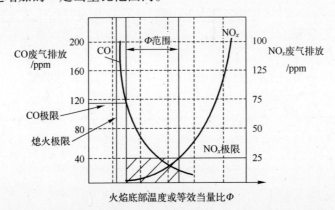

图 21.4　贫燃预混燃烧的污染物演化过程(Elsevier Science 提供)

2. 燃气轮机控制面临的挑战

预混燃烧装置具有相当大的吸引力,但也存在严重的现实问题。首先,它们的工作状态接近贫燃极限,所以燃气轮机更容易出现由压强波动引起的诸如吹熄、不稳定性以及回火等严重事故。相应地,控制系统应该能够监测发动机的过程,从而使上述现象不会发生,即把火焰控制在安全范围内,能够迅速确定不稳定性出现的征兆,并能够为控制器提供信息,进而让控制器减少上述动态问题的发生(ACC)。燃气轮机燃烧室的工作点控制主要以调整注入混合物当量比的方式。但这并不简单,因为燃烧室内空气流量不能确切地知道,尽管燃料流量能够很好地测量,但却没有简单的方法来评估当量比。以前,控制系统对燃烧室的控制通常是(现在有时还会采用)基于一些相对于实际参数来说有限的信息,即采用估计的空气质量流量,这一数值是利用压缩机转速、导流叶片角度、进气温度和压强并以查表的方式获取[33,85]。此种方法虽然有效,但随着发动机的老化,其性能会发生改变,且随着更为严格的排放法规的实施,该方法有可能被丢弃。另一个困难与输入至涡轮的天然气相关,由于燃气供给来源不同,导致不同区域和时间下的燃料特性不同。因此,控制系统需要能够适应这些新状况,并能够通过在线监测燃料品质[41]或测量燃烧参数来补偿燃料热值的变化。

为了应对将来的排放法规,燃气轮机的工作点控制将依赖于新的控制策略的发展。由于发动机工况的细微变化就有可能导致熄火或污染物的急剧增加,所以需要精确地调整当量比,特别是能够应对一些外部条件的变化(空气湿度、燃料品质和动力需求)。不幸的是,燃烧室内部环境限制了控制工程师对其燃烧特性的获取,这就需要设计能够经受住复杂环境并能长期使用的新型传感器。

3. 燃烧性能优化

图 21.4 所绘的污染物排放规律为燃烧性能优化过程提供了途径,例如,人们可以让二者(NO 和 CO)的排放水平最低同时/或者让燃烧效率最大。在一些实验室实验中[6,60],同时也在一些工业应用中[11,16,86],通过简单的调整燃烧过程的工作点已成功实现了在线的优化策略。表 21.1 给出了相关实验的参考文献。

表 21.2 燃烧控制中的光学和固态传感器

响应频率	测量技术	探测装置	测量参数	参考文献
光学传感器				
低	UV – Vis EM	CCD 相机	OH、CH、C_2	44,92,
		WB SPEC	CO_2、T(炭黑)	12,48,93 – 96
	IR – EM	CCD 相机	T	16

（续）

响应频率	测量技术	探测装置	测量参数	参考文献
高	UV – Vis EM	PMT& 滤光片	OH,CH,C_2	28,54,97 – 99
		PD& 滤光片	CO_2	5,14,45,49,100
	Vis – IR EM	PD& 滤光片	T	101,102
		NB SPEC		3,103
	IR ABS	LD&PD	H_2O,CO_2,T,P	11,13,84,104 – 106
固态传感器				
低		电化学	O_2,CO,HC,NO_x	32,42,76,107 – 109
		催化反应	CO,NO_x	110,111
		热电偶,RTD	T	26,31,33,38
		黏度计	韦伯数 We	41
高		火花塞	离子电流	30,36,40,112,113
		电阻	压强 P	21,22,24,26

EM:辐射;ABS:吸收;NB SPEC:窄带光谱仪;WB SPEC:宽带光谱仪;
PMT:光电倍增管;PD:光电二极管;LD:激光二极管;
RTD:温敏电阻探测器

21.3　控制概念和传感器需求

燃烧过程的控制依赖于几种要素,本质上机动车和燃气轮机是类似的,二者的燃烧均起于通过流量计注入的新鲜反应物,产生的燃烧气体通过燃烧器的排放管向下游排出。

（1）在 ACC 中,利用控制器的输出调节流场特性（如燃料流量调节）,实现避免或限制压强波动,或改善燃烧特性。

（2）在 OPC 中,利用调节燃料注入来维持特定的火焰参数,如将当量比控制在规定的范围内。

不同控制策略的时间响应特性也有一定的不同,ACC 的典型工作频率为 20Hz 至数千赫兹,而 OPC 的为 1~100Hz。

其中的基本问题便是,什么样的传感器能够为燃烧控制提供所需的信息? 当前的传感器技术是否有能力反映真实的燃烧状态? 本节主要阐明图 21.5 所示的几个问题,重点是阐明传感器和诊断技术的作用。

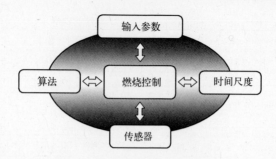

图 21.5 燃烧控制所涉及的问题

21.3.1 诊断技术

图 21.6 展示了典型的燃烧过程及其可用的或有望使用的传感技术。诊断技术可应用于多种位置。在一些应用中,探测反应物注入时的流场参数是有用的,例如评估混合特性并在必要时提高其性能,确定燃料或空气成分[33,41],或者估计流场速度[90,91]。然而,大多数的传感器位于流场的下游,用于观察火焰或分析尾气。但是,能够测量的火焰参数数量较少,而且传感技术在时空分辨率和测量精度方面均有不同。表 21.2 给图 21.6 所示的诊断技术按照时间响应特性、工作原理以及测量参数进行了分类。这些技术的描述及实际应用案例可参见文献[4],而二极管激光技术的具体应用则在第 18 章进行了阐述。

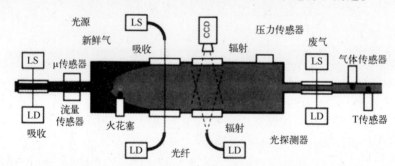

图 21.6 用于燃烧控制的典型的燃烧过程、传感器及诊断技术(Elsevier Science 提供)

诊断技术的选择不仅依赖于控制器设计的类型,更主要的是依赖于实际的应用需求。例如,光学探针一般具有高时空分辨率和非侵入式的特点,但却需要至少一个光学窗口,而在实际燃烧设备上开设光学窗口比较困难,这是由于窗口及其配件必须要承受住流场的压强和温度。对于在线测量来说,利用气帘产生的冷却薄膜也许能够保护窗口并能够使窗口表面免受碳黑和颗粒的污染。尽管将来设计的燃烧器件可能会提供必要的光学通道,但大多数的控制器需要基于现存的系统并能够适用于设备的更新。鉴于此,光纤技术的发展为光学诊断技

458

术应用于工业系统开辟了新的可能,光纤能够传输紫外至红外光并具有横截面小的特点。通常将光纤放置于保护套中来提高其机械强度,因此传感器及其相关设备可以远离燃烧器安装,所以可简化系统的结构(见文献[114,115]在汽缸中的应用,文献[45,101]在燃气轮机中的应用)。但是,用于收集光的光纤头一直是个难题,需要细致地解决该问题。

然而,对于控制器设计来说,时空分辨率可能是必要的,这是由于燃烧性能的评估应该从燃烧过程的整体排放水平来着手。鉴于此,若流场是高度非均匀的,路径积分方法可能在评估系统输出方面存在误差。对于非均匀流场,例如整体燃烧性能的评估可采用暴露于尾气燃烧产物中的接触式气体传感器(将来机动车发动机法规中会包含这样随车携带的诊断单元)。但是,这种方法会因气体传输而产生时间延迟,若把这种传感器用作控制器的输入,它可能会降低对状态变化的时间响应。

最后,由于燃烧器件具有高温高压的特点,所以传感器在该环境中拥有合适的寿命是非常重要的。传感器不仅需要为控制提供足够的精度,而且还需要能够长时间地稳定运行。机动车传感器的可靠测量里程必须大于 160000km,而燃气轮机传感器的平均可靠工作时间应该在 25000h 左右。传感器的老化可能会改变控制系统的响应特性和动态范围,所以需要注意研究传感器及其老化过程。

尽管可同时采用表 21.2 所介绍的技术,但控制器还应该依赖于燃烧过程建模方面的工作(见文献[37,51,116 – 118])。建模至少在一定程度上为评估系统性能提供了参考,并可利用传感器获取的过程数据来修正模型,进而为燃烧过程优化提供决策。

然而,完整的控制器设计还依赖于有效的执行器和控制算法,该部分仅仅是考察对诊断技术和传感器在精度和鲁棒性控制方面的需求,其最为核心的问题是甄别出最适合承担该功能的参数。

21.3.2　燃烧控制的输入参数

本节的目标是定义能够用作控制系统输入的参数。显然,选定的参数必须可测,而且与期望的控制性能密切相关,我们将先后介绍工作点控制和主动控制。

21.3.2.1　工作点控制

在大多数情况下,对混合物当量比的控制是维持污染物低排放水平的关键。在贫燃预混燃烧情况下已经表明,当量比 Φ 和火焰温度 T_f 这两个物理参数其中之一与 NO_x 和 CO 的变化相关,因此测量 Φ 和 T_f 可直接用于控制。然而,鉴于一些原因(缺乏物理或光学的通道,现有传感器的精度低,缺乏测量方法),直接测量最合适的火焰参数往往并不可行,所以需要对几个参数联合测量。例如,可以

很容易把当量比 Φ 与火焰温度 T_f 和燃料气体中的氧气摩尔分数 X_{O_2} 联系在一起。

以甲烷和空气贫燃燃烧为例(图 21.7),其化学过程可简单地用一个单步无穷快速整体反应来表示,其中 $\nu=2$ 为摩尔比,$\beta=3.76$ 表示空气的摩尔组成。

$$\Phi CH_4 + \nu(O_2 + \beta N_2) \rightarrow \Phi CO_2 + \nu(\Phi H_2O + \beta N_2) + \nu(1-\Phi)O_2 \quad (21.1)$$

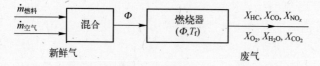

图 21.7 预混燃烧过程的框图[4](Elsevier Science 提供)

对于贫燃混合物($\Phi<1$),混合物的当量比与燃气流中的氧气剩余量直接相关,氧气的摩尔分数为零表明化学配比为 1 或富燃。若尾气中氧气的摩尔分数为 X_{O_2},则混合物的当量比可表示成

$$\Phi = \nu \frac{1 - (1+\beta)X_{O_2}}{\nu + X_{O_2}} \quad (21.2)$$

通过尾气分析来确定火焰的当量比是十分普遍的[119],相关的测量目前可采用新型的在线固态气体传感器。任何种类燃料的当量比均可用式(21.2)来表示,但在大多数情况下,燃料的成分不能确切地获知或随时间发生变化。同样,在使用大气中的空气进行燃烧时,空气的湿度也会影响当量比 Φ 的确定。例如,图 21.8 展示了压强分别为 1bar 和 20bar 情况下空气湿度对甲烷/空气混合物绝热火焰温度的影响,图中结果为采用 Chemkin 的平衡程序计算,见文献[120]。可以看出,在所有的当量比 Φ 下,火焰温度随着空气湿度的增加而降低,该方面更多的结果可参见文献[4]。除了空气湿度的影响外,利用式(21.2)很好地计算火焰当量比的前提是能够测量燃气中的氧气摩尔分数 X_{O_2}。此外,理论上可通过测量任何一种稳定的燃烧产物(CO_2 或 H_2O)来评估当量比,但是,若燃烧未知燃料或湿空气,则就需要对三种反应产物进行测量。除此以外,对组分测量的选择还依赖于可用的测量技术及其可靠性和准确性。

火焰的当量比还可通过火焰温度来推算,即绝热火焰温度 T_{ad} 和 Φ 之间存在关系。例如,甲烷/空气贫燃混合燃烧已经获得了相关的关系式[式(21.3)],表明 T_{ad} 几乎与压强无关(参见图 21.8),其可简单地表示成 Φ 和未燃(或新鲜)气体初始温度 T_u 的函数:

$$T_{ad} = 0.672T_u + 1270.15 - 2449\Phi + 6776\Phi^2 - 3556\Phi^3 \quad (21.3)$$

绝热火焰温度仅仅是实际火焰温度的一种表征,但其代表着实际火焰温度的最高值,且其遵循实际火焰温度随当量比的演化关系。因此,基于温度的控制

460

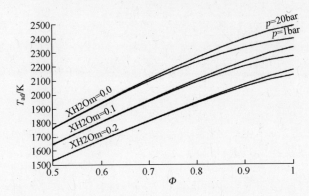

图 21.8 空气湿度(用空气流中的体积百分比表示)和当量比 Φ 对甲烷/空气混合物
绝热火焰温度 T 的影响。反应物的初始温度为 650K,压强分别为 1bar 和 20bar

器可利用氧气作为输入来驱动燃烧器或校正通过其他方法测量的温度值,这些
测量方法依赖于不同技术的时间响应特性。

总之,若利用评估的当量比作为控制器的输入来维持低水平的污染物排放,
则控制器需要依赖于燃烧器性能的预先研究。确实,此种控制方法不能提供污
染物的排放信息,所以需要给出控制器的输入参数与污染物排放之间的函数关
系。该方法可满足当前的排放法规,但是,通过查表的方法很难给出新的目标物
NO_x 的数值,这是由于器件的老化会导致发动机产生漂移。因此,新的控制策略
除了需要监测当量比和温度外,还需要监测相关的污染物,如 NO_x 和 CO 的
信息。

另一个密切相关的话题是性能优化,其通常与降低污染物排放或提高燃烧
效率相关联。在任何一种情况下,应该偏重于观察与想要优化的参数直接相关
的燃烧变量。例如,在降低污染物排放中,应该监测作为主要污染物的 NO、CO
和碳黑。利用传统的气体分析仪[6,122]、标定的光学传感器[15]或传输未标定信
号的光学传感器[5]已经成功展示了相关的应用。燃烧效率的优化也已通过 NO
和温度的光学测量[13]或气体分析仪[8]的方法进行了研究。

21.3.2.2 主动燃烧控制

标准的主动控制需要观察系统的动态状况和性能指标。在多数情况下,该
指标是通过描述状态的信号推导来的,而在一些实验中,性能指标是通过独立测
量获取的。

在闭环主动控制中,系统的状态信息作为控制器的输入参数,然后控制器输
出至一个执行器或一系列的执行器。性能指标通常用于调整控制器的参数,进
而实现燃烧器工作状态的优化(综述见文献[57])。图 21.9 展示了该工作过程
的原理。

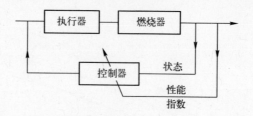

图 21.9　主动燃烧控制线路图[4]（ Elsevier Science 提供）

区分主动不稳定性控制（AIC）和主动燃烧增强（ACE）之间的差别是非常重要的。AIC 的目标是降低系统的振荡水平，而 ACE 的目标是提高燃烧过程的运行效率，例如在减少污染物排放的同时维持恒定的效率（综述见文献[61]）。

首先考虑 AIC 控制的情况可从以下方面入手，即人们希望控制的不稳定性主要源于声模的耦合。因而，AIC 传感器需求的讨论可从以下两个方面着手：①基于描述燃烧系统压强场的方程；②基于装置里声能平衡的分析。在更普遍的情况下，压强满足一个波动方程[123,124]，其表达式可表述为

$$\nabla \cdot c^2 \nabla p_1 - \frac{\partial^2 p_1}{\partial t^2} = \frac{\partial}{\partial t}\left[(\gamma - 1)\sum_{k=1}^{N} h_k \dot{w}_k \right] - \gamma p_0 \nabla \nu : \nabla \nu \qquad (21.4)$$

该方程的右边有两个有源项，第一项与热的不稳定释放相关，第二项与湍流速度波动产生的空气动力学声音相关。在下文中，我们只保留第一项，这是由于当振荡达到较大幅度时，第一项在燃烧动力学中起主导作用。

与压强场相关联的速度波动遵从线性动量守恒：

$$\rho_0 \frac{\partial \nu_1}{\partial t} + \nabla p_1 = 0 \qquad (21.5)$$

上述两个方程结合壁面及入口和尾气段的边界条件决定了燃烧室内的振动状态。通过简单的代数运算，便可从上述方程导出系统的能量平衡方程：

$$\frac{\partial}{\partial t}\varepsilon + \nabla \cdot F = -\frac{\gamma - 1}{\rho_0 c^2}p_1 \sum_{k=1}^{N} h_k \dot{w}_k^{(1)} \qquad (21.6)$$

式中，$\varepsilon = \frac{1}{2}\frac{p_1^2}{\rho_0 c^2} + \frac{1}{2}\rho_0 \nu_1^2$ 为瞬态声能；$F = p_1 \nu_1$ 为声能通量。

方程（21.6）的右边为一个有源项，其表述了压强场和不稳定热释放之间的耦合。

$$S = -\frac{\gamma - 1}{\gamma}\frac{p_1}{p_0} \sum_{k=1}^{N} h_k \dot{w}_k^{(1)} \qquad (21.7)$$

式（21.7）的表述形式是基于方程（21.4）仅保留不稳定热释放项，为了简化式（21.7），可将化学反应过程由一个总关系 $F + sO \rightarrow P$ 来表示，其反应速率为 $\dot{w}$，单位质量里的焓变化为 Δh_f^0。若假设混合物的比热与成分无关，则

$$-\sum_{k=1}^{N} h_k \dot{w}_k^{(1)} = (-\Delta h_f^0)\, \dot{w}^{(1)} \tag{21.8}$$

则式(21.7)可以表述成

$$S = \frac{\gamma-1}{\gamma}(-\Delta h_f^0)\frac{p_1}{p_0}\dot{w}^{(1)} = \frac{\gamma-1}{\gamma}\frac{p_1}{p_0}q_1 \tag{21.9}$$

从式(21.9)可以看出,局部的声能来源于压强波动 p_1 与不稳定热释放 q_1 之间的乘积。

通过上述分析,可清晰地发现,压强振荡的控制可基于对压强波动和/或热释放波动的测量。压强波动直接与振荡状态相关,而热释放波动为波动方程中的源项。通过测量相关的性能参数,人们可设法评估系统的能量密度,即可利用某个点的压强均方根值或通过估计能量方程中的有源项来近似获取,而能量方程中的有源项为压强和热释放波动之间的乘积。

在多数情况下,局部火焰的声压模式比较复杂,所以可利用整体热释放率 $Q_1 = \int q_1 \mathrm{d}V$ 代替局部热释放率 q_1 来描述振荡的来源。若某个特定的模式主导了压强场(实际中多是如此),即压强满足 $p_1 = a_n(t)\psi_n(x)$,则对单个点压强的测量就足以确定系统的振荡状态,例如燃烧室的壁面或甚至在进气上游某个位置。

表 21.3 的第一行归纳了 AIC 对传感技术的需求。表中 p_1 和 q_1 分别表示对压强和热释放波动的测量,q_1 可能是局部或整体的量,而 p_1 仅能在系统壁面上进行测量,但是通过一系列离散的探测点来推测声波波形在多数情况下是可行的。例如,若声波波长远大于系统的横向尺度,则声波可近似为平面波传播,所以理论上两个压强传感器就足以确定声波的幅度。

表 21.3　AIC 和 ACE 的状态变量及性能指标

主动控制类型	状态变量	性能指标
燃烧不稳定性	p_1, q_1	$\overline{p_1^2}, \overline{q_1^2}, \overline{p_1 q_1}$
燃烧增强	X', T'	$\overline{X}, \overline{T}, \overline{X'^2}, \overline{T'^2}$

诸如 CH^*、C_2^*、OH^* 等自由基的辐射光已被大量用于观察开放或受限火焰的动态特性。一些基础实验表明,在特定条件下自由基辐射光的强度可通过热释放波动来解释[125-127]。对于预混火焰,甚至可以建立本质上是线性的 I_{CH^*}、I_{C2^*} 与 q_1 之间的关系;对于非预混或部分预混火焰,自由基的辐射光与热释放之间不是明显的直接相关,但是辐射光强度的波动在一定程度上构成了火焰运动的标示。

尽管压强和热释放波动 p_1 和 q_1 与人们希望控制的不稳定性过程直接相关,但其他变量也需考虑。温度、摩尔分数以及混合比等相关参数(见表 21.3 的第

2 行)的时间分辨测量也可用于观察系统的状态。这些参数可用于 AIC,但它们与不稳定性的机制并不直接相关。另一方面,这些变量可能更适合用于 ACE,这是由于混合比、温度及其波动是 ACE 中的核心问题。

21.4 总 结

为了在降低污染物排放或抑制燃烧不稳定性等未来需求中采用燃烧控制策略,有必要监测大范围的参数,并应该使用快速、可靠及成本适当低廉的传感器进行探测。目前,容易探测的相关燃烧参数仅仅只有一部分(如压强和尾气中氧气),但一些有应用前景的技术正在发展(见第 18 章对可调谐二极管激光的考察和文献[4]对辐射光探测系统及固态传感器的综述分析)。

状态观测和性能评估是燃烧控制中的核心问题,其中所需的传感器必须准确且有一定的带宽,并能适应燃烧过程的复杂环境。燃烧控制发展过程中面临的很多困难均与实际工程应用相关:

(1)完善的传感系统;

(2)抗干扰及振动的光学器件;

(3)一体化的设计(光学通道、气体取样通道等);

(4)抗中毒的固态传感器;

(5)可靠性、持续性及寿命。

需要巧妙的方法来解决上述问题和提高技术能力,从而使相关的技术变得可用。同样,也需要新概念和先进的基础研究来进一步加强当前的传感器技术,并需要新方法或途径来解释当前传感器所获得的数据,文献[128]给出了一个这样的案例,表明采用混合神经网络分析方法有望能够从光谱信号中还原出更多的信息。就可靠性和准确性而言,机动车发动机[129]和燃气轮机[130]正在发展优化算法和相关的控制策略来预测发动机和传感器的行为,并来提高控制的性能和传感器的可靠性。基于神经网络模型的虚拟氧传感器的发展正在被用于研究更为有效的机动车发动机冷启动控制中[131]。

最后,为了使传感器技术走向成熟,除了开展大量的实验室尺度可重复条件下的测试外,还需要开展真实环境下的大尺度测试实验。

致 谢

本章的研究工作开始于欧盟 Brite Euram 计划,该计划由罗尔斯－罗伊斯工业和船舶燃气轮机有限公司(Rolls－Royce Industrial and Marine Gas Turbine Limited 为牵头单位,在此真诚地感谢相关的支持。

参 考 文 献

[1]　Woestman J T,Logothetis EM. Controlling Automotive Emissions. Physics Today – The Indus-
　　　trial Physicist,December 1995.

[2]　Beedie D,Bowen PJ,O' Doherty T,et al. Cyclic Variations and Control of a Batch – Loaded
　　　Biomass GasifierCombustor. Combust. Sci. Technol,vol. 113 – 114,pp. 529 – 556,1996.

[3]　Docquier N,Lacas F,Candel S. Operating Point Control of Gas Turbine Combustor. in AIAA
　　　39th Aerospace Sciences Meeting,Paper 2001 – 0485. Reno,NV,January 2001.

[4]　Docquier N,Candel S. Combustion Control and Sensors:A Review. Prog. Energy Combust.
　　　Sci. ,vol. 28,pp. 107 150,2002.

[5]　Brouwer J,Ault BA,Bobrow JE,et al. Active Control for Gas Turbine Combustors. Proc. Com-
　　　bust. Inst. ,vol. 23,pp. 1087 – 1092,1990.

[6]　Jackson M D,Agrawal AK. Active Control of Combustion for Optimal Performance. J. Eng.
　　　Gas Turb. Power,vol. 121,pp. 437 – 443,1999.

[7]　Paschereit C O,Gutmark E,Weisenstein,W. Control of Thermoacoustic Instabilities and E-
　　　missions in an Industrial – Type Gas Turbine Combustor. Proc. Combust. Inst. ,vol. 27. pp.
　　　1817 – 1824,1998.

[8]　St John D,Samuelsen S. Robust Optimal Control of a Natural Gas – Fired Burner for the Con-
　　　trol of Oxides of Nitrogen (NO_x). Combust. Sci. Technol. ,vol. 128,pp. 1 – 21,1997.

[9]　Cohen J M,Rey N M,Jacobson C A,et al. Active Control of Combustion Instability in a Liq-
　　　uid – Fueled. Low – NO_x Combustor. in NATO AVT Meeting on Gas Turbine Engine Combus-
　　　tion,Emissions and Alternative Fuels. Lisbon,Portugal,October 1998,pp. 38 – 1 – 38 – 9.

[10]　Delabroy O,Haile E,Veynante D,et al. Réduction de la Production des Oxydes d' Azote
　　　(NO_x) dans une Flamme de Diffusion à Fioul par Excitation Acoustique. Rev. Gén. Therm.
　　　Fr. ,vol. 35,pp. 475 – 489,1996.

[11]　Ebert V,Fitzer J,Gerstenberg I,et al. Simultaneous Laser – Based in – situ Detection of Ox-
　　　ygen and Water in a Waste Incinerator for Active Combustion Control Purposes. Proc. Com-
　　　bust. Inst. ,vol. 27,pp. 1301 – 1308,1998.

[12]　Farias Fuentes O. Towards the Development of an Optimal Combustion Control in Fuel – Oil
　　　Boilers from the Flame Emission Spectrum. Ph. D. thesis,Université de Liège,Belgium,1997.

[13]　Furlong E R,Baer D S,Hanson R K. Real – Time Adaptive Combustion Control Using Diode
　　　– Laser Absorption Sensors,Proc. Combust. Inst. ,vol. 27,pp. 103 – 111,1998.

[14]　Gutmark E,Parr T P,Hanson – Parr D M,et al. Closed – Loop Amplitude Modulation Con-
　　　trol of Reacting Premixed Turbulent Jet. AIAA J. ,vol. 29,pp. 2155 – 2162,1991.

[15]　Miyasato M M,McDonell V G,Samuelsen G S. Active Optimization of the Performance of a
　　　Gas Turbine Combustor,in NATO RTO Meeting on Active Control Technology,Braun-
　　　schweig,Germany,May 2000.

[16] Schuler F, Rampp F, Martin J, et al. TACCOS——a Thermography – Assisted Combustion Control System for Waste Incinerators. Combust. Flame, vol. 99, pp. 431 – 439, 1994.

[17] Banaszuk A, Zhang Y, Jacobson C A. Active Control of Combustion Instabilities in Gas Turbine Engines for Low Emissions. Part II : Adaptive Control Algorithm Development, Demonstration and Performance Limitations. in NATO RTO Meeting on Active Control Technology, Braunschweig, Germany, May 2000.

[18] Hantschk C, Hermann J, Vortmeyer D. Active Instability Control with Direct – Drive Servo Valves in Liquid – Fueled Combustion Systems. Proc. Combust. Inst. , vol. 26, pp. 2835 – 2841, 1996.

[19] Hermann J, Gleis S, Vortmeyer D. Active Instability Control (AIC) of Spray Combustors by Modulation of the Liquid Fuel Flow Rate. Combust. Sci. Technol. , vol. 118, pp. 1 – 25, 1996.

[20] Hermann J, Orthmann A, Hoffman S, et al. Applications of Active Combustion Control to Siemens Heavy Duty Gas Turbines. in NATO RTO Meeting on Active Control Technology. Braunschweig, Germany, May 2000.

[21] Hoffman S, Weber G, Judith H, et al. Applications of Active Combustion Control to Siemens Heavy Duty Gas Turbines. in NATO AVT Meeting on Gas Turbine Engine Combustion, Emissions and Alternative Fuels, Lisbon, Portugal, October 1998, pp. 40 – 1 – 40 – 12.

[22] Johnson C E, Neumeier Y, Zinn B T. Online Identification Approach for Adaptive Control of Combustion Instabilities. in 35th AIAA Joint Propulsion Conference, Paper 99 – 2125. Los Angeles. CA, June 1999.

[23] Kim K, Lee J, Stenzler J, et al. Optimization of Active Control Systems for Suppressing Combustion Dynamics. in NATO RTO Meeting on Active Control Technology, Braunschweig. Germany, May 2000.

[24] Lee J G, Hong B – S, Kim K, et al. Optimization of Active Control Systems for Suppressing Combustion Instability. in NATO AVT Meeting on Gas Turbine Engine Combustion, Emissions and Alternative Fuels, Lisbon, Portugal, October 1998, pp. 41 – 1 – 41 – 11.

[25] Murugappan S, Acharya S, Gutmark E J, et al. Characteristics and Control of Combustion Instabilities in a Swirl – Stabilized Spray Combustor. in 35th AIAA Joint Propulsion Conference, Paper 99 – 2487, Los Angeles, CA, June 1999.

[26] Yu K, Wilson K J, Parr T P, et al. An Experimental Study on Active Controlled Dump Combustors. in NATO RTO Meeting on Active Control Technology, Braunschweig, Germany, May 2000.

[27] Blonbou R, Laverdant A, Zaleski S, et al. Active Control of Combustion Instabilities on a Rijke Tube Using Neural Networks. Proc. Combust. Inst. , vol. 28, pp. 747 755, 2000.

[28] Paschereit CO, Gutmark E, Schuermans B, Performance Enhancement of Gas – Turbine Combustor by Active Control of Fuel Injection and Mixing Process – Theory and Practice. in NATO RTO Meeting on Active Control Technology, Braunschweig. Germany, May 2000.

[29] Schadow K C, Gutmark E, Wilson K J. Active Combustion Control in a Coaxial Dump Combustor. Combust. Sci. Technol. , vol. 81, pp. 285 – 300, 1992.

[30] Asano M, Kuma T, Kajitani M, et al. Development of New Ion Current Control Combustion Control System. in SAE 1998 International Congress and Exposition, Electronic Engine Controls, Paper 98 – 0162, vol. SP – 1356, Detroit, Ml, February 1998, pp. 13 – 18.

[31] Asik J R, Meyer G M, Dobson D. Lean NO_x Trap Desulfation Through Rapid Air Fuel Modulation. in SAE 2000 World Congress, Exhaust Aftertreatment Modeling and Gasoline Direct Injection Aftertreatment, Paper 2000 – 01 – 1200, vol. SP – 1533, Detroit, MI, March 2000.

[32] Baik S H, Chun K M. A Study on the Transient Knock Control in a Spark – Ignition Engine. in SAE 1998 International Congress and Exposition, Electronic Engine Controls, Paper 98 – 1052, vol. SP – 1356. Detroit, MI, February 1998, pp. 135 – 139.

[33] Corbett N C, Lines N P. Control Requirements for the RB 211 Low Emission Combustion System. in International Gas Turbine and Aeroengine Congress and Exposition. Paper 93 – GT – 12, Cincinnati, OH, May 1993.

[34] Franklin G F, Powell J D, Emami – Naeini A. Control of the FuelAir Ratio in an Automotive Engine, in Robbins T, ed. Feedback Control of Dynamic Systems. Addison – Wesley, 1986, pp. 495 – 504.

[35] Han M, Loh R N K, Wang L, et al. Optimal Idle Speed Control of an Automotive Engine. in SAE 1998 International Congress and Exposition, Electronic Engine Controls, Paper 98 – 1059, vol. SP1356, Detroit, MI. February 1998, pp. 109 – 116.

[36] Herrs M, Nolte H. Regelung von Verbrennungsprozessen mit Flammensignalen. in Second European Conference on Small Burner and Heating Technology, vol. 1. Stuttgart, Germany, March 2000, pp. 241 – 255.

[37] Jensen B, Olsen M B, Poulsen J, et al. Wide Band SI Engine Lambda Control. in SAE 1998 International Congress and Exposition, Electronic Engine Controls: Sensors, Actuators, and Development Tools, Paper 98 – 1065, vol. SP – 1356. Detroit, MI, February 1998, pp. 149 – 158.

[38] Küsell M, Moser W, Philipp M. Motronic MED7 for Gasoline Direct Injection Engines: Engine Management System and Calibration Procedures. in SAE 1999 International Congress and Exposition, Paper 1999 – 01 – 1284. Detroit, MI, March 1999.

[39] Müller R, Hemberger H – H. Neural Adaptive Ignition Control. in SAE 1998 International Congress and Exposition, Electronic Engine Controls: Sensors, Actuators, and Development Tools, Paper 98 – 1057, vol. SP – 1356. Detroit, MI, February 1998. pp. 97 – 102.

[40] Ohashi Y, Fukui W, Tanabe F, et al. The Application of Ionic Current Detection System for the Combustion Limit Control. in SAE 1998 International Congress and Exposition, Electronic Engine Controls: Sensors, Actuators, and Development Tools, Paper 98 – 0171, vol. SP – 1356. Detroit, MI, February 1998, pp. 79 – 85.

[41] Pickenäcker K, Wawrzinek K, Trimis D, Optimization of Burners by Air – Ratio – Controlled

Combustion Based on Wobbe Number Measurements. in Second European Conference on Small Burner and Heating Technology, vol. 1. Stuttgart, Germany, March 2000, pp. 231 –240.

[42] Reed D C, Hamburg D R, Samimy B, Closed – Loop AirFuel Ratio Control Using Forced Air – Fuel Ratio Modulation. in SAE 1998 International Congress and Exposition, General E-missions, Paper 98 –0401, vol. SP – 1335. Detroit, MI, February 1998, pp. 1 – 6.

[43] Webb C C, DiSilverio W D, Weber P A, et al. Phased Air/Fuel Ratio Perturbation——a Fuel Control Technique for Improved Catalyst Efficiency. in SAE 2000 World Congress, Paper 2000 –01 – 0891: Detroit, MI, March 2000.

[44] Allen M G, Butler C T, Johnson S A, et al. An Imaging Neural Network Combustion Control System for Utility Boiler Applications. Combust. Flame, vol. 94, pp. 205 – 214, 1993.

[45] Brown D M, Combustion Control Apparatus and Method. European Patent Application No. 0 677 706 Al, 95/42 General Electric Company, 1995.

[46] Furlong E R, Baer D S, Hanson R K, Combustion Control Using a Multiplexed Diode – Laser Sensor System. Proc. Combust. Inst. , vol. 26, pp. 2851 – 2858, 1996.

[47] Lida S , Hosome K, Kimura K, et al. Study of an Optical Frequency Type Combustion Control. Toyota Technical Review, vol. 41, pp. 42 – 50, 1992.

[48] Von Drasek W, Charon O, Marsais O. Industrial Combustion Monitoring Using Optical Sensors. in Industrial and Environmental Monitors and Biosensors, Boston, MA, November 1998, Society of Photo – Optical Instrumentation Engineers.

[49] Zabielski M F, Freihaut J D, Egolf C J. Fuel/Air Control of Industrial Fiber Matrix Burners Using Optical Emission. Fossil Fuel Combust. , pp. 41 – 48, 1991.

[50] Annaswamy A M, Fleifil M, Hathout J P, et al. Impact of Linear Coupling on the Design of Active Controllers for the Thermoacoustic Instability. Combust. Sci. Technol. , vol. 128, pp. 131 – 180, 1997.

[51] Kim Y W, Rizzoni G , Utkin V. Automotive Engine Diagnosis and Control via Nonlinear Estimation. IEEE Control Systems, vol. 18, pp. 8499, 1998.

[52] Billoud G, Galland M A, Huynh Huu C, et al. Adaptive Control of Combustion Instabilities. Combust. Sci. Technol. , vol. 81, pp. 257 – 283, 1992.

[53] Akbari P, Ghafourian A, Mazaheri K. Experimental Investigation of Combustion Instability in an Axisymmetric Laboratory Ramjet. in 35th AIAA Joint Propulsion Conference, Paper 99 – 2103, Los Angeles, CA, June 1999.

[54] Richards G A, Janus M C. Characterization of Oscillations During Premix Gas Turbine Combustion. J. Eng. Gas Turb. Power, vol. 120, pp. 294 – 302, 1998.

[55] Mettenleiter M, Haile E, Candel S. Adaptive Control of Aeroacoustic Instabilities with Application to Propulsion Systems. in NATO AVT Meeting on Gas Turbine Engine Combustion, E-missions and Alternative Fuels. Lisbon, Portugal, October 1998, pp. 39 – 1 – 39 – 12.

[56] Dowling A P. Active Control of Instabilities in Gas Turbines. in NATO RTO Meeting on Active Control Technology. Braunschweig, Germany, May 2000.

[57] McManus K R, Poinsot T, Candel S M. A Review of Active Control of Combustion Instabilities. Prog. Energ. Combust. Sci. , vol. 19, pp. 1 – 29, 1993.

[58] Yang V, Schadow K C, AGARD Workshop on Active Combustion Control for Propulsion System. in NATO AVT Meeting on Gas Turbine Engine Combustion, Emissions and Alternative Fuels. Lisbon, Portugal, October 1998, pp. 36 – 1 – 36 – 20.

[59] Gutmark E, Parr T P, Hanson – Parr D M, et al. Use of Chemiluminescence and Neural Networks in Active Combustion Control. Proc. Combust. Inst. , vol. 23, pp. 1101 – 1106, 1990.

[60] St John D, Samuelsen G S. Active, Optimal Control of a Model Industrial, Natural Gas – Fired Burner. Proc. Combust. Inst. , vol. 25, pp. 307 – 316, 1994.

[61] Haile E, Delabroy O, Durox D, et al. Combustion Enhancement by Active Control. in Gad el Hak M, Pollard A, Bonnet J P, eds. Flow Control. Heidelberg: Springer – Verlag, 1998, pp. 467 – 499.

[62] Haagen – Smit A J, Chemistry and Physiology of Los Angeles Smog. Ind. Eng. Chem. , vol. 44, pp. 1342 – 1346, 1952.

[63] Chen D K S, Jeswani P, Li J Z. Optimization of Oxygen Sensor. in SAE 2000 World Congress, Paper 2000 – 01 – 1364, Detroit, MI, March 2000.

[64] Ishikawa S, Noda Y, Hayakawa N, et al. A Fast Light off Thimble – Type Oxygen Sensor. in SAE 1998 International Congress and Exposition, Sensors and Actuators, Paper 98 – 0263, vol. SP – 1312. Detroit, MI, February 1998, pp. 11 – 15.

[65] Makino K, Nishio H, Okawa T, et al. Compact Thick Film Type Oxygen Sensor. in SAE 1999 International Congress and Exposition, Sensors and Actuators, Paper 1999 – 01 – 0933, vol. SP – 1443. Detroit. MI, March 1999.

[66] Neumann H, Hötzel G, Lindemann G. Advanced Planar Oxygen Sensors for Future Emission Control Strategies. in SAE 1997 International Congress and Exposition, Zirconium in Emission Control, Paper 97 – 0459, vol. SP – 1288. May 1997, pp. 1 – 9.

[67] Yoo J – H, Bonadies J V, Detwiler E, et al. A Study of a Fast Light – Off Planar Oxygen Sensor Application for Exhaust Emissions Reduction. in SAE 2000 World Congress, LEV – 11 Emission Solutions, Paper 2000 – 01 – 0888, vol. SP – 1510. Detroit, MI, March 2000.

[68] Bergmann A, Brück R, Brandt S, et al. Design Criteria of Catalyst Substrates for NO_x Adsorber Function. in SAE 2000 World Congress, Advanced Catalysts Substrates and Advanced Converter Packaging, Paper 2000 – 01 – 0504, vol. SP – 1532. Detroit, MI, March 2000.

[69] Brogan M S, Boegner W. Evaluation of NO_x Storage Catalysts as an Effective System for NO_x Removal from the Exhaust Gas of Leanburn Gasoline Engines. SAE Technical Paper 95 – 2490, 1995.

[70] Chandler G R, Cooper B J, Harris J P, et al. An Integrated SCR and Continuously Regenerating Trap System to Meet Future NO_x and PM Legislation. in SAE 2000 World Congress, Diesel Exhaust Aftertreatment, Paper 2000 – 01 – 0188, vol. SP – 1497. Detroit, MI, March 2000.

[71] Smedler G, Walker A, Winterborn D. High Performance Diesel Catalyst for Europe Beyond 1996. in SAE 1995 International Congress and Exposition, Paper 95 – 0750. Detroit, MI, February 1995.

[72] Eichlseder H, Baumann E, Müller P, et al. Gasoline Direct Injection——a Promising Engine Concept for Future Demands. in SAE 2000 World Congress, Direct In SI Engine Technology, Paper 2000 – 01 – 0248, vol. SP – 1499. Detroit, MI, March 2000.

[73] Kemmler R, Waltner A, Schön C, et al. Current Status and Prospects for Gasoline Engine E-mission Control Technology – Paving the Way for Minimal Emissions. in SAE 2000 World Congress, General Emissions Research, Paper 2000 – 01 – 0856, vol. SP – 1506. Detroit, MI, March 2000.

[74] Griffin J R, Wienand K, Baerts C. Second Generation Platinum RTD Exhaust Gas Tempera-ture Sensor for – 50℃ to 1000℃ Measurement. SAE Paper 981419, 1998.

[75] Azad A – M, Younkman L B, Akbar S A, et al. Performance of a Ceramic CO Sensor in the Automotive Exhaust System. in SAE 1995 International Congress and Exposition. Paper 95 – 0478. Detroit, MI, February 1995.

[76] Docquier N, Lacas F, Candel S, et al. CO/O$_2$ Zirconia Sensor Based on a Potentiometric De-sign. in SAE 2001 World Congress, General Emissions, Paper 2001 – 01 – 0226. Detroit, MI, March 2001.

[77] Correa S M. Lean Premixed Combustion for Gas – Turbines: Review and Required Re-search. in Fossil Fuel Combustion, vol. PD – 33, ASME, 1991, pp. 1 – 9.

[78] Correa S M. A Review of NO$_x$ Formation Under Gas – Turbine Combustion Conditions. Com-bust. Sci. Technol. , vol. 87, pp. 329 – 362, 1992.

[79] Döbbeling K, Knöpfel H P, Polifke W, et al. Low NO$_x$ Premixed Combustion of MBtu Fuels Using the ABB Double Cone Burner (EV Burner). J. Eng. Gas Turb. Power, vol. 118, pp. 46 – 53, 1996.

[80] Döbbeling K. Low NO$_x$ Premixed Combustion of MBtu Fuels in a Research Burner. J. Eng. Gas Turb. Power, vol. 119, pp. 553 – 558, 1997.

[81] Joos F, Pellischek G. Low Emission Combustor Technology (LOWNOX I). in Dunker R, ed. Advances in Engine Technology, EC Aeronautics Research. John Wiley & Sons, European Commission, DGXII, Brussels, Belgium, 1995, pp. 105 – 152.

[82] Ripplinger T, Zarzalis N, Meikis G, et al. NO$_x$ Reduction by Lean Premixed Prevaporized Combustion. in NATO AVT Meeting on Gas Turbine Engine Combustion, Emissions and Al-ternative Fuels. Lisbon, Portugal, October 1998, pp. 7 – 1 – 7 – 10.

[83] Willis J D, Toon I J, Schweiger T, et al. Industrial RB211 Dry Low Emission Combustion. in International Gas Turbine and Aeroengine Congress and Exposition, Paper 93 – GT – 391. Cincinnati, OH, May 1993.

[84] Yamada H, Shimodaira K, Hayashi S. On – Engine Evaluation of Emissions Characteristics of a Variable Geometry LeanPremixed Combustor. J. Eng. Gas Turb. Power, vol. 119, pp. 66 –

69，1997.

[85]　Williams J G,Steenken W G,Yuhas A J. Estimation Engine Airflow in Gas – Turbine Pow-
ered Aircraft with Clean and Distorted Inlet Flows. Technical Report CR 198052, NASA,
September 1996.

[86]　Ebert V,Fernholz T,Giesemann C,et al. Simultaneous Diode – Laser – Based In – Situ De-
tection of Multiple Species and Temperature in a Gas – Fired Power – Plant. Proc. Combust.
Inst. ,vol. 28,pp. 423 – 430,2000.

[87]　Lee J G,Santavicca D A. Fiber – Optic Probe for Laser – Induced Fluorescence Measure-
ments of the Fuel – Air Distribution in Gas – Turbine Combustors. J. Propuls. Power,vol. 13,
pp. 384 – 387,1997.

[88]　Lee D S,Anderson T J. Measurements of Fuel/Air – Acoustic Coupling in Lean Premixed
Combustion Systems. in AIAA 37th Aerospace Sciences Meeting,Paper 99 – 0450,Reno,
NV,January 1999.

[89]　Lee J G,Kim K,Santavicca D A. Measurement of Equivalence Ratio Fluctuation and Its
Effect on Heat Release During Unstable Combustion. Proc. Combust. Inst. ,vol. 28, pp.
415 – 421,2000.

[90]　Kanai Y,Mizuno J,Nottmeyer K,et al. Micromachined Flow Sensor for Fuel Injection. in
SAE 2000 World Congress,Paper 2000 – 01 – 1365. Detroit,MI. March,2000.

[91]　Miller M F,Allen M G,Conners T. Design and Flight Qualification of a Diode Laser – Based
Optical Mass Flux Sensor. in 34th AIAA Joint Propulsion Conference,Paper 98 – 3714.
Cleveland,OH,July 1998.

[92]　Correia D P,Ferrão P,Caldeira – Pires A. Flame Three – Dimensional Tomography Sensor
for In – Furnace Diagnostics. Proc. Combust. Inst. ,vol. 28,pp. 431 – 438,2000.

[93]　Docquier N,Belhalfaoui S,Lacas F,et al. Experimental and Numerical Study of Chemilumi-
nescence in Methane/Air High – Pressure Flames for Active Control Applications. Proc.
Combust. Inst. ,vol. 28,pp. 1765 – 1774,2000.

[94]　Kauranen P,Andersson – Engels S,Svanberg S. Spatial Mapping of Flame Radical Emission
Using a Spectroscopic Multi – Colour Imaging System. Appl. Phys. B,vol. 53,pp. 260 – 264,
1991.

[95]　Kojima J,Ikeda Y,Nakajima T. Spatially Resolved Measurement of OH*,CH* and C$_2$*
Chemiluminescence in the Reaction Zone of Laminar Methane/Air Premixed Flames. Proc.
Combust. Inst. ,vol. 28,pp. 1757 – 1764,2000.

[96]　Olsson J O,Andersson L L,Lenner M,et al. Apparatus for Studying Premixed Laminar
Flames Using Mass Spectrometry and Fiber Optic Spectrometry. Rev. Sci. Instrum. ,vol. 61,
pp. 1029 – 1037,1990.

[97]　Higgins B,McQuay M Q,Lacas F,et al. Systematic Measurements of OH Chemilumines-
cence for Fuel – Lean,High – Pressure,Premixed,Laminar Flames. Fuel,vol. 80,pp. 67 –
74,2001.

[98] Ikeda Y,Kojima J,Nakajima T,et al. Measurement of the Local Flame – Front Structure of Turbulent Premixed Flames by Local Chemiluminescence. Proc. Combust. Inst. ,vol. 28,pp. 343 – 350,2000.

[99] Kawahara N,Ikeda Y,Nakajima T. Measurements of the Combustion Characteristics of Compound Clusters in PressureAtomized Spray Flame. in AIAA 37th Aerospace Sciences Meeting,Paper 99 – 0210. Reno,NV. January 1999.

[100] Roby R J,Hamer A J,Johnsson E L,et al. Improved Method for Flame Detection in Combustion Turbines. J. Eng. Gas Turb. Power,vol. 117,pp. 332 – 340,1995.

[101] Hurley C D,Copplestone R W,Wilson C W. Optical Measurements of Turbulence and Residence Time in a Gas Turbine Combustor. in 35th AIAA Joint Propulsion Conference,Paper 99 – 2641. Los Angeles,CA,June 1999.

[102] Parker T E,Miller M F,McManus K R,et al. Infrared Emission from High – Temperature $H_2O_{(v_2)}$: A Diagnostic for Concentration and Temperature. AIAA J. ,vol. 34,pp. 500 – 507. 1996.

[103] Vally J,Etude du Spectre d'Émission Infrarouge des Gaz de Combustion: Application à la Mesure de Température de Gaz et de Concentration de CO_2. PhD thesis,Université Paris X,France,1999.

[104] Mihalcea R M,Baer D S,Hanson R K,Advanced Diode Laser Absorption Sensor for in situ Combustion Measurements of CO_2,H_2O and Gas Temperature. Proc. Combust. Inst. vol. 27,pp. 95 – 101,1998.

[105] Upschulte B L,Sonnenfroh D M,Allen M G. Measurements of CO,CO_2,OH,and H_2O in Room – Temperature and Combustion Gases by Use of a Broadly Current – Tuned Multisection InGaAsP Diode Laser. Appl. Optics,vol. 38,pp. 1506 – 1512,1999.

[106] Webber M E,Wang J,Sanders S T,et al. In – Situ Combustion Measurements of CO,CO_2,H_2O and Temperature Using Diode Laser Absorption Sensors. Proc. Combust. Inst. ,vol. 28,pp. 407 – 413,2000.

[107] Docquier N,Lacas F,Candel S,et al. Optimal Operation of a Combined NO_x/Oxygen Zirconia Sensor Under Lean Burn Conditions. in SAE 2000 World Congress,Exhaust Aftertreatment Modeling and Gasoline Direct Injection Aftertreatment,Paper 2000 – 01 – 1204,vol. SP – 1533. Detroit,MI,March 2000.

[108] Hammer F,Fasoulas S,Messerschmid E,et al. Miniaturized CO/H_2 Sensor for Monitoring and Controlling Small Burners and Heaters. in Second European Conference on Small Burner and Heating Technology,vol. 1. Stuttgart,Germany,March 2000,pp. 209 – 219.

[109] Hasei M,Ono T,Gao Y,et al. Sensing Performance for Low NO_x in Exhausts with NO_x. Sensor Based on Mixed Potential. in SAE 2000 World Congress,Electronic Engine Controls: Exhaust Aftertreatntent Modeling and Gasoline Direct Injection Aftertreatment,Paper 2000 – 01 – 1203,vol. SP – 1533. Detroit,MI,March 2000.

[110] Schubert P F,Sheridan D R,Cooper M D,et al. Sensor Based Analyzer for Continuous

Emission Monitoring in Gas Pipeline Applications. J. Eng. Gas Turb. Power, vol. 120, pp. 317 – 321, 1998.

[111] Williams D E, McGeehin P. Solid – State Gas Sensors and Monitors. Electrochemistry, vol. 9, pp. 246 – 290, 1984.

[112] Auzins J, Johansson H, Nytomt J. Ion – Gap Sense in Misfire Detection, Knock and Engine Control. in SAE 1995 World Congress, Paper 950004. Detroit, MI, March 1995.

[113] Reinmann R, Saitzkoff A, Lassesson B, et al. Fuel and Additive Influence on the Ion Current. in SAE 1998 International Congress and Exposition, Electronic Engine Controls: Sensors, Actuators, and Development Tools, Paper 98 – 0161, vol. SP – 1356. Detroit, MI, February 1998, pp. 1 – 11.

[114] Chou T, Patterson D J. In – Cylinder Measurement of Mixture Maldistribution in a 1 – Head Engine. Combust. Flame, vol. 101, pp. 45 – 57. 1995.

[115] Fitzpatrick M, Pechstedt R, Lu Y. A New Design of Optical InCylinder Pressure Sensor for Automotive Applications. in SAE 2000 World Congress, Modeling, Neural Networks, OBD and Sensors, Paper 2000 – 01 – 0539, vol. SP – 1501. Detroit, MI, March 2000.

[116] Ariffin A E, Munro N. Robust Control Analysis of a Gas – Turbine Aeroengine. IEEE Transactions on Control Systems Technology, vol. 5, pp. 178 – 188, 1997.

[117] Hathout J P, Annaswamy A M, Ghoniem A F. Modeling and Control of Combustion Instability Using Fuel Injection. in NATO RTO Meeting on Active Control Technology. Braunschweig, Germany, May 2000.

[118] Kamei E, Namba H, Osaki K, et al. Application of Reduced Order Model to Automotive Engine Control System. J. Dynam. Syst. Meas. Control, vol. 109, pp. 232 – 237, 1987.

[119] Spindt R S, Air – Fuel Ratios from Exhaust Gas Analysis. SAE Progress in Technology. 650507, pp. 788 – 793, 1965.

[120] Kee R J, Grcar J F, Smooke M D, et al. Chemkin: A Fortran Program for Modeling Steady Laminar One – Dimensional Premixed Flames. Technical Report SAND85 – 8240, Sandia National Laboratories, 1993.

[121] Müller U C, Bollig M, Peters N. Approximations for Burning Velocities and Markstein Numbers for Lean Hydrocarbon and Methanol Flames. Combust. Flame, vol. 108, pp. 349 – 356, 1997.

[122] Davis N T, Samuelsen G S. Optimization of Gas Turbine Combustor Performance Throughout the Duty Cycle. Proc. Combust. Inst., vol. 26, pp. 2819 – 2825, 1996.

[123] Candel S, Huynh Huu C, Poinsot T. Some Modeling Methods of Combustion Instabilities. in Culick F E C, Heitor M V, and Whitelaw J H, eds. Unsteady Combustion. Dordrecht: Kluwer Academic Publishers, 1996, pp. 83 – 112.

[124] Poinsot T, Veynante D. Theoretical and Numerical Combustion, Philadelphia, PA: Edwards, 2001.

[125] Hurle I R, Price R B, Sugden T M, et al. Sound Emission from Open Turbulent Premixed

Flames. Proc. Roy. Soc. (Lond.) A , vol. 303 , pp. 409 – 427 , 1968.

[126] John R J , Wilson E S , Summerfield M. Studies of the Mechanism of Flame Stabilization by a Spectral Intensity Method. Jet Propuls. , vol. 25 , p. 535 , 1955.

[127] John R R , Summerfield M. Effect of Turbulence on Radiation Intensity from Propane – Air Flames. Jet Propuls. , pp. 169 – 179 , 1957.

[128] Lu T , Lerner J. Spectroscopy and Hybrid Neural Network Analysis. Proc. IEEE , vol. 84 , pp. 895 – 905 , 1996.

[129] Sans M. Global Predictive and Optimal Control Applied to Automotive Engine Management. in SAE 1998 International Congress and Exposition , Electronic Engine Controls , Sensors , Actuators , and Development Tools , Paper 98 – 1058 , vol. SP – 1356. Detroit , MI , February 1998 , pp. 103 – 108.

[130] Zedda M , Singh R. Gas Turbine Engine and Sensor Fault Diagnosis Using Optimization Techniques. in 35th AIAA Joint Propulsion Conference , Paper 99 – 2530. Los Angeles , CA , June 1999.

[131] Tang X. An Artificial Uego Sensor for Engine Cold StartMethodology , Design and Performance. in SAE 2000 World Congress , Modeling , Neural Networks , OBD and Sensors , Paper 2000 – 01 – 0541 , vol. SP – 1501. Detroit. MI , March 2000.

第 22 章　燃气涡轮发动机燃烧室模型验证诊断技术的挑战

Andreas Dreizler，Johannes Janicka

22.1　引　　言

对燃气轮机的改进是项艰巨的任务，需要在数值计算和实验研究两方面开展重要的燃烧研究工作。为了满足未来燃烧排放和燃烧效率的要求，对涡轮发动机燃烧的数值模拟预测正变得愈发重要。为此，计算流体动力学（CFD）已经成为独特的工具。全面的 CFD 模型（完整模型）由多个子模型构成，它们代表了整个燃烧过程中一些独立的部分以及不同现象之间的耦合。本章是对不同类型子模型的综述，并重点关注子模型开发和验证过程中对实验的需求。文中选用了一个通过实验指导子模型开发的例子来更加清楚地强调这些需求。此外，还展示了在大规模的封闭旋转火焰中获得的一套全面的数据，适用于完整模型的验证。

燃气轮机燃烧室诊断的未来发展同时受新型燃烧技术和先进建模方法的推动。一方面，在发电应用和喷气式航空发动机领域，试图提升新概念燃气涡轮发动机效率，会导致压比和涡轮进口温度的增加；另一方面，燃气涡轮发动机还必须遵守 CO、未燃碳氢化物以及氮氧化物（NO_x）的低排放标准，确保满足环保的要求。因此，人们发展了低 NO_x 燃烧技术，用于适应低排放的限制。

对于发电应用，低 NO_x 的思想[1]是将燃料和氧化剂进行预混，而对于航空发动机，则是利用富油 – 焠熄 – 贫油（Rich – Quench – Lean，RQL）燃烧以及贫油预混预蒸发（Lean Premixed Prevaporized，LPP）燃烧[23]技术。这些方法均有潜力大幅度地降低 NO_x。

由于对燃烧效率和环保目标的渴求，以及燃气涡轮发动机市场上强大的国际竞争，使得 CFD 成为了重要的设计和优化工具。在 CFD 方法中，对燃气涡轮发动机燃烧室的完整描述（整体模型）包括湍流流动、化学反应、传热、辐射、喷雾、蒸发等不同的子模型。另外，还需要一些描述这些现象之间相互作用关系的子模型。模型的建立要么基于雷诺平均的 Navier – Stokes（Reynolds – Averaged

Navier – Stokes,RANS)方程,要么基于更有希望用于未来预测计算的大涡模拟(Large Eddy Simulation,LES)方法。

本章关注的重点在于利用激光诊断技术进行 CFD 完整模型和子模型实验验证中有关的突出问题。许多种激光燃烧诊断技术已经为人们所熟知[4],并在过去几年为了适应工业环境应用的需求得到了发展[5,6],比如在汽车发动机燃烧研究中激光技术得到了广泛的应用(参见第 15 – 17 章)。然而,激光或光学诊断技术用于燃气轮机燃烧研究的文献却少得多[7-36],而且这些研究工作大部分集中在对一些选定现象的测定,如在预混燃烧器中对燃料 – 空气混合的优化[10,30,33,34],LPP 燃烧中对喷雾的研究[7,16,23.25-28,32],激光诱导 OH 荧光成像[9.11,12,15.16.18,20,29,35],相干反斯托克斯拉曼散射(CARS)温度测量[13,16,23,36],流场研究[16,18,29] 等。文献[8,21]报道了用于 CO 检测的自发拉曼散射或双光子LIF 等复杂技术的探索。总的来说,在燃气轮机燃烧的定性分析以及技术快速的进步方面,这些研究都是非常重要的。

但是对于完整模型的验证,湍流场的综合信息是至关重要的,包括进口条件、标量耗散率、主要组分浓度或温度等标量的均值和波动、反应标量的空间分布等。对于这一目的,文献[7-36]介绍的研究工作是不完全的,还没能给出完整模型验证所需的所有测量信息。这些实验信息不完整的原因在于,在燃气轮机燃烧的高压强和恶劣环境下,组分浓度定量测量存在困难,另外的问题是有限的光学通道以及高昂的费用。

对于子模型的验证,可用的实验信息要更加可靠和详实。对该领域实验研究进行完全的评述远远超出本章的范围,因此,我们将参考本书之前的章节和公开发表的文献。

本章的结构如下:22.2 节介绍不同类型的子模型及其研发对测量的常规需求,并强调对模型的验证;随后,挑选一些子模型和完整模型验证的例子进行阐述;最后,对激光燃烧诊断的未来发展前景进行展望,以促进诊断技术的基础和应用研究,更好地应对子模型和燃烧室完整模型验证等具有挑战性的任务。

22.2　常规特性

在 CFD 模型验证的背景下,激光燃烧诊断技术的目标主要有三个:子模型的开发、子模型验证和完整模型验证。子模型可以分为不同的种类,如图 22.1所示。

这里用于描述燃烧的详细化学反应模型基于基元反应。对于碳氢化物的燃烧,详细的化学反应机理包括数以百计的基元反应和物种[37],所以过于庞大而不能直接用于 CFD 模型。因此,源于详细反应机理的简化反应模型只包含很少

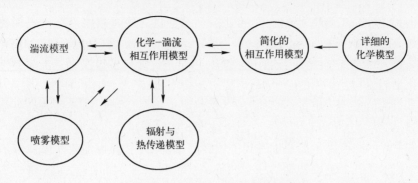

图 22.1　完整模型中的子模型种类

的反应标量[38-40]。对于化学反应模型的开发和验证,需要一个很大且可靠的实验数据库。为了避免与湍流问题纠缠,实验需在具有良好边界条件的环境中进行,如层流低压火焰[41,42]、流动反应器[5]、激波管实验[43]、快速压缩机[44]等。对详细的化学反应机理研究需要对单个基元反应速率系数进行测量,其测量实验方法的综述可以参见文献[45]。

湍流模型用来描绘流场的性质。按照目前的水平,大部分的 CFD 模型都使用 RANS 的概念[46]。该方法是在假设各向同性条件下对平均的守恒方程进行求解得出统计矩。不闭合项基于单或双方程模型进行建模[47],结果是 CFD 模型以逐点的方式预测平均值和波动,得不到与空间相关的信息。因此,基于 RANS 的模型实验验证,仅局限于对组分浓度、温度和速度的定量、单脉冲、逐点测量。其中特别重要的是对表征良好的进口条件和湍流动能耗散率的实验测定。

大涡模拟(LES)是描述湍流流动的新方法,它在空间网格上对守恒方程进行直接数值求解,而对于小于网格尺度中发生的现象通过子网格模型进行处理[48]。LES 方法具有多方面的优势。随着计算机能力的提升,可以求解的湍流结构比例将逐渐增加,复杂子网格模型的重要性也将随之下降;由于 LES 具有时间分辨力,能够描述不稳定效应,并且能够得到空间相关的信息,因此增加了对实验验证的需求。除了定量逐点测量之外,为了验证的目的还需要空间相关的信息,例如不同空间方向上的湍流长度尺度[49]、温度或主要组分浓度等标量的梯度[50]等。当然,值得注意的是,对守恒方程的直接数值模拟(DNS)在子模型开发和验证中的重要性正在提升[51]。该方法中,网格分辨力能够分辨所有的湍流结构。DNS 是实验方法理想的辅助工具。

在燃气轮机等的燃烧场湍流火焰中,化学反应和湍流之间明显存在强烈的相互影响[46,52]。目前已经有多种化学反应 - 湍流相互作用模型[53-56]。就当前的发展状况,通常使用的是小火焰单元和假定概率密度函数(Presumed probability density function,PDF)方法[57]。当然,更全面的方法是获得一个可以通过蒙特卡洛方法[58]或不稳定小火焰单元建模[57]求解的 PDF 输运方程。该方法在描述火焰熄火[59]等方面显现了很好的潜力,不足是计算代价很昂贵。为了开发和验证化学湍流相互作用的子模型,需要对主要组分、温度、速度和反应(自由基)物种等不同信息进行定量、同时测量。这些要求需要使用到精密复杂的光学技术,尤其是对于可靠的速度和主要组分浓度的同时测量要求更甚。虽然拉曼、瑞利和 LIF[60]的联合测量已经发展到了较高的水平[35,61],但再加入气体速度的同时测量技术还处于发展初期阶段。然而,在文献[62 - 64]中,对首次研究案例进行了研讨,其显示了很好的潜力。

对于液体燃料,需要建立子模型对稠密、稀薄喷雾的分解、形成以及蒸发进行描述。对该复杂现象的数值模拟和实验研究(参见第 15 和 17 章)还处在早期阶段。基于激光的技术,例如自发拉曼散射,一方面受到光性厚度(稠密喷雾中的多次散射、强消光、液体颗粒等)的困扰;另一方面,在液态向气态转化时数密度的突变,使得设备需要具有极大的动态范围。但为了发展和验证喷雾子模型,需要有关液相和气相的定量信息。对于液相,必须对液滴直径、液滴速度和液滴尺寸分布进行测量。对于气相,须测量局部的燃料空气比、温度分布和气体速度。当面对稳定条件时,如相位多普勒测速法(Phase Doppler Anemometry,PDA)[65]的逐点测量技术对于液相是足够的。但在非稳定条件下,将会加大喷雾特性研究的复杂程度(例如压力振荡会引起液滴空间分布随时间的变化)。鉴于此,至少需要二维的测量技术,例如还处于发展阶段的全场相位多普勒(Global Phase Doppler,GPD)技术[66]。

在燃气轮机燃烧中,需要考虑辐射效应的影响,尤其是在正确预测热应力时。当前的技术水平下,通过积分方法[67-69]或微分技术[70]对辐射进行处理。为了解释辐射的光谱特征,通常使用灰色气体模型[71]或光谱线模型[72]。

一般来说,充分可靠的激光诊断技术可以应用于子模型的开发和验证。表22.1 中突出显示了最重要的一些技术。

以上所有的技术都可作为高时间分辨的单脉冲技术,然而空间分辨力则取决于特定的实验配置。对于 LIF 技术,空间分辨力可以达到数十微米,与之相比,CARS 或 LDV 的空间分辨力为毫米量级[4]。LIF、Mie 散射、两点 LDV、自发拉曼和瑞利散射等技术能够在一维或二维上提供空间相关的信息。正像文献[73]所证实的,多重二维技术的应用能够进行三维信息的重建。然而对于可靠的组分浓度测量和自由基浓度的定量测量(对碰撞猝灭进行修正),拉曼或拉曼/瑞利光谱技术还是必不可少的[74]。但是,由于信号弱,特别是用于可见光波段时,该技术在实验上还面临一定的挑战。

用于子模型开发和验证的实验装置不需要与标准燃气轮机燃烧室的所有

条件匹配,如尺寸、外部附件、压力、热负载等,满足要研究现象的基本特征就够了。在任何情况下,应注意完整地表征初始和边界条件(最重要的是:进口条件、流场、组分浓度和温度分布),必须有足够大的数据量才能满足统计的可靠性。

对于完整模型的验证,一般来说也需满足同样的要求,但实验必须在具有标准燃气轮机燃烧特征的燃烧室中进行,如高压、高热负荷和尺寸。其他的问题还包括外围附件带来的有限的光学通道,恶劣环境和高昂的费用。因此,激光诊断技术在完整模型验证中应用的文献很少[7-35]。但正如在前言中提到的,这些研究呈现了有前途的态势,不过还没有哪一个提供的数据组能够完成完整模型的验证。不管怎样,大型封闭火焰的完整实验数据组显示出了与燃气轮机燃烧室燃烧相关的信息还是有用的。本章随后的部分将介绍实例。

表22.1 适用于子模型和完整模型开发和验证的常用激光诊断技术汇总

测量物理量	方 法	存在的问题
主要组分浓度	自发拉曼,拉曼/瑞利	信号弱,气体流场中的污染物或液滴会造成光学击穿
温度	瑞利,拉曼/瑞利	壁面反射光的干扰,有效瑞利散射截面的确定
温度	相干反斯托克斯拉曼光谱	点测量,测量量单一
自由基浓度	激光诱导荧光(LIF)	碰撞猝灭,难以定量
反应区识别	CH、CHO、CH_2O/OH LIF,OH^*自发光示踪 LIF	CHO LIF 信号弱,难以定量
燃料－空气混合	自发拉曼	对于预热气体示踪物的局部氧化,难以定量信号弱,光学击穿
速度	激光多普勒测速仪(LDV)	需要注入种子,点测量
长度尺度,耗散率	两点 LDV	需要注入种子
液滴/颗粒直径	相位多普勒测速仪	只能用于球型液滴/颗粒
雾化结构	Mie 散射	定性测量

22.3 子模型的开发和验证

子模型开发和验证需要精心设计的并表征良好的实验。完整的数组需包括重要参数的变化。为了解释这些要求,本节报道了一个适用于湍流－颗粒相互作用详细研究的实验。文献[75]给出了该工作更详细的介绍。更多适用于子模型验证的例子在之前的章节(例如第14章)和文献[74]中有报道。

在燃气轮机应用中,靠近液体燃料喷油器的喷嘴喷雾生成的液滴与湍流的相互作用非常重要。流场对液滴(或颗粒)属性的影响很好理解,但颗粒对湍流场影响(湍流调制)的相关知识却很少。研究气相湍流和固相颗粒之间的相互作用是该工作的第一步。在这一步骤中,避免了在喷雾燃烧中很明显的化学反应和蒸发带来的附加影响。为了对目前用于确定颗粒对载体(气体)湍流强度的影响是抑制或增强的模型进行改进[76],现在的研究旨在为流动和颗粒场提供一个完整的数据库。它对于流体和颗粒相湍流模型的开发、评估和测试以及LES 结果的验证是必要的。

实验装置包括一个二维相位多普勒测速仪[77],用于同时测量载体(用直径 $1 \sim 2\mu m$ 的小玻璃颗粒代表)和颗粒(用直径大于 $100\mu m$ 的颗粒代表)的速度(平均速度,高阶矩)、颗粒尺寸、颗粒浓度以及颗粒和载体之间的速度关系。实验检测了颗粒直径、质量负载和入口流动条件的改变带来的影响。为了获得在湍流调制物理特性预测中的初始信息,将欧拉-拉格朗日方法框架下获得的一些数值计算结果和利用 $k - \varepsilon$ 模型修正版获得的计算结果与实验数据进行了比较[76]。

为了实验研究工作的开展,设计并建造了一个垂直封闭风洞。一个离心压缩机驱动载体相,使其在一个封闭管道系统中循环。根据需要,利用一个闸门将玻璃颗粒按需要的流量散布进入流场形成两相流。流场在到达配备有网格和蜂窝结构的沉降室之前通过扩散器,然后利用一个收缩比为 9:1 的喷嘴产生均匀的层流流动。在喷嘴出口,安装湍流栅格和光学测量段。在随后的区域,利用气旋分离器将两相分离。图 22.2 给出了扩散器、沉降室和测量段顶端。

实验装置的基本参数如下:①测量段为一个垂直的方形玻璃流道,内部尺寸 $0.2m \times 0.2m \times 2.0m$;②测量段最大的平均速度 12m/s,这里介绍的研究工作中,平均速度设为 10m/s,对应的雷诺数为 64000;③颗粒尺寸可在 $60 \sim 1500\mu m$ 之间变化(用最小筛孔尺寸进行限制);④颗粒浓度是个常量,可以在 $\mu = 0 \sim 2$ 之间选择(μ 为颗粒相和载体相质量比;颗粒浓度的最大值受限于流场的光学透明度)。

为了研究两相之间的相互影响,实验段垂直方向(轴向)的湍流流动设想为均匀、稳定、各向同性的。在这种情况下,局部湍流能量仅仅是耗散率的函数,栅格产生的湍流流动近似满足各向同性的需求,能够用于定量描绘湍流特征。对于这些流动,湍流动能强度沿平均流动方向而降低。湍流的衰减至少有两个截然不同的区域为特征,第一个区域在目前的研究中定义在网格下游 $10 \sim 100$ 网格尺寸(M)之间;第二个区域处于超过 500 网格尺寸的地方,在这里没有进行研究。

在该项研究工作中,使用了两种不同的双平面正方形湍流网格,表 22.2 列出了它们的特征。选择这两种网格是基于获得高水平湍流和局部各向同性流场

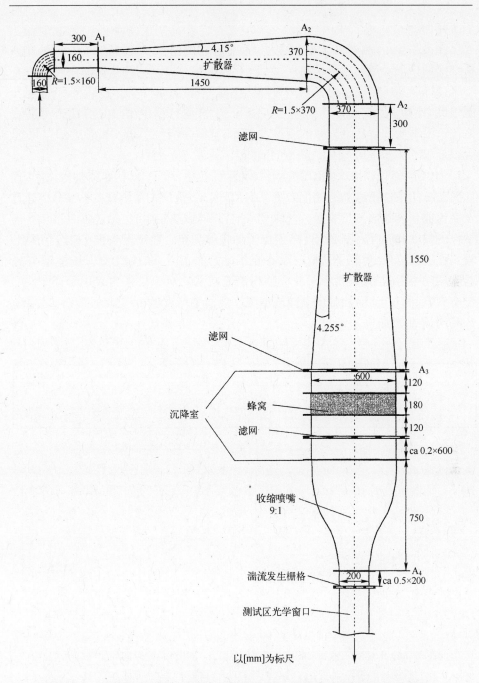

图 22.2　扩散器、沉降室、湍流产生栅格和 PDA 测量试验段组成的实验装置

的需要。在这些需求下,实积比(固体投影面积与总面积之比)选为 $S = 0.31$。对于两种湍流网格,对颗粒直径、颗粒质量负载、来流条件变化带来的影响进行

481

了研究。

在第一步中,测试段流场表征为没有颗粒相的两种湍流网格。利用 PDA 在精细的网格下对流场进行了测量,为了避免边界层的影响,测量选择在风洞的核心区($8cm \times 8cm$),测量跨度从 $x/M = 10$ 到 $x/M = 60$。为了获得局部的各向同性度,计算了轴向(u'^2)与垂直(v'^2)和水平(w'^2)截面流向的均方速度波动之比。沿轴向湍流能量衰减的测量发现,测量结果与使用该网格预期的结果符合很好(图 22.3(a),"十"字显示的曲线)。

为了解释离散相的影响,圆玻璃颗粒(直径 $d_p = 110 \pm 10\mu m$)被添加到流场中,如图 22.3(b)所显示。颗粒密度为 $\rho_p = 2440 \ kg/m^3$,颗粒浓度为 90 粒子/cm^3。对诱发湍流能量衰减的测量表明,这些小颗粒会减弱载波相湍流,此衰减主要取决于颗粒的浓度和直径。图 22.3(b)给出了无颗粒和充满颗粒流动的数值结果的比较。在该计算中,使用了这里还没有介绍过的修正 $k - \varepsilon$ 模型[78]。该模型与实验数据吻合得很好,表明小颗粒会使得湍流减弱。对于尺寸约 $250\mu m$ 的颗粒,没有观察到对湍流有明显的衰减或增强。然而平均直径 $480\mu m$ 的颗粒,对湍流却有明显的增强。

表 22.2   湍流栅格的几何数据

栅　　格	网格尺寸 M/mm	孔口(方形的)/mm^2	网格丝直径/mm	可靠性 S
栅格 1	12	10×10	2	0.31
栅格 2	24	20×20	4	0.31

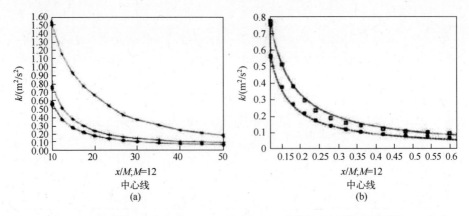

图 22.3　(a)纯气相(+)和两相流(∗:连续相,x:离散相)的轴向湍流动能(k)衰减曲线;(b)湍流动能衰减的数值计算(线)和实验结果(符号)的对比,空心符号代表无颗粒存在的气相,实心符号代表两相流中的连续相

22.4　完整模型的验证

进行完整模型的验证,必须对大尺寸受限空间的燃烧室进行检测。这些燃烧室必须与工程环境中常有的特征匹配,尤其是雷诺数和长度尺度必须与工程环境中一致。火焰的稳定机制中——主要是旋流——引入了具有不同再循环区域的复杂流场。与子模型的研发和验证类似,对于完整模型的验证,需要一组完整的实验数据,包含关于流场、主要组分、温度、活性反应组分等信息。由于这一工作的复杂性,在文献中只能看到少数全面研究的工作。

在文献[7-35]中,报道了对燃气轮机燃烧室的测量。然而,流场和主要组分/温度分布(平均值和波动值)信息是最基本的要求,以此来衡量,这些开创性的实验还没有哪个称得上是“全面的”。由于缺乏实验室或者工程规模燃气轮机燃烧室中完整的实验数据,本章中,我们将来自 TECFLAM 团队的实验数据作为范例给以介绍,该团队由 Stuttgart、Karlsruhe、Heidelberg、Darmstadt 大学和 DLR Stuttgart 组成,虽然燃气轮机燃烧室辐射特性的重要性要远小于这里给出的燃烧炉的辐射特性。对于更多详细的信息,请参见文献[73,79,80]。

在 TECFLAM 团体中,四个相同的通用旋流测试燃烧室装配在不同的实验室里,并用不同的激光诊断方法进行测试。图 22.4(a)给出了 TECFLAM 燃烧室的示意图。燃料为天燃气,系统可以工作在非预混(这里用的)或预混状态(将来的工作)。

燃烧室壁为双层结构用于进行水冷。燃烧室尺寸为:内径 500mm,轴向长度 1200mm。出口处有一个 30mm 宽度的环盖,与燃烧室壁连接作为烟气出口。燃烧室安装有四个通光口。通过横穿燃烧器,可进行光学测量的火焰长度达 450mm。

燃烧室通过 10 个测量进口天燃气和空气温度的热电偶进行控制。三股水流用于冷却燃烧室盖、壁面和燃烧器底部的罐。该罐中装有一个紫外传感器,当火焰被吹熄用于阻断气流。另外,为防止冷却水过热,三个温度传感器也用于对气流的切断。对烟气的分析包含组分 O_2、CO_2、CO、SO_2、NO、NO_2 和温度。因此,系统可以通过能量进行平衡,并保持恒定的操作条件。

旋流燃烧器如图 22.4(b)所示。它包括中心阻流体,其周围有一个 3mm 宽的环状体用于燃料气体,第二个环状体用于助燃空气。空气流通过一个可移动的块,形成强度可按照理论漩涡数 S 改变($S = 0 \sim 2.0$)的漩涡。标准热负荷总计 150 kW,并可以通过不同的当量比设置在 $50 \sim 350$kW 之间。燃烧器喷嘴的几何结构可以方便地进行改变,并能适应不同的需求。表 22.3 列出的为一个确定的测试案例参数。

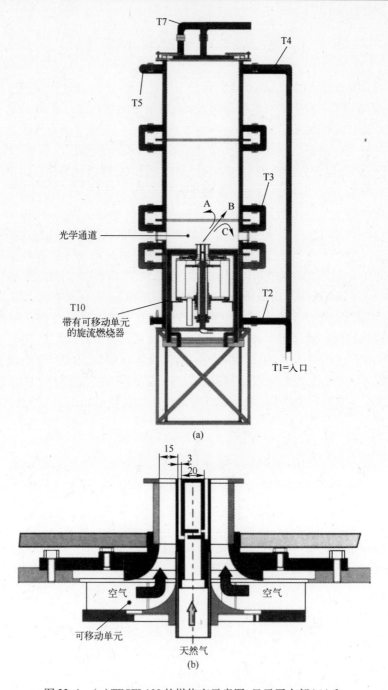

图 22.4　（a）TECFLAM 的燃烧室示意图，显示了内部（A）和
包含混合层（B）的外部再循环区域（C）。热电偶的测量位置用 T#表示；
（b）旋流燃烧器装置，尺寸单位为 mm

表 22.3　TECFLAM 旋流燃烧器测试案例参数

量	值
热功率	150kW
漩涡数 S	0.9
当量比	0.833
燃料	天燃气
燃烧室压力	环境压力
空气出口速度	23m/s
天燃气出口速度	21m/s
空气雷诺数	42900
天燃气雷诺数	7900
冷却水温度	80°

　　描绘该旋流火焰的标量和矢量特征使用了多种实验技术,在表 22.4 中对它们进行了总结。有关每个方法的实验细节(精度、测量位置等),可参见一个可下载文档[80]。

表 22.4　研究封闭 TECFLAM 旋流燃烧器的实验方法汇总

量	方　法	执 行 机 构
速度	激光多普勒测速仪(LDV)	EKT、EBI
温度、主要组分浓度	拉曼散射	DLR
稳定组分	探针取样	EBI
温度(2 - D)	瑞利散射	PCI
温度	热电偶	EBI
中间产物 OH、NO、CH_2O(2 - D)	PLIF	PCI
辐射	发射光谱测量	ITS

EBI:卡尔斯鲁厄大学 Engler – Bunte 研究所
EKT:达姆施塔特工业大学能源与电力技术
DLR:斯图加特德国航空宇航中心
ITS:卡尔斯鲁厄大学热力 Stromungsmaschinen 研究所
PCI:海德堡大学物理化学研究所

　　这里给出一些实验结果的小结。图 22.5 是激光多普勒测速仪(LDV)测得的轴向和径向速度分量及其波动。

　　可识别的再循环区有两个:径向位置 $r = 0$(对称线)的内循环和半径超过 40mm 的弱外循环(高度 10mm 处)。在这两个再循环区域之间,观察到了一个强混合区域和高剪切应力。通过逐点的拉曼测量,对平均温度分布的重构如

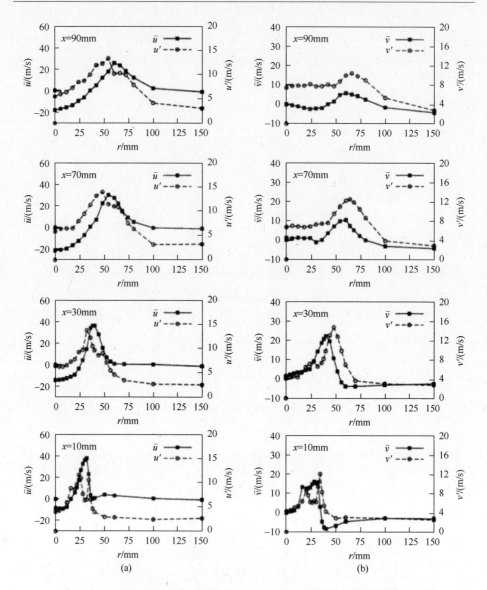

图 22.5 （a）在不同的轴向位置，轴向速度$\bar{u}$和速度波动u'沿径向的分布；
（b）在不同的轴向位置，径向速度$\bar{v}$和速度波动v'沿径向的分布

图 22.6 所示。图中显示了在内循环附近的热燃烧产物，而最高的温度波动发生在强混合层处。

另外，温度（二维瑞利散射）、OH 分布和 CH_2O 分布（PLIF）的同时测量[81]结果如图 22.7 所示，可以认为，混合层是最大的释热区[82]。更加详细的表述如图 22.8 所示，通过燃烧器喷嘴上方 10mm 高度处测量的拉曼数据散点图，显示了温

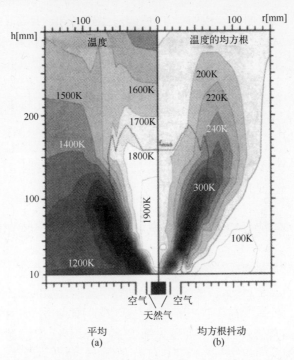

图 22.6　通过逐点的拉曼测量重建的平均温度分布(a)和温度的 rms 波动(b)

度、CH_4 和 CO 的摩尔分数(在不同高度获得的拉曼数据,请参见文献[79]),数据被分为四个空间区域用不同的符号表示,各符号的定义如图中的小插图。

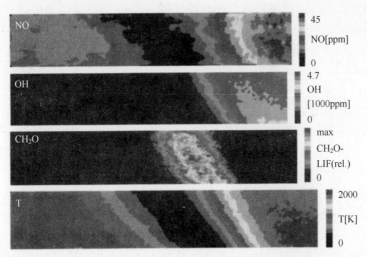

图 22.7　OH 自由基、CH_2O、温度和 NO 的平均分布,在同时检测到 OH 和 CH_2O 的区域表示该区域有重要的热释放[81](燃烧学会提供)

主要的发现总结如下。很明显在内循环区域($r = 0 \sim 10\text{mm}$),温度几乎与小火焰单元计算完全一致,只看到边缘的热损失。在混合区($r = 14 \sim 24\text{mm}$),发现了混合比分数的充分伸展,并识别了两个分支:在 $300 \sim 400$ K 范围的未反应混合物和完全反应混合物。在该区域,化学反应 – 湍流的相互作用特别重要。在更靠外的区域($r = 26 \sim 36\text{mm}$),观察到了冷空气和热燃烧产物的混合。在外部的再循环区域($r > 40\text{mm}$),发现混合分数 0.047 等价于当量比 0.833。这里发生的严重热损失,会导致温度远低于绝热火焰温度。在湍流非预混火焰(TNF)测量和计算国际研讨会的框架下,这些数据被用于完整模型的验证[74]。

22.5　在模型验证方面激光诊断技术面临的挑战

到目前为止,基于激光的诊断技术已被证实可以用于模型开发或验证。然而,由此产生的问题是:什么样的新激光诊断技术或对技术的改进是最急需的?

作者的观点是,最紧迫要解决的问题是速度和主要组分浓度的同时测量,以及喷雾诊断能力的提高(后一个问题见第 15 章)。因此,本章提出了一些关于速度/组分浓度测量的想法。为达到此目的,很显然,拉曼或拉曼/瑞利光谱技术必须与速度测量结合在一起。目前最可靠的速度测量方法是 LDV。该技术与二维粒子成像速度技术一样,需要在流场中注入小颗粒。如果用于拉曼散射的激光脉冲击中其中的注入粒子,则会发生光击穿,紧随其后的强烈宽带闪光会掩盖拉曼信号。在利用像增强电荷耦合器件(ICCD)探测器进行拉曼信号检测时,光学击穿甚至能对 ICCD 造成破坏。

当然,为了解决这一问题,可以采用不同的方案。Dibble 等人[83]已经表明使用非常低的注入粒子密度进行拉曼散射和 LDV 的联合测量是可能的,他们使用的拉曼设备为灯泵的染料激光器和光电倍增管。将他们的概念转移到目前使用的 Nd:YAG 激光器、像增强[74]或背光照明的 CCD 相机[84]系统[61],在拉曼测量区附近必须能够主动控制颗粒的存在。仅当用于 LDV 测量的注入颗粒离开了该控制区域,Nd:YAG 激光和 CCD 相机才被触发。这个任务可以通过光开关完成,如图 22.9 所示。在这个概念中,连续波激光穿过测量区域,用快响应探测器对颗粒的 Mie 散射进行监测。当散射超出设定的阈值时,禁止 Nd:YAG 激光 Q 开关的触发信号工作,而当散射光低于该阈值时,进行拉曼、瑞利数据的记录。在这个方法中需面对的问题是:注入粒子的密度;LDV 及随后的拉曼启动的频率;穿过测量区的连续激光的最优作用体积尺寸;最优的阈值以及可能的偏差。

利用气体成像测速技术(Gaseous Imaging Velocimetry, GIV)[62]或分子标记

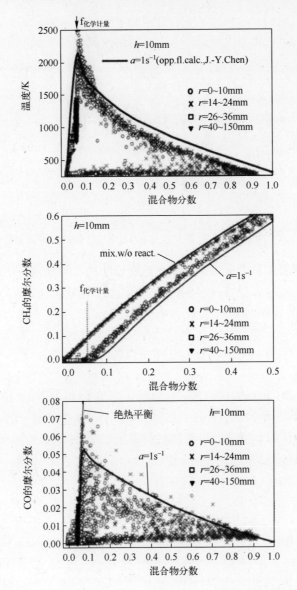

图 22.8　燃烧器上方 10mm 处温度、CH_4 和 CO 摩尔分数的拉曼数据散点图。其中
J. – Y. Chen 小火焰单元计算的结果用于对比[79]（Springer 出版社提供）

测速技术（Molecular Tagging Velocimetry, MTV）[85] 代替 LDV 技术是一个可供备
选的方案，至少对于纯净气体火焰是如此。这些技术分别基于注入的或光解产
生的气态示踪剂，因此拉曼/瑞利散射可按照常用的方式安全地使用。对于模型
验证来讲，这些技术的缺点是第三维度的影响、可靠性、精度以及可能的偏差，这
些依然处于科学界的争论中。

489

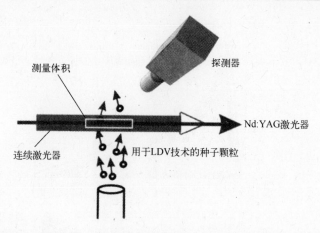

图 22.9 用于 Nd:YAG 激光拉曼和 LDV 联合测量的光开关设计图

当然,需要更加努力地去提高激光燃烧诊断技术的能力,一方面可提升子模型的预测能力,同时在燃气轮机燃烧室中联合应用多种技术获得完整的数组,以满足完整模型验证的需求。

致　　谢

作者感谢 W. Meier(DLR,斯图加特)允许介绍其拉曼数据;同时感谢 Ch. Schulz(海德堡大学)的许可,给出他在 TECFLAM 燃烧器上的 PLIF 数据。该研究工作受到 TECFLAM IV 和德国科学基金会的财政支持:JA – 544/4、JA – 544116 和 SFB 568(项目 B1、B3)。

参 考 文 献

[1] Lefebvre A H. Gas Turbine Combustion. Philadelphia:Taylor & Francis,1999.

[2] Simon B,Joos F,Walther R. Possibilities and Limitations of Reducing Pollutions by Aero – Engines by Modification of the Combustor Process. Proceedings of the Second European Propulsion Forum,April 3 – 5,1990.

[3] Johansson P,Sjunnesson A,Olovsson S. Development of an Experimental LPP Gas Turbine Combustor. ASME 94 – GT – 284.

[4] Eckbreth A. Laser Diagnostics for Combustion,Temperature and Species. Cambridge:Abacus Press,1988.

[5] Wolfrum J. Lasers in Combustion:From Basic Theory to Practical Devices. Proc. Combust. Inst. ,vol. 27,pp. 1 – 41,1998.

[6] Leipertz A. Two – Dimensional Laser Diagnostics for Technical Combustion. in Werner C,

Waidelich W, eds. Laser in der Umweltmeßtechnik. Berlin – Heidelberg: Springer – Verlag, 1994, pp. 3 – 8.

[7]　Löfström C, Kaaling H, Aldén M. Visualization of Fuel Distribution in Premixed Ducts in a Low – Emission Gas TurbineCombustor Using Laser Techniques. Proc. Combust. Inst. , vol. 26, pp. 2787 – 2793, 1996.

[8]　Löfström C, Engström J, Richter M, et al. Feasibility Studies and Application of Laser/Optical Diagnostics for Characterisation of a Practical Low – Emission Gas Turbine Combustor. Proceedings of ASME TURBO EXPO, Munich, Germany, 2000.

[9]　Shih W – P, Lee J G, Santavicca D A. Stability and Emissions Characteristics of a Lean Premixed Gas Turbine Combustor. Proc. Combust. Inst. , vol. 26, pp. 2771 – 2778, 1996.

[10]　Mongia R K, Tomita E, Hsu F K, et al. Use of an Optical Probe for Time – Resolved in Situ Measurement of Local Air – to – Fuel Ratio and Extent of Fuel Mixing with Applications to Low NO_x Emissions in Premixed Gas Turbines. Proc. Combust. Inst. , vol. 26, pp. 2749 – 2755, 1996.

[11]　Meier U E, Wolff – Gaßmann D, Stricker W. LIF Imaging and 2D Temperature Mapping in a Model Combustor at Elevated Pressure. Aerosp. Sci. Technol. , vol. 4, pp. 403 – 414, 2000.

[12]　Behrendt T, Carl M, Fleing C, et al. Experimentelle und numerische Untersuchung der Verbrennung im ebenen Sektor einer gestuften Brennkammer bei realistischen Betriebsbedingungen. DGLR – JT 1999 – 188, ISBN 0070 – 4083, 1999 (in German).

[13]　Lückerath R, Bergmann V, Stricker W. Characterization of Gas Turbine Combustion Chambers with Single Pulse CARS Thermometry. NATO AGARD Conference Proceedings, AGARDCP – 598, Brussels, Belgium, October 1997.

[14]　Rachner M, Brandt M, Eickhoff H, et al. A Numerical and Experimental Study of Fuel Evaporation and Mixing for Lean Premixed Combustion at High Pressure. Proc. Combust. Inst. , vol. 26, pp. 2741 – 2748, 1996.

[15]　Böckle S, Einecke S, Hildenbrand F, et al. Laser – Spectroscopic Investigation of OH – Radical Concentrations in the Exhaust Plane of Jet Engines. Geophys. Res. Lett. , vol. 26, pp. 1849 – 1852, 1999.

[16]　Hassa C, Carl M, Frodermann M, et al. Experimental Investigation of an Axially Staged Combustor Sector with Optical Diagnostics at Realistic Operating Conditions. NATO RTO Meeting Proceedings, RTO – MP – 14, pp. 18 – 1 – 18 – 11, Lisbon, Portugal, October 1998.

[17]　Schodl R. Planar Quantitative Scattering Techniques for the Analysis of Mixing Processes, Shock Wave Structures and Fluid Density. NATO RTO Meeting Proceedings, RTO – EN – 6, pp. 3 – 1 – 3 – 15, Cranfield, UK and Cleveland, US, September 1999.

[18]　Behrendt T, Carl M, Fleing C, et al. Experimental and Numerical Investigation of a Planar Combustor Sector at Realistic Operating Conditions. Proc. International Gas Turbine and Aeroengine Congress, Munich. 2000.

[19]　Krebs W, Koch R, Ganz B, et al. Effect of Temperature and Concentration Fluctuations on

Radiative Heat Transfer in Turbulent Flames. Proc. Combust. Inst. , vol. 26, pp. 2763 – 2770,1996.

[20] Frank J H, Miller M F, Allen M G. Imaging of Laser – Induced Fluorescence in a High – Pressure Combustor. AIAA Paper No. 1999 – 0773,37th Aerospace Sciences Meeting,1999.

[21] Gittins C M, Shenoy S, Aldag H R, et al. Measurements of Major Species in a High Pressure Gas Turbine Combustor Simulator Using Raman Scattering. AIAA Paper No. 2000 – 0772, 38th Aerospace Sciences Meeting,2000.

[22] Sturgess G F, Shouse D. Lean Blowout Research in a Generic Gas Turbine Combustor with High Optical Access. Trans. ASME, vol. 119, pp. 108 – 116. 1997.

[23] Takahashi F, Schmoll W J, Switzer G L, et al. Structure of a Spray Flame Stabilized on a Production Engine Combustor Swirl Cup. Proc. Combust. Inst. , vol. 25, pp. 183 – 191,1994.

[24] Locke R J, Anderson R C, Zaller M M, et al. Challenges to Laser – Based Imaging Techniques in Gas – Turbine Combustor Systems for Aerospace Applications. AIAA paper No. 1998 – 2778, 20th Advanced Measurement and Ground Testing Technology Conference,1998.

[25] McDonell V G, Arellano L, Lee S W, et al. Effect of Hardware Alignment on Fuel Distribution and Combustion Performance for a Production Engine Fuel – Injection Assembly. Proc. Combust. Inst. , vol. 26, pp. 2725 – 2732,1996.

[26] Jasuja A K, Lefebvre A H. Influence of Ambient Pressure on Drop Size and Velocity Distributions in Dense Sprays. Proc. Combust. Inst. , vol. 25, pp. 345 – 352,1994.

[27] Cameron C D, Brouwer J, Samuelsen G S. A Model Gas Turbine Combustor with Wall Jets and Optical Access for Turbulent Mixing, Fuel Effects, and Spray Studies. Proc. Combust. Inst. , vol. 22, pp. 465 – 474,1988.

[28] Mao C – P, Wang G, Chigier N. An Experimental Study of Air Assist Atomizer Spray Flames. Proc. Combust. Inst. , vol. 21, pp. 665 – 673,1986.

[29] Hedman P O, Warren D L. Turbulent Velocity and Temperature Measurements from a Gas – Fueled Technology Combustor with a Practical Fuel Injector. Combust. Flame, vol. 100, pp. 185 – 192,1995.

[30] Girard J W, Dibble R W, Arellano L O, et al. Use of an Extractive Laser Probe for Time – Resolved Mixture Fraction Measurement in a 9 atm Gas Turbine Fuel Injector. Proceedings of ASME TURBO EXPO, New Orleans, USA,2001.

[31] Paschereit Ch O, Gutmark E, Weisenstein W. Control of Thermoacoustic Instabilities and Emissions in an Industrial – Type Gas Turbine Combustor. Proc. Combust. Inst. , vol. 27, pp. 1817 – 1824,1998.

[32] Meier R, Merkle K, Maier G. et al. Development of an Improved Prefilming Airblast Atomizer for Gasturbine Application. Proceedings of ILASS – Europe, Toulouse, France,1999.

[33] Prommersberger K, Maier G, Wittig S. Fuel Vapor Concentration Measurements Inside a Generic Premix Duct. Proceedings of ILASS – Europe, Toulouse, France,1999.

[34]　Krämer. H. ,Dinkelacker,F. ,Leipertz,A. ,Poeschl,G. ,Huth,M. ,and Lenze,M. , "Optimi-
　　　　zation of the Mixing Quality of a Real Size Gas Turbine Burner with Instantaneous Planar
　　　　Laser – Induced Fluorescence Imaging," ASME GT (1999). ASME Paper No. 1999 GT
　　　　– 135.

[35]　Dinkelacker F,Soika A,Most D,et al. Structure of Locally Quenched Highly Turbulent Lean
　　　　Premixed Flames. Proc. Combust. Inst. ,vol. 27,pp. 857 – 865,1998.

[36]　Bood J,Bengtsson P – E,Aldén M. Non – Intrusive Temperature and Oxygen Concentration
　　　　Measurements in a Catalytic Combustor Using Rotational Coherent Anti – Stokes Raman
　　　　Spectroscopy. ASME 99 – GT – l 14.

[37]　Warnatz J,Maas U,Dibble R W. Combustion. Berlin:Springer – Verlag,1999.

[38]　Peters N,Williams F A. The Asymptotic Structure of Stoichiometric Methane – Air Flames.
　　　　Combust. Flame,vol. 68,pp. 185 – 207,1987.

[39]　Smooke M D,ed. ,Reduced Kinetic Mechanisms and Asymptotic Approximations for Meth-
　　　　ane – Air Flames. Lect. Notes Phys. 384,Springer – Verlag,Berlin Heidelberg,1991.

[40]　Maas U,Pope S B. Simplifying Chemical Kinetics: Intrinsic Low Dimensional Manifolds in
　　　　Composition Space. Combust. Flame. vol. 88,pp. 239 – 264,1992.

[41]　Jeffries J B,Smith G P,Heard D E,et al. Comparing Laser – Induced Fluorescence Measure-
　　　　ments and Computer Models of Low Pressure Flame Chemistry. Ber. Bunsenges. Phys.
　　　　Chem. ,vol. 96,pp. 1410 – 1418,1992.

[42]　Meier U,Kienle R,Plath I,et al. Two Dimensional Laser – Induced Fluorescence Approa-
　　　　ches for the Accurate Determination of Radical Concentrations and Temperature in Combus-
　　　　tion. Ber. Bunsenges. Phys. Chem. ,vol. 96,pp. 1401 – 1410,1992.

[43]　Fieweger K,Blumenthal R,Adomeit G. Shock – Tube Investigations on the Self – Ignition of
　　　　Hydrocarbon – Air Mixtures at High Pressures. Proc. Combust. Inst. ,vol. 25. pp. 1579 1585.
　　　　1994.

[44]　Minetti R,Carlier M,Ribaucour M,et al. A Rapid Compression Machine Investigation of Ox-
　　　　idation and Auto – Ignition of n – Heptane: Measurements and Modeling. Combust. Flame,
　　　　vol. 102,pp. 298 – 309,1995.

[45]　Homann K H. Reaktionskinetik,Darmstadt:Steikopf Verlag,1975 (in German).

[46]　Bray K N C. The Challenge of Turbulent Combustion. Proc. Combust. Inst. ,vol. 26,pp. 1 –
　　　　26,1996.

[47]　Jones W P,Launder B E. The Prediction of Laminarization with a Two – Equation Model of
　　　　Turbulence. Int. J. Heat Mass Transfer,vol. 15,pp. 301 – 314,1972.

[48]　(a) Germano M,Piomelli U,Moin P,et al. A Dynamic Subgrid – Scale Eddy Viscosity Mod-
　　　　el. Phys. Fluids A,vol. 3,pp. 1760 – 1765,1991. (b) Lesieur M,Métais O. New Trends in
　　　　LES of Turbulence. Annu. Rev. Fluid Mech. ,vol. 28,pp. 45 – 82,1996. (c) Smagorinsky J
　　　　S. General Circulation Experiments with the Primitive Equations,1. The Basic Experiment.
　　　　Mon. Weath. Rev. ,vol. 91,pp. 171 – 182,1976.

[49] Früchtel G. Untersuchungen zur Gleichgewichtshypothese in verdrallten reagierenden Strömungen. TU Darmstadt,Dissertation,1997 (in German).

[50] Brockhinke A,Andresen P,Kohse – Höinghaus K. Quantitative One Dimensional Single – Pulse Multi – Species Concentration and Temperature Measurement in the Lift – Off Region of a Turbulent H_2/Air Diffusion Flame. Appl. Phys. B,vol. 61. pp. 533 – 545,1995.

[51] Moin P,Mahesh K. Direct Numerical Simulation: A Tool in Turbulence Research. Annu. Rev. Fluid Mech. ,vol. 30,pp. 539 – 578,1998,and references therein.

[52] Correa S M. Power Generation and Aeropropulsion Gas Turbines: From Combustion Science to Combustion Technology. Proc. Combust. Inst. ,vol. 27,pp. 1793 – 1807,1998.

[53] Peters N. Laminar Flamelet Concepts in Turbulent Combustion. Proc. Combust. Inst. ,vol. 21,pp. 1231 – 1250,1986.

[54] Bilger R W. Conditional Moment Closure for Turbulent Reacting Flow. Phys. Fluids A,vol. 5,pp. 436 – 444,1993.

[55] Goldin G M,Menon S. A Comparison of Scalar PDF Turbulent Combustion Models. Combust. Flame,vol. 113,pp. 442 – 453,1998.

[56] Pope S B. Computations of Turbulent Combustion: Progress and Challenges. Proc. Combust. Inst. ,vol. 23,pp. 591 – 612,1990.

[57] Peters N. Turbulent Combustion. Cambridge:Cambridge University Press,2000.

[58] Pope S B. A Monte Carlo Method for the PDF Equations of Turbulent Reactive Flow. Combust. Sci. Technol. ,vol. 25,pp. 159 – 174,1981.

[59] Hinz A. Numerische Simulation turbulenter Methandiffusionsflammen mittels Monte – Carlo PDF Methoden. Düsseldorf, VDI Verlag, Energietechnik Reihe 6, Nr. 433,2000 (in German).

[60] Kohse – Höinghaus K. Laser Techniques for the Quantitative Detection of Reactive Intermediates in Combustion Systems. Prog. Energy Combust. Sci. ,vol. 20,pp. 203 – 279,1994.

[61] Nguyen Q V,Dibble R W,Carter C D,et al. Raman – LIF Measurements of Temperature, Major Species,OH,and NO in a Methane – Air Bunsen Flame. Combust. Flame,vol. 105, pp. 499 – 510,1996.

[62] Grünefeld G,Gräber A,Diekmann A,et al. Measurement System for Simultaneous Species Densities,Temperature and Velocity Double – Pulse Measurements in Turbulent Hydrogen Flames. Combust. Sci. Technol. ,vol. 135,pp. 135 – 152,1998.

[63] Donbar J M,Driscoll J F,Carter C D. Simultaneous CH Planar Laser – Induced Fluorescence and Particle Imaging Velocimetry in Turbulent Flames. AIAA paper No. 98 – 0151. 1998.

[64] Miles R,Lempert W. Two – Dimensional Measurement of Density,Velocity,and Temperature in Turbulent High – Speed Air Flows by UV Rayleigh Scattering. Appl. Phys. B,vol. 51,pp. 1 – 7,1990.

[65] Mignon H,Gréhan G,Gouesbet G,et al. Measurement of Cylindrical Particles with Phase Doppler Anemometer. Appl. Optics,vol. 35,pp. 5180 – 5190,1996.

494

[66] Damaschke N, Senese S, Tropea C, et al. Planare Partikelgrößenbestimmung. Shaker Verlag, Aachen, Proc. of 8. Fachtagung Lasermethoden in der Strömungsmesstechnik, 2000, pp. 49. 1 - 49. 6 (in German).

[67] Hottel H C, Sarofim A F. Radiative Transfer. New York: McGraw - Hill, 1997.

[68] Crosbie A L, Farrell J B. Exact Formulation of Multiple Scattering in a Three - Dimensional Cylindrical Geometry. J. Quant. Spectrosc. Radiat. Transfer, vol. 31, pp. 397 - 416, 1984.

[69] Farmer J T, Howell J R. Monte Carlo Prediction of Radiative Heat Transfer in Homogeneous, Anisotropic, Nongray Media. J. Thermophys. Heat Transfer, vol. 8, pp. 133 - 139, 1994.

[70] Koch R, Krebs W, Wittig S, et al. Discrete Ordinate Quadrature Schemes for Multidimensional Radiative Transfer. J. Quant. Spectrosc. Radiat. Transfer, vol. 53, pp. 353 - 373, 1995.

[71] Soufiani A, Djavdan E. A Comparison Between Weighted Sum of Gray Gases and Statistical Narrow - Band Radiation Models for Combustion Applications. Combust. Flame, vol. 97, pp. 240 - 250, 1994.

[72] Koch R, Wittig S, Noll B. The Harmonical Transmission Model: A New Approach to Multidimensional Radiative Transfer Calculation in Gases under Consideration of Pressure Broadening. Int. J. Heat Mass Transfer, vol. 34, pp. 1871 - 1880, 1991.

[73] Landenfeld T, Kremer A, Hassel E P, et al. Laser - Diagnostic and Numerical Study of Strongly Swirling Natural Gas Flames. Proc. Combust. Inst., vol. 27, pp. 1023 - 1029, 1998.

[74] International Workshop on Measurement and Computation of Turbulent Non - Premixed Flames, http://www. tudarmstadt. de/fb/mb/ekt/.

[75] Geiss S, Stojanović Z, Sadiki A, et al. Measurements and Numerical Prediction of Flow and Particle Fields in Turbulent Particle - Laden Flows Turbulent Modulation. Proceedings of Turbulent Shear Flow Phenomena, Stockholm, 2001.

[76] Crowe C, Sommerfeld M, Tsuji Y. Multiphase Flows with Droplets and Particles. New York: CRC Press, 1998.

[77] Ruck B. Lasermethoden in der Strömungsmesstechnik. Stuttgart: ATFachverlag GmbH, 1990 (in German).

[78] Kohnen G, Sommerfeld M. The Effect of Turbulence Modeling on Turbulence Modification in Two - Phase Flows Using the Euler - Lagrange Approach. 11th Symp. on Turbulent Shear Flows, Grenoble, 1997.

[79] Meier W, Keck O, Noll B, et al. Investigations in the TECFLAM Swirling Diffusion Flame: Laser Raman Measurements and CFD Calculations. Appl. Phys. B, vol. 71, pp. 725 - 731, 2000.

[80] http://www. tu - darmstadt. de/fb/mb/ekt/, contact A. Dreizler.

[81] Böckle S, Kazenwadel J, Kunzelmann T, et al. Simultaneous Single - Shot Laser - Based Imaging of Formaldehyde, OH, and Temperature in Turbulent Flames. Proc. Combust. Inst., vol. 28, pp. 279 - 286, 2000.

[82] Paul P H, Najm H N. Planar Laser - Induced Fluorescence Imaging of Flame Heat Release

Rate. Proc. Combust. Inst. ,vol. 27,pp. 43 – 50,1998.

[83] Dibble R W,Hartmann V,Schefer R W,et al. Conditional Sampling of Velocity and Scalars in Turbulent Flames Using Simultaneous LDV – Raman Scattering. Expts. Fluids,vol. 5,pp. 103 – 113,1987.

[84] Barlow R S,Miles P C. A Shutter – Based Line – Imaging System for Single – Shot Raman Scattering Measurements of Gradients in Mixture Fraction. Proc. Combust. Inst. ,vol. 28,pp. 269 – 277,2000.

[85] Boedecker L R. Velocity Measurement by H_2O Photolysis and Laser Induced Fluorescence of OH. Optics Lett. ,vol. 14,pp. 473 – 475,1989.

第23章 诊断技术在材料燃烧合成中的机遇

Kenneth Brezinsky

23.1 引　言

　　燃烧合成是个相当宽泛的科学领域,它包含通过燃烧形成的所有类型的组分[1]。这些组分包括有用的蒸气,如二氧化硫(SO_2)、乙炔(C_2H_2)、氯化氢(HCl)以及五氧化二磷(P_2O_5),同时也包括一些有用的粉末,如二氧化钛(TiO_2)、二氧化硅(SiO_2)和炭黑。此外,金刚石、氮化钛膜及新型材料如富勒烯和碳纳米管也能通过燃烧合成形成。专业化的自动传输高温合成(Self - Propgating High Temperture Synthesis,SHS)的燃烧过程能生产多种不同的材料,如二硼化钛(TiB_2)、碳化钛(TiC)和碳化钽(TaC)。在这些通过燃烧技术形成的多种类型组分中,固体颗粒和固态宏观物体更具有实用价值。本章的主题无关诊断技术本身,而是探讨利用诊断技术测量和解释其中的关键参量,进而为阐明和改进上述固体材料的燃烧合成过程提供帮助。

23.2 燃烧合成过程

　　固体材料燃烧合成过程可以分为三类:
　　(1) 固/气燃烧合成,其中反应物为固体和气体。该形式的 SHS 已经用于合成颗粒和大尺寸固体形式的氮化物、氢化物以及氧化物。
　　(2) 固/固或"无气体"燃烧合成是另一种形式的 SHS,其包括多种变化形式:燃烧中反应物或产物没有熔化;反应物和/或产物发生一种或多种熔化;名义上的无气体过程,而实际上是在气体中间产物的支持下发生的。
　　(3) 气/气火焰合成:这一类为有火焰过程,其中反应物都是气体,但在火焰中生成了氧化物或非氧化物颗粒。
　　在下面的段落中,将简要描述这三种类型合成的实施过程,以便突显诊断在每种合成中的机遇。
　　传统或更普遍形式的固/气和固/固燃烧合成实施方式是非常类似的。即首先将反应物粉末压缩成致密的形状(通常为圆柱形),接着利用高温热源(如电加热钨线圈)点火。如果在固体致密物与反应气体之间发生反应,则需将高压气体注入到容器中。对于固/固燃烧合成,则只需要在压缩前将固体反应物充分地混合在一起。如果空气不影响产物纯度,反应可在周围环境条件下发生。若避免空气效应或使用辅助气体,很显然需要把容器密封。

上文描述的 SHS 过程是最常用的实施方式,它的主要优势是具有很高的温度,从而使反应物中的微量杂质汽化,这一过程称为自我净化过程。同时,由于加热速率较快,该过程能在短于 1s 的时间尺度内发生。因此,快速的加热速率、短的反应时间以及自我净化特性使得研究人员开始研究哪种类型的材料能通过 SHS 合成。利用前面介绍过的固/气和固/固过程,或通过其某一变种合成的固体颗粒或物体包括硼化物、碳化物、硅化物、铝化物、氢化物、金属间化合物、碳氮化物、烧结碳化物、二元化合物、硫属化物和复合材料。表 23.1 列出了这些类型组分的具体例子。

气/气火焰合成的实施通常用到合成燃烧炉,它与那些在其他燃烧应用中使用的装置相似(图 23.1)[2]。比如,以预混氢气和氧气作为燃料的典型的平面燃烧炉,能够通过略微的改变注入气体添加剂,如硅烷,用于产生颗粒状的二氧化硅。另一种常见的燃烧炉,即同向流扩散火焰燃烧炉,能通过共环的气管输送氢气和氧气,而利用中央气管输送硅烷,从而产生二氧化硅颗粒。逆向流扩散火焰燃烧炉是另一种常用的燃烧炉装置,也可使氧化剂与包含硅前驱物的燃料逆向流动,进而在滞止面或接近滞止面处产生二氧化硅颗粒。逆向流扩散火焰、预混平面火焰和同向流扩散火焰,都可以通过输送不同的气态前驱物以产生颗粒物。同样地,在某些非传统的燃烧炉上,气态前驱物能用于产生固体材料。这些燃烧炉包括火箭式冲击器、悬浮液滴燃烧炉以及火焰后注入管式燃烧炉[2]。

表 23.1 通过 SHS 产生的代表性固体(来源于文献[3])

硼化物
CrB, HfB, NbB, NB_2, TaB_2, TiB, TiB_2, LaB_6, MoB, MoB_2, MoB_4, Mo_2B, WB, W_2B_5, WB_4, ZrB_2, VB, V_3B_2, VB_2
碳化物
TiC, ZrC, HfC, NbC, SiC, Cr_3C_2, B_4C, WC, TaC, Ta_2C, VC, Al_4C, Mo_2C
氮化物
Mg_3N_2, BN, AlN, SiN, Si_3N_4, TiN, ZrN, HfN, VN, NbN, Ta_2N, TaN
硅化物
$TiSi_3$, Ti_5Si_3, $ZrSi$, Zr_5Si_3, $MoSi_2$, $TaSi_2$, Nb_5Si_3, $NbSi_2$, WSi_2, V_5Si_3
铝化物
$NiAl$, $CoAl$, $NbAl_3$

（续）

氢化物
TiH_2,ZrH_2,NbH_2,CsH_2,PrH_2,IH_2
金属间化合物
$NiAl$,$FeAl$,$NbGe$,$NbGe_2$,$TiNi$,$CoTi$,$CuAl$
碳氮化物
TiC/TiN,NbC/NbN,TaC/TaN,ZrC/ZrN
烧结碳化物
TiC/Ni,$TiC/(Ni,Mo)$,WC/Co,$Cr_3C_2/(Ni,Mo)$
二元化合物
TiB_2/MoB_2,TiB_2/CrB_2,ZrB_2/CrB_2,TiC/WC,TiN/ZrN,MoS_2/NbS_2,WS_2/NbS_2
硫属化物
MgS,$NbSe_2$,$TaSe_2$,MoS_2,$MoSe_2$,WS_2,WSe_2
复合材料
TiB_2/Al_2O_3,TiC/Al_2O_3,B_4C/Al_2O_3,TiN/Al_2O_3,TiC/TiB_2,$MoSi_2/Al_2O_3$,MoB/Al_2O_3, Cr_2C_3/Al_2O_3,$6VN/5Al_2O_3$,$ZrO_2/Al_2O_3/2Nb$

　　前面介绍的气/气火焰燃烧炉已经成功地用于主要氧化物的产生,因为火焰中的气态颗粒前驱物通常是基于空气或氧气的氧化剂加入。然而,无氧气氧化剂的火焰也可成功地用于合成大量的氮化物和碳化物。表 23.2 列出了利用火焰合成产生的氧化物和非氧化物粉末。

　　表 23.1 和表 23.2 列出的材料均是利用上文所述方法燃烧合成的,这些材料即便不具有广泛的应用前景,也具有一定的学术价值[3,4]。表 23.1 和表 23.2 中的固体材料能用于制作刀刃、涂层、防腐与阻热材料、热沉、加热元件、催化剂载体或催化剂、合金元素、导体、研磨料、阴极、形状记忆合金、储氢设备、气体传感器、燃料电池元件、核安全防护罩、润滑剂及半导体等。为了使燃烧合成的材料能实现具体的应用,材料必须制成接近于满足应用需求的形状,或者与特定应用相适应的能进行后期合成的形状。通常有效的后处理需要形成大物体的初始粉末或微观晶粒(形成多晶态固体的小晶体)具有特定的尺寸或尺寸范围、组成、微观结构(微观固体结构在 1 μm 或更小的量级)及形貌(外部形状如球形颗粒)。此外,合成过程的高产率也是一个重要考虑因素。为了获得高产率以及特定粉末、晶粒尺寸、组成、微结构和形貌,需要控制合成过程。因此,诊断可为理解燃烧合成机理进而发展相应的控制方法提供必要的技术支撑,这也是本章讨论诊断技术(用于研究机理的方法或技术)的原因所在。

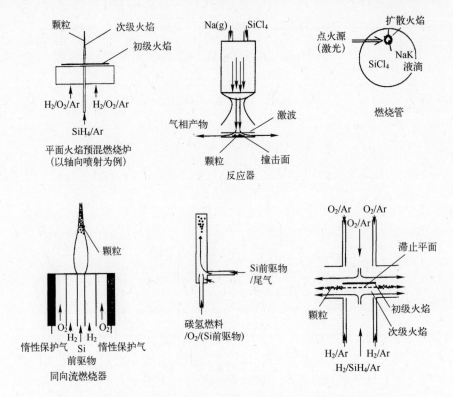

图 23.1　用于气/气火焰合成的实验燃烧炉结构[2]（Elsevier Science 提供）

表 23.2　通过火焰合成制备的代表性陶瓷粉末[2,13]

氧化物
SiO_2，TiO_2，Al_2O_3，ZrO_2，Fe_2O_3，GeO_2，Al_2TiO_5，MgO，ZnO，V_2O_5，$YBa_2Cu_3O_7$
非氧化物
Si_3N_4，SiC，SiC_xN_y，TiN，$TiBr_2$，TiC，$TiSi_2$，B_4C，AlN

23.3　固/固和固/气燃烧合成的唯象控制与理解

　　了解了温度和燃烧波速对合成过程的宏观贡献,接着就需要对燃烧合成过程的微观理解。在反应混合物中放置热电偶,可以非常简单地测量这些性质并监测温度值随时间的变化。对于固体 SHS,该类型的实验测量能建立起温度变化与传播速度、反应混合物组成、反应物颗粒尺寸、惰性气体对反应物的稀释、初始温度、初始样品密度以及固体样品直径之间的关系[4]。对于固/气系统同样存在类似的实验关系[4]。

　　这些相互关系虽然在确定 SHS 实验的运行时很有用,但并不能阐明实验条件与影响其应用的产物重要特性之间的关系:颗粒尺寸(晶粒或粉末状颗粒)、尺寸分布、微观结构以及形貌。为了确定这些特征,发展了基于反应过程中不同时间燃烧合成过程猝灭的诊断方法,主要用于固/固 SHS。这些方法包括一些简单的技术,如将反应物圆柱在不同反应时刻投入液氩中,根据反应物圆柱的直径便能获得 100 ~ 250K/s 的冷却速率。而对猝灭产物的检测能揭示出时间相关的形貌与微结构特征。更快速的猝灭技术(冷却速率为 150 ~ 1200K/s)是将反应样品放置在导热铜块之间,通过向铜块快速传热而猝灭样品,这依赖于加热块的形状(楔形与平板)和反应致密物的特征尺寸[5]。

　　将上述猝灭诊断技术与嵌入的微热电偶温度测量相结合,可使我们在一定程度上理解 SHS 过程的许多微观特征。这些微观特征已经被 Varma 等人[4] 总结成代表性的描述,如图 23.2 所示。在该描述中,初始混合物,通常称为"原料",通过点火源如电加热的钨线圈的传热而得到改变。原料的改变包括反应物的熔化或增强固相扩散和/或气相中间物的释放。该预加热发生在亚毫米的范围内,最终导致燃烧波的传播,典型速度范围为 1 ~ 4cm/s,其中产物形成源于

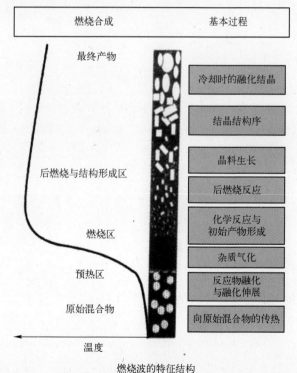

图 23.2　燃烧合成中的唯象过程[4](Academic Press 提供)

501

化学反应的结果。而化学反应能持续数秒,即使燃烧波已经通过局部反应区域。后燃烧波反应有助于进一步的产物生成,直到源于热损失的冷却使反应猝灭。接下来的非化学反应过程导致微观晶粒的生长以及在相对长时间的冷却周期内大范围结晶。这一定性的描绘虽然很详细,但并未包含用于控制晶粒尺寸、尺寸分布、微观结构以及过程形貌的改变以适应特定应用所必需的定量信息。对这一类信息,必须在特征时间量级上对点火、预热、燃烧波传播以及后反应过程进行实时诊断测量。接下来的章节中,将提供一些已经实现的实时测量的例子,作为在燃烧合成中所必需的诊断类型的代表,然后给出一个在气/固 SHS 研究中实时诊断机遇的例子。

23.4 SHS 实时诊断的例子

Varma 等人[6,7]研制了一种用于研究燃烧合成过程中微观演化的高速摄影装置(图 23.3)。该装置的关键部件是一个与高速摄像机相耦合的长焦显微镜。辅助设备包括盒式录像带记录器、高速处理器、计算机和反应容器。该装置能得到时间分辨率为亚毫秒量级(短至 0.08ms)、空间分辨率为 1.7μm 的清晰图像。

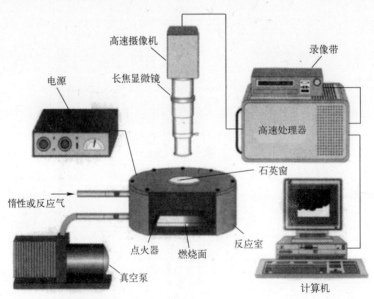

图 23.3 用于 SHS 诊断的数字高速显微摄影记录装置[8](美国国家科学院提供)

利用该装置观察到了燃烧合成形成的大量不同的陶瓷材料,包括硅化钛[7,8]。当硅围绕钛颗粒熔化时,如果形成了热斑,合成过程将导致硅化物产物中出现不均匀性。根据高速诊断的结果,如果在初始反应物密度高的区域发生化学反应,而热耗散形成均匀的温度,则能消除或减小热斑的影响。均匀的温度形成了准均匀的燃烧波,从而形成了更均匀的产物微结构。由于时间与空间分辨的诊断结果已经揭示出过程特性能够影响产物,因此有可能对微结构进行控制。然而,除了由 Varma 等人基于可见光强获得的定性的温度结果外,基于光谱技术的互补的诊断测量,可以进一步洞察过程控制。例如,基于发射谱技术对温度的定量评估,能定量理解热损失对波前均匀性带来的影响。类似地,利用表面红外或拉曼光谱方法[9],对产物组成进行实时诊断测量,将有助于对产物生成与燃烧动力学的理解。但是,仅仅当互补技术的时间和空间分辨率,与前面介绍过的 Varma 等人采用的高速相机/显微镜装置处于同一水平时才有效。

Khomenko 等人[10]提供了另一个关于实时诊断如何有助于解释产物微结构机理的例子。为了研究固体的氮化钛形成过程中的相组成和发生在钛与氮气之间的气态 SHS 过程,他们研制了一种时间分辨的动态 X 射线衍射诊断装置,能在相当大的截面(14mm×3mm)和时间尺度短至 0.01s 内确定相的组成。这一时间分辨水平足以提供燃烧波在钛/氮系统内缓慢传播的数据。

动态 X 射线衍射诊断的结果表明,存在 α, β 与固态三种类型氮的钛溶液,同时与希望得到的氮化钛相共存(图 23.4)。因为所有这些相的共存在热力学上是不可能的,该结果存在两种解释。第一种可能性是产物的形成过程不是处于化学平衡状态,使得热力学相图并不适用。在这种情况下,采用可见光或红外发射谱技术,对该过程的温度–时间动力学进行详细研究,对于确定高温溶液相如何"冻结"成最终产物组成是必要的。当所要求的产物为纯的氮化钛时,需要通过改变反应条件,如成分控制,来消除这些"冻结"相。第二种可能的解释是测量的空间分辨率不够,无法区分不同程度的反应区域,导致观察到貌似的相共存现象。在这种情况下,必须改进诊断技术。光学测量比如红外或拉曼光谱技术,具有足够的时间(短至 0.01s)和亚毫米空间分辨率,能说明由 Varma 等人[8]观察到的可能的热非均匀性类型,将有助于确定热力学上不可能的相共存的原因,实际上是由于在 14mm×3mm 取样区中,不同相的分离区域会同时产生 X 射线衍射信号。

Kashireninov 等人[11]有效使用了实时诊断技术,尽管采用了高空间分辨率,这些研究人员认为,不能通过真正的固/固"无气体"反应进行硼化钼的燃烧合成。因为用于燃烧波传播的固相扩散过程,对于所测量的火焰速度来说太慢了。作为替代,更为快速的火焰传播需要借助气态中间物,该中间物可能是由粘附在反应物颗粒表面的大气中微量的氧气形成的。

为了检验气相组分有助于钼/硼反应的假设,研究人员开发了一套动态质谱诊断装置,其时间分辨率短至 1ms、空间分辨率为 0.09~0.21mm。该技术指标远优于上文所述的动态 X 射线衍射装置。利用该装置研究人员能在反应系统

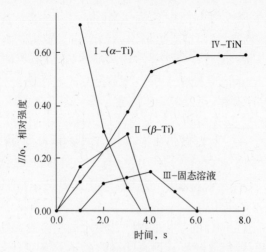

图 23.4 钛在氮气中燃烧时与时间相关的相形成过程[10]
（Elsevier Science 出版社与燃烧学会提供）

的表面探测 B_2O_2 和 B_2O_3 离子（图 23.5）。这些气态离子的存在与燃烧过程中气态 B_2O_3 的形成相吻合，进而验证了 B_2O_3 有助于将硼输运到固态钼上并以快于固相扩散的方式进行反应的假设。更快的气相输运能提供一种机制，不仅能控制产物形成的时间，而且还包括其形貌，因为包含气态反应物的产物，其形貌与

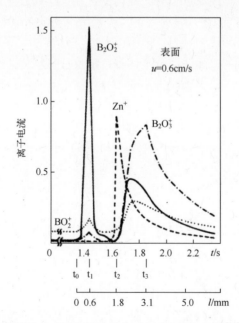

图 23.5 钼与硼燃烧反应时时间相关的离子电流和空间区域[11]（燃烧学会提供）

那些仅仅包含凝聚相的产物明显不同[12]。然而,仅仅通过对 B_2O_2 与 B_2O_3 离子进行定性测量,获取关于气相化学明晰的机理信息并因此来控制合成过程是不可能的。对这两种组分,以及可能对 BO,BO_2 和 B_2O 的定量气相测量,将极大地促进机理的发展。对于气相测量,可以采用许多已经成功用于气/气火焰合成研究[2]的激光诊断技术。

23.5 气/固 SHS 研究中的诊断机遇案例

本节以作者实验室的氮化物气/固燃烧合成为例[13],说明诊断技术开发者仍然面对的机遇以及挑战。

过渡金属粉末的燃烧合成是一种有吸引力的生产方法,可以替代目前使用的加氢脱氮或加氢脱硫催化剂。为使氮化物的性能像催化剂一样高效,它们的组成和微观结构必须进行调整,以便能获得具有非常大表面积的小粉末颗粒,这些颗粒或者由金属反应物彻底转换成具有催化活性的陶瓷相,或者转换成薄的但是具有高度活性的表面层或覆盖层。但是,转换程度及其对颗粒表面和尺寸的限制均依赖于氮化机理。图 23.6 为不同温度下可能的三种金属粉末氮化机理示意[13]。

图 23.6(a)表明,金属钛(典型的过渡金属)的转化受限于颗粒表面的反应发生。氮化钛层向内生长,在低于钛熔点的温度环境下固态的钛核转化成固态溶液。图 23.6(b)中,当表面放热反应使温度足以熔化里面的钛时,熔化的钛将会使表面钛碎裂并将其包裹,进而形成具有不同化学当量比的初级和次级两种类型氮化钛。因此,通过图 23.6(b)中机理形成的初级氮化钛颗粒,其微观结构与通过图 23.6(a)、(c)幅图中机理形成的颗粒明显不同。如图 23.6(c)所示,在足以彻底熔化钛反应物颗粒的温度下形成的氮化钛,是氮在钛中形成饱和液态溶液的结果。饱和通常从外部向内发生,如果转化不彻底将在表面附近形成一层氮化钛,其内部将是富氮的。第三种机理过程将形成与前两种机理具有明显不同微观结构的粉末产物,诊断的作用便是在燃烧合成过程中辨别产生不同种类产物的条件。

当然,必须调整诊断技术以满足实验布局与所要测量的参数要求。温度是在氮化钛的合成中需要测量的参数,正如前面所指出的,该控制参数的时间与空间分辨率是至关重要的。同样关键的是要在实验或过程配置的限制下运行。下面将介绍作者用于制备氮化钛颗粒与氮化钛层的实验布局,进一步阐明诊断在该典型的反应系统中面临的机遇和挑战。

图 23.7 为流化床燃烧合成氮化钛的装置示意图。钛粉末装填在内径为 13.4mm 的中央管道中,并在液化过程中利用两个电驱动的注射器添加。注射器结构与补充氮气相适应,使得添加的钛粉末随氮气流入到反应管并被液化。然后,液化的钛与氮

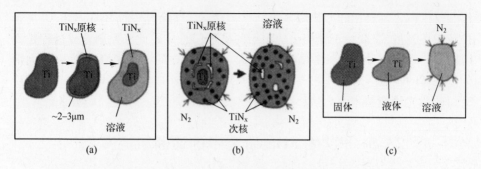

图23.6 钛在氮中燃烧时形成氮化钛的三种可能机理(来源于文献[5])

气通过电加热钨丝点火并发生反应。一旦开始反应,火焰(热电偶测量的最高温度为2568K)将通过液化的粉末向下传播,最终到达管道底部并熄灭。

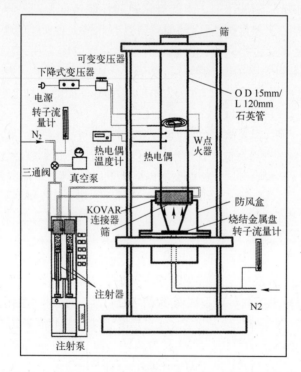

图23.7 流化床燃烧合成装置示意图[13](燃烧学会提供)

典型颗粒产物的扫描电子显微图如图23.8所示。该图显示许多直径在70μm量级的颗粒,明显存在被氮化钛外层包围的残余钛核心,这些特征已经被X射线衍射和能量色散光谱的组合测量所证实。但是,光谱揭示出并不是所有这些特征都在颗粒中存在,某些颗粒似乎彻底转化成氮化钛,而其他的却有不同厚度与形状的氮化钛层。这些类型的不同颗粒形貌表明对合成过程还缺少控制。控制颗粒尺寸、组成、微观结构和形貌对于合成实际应用以及在本实验中使用的材料至关重要，可从测量和改变颗粒在反应时的温度场实现控制。基于激光对温度场进行无干扰的诊断在本实验中面临很大挑战性，因为测量环境是光性厚的。这是由于测量区域充满着高密度的液化钛颗粒，使得整个区域在点火前看起来几乎是固态灰色柱。在燃烧波传播前、传播中及传播后，在流化柱的中心线以及不同的径向位置，对温度进行测量将有助于理解温度梯度效应对最终颗粒形貌的影响。利用热电偶的温度测量也能获得一定的信息，但是这些是侵入式的。反应颗粒会粘附在插入流化区的热电偶上，而且热电偶会干扰流化区的均匀性。利用沿半径约为7mm，能分辨1mm空间尺寸，时间分辨率为50ms量级的温度测量技术代替热电偶，去适应该光性厚区域的火焰通道，将是诊断的一个目标。

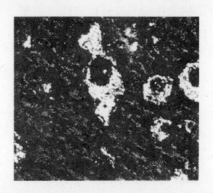

图23.8　钛和氮在流化床燃烧反应中合成的
颗粒的微观结构[13]（燃烧学会提供）

23.6　气/气火焰合成的唯象学

因为气/气火焰合成中使用的燃烧炉和火焰装置与那些传统燃烧应用中使用的类似，许多传统的非侵入式光学诊断技术已经在其中得到应用。这些技术包括激光诱导荧光、光散射、吸收光谱、拉曼光谱以及共振增强多光子电离，可洞察火焰中粉末颗粒的形成机理。建议读者阅读文献[2]，其中广泛列举的关于这些技术在气/气火焰合成分析中的应用，能使我们对这些技术与其他诊断技术的相对优势形成一个概念。

与SHS有关的机理问题如对颗粒尺寸、尺寸分布、组成、微观结构以及形貌的控制，同样与气相火焰合成中的控制机理是相关的。因此，火焰合成的唯象特征，正如SHS，已经被定性地表征了[2,14]。在通常火焰合成的定性的现象中，气态前驱物在火焰前锋面反应形成组分（分子，或单体），并随后形成团簇。团簇的成核形成颗粒，接着通过表面反应或凝结、聚集以及附聚而生长。用于描述颗粒形成过程之间的技术差别,以及一个过程转化成另一个过程时的颗粒尺寸,都不是十分精确。但是,普遍为大家所接受的是,成核与核心连接的生长过程和颗粒与表面生长形成大颗粒过程。

诊断技术有助于提高上述描述的精度,进而有可能控制颗粒尺寸、组成与结构。用源于诊断的理解进行过程控制的可能性,将用文献中诸多例子中的一个进行说明(见文献[2]中的列表)。在 McMillin 等人[15]的工作中,激光诱导荧光与光散射技术用于建立空间(300μm)和时间分辨的氧化铁 – 二氧化硅纳米复合材料的形成动力学(图 23.9)。FeO 荧光随时间的变化,在稳定火焰中的分辨率优于 0.1ms,揭示出颗粒的生长由反应周期为 3ms、处于火焰前锋下游区域中的 FeO 蒸气颗粒的成核过程控制。根据推断,二氧化硅颗粒是独立于 FeO 成核的。源于表面生长与聚结的氧化铁与二氧化硅颗粒的结合,形成了比单独是氧化铁颗粒差不多大 5 倍但依然小于 100nm 的纳米复合材料。纳米复合材料的光散射揭示出它们的烧结速度比氧化铁或二氧化硅颗粒单独存在时更快。烧结性质与成核特性,尤其是与火焰前锋位置相关的,提供了改变初始反应物条件与火焰条件,用以控制颗粒特性的机遇。例如,基于激光诱导荧光测量结果,氧化铁成核速率似乎对硅火焰化学和颗粒形成过程不敏感。因此,氧化铁与二氧化硅化学前驱物的相对浓度能独立变化,可用以调整最终纳米复合材料的组成。类似的,烧结信息表明在 3ms 的反应时间内,通过改变前驱物浓度来对纳米复合材料进行调整将是可行的,不会导致氧化铁和二氧化硅的相分离而形成分离的颗粒。

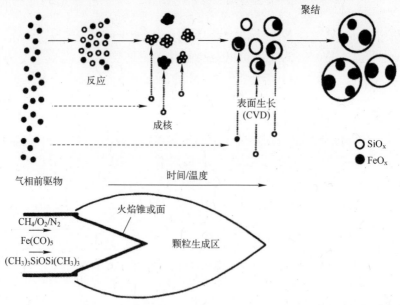

图 23.9　氧化铁 – 二氧化硅纳米复合材料火焰合成中发生的过程[15](材料研究学会提供)

23.7 火焰合成中诊断机遇案例

我们以上述想法应用案例展示诊断面临的机遇与挑战,特别是最有希望的光学诊断。该例子是基于 Calcote 等人[16]利用火焰生产非氧化物陶瓷的工作。这些陶瓷的火焰合成利用了火焰的狭窄反应区作为控制成核和生长时间的环境,这与前面介绍的氧化铁 – 二氧化硅生产的火焰控制方式十分相似。对生产非氧化物陶瓷的控制,部分源于对反应物的控制。对于氮化硅的合成,反应物为硅烷、氨水、肼以及氮气。这些气体被充入平面火焰燃烧炉中,氮化硅的生产速率约为 10g/min。然而,实际上并未实现通过改变反应混合物组合对氮化硅产物的性质进行控制。该项研究的作者强调,并不能确定产物特性与实验条件之间明确的相互关系,这为诊断在评估火焰中颗粒形成过程提供了机遇。评估将会极其重要,因为即使没有控制,形成的产物是非常有价值的 10 ~ 50nm 尺寸的非晶态、α 相的相对高纯度的氮化硅颗粒,其中金属杂质的含量低于 100ppm。

在相关的工作中,Calcote 与同事[17]合成了高纯纳米尺寸的晶态碳化硅颗粒以及混合碳化硅/氮化硅成分的颗粒[18]。利用无氧反应物的基于火焰的实验,提供快速反应和成核所必须的狭小反应区。对于纯的碳化硅,只需采用常压硅烷和乙炔的燃烧弹中形成的反应区。当该混合物被高压电火花引燃后,火焰通过混合物产生纳米尺寸的碳化物颗粒。实验中发现碳化物颗粒的纯度强烈地依赖于硅烷/乙炔的摩尔比(图 23.10),即非常窄范围内的摩尔比才能在燃烧弹中形成纯的纳米尺度产物。然而,他们并未进行尝试改变这些反应条件以适应平面火焰的情形,正如在生产氮化硅中所使用过的。

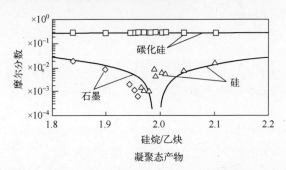

图 23.10 不同硅烷/乙炔摩尔比下,火焰中的生成物产量的实验
(符号)以及热力学预测(线)结果[17](材料研究学会提供)

因此,与生产混合的氧化物粉末中使用的类似[19,20],为了确定反应物化学计量与氮化物和碳化物产物特性之间的关系,开展诊断工作需要设计有效的平

面火焰燃烧炉。在具有光学通道的燃烧炉上进行诊断比较容易,散射测量能用于确定作为火焰位置函数的颗粒直径[19]。空间分辨的光谱温度测量也非常有意义,但却难以应用于在没有合适的反应中间物存在的情形下。这些反应中间物与氧化物形成火焰中的羟基[19,20],或与乙炔火焰中金刚石沉积诊断所使用的类似[21]。然而,激光诱导白炽光在颗粒火焰中温度测量的应用的最新进展[22,23],表明该技术将会是测量温度的有效的备选方案。

23.8 总　　结

实时、空间分辨、微观级的诊断对于控制尺寸、尺寸分布、组成、微观结构以及形貌是必要的,这样便可对产物进行控制以适应特定的应用。由于燃烧合成中的非均匀过程,这些应用在创造机遇的同时,也对发展合适的诊断技术提出了很大的挑战。

致　　谢

作者关于燃烧合成的研究得到美国 NASA MSFC 的项目财政支持,合同号为 NAG8 – 1261。

参 考 文 献

[1]　Rosner D E. Combustion Synthesis and Materials Processing. Chem. Eng. Educ. , Fall 1997, pp. 228 – 235.

[2]　Wooldridge M S. Gas – Phase Combustion Synthesis of Particles , Proc. Energy Combust. Sci. , vol. 24 , pp. 63 – 87 , 1998.

[3]　Moore J J , Feng H J. Combustion Synthesis of Advanced Materials: Part I. Reaction Parameters: Part Ⅱ. Classification, Applications and Modelling. Prog. Mater. Sci. , vol. 39 , pp. 243 – 316 , 1995.

[4]　Varma A. Rogachev A S , Mukasyan A S , et al. Combustion Synthesis of Advanced Materials: Principles and Applications. Adv. Chem. Eng. , vol. 24 , pp. 79 – 226 , 1998.

[5]　Mukasyan A S , Borovinskaya I P. Structure Formation in SHS Nitrides. Int. J. Self – Propagat. High Temp. Synth. , vol. 1 , pp. 55 – 63 , 1992.

[6]　Pelekh A , Mukasyan A , Varma A. Electrothermography Apparatus for Kinetics of Rapid High – Temperature Reactions. Rev. Sci. Instrum. , vol. 71 , pp. 220 – 223 , 2000.

[7]　Varma A. Form from Fire. Scient. Am. , vol. 283 , pp. 44 – 47 , 2000.

[8]　Varma A , Rogachev A S , Mukasyan A S , et al. Complex Behavior of Self – Propagating Reac-

tion Waves in Heterogeneous Media. Proc. Natl. Acad. Sci. USA, vol. 95, pp. 11053 – 11058, 1998.

[9] Whan R E, ed. ASM Handbook, Materials Characterization, vol. 10. ASM International (ISBN:0 – 87170 – 016 – 6), 1986.

[10] Khomenko I O, Mukasyan A S, Ponomaryev V I, et al. Dynamics of Phase Forming Processes in the Combustion of Metal – Gas Systems. Combust. Flame, vol. 92, pp. 201 – 208, 1993.

[11] Kashireninov O E, Yuranov I A. A DMS Kinetic Study of the Boron Oxides Vapor in the Combustion Front of SHS System Mo + B. Proc. Combust. Inst. , vol. 25, pp. 1669 – 1675, 1994.

[12] Merzhanov A G, Rogachev A S, Mukasyan A S, et al. The Role of Gas – Phase Transport in Combustion of the Tantalum Carbon System. J. Eng. Phys. , vol. 59, pp. 809 – 816, 1990.

[13] Lee K – O, Cohen J J, Brezinsky K. Fluidized – Bed Combustion Synthesis of Titanium Nitride. Proc. Combust. Inst. , vol. 28, pp. 1373 – 1380, 2000.

[14] Pratsinis S E. Flame Aerosol Synthesis of Ceramic Powders. Prog. Energy Combust. Sci. , vol. 24, pp. 197 – 219, 1998.

[15] McMillin B K, Biswas P, Zachariah M R. In Situ Characterization of Vapor Phase Growth of Iron Oxide – Silica Nanocomposites: Part I. 2 – D Planar Laser – Induced Fluorescence and Mie Imaging. J. Mater. Res. , vol. 11, pp. 1552 – 1561, 1996.

[16] Calcote H F, Felder W, Keil D G, et al. A New Flame Process for Synthesis of Si_3N_4 Powders for Advanced Ceramics. Proc. Combust. Inst. , vol. 23, pp. 1739 – 1744, 1990.

[17] Keil D G, Calcote H F, Gill R J. Flame Synthesis of High Purity, Nanosized Crystalline Silicon Carbide Powder. Mat. Res Soc. Symp. Proc. , vol. 410, pp. 167 – 172, 1996.

[18] Keil D G, Calcote H F, Gill R J. Combustion Synthesis of Nanosized $SiC_x N_y$ Powders. Mat. Res. Soc. Symp. Proc. , vol. 410, pp. 161 – 166, 1996.

[19] Hung C – H, Katz J L. Formation of Mixed Oxide Powders in Flames: Part I. TiO_2 – SiO_2. J. Mater. Res. , vol. 7, pp. 1861 – 1869, 1992.

[20] Hung C – H, Miquel P F, Katz J L. Formation of Mixed Oxide Powders in Flames: Part II. SiO_2 – GeO_2 and Al_2O_3 – TiO_2. J. Mater. Res. , vol. 7, pp. 1870 – 1875, 1992.

[21] Löwe A G, Hartlieb A T, Brand J, et al. Diamond Deposition in Low – Pressure Acetylene Flames: In Situ Temperature and Species Concentration Measurements by Laser Diagnostics and Molecular Beam Mass Spectrometry. Combust. Flame, vol. 118, pp. 37 – 50, 1999.

[22] Filippov A V, Markus M W, Roth P. In – Situ Characterization of Ultrafine Particles by Laser – Induced Incandescence: Sizing and Particle Structure Determination. J. Aerosol Sci. , vol. 30, pp. 71 – 87, 1999.

[23] Lindackers D, Strecker M G D, Roth P. Measurements in Premixed H_2/O_2/Ar Low Pressure Flames Doped with SiH_4. J. Aerosol Sci. , vol. 26, pp. 865 – 866, 1995.

第 24 章 有毒物质排放控制的诊断需求

Catherine P. Koshland, Susan L. Fischer

24.1 引　　言

　　燃烧技术对于人类的许多活动一直非常重要,但是燃烧产生的空气有毒物却对人类健康和生态系统产生着不利影响。燃烧产生的污染物是与能量供应、废弃物焚化、运输、森林火灾以及农作物焚烧有关的主要问题之一。当危险的空气污染物(Hazardous Air Pollutants,HAP)首次被认定为人类健康问题的一种潜在威胁时,科学家和管理者期望些许空气有毒物能被识别出来,并能容易地加以控制。因为空气有毒物的潜在威胁成为公众非常关心的问题,大量对空气有毒物研究的重心放在了理解废弃物焚化的化学和物理过程。但是,研究表明,对环境有影响的有毒燃烧副产物并不仅仅是或主要是由废物焚化炉产生的[1]。正在显现的一个严重问题是之前对某些空气有毒物对温室气体总负荷贡献的忽视[2-4],这些有毒物包括非甲烷碳氢化合物(Nonmethane Hydrocarbons,NMHC)和吸光炭黑(Light - absorbing Carbon,LAC)。现在认识到,识别、减少与控制燃烧中的空气有毒物所面临的挑战是非常复杂的。燃料、燃烧技术、运行模式以及燃后过程都对空气有毒物的排放产生影响,并且影响环境中污染物成分的分布、输运以及转化。

　　本章将评述燃烧产生的空气有毒物如何影响人类健康面临的关键问题,并略述它们如何影响生态系统的健康。减少燃烧排放中的有毒微量副产物组分,将会减少微量金属、氯代有机物和其他潜在有害物质对人类和生态系统的影响。作为实验室中的重要工具,激光诊断技术能为燃烧系统的火焰和后火焰区提供新的分析手段,并且具有作为连续排放监视器商业应用的潜力。但它们要在这两个领域发挥更加有效的作用,还需要更加全面综合的方法进行研究、设计和应用。降低污染物排放及其损害,需要全面考虑燃烧产物或者在它们寿命周期所有过程的影响[5],并相应地改变材料和能量流量[6]。因此,本章将对空气有毒物进行表征,分析燃烧源的范围与影响,并考虑如何利用先进的测量提高我们在降低有毒物的产生、防止人类暴露其中以及环境控制方面的能力。

24.2　空气有毒物的特征

空气有毒物通常定义为"已知或怀疑会导致严重健康问题"的空气中的污染物[7]。空气有毒物的排放与通常的空气污染物有关,如 CO、NO_x、SO_x、挥发性的有机前驱物 O_3 和颗粒物(Particulate Matter,PM)。因此,很难孤立地看待特定空气有毒物的影响,并且难以确定到底是单一组分造成不利的健康效应,还是几种成分的组合造成空气有毒物的严重损害。对于特定过程(例如柴油机废气、炼焦炉排放物),而不是特定的基本组分或分离的化学组分有关的复杂混合物的研究与控制,说明了将单一组分作为"有毒物"进行隔离的困难。

在美国,1990 年《洁净空气修正案》的 112 款要求环保局对 188 种 HAP 进行控制,其中包括某些金属、多环芳香烃、氯代烃、芳香族和脂肪族化合物、酸性气体(如 HCl)以及某些复杂混合物(如炼焦炉排放物,见表 24.1)。正式列出的 HAP 并不是空气有毒物的完整列表,还有其他许多与燃烧相关的空气有毒物,包括铝、氨、苯并(a)芘、元素碳和铜[1]。尤其是表中并未包括颗粒物,而微小颗粒物是空气污染对公众健康最主要和惯用的代表,同时也用于评估发展中国家家庭中燃烧对健康的影响,在发展中国家室内的颗粒浓度常常超出了世界卫生组织指标一个量级。此外,具有单位质量高表面积的细颗粒,通常富集在危险的金属以及其他有毒化合物中,它们同样也是炼焦炉排放物以及柴油机废气的主要成分。因此,在我们关于空气有毒物的讨论中也包括了颗粒物。同样地,因其对气候变化有影响,正被日益关注的两类化合物:非甲烷碳氢化合物(NMHC)与吸光炭黑,也包含在讨论中。这些化合物的全球排放以及相应的热辐射效应依然是重要的数据空白。气候变化带来的健康后果,比如疾病媒介物分布的变化和人类疾病模式的改变将是值得注意的。由于人口迁移和基本资源(如食物与淡水)短缺造成的疾病和暴力所导致的间接健康后果,可能会压倒气候变化对健康的直接影响[8-10]。

表 24.1　美国《洁净空气修正案》112 款规定的危险空气污染物
(HAP)的主要分类

大　类	子　类	例　子
碳氢化合物	脂肪族化合物 芳香族化合物 多环芳香烃	乙腈,1,3 - 丁二烯,己烷,硫酸二乙酯 苯,邻间对甲酚,邻间对二甲苯,苯酚 萘,多环有机物
卤代烃	脂肪族化合物 芳香族化合物 多环芳香烃	四氯化碳,氯仿,溴甲烷,三氯乙烯 氯苯,邻苯二甲酸酐,2,4,5 - 三氯苯酚 氧芴(PCDF),多氯联苯

（续）

大　类	子　类	例　子
氧合有机物		甲醛,乙醛,甲醇
金属		含砷化合物,铍,钴,锰,镍,锑,铅,镉,铬,汞
其他非有机物与混合物	酸性气体	硒,白磷氯,焦炉排放物 氟化氢,氯化氢
注:本表并不是完整的空气有毒物列表,只是受控制化合物的典型样品[1]		

　　消除或减少气相和凝聚相有毒化合物,一直是美国环保局、世界卫生组织以及其他对保护环境与人类健康负责的国家和国际机构最优先考虑的事。当前规定允许排放量的标准是基于质量,但单独减少排放质量可能不足以保护人类健康。比如已经提议依据不同的毒物学假设,把颗粒表面积、超细粉末数、可生物利用的过渡金属、多环芳香烃(PAH)以及其他颗粒状态的有机物,作为一种比质量更好的替代标准,用于表征颗粒对健康的影响[11]。

　　依据排放源与时间的不同,颗粒的尺寸与组成相差甚大。颗粒的化学成分可能包括持久的空气有毒物,如铅、汞、镉、多氯化联苯(PCB)、二䓝英(戴奥辛)以及各种过渡金属(Ti、Ni、V、Mn、Fe、Zn),基于流行病学[12,13]与毒理学的研究[12,14,15],它们同样被假设为发病率与死亡率的影响因素。过去的研究曾经认为在过渡金属中富集的燃烧颗粒物是煤和残余油飞尘[11]。作为燃料添加剂的含金属化合物,如用于提升辛烷值的甲基茂基三羰基锰(MMT)的应用前景,必须仔细地予以考虑。因为燃料添加剂会完全弥散到环境中,使得人们普遍暴露其中,正如甲基叔丁基醚(MTBE)那样,会涉及未知的传播媒介与途径。

　　颗粒的尺寸分布是影响健康的主要决定因素。大颗粒(直径大于 $10\mu m$)与鼻癌和鼻咽部的疾病相关。$2 \sim 10\mu m$ 之间的颗粒与上呼吸道疾病和支气管疾病有关,$1\mu m$ 量级与更小的颗粒能渗入肺内部以及肺泡膜。大量的证据表明人类发病率和死亡率的增加与微细颗粒(小于 $2.5\mu m$ 直径)含量水平的提高有关[16-18]。主要的燃烧气溶胶典型尺寸范围为 $0.1\mu m \sim 0.3\mu m$,但是,已经有证据报道[19],存在直径小于 $5\ nm$ 的纳米尺度颗粒,这些微细颗粒通常与镉、铅、砷和汞富集在一起。应该引起注意的是主要燃烧气溶胶的尺寸分布是难以获得的,因为测量的尺寸分布依赖于采样方式(即稀释比,燃烧区下游的时间/空间距离)[20]。微细颗粒的尺寸范围(包括成核与积聚模式的颗粒)对肺内部有潜在的影响。这些微细颗粒数量庞大,并且根据许多测试结果,具有很大的毒性。因此,在燃烧排放与健康影响方面引起不断增长的兴趣的纳米颗粒的作用和颗粒类型,仍然是一个主要的研究问题。

　　小颗粒与持久的有机污染物在大气中有很长的停留时间,因此即便不是全球范围内,也会在大陆上输运[21]。三种主要的持久的生物累积化合物都与燃烧相关:铅、汞和二𫫇英(戴奥辛)的排放。汞和二𫫇英(戴奥辛)这两种化合物很容易进入食物链,并对人类和非人类有机体产生影响。

周围环境的气溶胶是新旧颗粒的混合物,它们的潮解性和云化学影响其尺度分布。由燃烧系统排放出的颗粒与最终达到受体的颗粒可能十分不同。因此,区分主要颗粒源、气相源、二次气溶胶形成以及它们之间的相互作用是个关键挑战。为准确地发展迁移转化模型以评估或预测人类在污染物中的暴露,并减少持久的污染物如二𫫇英(戴奥辛)在全球环境下普遍的分布,需要了解污染物的形成过程。

24.3　空气有毒物对人类健康造成的影响

什么是与空气污染特别是燃烧相关的全球性疾病负担?排除室内空气污染,由于暴露于室外的颗粒物和氧化硫引起的环境空气污染导致了全球 1% 的死亡率[22]。与之相比,营养不良约占全球死亡率的 12%,糟糕的公共卫生、饮用水及卫生保健约占死亡率的 5%。但是死亡只是评价健康影响的一部分。为了全面描述全球疾病负担,世界卫生组织采用伤残调整生命年(Disablility – Ajusted Life – Years,DALY)作为标准测量疾病——健康——发病率(非致命后果)和死亡率——作为"健康的时间损失"。按 DALY 的标准,环境空气污染占全球健康问题的 0.5%,而营养不良占 16%,糟糕的供水和公共卫生占 7%。这些健康统计忽略了室内空气污染的影响,意味着低估了燃烧对健康的影响,特别是在发展中国家。比如在印度,源于住宅固体燃料燃烧的室内空气污染所导致的健康问题,据估计约占全国的 4% ~ 6%,比由于环境空气污染导致的健康问题高出了一个数量级还多[23]。

与空气污染和空气有毒物相关的几类疾病,在发展中国家与工业化国家中所占比重不同。最明显的就是急性与慢性的呼吸道影响,包括急性呼吸道疾病(Acute Respiratory Illness,ARI)(高发于发展中国家 5 岁以下儿童)、慢性肺梗阻疾病(Chronic Obstructive Pulmonary Disease,COPD)和哮喘。肺癌、白血病、局部贫血性心脏病、肺源性心脏病以及肺结核也都与空气有毒物有一些关系。其他的影响还包括免疫功能受损、肺生长受损、出生体重偏低以及神经受损。

哮喘在工业化国家中引起了特别的担忧,在过去 30 年里其患病率已急剧上升至接近 10%[24]。在欠发达国家,哮喘的发病率要低一些,并且高发的急性呼吸道感染和肺结核使得它的问题不那么突出。许多因素似乎都会影响哮喘的发生,包括社会经济地位、社会心理状态、文化、得到医护的机会、在空气污染与燃烧中的暴露、遗传倾向性以及对过敏原(尤其是蟑螂皮屑)[25]的接触。

哮喘定义为"气管的慢性炎症性紊乱,其中许多细胞发挥作用,尤其是肥大细胞、嗜曙红细胞与 T 淋巴细胞。在易感个体中,这一炎症会导致喘鸣、呼吸困难、胸腔紧缩和咳嗽的反复出现"[26]。它是错误的免疫反应引起的肺部慢性炎症表现出的症状。空气污染能够加剧哮喘人群的病症。关于空气污染是否会导致哮喘的流行病学研究表明,它是诱发性的但不是决定性的[25]。有两种机制与燃烧产物的暴露有关:直接的后果是发炎,非直接的后果是对过敏原敏感阈值的降低。柴油废气颗粒与此相关,它们在城市范围内不成比例地大量存在。在柴油与豚草(一种常见的过敏原)的小鼠研究中,观察到了免疫反应的改变[27,28]。在人类中也观察到了类似的结果。据信颗粒中的疏水 PAH 能够通过细胞膜扩散并作用在特定的受体上,因此,它们会增加体内外的 IgE 过敏反应。

确定哮喘病因的主要困难是对公共源污染分布(如来自汽油车和柴油车的颗粒尺寸分布)和它们在大气中的演变(如城市地区近源与背景 PM2.5 水平之间的联系)缺乏了解。目前,导致困难进一步加剧的原因是,由于禁止使用含铅汽油添加剂,缺乏能非常容易地区分汽油与柴油颗粒物特征的方法,而基于传统的元素法很难对来自于这些燃料的颗粒进行区分。气相色谱法能利用有机化合物作为燃烧颗粒源的指纹[11]。在准分子激光碎裂荧光光谱技术启发下,另一种潜在技术或许能利用颗粒碎片的 C/CH 比作为特征对这些颗粒来源进行区分[29]。除了由排放自身提出的挑战之外,哮喘的病因学表明在两岁以前免疫系统发育过程中,那些危险因素可能已经产生作用,然而直到儿童三岁或更大一些才能进行哮喘的诊断。另外,在污染物中的暴露必须利用交通密度、稀疏分布的空气污染监视器和住宅以及其他因素相关的数据进行追溯估计,因此带来了更多难题。

目前才开始仔细研究的领域是多因素的相互作用:基因、传染媒介和空气有毒物之间是如何相互作用的? 一个持久的主要问题是暴露在燃烧废气的有毒物如何影响免疫系统对传染病的响应。印度肺结核的发病率和使用生物质燃料烹饪之间的数据说明了该相互作用的重要性,其中肺结核占疾病负担的5%。全印度 50% 的成年人都感染了肺结核细菌,而 3/4 的印度家庭利用未经处理过的生物质作为主要烹饪燃料。最近从 89000 个家庭中的 260000 个20 岁以上人群中获得的流行病学研究数据表明,利用生物质(木头或粪)进行烹饪与活性肺结核之间存在关联。家庭中燃烧固态生物质的人的肺结核发病率是那些利用清洁燃气或液态燃料(如沼气、液化丙烷气(LPG)或煤油)的人的 2~3 倍[23,30]。这些结论提出了几个问题:生物质燃料的某些成分会在肺部形成有助于活性肺结核发生的环境吗? 炉灶技术是否起作用? 实施燃烧有什么不同吗?

哮喘和肺结核的数据都说明了燃烧产生的空气有毒物与人类免疫系统、过敏原以及传染媒介之间存在复杂的相互作用。心血管疾病和其他呼吸系统疾病的数据同样也表明,燃料类型、燃烧系统、系统使用的方式以及暴露人群的特殊易感性的不同,暴露在污染物中相应的反应也不同。注意到心血管疾病、呼吸道感染、慢性肺梗阻(COPD)以及哮喘,这类疾病的风险随着工业化国家的环境空气污染和/或欠发达地区盛行采用固体燃料烹饪和加热所造成的室内空气污染而增加[23]——约占全球疾病总量的 1/4[22](表 24.2),就可以理解空气有毒物损害健康的程度。因此,弄清楚燃烧排放与其他的环境影响以及易感性如何相互作用进而产生这些后果是个重要的努力方向。为了给污染物控制提供基础,对导致不健康的相互作用的理解必须与有损健康的排放知识结合起来。

对空气有毒物排放控制提出的挑战是双重的:在环境中这些低含量的化合物就可能导致严重的伤害,在不同的社会经济团体、发达和发展中国家中,接触污染物的方式也千差万别。什么类型的测量系统,以及什么样的信息是需要的,也相差甚大。并且,为了阐明健康方面的担忧,要测量的相关特征是什么也尚不明确。在工业化国家,复杂的先进激光系统对于实验室分析,并与先进的信息系统结合用于工业应用和产品也许是合适的。而在发展中国家,拥有现场便携式测量系统将是有价值的。

24.4　需要致力解决的两类系统

为说明与燃烧产生的空气有毒物相关诊断方面的挑战,燃烧系统可以分为两大类。一类是常见的燃烧系统[31],比如那些与烹饪和木炭生产相关的;另一类是与动力产生相关的燃烧系统,比如小型涡轮机以及先进柴油发动机、汽车发动机以及与热破坏和废弃物减少相关的系统。有人可能会提出,如果不从政治、社会或经济,而从技术上,如何解决常见的燃烧问题? 而先进的激光诊断技术能在后者发挥重要的作用。但是,从公众健康的观点来看,前者的影响却大得多。对这些常见的污染源,在表征瞬时运行和运行模式与使用者之间的变化方面,存在巨大的数据空白。此外,在燃烧系统的 NMHC 与吸光炭黑的总排放方面,存在很大的不确定性和非常少的数据,尤其是对于常见燃烧系统,在描述人类活动对气候变化的影响方面的数据空白引起了日益增长的关注[2,4,32]。

24.4.1　常见燃烧

大概有 1/3 的世界人口仍在室内利用无排气口的火炉或其他技术(图 24.1、图 24.2)燃烧燃料,用于加热、照明和烹饪。燃烧生物质燃料的家庭烹饪炉具排放的污染物,包括传统的标准空气污染物(小颗粒、CO、NO)和大量的空气有毒物,包括甲醛、丙烯醛、苯、1,3 - 丁二烯、甲苯以及苯乙烯,室内煤炉(仅仅在中国就有超过 300000 台)不仅排放上述所有污染物,还包括 SO_x、As、

Pb、F、Hg[33]以及在某些煤中(如那些在中国云南省宣威市肺癌高发区的)存在的 Si、Co、Ni、V 和 Mn[34]。

表 24.2　1990 年全球和地区健康负担(DALY)的一部分,工业化国家暴露
在环境空气污染与/或欠发达国家的室内空气污染所导致的疾病[22]

健康终点	地　区		
	发达国家[1]	中国	印度
哮喘	1%	1%	1%
肺结核	0%	2%	5%
心血管疾病	19%	11%	8%
呼吸道感染	1%	6%	12%
慢性肺梗阻	2%	9%	1%
总和	24%	29%	26%

　　由于污染物性质、接触程度以及易感性的差异,发达国家与欠发达国家空气污染对健康负担的贡献显著不同,但在所有地区与疾病相关的空气污染,都在总的健康负担贡献上占据相当大的份额。
　　[1]发达国家包括安道尔、澳大利亚、奥地利、比利时、加拿大、海峡群岛、丹麦、法罗群岛、芬兰、法国、德国、直布罗陀、希腊、格陵兰岛、教廷、冰岛、爱尔兰、马恩岛、意大利、日本、列支敦士登、卢森堡、摩纳哥、荷兰、新西兰、挪威、葡萄牙、圣马力诺、西班牙、圣皮埃尔和密克隆岛、瑞典、瑞士、英国和美国

图 24.1　在印度使用传统的固体生物质进行烹饪(Kirk R. Smith 提供)

图 24.2　传统中国火坑使用的固体生物质燃料(Xingzhou He 教授提供)

　　从健康的角度看,应给予家庭燃烧装置特别的关注,因为,除了全球普遍的有毒物排放与之相关外,还在于它们特殊的使用环境:密闭的空间且有人类(尤其是妇女和儿童)在场。由于室内燃烧而吸入的污染物份额,通常比从室外污染源吸入的高 2~3 个数量级[35,36]。为了说明该问题,考虑来自家庭燃烧炉具产生的颗粒物排放及影响。在发展中国家"传统燃料"的燃烧,即木头、粪和其他生物质源,估计只占全球 PM 排放总量的 10%[33]。但是,发展中国家农村室内 PM10 污染却极不相称地占了 PM 总量的 50%[37],而这些污染绝大多数都来自于在室内燃烧这些传统燃料。类似地,这些燃料在密闭空间的燃烧,能产生比健康设定标准浓度高 1~3 个数量级的 CO、PM、1 – 丁二烯、3 – 丁二烯、苯和甲醛[33]。对疾病——健康易感性的决定因素影响着人类对污染物接触的效果,并进一步使空气有毒物排放和产生不利健康影响之间的关系变得复杂(图 24.3)[38]。

　　在发展中国家中,过量暴露于常见燃烧装置污染物的后果是空气污染对健康的巨大影响。比如在中国,煤和固体生物质燃烧是家庭能源的主要来源,空气污染与吸烟一起成为死亡的首要风险因素[39]。空气污染造成的不健康在农村比城市更严重,反映了问题主要出在室内空气污染。在印度,由于室内固体燃料的使用给妇女和儿童带来的不健康,据估计几乎占总量的 10%[23]。

　　家庭固体生物质的燃烧除了带来巨大的健康代价,对气候变化也有贡献。

即使生物质燃料收获时,没有从有机物直接向大气排放流动碳,但根据每顿饭的碳当量[32]估算,生物质炉具依然可能是温室气体(GHG)排放的重要贡献者。源于生物质烹饪炉具的温室气体,不仅包括主要的温室气体(CO_2、CH_4、N_2O,它们对全球变暖的威胁比较明确),还包括那些不完全燃烧产物(PIC),它们占这类炉具碳排放的 5% ~ 10%(根据最近在中国的野外测量结果,甚至高达 25%)[40]。不完全燃烧产物的非甲烷碳氢成分对于与固体生物质燃料使用有关的全球变暖约定(Global-Warming Commitment,GWC)密切相关。虽然生物质是可再生的,但是非甲烷碳氢成分(NMHC)的排放数据表明,每顿饭中,生物质燃料和炉具对全球变暖产生的贡献,与使用液态丙烷气或煤油相当甚至更高(依赖于非甲烷碳氢成分使全球变暖的时间尺度)[32]。因此,在欠发达国家通过改进常见燃烧装置(以及使用的燃料),将为改善人民健康与环境提供机遇。

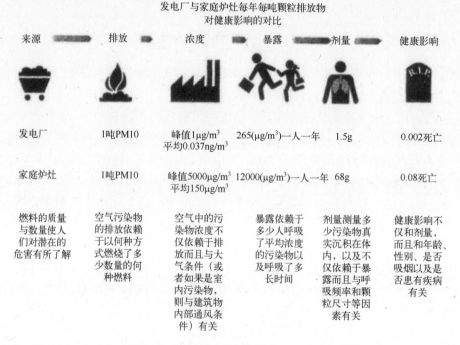

发电厂与家庭炉灶每年每吨颗粒排放物对健康影响的对比

来源	排放	浓度	暴露	剂量	健康影响
发电厂	1吨PM10	峰值1μg/m³ 平均0.037ng/m³	265(μg/m³)一人一年	1.5g	0.002死亡
家庭炉灶	1吨PM10	峰值5000μg/m³ 平均150μg/m³	12000(μg/m³)一人一年	68g	0.08死亡
燃料的质量与数量使人们对潜在的危害有所了解	空气污染物的排放依赖于以何种方式燃烧了多少数量的何种燃料	空气中的污染物浓度不仅依赖于排放而且与大气条件(或者如果是室内污染物,则与建筑物内部通风条件)有关	暴露依赖于多少人呼吸了平均浓度的污染物以及呼吸了多长时间	剂量测量多少污染物真实沉积在体内,以及不仅依赖于暴露而且与呼吸频率和颗粒尺寸等因素有关	健康影响不仅和剂量,而且和年龄、性别、是否吸烟以及是否患有疾病有关

图 24.3 空气有毒物排放、人类在其中的暴露程度与健康影响之间的关系链很复杂,并且依赖于许多可变因素(源于文献[38]的图9)

为阐明常见燃烧带来的健康与环境问题,以及创造机会减轻它们的影响,需要对相关的排放问题进行更好地描述。目前,排放数据表明,来自于固体燃料及相应炉具的非甲烷碳氢成分和其他排放物之间存在很大的变化性。此外,在固体家用燃料其短暂的燃烧周期内,需要对它们不同相阶段的排放变化进行表征[40]。经过观察发现,家庭的使用习惯是让炉火一直保持燃烧,这是由于原煤和炭球不是很容易点燃,而且有保持一罐热水的文化传统[41]。此外,室内固体燃料燃烧形成的排放物与其他源(比如用石磨研磨玉米)产生的空气污染,能共同对人类健康产生比这两种污染单独作用时更大的影响[42]。这些因素表明了有必要在典型位置(如家庭),在小空间内对真实人群使用典型固体及其他燃料燃烧相关的排放和污染物接触进行测量。目前,对 CH_4 与非甲烷碳氢成分的分析不是时间分辨的,在使用固体燃料烹饪的家庭中收集的气体样品必须送到实验室进行分析。

　　鉴于在室内使用固体燃料带来的沉重的健康和环境负担,"先进的"生物质燃料,即更清洁的燃气与液态燃料的发展,已经被一致认为是改善农村人口健康、促进资源利用效率、改善局部空气质量以及增进局部农村就业的一个全球性优先考虑的事情[33]。此外,先进的生物质燃料或许能提供一种减少温室气体排放的重要工具。

　　为确保先进的生物质技术达到预定目标,必须对其整个生命周期内的排放进行分析,不仅仅需要考虑燃烧的净效率(释放热与燃料热值之比),而且需要考虑更加全面的工程问题。为了说明涉及多个目标时对整体方法的需求,考虑"改进的"生物质烹饪炉具,它最初目的是提高固体生物质的有效产热,其用降低的燃烧效率与增加的传热效率来一起进行表征。因此,即使其化学热能方面的效率提高了,但使用它们比使用传统生物质炉具对全球变暖的贡献更大[32]。在使用生物质技术(局部使用)与常见技术(普遍使用)的背景下,必须考虑地域偏好、习惯以及利害关系等其他事项,这些就只能从他们的社会与文化背景来理解了。

　　木炭的生产是另一个主要的常见燃烧行为(图 24.4),只是在最近才开始对它进行系统的监测,并尝试用以解释全球以及地区污染源和污染物流动[43]。全球的木炭产量估计为 20 ~ 100 百万吨/年,其中非洲生产了总量的一半,巴西和亚洲占另外一半,其对全球变暖的贡献直到最近才得到重视。炭窑的形状与形式依地理与文化的差异而不同,使得污染物种类多样性的另一个原因是由于木柴种类的地区差异。对于这些设备产生的 CO 和其他温室气体的测量,需要发展野外便携式设备和方法,但是野外研究人员对改进的方法持续不断地提出新的需求[44]。受到技术的限制,当前的设备并不能容易地测量微量有毒组分。而且从偏远地区到实验室,袋装样品的储存和运送同样会导致分析结果的极大不确定度。基于初始数据,据估计木炭生产对全球温室气体排放总量贡献了 10 ~ –40Mton – C_{eq}/yr(百万吨碳排放折合成等效 CO_2 的量)[43]。

图 24.4　肯尼亚的工人等待一个土丘形的炭窑点火（David M. Pennise 提供）

24.4.2　先进燃烧系统与新的挑战

能源界最新的进展要求对分布式发电（Distributed Generation，DG）潜在的空气污染与空气有毒物的影响进行评估。分布式发电由分布式发电和存储模块组成。可以预期，在解除管制的电力市场下，随着电网可靠性不确定度增加，越来越多的企业、公共和私人机构以及某些家庭和商户将寻求他们自己的发电能力。同样，通过这些模块化的电容对电进行储存也是可能的[45]。分布式发电技术包括汽油、柴油以及天然气发电机组，传统汽轮机、微型汽轮机、先进汽轮机系统（ATS）以及燃料电池（磷酸和质子交换膜）[46]。

迄今为止，大气质量管理者并未对许多分布式电源进行有效的控制，主要因为这些电源估计每年的使用时间少于 200h，利用率低于 3%[47]。但事实是，这些系统可能会被更频繁地使用，并且分布式发电或许代表着电力生产的下一步发展，因此带来了与这些系统相关的空气有毒物以及人类暴露其中的重大问题。这些系统产生污染的特点表明它们将提高局部的有毒物水平，因为它们缺少与大装置相关的控制系统，因此可能对人类产生更直接和严重的影响。对来自于这些分布式单元的排放进行量化分析，以及从空气污染的角度对其使用进行管理是必须的。

同样，预期煤还将继续是全球电力生产的主要燃料来源。除了是主要的

CO_2 来源之外, 燃煤发电厂还是空气有毒物的来源, 包括 HCl、H_2SO_4、Ba、Hf、Mn、Zn、Cr、Cu、Ni、As、Pb、Co 和 Hg[48] 等。具有挑战性的部分难题是鼓动企业采用先进的综合系统, 如综合煤气化联合循环系统(Integrated Coal Gasification Combined Cycle, IGCC)。但自从 20 世纪 80 年代中期以来, 几乎没有使企业朝该方向前进的动力, 原因是对天然气的使用和先进汽轮机的出现减少了对先进燃煤装置的需求。对这些系统的大量的设计工作, 早于先进传感器技术、激光诊断、微处理器及相关控制软件的发展。可以想象这些系统在减少有毒物排放上能比预想的更有效[49]。其实, 1999 年一项由美国环保部开展的研究得出结论, 与对污染物进行分别控制相比, 对多种污染物(NO_x、SO_x 以及 CO)进行同时控制不仅使得排放减少得更多, 而且降低了花费[50]。

先进的交通运输技术同样面临挑战。混合系统中的柴油机可以达到更好的燃油经济性和更少的 CO_2 排放。但是其颗粒物、未燃碳氢化合物和 NO 排放依然是个问题。对这些排放进行表征是困难的, 因为废气离开排气支管后变化很快。它们会发生附聚, 挥发性的烃会吸附到颗粒表面, 并且水和稀硫酸可能凝结。柴油废气中的颗粒尺寸分布及组成在毫秒时间尺度上就会发生极大的变化。排入环境中的颗粒与那些在发动机内产生的并不相同, 因此, 孤立的发动机研究并不足以描述排气管排放。为进一步得到排气管更加详细的排放物种类, 还需要对驱动循环效果、燃料以及发动机在路面上排放的特征很好地理解。为阐明全系统运行中的相互作用, 必须采用综合诊断方法。

24.5　诊断需求

大多数用于燃烧系统的激光诊断技术都是进行单一类型的测量, 比如探测某一特定自由基组分(如 OH)、颗粒的速度或尺寸范围等。通过表征良好的和模拟的系统可以确定诊断技术的特点和能力。在实验室中, 燃烧系统能使用大量的设备来表征。综合各种不同的测量来解释条件如何影响有毒物的分布, 或者不同的组分如何相互作用依然是困难的。很难将实验室中大量设备组合起来带到野外现场。此外, 许多通常用于工业和"高科技"基础研究的先进系统, 无论是在发达还是欠发达地区, 它们的花费都超出了从事健康研究的科学家、工程师等人所能承受的范围。综合多种测量能力的系统研发, 依然是令人向往但尚未达成的目标。

分析一下与颗粒相关的空气有毒物的测量需求, 即可说明对测量所提出的挑战的程度。目前, 颗粒物排放监测技术极大地依赖于对排放物的收集, 然后还需要耗时的实验室分析。对颗粒物的收集取样, 会受到收集材料的特殊性质和收集物理方法的限制。颗粒收集装置本身也可能会影响收集到颗粒的特性: 它们会改变颗粒的尺寸分布、化学组成,排除掉特定尺寸的颗粒,并且在与燃烧相关的高温和高湿地区可能无效。而在样品收集前对废气进行稀释的需求通常使结果出现偏差,并且使解释变得复杂[11,20]。

现场在线诊断具有不干扰火焰、燃烧废气或过程排放物中的气体和气溶胶流动的优点。利用一种技术或多种技术进行综合测量的关键优势是能同时提供颗粒尺寸分布和颗粒化学组成的信息。一种区分特定化学组分气相和颗粒相的方法同样很有价值。现场实时获取该信息能使得在燃烧过程与燃烧后,确定排放特点随变化条件的演变。例如,准分子激光裂解荧光光谱技术(Excimer Laser Fragmentation – Fluorescence Spectroscopy, ELFFS)能对金属进行量化的实时探测,并且还具备提供颗粒尺寸分布信息的潜力[51,52]。

与对污染源排放的表征同等重要的是,将初始颗粒源与大气中的颗粒物形成和构成联系起来。在线诊断技术的发展允许我们对不同的情形下的颗粒尺寸与组成进行跟踪,这将会增强我们的能力,可以鉴别会暴露在哪一种颗粒,跟踪颗粒源在到达受体过程中所发生的变化(即跟踪颗粒在环境中经历的变化),并找到使得颗粒物减少或产生更加良性和易去除颗粒的条件。确定气溶胶的形成条件、组分构成或富集的条件,对于气溶胶排放控制的改进是必要的。

为达到这些目标,在实验室和现场都需要相应的仪器。现场型便携式仪器能鉴别和测量多环芳香烃、二噁英(戴奥辛)等空气有毒物,无需运输样品,即便测量并不是时间分辨的也将非常有价值。

仅依赖于硬件或许是不够的,因为简单的参数分析将无法揭示变化条件下不同化学组分之间的复杂关系。我们必须认识到,燃烧过程以及它们与环境和人类健康之间的相互作用是复杂的系统,其性质不能通过对局部的分析进行完整解释。综合不同的方法或将复杂的暴露人群分布和污染源分布联系起来的方法,是否足以进行统计分析是值得研究的[53]。

24.6　技术需求

对排放的影响因素进行估计并对污染源分布进行确定,对于评估健康风险,证实减轻全球变暖政策实施的价值是非常重要的。同等重要的是对降低排放技术的革新和对燃烧控制技术的改进。传感器和响应系统的集成对于维持低水平有毒物排放系统很关键。在市政废弃物燃烧系统中的主动燃烧控制是很好的例子。市政废弃物是潜在的丰富燃料来源,但是具有多变的比热容和湿度。为了维持燃烧过程质量,利用传感器同时测量氧气和水能对二次燃烧区的过量空气进行更好的控制,并在原料与控制释热之间取得更好的平衡。某些证据表明,仅仅依赖常用的 CO 监视器和"好的燃烧方式"可能会导致对废弃物破坏效率的不准确估计[54]。而采用可调谐红外二极管激光器对氧气和水进行同时探测是可能的(见第 18 章和第 21 章)。该传感器具有快速的可调谐性、高的光谱分辨率和光谱功率密度,并且结实、紧凑、易于使用[55]。综合煤气化联合循环或先进生物质技术的实施需要同样精密的分析以及控制策略。20 世纪 90 年代早期 Marnay 的工作建议,可以通过征收污染税和实施选择性催化还原很容易地减轻发电厂的 NO_x 排放[56]。利用合适的传感器和控制软件,可以想象做出分布式发电的决定并不单单基于电力传输的效率,而且还基于减少排放物影响的考虑。

24.7　总　　结

迄今为止,绝大多数空气有毒物诊断涉及对单一组分或一系列组分的评估。但正如我们所发现的,简单地将各部分收集到一起无法揭示出它们之间的复杂相互作用。我们通常无法抓住与涉及人类健康和全球变暖的微量组分相关的细微之处。我们关于燃烧排放的范围和性质,尤其是空气有毒物排放的知识,依然是不完整的,因此降低了减轻与控制方法的有效性。硬件方面的进展必须伴随着对应用的更好理解,并加大用于数据解释的统计技术的使用。鉴别排放与污染源,确定控制因素,并且将这些与大气变化和灾难联系起来,将形成对人类健康负荷的归因与控制非常关键的认识。一个类似的论点是,以系统为导向的方法将能对生态系统影响以及健康做出评估。为实现这一整体评估,需要对我们解决这些问题的方法做出改变。

参 考 文 献

[1] Koshland C P. Impacts and Control of Air Toxics from Combustion. Proc. Combust. Inst. , vol. 26 , pp. 2049 – 2065 , 1996.

[2] Bond T C, Bussemer M, Wehner B, et al. Light Absorption by Primary Particle Emissions from a Lignite Burning Plant. Environ. Sci. Technol. , vol. 33 , pp. 3887 – 3891 , 1999.

[3] Smith K R, Khalil M A K, Rasmussen R A, et al. Greenhouse Gases from Biomass and Fossil Fuel Stoves in Developing Countries. Chemosphere , vol. 26 , pp. 479 – 505 , 1993.

[4] Streets D G, Gupta S, Waldhoff S T, et al. Black Carbon Emissions in China. Atmos. Environ. , vol. 35 , pp. 4281 – 4296. 2001.

[5] O'Rourke D, Connelly L, Koshland C P. Industrial Ecology – A Critical Review. Int. J. Environ. Pollut. , vol. 6 , pp. 89 – 112 , 1996.

[6] Connelly L, Koshland C P. Two Aspects of Consumption: Using an Exergy – Based Measure of Degradation to Advance the Theory and Implementation of Industrial Ecology. Resour. Conserv. Recycl. , vol. 19 , pp. 199 – 217 , 1997.

[7]   US EPA. Unified Air Toxics Website: Basic Facts. http://www. epa. gov/ttn/atw/ allabout. html, accessed June 4, 2001.

[8]   Patz J A, Engelberg D, Last J. The Effects of Changing Weather on Public Health. Annu. Rev. Pub. Health, vol. 21, pp. 271 – 307, 2000.

[9]   McMichael A J. Planetary Overload: Global Environment Change and the Health of the Human Species. Cambridge; New York: Cambridge University Press, 1993.

[10]   Houghton J T. Climate Change 1995: The Science of Climate Change. inContribution of Working Group 1 to the Second Assessment Report of the Intergovernmental Panel on Climate Change. Cambridge; New York: Cambridge University Press, 1996, pp. xii, 572.

[11]   Lighty J S, Veranth J M, Sarofim A F. Combustion Aerosols: Factors Governing Their Size and Composition and Implications to Human Health. J. Air Waste Manag. Assoc. , vol. , 50, pp. 1565 – 1618, 2000.

[12]   Kennedy T, Ghio A J, Reed W, et al. Copper – Dependent Inflammation and Nuclear Factor – k B Activation by Particulate Air Pollution. Am. J. Respir. Cell Molec. Biol. , vol. 19, pp. 366 – 378, 1998.

[13]   Patterson E, Eatough D J. Indoor/Outdoor Relationships for Ambient $PM_{2.5}$ and Associated Pollutants: Epidemiological Implications in Lindon, Utah. J. Air Waste Manag. Assoc. , vol. 50, pp. 103 – 110, 2000.

[14]   Costa D L, Dreher K L. Bioavailable Transition Metals in Particulate Matter Mediate Cardiopulmonary Injury in Healthy and Compromised Animal Models. Environ. Health Perspect. , vol. 105, pp. 1053 – 1060, 1997.

[15]   Kadiiska M B, Mason R P, Dreher K L, et al. In Vivo Evidence of Free Radical Formation in the Rat Lung After Exposure to an Emission Source Air Pollution Particle. Chem. Res. Toxicol. , vol. 10, pp. 1104 – 1108, 1997.

[16]   NRC. Research Priorities for Airborne Particulate Matter: I. Immediate Priorities and a Long – Range Research Portfolio. National Research Council, March 1998.

[17]   Dockery D W, Pope Ⅲ C A. Acute Respiratory Effects of Particulate Air Pollution. Annu. Rev. Pub. Health, vol. 15, pp. 107 – 132, 1994.

[18]   Lipfert F W, Wyzga R E. Air Pollution and Mortality: Issues and Uncertainties. J. Air Waste Manag. Assoc. , vol. 45, pp. 949 – 966, 1995.

[19]   D'Anna A, Basile G, Barone A, et al. Comparing Techniques for Analyzing $d < 5nm$ Particles Formed in Combustion: UV – Visible Extinction, Atomic Force Microscopy and Differential Mobility Analysis. in Seventh International Congress on Combustion Byproducts, June 2001.

[20]   Kittelson D B, Arnold M, Watts Jr. W F. Review of Diesel Particulate Matter Sampling Methods – Final Report. University of Minnesota, Center for Diesel Research, Minneapolis, Minnesota, January 14, 1999.

[21]   Lelieveld J, Crutzen P J, Ramanathan V, et al. The Indian Ocean Experiment: Widespread

Air Pollution from South and Southeast Asia. Science, vol. 291, pp. 1031 – 1036. 2001.

[22] Murray C J L, Lopez A D. The Global Burden of Disease: a Comprehensive Assessment of Mortality and Disability from Diseases, Injuries, and Risk Factors in 1990 and Projected to 2020. published by the Harvard School of Public Health on behalf of the World Health Organization and the World Bank; distributed by Harvard University Press, Cambridge, Mass. , 1996.

[23] Smith K R. National Burden of Disease in India from Indoor Air Pollution. Proc. Nat. Acad. Sci. USA. , vol. 97, pp. 13286 – 13293, 2000.

[24] NIH. Guidelines for the Diagnosis and Management of Asthma. National Institutes of Health, Bethesda, 1997.

[25] Schwab S. Childhood Asthma: A Literature Review. Master's Project, Energy and Resources Group, University of California, Berkeley. 1998.

[26] NHLBI/WHO. Global Initiative for Asthma: Global Strategy for Asthma Management and Prevention. National Institutes of Health: National Heart, Lung, and Blood Institute, 1995.

[27] Takenaka H, Zhang K, Diaz – Sanchez D, et al. Enhanced Human IgE Production Results from Exposure to the Aromatic Hydrocarbons from Diesel Exhaust – Direct Effects on B – cell IgE Production. J. Allergy Clin. Immunol. , vol. 95, pp. 103 – 115, 1995.

[28] Muranaka M, Suzuki S, Koizumi K, et al. Adjuvant Activity of Diesel – Exhaust Particulates for the Production of IgE Antibody in Mice. J. Allergy Clin. Immunol. , vol. 77, pp. 616 – 623, 1987.

[29] Damm C J. Excimer Laser Fragmentation Fluorescence Spectroscopy for Real – Time Monitoring of Combustion Generated Pollutants. Doctoral Dissertation, Mechanical Engineering, University of California, Berkeley, 2001.

[30] Mishra V K, Retherford R D, Smith K R. Int. J. Infect. Dis. , vol. 3, pp. 119 – 129, 1999.

[31] Kammen D M, Dove M R. The Virtues of Mundane Science. Environment, vol. 39, pp. 10 – 15, 1997.

[32] Smith K R, Uma R, Kishore V V N, et al. Greenhouse Implications of Household Stoves: an Analysis for India. Annu. Rev. Energy Environ. , vol. 25, pp. 741 – 763, 2000.

[33] Goldemberg J, Reddy A K N, Smith K R, et al. Rural Energy in Developing Countries. in World Energy Assessment: Energy and the Challenge of Sustainability. United Nations Development Programme, New York, 2000.

[34] Cao S, Zhao B, et al. Air Pollutants Measurements in Districts of High and Low Lung Cancer Rates in Xuan Wei. in He X, Yang R, eds. Lung Cancer and Indoor Air Pollution front Coal Burning. Yunnan Science and Technology Publishing House, Kunming, 1994, pp. 145 – 150.

[35] Smith K R. Fuel Combustion, Air Pollution Exposure, and Health: the Situation in Developing Countries. in Socolow R H, ed. . Annual Review of Energy and the Environment, vol. 18. Annual Reviews, Inc. , Palo Alto, California, 1993, pp. 529 – 566.

[36] Lai A C K, Thatcher T L, Nazaroff W W. Inhalation Transfer Factors for Air Pollution Health

Risk Assessment. J. Air Waste Manag. Assoc. ,vol. 50,pp. 1688 – 1699,2000.

[37] Smith K R. Hazards of the Home Kitchen,the World's Second Most Common Workplace. INvironment,vol. 4. pp. 4 – 13. 1998.

[38] Wang X,Smith K R. Near – Term Health Benefits of Greenhouse Gas Reductions: A Proposed Assessment Method and Application in Two Energy Sectors of China. prepared for the Department of Protection of the Human Environment. WHO, Geneva, March 1999, WHO/SDE/PHE/99. 1.

[39] Florig H K. China's Air Pollution Risks. Environ. Sci. Technol. , vol. 31, pp. A274 – A279,1997.

[40] Zhang J,Smith K R,Ma Y,et al. Greenhouse Gases and Other Airborne Pollutants from Household Stoves in China: a Database for Emission Factors. Atmos. Environ. , vol. 34, pp. 4537 – 4549,2000.

[41] Smith K R. Personal Communication During Seminar Regarding the Effects of Aerosols on Climate. Division of Environmental Health Sciences, School of Public Health, University of California,Berkeley,March 15,2001.

[42] Grobbelaar J P, Bateman E D. Hut Lung – A Domestically Acquired Pneumoconiosis of Mixed Aetiology in Rural Women. Thorax,vol. 46. pp. 334 – 340,1991.

[43] Smith K R,Pennise D M,Khummongkol P,et al. Greenhouse Gases from Small – Scale Combustion Devices in Developing Countries: Charcoal – Making Kilns inThailand. USEPA, Research Triangle Park,NC. ,December 1999.

[44] Pennise D. Personal Communication Regarding Field Measurements of Emissions from Charcoal Kilns,Division of Environmental Health Sciences. School of Public Health,University of California,Berkeley,Spring 2000.

[45] EPRI. Distributed Utility Valuation (DUV) Project Monograph. Electric Power Research Institute,National Renewable Energy Laboratories and Pacific Gas and Electric Co. ,1993.

[46] lannucci J,Horan S,Eyer J,et al. The Impacts of Distributed Generation on Air Pollution inCalifornia. prepared for the CA Air Resources Board and the CA Environmental Protection Agency,Contract #97 – 326,June 2000.

[47] Dunn S. Micropower. The Next Electrical Era. Washington,DC: Worldwatch Institute,2000.

[48] Rubin E S. Toxic Releases from Power Plants. Environ. Sci. Technol. , vol. 33, pp. 3062 – 3067,1999.

[49] Wang X D. Comparison of Constraints on Coal and Biomass Fuels Development in China's Energy Future. Doctoral Dissertation,Energy and Resources Group,University of California, Berkeley,1997.

[50] US EPA. Analysis of Emissions Reduction Options for the Electric Power Industry. Washington,DC,March 1999.

[51] Buckley S G,Koshland C P,Sawyer R F,et al. A Real – Time Monitor for Toxic Metal Emissions from Combustion Systems. Proc. Combust. Inst. ,vol. 26,pp. 2455 – 2462,1996

[52] Damm C J, Lucas D, Sawyer R F, et al. Excimer Laser Fragmentation – Fluorescence Spectroscopy as a Method for Monitoring Ammonium Nitrate and Ammonium Sulfate Particles. Chemosphere, vol. 42, pp. 655 – 661, 2001.

[53] Ten Brinke J, Selvin S, Hodgson A T, et al. Development of New Volatile Organic Compound (VOC) Exposure Metrics and Their Relationship to "Sick Building Syndrome" Symptoms. Int. J. Indoor Air Qual. Clim. , vol. 8, pp. 140 – 152, 1998.

[54] Fisher E M, Koshland C P. Numerical Simulation of the Thermal Destruction of Some Chlorinated C_1 and C_2 Hydrocarbons. J. Air Waste Manag. Assoc. , vol. 40, pp. 1384 – 1390, 1990.

[55] Ebert V, Fitzer J, Gerstenberg I, et al. Simultaneous Laser – Based in situ Detection of Oxygen and Water in a Waste Incinerator for Active Combustion Control Purposes. Proc. Combust. Inst. , vol. 27, pp. 1301 – 1308, 1998.

[56] Marnay C. Intermittent Electrical Dispatch Penalties for Air Quality Improvement. Doctoral Dissertation. Energy and Resources Group, University of California, Berkeley, 1993.

第 25 章 有机物燃烧废流时间分辨监测的在线痕量分析

Ulrich Boesl

25.1 引　言

有机物的燃烧在现代工业和生活中起着至关重要的作用(植物能源、生产过程、垃圾焚化、独立供热、摩托化交通),但它也是有毒和有害污染物排放的主要来源,这些有机污染物对人类和生态环境造成严重影响(见第 24 章)。降低这些燃烧废物的可行方法有两种,①采用废气清洁措施(如汽车中的催化转换器、工业焚化炉中的废气清洁厂);②优化燃烧过程(如工业焚化炉中采用的组合气化燃烧新技术、新概念发动机、燃烧过程的在线快速控制)。上述任一新技术的发展都需要有能够监测有机物燃烧废流的分析工具,而且这些分析工具还需要具有快响应、高灵敏度、高选择性等特点,以便满足在线控制、痕量分析以及在高度复杂的化学混合物中探测特定组分的应用需求。传统的分析方法不能同时满足上述应用需求。

共振增强激光电离质谱(Resonance – Enhanced Laser Ionization Mass Spectrometry,简称共振激光 MS)技术是有望解决上述问题的新型分析工具[1-4](见第 2 章、第 10 章和文献[4]引用的文章)。共振激光 MS 通过多光子共振增强电离的方法将 UV 光谱技术和飞行时间测量质谱技术的高选择性、高灵敏度及快响应特性联合起来,这种二维选择特性使得痕量分析不需要质谱测量前的耗时的清洁过程。另一方面,基于飞行时间的质谱技术,其时间响应足以用于时间分辨的痕量分析。因此,共振激光 MS 技术满足以下条件:①快响应(小于 10ms);②高选择性和灵敏度(在复杂混合物中可小于 1ppb);③多组分测量能力(多化合物测量的一种方法);④对周围空气中的组分不敏感,如 N_2、H_2O、CO_2。

目前,世界上有多个研究团队正在采用 MS 技术开展燃烧废流的痕量分析,第一个实现定量测量的是 Terrill Cool 及其团队[5-7],他们采用直接火焰取样[8-10]或焚化炉内不同点探测[11]的方法实现了对多环芳香烃(Polycyclic Aromatic Hydrocarbons,PAH)形成过程的实时观测,并对发动机排气管不同位置处进行了污染物排放的研究[12]。一些研究团队甚至专注于氯化芳香烃的测量,尤其是二噁英,这是由于它是工业燃烧过程(垃圾焚化、冶金、水泥工业等)中存在的主要问题。由于氯化芳香烃的同形异构体数量众多,且与二噁英相关的组分浓度在亚 ppt 量级,所以对其测量分析十分困难。解决该问题的途径之一是在超冷气流中使用高分辨光谱方法[10,13-15],并结合激光聚焦和气体扩张喷管的特殊布局[14,15]。

本章主要介绍 MS 技术并说明一些应用实例,即不同工况下的发动机尾气分析。(MS 技术的另一个重要应用领域是垃圾焚化过程的在线监测,详细情况可参见文献[11,16]。)此外,用于固体(如气溶胶)对大分子有机化合物吸附过程的分析,即另一种基于激光的质谱技术,我们将介绍其测量装置简化的方法,以便实现仪器的可移动。本章介绍的案例并不仅限于超痕量分析,而且还包括测量系统在尺寸简化、可移动以及易使用等方面所作的努力,当然测量装置的灵敏度仍需低至 ppb 的量级(例如,多环芳香烃的测量),或至少异构体的选择性要达到某种程度。

25.2　共振激光质谱技术原理及特点

图 25.1 通过总结归纳的方式展示了共振激光质谱技术原理,正如之前所述,共振激光质谱是将两种不同的分析工具结合在一起:UV 光谱技术和基于飞行时间的质谱测量技术[17-19],而共振增强多光子电离(REMPI)[20,21]是连接二者之间的纽带。目前,已实现了多种取样注入的方法,例如连续采样,脉冲采样,气体的超声速分子束采样[22-24]、固体及吸附物的激光沉积采样。多种采样结合的方式也是可能的并已实现[25],如气态色谱法。下面的小节将详细阐述共振激光质谱技术的三个基本要素。

25.2.1　UV 光谱技术

分子 UV 吸收带的波长从本质上讲取决于电子跃迁的类型,不同分子的电子跃迁跨越相当大的能量范围,对应的吸收波长从真空紫外(小于 190nm)至可见波段(大于 450nm)。例如,NO_2 的吸收位于可见波段,二甲苯大约在 300nm,多环芳香烃在 260nm 附近(例如甲苯、乙苯、乙醛及丙烯醛等,见图 25.1(a)),而诸如催化转化产物 HCN 和 NH_3 以及 N_2、CO_2 等小分子的吸收位于 200nm 附近甚至更短。除了高分辨光谱技术外,中等分辨率的气相 UV 光谱技术也被大量使用,由于会引起分子宽吸收带之间的重叠,所以该技术可同时激发相同类型的分子(如多环芳香烃或二甲苯),但其仍能够将很多其他种类的分子区别出来。激光 MS 中的中等分辨率光谱技术易于实现,仅需采用细导管将分析气体取样

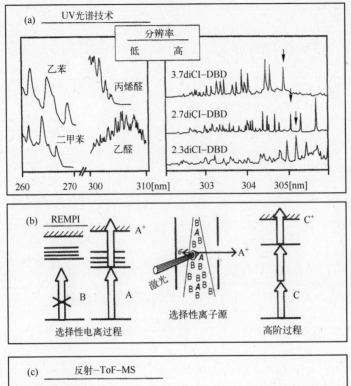

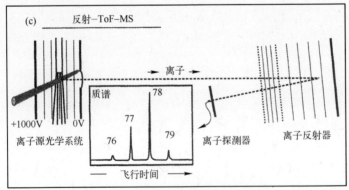

图 25.1　共振激光质谱的三大要素

（a）高或低分辨 UV 光谱术；（b）共振增强多光子电离（REMPI）；（c）飞行时间质谱测量技术。

（REMPI 包含共振中间态激发的 UV 光谱术和离子供应的质谱技术。

这种结合方式可以在波长和质量两个维度上对分子进行选择）

至离子源中,然后利用中等带宽的激光去激发它,如单级激光器（结构紧凑且易于操作）和光学参量振荡器（OPO）。另一方面,高分辨率的气相 UV 光谱技术甚至可以选择性激发同形异构体,如图 25.1(a)展示了二氯二苯的 3 种同形异构体的 UV 光谱（也可参见文献[13,14]）。但是,若要实现高的分辨率,不仅仅是使用窄带激光($\Delta v < 1 cm^{-1}$),而且还需要采用超声速分子束使分析组分冷却。这种冷却技术对当前的分子光谱和 MS 技术产生了巨大影响[22-26],但是使用超声速分子束增加了对真空系统的需求。

25.2.2 多光子电离

激光能够提供足够高的光子密度,以至于分子在被第一个光子激发后还有很大几率去吸收第二个光子。很多场合下,可选择两个光子的总能量大于分子的电离能,这是由于分子对第一个光子的选择性激发可保持至第二个光子的电离吸收阶段。因此,选择性电离的分子可很容易地利用基于飞行时间的质谱技术进行探测,图 25.1(b)给出了选择性电离示意。根据 UV 光谱,若选择的激光波长仅是针对分子 A,那么仅有分子 A 被激发,且仅有激发态的分子 A 能够吸收第二个光子进而被电离。若在混合气流(如由 A 和 B 组成)中开展上述电离过程,那么 A^+ 离子在经过电场时便被选择性地从气流中提取出来。

不仅可以实现双光子(1 + 1)电离,而且还可实现更高阶的电离过程。例如,利用商品化的可调谐激光,CO 通过双光子吸收仅能达到中间态,因此至少需要 3 个光子才能实现 CO 的电离。遗憾的是,电离效率强烈地依赖于多光子过程的阶数,所以(3 + 1)甚至(3 + 2)多光子电离(MPI)过程几乎是无效的,这也是烷类以及 H_2O、N_2 及 CO_2 等小分子所存在的主要问题。为解决该问题,可将其他的电离方法与质谱技术结合起来,例如激光诱导电子电离[27]或激光诱导VUV 光[28]。共振增强多光子电离的更重要特点是:中性分子吸收的多光子能量仅仅稍微高于分子的电离能,因此不会引起分子的解离,所以原则上是无碎片的质谱[19]。若离子进一步吸收光子,则有可能会引起分子解离,但如果只采用低阶的 REMPI,由于激光能量比较弱,所以可排除离子被激光进一步解离的可能(本节最后将介绍一些其他导致分子解离的情况)。这种"软电离"特征额外地降低了质谱测量中的相互干扰问题,特别是对于大分子的测量(如芳烃和烃类)。总之,REMPI 是连接 UV 光谱(引入分子的中间态)和飞行时间质谱(以脉冲方式供应离子)之间的理想工具。

25.2.3 飞行时间质谱测量技术

飞行时间质谱测量技术(TOF – MS)是实现质量分析的最简单方法之一。含有离子的分子束被注入至两个电极之间,然后在特定的时间通过施加脉冲电场(或采用脉冲电离)将离子同时提取出来。若离子均是在一个小的体积内产生,则这些离子在脉冲电场作用下将具有几乎相同的确定势能。然后,在电极后面的自由区域中,离子的势能将转化为确定的动能。因此,不同质量 m 的离子将具有不同的速度,使得它们到达探测器的飞行时间不同 $t \sim m^{1/2}$,最后采用高速示波器或瞬态记录仪记录探测器信号。通过上述过程可知,每个激光脉冲便会获得一个完整的质谱,若电离过程的重复频率是100Hz(受限于脉冲激光的技术指标),则可实现10ms的最低采样时间。此外,理想状态下每个离子都应该到达探测器,而实际中可行的传输效率是20%或稍高,但这也超过了具有同样质量分辨率的其他类型质谱仪。因此,TOF – MS 的主要优势是高速和高灵敏度。

低质量分辨率是长期以来 TOF – MS 存在的主要问题之一。目前,快速脉冲电场和高速数据采集是标准的技术手段,且采用经过尺寸和电场优化的三电极取代二电极实现了对离子云的压缩,即所谓的空间聚焦,进而压窄了离子的飞行时间分布[17]。而离子反射(见图 25.1(c))的发明进一步提高了质量分辨率[18],这是由于专门的离子反射镜补偿了飞行时间的展开效应,使得质量分辨率可达 $R = m/\Delta m > 10000$[29,30]。因此,新技术的进步有望在未来生产出结构紧凑、性能优越的 TOF 设备[31]。最后,利用脉冲激光的激光电离是 TOF – MS 理想的离子源,其具有电离体积小、电离时间短(不需要脉冲电场)、选择性高(采用共振增强的 MPI)等主要特性。

25.2.4 灵敏度估算(相对离子产额)

本节以小尺寸和小真空系统的脉冲激光为例来估算共振激光多光子电离的灵敏度。假定 UV – 纳秒激光的脉冲能量为 $100\mu J$,TOF 质谱仪的涡轮分子泵为150L/s,则估算过程可分为四步。

(1) 若第一步的吸收阶段没有饱和($\sigma_1 I \tau \ll 1$),则公式 $[M^+] = [M](1/2)\sigma_1 \sigma_2 I^2 \tau^2$ 是可靠的[32]。典型的分子吸收截面分别为 $\sigma_1 = 10^{-18} cm^2$ 和 $\sigma_2 = 10^{-17} cm^2$,激光脉宽 $\tau = 10ns$,激光功率 $I = 10^7 W/cm^2$(聚焦尺寸 $0.1mm^2$,脉宽10ns,单脉冲能量 $100\mu J$),则激光焦点处的电离效率为 $[M+]/[M] = 10^{-1}$($10^7 W/cm^2$ 的260nm 激光对应 1.3×10^{18} 光子数/s cm²)

(2) 若进一步假定每个激光脉冲最少可探测的离子数为10,则激光焦点处最少可探测的中性分子数为100。

(3) 若电离发生在 1mm 直径内的分子束中(图 25.2),则电离体积约为 $0.1mm^3$。对于气体压强为 $p = 10^{-3} mbar$(3×10^{10} 分子/mm³),则电离体积 V 内的总的分子数为 3×10^9。

(4) 通过对比最少可探测分子数(2)与电离体积内总的分子数(3),可得到30ppb 的探测灵敏度。

在大型激光质谱仪中,该探测灵敏度值可很容易地提高 10^3,即采用更高的激光能量和更大的真空泵使分子束的密度更高,也可通过对数百个激光脉冲进行取平均,相关的实验工作可参见文献[5,6,11]。

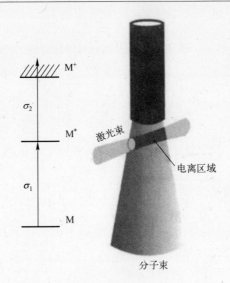

图 25.2　电离体积及双光子电离示意

25.2.5　问题案例

在一些场合下(图 25.3),共振增强激光多光子电离会存在问题,其中一些问题是由于分子没有合适的中间态能量及电离阈值,使得找不到合适的激光波长。解决该问题的措施之一是采用高阶的多光子吸收(如 $2+1,2+2$,甚至 $3+1$),当然这是以牺牲灵敏度为代价。为解决弗兰克 - 康登(Franck - Condon FC)因子小的问题,这就需要利用不同的中间态能级,然而中间态的快速弛豫过程同样会带来严重的问题。在共振增强激光质谱仪中快速解离过程有可能完全阻碍分子电离。因此,研究人员开始利用飞秒激光去电离上述令人棘手的分子组分[33,34]。解决上述问题的另一途径是采用电子附着方法,然后去探测负电荷离子(与化学电离方法相同,但工作在更低的压强下),该技术将在本章后面讨论。

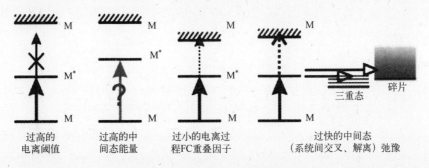

图 25.3　REMPI 存在问题的情况

25.3　发动机尾气中的痕量分析

　　利用 MS 技术,研究人员首次在工况快速变化的汽车发动机催化转化器处实现了 NO、乙醛、芳香族等的选择性测量[4,12]。其中,芳香族包括苯、甲苯、二甲苯、乙苯(BTXE)以及其他多环芳香烃化合物,而 NO 和乙醛分别代表完全燃烧和不完全燃烧的产物,所以人们对二者的同时测量比较关注。

　　下面介绍利用 MS 技术研究汽车发动机尾气中机油成分的检测[36],以两个案例中的一个为例,说明 MS 技术可为相关的分析研究和工程进步提供新的测试手段。图 25.4 给出了在发动机尾气(奥托发动机)中测量的 PAH 的质谱(质量数达 240)。为了确定尾气中的 PAH 是来源于汽油还是机油,人们对氢气燃烧发动机尾气进行了测量分析(图 25.4(a))。可以看出存在典型的 PAH 和甲基化 PAH 的质谱峰,该结果表明:①机油中未燃烧的成分确实存在于尾气中;②共振电离和飞行时间质谱有足够的灵敏度去快速探测这些痕量成分。

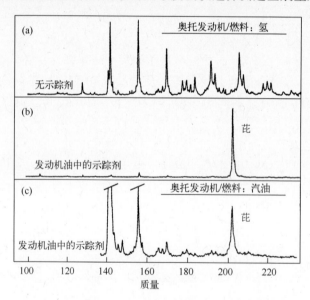

图 25.4　氢气燃烧发动机尾气中的机油成分探测(PAH)
(a) 机油中不含示踪成分;(b) 机油中含有示踪成分芘;(c) 汽油燃烧尾气且含有示踪成分。机油中示踪成分浓度为 1%,芘不是机油的固有成分。

　　根据传统的分析方法,可以得到总的 PAH 浓度(利用图 25.4(a)的质谱数据)约在 1ppm,相应的单组分 PAH 的在线灵敏度为 10ppb。图 25.4(c)为在汽油燃烧发动机尾气中测量的质谱数据,可以看出相对小的质量数(位于 70~120 之间)信号非常强以至于离子探测器饱和,进而使得难以探测到大质量数的组

536

分。为了研究机油的成分(大分子 PAH),人们在质谱仪上添加了质量门开关,即采用一个偏转电压,当质量数在 70 ~ 120 的离子通过时,该电压打开阻止这些离子到达探测器。与氢气燃烧相似,汽油燃烧尾气质谱中依然出现大质量数的离子,而且还存在专门添加的示踪分子(图 25.4(b)、(c):在机油中添加 1% 的芘)。

示踪剂可用于研究发动机机油的动态和静态损耗过程,利用其研究发现:①机油损耗主要来源于发动机燃烧室内;②被蒸发的机油在发动机尾气处约有90% 还没有燃烧;③示踪剂代表了未燃烧的部分,因此几乎代表了整个的机油损耗。总之,示踪剂不仅是研究机油动态过程,而且也是测量机油损耗的理想指示剂。图 25.5 展示了利用示踪剂确定机油损耗过程的两个应用案例,第一个是机油的快速动态损耗过程(图 25.5(a)),另一个代表着发动机不同静态工况下的测量(图 25.5(b)中的机油损耗转速负荷曲线)。图 25.5(a)中两条随时间变化曲线分别为 1000 ~ 3000r/min 转速曲线和示踪信号。从图中可以清晰看出,机油的高损耗发生于发动机从高转速迅速降低至低转速的时刻,这也是燃烧过程迅速降低时刻。机油损耗的迅速增加可通过汽缸内压强迅速降低来解释,导致通过汽缸壁面的机油蒸发量的增加。

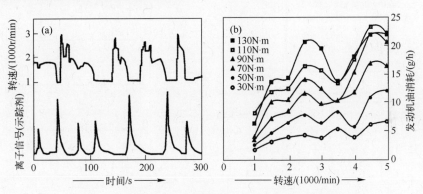

图 25.5 发动机转速快速变化条件下的机油相对损耗(a),
不同静态工况下发动机的机油损耗随转速和负荷定量变化曲线(b)

图 25.5(b)所示状况在几个方面与图 25.5(a)不同,此时发动机工作在静态工况下,即其工作特性由一组发动机转速和负荷值表征,且这些值在数分钟内均是恒定的,并给出了不同静态条件下定量测量的发动机机油损耗(以 g/h 表示)。在恒定发动机负荷值下,通过改变转速便可获得一条机油损耗曲线,然后通过改变负荷值便获得一系列的机油损耗曲线。从图中可以看出,机油损耗曲线并不是随转速光滑稳定地增加(这可能是人们所预期的),而是呈现出或多或少的周期性调制。其中的一个解释是活塞环不仅仅随着活塞运动,而且还受到

次惯性力的作用发生扭转。这种扭转使得活塞环像刀片一样刮着油,导致气缸内壁油膜的厚度发生变化,而厚的油膜会使机油的蒸发量增加,进而导致机油损耗增加。需要指出的是,采用共振激光质谱技术完成对图 25.5(b)所示曲线的测量只需要不到一天的时间,而利用传统的测量手段(即在每个发动机工况前后称量机油的重量)却需要花费数周的时间。

利用 MS 技术开展快速痕量分析的另一案例是研究催化反应器的动态过程[37]。在发动机工况快速变化情况下(例如节流阀的突然关闭),研究人员观察到甲基化和未甲基化的芳香烃化合物会呈现出明显不同的特性。在催化反应器之前的监测表明,各组分浓度之间的比值几乎是稳定的(苯、甲苯、二甲苯[BTX]及萘之间的比值约为 1:1:1:1/10),即便这些组分浓度的变化在一个数量级或更高。图 25.6(a)给出了在催化反应器后面测量的 BTX 浓度分别随节流阀位置、转速及负荷变化曲线。显然,节流阀的突然关闭会导致芳烃的浓度从几个 ppm 上升至 100ppm 以上,其中苯的上升最为显著,使得其与 BTX 的比值相对于初始值增加了 5 倍以上。节流阀关闭 1s 之后,由于催化作用发生改变,BTX 的浓度比值回归到催化反应器之前的数值。

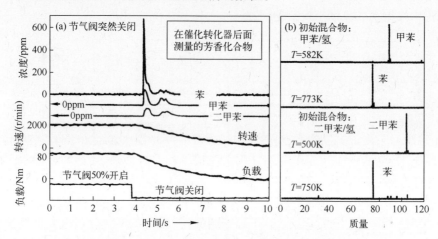

图 25.6 发动机工况动态变化下芳烃化合物浓度

(a) 节流阀快速关闭时在催化反应器后测量的 BTX 浓度曲线,其中苯浓度的增加最为显著;

(b) 初始混合物确定情况下在高温裂解池(用于模拟发动机的催化反应器)

中测量的 BTX 浓度,无氧环境下可以观察到苯的生成。

为了研究苯的这种意料不到的效应,通过在氮气中添加浓度已知的甲苯、二甲苯及氢气作为初始混合物,然后将混合物注入至专门设计的装有催化反应材料的裂解池中,并采用 MS 技术在线监测裂解产物,相应的质谱如图 25.6(b)所示。从图中可以看出,当催化材料的温度超过一定值时便可明显地观察到去甲基化过程。总而言之,我们认为图 25.6(a)中苯的异常快速增加是由特定初始混合物的高效去甲基化过程引起的:节流阀快速关闭会在短时间内产生大量的未燃燃料,这是由于节流阀关闭会降低燃烧而燃料依然会通过注入系统的壁面蒸发出来,而大量的未燃燃料结合氧气的不足及前面燃烧周期产生的适量氢气便在催化反应器中构成了去甲基化的理想条件。节流阀关闭 1s 后(图 25.6(a)中出现扰动的时刻),由于注入气体的成分组成不同,使其不再是苯生成的理想条件。在测试设备的测试过程中也观察到相似的效应,即利用共振激光质谱技术,研究人员在测试变速箱时观察到发动机的催化反应器中存在典型的去甲基化状态。

25.4　燃烧过程生成的吸附于气溶胶及其他固体样品的 PAH 同形异构体选择性痕量分析途径

　　MS 技术不仅可用于复杂气体混合物而且还可用于固体材料(如碳黑颗粒、气溶胶及土壤)中的化学成分的痕量分析且具有较快的时间尺度。这种测量是通过结合中性分子的激光吸收和共振电离(LD/LI 质谱)来实现的,使得不再需要传统的 PAH 痕量分析中高选择性和耗时的化学清洁过程。研究人员利用 LD/LI 质谱技术测量了不同现场下的吸附于空气气溶胶上的 PAH,即交通拥堵的路面、工业区域、农业区域[42]。结果表明,大多数的 PAH 来源于机动化的交通,这里需要指出的是空气中的气溶胶颗粒会吸附绝大部分的 PAH。然而,这些实验[42]中测量技术所存在的主要问题是其不能区分具有相同质量数的 PAH 的同形异构体,例如苯并芘(B[a]P)、苯并荧(B[b]F)、苯并荧(B[k]F)的质量数均为 252。众所周知,相对于 B[b]F 与 B[k]F,B[a]P 对人健康的危害大得多。因此,人们非常希望能够在 PAH 的所有同形异构体中对 B[a]P 进行专门的选择性监测。

　　在激光解吸附分子的过程中,由于分子的平动、转动、振动态的强激发,使得共振激光电离丧失了光谱选择性。下面介绍的仪器和方法就是为了恢复共振激光电离的光谱特性(即选择性)。图 25.7(a)展示了实验布局,设计了小型化的真空系统以满足激光质谱设备的可移动性。小固体样品(直径 2mm)固定于可活动的样品支撑表面,样品支撑采用一个细杆,该细杆能够在 60~100s 内通过真空锁定系统导入至质谱仪中。然后,利用脉冲激光将样品表面的中性分子(如 PAH)解吸附出来,并采用一块实心聚四氟乙烯短锥形开口内的脉冲气流将其带走。该脉冲气流的主要作用是热化分子的平动和内部运动状态,使得激光解吸附分子具有选择性激发与电离。上述整个测量过程,即从将固体样品导入质谱仪到获取质谱图像的所需时间大约在 1min 甚至更少。

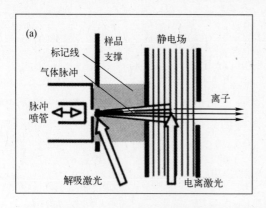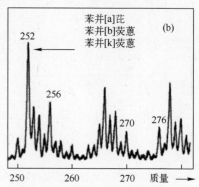

图 25.7　(a) 激光解吸附和激光电离相结合的离子源;(b) 利用激光
解吸附/激光电离测量的土壤中 PAH 的部分质谱图

图 25.7(b)为在被污染土壤中测量的 PAH 典型的部分质谱图,即包含上文所提到的质量数为 252 的同形异构体,该质谱图是利用波长为 266nm 的激光(对 PAH 具有半选择性电离)测量的。图中 276 处的质谱峰是苯并[ghi]芘(B[ghi]P),而其他的质谱峰主要来源于小型甲基化的 PAH。可以看出,单个 PAH 的典型浓度值在 ppm 量级,通过对比图中的背景噪声可推算出该方法的探测灵敏度约为 100ppb。为了说明该方法(图 25.7(a))的光谱特性,图 25.8(a)对比了气相苯并[ghi]芘的 UV 光谱与共振激光电离光谱,可以看出二者具有很好的一致性。电离光谱信号在波长小于 270nm 处的增加是由于二次吸收过程中的弗兰克 – 康登因子的增加。该方法的光谱分辨率足以进行同形异构体的选择性探测,图 25.8(b)展示了激光波长分别为 290nm 和 265nm 下的苯并[b]荧与苯

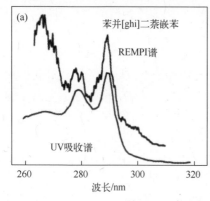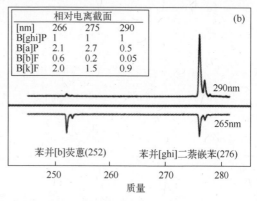

图 25.8　激光解吸附中性分子光谱及其应用

(a) 土壤中苯并[ghi]芘(B[ghi]P)的 REMPI 光谱;(b) 两个不同激光波长下的
B[ghi]P 与 B[b]F 混合物的质谱图,插入的表格为三个不同激光波长下
的 B[a]、B[b]F、B[k]F 三种同形异构体的信号强度比

并[ghi]芘混合物的质谱图像。从图中可以看出,在不同激光波长作用下二者质谱峰的相对强度明显不同。苯并[b]荧的其他同形异构体(苯并[a]芘与苯并[k]荧)也发现类似的现象,图 25.8(b)同时也给出了三个不同激光波长作用下的上述三种同形异构体(质量数为 252)的信号强度比。因此,对于质谱峰均为 252 的同形异构体,可通过测量不同激光波长下它们与其他质谱峰的相对强度推算出来,其他的质谱峰可以是质量数为 276 的 B[ghi]P,也可在样品中添加示踪分子。

25.5　其他用于痕量分析的激光质谱技术

正如 25.2 节所述,有些组分存在中间的分子状态,使得不能很好地使用共振电离的方法,本节主要介绍解决分子内部快速弛豫过程特别是解离过程的方法。除了介绍飞秒激光(体积庞大,难以操作)的应用外,也将介绍其他可行的方法,如电子附着并探测负电荷离子。电子附着方法类似于质谱分析中大家所熟知的化学离子源。然而,本节介绍的技术途径是通过激光诱导金属表面电子辐射生产低能量电子,然后在气体流(即超声速分子束)中产生负离子。激光的光子能量仅稍稍大于金属的逸出能,使得生成的电子动能在十分之几至 1eV 之间[43]。因此,产生的阴离子会在两个电极之间漂移,然后被脉冲电场导入至飞行时间管中。图 25.9 与图 25.10 分别展示了硝基苯和多氯苯的阴离子质谱图,可以看出图中没有解离分子的质谱信号。

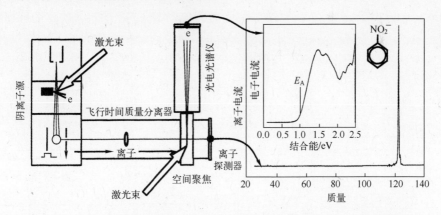

图 25.9　阴离子质谱和质量选择光电光谱同时测量的实验布局及硝基苯的
测量结果示例(质谱和质量选择的光电光谱)

当然,电子附着方法不是选择性电离技术(有些分子具有极易附着电子的事实除外)。另一方面,被附着的电子在质量选择后还可再次被分离出来,这种能够分析光分离电子的技术称为光电光谱技术。图 25.9 所示的实验布局中包含了一个光电光谱仪,图的左侧为阴离子生成腔和飞行时间质谱中离子源的光学示意,图的右侧为脉冲离子源的空间聚焦,它的上面即为光电光谱仪。利用脉冲电场导入至飞行时间管的负电荷离子将在不同的时间到达脉冲离子源空间焦点处,而在此位置激光也聚焦到离子束中。激光脉冲到达焦点处的时刻与所需质量的分子束到达时刻一致,进而将分子上的额外电子分离出来。

通过这种电子分离方法及获得的相应的光电光谱,便可在每个电离周期内实现质量选择的测量。此外,在获得某个选定组分光电光谱的同时,该方法还同时获得了整个的质谱图像。总之,阴离子质谱提供了整体的信息,而光电光谱提供了选定质谱峰的详细信息(甚至是同形异构体的选择)。图 25.10 给出了四苯喹嗪、四苯喹嗪和多氯苯混合物的质谱图。此外,图中还给出了光分离电子的光电光谱,可以看出 1,2,3,4 − 与 2,3,5,6 − 四氯代苯两种同形异构体存在明显的不同,所以该方法可用于同形异构体的甄别。尽管两种同形异构体的质谱纠缠在一起,依然可以确定二者的浓度比值,只要两者的差别不是太大。总之,对于选择性痕量分析来说,激光诱导电子附着、飞行时间质谱、飞行时间光电光谱相结合的方法是一个非常令人感兴趣的技术,而且该方法不需要使用可调谐激光。

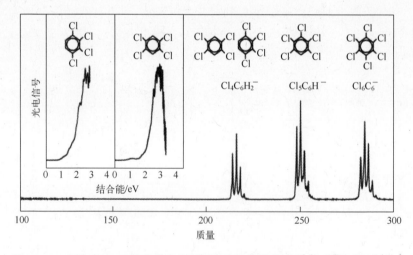

图 25.10　四苯喹嗪、四苯喹嗪和多氯苯混合物的阴离子质谱,其中四氯代苯有两种同形异构体,它们可通过阴离子光电光谱区别出来,如插图所示

25.6　实际应用中激光质谱设备的总结评论

除灵敏度和选择性外,当前对痕量分析设备的主要需求是可移动性以及在

线和现场测量能力。目前,共振激光质谱技术正在朝着满足上述需求的方向发展,主要解决的问题是尺寸、机械强度以及抗振设计,但因受限于激光器和真空系统的硬件元件,使得尺寸是最难以解决的问题。

目前,可以购置新型波长可调谐激光器,如 OPO(光学参量振荡器)激光器[45],二级(振荡器/放大器)的 OPO 系统已经应用于燃烧废流测量的 MS 技术中[14,16],但其体积过于庞大,且全天候实际应用的可靠性不足。按照最新的进展,已发展出结构紧凑的单级 OPO 激光器系统,尺寸为 $70cm \times 25cm \times 20cm$($L \times W \times H$)(包括 OPO 和 Nd - YAG 泵浦激光),单脉冲激光能量在可见波段约 $10mJ$,在 UV 波段约 $1mJ$(利用非线性晶体倍频),在 $400nm \sim 2\mu m$ 整个波长调谐范围内激光线宽约为 $5cm^{-1}$。

至于真空系统,已经专门研制出小型质量分析仪和带有特殊反射电场设计的反射型飞行时间质谱仪[46]。但即便是传统的反射型设备也可大大减小其尺寸,已经研制成功整个长度为 $55cm$(包含真空系统)的反射型设备,其质量分辨率为 $R_{50\%} = m/\Delta m = 1500$,足以用于痕量分析。若气阻不是特别大,真空系统可采用体积相对小的涡轮分子泵,其泵浦速度为 $250L/s$。这种泵可用于脉冲气体注入和为连续气体注入提供一定的压强差。可以预见不久将会出现灵敏度为 ppb 甚至亚 ppb 量级的 MS 设备,且其尺寸可放置于旅行车的货物箱中。

最后讨论有关标定方面的问题,用上述技术已经实现了定性和快速筛查的痕量分析。定量分析是更为棘手的问题,例如在尾气分析中,一方面需测量总的尾气排放量(这不是质谱分析方法的测量任务),另一方面需要确定尾气中各组分的浓度。如果获得了组分的相对浓度探测结果,则仅需要测量其中一个主要气体成分的浓度。(标定和定量测量方面的更多信息可参见文献[6,7,11,47。]

解决标定问题的方案之一是选择氮气作为参考对象,这是由于氮气是尾气中的主要气体成分,且其浓度变化非常小。此外,每个激光脉冲均产生完整的质谱图像(包括 N_2 的质谱),使得自标定成为可能。然而,选择氮气存在的主要问题是,当激光波长大于 200nm 时氮气很难被电离。在一个激光脉冲内把共振激光电离和激光诱导电子电离(laser - induced electron ionization,LEI)结合起来是一个巧妙的解决方案[19,27]。LEI 电离效率可通过周围空气中氮气电离峰强度与痕量气体中的强度一致来选择,被电离的氮气便可通过质谱仪来监测。

致　　谢

作者非常感谢前同事 Bäβmann、Frey 和 Nagel(Bruker - Daltonics)博士,

Distelrath、Heger(Siemens – AG)、Puffel(BMW – AG)博士,Weickhardt 博士(科特布斯大学)和 Zimmermann 教授(奥格斯堡大学)。同时感谢德国联邦教育研究部(BMBF)和研究机构(DFG)为痕量分析的激光质谱研究提供经费支持。

参 考 文 献

[1] Letokhov V S. Laser Photoionization Spectroscopy. Orlando:Academic Press,1987.

[2] Lubman D M. Lasers and Mass Spectrometry. New York:Oxford University Press,1990.

[3] Vertes A,Gijbels R,Adams F. Laser Ionization Mass Analysis,John Wiley & Sons,New York,1993.

[4] Boesl U,Heger H J,Zimmermann R,et al. Laser Mass Spectrometry in Trace Analysis. in Meyers R A,ed. Encyclopedia of Analytical Chemistry. Chichester:John Wiley & Sons,2000, pp. 2087 – 2118.

[5] Velazquez J,Voloboueva L A,Cool T A. Selective Detection of Dibenzodioxin,Dibenzofuran and Some Small Polycyclic Aromatics. Combust. Sci. Technol. ,vol. 134,pp. 139 – 163,1998.

[6] Tanada T N,Velazquez J,Hemmi N,et al. Detection of Toxic Emissions from Incinerators. Ber. Bunsenges. Phys. Chem. ,vol. 97. pp. 1516 – 1527,1993.

[7] Tanada T N,Velazquez J,Hemmi N,et al. Surrogate Detection for Continuous Emission Monitoring by Resonance Ionization. Combust. Sci. Technol. ,vol. 101,pp. 333 – 348,1994.

[8] Ahrens J,Kovacs R,Shafranovskii E A,et al. On – Line Multi – Photon Ionization Mass Spectrometry Applied to PAH and Fullerenes in Flames. Ber. Bunsenges. Phys. Chem. , vol. 98, pp. 265 – 268,1994.

[9] Hepp H,Siegmann K,Sattler K. New Aspects of Growth Mechanisms for Polycyclic Aromatic Hydrocarbons in Diffusion Flames. Chem. Phys. Lett. ,vol. 233,pp. 16 – 22,1995.

[10] Gittins C M,Castaldi M J,Senkan S M,et al. Real – Time Quantitative Analysis of Combustion – Generated Polycyclic Aromatic Hydrocarbons by Resonance – Enhanced Multiphoton Ionization Time – ofFlight Mass Spectrometry. Anal. Chem. ,vol. 69,pp. 286 – 293,1997.

[11] Heger H J,Zimmermann R,Dorfner R,et al. On – Line Emission Analysis of Polycyclic Aromatic Hydrocarbons Down to pptv Concentration Levels in the Flue Gas of an Incineration Pilot Plant with a Mobile Resonance – Enhanced Multiphoton Ionization Time – of – Flight Mass Spectrometer. Anal. Chem. ,vol. 71,pp. 46 – 57,1999.

[12] Boesl U,Nagel H,Schlag E W,et al. Vehicle Exhaust Emission, Analysis by Laser Mass Spectrometry. in Meyers R A,ed. The Encyclopedia of Environmental Analysis and Remediation. John Wiley & Sons,1998,pp. 5000 – 5022.

[13] Weickhardt C,Zimmermann R,Boesl U,et al. Laser Mass Spectrometry of Dibenzodioxin, Dibenzofuran and Two Isomers of Dichlorodibenzodioxins:Selective Ionization. Rapid Commun. Mass Spectrom. ,vol. 7,pp. 183 – 185,1993.

[14] Oser H, Coggiola M J, Faris G W, et al. Development of a Jet – REMPI (Resonantly Enhanced Multiphoton Ionization) Continuous Monitor for Environmental Applications. Appl. Optics, vol. 40, pp. 859 – 865, 2001.

[15] Oser H, Thanner R, Grotheer H – H. Jet – REMPI for the Detection of Trace Gas Compounds in Complex Gas Mixtures, a Tool for Kinetic Research and Incinerator Process Control. Combust. Sci. Technol. , vol. 116/117, pp. 567 – 582, 1996.

[16] Thanner R, Oser H, Grotheer H – H. Time – Resolved Monitoring of Aromatic Compounds in an Experimental Incinerator Using an Improved Jet – Resonance – Enhanced Multi – Photon Ionization System Jet – REMPI. Eur. Mass Spectrom. , vol. 4, pp. 215 – 222, 1998.

[17] Wiley W C, McLaren I H. Time – of – Flight Mass Spectrometer with Improved Resolution. Rev. Sci. Instrum. , vol. 26, pp. 1150 – 1157, 1955.

[18] Mamyrin B A, Karataev V I, Shmikk D V, et al. The Mass – Reflectron, a New Nonmagnetic Time – of – Flight Mass Spectrometer with High Resolution. Sov. Phys. JETP, vol. 37, pp. 45 – 48, 1973.

[19] Boesl U, Weinkauf R, Weickhardt C, et al. Laser Ion Sources for Time – of – Flight Mass Spectrometry. Int. J. Mass Spectrom. Ion Process. , vol. 131, pp. 87 – 124, 1994.

[20] Johnson P M. Molecular Multiphoton Ionization Spectroscopy. Appl. Optics, vol. 19, pp. 3920 – 3925. 1980.

[21] Boesl U, Neusser H J, Schlag E W. Two – Photon Ionization of Polyatomic Molecules in a Mass Spectrometer. Z. Naturforsch. , vol. 33A, pp. 1546 – 1548, 1978.

[22] Dietz T G, Duncan M A, Liverman M G, et al. Resonance Enhanced Two – Photon Ionization Studies in a Supersonic Molecular Beam: Bromobenzene and Iodobenzene. J. Chem. Phys. , vol. 73, pp. 4816 – 4821, 1980.

[23] Amirav A, Even U, Jortner J. Analytical Applications of Supersonic Jet Spectroscopy. Anal. Chem. , vol. 54, pp. 1666 – 1673, 1982.

[24] Hayes J M. Analytical Spectroscopy in Supersonic Expansions. Chem. Rev. , vol. 87, pp. 745 – 760, 1987.

[25] Zimmermann R, Lermer C, Schramm K W, et al. Three – Dimensional Trace Analysis: Combination of Gas Chromatography, Supersonic Beam UV Spectroscopy and Time – of – Flight Mass Spectrometry. Eur. Mass Spectrom. , vol. 1, pp. 341 – 351, 1995.

[26] Smalley R E, Wharton L, Levy D H. Molecular Optical Spectroscopy with Supersonic Beams and Jets. Ace. Chem. Res. , vol. 10, pp. 139 – 145, 1977.

[27] Rohwer E R, Beavis R C, Koster C, et al. Fast Pulsed Laser Induced Electron Generation for Electron Impact Mass Spectrometry. Z. Naturforsch. , vol. 43a. pp. 1151 – 1153, 1988.

[28] Boyle J G, Pfefferle L D, Gulcicek E E, et al. Laser – Driven Electron Ionization for a VUV Photoionization Timeof – Flight Mass Spectrometer. Rev. Sci. Instrum. , vol. 62, pp. 323 – 333, 1991.

[29] Bergmann T, Martin T P, Schaber H. High – Resolution Time – of – Flight Mass Spectrome-

ters:Part Ⅲ,Reflector Design. Rev. Sci. Instrum. ,vol. 61,pp. 2592 – 2600,1990.

[30] Boesl U,Weinkauf R,Schlag E W. Reflectron Time – of – Flight Mass Spectrometry and Laser Excitation for the Analysis of Neutrals, Ionized Molecules and Secondary Fragments. Int. J. Mass Spectrom. Ion Phys. ,vol. 112,pp. 121 – 166,1992.

[31] Zhang J,Enke C G. Simple Cylindrical Ion Mirror with Three Elements. J. Am. Soc. Mass Spectrom. ,vol. 11,pp. 759 – 764,2000.

[32] Zakheim D S,Johnson P M. Rate Equation Modelling of Molecular Multiphoton Ionization Dynamics. Chem. Phys. ,vol. 46. pp. 263 – 272,1980.

[33] Ledingham K W D,Kilic H S,Kosmidis C,et al. A Comparison of Femtosecond and Nanosecond Multiphoton Ionization and Dissociation for Some Nitro – Molecules. Rapid Commun. Mass Spectrom. ,vol. 9,pp. 1522 – 1527,1995.

[34] Weickhardt C,Grun C,Grotemeyer J. Fundamentals and Features of Analytical Laser Mass Spectrometry with Ultrashort Laser Pulses. Eur. Mass Spectrom. ,vol. 4,pp. 239 – 244,1998.

[35] Illenberger E,Momigny J,Gaseous Molecular Ions:An Introduction to Elementary Processes Induced by Ionization. Darmstadt:Steinkopff Verlag,1992.

[36] Püffel P K,Thiel W,Frey R,et al. A New Method for the Investigation of Unburned Oil Emissions in the Raw Exhaust of SI Engines. SAE Technical Paper Series 982438,pp. 1 – 7,1998.

[37] Nagel H,Frey R,Hertgerink C,et al. Online Analysis of Individual Aromatic Hydrocarbons in Automotive Exhaust:Dealkylation of the Aromatic Hydrocarbons in the Catalytic Converter. SAE Technical Paper Series 971606,pp. 47 – 53,1997.

[38] Weyssenhoff H,Selzle H L,Schlag E W. Laser – Desorbed Large Molecules in a Supersonic Jet. Z. Naturforsch,vol. 40a,pp. 674 – 676,1985.

[39] Tembreull R,Lubman D M. Pulsed Laser Desorption with Resonant Two – Photon Ionization Detection in Supersonic Beam Mass Spectrometry. Anal. Chem. , vol. 58, pp. 1299 – 1303,1986.

[40] Grotemeyer J,Boesl U,Walter K,et al. Biomolecules in the Gas Phase. 1. Multiphoton – Ionization Mass Spectrometry of Native Chlorophylls. J. Am. Chem. Soc. , vol. 108, pp. 4233 – 4234,1986.

[41] Zenobi R,Zhan Q,Voumard P. Multiphoton Ionization Spectroscopy in Surface Analysis and Laser Desorption Mass Spectrometry. Mikrochim. Acta,vol. 124,pp. 273 – 281,1996.

[42] Zhan Q,Voumard P,Zenobi R. Application of Two – Step Laser Mass Spectrometry to the Chemical Analysis of Aerosol Particle Surfaces. Rapid Commun. Mass Spectrom. , vol. 9, pp. 119 – 127,1995.

[43] Boesl U,Bäßmann C,Drechsler G,et al. Laser – Based Ion Source for Mass Spectrometry and Laser Spectroscopy of Negative Ions. Eur. Mass Spectrom. ,vol. 5,pp. 455 – 470,1999.

[44] Boesl U, Knott W J. Negative Ions, Mass Selection, and Photoelectrons. Mass Spectrom. Rev. ,vol. 17,pp. 275 – 305,1998.

［45］　Byer R L,Piskarskas A,eds. Special Issue:"Optical Parametric Oscillation and Amplification. "J. Opt. Soc. Am. B,vol. 10,pp. 1656 – 1791,1993.

［46］　Badman E R,Cooks R G. Miniature Mass Analyzers. J. Mass Spectrom. ,vol. 35,pp. 659 – 671,2000.

［47］　Boesl U,Weickhardt C,Schmidt S,et al. Calibration Method for the Quantitative Analysis of Gas Mixtures by Means of Multiphoton Ionization Mass Spectrometry. Rev. Sci. Instrum. , vol. 64,pp. 3482 – 3486,1993.

第26章 燃烧尾气污染物定量测量的可调谐红外激光差分吸收光谱传感器

Mark S. Zahniser，David D. Nelson，Charles E. Kolb

26.1 燃烧尾气产物及大气

26.1.1 引言

所有的燃烧都会产生尾气产物，这些产物排入大气会显著改变大气的痕量成分。因此，大气科学家面临以下两个挑战：①确定燃烧生成的污染气体及颗粒物是如何影响大气的；②确定这些影响随污染物在空间和时间分布上的依赖关系。为了使危害最小化，环保条款的制定者必须决定哪种排放物需要降低排放或改变其排放地点和时间。同时，燃烧科学家和工程师正在致力于研制新型或改进以前的能量转化设备，以降低尾气中的污染物排放水平，并保持或提高燃烧效率和功率输出。上述所有任务需求，均需要对尾气成分进行精确和高时间分辨的测量，测量范围涵盖火力发电厂、商业、交通运输系统等所有燃烧领域。

本章首先介绍燃烧尾气排放对大气的影响过程，然后阐述可调谐红外激光差分吸收光谱（TILDAS）设备在燃烧系统中气体污染物实时测量方面的应用。

26.1.2 大气化学

大气中含量最丰富的三种成分是氮气（N_2）、氧气（O_2）和氩（Ar），干燥空气中99.96%以上均是这三种气体。由于这三种气体对近紫外、可见光、红外光几乎是透明的，且它们在大气环境中几乎不发生化学反应，因此大气的光学传输和化学特性主要取决于大气中的痕量组分。目前，几乎所有的大气污染问题，以及由此引起的对健康和环境的危害，均因燃烧尾气污染物的排放而日益加剧。读者若想获取比本章下面内容更多的有关尾气污染物对大气影响过程方面的知识，可参考两部最新出版的优秀教材[1,2]。

1. 局地和区域空气质量

在温暖气候下,光化学烟雾会严重降低局地和区域的空气质量。光化学烟雾的特点是具有强氧化性,例如臭氧(O_3)、过氧化氢(H_2O_2)和二氧化氮(NO_2),这些均会危害人类健康和生态系统的生存能力。产生烟雾的反应源于大气中的一氧化氮和二氧化氮(NO 和 NO_2,统称 NO_x)、一氧化碳(CO)、挥发性有机化合物(Voiatic Organic Compounds,VOC)以及阳光。在大部分的城市区域,主要的 NO_x 和 CO 以及大多数的 VOC 来自于机动车的尾气,其他的 NO_x 和 CO 几乎源于固定地点燃烧设备和锅炉的烟囱排放,这些燃烧设备包括从大型的发电厂锅炉、工业加热锅炉到商业和家庭供热系统。即使在郊区和乡村,很大一部分的烟雾排放可以追溯到燃烧尾气。在全世界范围内,化石燃料的燃烧每年会产生约 $72Tg$($1Tg = 10^{12}g = 10^6t$)的 NO_x(用 NO_2 表示),而与农业和野火相关的生物质燃烧每年预计产生 $18Tg$,因燃烧排放的 NO_x 约占大气总排放的 73%[3]。与之相似,源于化石燃料燃烧产生的 CO 和 VOC 每年的排放量约为 $383Tg$ 和 $98Tg$,源于生物质燃烧的排放量分别约为 $730Tg$ 和 $51Tg$,与燃烧相关排放的 CO 和 VOC 分别占大气总排放的 77% 和 20%[3]。当然,燃烧和生物活动产生的 VOC 在大气中进一步氧化会最终生成 CO,使得大气中总的 CO 量多于直接排放量。

光化学烟雾只是燃烧尾气排放引起的恶化空气质量的因素之一。同样,大部分陆地上的小颗粒气溶胶绝大部分来源于燃烧排放,其中碳黑和非挥发性VOC 颗粒直接来自于燃烧排放。此外,二氧化硫(SO_2)、NO_x 和挥发性 VOC 在大气中氧化会生成硫酸、硝酸、有机酸以及其他羰基化合物,这些酸性物质在大气中凝结会间接形成含有硫酸盐、硝酸盐以及 VOC 等的气溶胶。大气中 NO_x 和大多数的 SO_2 源于化石燃料燃烧,特别是矿石冶炼过程中的高温燃烧[3]。与人类活动相关的燃烧每年会直接向大气中排放约 $134Tg$ 的 SO_2,作为对比,源于生物质燃烧约为 $5Tg$,火山喷发为 $16Tg$,大气中硫化物的氧化为 $42Tg$[4]。因此,大气中的 SO_2 约有 70% 是由燃烧相关产生的。

2. 室内空气质量

室内燃烧,如天然气灶、壁炉、煤油炉甚至抽烟都会直接向空气中排放 CO 和 NO_2 等常见的有害气体,甚至还会产生危害更大的氨气(NH_3)、联氨(N_2H_4)、甲醛(H_2CO)等有害物质。在密闭、通风不良的空间内,这些有毒有害物质会显著降低室内空气质量。量化这些有毒有害物质在室内的含量,以及它们对人类健康,特别是小孩、孕妇、哮喘病人、心脏病人、肺气肿病人的影响,已成为主要的公共健康问题(参见第 24 章)。确定室内有毒有害物质的排放量以及它们的扩散特性需要新型传感器。

3. 酸雨/酸沉积

除了降低空气质量,燃烧排放的 NO_x 和 SO_2 是导致酸雨和酸沉积的罪魁祸首,它们会破坏脆弱的生态系统。正如之前所述,大气中 NO_x 和 SO_2 会进一步氧化成硝酸和硫酸,其过程主要是气相的光化学反应和气溶胶及云层液滴中的各种反应。随后,这些酸性气体、酸性气溶胶的干性沉积或随雨水或雪的湿性沉积降至地面,给贫瘠的土壤或湖中带来足够的酸,使得土壤或水中的 pH 值发生显著改变,这种改变有时会给植物和动物带来毁灭性的灾难。

4. 全球及区域气候变化

在全球性大气问题中,如气候变化,燃烧排放起着主要作用,这是由于大气的辐射特性是决定地表温度的主要因素。1998 年,化石燃料燃烧加上少部分高温水泥工业产生的二氧化碳(CO_2)预计超过 $23800Tg$[5]。生物质燃烧生成的 CO_2 不易确定且更易变化,其生成量预计占化石燃料燃烧/水泥工业生成量的 $1/4 \sim 1/2$。CO_2 是主要的温室气体,在最近的 50 年里,大气中 CO_2 浓度的急剧增加导致全球平均温度明显上升[5]。在一些环境下,化石燃料燃烧生成的尾气中还含有其他两种重要的温室气体甲烷(CH_4)和一氧化二氮(N_2O),尽管这两种气体主要来源于生物活动[5]。

大量燃烧源的初期产物会生成 O_3,它同样具有强的温室效应。此外,与燃烧尾气相关的原发性和继发性气溶胶颗粒也在大气辐射传输特性中扮演重要角色,使得区域气候发生改变。

5. 新型燃烧排放测量技术需求

很显然,规模自抽烟到数兆瓦的火力发电厂的燃烧,会给从室内空气质量到全球气候变化等大气特性造成不利的影响,进而严重影响大气的功能和地球及其居民的健康。这种影响促进了能够实时定量测量尾气排放的新型尾气分析工具的发展,进而有助于识别和表征需要缓解的污染排放源及发展更为清洁和高效的燃烧系统使其产生更少的有害排放。本章后续内容将介绍一种基于可调谐红外激光的新型尾气成分测量方法,它能够准确和快速地表征大量的尾气成分。尽管有很多方法测量尾气污染物[4],但下面介绍的方法具有准确和高时间分辨的特点,且既可用于单点的取样测量,也可用于开放路径的非接触测量。

26.2 可调谐红外激光差分吸收光谱技术

26.2.1 光谱学基础

从本质上说,几乎所有感兴趣的气态燃烧尾气污染物在 $3 \sim 20\mu m$ 的中红外波段均有很强的振动/转动跃迁。与此同时,大气(尾气排放的稀释剂)中的主要气体,如 N_2、O_2、Ar 在中红外波段是透明的。但是,碳氢燃料燃烧生成的主要产物水和二氧化碳在中红外波段有很强的吸收,阻碍了低浓度组分的测量,该缺陷对一些低光谱分辨率技术的限制更为严重,如非色散红外(NDIR)光谱和傅里叶变换红外(FTIR)光谱。高分辨可调谐中红外激光能够探测很窄的光谱窗口,进而能够在水和二氧化碳的吸收线之间获取痕量污染物的吸收特征。此外,能够在痕量污染物相同光谱区间里定量获取二氧化碳和水蒸汽是非常有用的,这是由于通过它可获得痕量污染物排放量与燃烧主要产物排放量之间的摩尔比值。当燃烧化学配比已知时,这些摩尔比值便可转化为标准的排放量表现形式,即每千克燃料燃烧会排放多少克的污染物。

用于痕量分析的可调谐红外激光差分吸收光谱通常工作在比尔 – 朗伯定理的线性吸收区域,即被分子谱线吸收的光强与基线光强之间的比值与分子吸收截面(σ)、吸收路径(L)以及组分浓度(n)呈线性关系:

$$\Delta I/I = n\sigma L \tag{26.1}$$

在实验室稳态环境下,数秒内最小可探测的 $\Delta I/I$ 值可低至 10^{-6},而现场条件却限制了快速探测情况下的 $\Delta I/I$ 的测量灵敏度,为 10^{-5} 或更大。

TILDAS 技术的谱线特征使其特别适合探测小分子(2～8 个原子构成),即那些在中红外波段拥有可分辨的振动/转动吸收线的分子,或至少拥有尖锐吸收峰的分子,如拥有高度结构化的 Q 分支谱线的分子。分子的高度对称性会简化和增强其在中红外波段的吸收谱线,所以 TILDAS 技术也可有效测量一些如苯(C_6H_6)这样较大的分子。而那些非对称的更大的分子,其在红外波段呈现出宽吸收的特性,低光谱分辨的 FTIR 技术同样有效,且可能更易实施。

26.2.2　激光源

至今,用于痕量分析的可调谐中红外激光器大多都采用铅盐激光器,该激光器的商品化已超过 25 年。这些可调谐激光器(TDL)通常都需要低温制冷,功率低(典型功率为 0.1mW 或单模状态下更低),且易受多模的影响,通常需要采用单色镜进行模式选择。另一方面,通过改变激光介质的掺杂成分可实现 2.5～25μm 的激光波长输出,但常见的激光波长输出为 3.5～15μm。单个激光模式的典型调谐范围约 2cm^{-1},而通过调整温度相继选择激光模式,单个激光器的典型调谐范围超过 200cm^{-1}。本章介绍的燃烧尾气测量装置大多数均是基于铅盐激光器的 TDL 系统。

随着光纤通信技术的发展,基于 III – V 族元素掺杂的近红外(0.8～2.5μm)可调谐激光器被大量使用,这些激光器具有功率高的优势,且不需要低温制冷。然而,仅有少量分子在近红外存在基频吸收带,大多数分子在近红外波段仅能探测其泛频带,而泛频带的谱线强度要比基频带的弱 20～1000 倍,所以大大降低了痕量组分的探测灵敏度。近红外 TDL 吸收技术已成功用于气体主要组分的测量和一些燃烧气体中相对浓度高的微量成分的测量(参见第 18 章它们在燃烧控制中的应用)。

TDL 系统已被广泛用于大气测量领域,相关应用可参考综述文章[6-11]。大气 TDL 装置的取样系统通常采用多通吸收池使总激光传播路径达到 0.5km,该种装置已被安置于飞行器、高空气球、轮船、货车以及其他移动取样平台上,同时也被固定安装于气象台站、山顶、北极冰川以及热带雨林中。这些装置主要用于测量气相浓度和与环境相关的数十种痕量气体的表面大气通量[6-11]。

近年来,开始出现其他类型的中红外激光器。在我们实验室中,基于塞曼(Zeeman)调谐稀有气体放电激光器已被用于所选择的痕量气体如 CH_4、CO 和 N_2O 的分析[12,13]。虽然这些激光器在功率和光谱范围方面有所限制,但却为那些吸收线与特殊气体等离子体辐射线一致的污染组分提供了一种有效且不需要制冷的激光源。

基于非线性晶体的差频产生器(DFG)也可作为 TILDAS 技术的激光源,最近好几个实验室利用红外二极管激光器和 Nd:YAG 激光器差频的方法实现了非常成功的应用,更新的进展甚至利用两个红外二极管激光器进行差频。目前,最先进的差频产生器是采用两台近红外二极管激光器在周期性极化铌酸锂晶体(PPLN)中实现差频输出,其能量可用的波长输出范围是 3.3~4.3μm[14,15]。由于 DFG 的输出功率正比于泵浦激光输入功率之间的乘积,为了提高其输出功率,通常采用光纤放大器来提高泵浦二极管的激光能量。尽管 DFG 比单个的激光源要复杂,但其不需要低温制冷,且有望能够覆盖非常宽的光谱范围。例如,基于相位匹配 GaAs 材料构建的 DFG 系统,其波长输出范围可拓展至 4.5~5.0μm,该范围是 PPLN 晶体的截止波长。

量子级联激光器的发展[16]为可调谐中红外波段提供了新的商品化激光源。目前,商品化的量子级联激光器需要低温致冷才能实现连续输出,但脉冲输出可采用热电致冷的方式。最近,相关的研究人员研制出了第一个基于量子级联激光器的 TILDAS 设备[17-19]。

26.2.3　信号处理

差分吸收方法是根据比尔-朗伯定理,将分子的浓度与单色激光在穿过含有和不含吸收分子的光强差联系起来[式(26.1)]。但是,大多数情况下不可能同时获得这两个光强值,因此高精度差分吸收通常是测量波长位于谱线中心处的光强与波长位于谱线边缘处的基线光强,这样便可在吸收介质中同时获取两个光强值。上述方法的前提假设是基线光强能够为评估介质的传播特性提供很好的参考,而介质的传播特性可利用位于谱线中心处的激光波长在不含吸收组分的状态下测量获取。

差分吸收测量方法有两种技术途径：频率调制和频率扫描，而频率调制技术又包含高频技术（通常称作 FM 技术）和中等频率技术（通常称为波长调制技术或 WMS）。在频率调制技术中，激光频率被快速调制（通常为正弦调制），使得几乎同时探测谱线中心和谱线边缘。当激光波长接近谱线中心时，穿过吸收介质的光强便会被调制，然后便可利用解调的方法实现探测信号的基频或谐波频率的输出，其最大优点是能够在高频信号中消除 $1/f$ 噪声。

频率扫描技术通常称为"扫描积分"，这是由于在谱线是分离吸收峰的情况下，激光频率线性（或近似线性）地扫过吸收谱线，在吸收线的两侧便可获得基线光强。频率扫描技术的最大优点是可以获取吸收峰的面积（在给定温度下），所以可反演出分子浓度的绝对值。

在实际应用中，两种技术途径的区别并不像人们首次所见的那样明显。单纯地将激光频率锁定于分子吸收峰的频率调制光谱非常少见，这是由于它不能获取分离吸收线边缘的基线谱。在大多数的应用中，基线谱的结构会含有一些光强干涉峰和其他吸收线。评估基线谱结构的方法是在频率调制的同时扫描激光的波长，因此大多数的频率调制设备也会同时进行频率扫描。另一方面，频率扫描技术可以看成一种大幅度的频率调制技术。从抑制 $1/f$ 噪声的观点来看，其取决于调制频率是否足够高以避免 $1/f$ 噪声，而不是线性或正弦的调制波形。因此，在快速频率扫描技术中，其扫描速率通常高于波长调制吸收光谱中的频率扫描，两种途径的关键是调制频率是否足够高，而不是越高越好。

鉴于上述原因，我们在测量中采用一种先进的快速扫描方法，即利用 Aerodyne Research 公司研制的软件并结合商用数据采集卡来控制和监测激光器。软件扫描激光频率使其覆盖整个或一系列红外吸收谱线，然后采用已知的谱线线型和位置通过非线性最小二乘法拟合获取吸收峰面积。这种方法可很容易地实现 10kHz 以上的扫描速率，进而远大于设备中的 $1/f$ 噪声，因此我们在测量中几乎不需要使用频率调制技术。此外，直接吸收光谱和组分浓度之间有清晰的数学表达式。这种数据采集方法灵活易用，可用于多种不同的领域。

上述频率扫描方法的优点有：①绝对的组分浓度可通过非线性最小二乘法拟合一条或多条吸收谱线获取，不需要外在的标定。这是由于组分浓度取决于绝对的光谱数据，而该数据可通过 HITRAN 光谱数据库或光谱文献获取。②谱线线型的理论非常成熟，可以进行精确的计算和直接模拟吸收光谱。③谱线线型及位置的精确掌握可很容易地实现复杂和重叠谱线特征的监测，我们称之为"指纹拟合"。这一点非常重要，这是由于监测同一组分的多条吸收线可提高测量灵敏度和消除其他组分的干扰，而且，这对于大分子通常很必要。此外，由于可以将重叠吸收谱线解耦出来，所以指纹拟合还可同时监测多种吸收组分,即使未知谱线与待测谱线融合在一起,也可通过消除背景吸收将其解耦出来。

26.2.4　样品采集

TILDAS 测量装置既可采用开放路径也可采用气体取样的封闭样品池。开放路径又分为双端布局(激光源和 IR 探测器在开放路径的两端)和在开放路径的另一端放置一个反射镜的单端布局(激光源和探测器在开放路径的一端)。在双端布局中,激光单次穿过开放路径,而在单端布局中激光两次穿过开放路径。开放路径测量中不需要样品取样装置,使得测量系统更加紧凑。同时在开放路径测量中还可采用多次反射的方式来增加激光传播路径 L,进而提高测量灵敏度。

开放路径测量的特殊优势是非侵入性,即没有取样探头去干扰痕量气体的浓度。但是,在 1atm 环境下红外吸收谱线会出现明显的谱线展宽[6],且痕量组分和燃烧主要产物水和二氧化碳均有这种展宽效应,进而严重干扰了那些强红外吸收谱线与水和二氧化碳谱线区域一致的痕量组分的测量。解决该问题的方法是采用点取样系统来降低样品的压强,使压强展宽效应与分子固有的多普勒展宽效应相当。点取样系统通常将样品压强降至 $0.1 \sim 0.05$atm,然而降低压强会相应地降低吸收组分的密度[式(26.1)中的 n],但压强降低也会使吸收峰更加尖锐,使得谱线中心处的吸收截面增加[式(26.1)中的 σ]直至谱线线宽达到多普勒极限。因此,若激光的线宽不受限,最佳测量灵敏度的样品压强是在 $0.1 \sim 0.05$atm 区间内[6]。

为了进一步提高测量灵敏度,取样系统通常还会安装多次反射镜来成倍增加激光传播路径 L,使其达到非常大的数值。最新的综述性文章阐述了多种多光程吸收池的设计方法[6,8-11],但大多数研究人员均采用我们实验室最新研制出的散光赫里奥特吸收池[20]。该种装置能够最大程度地利用反射镜的面积,这样便可降低反射镜上光斑的重合,而光斑的重合会引起干涉效应,进而降低测量灵敏度。数百立方厘米的散光赫里奥特吸收池便可使激光传播路径达到 72m,体积为数升的更大的吸收池激光传播路径可大于 500m。当然,反射镜在 IR 波段的反射率必须足够大以维持长激光路径所需的 300 多次的激光反射后的能量。

取样系统最后一个挑战是"黏性"气体有可能冷凝或与样品池的表面发生反应,所以取样过程必须保证最小的表面接触。目前,已经研制出具有足够泵浦速率的气体动态取样系统,可满足诸如亚硝酸($HONO$)、硝酸(HNO_3)蒸气等表面活性气体的定量测量。

26.3　TILDAS 在燃烧尾气测量中的应用

下面几节主要介绍开放路径和多光程取样 TILDAS 系统在多种燃烧源痕量污染物定量测量方面的应用。尽管会介绍其中的关键装置特征及测量数据,但读者还可查阅相关文献去获取更为详细的实验布局及更为全面的数据分析。

26.3.1　机动车尾气污染物的跨路遥感

机动车、轮船及飞机等移动燃烧源尾气污染物的定量测量是一个非常大的挑战。大型固定燃烧源通常工作在一个合理稳定的状态下,并且可以安装主要污染物连续监测的传感器。与之不同是,移动燃烧源的污染物排放是剧烈变化的,其依赖于发动机的转速和载荷,并且其数量更多、影响范围更广,通常不会安装污染物在线监测装置。

为了测量移动燃烧源的污染物排放,我们研制出了多路激光、开放路径的 TILDAS 装置并能够遥感监测有轻型和重型机动车通过路面的污染物排放量[21]。相同的 TILDAS 装置还应用于喷气式飞机发动机污染物的监测,后续章节将会介绍。

Stedman 及其团队采用非色散红外(Non – Dispersive Infrared, NDIR) 技术最先研制出跨路遥感系统,该技术测量 CO, NO 以及 VOC 混合物等痕量污染物的吸收与 CO_2 吸收的比值[22]。NDIR 技术已被广泛用于表征车辆的排放指数,但其测量范围有限,进而限制了其在单车道、匝道上轻型车辆上的应用。NDIR 技术对 NO 的探测灵敏度非常低,同时不具有测量 NO_2 的能力,也不具有量化 VOC 具体成分的能力。为了解决 NO 测量灵敏度低的问题,相关人员研制出了第一个非色散和最近的色散紫外吸收装置,以用于 CO、VOC 及 CO_2 的探测[23]。

我们研制出了双台可调谐中红外二极管激光系统,它可用于多车道上全速范围内单个车辆的污染物排放指数(单位燃料燃烧污染物排放量)的测量。该装置将红外激光光束的波长调谐至特定污染物组分吸收谱线上,进而实现个别感兴趣污染物的测量。其中的一台激光器用于测量尾气的 CO_2 排放量,用来计算测量的污染物排放浓度与瞬时燃料消耗量的比值。目标污染物与 CO_2 的浓度比值以千赫兹的重复频率进行测量,然后对 10ms 内的测量数据取平均,对于单个车辆典型测量时间为 200ms,则每个目标车辆可以获得约 20 个独立的污染物排放指数。激光器、红外探测器、激光控制器以及用于设备控制和数据处理的微型计算机放置在道路的一边,而道路对面则放置一个反射器件,用于反射激光光束。目前,我们已经开发出四台激光器系统,并且利用热电制冷的量子级联激光器取代了低温制冷的 TDL,相关的测量装置及方法可参见美国专利[24]以及档案文献[21]。这些激光系统拥有更宽的测量范围,可用于多车道高速公路上的车辆测量,测量的污染物种类包括 CO、NO、NO_2、N_2O、NH_3 以及小颗粒 VOC,而且测量灵敏度和精度均优于当前商用的基于色散红外和紫外的车辆尾气遥感设备。

1996 年我们在加利福尼亚州的南部首次进行了跨路机动车尾气特性测量的 TILDAS 传感器的验证实验。在该实验中,其中一个 TDL 的波长调谐至 CO_2 和 N_2O 位于 4.46μm 附近的系列吸收线处,另一个 TDL 的波长调谐至 NO 位于 5.25μm 处的两条吸收线。图 26.1(a)展示了单个车辆经过传感器时尾气中上述污染物吸收强度随时间变化关系,图 26.1(b)为修正周围空气吸收后的车辆

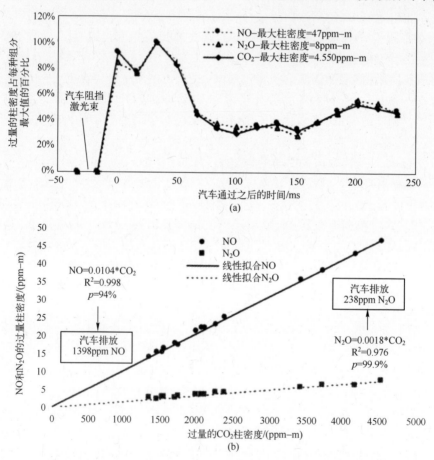

图 26.1　(a) 车辆启动时的 NO,N_2O 和 CO_2 密度随时间变化;

(b) 确定 NO 和 N_2O 排放指标的回归分析[21](Springer – Verlag 提供)

尾气中 NO/CO_2 和 N_2O/CO_2 比值。我们利用该设备测量了大约 1500 辆轻型车辆尾气排放情况,同时利用摄像头记录每辆车的车牌号,从而可以查阅车辆的制造商、型号及车龄。图 26.2 为测量的 NO 排放量随车辆年型号的变化曲线,单位为 10^{-6}(ppm),利用在车辆未稀释尾气中测量的 NO/N_2O 比值换算得出[25]。图 26.3 为在装有三路排气催化器的客车和轻型货车中测量的 N_2O 排放量随车辆年型号的变化曲线[26]。汽车尾气中的 N_2O 主要来源于 NO 催化器的故障,使得 NO 不能成功地转化为 N_2。上述结果为首次采用遥感测量设备获得的车辆 N_2O 排放情况。两种污染物的分布均满足 Gamma 排放分布,从而证实了 Stedman 的"超级排放"假设[22],该假设首先表现为 CO 排放,现在被证实适用于 NO 和 N_2O 排放。"超级排放"假设认为数量相对较少的功能不佳的车辆产生了与车辆数量非常不成比例的污染物份额,而这一假设被我们的数据证实,即 50% 的污染物排放量是由污染最重的 10% 车辆产生的[25,26]。

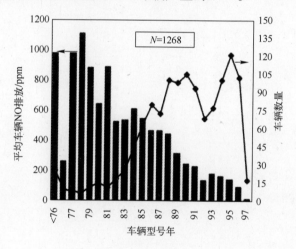

图 26.2　平均 NO 排放量随型号年变化[25](Air & Waste Management
Association 提供)

利用激光源的优越的光束特性,还可使用一个反射镜改变其光束的高度,这样便可实现那些排气管位于头部且垂直向上的重型柴油车尾气的跨路监测。图 26.4 展示了在北卡罗来纳州州际公路 I – 40 上测量的重型柴油车高速运行 (55 ~ 70 英里/h)情况下的 NO/CO_2 排放比值[27]。作为对比,图中也给出了在加利福利亚州轻型汽油车上测量的排放分布,与轻型汽油车的 Gamma 分布不同的是,这些重型柴油车的排放分布更加均匀,所以高速运行下的重型柴油车的污染物排放不满足"超级极限"假设。我们同时也测量了其中一款具有代表性的重型柴油车的 NO_2 排放,在不同发动机载荷下 NO_2/NO 的比值 5.6% ~ 10.9% 变化。

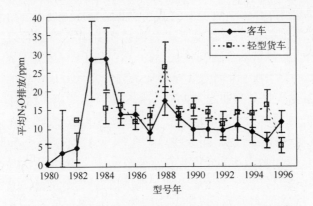

图 26.3　客车及轻型货车的平均 N_2O 排放量随型号年变化。

所有车辆均安装了三路催化器[26]（Elsevier Science 提供）

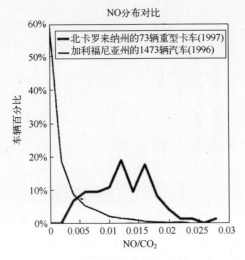

图 26.4　汽车与重型柴油车的 NO 摩尔比（每摩尔 CO_2 中的 NO 摩尔数）排放对比

　　最近,我们利用脉冲量子级联激光器测量了一些路过机动车的 NH_3 排放[19],类似于 N_2O,NH_3 主要也是来源于 NO 催化剂的功能下降。

26.3.2　喷气发动机尾气污染物测量

　　商用飞机的巡航高度在对流层之上,而在该高度下飞机排放的 NO_x 会增强对光化学 O_3 生成的影响,且该高度也是对温室效应影响最强的[28]。此外,飞机尾气中的 SO_x（SO_2 和 SO_3）排放会导致硫酸蒸气的形成,这些硫酸蒸气会使大气产生新的硫酸盐粒子,并将飞机排放到大气中的碳黑激活为更加有效的冰核。

由此产生的飞机轨迹及乌云会对大气变暖造成严重的影响[28]，这些问题都特别需要对运行工况下喷气发动机尾气中 NO_x 和 SO_x 排放的了解。

在美国空军和 NASA 的喷气发动机高空模拟试验中，类似于文献[21]所述的基于 TDL 的 TILDAS 系统已经在运行环境极其恶劣的发动机试验车间开展了测量试验[29-32]。激光光束是通过发动机试验车间上的单个光学窗口导入，然后穿过非常靠近发动机喷管出口处的尾气，最后经对面墙壁上的反射镜返回并经同一光学窗口导出。在该试验中，采用了单次反射[29,30]和多次反射[31,32]的两种几何布局，并测量了喷气发动机从地面至 17km 模拟高度范围和自空载至全负荷工况下的尾气污染物排放指数。

这些测量试验获得了发动机不同运行工况下 NO、NO_2 和 SO_2 排放的非接触精确结果，并获得了 SO_3 的排放上限[29-32]。同时，利用 TILDAS 吸收光谱也定量获取了尾气中的水蒸汽和二氧化碳排放量，进而可以计算污染物的排放指数（污染物排放量（克）/每千克燃料消耗）。图 26.5 给出了喷气涡扇发动机在六个不同功率下的 NO 排放指数（已换算成每千克燃料燃烧所产生相当的 NO_2/克）[30]。图中还给出了 TILDAS 非接触测量与 NO UV 吸收测量和传统的 NO 化学发光测量结果对比，NO 化学发光测量是通过一个平行于激光路径的水冷取样探头探测的。可以看出，三种方法的测量结果具有很好的一致性，但只有 TILDAS 测量既是非接触的同时也具有 NO 和 NO_2 同时探测的能力。在这些试验中，TILDAS 和化学发光取样技术也同时给出了 NO_2/NO_x 的比值。当发动机高功率运行时（燃烧室进气温度高），NO_2/NO_x 比值在 5% ~ 15% 变化，但是当发动机空载时，NO_2/NO_x 比值上升至 15% ~ 40% 或更高。最近，尚未公开发表的 TILDAS 测量实现了喷气发动机模型燃烧室尾气中 HONO 蒸气的定量测量。

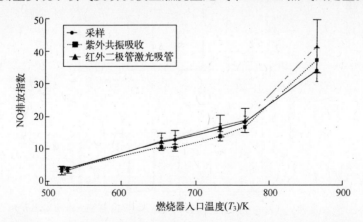

图 26.5　三种测量技术测量的 NO 排放指数（EI）对比，以每千克燃料燃烧所产生相当的 NO_2（克）表示

26.3.3　香烟特性的表征

确定香烟燃烧气体中的组分是 TILDAS 技术最具挑战性的应用之一,这是由于烟草经高温分解和高温合成会产生大量的分子成分,使得 TILDAS 测量的红外光谱复杂化,因此需要高的光谱分辨率和多组分信号处理与分析技术。尽管有诸多困难,TILDAS 技术依然成功应用于香烟逐口抽吸情况下的多种组分的在线测量,包括甲醛、乙烯和氨气等[33-35]。

利用高分辨、低压强吸收光谱技术进行香烟烟气分析的挑战之一是发展出合适的取样方法。由于高质量的分子在经过滤网、阀门及其他配件时会因冷凝而衰减,同时也会从化学上改变气相烟气的成分,所以燃烧产物必须经最少的通道从香烟输送至吸收池。Plunkett 等人设计的输送系统[33]便尽可能地降低了上述问题,他们利用大流量的载气流将香烟烟气带入至多程吸收池中并采用临界流量孔将压强从 1atm 降低至 0.02atm。通过改变载气流的流速并改变香烟嘴处的压强,进而使香烟"噗噗"喷出,这样香烟与分析池之间便没有阀门系统。此外,连续的载气流会迅速地稀释烟气,进而尽可能地降低了烟气冷凝且不再需要颗粒过滤网。

26.2.2 节所述的直接吸收、扫描探测的光谱分析技术是测量复杂气体混合物的理想方法,相对于频率调制技术来说,该技术具有足够的时间分辨和更好的光谱分辨。与 26.3.1 节机动车尾气排放监测中所用方法一样,每次香烟抽吸前都会采集背景光谱并在随后的样品光谱中将其减去,然后通过光谱实时拟合便可实现多种气体组分的在线测量。基于单台激光并在同一吸收池结合两条激光束可实现多达三种化合物的同时在线测量,而采用离线的光谱拟合方式还可进一步获取其他化合物的浓度。

图 26.6 展示了典型香烟逐口抽吸状态下氨气和乙烯的时间分辨浓度,插图

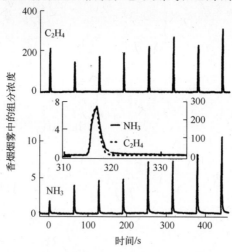

图 26.6　单根香烟中乙烯和氨气的时间分辨排放量,
插图为第六次两秒抽吸的放大视图

为其中一次抽吸的放大视图。相对于乙烯来说,氨气响应时间更长,这是由于氨气在吸收池及取样系统表面具有更大的表面活性。对于总长为 100m 米的多程吸收,单位体积烟气中氨气在单次两秒抽吸中的探测极限为 18ppb[33]。

26.4 总 结

基于 TILDAS 的测量系统已经成功研制并应用于污染物排放特性的痕量分析,应用对象的尺度自全尺寸的喷气式发动机至单根香烟的抽吸。通过采用扫描探测的信号处理技术可实现单条或多条吸收的测量,所以单个的分析技术便可实现多种痕量污染物的准确、实时、定量测量。TILDAS 技术既可采用开放路径的遥感探测也可采用单点的取样方法,而后者可以探测那些因压强展宽而受水蒸气和/或二氧化碳吸收干扰的多数分子。

随着一些新型、相对紧凑、非低温制冷的可调谐中红外激光源的发明,如脉冲量子级联激光器和基于近红外二极管激光器泵浦的 LiNiO$_3$ 或 GaAs 相位匹配的差频产生器,势必进一步促进 TILDAS 系统在多种燃烧源尾气排放分析中的发展与应用。同时,这些 TILDAS 系统也为发展下一代的清洁燃烧动力装置提供了宝贵的研究工具。

致 谢

本章所述工作的主要贡献来源于 ARI 的 J. B. McManus、J. C. Wormhoudt、R. C. Miake – Lye、T. A. Berkof、J. H. Shorter 及 P. L. Kebabian,MIT 的 J. L. Jimenez 和 G. J. McRae,EMDOT 的 M. Koplow、A. D. Little 公司的 S. E. Schmidt,AEDC 的 R. P. Howard,Philip Morris 公司的 S. Plunkett、M. Parrish、K. Shafer。在此一并表示衷心感谢! 本研究工作的经费支持主要来自于 NASA 的小型商业创新研究计划(SBIR)、USEPA 的获取结果科学研究计划(STAR)、NASA 的飞行器大气效应计划(AEAP)、加利福利南海岸空气质量管理中心、美国 Philip Morris 公司。

参 考 文 献

[1] Seinfeld J H,Pandis S N. Atmospheric Chemistry and Physics – From Air Pollution to Climate Change. New York:John Wiley & Sons,1998.

[2] Finlayson – Pitts B J,Pitts Jr. J N. Chemistry of the Upper and Lower Atmosphere Theory,Experiments,and Applications,San Diego:Academic Press,2000.

[3] Müller J – F. Geographical Distribution and Seasonal Variation of Surface Emissions and Dep-

osition Velocities of Atmospheric Trace Gases. J. Geophys. Res. , vol. 97, pp. 3787 – 3804,1992.

[4] Kjellström E,Feichter J,Sausen R,et al. The Contribution of Aircraft Emissions to the Atmospheric Sulfur Budget. Atmos. Environ. ,vol. 33,pp. 3455 – 3465,1999.

[5] Climate Change 2001:The Scientific Basis:Contribution of Working Group I to the Third Assessment Report of the Intergovernmental Panel on Climate Change. Edited by Houghton J T, et al. Cambridge,England:Cambridge University Press,2001.

[6] Kolb C E,Wormhoudt J C,Zahniser M S. Recent Advances in Spectroscopic Instrumentation for Measuring Stable Gases in the Natural Environment. in Matson P A, Harriss R C, eds. Biogenic Trace Gases:Measuring Emissions from Soil and Water. Oxford:Blackwell Science,1995.

[7] Schiff H I,MacKay G I,Bechara. J. The Use of Tunable Diode Laser Absorption Spectroscopy for Atmospheric Measurements. in Sigrist M W, ed. Air Monitoring by Spectroscopic Techniques. Chemical Analysis Series,vol. 127,New York:John Wiley & Sons,1994.

[8] Brassington D J. Tunable Diode Laser Absorption Spectroscopy for the Measurement of Atmospheric Species. in Hester R E, Clark R J, eds. Spectroscopy in Environmental Science. Advances in Spectroscopy,vol. 24,Chichester:John Wiley & Sons,1994,pp. 85 – 148.

[9] Zahniser M S,Nelson D D,McManus J B,et al. Measurement of Trace Gas Fluxes Using Tunable Diode Laser Spectroscopy. Phil. Trans. R. Soc. Lond. A. ,vol. 351,pp. 371 – 382,1995.

[10] Fehér M,Martin P A. Tunable Diode Laser Monitoring of Atmospheric Trace Gas Constituents. Spectrochim. Acta A,vol. 51,pp. 1579 – 1599,1995.

[11] Werle P. A Review of Recent Advances in Semiconductor Laser Based Gas Monitors. Spectrochim. Acta A,vol. 54,pp. 197 – 236,1998.

[12] McManus J B,Kebabian P L,Kolb C E. Atmospheric Methane Measurement Instrument Using a Zeeman – Split He – Ne Laser. Appl. Optics,vol. 28,pp. 5016 – 5023,1989.

[13] Kebabian P L,Kolb C E. The Neutral Gas Laser:A Tool for Remote Sensing of Chemical Species by Infrared Absorption. in Winegar E D,Keith L H,eds. Sampling and Analysis of Airborne Pollutants. Boca Raton,FL:Lewis Publishers,1993.

[14] Lancaster D G,Fried A,Wert B,et al. Difference – Frequency – Based Tunable Absorption Spectrometer for Detection of Atmospheric Formaldehyde. Appl. Optics,vol. 39, pp. 4436 – 4443,2000.

[15] Richter D,Lancaster D G,Tittel F K. Development of an Automated Diode – Laser – Based Multicomponent Gas Sensor. Appl. Optics,vol. 39,pp. 4444 – 4450,2000.

[16] Faist J,Capasso F,Sivco D L,et al. Quantum Cascade Laser. Science,vol. 264, pp. 553 – 555,1994.

[17] Kosterev A A,Tittel F K,Gmachl C, et al. Trace – Gas Detection in Ambient Air with a Thermoelectrically Cooled,Pulsed Quantum – Cascade Distributed Feedback Laser. Appl. Optics,vol. 39. pp. 6866 – 6872,2000.

［18］　Webster C R,Flesch G J,Scott D C,et al. Quantum – Cascade Laser Measurements of Strat-
　　　　ospheric Methane and Nitrous Oxide. Appl. Optics,vol. 40,pp. 321 – 326,2001.

［19］　Nelson D D,Shorter J H,McManus J B,et al. Sub – Partper – Billion Detection of Ammonia
　　　　in Room Air Using a Peltier – Cooled Pulsed Quantum Cascade Laser at965cm^{-1}. to be sub-
　　　　mitted,2002.

［20］　McManus J B,Kebabian P L,Zahniser M S. Astigmatic Mirror Multipass Absorption Cells for
　　　　Long – Path – Length Spectroscopy. Appl. Optics,vol. 34,pp. 3336 – 3348,1995.

［21］　Nelson D D,Zahniser M S,McManus J B,et al. A Tunable Diode Laser System for the Re-
　　　　mote Sensing of On – Road Vehicle Emissions. Appl. Phys. B. vol. 67, pp. 433 – –
　　　　441,1998.

［22］　Bishop G A,Stedman D H. Measuring the Emissions of Passing Cars. Acc. Chem. Res. ,
　　　　vol. 29,pp. 489 – 495,1996.

［23］　Popp P J,Bishop G A,Stedman D H. Development of a High – Speed Ultraviolet Spectrome-
　　　　ter for Remote Sensing of Mobile Source Nitric Oxide Emissions. J. Air Waste
　　　　Manag. Assoc. ,vol. 49,pp. 1463 – 1468,1999.

［24］　Nelson D D,McManus J B,Zahniser M S,et al. Laser System for Cross – Road Measurement
　　　　of Motor Vehicle Exhaust Gases. U. S. Patent No. 5,877,862,Issued March 2,1999.

［25］　Jiménez J L,Koplow M D,Nelson D D,et al. Characterization of On – Road Vehicle NO E-
　　　　missions by a TILDAS Remote Sensor. J. Air Waste Manag. Assoc. , vol. 49, pp. 463 –
　　　　470,1999.

［26］　Jiménez J L,McManus J B,Shorter J H,et al. Cross Road and Mobile Tunable Infrared Laser
　　　　Measurements of Nitrous Oxide Emissions from Motor Vehicles. Chemosph. Glob. Change
　　　　Sci. ,vol. 2,pp. 397 – 412,2000.

［27］　Jiménez J L,McRae G J,Nelson D D,et al. Remote Sensing of NO and NO_2 Emissions from
　　　　Heavy – Duty Diesel Trucks Using Tunable Diode Lasers. Environ. Sci. Technol. , vol. 34,
　　　　pp. 2380 – 2387,2000.

［28］　Intergovernmental Panel on Climate Change. Aviation and the Global Atmosphere. Penner J
　　　　E,et al. ,eds. Cambridge,England:Cambridge University Press,1999.

［29］　Wormhoudt J,Zahniser M S,Nelson D D,et al. Infrared Tunable Diode Laser Measurements
　　　　of Nitrogen Oxide Species in an Aircraft Engine Exhaust. in Optical Techniques in Fluid,
　　　　Thermal,and Combustion Flow. SPIE Conf. Proceedings,vol. 2546,pp. 552 – 561,1995.

［30］　Howard R P,Hiers Jr. R S,Whitefield P D,et al. Experimental Characterization of Gas Tur-
　　　　bine Emissions at Simulated Flight Altitude Conditions. AEDC – TR – 96 – 3,Arnold AFB,
　　　　TN, 1996, published by Arnold Engineering Development Center, Arnold Air Force
　　　　Base,TN.

［31］　Berkoff T A,Wormhoudt J,Miake – Lye R C. Measurement of SO_2 and SO_3 Using a Tunable
　　　　Diode Laser System. in Environmental Monitoring and Remediation Teclnrologies, SPIE
　　　　Conf. Proceedings,vol. 3534,pp. 686 693,1998.

[32] Wey C C, Wey C, Dicki D J, et al. Engine Gaseous, Aerosol Precursor and Particulate at Simulated Flight Altitude Conditions. NASA, TM – 1998 – 208509, NASA Lewis Research Center, OH, 1998, published by National Aeronautics and Space Administration Center for Aerospace Information, Hanover, MD.

[33] Plunkett S, Parrish M, Shafer K, et al. Multiple Component Analysis of Cigarette Combustion Gases on a Puff – by – Puff Basis Using a Dual Infrared Tunable Diode Laser System. in Applications of Tunable Diode and Other Infrared Sources for Atmospheric Studies and Industrial Processing Monitoring II, SPIE Conf. Proceedings, vol. 3758, pp. 212 – 220, 1999.

[34] Parrish M E, Harward C N. Measurement of Formaldehyde in a Single Puff of Cigarette Smoke Using Tunable Diode Laser Infrared Spectroscopy. Appl. Spectrosc. , vol. 54, pp. 1665 – 1677, 2000.

[35] Plunkett S, Parrish M E, Shafer K H, et al. Time – Resolved Analysis of Cigarette Combustion Gases Using a Dual Infrared Tunable Diode Laser System. Vib. Spectrosc. , vol. 27, pp. 53 – 63, 2001.

第 27 章 后 续 发 展

Jay B. Jeffries, Katharina Kohse – Hoinghaus

27.1 引　言

　　研发和应用激光诊断技术解决燃烧问题正在以快速的步伐发展。自从1981 年召开了首次关于激光燃烧诊断的 Gordon 研讨会(Gordon Research Conference on Laser Diagnostics for Combustion)后,应用激光技术解决燃烧问题取得了惊人的发展。这里我们将总结当前的进展并重点研讨尚未解决的问题。总的来说显现了三方面的进展:①用几种不同的激光技术组成一套诊断方法以同时获得复杂燃烧场的多种参数,再用这样一组测量结果来合理地认识燃烧场。②对基本燃烧现象的充分理解使很多应用得以发展,从而使燃烧控制成为可能。每种应用都有其自身的目标(例如排放、效率、推力、碳烟等);但是,普遍认为测量方案能提供控制传感器的基础,为实时控制决策提供数据。③从事燃烧研究的群体致力于应用新出现的技术(激光源、相机、探测器、计算机等)发展新的诊断工具。这些新技术将依赖其先进性的特点,促进燃烧诊断技术的发展甚至革命性的进展。

　　已经出现了一些新的方案和方法,它们具有潜力成为重要的燃烧诊断工具。另外,光谱测量能够解释一些重要的燃烧问题。本章仅概述这些进展,并给出最新发表的文献。

27.2 红外激光诱导荧光成像技术

　　激光诱导荧光(LIF)是最重要的激光诊断技术之一,因为它能提供某些组分火焰结构的图像。用两幅这样的图像可以给出气体温度,在第一部分 8 章中有 5 章(2、5、6、7、8)把该技术都放在首要位置。LIF 受限于原子和分子中允许的电子跃迁,通常其光谱处于可见和近紫外区。近来发展了红外激光和门控高速红外相机技术,使得使用重要燃烧组分的振动跃迁进行逐点以及二维成像(PLIF)成为可能,而这些组分没有合适的电子跃迁适合传统的 LIF 技术。

包括重要的燃烧产物和燃料的许多燃烧组分例如 CO、CO_2、H_2O、CH_4 都没有单光子电子谱,因此也不能用 PLIF 成像。Kirby 和 Hanson[1-4] 使用振动泛频跃迁激发了这些组分,并且探测到了振动跃迁的红外辐射。图 27.1 给出了 CO 的激发、能量转移和红外 LIF。可调谐红外光参量振荡器输出的 2.3μm 高能量脉冲激光把 CO 分子从基态激发到 $v=2$ 的激发态。通过与共振的 N_2 或 CO 碰撞,分子经受快速振动转移。某些激发态分子通过 2→1 或 1→0 的单量子跃迁在 4.7μm 附近产生辐射,用快速门控 InSb 相机可以探测这种辐射。

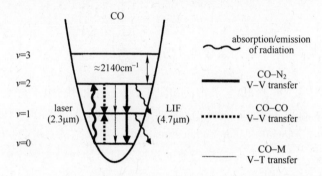

图 27.1 CO-空气系统能级图。荧光产额由以下特征时间的竞争决定:
① 4.7μm 荧光;② 与 CO 或 N_2 的 $v-v$ 转移;③相机的积分时间。

图 27.2 显示了 CO/Ar 混合脉动进入周围空气的冷流图像,这些图像用一组重复的灰度级表示,就像干涉图一样。在火焰和热流中,从 1-0 的 LIF 干扰辐射可以用冷气体过滤器去掉,或用两台相机扣除热背景辐射。激发的振动态承受多种能量转移碰撞;这样,需要仔细建模计算量子产额来解释红外 PLIF 图像[4]。空气中 CO 的量子产额计算表明,使用较短的时间门(5μs)在很大的温度和组成范围内荧光产额都几乎保持为常量,这可以直截了当地解释图像[4]。把新发展的相机和激光器与创新的激发和探测方法相结合以避免红外火焰辐射有可能产生新的燃烧诊断工具,它将补充现有的 PLIF 成像技术。

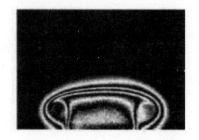

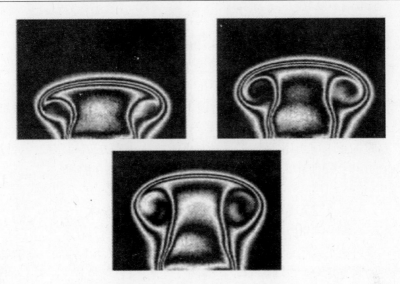

图 27.2 CO/Ar 脉动进入环境空气后在 2.3μm 处激发的 IR PLIF 图像,该图像使 CO
气体密度可视化,积分时间 5μs、空间分辨力 4.7μm。图像之间的时间间隔 4.4ms。
最小可探测 CO 混合分数为 1350ppm(Brian J. Kirby 和 Ronald K. Hanson 提供)

27.3 用原子注入法在碳烟火焰中测温

在强碳烟火焰中用注入铟原子法进行双线原子荧光测温可以提供非常强
的信号[5]。由于温度是从共有的上能态产生的荧光比得出,故该方法可以避
免复杂的碰撞猝灭问题,而该问题困扰着碳烟环境中其他的测量方法。在富
燃火焰中注入铟原子通过氧化损失的很少,这被认为是这种环境中信号很强
的原因。

27.4 用太赫兹吸收探测水

太赫兹源和探测器的技术创新驱动了太赫兹光谱技术的快速发展。商
品化短脉冲激光技术的优势使纳瓦量级的太赫兹光源成为常规的产品。太
赫兹光可以透过陶瓷和其他绝缘材料,使得在陶瓷燃烧器中进行无窗口测
量成为可能。液体碳氢燃料对于太赫兹光也是透明的,故有希望在浓厚的
喷雾中探测燃烧产物。在 H_2/空气火焰中已经测量了水蒸汽强转动跃迁的
吸收[6]。

27.5　发动机诊断中 CO_2 的干扰

在汽油和柴油发动机中用 PLIF 对 NO 成像,长期以来都观察到气缸内对 193nm 和 226nm 紫外光的衰减。对柴油发动机火花点火中吸收的测量结合激波加热 CO_2 和水的高温吸收截面的测量都说明了在发动机汽缸中热 CO_2 是对紫外光吸收的主要原因。用 248nm 激光对 NO 的 A – X(0,2)带激发,可以减小 CO_2 吸收的影响,即使在柴油发动机中也可提供可靠的 NO 图像。

27.6　新型流体示踪测速技术

第 7 章讨论了流场诊断测量技术。如果能避免加入示踪粒子,则能够发现确定速度的固有优势。除了该章论述的研究方法外,已经论证了一种新的技术,称为空气光分解和复合示踪(Airphotolysis and Recombination Tracking,APART)技术[10]。在无示踪粒子的流体中,APART 依赖于光解离空气后生成 NO,于是形成的图案被写进流场,经过特定的延时后,其变形可以作为相应方向上速度分量的度量。该种方法已应用到层流和湍流流场中,具有很好的精度,因此认为其具有广泛的应用前景。

27.7　柴油发动机的诊断优势

第 17 章讨论了应用激光诊断技术研究发动机的火花点火。尽管由于碳烟和燃料粒子的问题使柴油发动机更具挑战性,但在其诊断方面有了相当大的进展。已经用 Mie 散射、LIF 成像和高速照相等方法获得了点火和燃烧过程中喷雾的穿透、碳烟的体积分数、OH 的分布[11]等,并且同时测量了碳烟和 OH 的分布以研究燃烧后期碳烟的燃尽问题[12]。使用 PLIF 技术在 193nm 附近的 D – X(0,1)激发[13],226nm 附近 A – X(0,0)激发[14],以及 248nm 附近 A – X(0,2)激发[9]研究了形成 NO 这一重要的问题。

已经开始研究新型内燃机的概念。对均质压燃(HCCI)发动机,基于激光技术研究了均匀和分层的概念[15]。尽管数据库仍然很稀少,大多数燃料,特别是低辛烷燃料显示了在热火焰发展前有延长的预燃烧态(冷焰),这给紫外激光成像技术造成了困难。冷焰气体导致了强烈的光衰减[16],并且可能从化学上破坏加入到燃料中的荧光示踪粒子[17]。在这一过程中,吸热性反应引起部分氧化的碳氢化合物如乙醛的高度组成,自动点火区和火焰锋面的发展将受到这些组分的局限。

27.8　用于燃烧诊断和控制的新型二极管激光源

第 18 章讨论了用二极管激光吸收作为燃烧实时控制的传感器。在实用的燃烧器(特别是发动机)中通常压力很高,碰撞展宽的吸收特性往往比分布反馈(Distributed Feedback,DFB)边沿发射二极管激光的扫描范围要宽,因此,讨论了使用多路二极管激光测量谐振的开/关。近来,已经可以购得宽带可调谐垂直腔表面发射激光器(Vertical Cavity Surface Emitting Lasers,VCSEL)。这些激光器的调谐比早期生产的二极管激光更宽更快。使用单个激光器进行快速波长扫描就能测量高压下的浓度[18]和温度[19]。经过扫描的波长吸收能精确地确定关闭谐振的基线,基于 VCSEL 激光测量的成功促进了提高标准 DFB 激光扫描范围和速率的研究。用光脉冲快速加热 DFB 二极管激光器的激活区证明了其调谐范围是传统注入电流法的 10 倍,在 10atm 的容器中,虽然存在碰撞加宽也能探测水蒸气的吸收[20]。

27.9　燃烧器设计中的激光诊断

对于复杂的燃烧器,已经证明基于激光的诊断技术商品化是可行的。在汽油直喷发动机的研发中,光学诊断技术起着重要的作用。对于工作在高入口压力和温度下旋流稳定型燃气轮机燃烧器,用 PLIF 和光辐射研究了燃烧不稳定性问题[21]。在这种恶劣和困难的火焰环境中成功地应用基于激光的诊断技术,证明了在过去 30 年中基于激光的燃烧诊断技术的进步。对于现代燃烧器的设计,基于激光的技术已经成为常规的工具。

27.10　总　　结

希望读者能欣赏我们对基于激光的燃烧诊断技术的讨论。该领域随着实际应用的发展已经变得极其宽泛,其范围从废物焚化炉、气体涡轮燃烧器、催化燃烧器等一直到燃烧非稳定性和排放的控制。燃烧诊断专家还正在应用他们的工具解决从大气质量到医学诊断等其他不同科学领域的大量问题。基于激光的燃烧诊断技术发展迅速,我们可以预见这些技术的进一步发展和应用可以解决一些重要的社会问题。

参 考 文 献

[1] Kirby B J, Hanson R K. Planar Laser – Induced Fluorescence Imaging of Carbon Monoxide U-sing Vibrational (Infrared) Transitions. Appl. Phys. B, vol. 69, pp. 505 – 507, 1999.

[2] Kirby B J, Hanson R K. Imaging of CO and CO_2 Using Infrared Planar Laser – Induced Fluorescence. Proc. Combust. Inst. , vol. 28, pp. 253 – 259, 2000.

[3] Kirby B J, Hanson R K. CO, Imaging with Saturated Planar LaserInduced Vibrational Fluorescence. Appl. Optics, vol. 40, pp. 6136 – 6144, 2001.

[4] Kirby B J, Hanson R K. Linear Excitation Schemes for IR PLIF Imaging of CO and CO_2. Appl. Optics, vol. 41, pp. 1190 – 1201, 2002.

[5] Engstrom J, Nygren J, Alden M, et al. Two – Line Atomic Fluorescence as a Temperature Probe for Highly Sooting Flames. Optics Lett. , vol. 25, pp. 1469 – 1471, 2000.

[6] Brown M S, Fiechtner G, Rudd J V, et al. THz Spectroscopy Using Asynchronous Optical Sampling. personal communication.

[7] Hildenbrand F, Schulz C. Measurements and Simulation of InCylinder UV – Absorption in Spark Ignition and Diesel Engines. Appl. phys. B, vol. 73, pp. 173 – 180, 2001.

[8] Schulz C, Koch J D, Davidson D F. et al. Ultraviolet Absorption Spectra of Shock Heated Carbon Dioxide and Water Between 900 and 3050K. Chem. Phys. Lett. , 2002, in press.

[9] Hildenbrand F, Schulz C, Wolfrum J, et al. Laser Diagnostic Analysis of NO Formation in a Direct Injection Diesel Engine with Pump – Line Nozzle and Common Rail Injection Systems. Proc. Combust. Inst. , vol. 28, pp. 1137 1143. 2000.

[10] Sijtsema N M, Dam N J, Klein – Douwel R J H, et al. Molecular Tagging Velocimetry in Unseeded Air flows. AIAA paper 2001 – 0851. 2001.

[11] Dec J E, Espey C. Ignition and Early Soot Formation in a Diesel Engine Using Multiple 2D Imaging Diagnostics. SAE Trans. , vol. 104, sec. 3, p. 853, paper no. 95 – 0456, 1995.

[12] Dec J E, Kelly – Zion P L. The Effects of Injection Timing and Diluent Addition on Late – Combustion Soot Burnout in a DI Diesel Engine Based on Simultaneous Imaging of OH and Soot. SAE paper 2000 – 01 – 0238. 2000.

[13] Stoffels G G M, Van Den Boom E J, Spaanjaars C M I, et al. In – Cylinder Measurements of NO Formation in a Diesel Engine. in Modeling and Diagnostics in SI and Diesel Engines, SAE. SP – 1460. 1999, pp. 31 – 46.

[14] Dec J, Canaan R. PLIF Imaging of NO Formation in a DI Diesel Engine. SAE paper no. 980147, 1998.

[15] Richter M, Engstrom J, Franke A, et al. The Influence of Charge Inhomogeneity on the HCCI Combustion Process. SAE paper 2000 – 01 – 2868, 2000.

[16] Richter M, Franke A , Alden M, et al. Optical Diagnostics Applied to a Naturally Aspirated Homogeneous Charge Compression Ignition Engine. SAE paper 1999 – 01 – 3649, 1999.

[17] Graf N,Gronki J,Schulz C,et al. In – Cylinder Combustion Visualization in an AutoIgniting Gasoline Engine Using Fuel Tracer – and Formaldehyde – LIF Imaging. SAE paper 2001 – 01 – 1924,2001.

[18] Wang J,Sanders S T,Jeffries J B,et al. Oxygen Measurements at High Pressures with Vertical Cavity SurfaceEmitting Lasers. Appl. Phys. B,vol. 72,pp. 865 – 872,2001.

[19] Sanders S T,Wang J,Jeffries J B,et al. DiodeLaser Absorption Sensor for Line – of – Sight Gas Temperature Distributions. Appl. Optics,vol. 40. pp. 4404 – 4415,2001.

[20] Sanders S T,Mattison D W,Jeffries J B,et al. Rapid Temperature Tuning of a 1. 4μm Diode Laser with Application to High Pressure H_2O Absorption Spectroscopy. Optics Lett. ,vol. 26, pp. 1568 – 1570. 2001.

[21] Less S – Y,Seo S,Broda J C,et al. An Experimental Estimation of Mean Reaction Rate and Flame Structure During Combustion Instability in a Lean Premixed Gas Turbine Combustor. Proc. Combust. Inst. ,vol. 28,pp. 775 – 782,2000.

缩　略　词

ACC	active combustion control
ACE	active combustion enhancement
AES	Auger electron spectroscopy
AH	aromatic hydrocarbon
AIC	active instability control
APART	air photolysis and recombination tracking
ARI	acute respiratory illness
ASE	amplified spontaneous emission
ASOPS	asynchronous optical sampling
ATS	advanced turbine system
BL	boundary layer
BOC – MP	bond – order – conservation Morse potential
BOXCARS Box – CARS	beam – crossed CARS
BRD	balanced ratiometric detection
BTDC	before top dead center
BTX	benzene, toluene, xylene
BTXE	benzene, toluene, xylene, ethylbenzene
CARS	coherent anti – Stokes Raman spectroscopy coherent anti – Stokes Raman scattering
CCD	charge – coupled device
CFC	chlorofluorocarbon
CFD	computational fluid dynamics
CID	charge injection device
COPD	chronic obstructive pulmonary disease

CRD	cavity ringdown
CSTR	continously stirred tank reactor
DALY	disability – adjusted life – years
DBR	distributed Bragg reflector
DFB	distributed feedback
DFDL	distributed feedback dye laser
DFG	difference frequency generation
DFWM	degenerate four – wave mixing
DG	distributed generation
DGV	Doppler global velocimetry
DI	direct injection
DME	density matrix equations
DNI	direct numerical integration
DNS	direct numerical simulation
DPIV	digital particle imaging velocimetry
DSO	digital storage oscilloscope
EGR	exhaust gas recirculation
ELFFS	excimer laser fragmentaion – fluorescence spectroscopy
EPA	Environmental Protection Agency
FC	Franck – Condon
FRS	filtered Rayleigh scattering
FSI	fuel stratified injection
FSR	free spectral range
FTIR	Fourier transform infrared
FWHM	full width at half maximum
GC	gas chromatography
GDI	gasoline direct injection
GHG	greenhouse gas
GIV	gas – phase image velocimetry, gaseous imaging velocimetry
GPD	global phase Doppler

GWC	global – warming commitment
GWP	global – warming potential
HACA	hydrogen abstaction, acetylene addition
HAP	hazardous air pollutants
HCCI	homogenous charge compression ignition
HITRAN	high – resolution transmission molecular absorption database
HPLC	high – performance liquid chromatography
ICCD	intensified charge – coupled device
ICLAS	intracavity laser absorption spectroscopy
IGCC	integrated coal gasification combined cycle
ILIDS	interferometric laser imaging for droplet sizing
ISR	independent spectral response
JSR	jet – stirred reactor
LAC	light – absorbing carbon
LBO	lithium triborate
LD/LI – mass spectrometry	laser desorption/laser ionization mass spectrometry
LDA	laser Doppler anemometry
LDV	laser Doppler velocimetry
LEED	low – energy electron diffraction
LEI	laser – induced electron ionization
LES	large eddy simulation
LEV	low – emission vehicle
LH	Langmuir – Hinshelwood
LIBS	laser – induced breakdown spectroscopy
LIEF	laser – induced exciplex fluorescence
LIF	laser – induced fluorescence
LII	laser – induced incandescence
LIPF	laser – induced predissociative fluorescence
LITA	laser – induced thermal acoustics
LITGS	laser – induced thermal grating spectorscopy

LIXF	laser – induced exciplex fluorescence
LLS	laser light scattering
LMS	least mean square
LPG	liquified propane gas
LPP	lean premixed prevaporized
LSD	laser sheet dropsizing
LSV	laser speckle velocimetry
MB – MS	molecular beam mass spectrometry
MC	Monte Carlo
MCP	multichannel plate
MF	mean field
ML	monolayer
MMT	methylcyclopentadienyl manganese tricarbonyl
MPI	mutiphoton ionization
MPS	Malvern particle size
MS	mass spectrometry
MTBE	methyl *tert* – butyl ether
MTV	molecular tagging velocimetry
NDIR	nondispersive infrared
NICE – OHMS	noise – immune, cavity – enhanced optical heterodyne molecular spectroscopy
NIST	NationalInstitute of Standards and Technology
NMHC	nonmethane hydrocarbon
NS	Navier – Stokes
OPA	optical parametric amplifier
OPC	operating point control
OPG	optical parametric generator
OPO	optical parametric oscillator
PAH	polycyclic aromatric hydrocarbon
PCB	polychlorinated biphenyl

PDA	phase Doppler anemometry
PDF	probability density function
PDPA	phase – Doppler particle anemonetry
PDV	planar Doppler velocimetry,
	phase Doppler velocimetry
PEEM	photoelectron emission microscope
PF	plug flow
PFI	port fuel injection
PIC	products of incomplete combustion
PITLIF	picosecond time – resolved laser – incudced fluorescenc
PIV	particle imaging velocimetry
PLIF	planar laser – induced fluorescence
PLV	planar laser velocimetry
PM	particulate matter
PMT	photomultiplier tube
PPAS	pump/probe absorption spectroscopy
PPLN	peiodically poled lithium niobate
PS	polarization spectroscopy
QCL	quantum cascade laser
QMS	quadrupole mass spectrometer
RAIRS	reflection absorption infrared spectroscopy
RANS	Reynolds averaged Navier – Stokes
RE	rate equations
RE – CARS	resonantly enhanced CARS
REMPI	resonantly enhanced multiphoton ionization,
	resonantly – enhanced multiphoton ionization
RET	rotatinal energy transfer
RFA	retarding field analyzer
RMS	root mean square
RQL	rich – quench – lean
RSP	ringdown spectral photography

S/N	signal – to – noise
SFG	sum – frequency generation
SHG	second – harmonic generation
SHS	self – propagating high – temperature synthesis
SMD	Sauter mean diameter
SNR	sighal – to – noise ratio
SRS	spontaneous Raman scattering, spontaneous Raman spectroscopy
STM	scanning tunneling microscopy, scanning tunnel microscope
STP	standard temperature and pressure
TB	tuberculosis
TCA	tomographic combustion analysis
TC – RFWM	two – color resonant four – wave mixing
TDC	top dead center
TDF	turbulent diffusion flame
TDL	tunable diode laser
TDLAS	tunable diode laser absorption spectroscopy
TEGDE	tetraethylene glycol dimethyl ether
TEM	transmission electron microscopy
TEP	tetraethoxypropane
TILDAS	tunable infrared laser differential absorption spectroscorpy
TIRE – LII	time – resolved laser – induced incandescence
TNF	turbulent nonpremixed flames
TOF	time of flight
TOF – MS	time – of – flight mass spectrometry
TPD	thermal programmed desorption
TWC	three – way catalyst
UBI – QEP	unity bond index – quadratic exponential potential
UHV	ultrahigh vacuum
USED	CARS unstable – resonator spatially enhanced detedtion CARS

VCO	value – covered orifice
VCSEL	vertical cavity surface emitting laser
VET	vibrational energy transfer
VLSI	very large scale integration
VOC	volatile organic compounds
WMS	wavelength modulation spectroscopy

许　　可

Figure 2. 1　Reprinted from *Appl. Optics*, vol. 38（1999）: pp. 1423 – 1433, with permission from the Optical Society of America.

Figure 2. 2　Reprinted from the *Proc. Combust Inst.*, vol. 20（1984）: pp. 1195 – 1203, with permission from The Combustion Institute.

Figure 2. 3　Reprinted from *J. Geophys. Res.*, vol. 95（1990）: pp. 16427 – 16442, with permission from the American Geophysical Union.

Figure 3. 2　Reprinted from *Appl. Optics*, "Experimental Investigation of Saturated Degenerate Four Wave Mixing for Quantitative Concentration Measurements," Figure 7, by Reichardt, T. A., Giancola, W. C., Shappert, C. M., and Lucht, R. P., vol. 38（1999）: pp. 6951 – 6961, with permission from the Optical Society of America.

Figure 3. 4　Reprinted from *Appl. Phis. B*, "Detection of NO in a Spark – Ignition Research Engine Using Degenerate Four – Wave Mixing," Figure 2, by Grant, A. J., Ewart, P., and Stone, C. R., vol. 74（2002）: pp. 105 – 110, with permission from Springer – Verlag GmbH & Co. KG.

Figure 3. 5　Reprinted from *Appl. Ph vs. B*, "Thermal Grating and Broadband Degenerate Four – Wave Mixing Spectroscopy of OH in High – Pressure Flames," Figure 4, by Latzel, H., Dreizler, A., Dreier, T., Heinze, J., Dillmann, M., Stricker, W., Lloyd, G. M., and Ewart, P., vol. 67（1998）: pp. 667 – 673, with permission from Springer – Verlag GmbH &Co. KG.

Figure 3. 6　Reprinted from *Appl. Phys. B*, "Polarization Spectroscopy Applied to Cz Detection in a Flame," Figure 3, by Nyholm, K., Kaivola, M., and Aminoff, C. G., vol. 60（1995）: pp. 5 – 10, with permission from Springer – Verlag GmbH & Co. KG.

Figure 3. 7　Reprinted from *Appl. Phys. B*, "Polarization – Spectroscopic Measurement and Spectral Simulation of OH（$A^2 \Sigma - X\Pi$）and NH（$A^3 \Pi - X^3 \Sigma$）Transitions in Atmospheric Pressure Flames," Figure 6a, by Suvernev, A. A., Dreizler, A., Dreier. T., and Wolfrum, J., vol. 61（1995）: pp. 421 – 427, with permission from Springer – Verlag GmbH & Co. KG.

Figure 3. 8　Reprinted with permission from Clemens F. Kaminski, Cambridge University, UK.

Figures 4. 2 and 4. 8　Reprinted from *Combust. Flame*, vol. 126（2001）: pp. 1725 – 1735, "Combined Cavity Ringdown Absorption and LIF Imaging Measurements of CN（$B - X$）and CH（$B - X$）in Low Pressure $CH_4 - O_2 - N_2$ and $CH_4 - NO - O_2 - N_2$ Flames," by Luque, J., Jeffries, J. B.,

579

Smith, G. P. , Crosley, D. R. , and Scherer, J. J. , with permission from Elsevier Science, copyright 2001 by The Combustion Institute.

Figures 4. 3 and 4. 6 Reprinted from *J. Phys. Chem. A* ," Absolute CH Radical Concentrations in Rich Low – Pressure Methane – Oxygen – Argon Flames Via Cavity Ringdown Spectroscopy of the $A^2 \Delta - X^2 \Pi$ Transition," Figures 2 and 3, by Thoman Jr. J. W. and Mcllroy, A. , vol. 104 (2000): pp. 4953 – 4961. Copyright © (2000), with permission from the American Chemical Society.

Figure 4. 9 Reprinted from *Chem. Phys. Lett.* , vol. 296 (1998): pp. 151 – 158 ," Direct Measurement of $^1CH_2$ in Flames by Cavity Ringdown Laser Absorption Spectroscopy," by Mcllroy, A. , with permission from Elsevier Science.

Figures 4. 10 and 4. 11 Reprinted from *Israel J. Chem.* , vol. 39 (1999): pp. 55 – 62 ," Laser Studies of Small Radicals in Rich Methane Flames: OH, HCO, and $^1CH_2$," by Mcllroy, A. , with permission from the *Israel Journal of Chemistry*, published by Laser Pages Publishing Ltd.

Figure 4. 12 Reprinted from *J. Chem. Phys.* , vol. 107(16) (1997): pp. 6196 – 6203 ," Determination of Methyl Radical Concentrations in a Methane/Air Flame by Infrared Cavity Ringdown Laser Absorption Spectroscopy," by Scherer, J. J. et al. , with permission from the American Institute of Physics.

Figure 6. 4 Reprinted from *Ber. Bunsenges. Phys. . Chem.* , vol. 97 ," Temperature Measurements in High Pressure Combustion," (1993): pp. 1608 – 1618, with permission of the publisher, Wiley – VCH.

Figure 6. 7 Reprinted from *Meas. Sci. Technol.* , vol. 11 (2000): p. 887 ," Applications of Planar Laser Induced Fluorescence in Turbulent Reacting Flows," by A. Cessou, U. Meier, and D. Stepowski, with permission of the publisher, IOP Publishing Ltd.

Figure 7. 1 Reprinted from *Appl. Phys. Lett.* ," Supersonic Nitrogen Flow Field Measurements, with the Resonant Doppler Velocimeter," Figure 5, by Cheng, S. . Zimmermann, M. , and Miles, R. B. , vol. 43, no. 2, July 15 (1983): pp. 143 – 145, with permission from the American Institute of Physics.

Figure 7. 2 Reprinted from " Pulse – Burst Laser Imaging System: Development and Application in High – Speed Diagnostics," Figure 5. 9. by Wu. P. , Ph. D Thesis, Princeton University, Mechanical and Aerospace engineering, (2000), with permission from the author.

Figure 7. 3 Reprinted from " Instantaneous Imaging of Temperature and Mixture Fraction with Dual – Wavelength Acetone PLIF," 36*th AIAA Aerospace Sciences Meeting and Exhibit* (Reno, NV, 1998), Paper AIAA – 98 – 0397, by Thurber, M. C. , Kirby, B. J. , and Hanson, R. K, with permission.

Figure 7. 4 Reprinted from *Phys. Fluids* ," Measurement of Shock Structure and Shock – Vortex Interaction in Underexpanded Jets Using Rayleigh Scattering," Figure 9, by Panda, J. and Seasholtz, R. G. , vol. 11, (1999): p. 3761. with permission.

580

Figure 7. 5   Reprinted from *Prog. Aerosp. Sci.* ,"Molecular Filter – Based Planar Doppler Velocime-try," by Elliott, G. S. and Beutner, T. J. , vol. 35 (1999) : pp. 799 – 845, with permission.

Figure 7. 6   Reprinted from *Optics Lett.* , vol. 14 (1989) : pp. 417 – 419 ,"Molecular Velocity Ima-ging of Supersonic Flows Using Pulsed Planar Laser – Induced Fluorescence of NO," by Paul, P. H. , Lee, M. P. , and Hanson, R. K, with permission.

Figure 7. 8   Reprinted from "Accuracy Limits for Planar Measurements of Flow Field Velocity, Temperature, and Pressure Using Filtered Rayleigh Scattering," Figure 13, by Forkey, Lempert and Miles, *Exp. Fluids*, vol. 24 (1998) : pp. 151 – 162, with permission from Springer – Verlag GmbH & Co. KG.

Figure 7. 9   Reprinted from *Exp. Fluids*, "High Resolution Measurement of Turbulent Structure in a Channel with Particle Image Velocimetry", by Liu, Z. – C. , Landrech, C. C. , Adrian, R. J. , and Hanratty, T. J. , vol. 10 (1991) : pp. 301 – 312, with permission.

Figure 7. 10   Reprinted from "Characterization of the Tip Clearance Flow in an Axial Compressor Using Digital PIV," *39th AIAA Aerospace Sciences Meeting and Exhibit* (Reno, NV, 2001) , Paper AIAA – 2001 – 0697, by Wernet, M. P. , John, W. T. , Prahst, P. S. , and Strazisar, A. J, with permis-sion from the author.

Figure 8. 4   Reprinted from *Combust. Flame*, "Reaction Zone Structure in Turbulent Nonpremixed Jet Flames From CH – OH PLIF Images" , vol. 122 (2000) : pp. 1 – 19, with permission from The Combustion Institute.

Figure 8. 5   Images are the property of Jonathan H. Frank, Sandia National Laboratories, and are re-produced with his kind permission. Support for his work is provided by DOE/BES Chem. Sci. Div.

Figure 8. 7   Reprinted from *Proc. Combust. Inst.* , vol. 28 (2000) : p. 403 ,"Spark Ignition of Turbu-lent Methane/Air Mixtures Revealed by Time – Resolved Planar Laser – Induced Fluorescence and Direct Numerical Simulations ," by Kaminski, C. F. , Hult, J. , Alden, M. , Lindenmaler, S. , Dreizler, A. , Maas, U. , and Baum, M. , with permission from The Combustion Institute.

Figure 9. 1   Reprinted from "Evaluation of the Nanoscale Heat and Mass Transfer Model of LII: Prediction of the Excitation Intensity," by Snelling. D. R. , Liu. F. , Smallwood, G. J. , and Gulder, O. L. , NHTC2000 – 12132, *Proceedings of the NHTC* 2000 , 34th National Heat Transfer Conference, Pittsburgh, PA, August 20 – 22 ,2000, with permission from the author.

Figure 9. 3   Reprinted from *Appl. Optics*, vol. 34 (1995) : pp. 7083 – 7091 ,"TwoDimensional Ima-ging of Soot Volume Fraction by the Use of Laser – Induced Incandescence," by Ni, T. , Pinson, J. A. , Gupta, S. , and Santoro, R. J. , with permission from the Optical Society of America.

Figure 9. 4   Reprinted from *Combust. Flame*, vol. 107 (1996) : pp. 418 – 452 ,"LaserInduced In-candescence Measurements of Soot Production in Steady and Flickering Methane, Propane, and Ethylene Diffusion Flames," by Shaddix, C. R. , and Smyth. K. C. , with permission from The Combustion Institute.

Figure 9. 5   Reprinted from *Appl. Phys.* B, vol. 67 (1998) : pp. 115 – 123," Optical and Microscopy Investigations of Soot Structure Alterations by Laser – Induced Incandescence. " by Vander Wal, R. L. , Ticich, T. M. , and Stephens, A. B. , with permission from Springer – Verlag GmbH & Co. KG.

Figure 9. 7   Reprinted from *Combust. Flame*, vol. 107 (1996) : pp. 418 – 452," LaserInduced Incandescence Measurements of Soot Production in Steady and Flickering Methane, Propane, and Ethylene Diffusion Flames," by Shaddix, C. R. and Smyth, K. C. , with permission from The Combustion Institute.

Figures 9. 8 and 9. 9   Reprinted from *Appl. Optics*, vol. 34, no. 6 (1995) : pp. 1103 – 1107," Laser – Induced Incandescence Applied to Droplet Combustion," by Vander Wal, R. L. and Dietrich, D. L. , with permission from the Optical Society of America.

Figure 9. 10   Reprinted from " Detailed Studies of Spatial Soot Formation Processes in Turbulent Ethylene Jet Flames," p. 76, by Lee, S. Y. , Ph. D. thesis, The Pennsylvania State University, University Park, PA, 1998, with permission from the author.

Figure 9. 11   Reprinted from *Combust. Sci. Technol.* ," Statistical Analysis of Soot Volume Fractions, Particle Number Densities, and Particle Radii in a Turbulent Diffusion Flame. " by Geitlinger, H. , Streibel, T. , Suntz, R. . and Bockhorn. H. , vol. 149 (1999) : pp. 115 – 134, copyright ownership by Overseas Publishers Association with permission from Taylor & Francis Ltd.

Figures 9. 12 and 9. 13   Reprinted from " The Effects of Injection Timing and Diluent Addition on Late – Combustion Soot Burnout in a DI Diesel Engines Based on Simultaneous 2 – D Imaging of Soot and OH. " by Dec. J. E. , and Kelly – Zion, P. L. , SAE Paper 2000 – 01 – 0238 of the SAE Technical Paper Series, with permission from the Society of Automotive Engineers, Warrendale, PA, 2000.

Figure 9. 14   Reprinted from *Combust. Flame*, vol. 120 (2000) : pp. 439 – 450," Soot Temperature Measurements and Implications for Time – Resolved Laser – Induced Incandescence (TIRE – LII) ," by Schraml, S. , Dankers, S. , Bader, K. , Will, S. , and Leipertz, A. , with permission from The Combustion Institute.

Figures 10. 9(c) and (d)   Reprinted from " Experimental and Modelling Study of IPentene Combustion at Fuel – Rich Conditions," by Gonzalez Alatorre, G. , Bohm. H. , Atakan. B. , and Kohse – Hoinghaus, K. , *Z. Phys. Chem.* , vol. 215, no. 8 (2001) pp. 981 – 995, with permission from Oldenbourg Wissenschaftsverlag, GmbH.

Figure 11. 1   Reprinted from *Combust. Flame*, vol. 123 (2000) : p. 504," Inhibitor Rankings for Alkane Combustion," with permission from The Combustion Institute.

Figure 11. 2   Reprinted from *Combust. Flame*, vol. 117 (1999) : p. 719, "Intermediate Species Profiles in Low Pressure Premixed Flames Inhibited by Fluoromethanes," with permission from The Combustion Institute.

Figure 11. 3   Reprinted from *Combust. Flame*, vol. 120 (2000) : p. 169, "Intermediate Species Profiles in Low – Pressure Methane/Oxygen Flames Inhibited by 2 – H Heptafluoropropane : Comparison of Experimental Data with Kinetic Modeling," with permission from The Combustion Institute.

Figure 11. 4   Reprinted from *J. Chem. Phys.* , vol. 113 (2000) : p. 7241, "The Near Ultraviolet Spectrum of the FCO Radical : Re – assignment of Transitions and Predissociation of the Electronically Excited State," with permission from the American Institute of Physics.

Figure 11. 5   Reprinted from *J. Phys. Chem. A*, vol. 103, no. 8 (1999) : pp. 1150 – 1159, "Gas – Phase Thermochemistry of Iron Oxides and Hydroxides : Portrait of a SuperEfficient Flame Suppressant," with permission from the American Chemical Society.

Figure 11. 6 Reprinted from *Combust. Flame*, vol. 120 (2000) : p. 456, "Inhibition of Premixed Carbon Monoxide – Hydrogen – Oxygen – Nitrogen Flames by Iron Pentacarbonyl. " with permission from The Combustion Institute.

Figure 13. 1   Reprinted from Recent Res. *Derel. Appl. Spectrosc.* , "Detection of Aromatic Hydrocarbons in the Exhaust Gases of a Gasoline I. C. Engine by LaserInduced Flourescence Technique," by Zizak, G. , Cignoli, F. , Montas, G. , Benecchi, S. , and Donde, R. , vol. 1 (1996) : pp. 17 – 24, with permission.

Figure 13. 2 (a)   Reprinted from "Applications of Laser Techniques for Combustion Studies," by Alden, M. , PhD Thesis, LRAP – 22, 1983, with permission from the author.

Figures 13. 2 (b) , 13. 3 , and 13. 4   Reprinted from *Appl. Phys. B*, "Picosecond LaserInduced Fluorescence from Gas – Phase Polycyclic Aromatic Hydrocarbons at Elevated Temperatures," Figures 2a, 2b, 4, and 5, by Ossler, F. , Metz, T. . and Alden, M. , vol. 72 (2001) : pp. 465 – 478. with permission from Springer – Verlag.

Figure 13. 2 (c)   Reprinted from "Detection of Polycyclic Aromatic Hydrocarbons in Combustion by Laser – Induced Fluorescence," Figure 5, by Cignoli. F. , Benecchi, S. , and Zizak, G. , presented at *The 2nd International Conference, Fluid Mechanics, Combustion Emissions and Reliability in Reciprocating Engines*, 14 – 19 September, 1992, Capri, with permission from the author.

Figure 13. 5   Reprinted from "Temperature Measurement with Pulsed Laser Technique, CARS in Jordbro, 75 MW Boiler with Bio Powder Fuel. " by Lofstrom, Ch. and Alden, M. , *Lund Reports on Combustion Physics*, LRCP 50, Lund Institute of Technology, Lund, 1999, with permission from the author.

Figure 13. 9   Reprinted from "Simultaneous Measurement of Soot Mass – Concentration and Primary Particle Size in the Exhaust of a DI Diesel Engine by Time – Resolved – Laser – Induced Incandescence (TIRE – LII)," Figure 7, by Schraml, S., Will, S., and Leipertz. A., with permission from SAE paper 1999 – 01 – 0146 © 1999 Society of Automotive Engineers, Inc.

Figure 14.4 (left panel) Reprinted from *Optics Lett.* ," Single – Pulse, Simultaneous Multipoint Multispecies Raman Measurements in Turbulent Nonpremixed Jet Flames," Figure 1, by Nandula, S. P., Brown, T. M., Pitz, R. W., and DeBarber, P. A., vol. 19 (1994): pp. 414 – 416, with permission from the Optical Society of America.

Figure 14.4 (right panel) Reprinted from " Quantitative One – Dimensional SinglePulse Multi – Species Concentration and Temperature Measurement in the Lift – off Region of a Turbulent H2/Air Diffusion Flame," Figure 1, by Brockhinke, A., Andresen, P. and Kohse – Hoinghaus, K., *Appl. Phys. B*, vol. 61 (1995): pp. 533545, with permission from Springer – Verlag GmbH & Co. KG.

Figure 14.5 Reprinted from *Proc. Combust. Inst.* ," A Shutter – Based Line – Imaging System for Single – Shot Raman Scattering Measurements of Gradients in Mixture Fraction," Figure 4, by Barlow, R. S. and Miles, P. C., vol. 28 (2000), pp. 269 – 277, with permission from The Combustion Institute.

Figure 14.6 Data courtesy of R. Osborne, NASA Marshall Space Flight Center. Huntsville, AL. Figure 14.7 Reprinted from " A comparison of UV Raman and Visible

Raman Techniques for Measuring Non – Sooting Partially Premixed Hydrocarbon Flames," Figure 16, by Osborne, R. J., Wehrmeyer, J. A. and Pitz, R. W. (Reno, NV, Jan. 10 – 13, 2000), Paper AIAA – 2000 – 0776, with permission from the author.

Figure 16.1 Courtesy of H. Chaves, Bergakademie Freiberg.

Figure 16.3 Reprinted with permission from SAE paper 981069 © 1998 Society of Automotive Engineers, Inc.

Figure 16.10 Reprinted with permission from SAE paper 940681 © 1994 Society of Automotive Engineers, Inc.

Figure 16.11 Reprinted with permission from SAE paper 2000 – 01 – 0236 © 2000 Society of Automotive Engineers, Inc.

Figures 17.1, 17.2, 17.3, 17.4, 17.6, 17.9, 17.10, 17.13 and 17.14 Reprinted from Proc. *Combust. Inst.* ," Optical Diagnostics for Combustion Process Development of Direct – Injection Gasoline Engines," by Hentschel, W., vol. 28 (2000): pp. 1119 – 1136, with permission from The Combustion Institute.

Figures 17.5 and 17.7 Reprinted from *Proc. 4th. Int. SYmp. on Combustion Diagnostics*, Baden – Baden, Germany (2000): pp. 181 – 196," Application of LaserOptical Diagnostics for the Support of

ker, W. , *Appl. Phys. B*, vol. 71 (2000) : pp. 725 – 731, with permission from Springer – Verlag GmbH & Co. KG.

Figure 23. 1   Reprinted from *Prog. Energy Comhust. Sci.* , " Gas – Phase Combustion Synthesis of Particles," by Wooldridge, vol. 24 (1998) : pp. 63 – – 87, with permission from Elsevier Science.

Figure 23. 2   Reprinted from *Atli. Chem. Eng.* , " Combustion Synthesis of Advanced Materials : Principles and Applications," Figure 59, by Varma, A. , Rogachev, AS. , Mukasyan, AS. , and Hwang, S. , vol. 24 (1998) : pp. 79 – 226, with permission from Academic Press.

Figure 23. 3   Reprinted from *Proc. Natl. Acad. Sci.* , USA, " Complex Behavior of SelfPropogating Reaction waves in Heterogeneous Media," Figure 1, by Varma, A. , Rogachev, A. , Mukasyan, A. , and Hwang, S. , vol. 95 (1998) : pp. 11053 – 11058, with permission Copyright © (1998) National Academy of Sciences, U. S. A.

Figure 23. 4   Reprinted from *Comhust. Flame*, " Dynamics of Phase Forming Processes in the Combustion of Metal – Gas Systems," by Khomenko et al. , vol. 92 (1993) : pp. 201 – 208, with permission from Elsevier Science, Copyright 1993 by The Combustion Institute.

Figure 23. 5   Reprinted from *Proc. Combust. Inst.* , " A DMS Kinetic Study of the Boron Oxides Vapor in the Combustion Front of SHS System Mo + B," by Kashireninov, O. E. and Yuranov, I. A. , vol. 25 (1994) : pp. 1669 – 1675, with permission from The Combustion Institute.

Figures 23. 7   and 23. 8 Reprinted from *Proc. Combust. Inst.* , vol. 28 (2000) : pp. 1373 – 1380, " Fluidized Bed Combustion Synthesis of Titanium Nitride," by Lee, K. O. , Cohen, J. J. , and Brezinsky, K. , with permission from The Combustion Institute.

Figure 23. 9   Reprinted from *J. Mater. Res.* , " In Situ Characterization of Vapor Phase Growth of Iron Oxide – Silica Nanocomposites : Part 1. 2 – D Planar Laser – Induced Fluorescence and Mie Imaging," Figure 4, by McMillin, B. K. , Biswas, P. , and Zachariah, M. R. , vol. 11, (1996) : pp. 1552 – 1561, with permission from the Materials Research Society.

Figure 23. 10   Reprinted from *Mat. Res. Soc. Symp. Proc.* . " Flame Synthesis of High Purity, Nanosized Crystalline Silicon Carbide Powder," Figure la, by Keil, D. G. , Calcote, H. F. , and Gill, R. J. , vol. 410 (1996) : pp. 167 – 172, with permission from the Materials Research Society.

Figure 24. 1   Reprinted with permission from Kirk R. Smith, March 1981.

Figure 24. 2   Reprinted with permission from Dr Xingzhou He, 1987, Chinese Academy of Preventative Medicine.

Figure 24. 4   Reprinted with permission from David M. Pennise, October 1997.

Figure 26. 1   Reprinted from *Appl. Phys. B*, " A Tunable Diode Laser System for the Remote Sensing of On – Road Vehicle Emissions," by Nelson, D. D. , Zahniser, M. S. , McManus, J. B. , Kolb, C. E. , and Jiménez, J. L. , vol. 67, no. 4 (1998) : pp. 433 – 441, with permission from Springer – Verlag

GmbH & Co. KG.

Figure 26. 2　Reprinted from *J. Air Waste Manag. Assoc.* ," Characterization of OnRoad Vehicle NO Emissions by a TILDAS Remote Sensor," by Jiménez,J. L. ,Koplow,M. D. . Nelson,D. D. ,Zahniser,M. S. ,and Schmidt,S. E. ,vol. 49. no. 4 (1999) :pp. 463 – 470,with permission from the Air & Waste Management Association.

Figure 26. 3　Reprinted from " Cross Road and Mobile Tunable Infrared Laser Measurements of Nitrous Oxide Emissions from Motor Vehicles," Figure 3 ,by Jimenez,J. L. ,McManus,J. B. ,Shorter, J. H. , Nelson, D. D. , Zahniser, M. S. , Koplow, M. D. , McRae, G. J. , and Kolb, C. E. , *Chemosph. Glob. Change Sci.* ,vol. 2 (2000) :pp. 397 – 412,with permission from Elsevier Science.

Figure 27. 2　Image provided by Brian J. Kirby and Ronald K. Hanson and reproduced with their kind permission

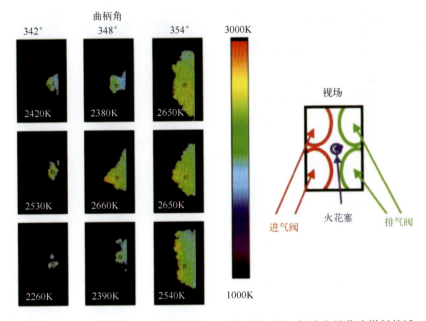

彩图 1　图 6.7：作为曲柄角函数的温度变化图像。在以标准辛烷作为燃料的活塞发动机内，用单脉冲二维 OH LIF 技术测量得到。每幅图中，标出的温度值对应于小方框显示的区域[113]（英国皇家物理学会出版公司提供）

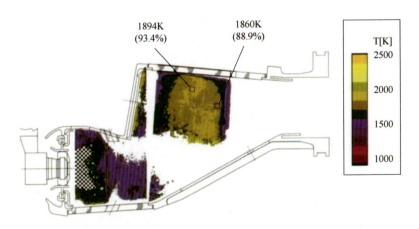

彩图 2　图 6.8：在模型燃烧器中通过 OH LIF 技术测量的平均温度分布，采用 6bar 的 Jet Al 作为燃料。用方框标记的小范围表示单脉冲温度的高统计区，低偏差意味着可靠的平均值

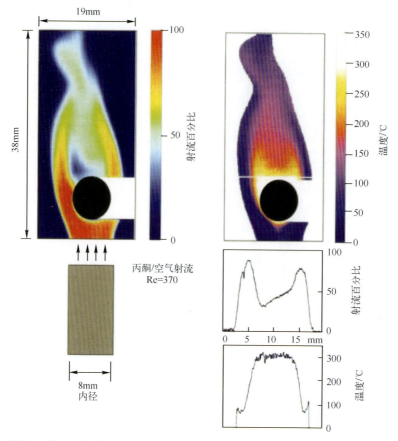

彩图 3 图 7.3：低速、注入丙酮的热空气射流通过一 8mm 气缸时，射流部分与
温度的图像。这些图像通过波长为 308nm 和 248nm 的激光激励产生，数据区通过
柯达隔行传输 CCD 相机间隔 2 皮秒进行采集。单线图给出了气缸上面射流部分与
温度的截面值，正如温度图像中显示的那样[74]（Ronald K. Hanson 提供）

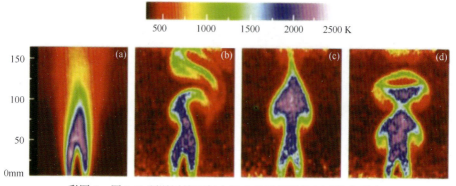

彩图 4 图 7.5：预混甲烷空气火焰中的时间平均（左图）与瞬态
温度场[57]（Gregory Elliott 提供）

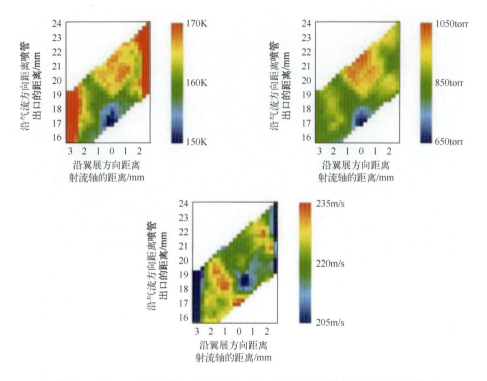

彩图 5　图 7.8：在马赫数 2 的近压力匹配、无种子注入的空气射流中，用分子
过滤瑞利散射获得的时间平均的温度、压力与速度图像。流体从底部到顶部，
在流场的中部存在一个弱的十字形激波模式。由于激光照射以及探测的方向，
右侧图像中的速度矢量是离轴的并位于平面外[37]（Springes 出版社提供）

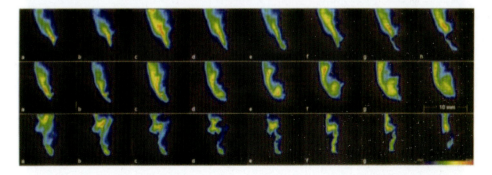

彩图 6　图 8.6：在上升的 H_2 空气射流火焰中，对 OH 基分布场的高速 PLIF 成像。
流速：每分钟射入空气中的纯氢为 125 升，对应于 $Re = 13,500$（出口速度：
$670ms^{-1}$）。曝光时间间隔为 $30\mu s$。给出的是燃烧器一侧离地区域的
OH 分布（$x = -13 \sim +12mm$，$y = 14 \sim 27mm$，喷管口径：$2mm$）。

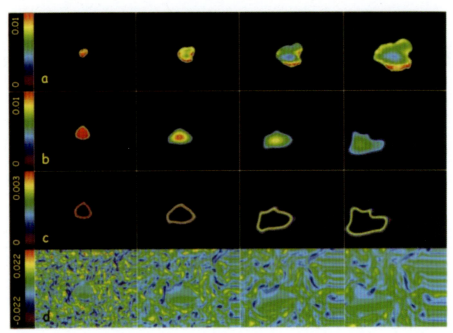

彩图 7　图 8.7：湍流火花点火时 OH 浓度场的高速 PLIF 图像序列对比(a)在同样条件下的 DNS 计算结果(b−d)。给出的量分别为：(a)测量的 OH 摩尔分数，(b)通过 DNS 计算得到的 OH 摩尔分数，(c)CH$_2$O 浓度场(DNS)，(d)计算得到的涡旋场(国际单位制)。从左至右的时标分别为 $t/\tau = 0.3, 0.6, 0.9$ 与 1.2，其中 τ 为高能涡流的涡流的时间。序列中的最后一幅($t/\tau = 1.2$)对应于火花后 $500\mu s$(燃烧学会提供)

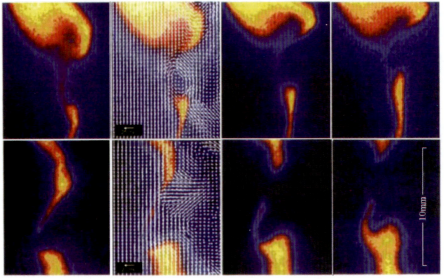

彩图 8　图 8.8：同时采用高速 PLIF 对 OH 成像以及 PIV 技术，对火焰 – 涡流相互作用进行研究(详细介绍请见正文部分)

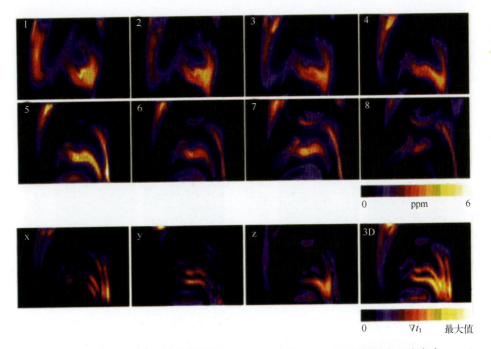

彩图 9 图 8.9：在湍流乙烯/N_2/空气扩散火焰中（Re = 2200，燃料出口速度为
15m/s），对碳烟体积分数的三维成像。图像通过二维 LII 技术对火焰快速切割
而获得（21×15mm 图像区，相邻图像间隔为 12.5μs）。在绝对标度下利用层流
参考火焰标定碳烟体积分数。最下面的序列显示了沿三个直角坐标
轴上的浓度梯度，由此能重建真正的三维梯度（最后一幅图）

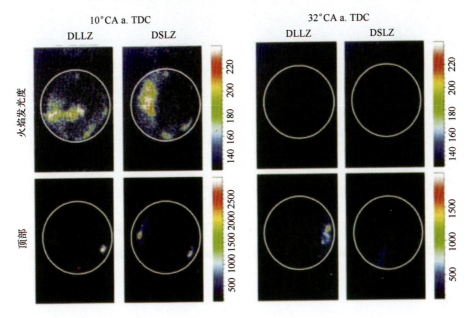

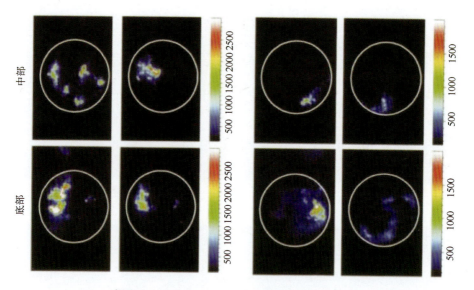

彩图 10　图 13.8：有光通道的重型研究发动机内
火焰发光度与碳烟分布[79]

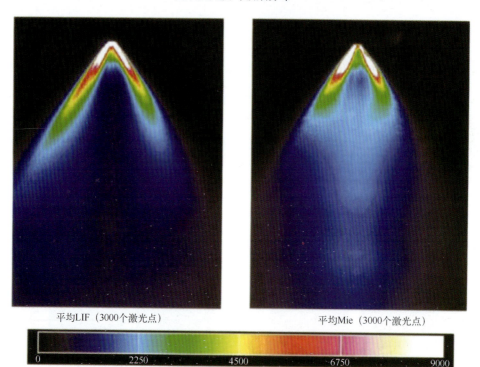

平均LIF（3000个激光点）　　　　　平均Mie（3000个激光点）

（以计数次数表示的伪彩色坐标）

彩图 11　图 15.8：小型压力旋流式雾化器内的平均 LIF 与 Mie 散射图像

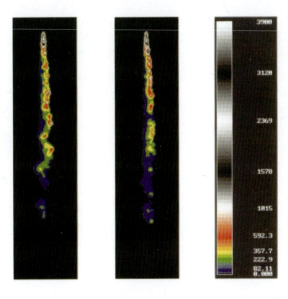

彩图 12　图 16.7:喷雾液态部分的激发复合体激光诱导荧光。

YAG 激光波长 355nm、$P_{inj} = 800\text{bar}$, $T = 800\text{K}$, $\rho = 25.2\text{kg}/\text{m}^3$。

图像垂直尺寸约 20mm

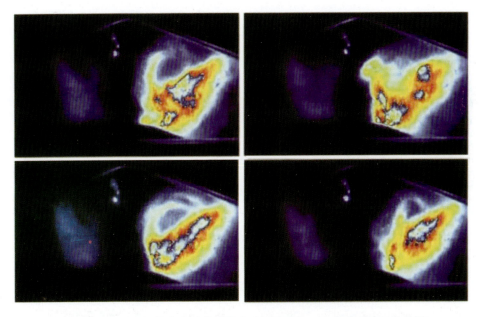

彩图 13　图 17.8:工作在充量分层模式、转速 2000r/min 的直喷汽油发动机，在 55℃ A BTDC 时喷雾发展的周期性变化。通过液相 LIF 进行可视化

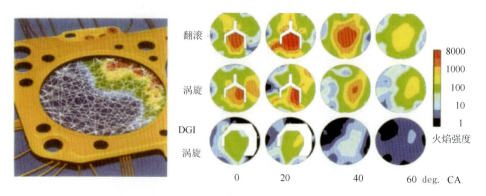

翻滚

涡旋

DGI
涡旋

8000
1000
100
10
1

火焰强度

0   20   40   60 deg. CA

彩图 14   图 17.13：对 TCA 发展的不同直喷汽油发动机概念中
火焰传播的分析(E. Winklhofer 提供)